Jürgen Scherff

Grundkurs Computernetzwerke

Leserstimmen zur Vorauflage

„Das Buch ‚Grundkurs Computernetze' behandelt alle relevanten Themen des Fachgebietes Computernetze in kompakter und verständlicher Form. Es zeichnet sich durch einen klaren Aufbau und viele Illustrationen aus, womit es sich gleichermaßen als Einführungsbuch für Neueinsteiger und als Nachschlagewerk für das Studium empfiehlt" *Prof. Dr. Albrecht Swietlik, Hochschule Furtwangen*

„Klare sprachliche Aussagen, auch für ‚Anfänger' im Netzwerkbereich gut lesbar und stofflich leicht nachvollziehbar. Theoretische Anteile nicht überdimensioniert, aber umfassend." *Prof. Dr.-Ing. Armin Pätzold, FH Lippe und Höxter*

„Das Buch ist eine ‚Einstiegs-Droge'! Es ist gut und auf das Wesentliche des Grundlagenwissens konzentriert. Es verleitet, tiefer in die Dinge eindringen zu wollen. Es liefert einen sehr guten Überblick in der Breite. Um weiter in die Tiefe vordringen zu können, ist die zitierte Literatur geeignet." *Prof. Dr. W. Bärwald, TU Dresden*

„Kompakte und vollständige Dartstellung des aktuellen Standes – super Buch mit sinnvollen didaktisch guten Fragen!!" *Prof. Dr. Jörg F. Wollert, FH Bochum*

„Sehr verständliche, umfassende Beschreibung zu den LAN/WAN-Technologien, klare Begriffsdefinitionen."
Prof. Dr.-Ing. Damian Webe, HS Technik und Wirtschaftsinformatik Saabrücken

---

„Excellenter erster Einstieg, sehr praxisnah geschrieben, keinerlei unnötiger Ballast." *Prof. Dr.-Ing. Clemens Cap, Universität Rostock*

„Mir gefällt gut der durchgängig rote Faden in der Gedankenführung, die Abstimmung der Kapitel und die Kontrollfragen." *Dr. Inge Adamski, TU Dresden*

„Eine gelungene Kombination von Grundlagen mit dem Anschluss an die aktuellen Techniken." *Prof. Dr.-Ing. Richard Peter, FH Münster*

„Eine umfassende Darstellung des Gebietes, die auch aktuelle Entwicklungen berücksichtigt; z. B. VoIP."
Prof. Dr. Gottfried Vossen, Westf.-Wilhelms-Universität Münster

---

„Die Didaktik dieses Buches wird durch die spürbare Begeisterung des Autors für das Fachgebiet optimiert. Die Attribute ‚Anschaulich, verständlich, praxisnah' auf der Titelseite, treffen den Nagel auf den Kopf."
Prof. Dr. Bernhard Bürg, HS Karlsruhe

Jürgen Scherff

Grundkurs Computernetzwerke

Eine kompakte Einführung in Netzwerk- und Internet-Technologien

2., überarbeitete und erweiterte Auflage

Mit 204 Abbildungen

STUDIUM

Bibliografische Information der Deutschen Nationalbibliothek
Die Deutsche Nationalbibliothek verzeichnet diese Publikation in der
Deutschen Nationalbibliografie; detaillierte bibliografische Daten sind im Internet über
<http://dnb.d-nb.de> abrufbar.

Höchste inhaltliche und technische Qualität unserer Produkte ist unser Ziel. Bei der Produktion und Auslieferung unserer Bücher wollen wir die Umwelt schonen: Dieses Buch ist auf säurefreiem und chlorfrei gebleichtem Papier gedruckt. Die Einschweißfolie besteht aus Polyäthylen und damit aus organischen Grundstoffen, die weder bei der Herstellung noch bei der Verbrennung Schadstoffe freisetzen.

1. Auflage 2006
2., überarbeitete und erweiterte Auflage 2010

Lektorat: Christel Roß | Walburga Himmel

Vieweg+Teubner Verlag ist eine Marke von Springer Fachmedien.
Springer Fachmedien ist Teil der Fachverlagsgruppe Springer Science+Business Media.
www.viewegteubner.de

Umschlaggestaltung: KünkelLopka Medienentwicklung, Heidelberg

Gedruckt auf säurefreiem und chlorfrei gebleichtem Papier.

ISBN 978-3-8348-0366-5

Vorwort zur 2. Auflage

Unsere heutigen Computernetzwerke sind äußerst komplex. Und sie werden in immer kürzeren Zyklen durch neue Technologien ergänzt; denn neue Multimediaanwendungen – wie Internet-TV, Videokonferenzen und Distance Learning – erfordern immer höhere Bandbreiten. Beispielsweise erreichen digitale Mobilfunknetze nach den Entwicklungsstufen GSM, HSCSD, GPRS, EDGE und UMTS mit HSPA endlich Übertragungsraten im Megabit-Bereich. Diese Technologien koexistieren alle nebeneinander, so wie es bis heute neben den Autobahnen immer noch Bundesstraßen, Landstraßen, Kreisstraßen und Feldwege gibt.

Die Weiterentwicklung der Netzwerktechnologien machte eine zweite Auflage des Buches erforderlich. Das zusätzliche Kapitel „Funknetz-Technologien“ beschreibt die Entwicklungsstufen und Technologien der boomenden Mobilfunknetze und der lokalen Funknetze, die sich gegenseitig ergänzen und zusammenwachsen. Das Kapitel zur Nachrichtenübertragung wurde aufgrund der Tipps meiner Kollegen Prof. Dr. Achim Karduck und Prof. Dr. Heinz Sauerburger, denen ich an dieser Stelle nochmals herzlich danke, grundlegend überarbeitet. Das gesamte Buch wurde außerdem überarbeitet, aktualisiert und an vielen Stellen ergänzt. Der Online-Service zum Buch bietet jetzt auch ein Abkürzungsverzeichnis und Musterlösungen zu den Testaufgaben am Ende jedes Kapitels. Für die vielen kleinen Verbesserungsvorschläge bedanke ich mich herzlich bei Leserinnen und Lesern.

10 überschaubare Kapitel bieten einen schrittweisen Einstieg in die immer komplexer werdenden Computernetzwerke. Konzepte, Technologien und Zusammenhänge der Netzwerke und des Internets werden anschaulich, verständlich und praxisnah dargestellt. Die Effektivität dieser Darstellungskonzeption wird durch den Erfolg des Buches bestätigt. Die erste Auflage war bereits nach einem Jahr vergriffen und musste mehrfach nachgedruckt werden. Die zahlreichen Leserstimmen waren zu über 95 % überaus positiv.

Hier sind noch ein paar wichtige ***Tipps*** zum erfolgreichen Durcharbeiten des Buches! Sie sollten wissen, welchen Lese- und Lernstil Sie bevorzugen. Zum einen ist es möglich, ***Top-down*** vorzugehen und so vom Abstrakten zum Konkreten bzw. vom Allgemeinen zum Speziellen zu gelangen. Da das Buch dem

Top-down-Ansatz sowohl sachlogisch als auch chronologisch folgt, kann es sequenziell durchgearbeitet werden. Das nachfolgende Vorwort zur 1. Auflage gibt entsprechende Hinweise zum Aufbau und zur empfohlenen Durcharbeitung des Buches.

Zum anderen besteht die Möglichkeit, das Buch ***Bottom-up*** zu nutzen. Sie können gezielt mit einer Netzwerk-Technologie beginnen, die Sie besonders interessiert: etwa eine bestimmte LAN-Technologie (z. B. das Ethernet), eine bestimmte Internet-Technologie (z. B. Voice over IP) oder eine bestimmte Funk-Technologie (z. B. GSM). Treten dabei Verständnisprobleme auf, so kann bei Bedarf auf die allgemeinen Grundlagen zurückgegriffen werden, die sich später systematisch vertiefen lassen.

Die ***Kapitel 1 bis 5*** enthalten netzwerkübergreifend die allgemeinen konzeptionellen und technologischen Grundlagen und Zusammenhänge von Computernetzwerken und vom Internet:

- Kapitel 1: Grundlagen von Computernetzwerken
- Kapitel 2: Netzwerke im praktischen Einsatz
- Kapitel 3: Kommunikationsarchitektur von Computernetzen
- Kapitel 4: Technik der Nachrichtenübertragung
- Kapitel 5: Netzwerkmechanismen zum Nachrichtentransport

Die ***Kapitel 6 bis 10*** beschreiben in chronologischer Reihenfolge die wesentlichen speziellen Technologien der verschiedenen Netzwerkkategorien:

- Kapitel 6: WAN-Technologien für die Telekommunikation
- Kapitel 7: LAN-, MAN- und SAN-Technologien
- Kapitel 8: Internetworking und Campusnetzwerke
- Kapitel 9: Internet und Intranets
- Kapitel 10: Funknetz-Technologien für das mobile Internet

Ich wünsche allen Leserinnen und Lesern Freude, Begeisterungsfähigkeit und viele Erfolgserlebnisse beim Einstieg und beim Eintauchen in die faszinierende moderne Netzwerkwelt, in der Technologien aus über fünf Jahrzehnten kooperieren.

Online-Service:
http://www.viewegteubner.de/tu/Grundkurs-Computernetzwerke

Furtwangen, im Januar 2010 Jürgen Scherff

Vorwort zur 1. Auflage

Die faszinierende Netzwerkwelt dreht sich immer schneller. Heute ist fast jeder von uns – sei es am Arbeitsplatz oder zu Hause – Benutzer eines Computernetzes. Es gibt inzwischen nicht nur Wide Area Networks (WANs) und Local Area Networks (LANs), sondern auch Global Area Networks (GANs), Metropolitan Area Networks (MANs) und Personal Area Networks (PANs). Im WAN-Bereich sind wir nach X.25, Frame Relay und ATM mit MPLS auf dem Weg zu rein optischen Netzen. Im LAN-Bereich hat das Gigabit-Ethernet ATM-Switches ersetzt. Und generell sind heute Switching-Technologien neben dem „klassischen" Routing ein unverzichtbarer Bestandteil von Computernetzen.

Das vorliegende Buch bietet eine Einführung in die grundlegenden Konzepte und Technologien computergestützter Kommunikationssysteme, ohne deren Kenntnis ein Verständnis moderner Computernetze nicht möglich ist. Es richtet sich an jeden, der sich intensiver mit Computernetzen beschäftigen will oder muss: es ist sowohl für Studenten als auch für Praktiker gleichermaßen zum Netzwerkeinstieg geeignet; denn es erschlägt den Netzwerkeinsteiger nicht gleich mit endlosen Texten und zahllosen Details, so wie es viele Einführungsbücher tun. Stattdessen bietet das Buch eine strukturierte und anschauliche Einführung in die Welt der Computernetze.

Der Leser wird schrittweise an die komplexe Thematik herangeführt und durch anschauliche Grafiken unterstützt. So lernt er nicht nur die grundlegenden Konzepte und Technologien von Computernetzen kennen, sondern er erhält auch einen Überblick über die endlos erscheinende Fülle von Abkürzungen aus der Netzwerkwelt. UTP und STP, ISO/IEC 11801, FDM und TDM, RIP, OSPF und BGP, PDH und SONET/SDH, ATM, IEEE 802, CSMA/CD, ADSL und PPP sowie WiFi und WiMAX sind nur eine ganz kleine Auswahl. Für den Netzwerkspezialisten sind die hinter diesen Abkürzungen stehenden Konzepte selbstverständlich, für den Netzwerkeinsteiger aber bilden sie oft eine Einstiegshürde und Motivationsbremse.

In neun aufeinander aufbauenden Kapiteln werden die verschiedenen Facetten von Computernetzen dargestellt. Dabei wird besonderer Wert auf die Darstellung der Zusammenhänge gelegt; denn wer Strukturen, Technologien und Entwicklungsstufen von

Computernetzen kennt, hat ein solides Fundament für die Einordnung neuen Wissens und für ein „Lifelong Learning“.

Zur Einführung in die Thematik erläutert Kapitel 1 zunächst die Grundbegriffe und beschreibt die Grundlagen von Computernetzen. Kapitel 2 zeigt wesentliche Aspekte des Netzwerkeinsatzes auf. Aufbauend auf diesen „Basics“ wird in Kapitel 3 die Kommunikationsarchitektur von Computernetzen dargestellt. Das OSI-Referenzmodell dient hierbei als Bezugsbasis, um die Arbeitsweise des heutigen Internets zu verstehen und um die verschiedenen Netzwerktechnologien und -protokolle einordnen zu können. Seine Kenntnis ist fundamental für das Verständnis der weiteren Kapitel, die selektiv gelesen werden können.

In den Kapiteln 4 und 5 werden die Grundlagen der Nachrichtentechnik und der Netzwerkmechanismen soweit vertieft, dass ein Grundverständnis der physikalischen Übertragungsgrenzen und der heutigen Bandbreiteproblematik möglich wird. Während die Nachrichtentechnik die technische Seite von Computernetzen betrifft, sind Netzwerkmechanismen organisatorische Konzepte zur Kommunikation zwischen Computern.

Kapitel 6 zeigt die technologische Entwicklung der Weitverkehrsnetze (WANs) auf. Es erklärt die Konzepte von „klassischen“ Paketvermittlungsnetzen bis hin zum Breitband-ISDN und zu Mobilfunknetzen. Der private Netzwerkbereich ist Gegenstand der Kapitel 7 und 8. Kapitel 7 erklärt LAN-Technologien, beginnend mit „klassischen“ LANs bis hin zu Wireless MANs. Kapitel 8 beschreibt, wie moderne Campusnetze durch Internetworking, virtuelle LANs und Multilayer-Switching konstruiert werden.

Im Kapitel 9 werden die Internet- und Intranet-Grundlagen weiter vertieft. Die grundlegenden Internet-Protokolle und -dienste werden detailliert beschrieben. Sodann werden die Grundzüge von Voice over IP und von Intranets aufgezeigt, die Telefonnetze und Unternehmensnetze revolutionieren. Das Kapitel endet mit aktuellen Grundkonzepten zur Netzwerksicherheit.

Am Ende jedes Kapitels befinden sich Testfragen. Haben Sie mit den Antworten Probleme, müssen Sie den Stoff des Kapitels noch einmal durcharbeiten. Das Durcharbeiten aller neun Kapitel versetzt Sie in die Lage, vertiefende und weiterführende Literatur zu Computernetzen zu verstehen. Und vielleicht wird Sie die Faszination der spannenden Netzwerkwelt nicht mehr loslassen.

Online-Service: http://webuser.hs-furtwangen.de/~scherff

Furtwangen, im Januar 2006 Jürgen Scherff

Inhaltsverzeichnis

Online-Service zum Buch: siehe Vorwort zur 2. Auflage!

- Abkürzungsverzeichnis und Abbildungen zum Download
- Testaufgaben und Musterlösungen zum Download

Abbildungsverzeichnis (zum Buch und zum Online-Service)

1 Grundlagen von Computernetzwerken

Bevor wir uns mit den Details von Computernetzwerken beschäftigen können, ist es notwendig, zunächst einige Grundbegriffe zu klären und allgemeine Grundlagen der computergestützten Kommunikation aufzuzeigen; denn Computernetzwerke dienen der Kommunikation und bilden das Fundament moderner Kommunikationssysteme.

In diesem Kapitel wird nach der Begriffsklärung das Konzept eines Netzwerkes skizziert. Danach werden die Komponenten von Netzwerken bezüglich ihrer Funktionalität abgegrenzt, und es wird die Organisation der Kommunikation beschrieben, die in einem technischen Kommunikationssystem stattfindet.

1.1 Grundbegriffe

Informationssysteme

Jede Organisation besitzt ein Informationssystem. Dies gilt für Unternehmen genauso wie für öffentliche Einrichtungen. Aus organisatorischer Sicht ist ein Informationssystem ein System, das drei Funktionen erfüllt:

- die ***Übermittlung von Informationen*** zum Wissensaustausch zwischen räumlich benachbarten Kommunikationspartnern (lokale Kommunikation zwischen Informationserzeugern und -nutzern) sowie zur Überbrückung einer räumlichen Distanz zwischen entfernten Kommunikationspartnern (Telekommunikation),
- die ***Speicherung von Informationen*** zur Überbrückung einer Zeitspanne zwischen der Informationserzeugung einerseits und der Informationsnutzung andererseits sowie zur Dokumentierung von Tatbeständen,
- die eigentliche ***Verarbeitung von Informationen*** zur inhaltlichen Transformation: Zuordnungen, Prüfungen, Umformungen, Berechnungen usw.

Akteure (Mitwirkende) eines Informationssystems sind zunächst einmal Menschen als Erzeuger und Nutzer von Informationen. Abbildung 1 skizziert das Modell eines personellen Informationssystems.

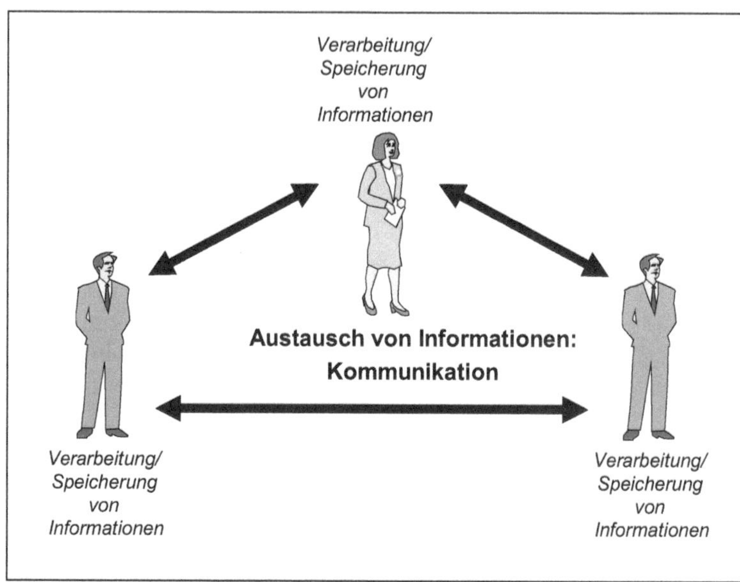

Abb. 1.1: Modell eines personellen Informationssystems

Information und Kommunikation

Information lässt sich umgangssprachlich als Wissen oder Kenntnis über Sachverhalte und Vorgänge verstehen. Da es kein Wissen „an sich“ gibt, sind Informationen immer an einen Menschen als „Informationsträger“ gebunden, der die inhaltliche Informationsverarbeitung durchführt. Der Mensch benötigt Informationen, um Situationen zu erkennen, Entscheidungen zu treffen und ergebnisorientierte Handlungen durchzuführen.

Unter ***Kommunikation*** versteht man ganz allgemein den Austausch von Informationen zwischen zwei Kommunikationspartnern. Information und Kommunikation bedingen sich gegenseitig und betreffen zwei verschiedene Aspekte der Wissensverarbeitung. Ohne Information gibt es keine Kommunikation und andererseits erhält man Informationen in einer Organisation erst durch eine vorherige Kommunikation.

Der Begriff „Informationssystem“ wird meist im oben beschriebenen weiten Sinne benutzt, der Begriff „Kommunikationssystem“ wird dagegen – wie wir gleich sehen werden – meist enger im Sinne eines technischen Kommunikationssystems verstanden.

Maschinen im Informationssystem

Neben den Menschen treten als weitere Akteure (Komponenten) eines Informationssystems schon seit vielen Jahrzehnten Maschinen in Erscheinung. Die maschinelle Unterstützung von Informationssystemen hat zwei grundlegende Wurzeln:

- die technische Nachrichtenübermittlung durch ***Kommunikationssysteme*** seit Beginn des letzten Jahrhunderts,
- die maschinelle Datenverarbeitung durch ***Computer*** seit den 60er Jahren des letzten Jahrhunderts.

Abbildung 1.2 verdeutlicht die Funktionalität von Kommunikationssystemen und Computern.

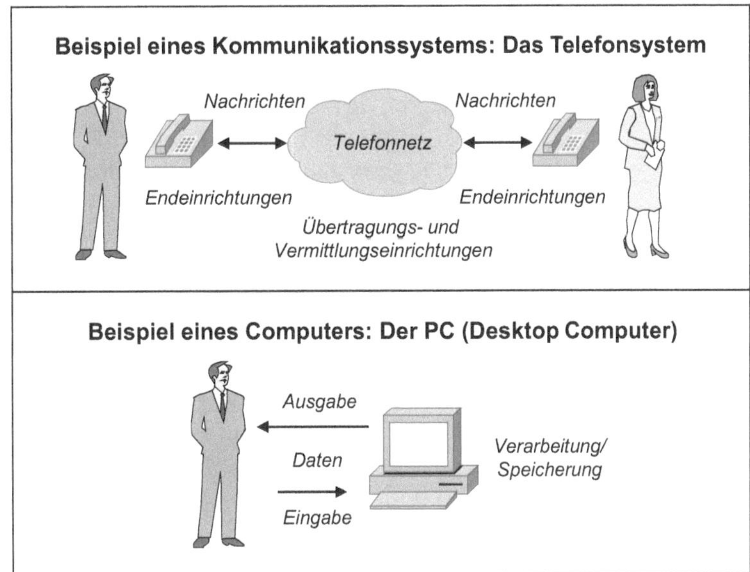

Abb. 1.2: Maschinen im Informationssystem

Kommunikationssysteme im hier gemeinten engeren Sinne bestehen aus Endeinrichtungen sowie aus Übertragungs- und Vermittlungseinrichtungen. Sie sind spezielle Output-Input-Systeme. Ein Beispiel für ein Kommunikationssystem ist das Telefonsystem. Es umfasst Telefonapparate als Endeinrichtungen und das Telefonnetz mit seinen Vermittlungseinrichtungen, den Orts- und Fernvermittlungsstellen sowie ggf. Nebenstellenanlagen auf dem eigenen Grundstück des Nutzers.

Computer sind spezielle Input-Output-Systeme. Sie bestehen, wenn man sie funktionell betrachtet, aus Hardware und Software. Die Hardware umfasst eine Zentraleinheit mit Prozessor (Steuer- und Rechenwerk) und Hauptspeicher sowie periphere Einheiten, also Ein- und Ausgabegeräte, Speichergeräte und dgl. Die Software wird üblicherweise in Systemsoftware (Betriebssystem, systemnahe Software) und Anwendungssoftware eingeteilt. Der funktionelle Aufbau ist für alle Computer vom Notebook bis zum zentralen Mainframe (Großrechner) gleich. Beim konstruktiven Aufbau gibt es jedoch Unterschiede: ein PC (Desktop-Computer) hat z. B. die meisten peripheren Einheiten wie Festplatte und DVD-Laufwerk in die zentrale Baueinheit (das Tower-Gehäuse) integriert, sodass meist nur noch Tastatur, Maus und Bildschirm als periphere Baueinheiten übrig bleiben.

Kommunikationssysteme übertragen Nachrichten

Kommunikationssysteme wurden zunächst für die zwischenmenschliche Kommunikation entwickelt, um ***Nachrichten*** zu übertragen (Telefon, Fernschreiber). Die DIN 44 300 definiert Nachrichten als Darstellung von Informationen durch Zeichen oder kontinuierliche Funktionen (z. B. Schallwellen der Sprache) vorrangig ***zum Zwecke der Übermittlung*** von einem Sender zu einem Empfänger aufgrund bekannter oder unterstellter Abmachungen. Die Benutzer eines Kommunikationssystems müssen ihre Informationen durch Nachrichten darstellen, damit sie von einem Kommunikationssystem übertragen werden können.

Computer verarbeiten Daten

Computer sind Datenverarbeitungsmaschinen. Als Stand-alone-Systeme können sie vom Benutzer eingegebene ***Daten*** verarbeiten und speichern sowie die Verarbeitungsergebnisse anschließend ausgeben. Die DIN 44 300 definiert Daten als Darstellung von Informationen durch Zeichen oder kontinuierliche Funktionen (z. B. analoges Foto) vorrangig ***zum Zwecke der Verarbeitung*** aufgrund bekannter oder unterstellter Abmachungen. Der Benutzer muss seine Informationen also durch Daten darstellen, damit sie ein Computer verarbeiten kann.

Computernetz(werk)

Der technische Fortschritt hat es ermöglicht, Kommunikationssysteme und Computer miteinander zu verbinden. Einerseits wurden Kommunikationsfunktionen zur technischen Nachrichtenübermittlung in die Computer integriert, sodass sie als Endeinrichtungen fungieren können. Andererseits wurden die alten elektromechanischen und elektronischen Vermittlungseinrichtungen im Netzwerkbereich weitgehend durch moderne Computersysteme ersetzt. Das Ergebnis sind Computernetzwerke bzw. Computernetze (vgl. Abbildung 1.3).

Ein Netzwerk besteht allgemein aus Knoten (Elementen) und Kanten (Verbindungslinien), wobei die Kanten Beziehungen zwischen den Elementen angeben. Ein ***Computernetz(werk)*** ist ein verteiltes System von autonomen und räumlich getrennten Computern, die durch Datenübertragungs- und Vermittlungseinrichtungen sowie Übertragungsmedien miteinander verbunden sind – also ein Computerverbund. Da ein Computernetz Daten überträgt, spricht man meist von Datenübertragung und nicht von Nachrichtenübertragung. Das Datenübertragungsnetzwerk wird zur Vereinfachung oft nur als Wolke (Cloud) dargestellt.

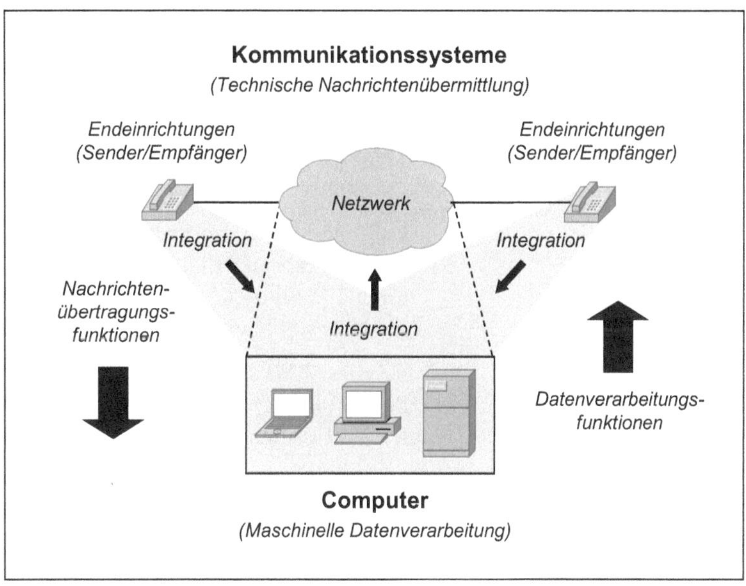

Abb. 1.3: Integration von Kommunikationssystemen und Computern

Protokolle

Die Kommunikation zwischen den Computern eines Computernetzwerks erfolgt durch den Austausch von Nachrichten auf der Grundlage einer Hierarchie von Protokollen. Ein ***Protokoll*** ist eine Menge von Regeln, die das Verhalten von Instanzen oder Prozessen bei der Kommunikation festlegt. Die Regeln betreffen u. a. den Aufbau und Abbau von Verbindungen, die Formate der auszutauschenden Nachrichten, den benutzten Code und Absprachen über eine Fehlererkennung und Fehlerkorrektur. Protokolle werden größtenteils durch Software, teilweise aber auch durch Hardware realisiert.

Multimedia

Die Anforderungen an Computernetzwerke werden zunehmend durch Multimediaanwendungen bestimmt. Unter ***Multimedia*** versteht man die Integration verschiedener digitaler Medien wie Text, Grafik, Fotos, Video und Audio in einem Computer, der für die Integration weiterer Geräte offen sein muss. Beispiele für Multimediaanwendungen sind Videotelefonie, Videokonferenzen,

Videostreaming, Computer Based Training und Internet-Fernsehen. Diese Anwendungen verlangen von Computernetzwerken eine wesentlich höhere Übertragungskapazität und oft auch eine verzögerungsfreie Übertragung (Isochronität).

Die aufgeführten Grundbegriffe werden weitgehend einheitlich verwendet. Gute Quellen zu diesen Grundbegriffen und weiteren Einzelheiten sind [39] und [41].

1.2 Konzept eines Netzwerkes

Benutzersicht

Aus der Perspektive der Netzwerkbenutzer hat ein Computernetzwerk zunächst nur zwei Bestandteile:

- das eigentliche ***Netzwerk*** als Transportsystem, das für die Benutzer als Blackbox erscheint und das deshalb oft nur als Wolke (Cloud) mit nicht erkennbarer Netzstruktur dargestellt wird,
- die ***Anschlüsse der Benutzer*** (Teilnehmeranschlüsse), die durch Verbindungslinien von der Netzwerkwolke zu den verbundenen Computern symbolisiert werden.

Abbildung 1.4 zeigt diese Ende-zu-Ende-Sicht zweier Kommunikationspartner.

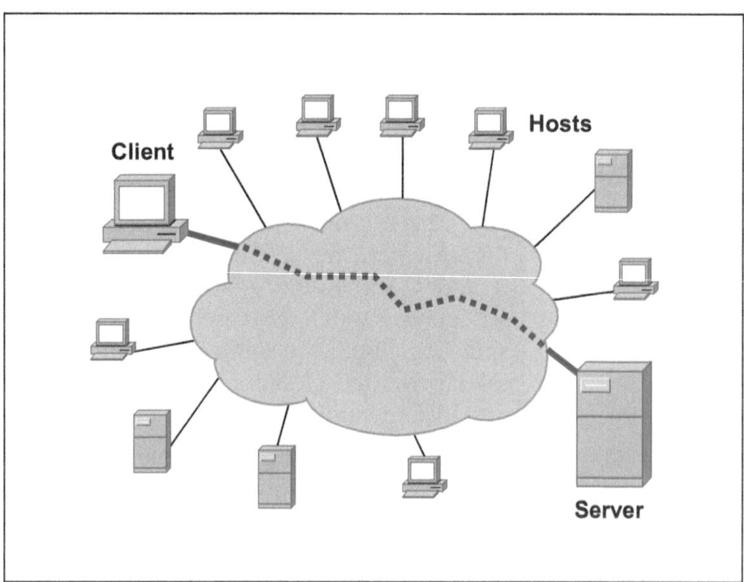

Abb. 1.4: Ende-zu-Ende-Sicht zweier Kommunikationspartner

Die gedachte Verbindung zwischen den Teilnehmeranschlüssen ist als gepunktete Linie dargestellt. Die angeschlossenen Computer werden auch als Datenendeinrichtungen, Endgeräte, Endsysteme oder ***Hosts*** bezeichnet. Der Begriff Host stammt noch aus der Zeit der ersten Computernetzwerke Anfang der 70er Jahre, als an das Netzwerk Großrechner (Hosts) angeschlossen wurden, die ihrerseits Benutzerterminals bedienten. Heute nennt man die verbundenen Computer auf der Benutzerseite ***Clients*** (Auftraggeber) und auf der Seite eines Informations- bzw. Dienstanbieters ***Server*** (Auftragnehmer), da Clients Aufträge geben bzw. Anfragen stellen und Server Aufträge ausführen bzw. Antworten geben (z. B. Versand einer E-Mail, Download einer Datei).

Betreibersicht

Aus der Perspektive eines Netzwerkbetreibers ist das eigentliche Netzwerk ein komplexes System, das aus Netzknoten und Übertragungsmedien besteht. Abbildung 1.5 zeigt die schematische Darstellung eines Netzes aus der Sicht eines Netzwerkbetreibers und eine mögliche Verbindungsrealisierung zwischen zwei Kommunikationspartnern (zu diesen beiden Sichten vgl. auch [18], S. 5 ff.).

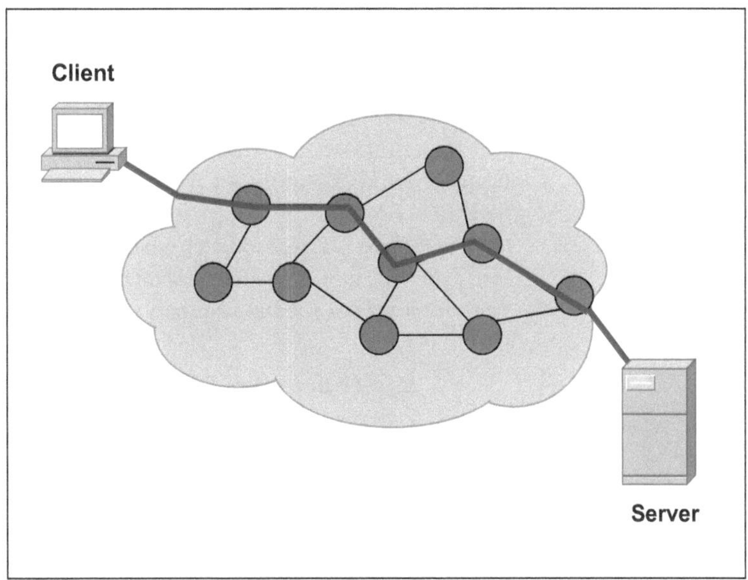

Abb. 1.5: Mögliche Netztopologie und mögliche netzinterne Verbindung

Netzknoten sind Vermittlungs- und Übertragungseinrichtungen zum Durchschalten und Weiterleiten von Nachrichten zwischen Sendern und Empfängern. Eingesetzt werden hierzu vor allem ***Router*** (Vermittlungsrechner) und ***Switches*** (Vermittlungsschalter). Bei den ***Übertragungsmedien*** zur Verbindung der Netzknoten lassen sich grundsätzlich drei Gruppen unterscheiden:

- ***elektrische Leiter*** in Form von Kupferkabeln,
- ***Lichtwellenleiter*** in Form von Glasfaserkabeln und
- ***Funk*** als draht- und kabelloses Medium.

Topologie eines öffentlichen Netzwerkes

Die logische und/oder physische Anordnung der Netzknoten und Übertragungsmedien eines Netzes wird als Netzwerkstruktur oder ***Netz(werk)topologie*** bezeichnet. Für ein Netzwerk, das von einem Betreiber für den öffentlichen Betrieb unterhalten wird (z. B. von der Deutschen Telekom), lässt sich die Netztopologie vereinfacht als ***Maschennetz*** darstellen. Bei einem Maschennetz sind die meisten benachbarten Rechnerknoten durch ein Übertragungsmedium miteinander verbunden. Das in Abbildung 1.5 dargestellte Netz hat also eine Maschennetz-Topologie.

In der Realität ist die Topologie eines öffentlichen Netzes allerdings wesentlich komplexer. Das dargestellte Maschennetz dient dann lediglich als Kernstück (Core, Backbone) des gesamten Netzes. An den Randknoten können sich z. B. weitere hierarchisch angeordnete Knoten befinden.

Topologie privater Campusnetze

Private Campusnetzwerke – also lokale Netze auf dem eigenen Grundstück – können sehr unterschiedliche Topologien haben. Seit dem Beginn ihrer Vermarktung Anfang der 80er Jahre haben ***lokale Netze*** (LANs) eine ebenso rasante Entwicklung durchlaufen wie öffentliche Netze. Abbildung 1.6 zeigt die vier Basis-Topologien von lokalen Netzen (vgl. z. B. [6], S. 20 ff.; [8], S. 75 f.):

- ***Bus-Topologie:*** Dies ist die Struktur des klassischen Ethernet, bei dem die Computer über sog. Transceiver an ein Koaxialkabel angeschlossen sind. Transceiver ist ein Kunstwort aus Transmitter (Sender) und Receiver (Empfänger).
- ***Ring-Topologie:*** Der klassische Token-Ring von IBM hat diese Struktur, bei der sog. Ringleitungsverteiler (Multi-Station Access Units) über verdrillte Kupferkabel zu einem Ring zusammengeschlossen werden. Jeder Ringleitungsverteiler bedient dabei bis zu acht Compu-

ter. Hochmoderne optische Netze benutzen – quasi als Nachfolger des Token-Rings – auch die Ring-Topologie. Sie verbinden z. B. im Großstadtbereich als „Metro Rings" (Metropolitan Rings) mehrere Campusnetzwerke.

- ***Stern-Topologie:*** Bei dieser modernen Struktur werden die Computer über einen zentralen Switch miteinander verbunden. Der Vorteil gegenüber der Bus- und Ring-Topologie besteht darin, dass mehrere Computer gleichzeitig und parallel miteinander kommunizieren können. Wird anstelle eines Switches allerdings ein etwas preiswerterer Hub (Sternverteiler) eingesetzt, so entfällt dieser Vorteil, wie wir später noch sehen werden.
- ***Baum-Topologie:*** Sie entsteht bei modernen Netzwerken, wenn mehrere Sterne über Switches und Router hierarchisch hintereinander geschaltet werden, um größere Campusnetzwerke zu realisieren.

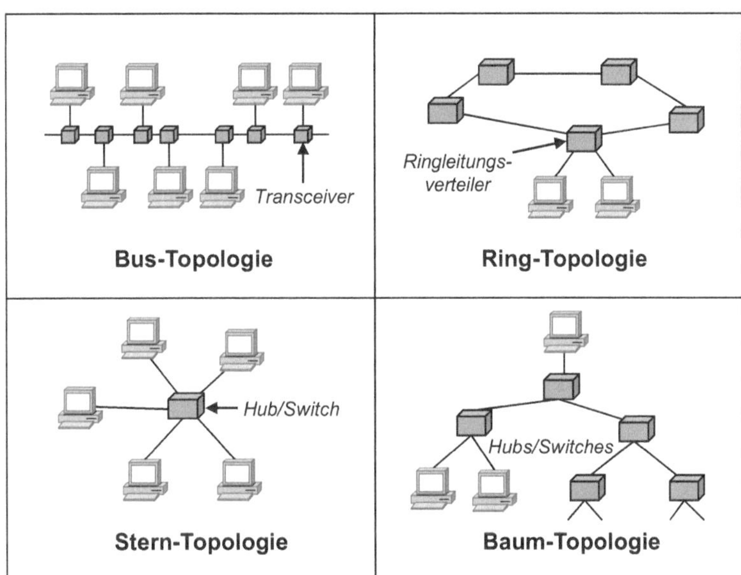

Abb. 1.6: Topologien von lokalen Netzen

Die angeschlossenen Computer können sowohl als Clients als auch als Server fungieren. Campusnetze größerer Unternehmen haben oft eine noch viel komplexere Topologie, da viele Komponenten zur Erhöhung der Netzwerkverfügbarkeit redundant ausgelegt werden müssen. Kapitel 8 wird dies detailliert zeigen.

Tatsächliche Internetstruktur

Auch die Struktur des Internets ist in der Realität viel komplexer, als sie aus der Benutzersicht erscheint. Tatsächlich besteht das Internet aus einer ***Vielzahl von einzelnen Netzen***, die über Router (Vermittlungsrechner) miteinander verbunden sind. Abbildung 1.7 zeigt dies schematisch. Den Kern des Internets bilden öffentliche Netzwerke von Internet Service Providern (ISPs wie z. B. T-Online und AOL), die ihrerseits öffentliche Netze von Netzwerkbetreibern (wie z. B. der Deutschen Telekom) nutzen. An diese Netze sind wiederum private Netze angeschlossen.

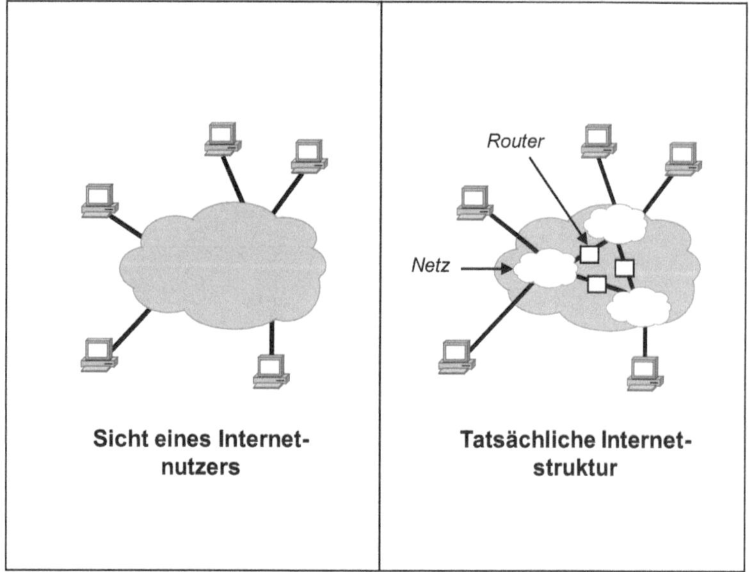

Abb. 1.7: Das Internet als eine Vielzahl miteinander verbundener Netze

So kann ein ***Unternehmen*** seine privaten Netze in den Niederlassungen und Filialen über öffentliche Netze mit seinem privaten Netz in der Zentrale verbinden und so ein privates, unternehmensweites Netzwerk, ein sog. Corporate Network, betreiben. Wenn ein ***privater Nutzer*** von zu Hause aus im Internet surft, dann laufen seine Nachrichten in der Regel nicht nur über das Netzwerk seines ISPs. Sie werden vielmehr über weitere öffentliche Netze anderer Provider bis hin zu einem privaten Netz übertragen, in dem schließlich der Server steht, mit dem sein Client kommuniziert.

Netzwerkarchitekturen

Alle Computernetzwerke lassen sich grundsätzlich durch ihre Netzwerkarchitektur beschreiben. Eine Netzwerkarchitektur ist die vereinfachte Beschreibung des Netzaufbaus und entspricht damit einem ***Bauplan.*** Sie kennzeichnet die grundlegenden Merkmale eines Computernetzwerks aus der Sicht des Netzwerkdesigners und des Netzwerkbetreibers. Abbildung 1.8 verdeutlicht die Beschreibung eines Computernetzwerks durch eine Netzwerkarchitektur schematisch.

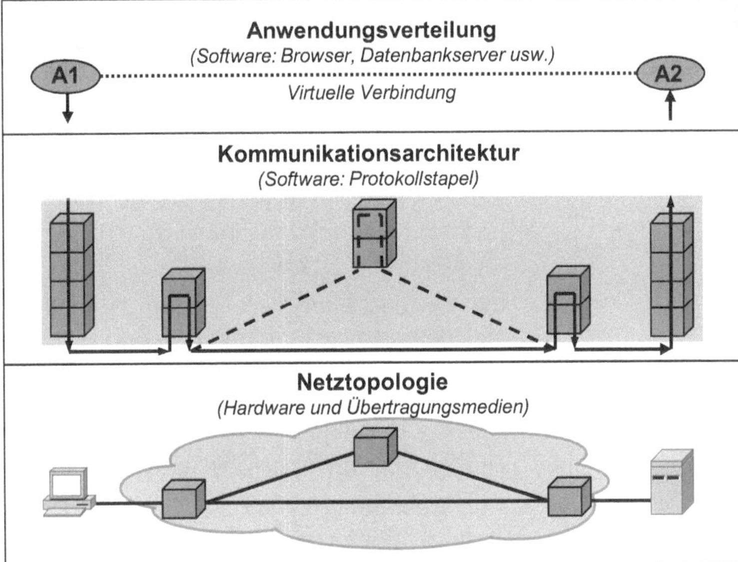

Abb. 1.8: Schematische Darstellung einer Netzwerkarchitektur

Wesentliche ***Merkmale einer Netzwerkarchitektur*** sind (vgl. auch [42], S. 133 ff.):

- Die ***Netz(werk)topologie:*** Sie spiegelt die logische und/oder physische Struktur eines Netzes wider. Im Einzelnen zeigt sie die Anordnung der Netzknoten (Übertragungs- und Vermittlungseinrichtungen), ihre Verbindung über Übertragungsmedien (Verbindungskabel, Funkstrecken) und die angeschlossenen Computer.
- Die ***Kommunikationsarchitektur:*** Sie beschreibt die Kommunikationssoftware, die in den angeschlossenen Computern und in den Netzknoten verwendet wird und die jeweils in Form eines Protokoll-Stacks (Protokoll-Stapel, Protocol Stack) angeordnet ist. Die Kommunika-

tionssoftware regelt das Verhalten der an einer Kommunikation beteiligten Computer und Netzknoten. Einzelheiten zum grundlegenden und komplexen Thema der Kommunikationsarchitektur von Computernetzen sehen wir in Kapitel 3.

- Die ***Anwendungsverteilung:*** Sie beschreibt die Verteilung der Anwendungsfunktionen bzw. -rollen auf die an ein Netzwerk angeschlossenen Computer und ggf. Terminals. Man unterscheidet Terminal-Netze, Peer-to-Peer-Netze und Client-Server-Netze.

Anwendungsverteilung

Unter einem ***Terminal-Netz*** versteht man ein zentralisiertes Netzwerk, das aus einem zentralen Rechner (in der Regel ein Mainframe) und mehreren angeschlossenen Terminals (Ein-/Ausgabegeräten) besteht. Die Terminals sind über Koaxialkabel, über das Telefonnetz oder über gemietete Fernleitungen mit dem Zentralrechner verbunden. Da sie über keinerlei Verarbeitungs- und Speicherfunktionalität verfügen, werden sie auch als „dumme Terminals" bezeichnet.

Ein ***Peer-to-Peer-Netz*** ist ein verteiltes Netzwerk, bei dem gleichberechtigte Computer (Peers) miteinander verbunden sind. Jeder von ihnen stellt den anderen seine Ressourcen (Geräte, Dateien, Programme) zur Verfügung. Die Computer können beispielsweise vernetzte PCs einer Arbeitsgruppe oder vernetzte Großrechner mit angeschlossenen Terminals sein.

Ein ***Client-Server-Netz*** ist ebenfalls ein verteiltes Netzwerk. Allerdings gibt es hierbei eine andere Rollenverteilung. Einerseits existieren ein, mehrere oder viele zentrale Server (Auftragnehmer) im Netz (Datenbankserver, Anwendungsserver, Webserver usw.). Andererseits können viel Clients (Auftraggeber) auf diese(n) Server zugreifen. Ihre lokale Funktionalität wird erweitert, indem sie die Dienste der zentralen Server in Anspruch nehmen.

1.3 Komponenten eines Kommunikationssystems

In einem Computernetz wird die ***Gesamtheit aller Einrichtungen (Hardware und Software),*** die für die Übertragung von Nachrichten zwischen räumlich getrennten Computern und damit zwischen Prozessen einer verteilten Anwendung notwendig sind, als Kommunikationssystem bezeichnet. Die Ausprägung eines Kommunikationssystems richtet sich also nach den konkreten Gegebenheiten. Zum Aufbau eines Kommunikationssystems gibt es drei grundsätzliche Möglichkeiten (vgl. hierzu [39], S. 466):

- ***Datendirektverbindung*** zwischen zwei Computern als Punkt-zu-Punkt-Verbindung durch ein Übertragungsmedium,
- ***gemeinsam nutzbare Verbindung (Shared Medium)*** insbesondere in Form einer Bus-, Ring- oder Stern-Topologie,
- ***Kommunikationsnetz*** mit speziellen Vermittlungseinrichtungen (Routern und Switches), das meist die Topologie eines Maschennetzes, eines Sternes oder eines Baumes hat und das gleichzeitig mehrere parallele Verbindungen realisieren kann.

Funktioneller Aufbau

Funktionell betrachtet, besteht ein Kommunikationssystem generell aus den angeschlossenen Computern und einem sog. Kommunikationssubsystem. Das ***Kommunikationssubsystem*** fungiert dabei als reines Datentransportsystem. Wie Abbildung 1.9 zeigt, umfasst das Kommunikationssubsystem das eigentliche Netzwerk und den Abschluss dieses Netzwerkes in Form einer ***Datenübertragungseinrichtung (DÜE)*** bzw. Data Communication Equipment (DCE) je Teilnehmeranschluss. Ein mit dem Kommunikationssystem verbundener Computer wird allgemein als ***Datenendeinrichtung (DEE)*** bzw. Data Terminating Equipment (DTE) bezeichnet.

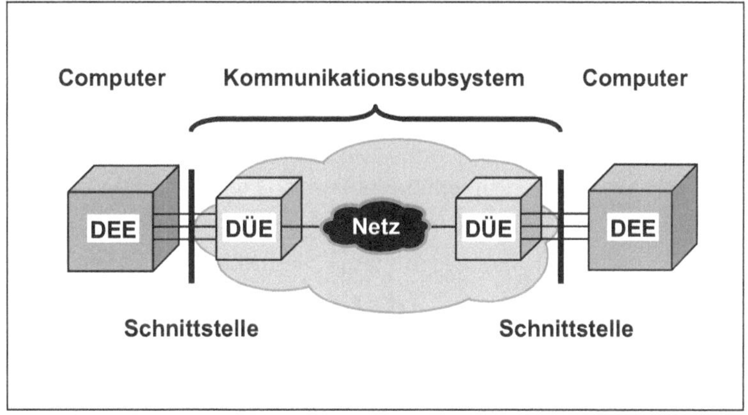

Abb. 1.9: Funktioneller Aufbau eines Kommunikationssystems

Eine ***DÜE*** sorgt für die physische Verbindung mit dem Netzwerk, leitet den Datenverkehr weiter und liefert Taktsignale für die Synchronisation mit der DEE. Der in der DÜE enthaltene Signalumsetzer hat die Aufgabe, gerätespezifische Signale in medienspezifische Signale und vice versa umzusetzen.

Beispiele für DÜEs sind:

- ***Modem*** (Kunstwort aus Modulator und Demodulator) als Abschluss des Telefonnetzes: Es setzt die digitalen Computersignale in analoge Netzsignale und vice versa um.
- ***NTBA*** (Network-Termination-Basisanschluss) als Abschluss des ISDN-Netzes. Er setzt die 2-Draht-Leitung des Netzes in eine hausinterne 4-Draht-Leitung um und führt eine medienspezifische Signalumsetzung durch.
- ***Transceiver*** (Kunstwort aus Transmitter und Receiver) als Abschluss beim Ethernet. Er führt die Bitübertragung sowie den Bitempfang durch und ist für die Kollisionserkennung auf dem Ethernet-Medium verantwortlich.
- ***DSL-Modem*** (NTBBA, Network-Termination-Breitbandanschluss) als Abschluss des DSL-Breitbandzuganges. Es ermöglicht das Senden und Empfangen von Daten über die Teilnehmeranschlussleitung mit DSL-Technik.

Zwischen DEE und DÜE existiert eine ***standardisierte Schnittstelle,*** damit eine Kommunikation zwischen Geräten verschiedener Hersteller möglich ist. Zu dieser Schnittstelle gibt es viele internationale und nationale Standards, die die elektrischen, funktionalen und mechanischen Schnittstelleneigenschaften regeln. Die folgenden Standards der TIA/EIA (Telecommunications Industry Association/Electronic Industries Alliance), der ITU-T (International Telecommunication Union – Telecommunication Standardization Sector) und des USB IF (Universal Serial Bus Implementers Forum) sind bekannte Beispiele hierfür:

- ***TIA/EIA-232:*** Schnittstelle für serielle binäre Datenübertragung, die früher RS-232 genannt wurde,
- ***ITU-T V.24:*** Schnittstelle für asynchrone Datenübertragung über das Telefonnetz (entspricht TIA/EIA-232),
- ***ITU-T X.21:*** Schnittstelle für die synchrone Datenübertragung über öffentliche Datennetze,
- ***ITU-T I.430:*** S_0-Schnittstelle der Deutschen Telekom zur Nutzung des ISDN-Netzabschlusses NTBA.
- ***USB (Universal Serial Bus):*** universelle Schnittstelle des USB IF für eine Vielzahl von peripheren Geräten.

Die Schnittstelle zwischen DEE und DÜE schließt das Netzwerk, also das eigentliche Datentransportsystem, bei funktioneller Betrachtung ab. Deshalb ist etwa der NTBA beim ISDN oder das T-DSL-Modem – der NTBBA (Network-Termination-Breitbandanschluss) – beim T-DSL der Deutschen Telekom Bestandteil des Teilnehmeranschlusses. Bei öffentlichen Netzen begrenzte die Schnittstelle zwischen DEE und DÜE früher generell den ***Verantwortungsbereich des Netzwerkbetreibers***. Vor der Marktöffnung für Telekommunikationsdienste im Jahre 1995 gehörten alle DÜEs – ebenso wie Telefonapparate – zum Hoheitsbereich der damaligen Deutschen Bundespost. Erst die ***„Steckerlösung"*** im Zusammenhang mit der Marktöffnung gab jedem Teilnehmer das Recht, selbstständig einen Netzabschluss zu installieren, der ihm den Anschluss von Geräten seiner Wahl ermöglicht.

Konstruktiver Aufbau

Wegen der zunehmenden Funktionsintegration ist es sinnvoll, auch den konstruktiven Aufbau eines Kommunikationssystems ein wenig näher zu betrachten. Abbildung 1.10 verdeutlicht die konstruktive Sicht auf ein Kommunikationssystem.

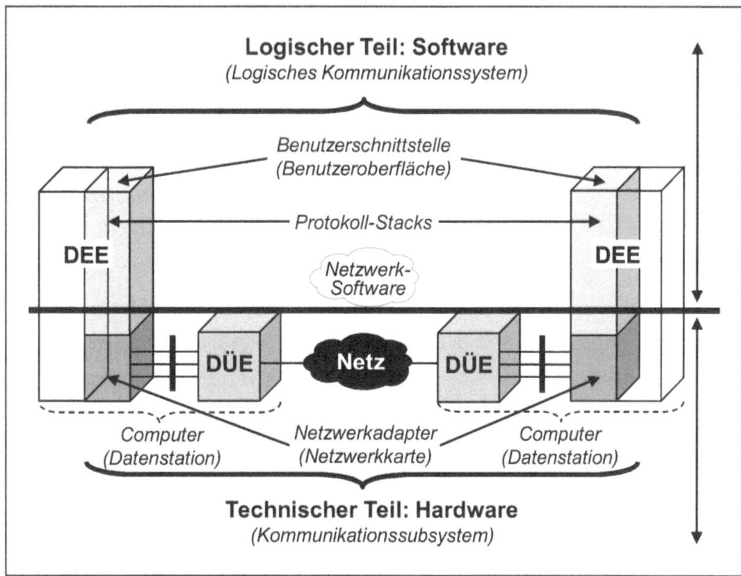

Abb. 1.10: Konstruktiver Aufbau eines Kommunikationssystems

Bei dieser Sicht setzt sich ein Kommunikationssystem aus zwei grundlegenden Teilen zusammen ([23], S. 17 f.):

- einem ***„technischen Teil“*** für die „nackte“, physikalisch realisierte Informationsübertragung (untere Bildhälfte) und
- einem ***„logischen Teil“*** für die Nutzbarmachung der Informationsströme für Anwendungen und Menschen (obere Bildhälfte).

Der technische Teil: Hardware

Der technische Teil eines Kommunikationssystems, der die physikalische Informationsübertragung realisiert, besteht aus einer zusammengehörigen Menge von Komponenten, die die Kommunikation zwischen zwei Computern ermöglichen. Zu ihm gehören:

- das ***Netzwerk*** mit den Netzknoten und Übertragungsmedien,
- die ***DÜEs*** als Netzabschlüsse sowie zusätzlich
- die ***Netzwerkadapter*** (Netzwerkkarten) der angeschlossenen Computer (der DEEs), die zur Datenübertragung erforderlich sind.

Ein ***Netzwerkadapter,*** auch als NIC (Network Interface Card) bezeichnet, hat die Aufgabe, einen Computer „netzwerkfähig“ zu machen. Zu den Aufgaben eines Netzwerkadapters gehören etwa die Erkennung von Steuerzeichen, die Verbindungsüberwachung, die Codeumwandlung und die Parallel-Serien-Umwandlung für die Bits der zu übertragenden Zeichen. Ein Netzwerkadapter ist z. B.:

- eine ***serielle Schnittstellenkarte*** zum Anschluss an das Telefonnetz über ein externes Modem,
- eine ***ISDN-Karte*** zum Anschluss an das ISDN-Netz über einen NTBA,
- eine ***Ethernet-Karte*** (Netzwerkkarte) zum Anschluss an ein lokales Ethernet über einen Transceiver.

Netzwerkadapter und DÜE gehören sehr eng zusammen, da sie sich beide am Ort des Nutzers befinden. Deshalb ist oft zusammen mit dem Netzwerkadapter auch die ***DÜE im Computer*** untergebracht. Dies ist dann der Fall, wenn sie keine eigene Baueinheit bildet, sondern in die Baueinheit eines Netzwerkadapters integriert wurde. Aus konstruktiver Sicht muss die Schnittstelle zwischen DEE und DÜE auch nicht automatisch zu zwei verschiedenen Geräten führen. DIN 44 302 bezeichnet ein Gerät, das aus einer DEE und einer DÜE besteht, die an ein Übertragungsmedium angeschlossen ist, als ***Datenstation.*** Beispiele für integrierte DÜEs zum Anschluss an öffentliche Netzwerke sind etwa:

- Ein ***internes Modem:*** es besitzt eine integrierte serielle Schnittstelle zum Anschluss an das Telefonnetz.
- Ein ***internes DSL-Modem*** (NTBBA, Network-Termination-Breitbandanschluss): es besitzt eine integrierte Ethernet-Karte mit integriertem Transceiver zur Nutzung eines DSL-Anschlusses.

Ein Beispiel für eine integrierte DÜE im Bereich privater lokaler Netze ist ebenfalls eine ***Ethernet-Karte (Netzwerkkarte) mit integriertem Transceiver,*** die den Anschluss an ein Ethernet-LAN ermöglicht.

Häufig wird der technische Teil eines Kommunikationssystems auch als ***Kommunikationssubsystem*** bezeichnet. Im angeschlossenen Computer besteht er im Wesentlichen nur aus Hardware. Ein Vergleich der Abbildung 1.10 mit der Abbildung 1.9 zeigt, dass das Kommunikationssubsystem aus konstruktiver Sicht weiter reicht als bei funktioneller Betrachtung, da neben dem eigentlichen Netzwerk und den DÜEs auch noch die Netzwerkadapter mit einbezogen werden.

Der logische Teil: Software

Der logische Teil eines Kommunikationssystems, der als ***logisches Kommunikationssystem*** bezeichnet werden kann, umfasst die gesamte Software, die in den angeschlossenen Computern und in den Netzknoten zur computergestützten Kommunikation erforderlich ist. Sie bietet dem Benutzer die unterschiedlichsten ***Dienste.*** Der dem Benutzer zugewandte Teil der Kommunikationssoftware konkretisiert sich in der ***Benutzerschnittstelle (Benutzeroberfläche)*** des jeweils genutzten Dienstes, also z. B. im Fenster eines Internet-Browsers oder eines FTP-Clients. Die Kommunikationssoftware umfasst eine Hierarchie von Protokollen, die das Verhalten der beteiligten Computer bei der Kommunikation regeln. Sie wird auch als ***Protokoll-Stack*** (Protokollstapel, Protocol Stack) bezeichnet, da man hier von der Vorstellung aufeinander aufbauender Softwareschichten ausgeht.

Zum Protokoll-Stack gehört heute meist das Protokollpaar ***TCP/IP*** (Transmission Control Protocol/Internet Protocol). Seine Aufgabe ist die Steuerung der Kommunikation von an das Internet angeschlossenen Computern im Rahmen definierter Regeln. Struktur und Arbeitsweise des logischen Kommunikationssystems werden durch seine Kommunikationsarchitektur beschrieben.

Beziehung zwischen Diensten und Netzen

Zwischen Diensten (logischem Teil) und Netzen (technischem Teil) kann es verschiedene ***Beziehungsarten*** geben. Die jeweilige Beziehung hängt im konkreten Fall davon ab, welche Dienste eines logischen Kommunikationssystems über ein Kommunikationssubsystem möglich sind. Folgende Ausprägungen lassen sich unterschieden:

- ***1:1-Beziehung:*** nur Telefondienst in einem früheren nationalen Telefonnetz,
- ***1:N-Beziehung:*** weltweiter Datenkommunikationsdienst eines internationalen Konzerns über verschiedene nationale Teilnetze,
- ***N:1-Beziehung:*** Telefon-, Fax- und Datenkommunikationsdienste im nationalen ISDN-Netz,
- ***M:N-Beziehung:*** alle möglichen Dienste über alle möglichen Netze des heutigen Internets.

1.4 Organisation der Kommunikation

Kommunikationsformen

Es gibt verschiedene Aspekte, unter denen die Organisation der Kommunikation betrachtet werden kann. Sie betreffen sowohl Informationssysteme im Allgemeinen als auch technische Kommunikationssysteme im Speziellen, insbesondere Computernetzwerke. Zunächst kann man die Kommunikationsform beschreiben. Sie hängt davon ab, ob als ***Akteure eines Informationssystems*** Menschen und/oder Maschinen auftreten und miteinander kommunizieren. Dies ist in Abbildung 1.11 (in Anlehnung an [23], S. 15 ff.) dargestellt.

Es lassen sich drei grundlegende Kommunikationsformen unterscheiden:

- ***Mensch-Mensch-Kommunikation:*** Sie kann direkt (z. B. in einem persönlichen Gespräch) oder indirekt zur Überbrückung einer Distanz mittels eines Kommunikationssystems stattfinden (z. B. Telefongespräch, E-Mail).
- ***Mensch-Maschine-Kommunikation:*** Sie kann ebenfalls direkt (z. B. Arbeiten an einem PC) oder indirekt mittels eines Kommunikationssystems erfolgen, wenn auf einen entfernten Computer zugegriffen wird (z. B. über einen PC zur Eingabe einer Bestellung oder eines Auftrages in einen entfernten Server).
- ***Maschine-Maschine-Kommunikation:*** Sie läuft immer indirekt über ein Kommunikationssystem mit Datendi-

rektverbindung, gemeinsam genutzter Verbindung oder Kommunikationsnetz ab. Sie wird stets durch eine Inter-Prozess-Kommunikation zwischen zwei Computern realisiert (z. B. bei einem Dateitransfer).

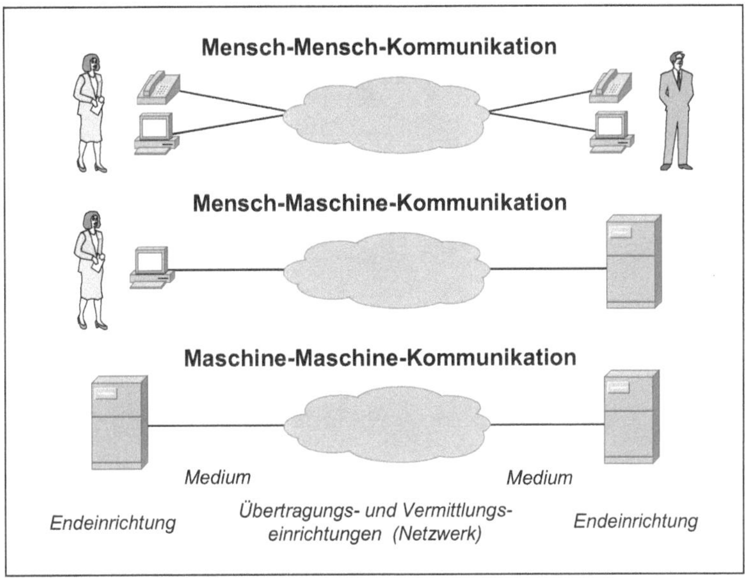

Abb. 1.11: Mögliche Kommunikationsformen

Bei einer indirekten Kommunikation sind für den Benutzer in allen drei Fällen nur die Endeinrichtungen sichtbar, das eigentliche Netzwerk in Form der Übertragungs- und Vermittlungseinrichtungen des Kommunikationssystems bleibt jedoch verborgen.

Verkehrsarten

Die ***Anzahl der Endeinrichtungen***, die an einer computergestützten Kommunikation beteiligt sind, bestimmt die Verkehrsart. Mit der Verkehrsart gibt man an, an wie viele Empfänger ein Sender seine Nachricht schickt. Wie Abbildung 1.12 zeigt, sind drei grundlegende Verkehrsarten möglich (vgl. [23], S. 16 ff.):

- ***Punkt-zu-Punkt-Übertragung (Unicast):*** Ein Sender sendet eine Nachricht an einen einzelnen Empfänger.
- ***Punkt-zu-Gruppe-Übertragung (Multicast):*** Ein Sender sendet eine Nachricht an eine Gruppe von Empfängern eines Netzes.
- ***Punkt-zu-alle-Übertragung (Broadcast):*** Ein Sender sendet eine Nachricht an alle Empfänger eines Netzes.

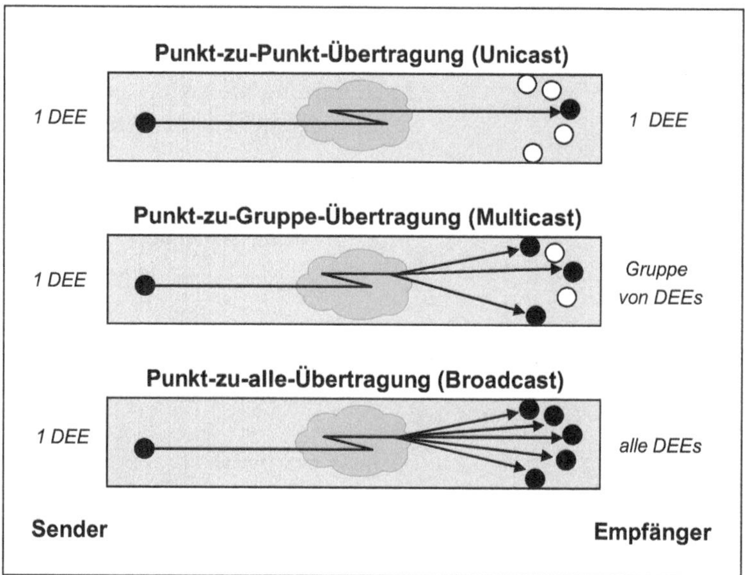

Abb. 1.12: Mögliche Verkehrsarten

In Computernetzwerken stellt ***Unicast-Verkehr*** den natürlichen Weg zwischen zwei Kommunikationspartnern dar. Er ist deshalb sowohl logisch auf der Dienstebene als auch physisch auf der Geräteebene leicht nachvollziehbar. ***Multicastverkehr*** wird auf der Dienstebene insbesondere zum Transport von Multimediaströmen in Echtzeit (z. B. für Videokonferenzen) eingesetzt, um die Netzbelastung zu reduzieren. Die physische Kommunikation zur Steuerung von Netzwerkgeräten (Switches/Router) läuft ebenfalls zum großen Teil als Multicastverkehr ab. ***Broadcastverkehr*** ist größtenteils technischen Ursprungs, und er führt zu einer erheblichen Netzbelastung. Z. B. sendet ein Computer, der die physische Adresse des Empfängers nicht kennt, eine Anfrage mit der IP-Zieladresse an alle Computer des betroffenen Teilnetzes.

Betriebsarten der Nachrichtenübertragung

Die Betriebsart der Nachrichtenübertragung gibt die Richtung an, in der Nachrichten zwischen zwei Endeinrichtungen übertragen werden können. Abbildung 1.13 verdeutlicht die drei möglichen Übertragungsrichtungen im Zeitablauf (vgl. [42], S. 77 f.).

Es gibt:

- ***Simplex-Betrieb:*** Nachrichten können nur in einer Richtung (unidirektional) übertragen werden. Hierzu muss sich die eine Endeinrichtung im Sendebetrieb, die andere im Empfangsbetrieb befinden. Rundfunk und Fernsehen sind Beispiele für den Simplex-Betrieb.

- ***Halbduplex-Betrieb:*** Nachrichten werden abwechselnd von beiden Endeinrichtungen (bidirektional) übertragen. Sie müssen sich hierzu im sog. Wechselbetrieb befinden, damit in beiden Endeinrichtungen abwechselnd Sende- und Empfangsbetrieb stattfinden kann. Bidirektionaler Ein-Kanal-Funk (z. B. Taxifunk) ist ein Beispiel für den Halbduplex-Betrieb.
- ***Vollduplex-Betrieb:*** Nachrichten können gleichzeitig von beiden Endeinrichtungen (bidirektional) übertragen werden. Beide Endeinrichtungen müssen sich im sog. Gegenbetrieb befinden, damit gleichzeitig Sende- und Empfangsbetrieb möglich ist. Telefonnetze und moderne Computernetzwerke sind Beispiele für den Vollduplex-Betrieb.

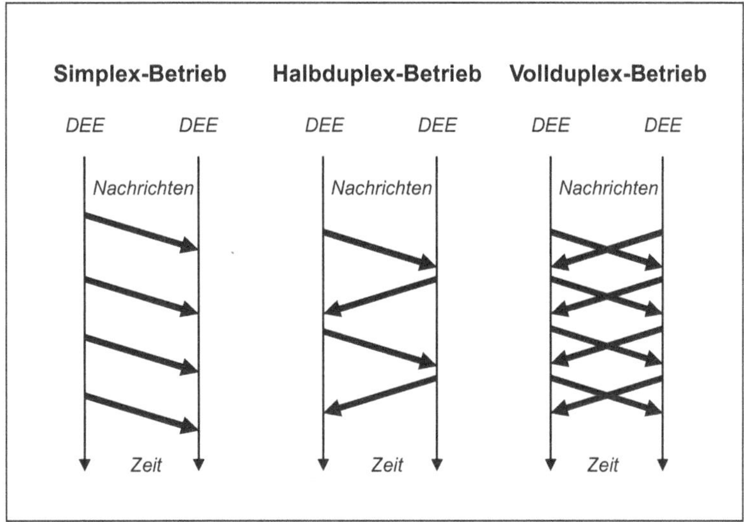

Abb. 1.13: Mögliche Betriebsarten der Nachrichtenübertragung

Verbindungsorientierung von Netzwerkdiensten

Die Kommunikation zwischen zwei Computern kann sich am ***Modell des Telefonsystems*** oder am ***Modell des Postsystems*** orientieren (vgl. [43], S. 48 ff.). Im ersten Fall spricht man von einem verbindungsorientierten, im zweiten Fall von einem verbindungslosen Dienst. Abbildung 1.14 veranschaulicht beide Systeme schematisch.

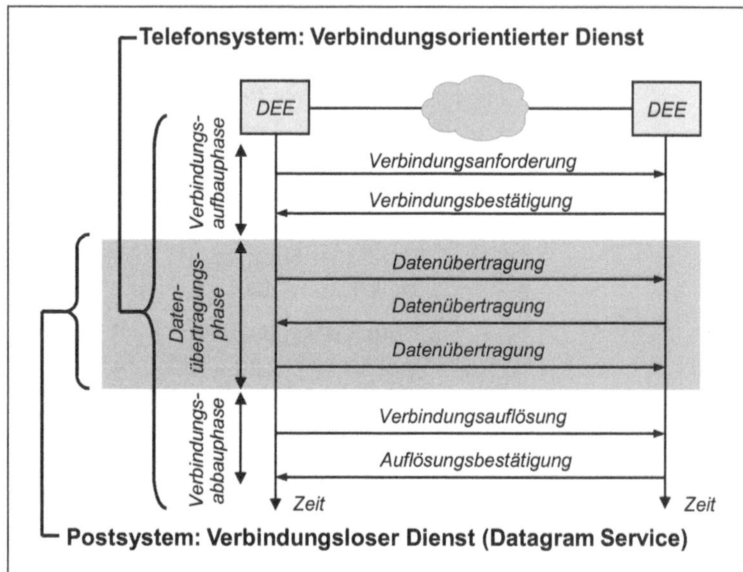

Abb. 1.14: Verbindungsorientierter und verbindungsloser Dienst

Bei einem ***verbindungsorientierten Dienst*** (Connection-Oriented Service) muss zunächst eine Verbindung zum gewünschten Kommunikationspartner aufgebaut werden, bevor irgendwelche Daten übertragen werden können. Ein verbindungsorientierter Netzwerkdienst realisiert eine Kommunikation zwischen zwei Computern immer in drei Phasen:

- ***Verbindungsaufbau:*** Es wird eine physische oder virtuelle Verbindung zwischen zwei Computern aufgebaut (vergleichbar dem Wählen einer Telefon-Nummer). Beim Aufbau einer physischen Verbindung erfolgt ein physisches Durchschalten der Verbindung von der rufenden zur gerufenen Endeinrichtung. Beim Aufbau einer virtuellen Verbindung werden in den Vermittlungseinrichtungen (Switches/Router) entsprechende Tabelleneinträge vorgenommen, die den Weg der virtuellen Verbindung bestimmen. Zusätzlich können benötigte Netzwerkressourcen reserviert werden.
- ***Verbindungsrealisierung:*** Hier erfolgt die Übertragung der Nutzdaten. Sie umfasst meist auch eine Überprüfung auf verloren gegangene Datenpakete sowie im Fehlerfall eine Wiederholung der Übertragung. Damit der Pufferspeicher des Empfängers nicht überläuft, erfolgt eine entsprechende Datenflusssteuerung.

- ***Verbindungsabbau:*** Die Verbindung wird aufgelöst (vergleichbar mit dem Auflegen des Telefonhörers). Bei einer physischen Verbindung wird die Leitungsdurchschaltung aufgehoben, bei einer virtuellen Verbindung werden die Tabelleneinträge gelöscht und ggf. reservierte Netzwerkressourcen freigegeben.

Die einzelnen Nachrichten werden alle über dieselbe physische bzw. virtuelle Verbindung transportiert (z. B. beim X.25-Protokoll oder beim TCP-Protokoll).

Ein ***verbindungsloser Dienst*** (Connectionless Service, Datagram Service) überträgt Daten ohne einen vorherigen Verbindungsaufbau. So werden bei einem paketvermittelten Dienst lange Nachrichten in kürzere Datenpakete segmentiert, die man auch als Datagramme (Datagrams) bezeichnet. Die einzelnen Datenpakete einer Nachricht werden unabhängig voneinander übertragen (z. B. beim IP-Protokoll).

Jedes Datenpaket enthält eine Zieladresse. In einem Maschennetz können die einzelnen Pakete anhand ihrer Zieladresse auf unterschiedlichen Wegen vom Sender zum Empfänger geleitet werden. Deshalb kann die Empfangsreihenfolge der Pakete von der Reihenfolge abweichen, in der sie gesendet wurden. Die Pakete müssen dann vom Empfänger wieder in die Sendereihenfolge gebracht werden. Da ein verbindungsloser Dienst aber wesentlich weniger Overhead (Übertragungs- und Verwaltungsaufwand) verursacht als ein verbindungsorientierter Dienst, findet er viele Anwendungen, die wir noch kennen lernen werden.

1.5 Testaufgaben

1. Was verstehen Sie unter
   (1) dem Begriff „Information“,
   (2) einem Informationssystem,
   (3) dem Begriff „Kommunikation“,
   (4) einem Kommunikationssystem?
2. Wie definiert die DIN 44 300
   (1) Daten,
   (2) Nachrichten?
3. Welche Aufgaben haben
   (1) Informationssysteme,
   (2) Kommunikationssysteme,
   (3) Computer?
4. Was sind Computernetzwerke und wie sind sie entstanden?

5. Was sind Protokolle und welche Aufgaben haben sie?
6. Was wird durch den Begriff „Multimedia“ bezeichnet, welche Multimediaanwendungen kennen Sie und welche neuen Anforderungen stellen Multimediaanwendungen an Computernetzwerke?
7. Wie sieht ein Netzwerk aus:
   (1) aus der Perspektive von Netzwerkbenutzern,
   (2) aus der Perspektive von Netzwerkbetreibern?
8. Welche Topologie haben normalerweise öffentliche Netzwerke und welche Topologien existieren für private Campusnetzwerke?
9. Wie unterscheidet sich die Sicht eines Internetnutzers auf das Internet von der tatsächlichen Internetstruktur?
10. Was ist eine Netzwerkarchitektur und aus welchen Teilen besteht sie?
11. Erläutern Sie die verschiedenen Möglichkeiten einer Anwendungsverteilung in einem Computernetzwerk!
12. Aus welchen Teilsystemen besteht ein Kommunikationssystem bei funktioneller Sicht und aus welchen Teilsystemen besteht es bei konstruktiver Sicht?
13. Welche Komponenten umfassen die Teilsysteme eines Kommunikationssystems bei funktioneller Betrachtungsweise? Erläutern Sie die Funktionen der einzelnen Komponenten!
14. Welche Komponenten umfassen die Teilsysteme eines Kommunikationssystems bei konstruktiver Betrachtungsweise? Erläutern Sie die Funktionen der (gegenüber der funktionellen Sicht) zusätzlichen Komponenten!
15. Welche drei grundlegenden Möglichkeiten gibt es zum Aufbau eines Kommunikationssystems?
16. Erläutern Sie vier konkrete Beispiele für DÜEs!
17. Beschreiben Sie vier standardisierte Schnittstellen für die Verbindung zwischen DEE und DÜE!
18. Nennen Sie drei konkrete Beispiele für Netzwerkadapter!
19. Was ist eine Datenstation?
20. Welcher Unterschied besteht zwischen einem externen und einem internen Modem?

21. Erläutern Sie die möglichen Beziehungsarten, die zwischen Diensten und Netzen bestehen können, mit entsprechenden Beispielen!
22. Nennen Sie vier unterschiedliche Aspekte mit den entsprechenden Kriterien, die die Organisation der Kommunikation in einem konkreten Netzwerk bestimmen!
23. Welche Kommunikationsformen kann man unterscheiden?
24. Geben Sie zu jeder Kommunikationsform ein Beispiel aus dem betrieblichen Bereich!
25. Erläutern Sie die möglichen Verkehrsarten mit den jeweiligen Fachbegriffen!
26. Durch welche Betriebsarten kann eine Nachrichtenübertragung realisiert werden?
27. Kennzeichnen Sie die wesentlichen Unterschiede zwischen einem verbindungsorientierten und einem verbindungslosen Dienst! An welchen Modellen orientieren sich die beiden Dienstarten?

2 Netzwerke im praktischen Einsatz

Nachdem wir uns im ersten Kapitel mit den Grundlagen von Computernetzwerken beschäftigt haben, lernen wir im zweiten Kapitel den praktischen Einsatz von Netzwerken aus verschiedenen Perspektiven kennen.

Um einen Überblick über die Vielfalt von Computernetzwerken zu erhalten, werden zunächst sämtliche Netzwerke, die bis heute zum Einsatz kommen, klassifiziert. Sodann werden die verschiedenen Zielsetzungen des Netzwerkeinsatzes aufgezeigt. Damit die komplexen Architekturen heutiger Unternehmensnetze besser verstanden werden, wird ein Blick zurück in ihre Geschichte geworfen. Außerdem werden die grundlegenden Anforderungen erläutert, die moderne Computernetze heute erfüllen müssen.

2.1 Klassifikation von Netzwerken

Es gibt sehr unterschiedliche Möglichkeiten und Ansätze, um Netzwerke zu klassifizieren (vgl. z. B. [23], 37 ff.; [42], S. 142 ff.). Im Hinblick auf den praktischen Einsatz von Netzwerken erscheinen folgende Klassifikationsmerkmale besonders wichtig:

- ***die Art des Netzbetreibers,***
- ***die räumliche Ausdehnung eines Netzes,***
- ***die Übertragungskapazität eines Netzes und***
- ***das technische Übertragungskonzept eines Netzes.***

Art des Netzbetreibers

Hinsichtlich der Art des Netzbetreibers unterscheidet man zwischen

- ***privaten Netzbetreibern und***
- ***öffentlichen Netzbetreibern.***

Ein Netzwerk, das von einem Unternehmen, einer Behörde oder einer Privatperson betrieben wird, nennt man ein ***privates Netz*** (Private Network). Die meisten privaten Netze sind auf den Bereich eines privaten Grundstücks begrenzt und werden deshalb oft auch als ***Campusnetzwerk*** oder als ***lokales Netz*** (LAN, Local Area Network) bezeichnet. Größere Organisationen, die über mehrere Standorte (Niederlassungen, Außenstellen und dgl.) verfügen, betreiben organisationsweite Netze. Für ein solches Netzwerk wird oft der Begriff ***Corporate Network*** verwendet. In einem Firmennetz werden die verschiedenen Campusnetzwerke durch gemietete Übertragungsmedien von öffentlichen Netzbetreibern miteinander verbunden.

Kleinere dezentrale Standorte und Außendienstmitarbeiter werden aus Kostengründen oft über ein sog. ***virtuelles privates Netz*** (VPN, Virtual Private Network) mit einem zentralen Standort verbunden. Bei einem virtuellen privaten Netz werden die Daten eingekapselt und verschlüsselt über das öffentliche Internet wie durch einen Tunnel übertragen (Tunneling), sodass Vertraulichkeit und Integrität der Daten dann genauso gewährleistet sind wie in einem realen privaten Netz (Campusnetzwerk).

Ein Netzwerk, das früher von einem Staatsbetrieb (z. B. der Deutschen Bundespost) und heute in der Regel von einem privaten Unternehmen (z. B. der Deutschen Telekom) für die Öffentlichkeit betrieben wird, nennt man ***öffentliches Netz.*** Zu einem öffentlichen Netz hat im Prinzip jeder gegen geringe Gebühren Zugang. Öffentliche Netze sind normalerweise Weitverkehrsnetze (WANs, Wide Area Networks), können aber auch auf bestimmte Gebiete, insbesondere Ballungsräume, begrenzt sein (MANs, Metropolitan Area Networks). Fernsprechnetze und TV-Netze (TV-Funk-, TV-Kabel- und TV-Satellitennetze) sind Beispiele für öffentliche Netze. Bietet der Betreiber eines öffentlichen Netzes Mehrwertdienste an (wie z. B. die Internet-Dienste von T-Online oder von AOL), so entsteht ein sog. ***Mehrwertnetz*** (VAN, Value Added Network). Für Betreiber von Internetzugängen hat sich der Begriff ***Internet Service Provider (ISP)*** herausgebildet.

Räumliche Ausdehnung von Netzwerken

Der rasante Fortschritt bei den Netzwerktechnologien führt dazu, dass immer neue Begriffe bezüglich der Reichweite und des Einsatzes von Netzwerken gebildet werden. Die nachfolgende Klassifizierung reicht von der unmittelbaren Umgebung des Netzwerknutzers bis hin zum globalen Netzzugriff auf entfernte Ressourcen auf anderen Kontinenten.

Derzeit lassen sich im Wesentlichen sechs Klassen von Netzwerken unterscheiden (vgl. auch [42], S. 147 f.):

- ***PAN (Personal Area Network):*** PANs sind Funknetze für den Arbeitsplatzbereich, die nach dem Standard IEEE 802.15 vom IEEE (Institute of Electrical and Electronics Engineers) spezifiziert wurden. PANs wurden für die einfache und schnelle kabellose Kommunikation zwischen PC, Peripherie und portablen Geräten geschaffen. Ihre

Reichweite beträgt überwiegend ca. ***10 m,*** für die Power Class 1 des Bluetooth-Standards sogar 100 m.

- ***LAN (Local Area Network):*** LANs sind abteilungs- und arbeitsgruppenorientierte Netze für den Gebäudebereich. Sie verbinden Arbeitsplatzrechner (Workstations, PCs), Drucker und Server meist über Kabel auf der Basis des sehr bekannten Ethernet-Standards IEEE 802.3. Ihre Reichweite liegt bei einigen hundert Metern und beträgt bei einem Campusnetzwerk, das mehrere LANs miteinander verbindet, bei strukturierter Verkabelung max. ***3 - 10 km.*** LANs werden zunehmend auch als drahtlose (kabellose) Netze realisiert. Sie arbeiten dann als ***Funk-LANs*** (WLANs, Wireless LANs) nach dem Standard IEEE 802.11 und haben eine Reichweite von bis zu ***250 m.***

- ***SAN (Storage Area Network):*** SANs sind RZ- und serverorientierte Speichernetze auf der Basis der Fibre-Channel-Vermittlungstechnik. Sie verbinden Server über Glasfaserkabel mit Massenspeichern (Magnetplatten- und Magnetbandspeichern). SANs wurden geschaffen, um große Datenmengen mit zeitnaher Datensicherung zu bewältigen und um LANs zu entlasten. SANs können heute Distanzen von mindestens ***10 km*** überbrücken.

- ***MAN (Metropolitan Area Network):*** MANs sind private oder öffentliche Hochgeschwindigkeitsnetze für Ballungsräume mit ähnlicher Technik wie LANs. Sie haben als Backbone-Netze die Aufgabe, leistungsfähige Netze und Systeme im Produktions- und Bürobereich miteinander zu verbinden. Ihre Ausdehnung endet in der Regel bei etwa ***100 km.*** Drahtlose (kabellose) MANs auf der Basis von IEEE 802.16 werden als ***Funk-MANs*** (WMANs, Wireless MANs) bezeichnet. Sie sollen eine Übertragungsreichweite von ***50 km*** erreichen.

- ***WAN (Wide Area Network):*** WANs sind Datenkommunikationssysteme von öffentlichen Netzbetreibern, die normalerweise das Gebiet eines Landes abdecken. Als öffentliche Netze bedienen sie sehr viele Teilnehmer. Ihre Ausdehnung kann ***mehrere 1.000 km*** betragen (z. B. in den USA). Zu den WANs gehören neben den kabelgebundenen Festnetzen auch die ***Mobilfunknetze.*** Sie arbeiten flächendeckend als GSM-Netz (Global System for Mobile Communications), GPRS-Netz (General Packet

Radio Service) und zunehmend als UMTS-Netz (Universal Mobile Telecommunications System).

- ***GAN (Global Area Network):*** GANs sind erdumspannende Netze. Sie verbinden WANs der verschiedenen Länder miteinander und nutzen hierzu Überseekabel und die Satellitentechnik. Ihre Reichweite beträgt damit ***mehrere 10.000 km.***

Ordnet man die aufgeführten Netzklassen entsprechend ihrer historischen Entwicklung, so ergibt sich folgende Reihenfolge: WANs, GANs, LANs, MANs, PANs, SANs. Die zwei grundlegenden Netzwerkklassen sind – wie dem Leser sicher schon aufgefallen ist – WANs für den öffentlichen Netzbereich und LANs für den privaten Netzbereich. Sie werden in den Kapiteln 6 bis 8 detailliert beschrieben, wobei dann auch auf die anderen Netzwerkklassen Bezug genommen wird.

Übertragungskapazität eines Netzes

Für alle Netze vom PAN bis zum GAN wird die Übertragungskapazität, die auch als ***Übertragungsrate*** oder ***Bandbreite*** bezeichnet wird, üblicherweise in Bits pro Sekunde (bit/s bzw. bps) angegeben. Sie gibt die Datenmenge an, die in einer Sekunde maximal übertragen werden kann. Da die Übertragungskapazität bei den verschiedenen Netzwerken sehr stark differiert, wird sie generell in Einheiten angegeben, die jeweils um drei Zehnerpotenzen abgestuft sind. Folgende Einheiten werden in der Praxis benutzt:

Einheiten der Übertragungskapazität	***Abkürzung***	***Anmerkung***
Bits pro Sekunde	bit/s, bps	Grundlegende Einheit der Übertragungskapazität
Kilobits pro Sekunde	kbit/s, kbps	1 kbit/s = 1.000 bit/s = 10^3 bit/s
Megabits pro Sekunde	Mbit/s, Mbps	1 Mbit/s = 1.000.000 bit/s = 10^6 bit/s
Gigabits pro Sekunde	Gbit/s, Gbps	1 Gbit/s = 1.000.000.000 bit/s = 10^9 bit/s
Terabits pro Sekunde	Tbit/s, Tbps	1 Tbit/s = 1.000.000.000.000 bit/s = 10^{12} bit/s

Abbildung 2.1 zeigt den Zusammenhang zwischen der räumlichen Ausdehnung und der maximalen Übertragungskapazität von Computernetzen, so wie er sich heute für Netzbetreiber darstellt (in Anlehnung an [42], S. 148). Die Übertragungskapazität von Internet-Backbones erreicht heute sogar schon ein Vielfaches von 160 Gbit/s. Die Übertragungsrate, die Endbenutzern zur Verfügung steht, ist dagegen wesentlich geringer (z. B. bis zu 6 Mbit/s bei einem DSL-Anschluss, 100 Mbit/s beim Fast-Ethernet).

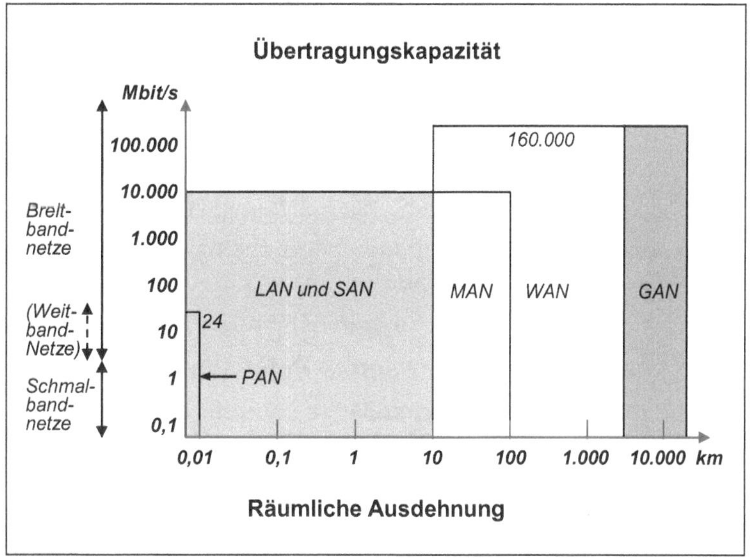

Abb. 2.1: Ausdehnung und Übertragungskapazität von Computernetzen

Für Netze mit hoher Übertragungskapazität werden im LAN- und WAN-Bereich verschiedene Begriffe benutzt, da LANs und WANs ursprünglich mit völlig unterschiedlichen Übertragungskonzepten, -techniken und -kapazitäten entwickelt wurden. Im ***LAN-Bereich*** spricht man ab 100 Mbit/s von einem ***Hochgeschwindigkeitsnetz (High-Speed LAN)***.

Im ***WAN-Bereich*** unterscheidet man dagegen Netze mit folgenden Übertragungskapazitäten:

- ***Schmalbandnetze:***
    - USA: bis 1,544 Mbit/s
    - Europa: bis 2,048 Mbit/s
      (entspricht 32 ISDN-Kanälen à 64 kbit/s)

- ***Weitbandnetze:***
  - USA: über 1,544 Mbit/s bis 45 Mbit/s (genau 44,736 Mbit/s)
  - Europa: über 2,048 Mbit/s bis 34 Mbit/s (genau 34,368 Mbit/s)
- ***Breitbandnetze:***
  - weltweit über 34 bzw. 45 Mbit/s

Da der Begriff „Weitbandnetz" nicht mehr so häufig verwendet wird, werden die entsprechenden Übertragungskapazitäten heute meist den Breitbandnetzen zugerechnet. Wie die „krummen" Zahlen der Übertragungskapazitäten zustande kommen, werden wir noch im Kapitel 6 sehen (Abschnitte 6.3 und 6.4 zum ISDN und zu den Multiplexhierarchien PDH und SONET/SDH).

Technisches Übertragungskonzept eines Netzes

Ein weiteres wichtiges Kriterium zur Klassifizierung von Netzwerken ist das technische Übertragungskonzept. Netzwerke arbeiten grundsätzlich nach zwei verschiedenen Übertragungskonzepten als:

- ***Broadcast-Netze (Diffusionsnetze) oder***
- ***Point-to-Point-Netze (Teilstreckennetze).***

Broadcast-Netze nutzen ein gemeinsames Medium (Shared Medium) und haben meist eine Bus-, Ring- oder Stern-Topologie. Die Nachrichten, die von einem Sender verschickt werden, kommen bei allen Empfängern praktisch gleichzeitig an. Beispiele für Broadcast-Netze sind Rundfunk und Fernsehen, aber eben auch Computernetzwerke wie beispielsweise das Ethernet in seiner ursprünglichen Form. Abbildung 2.2 zeigt das Übertragungskonzept von Broadcast-Netzen schematisch am Beispiel des Fernsehens und des Ethernet-LAN.

Beim ***Ethernet-LAN,*** das mit dem Übertragungskonzept eines Broadcast-Netzes arbeitet, prüfen alle Empfänger anhand des Adressfeldes in den Datenpaketen, ob die Nachricht für sie bestimmt ist. Wer seine Adresse erkennt, verarbeitet das Datenpaket, alle anderen Empfänger vernichten es. Zu einem bestimmten Zeitpunkt kann immer nur eine Datenstation senden.

Point-to-Point-Netze sind als Kommunikationsnetze mit Vermittlungsknoten (insbesondere Routern und Switches) realisiert. Sie haben meist die Topologie eines Maschennetzes, können aber auch als Stern- oder Baum-Topologie ausgeprägt sein. Point-to-Point-Netze sind in der Lage, gleichzeitig mehrere parallele Verbindungen zu realisieren bzw. gleichzeitig Datenpakete mehrerer Sender zu den gewünschten Empfängern zu transportieren. Für Point-to-Point-Netze gibt es unterschiedliche Vermittlungstechniken, die in Abschnitt 5.2 näher betrachtet werden.

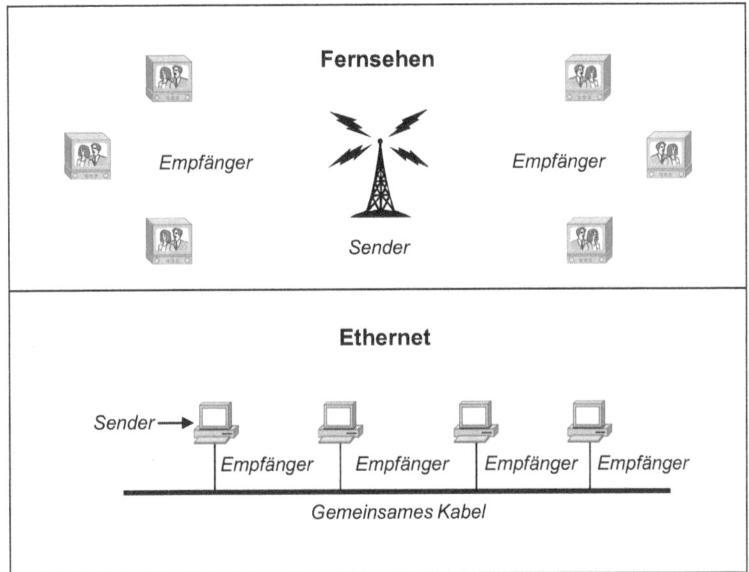

Abb. 2.2: Übertragungskonzept von Broadcast-Netzen

Abbildung 2.3 verdeutlicht das Übertragungskonzept von Point-to-Point-Netzen schematisch am Beispiel des Telefonnetzes bzw. des Internets. Beim Telefonnetz wird über die verschiedenen Vermittlungsknoten zunächst eine physische Verbindung aufgebaut, bevor Sprache oder Daten übertragen werden können. Beim Internet werden dagegen einzelne Pakete von Knoten zu Knoten weitergereicht, bis sie beim Empfänger ankommen.

Heutige Computernetze arbeiten in der Regel nach dem ***Store-and-Forward-Prinzip,*** d. h. jeder Vermittlungsknoten speichert ein ankommendes Datenpaket zwischen, wertet das Adressfeld aus und leitet das Paket dann entsprechend den Angaben in seiner Adresstabelle zum nächsten Vermittlungsknoten in Richtung des Zielrechners weiter. Im Bereich der kabelgebundenen Campusnetzwerke haben Point-to-Point-Netze die Broadcast-Netze weitgehend verdrängt, da sie die vorhandene Übertragungskapazität eines Netzes besser ausnutzen. Funknetze (wie WLANs, Wireless LANs) arbeiten dagegen immer als Broadcast-Netze. Deshalb können Dritte die Daten prinzipiell immer abhören.

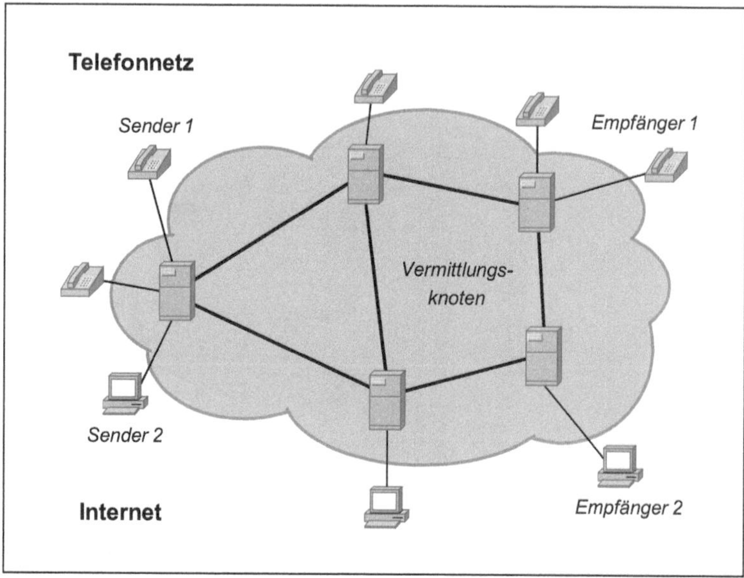

Abb. 2.3: Übertragungskonzept von Point-to-Point-Netzen

2.2 Ziele von Computernetzwerken

Nachdem Computernetzwerke ihr Versuchsstadium im Universitätsbereich und im militärischen Bereich verlassen hatten, eroberten sie seit Ende der 60er Jahre des letzten Jahrhunderts die Unternehmen. In den 90er Jahren kam dann in immer stärkerem Maße ihre private Nutzung hinzu.

Ziele im betrieblichen Bereich

In Unternehmen und öffentlichen Einrichtungen geht es beim Netzwerkeinsatz stets um die gemeinsame Nutzung von Ressourcen. Allgemeines Ziel ist es hierbei, bestimmte in einem Netz verfügbare Geräte, Programme und Dateien allen Benutzern unabhängig von ihrem Standort zugänglich zu machen. Hierbei können anwendungsorientierte, technische oder wirtschaftliche Ziele im Vordergrund stehen.

Übliche Ziele von Computernetzwerken sind im betrieblichen Bereich die Schaffung von einem

- ***Funktionsverbund,***
- ***Datenverbund,***
- ***Leistungsverbund,***
- ***Verfügbarkeitsverbund,***
- ***Lastverbund*** (vgl. u. a. [23], S. 23 ff.).

Abbildung 2.4 veranschaulicht die üblichen Ziele von Computernetzwerken im betrieblichen Bereich.

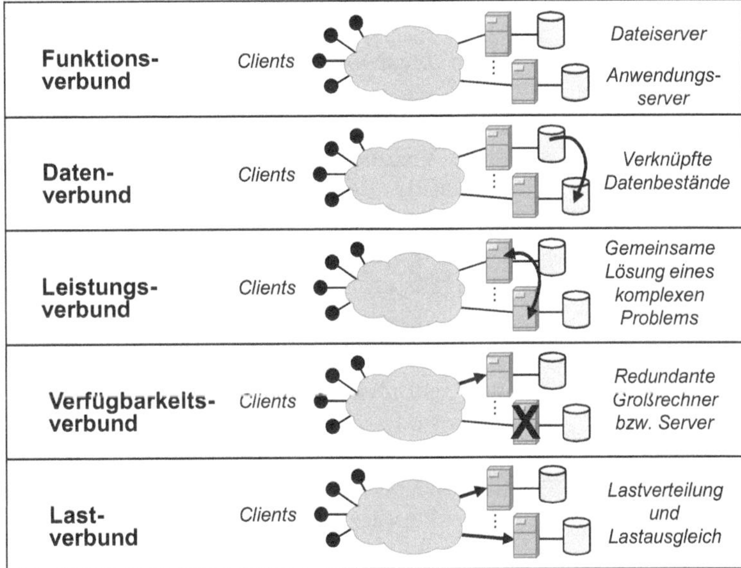

Abb. 2.4: Übliche Ziele von Computernetzwerken im betrieblichen Bereich

Beim ***Funktionsverbund*** erhalten verschiedene Computer spezielle Funktionen, die dann den anderen Computern über das Netz zur Verfügung gestellt werden. Die Funktionalität der anderen Computer wird dadurch erweitert. Der Funktionsverbund bildet die Grundlage für Client-Server-Architekturen. Beispiele für Computer mit speziellen Funktionen sind Dateiserver, Datenbankserver, Kommunikationsserver und Anwendungsserver. Der Funktionsverbund bildete zunächst die Grundlage für die innerbetriebliche Kommunikation. Anschließend kam die zwischenbetriebliche Kommunikation hinzu. Im Rahmen des E-Business wird die Bedeutung des Funktionsverbundes stark zunehmen.

Beim ***Datenverbund*** werden Dateien oder Datenbanken auf räumlich getrennten bzw. geografisch verteilten Computern verwaltet. Die entsprechenden Datei- und Datenbankserver sind miteinander vernetzt und ihre Datenbestände sind miteinander verknüpft. Auf diese Weise ist es anderen an das Netz angeschlossenen Computern – den Clients – möglich, von verschiedenen Orten aus auf die verteilten Datenbestände zuzugreifen.

Neben verteilten Datenbanken von internationalen Großunternehmen ist das Internet, speziell das World Wide Web (WWW), ein imposantes Beispiel für einen globalen Datenverbund, bei dem die Dokumente der verschiedenen Datenbestände miteinander „verlinkt" sind.

Beim ***Leistungsverbund*** wird die erforderliche Funktionalität zur Lösung von sehr komplexen und damit rechenintensiven Problemen auf viele vernetzte Computer verteilt (Grid Computing). Voraussetzung für den Leistungsverbund sind die Zerlegbarkeit des Problems in in sich abgeschlossene Teile und die Parallelisierbarkeit der entsprechenden Verarbeitungsanweisungen. Der Leistungsverbund wird z. B. zur Wettervorhersage oder zur Entschlüsselung des menschlichen Erbgutes eingesetzt.

Der ***Verfügbarkeitsverbund*** wird insbesondere im RZ- und Serverbereich eingerichtet, da Großrechner und Server stets einen zentralen Ausfallpunkt (Single Point of Failure) darstellen. Ziel des Verfügbarkeitsverbundes ist die Erhöhung der Systemverfügbarkeit bzw. die Sicherstellung einer Mindestleistung im RZ- und Serverbereich. Hierzu werden mindestens zwei redundante Großrechner bzw. Server eingesetzt und miteinander vernetzt. Bei einem Systemausfall kann dann das Reservesystem (Backup-System) die Arbeit des ausgefallenen Systems mit übernehmen. Normalerweise werden aus Wirtschaftlichkeitsgründen beide Systeme aktiv Aufträge verarbeiten, sodass ein Benutzer einen Systemausfall nur an einer etwas längeren Wartezeit bemerken wird.

Der ***Lastverbund*** wird ebenfalls vor allem im RZ- und Serverbereich benutzt, da Großrechner und Server in der Regel sehr große Mengen von Aufträgen zu verarbeiten haben. Mehrere Großrechner (Mainframes) bzw. Server arbeiten beim Lastverbund mit gleicher Funktion und Leistung. Die eingetroffenen Aufträge werden zum Lastausgleich automatisch und entweder gleichmäßig oder nach bestimmten Algorithmen auf die Großrechner bzw. Server verteilt. Hierdurch werden die Wartezeiten für die Benutzer verkürzt, da der Durchsatz (die Zahl der pro Zeiteinheit verarbeiteten Aufträge) erhöht wird.

Ziele im privaten Bereich

Die Ziele, die Privatleute bei der Nutzung von Computernetzwerken haben, unterscheiden sich völlig von denen im betrieblichen Bereich. Unternehmen und öffentlichen Einrichtungen geht es in erster Linie um die gemeinsame Nutzung von Geräten, Programmen und Dateien. Privatleute möchten dagegen von zu Hause oder unterwegs aus über große Entfernungen miteinander kommunizieren, Dienste in Anspruch nehmen und Waren einkaufen. Dies wäre ohne Computernetzwerke – insbesondere ohne das World Wide Web – nicht so bequem oder teilweise gar nicht möglich.

Die wichtigsten Ziele von Privatleuten sind (vgl. [43], S. 20 ff.):

- ***die interpersonelle Telekommunikation,***
- ***der Zugriff auf entfernte Datenbestände,***
- ***die Nutzung von entfernten interaktiven Anwendungen.***

Abbildung 2.5 verdeutlicht die wichtigsten Ziele von Computernetzwerken im privaten Bereich.

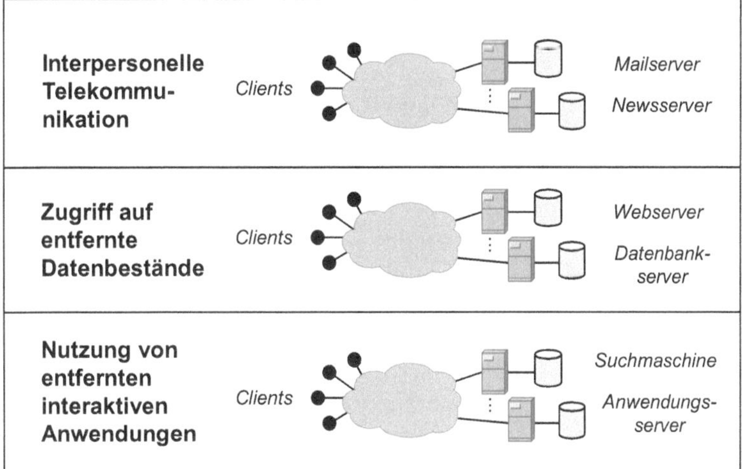

Abb. 2.5: Die wichtigsten Ziele von Computernetzwerken im privaten Bereich

Interpersonelle Telekommunikation

Die interpersonelle Telekommunikation umfasst den privaten und öffentlichen Informationsaustausch. Im vorigen Jahrhundert beherrschte der Telefondienst als monomediale Kommunikationstechnik den privaten Informationsaustausch. Heute können entfernte Kommunikationspartner über Computernetzwerke in vielfältiger Form multimedial und entweder privat oder öffentlich miteinander kommunizieren.

Im ***Bereich der privaten Kommunikation*** lassen sich über elektronische Nachrichten beliebige Text-, Bild-, Sprach- und Video-Informationen austauschen. E-Mails bilden hierzu die Basis.

Sie bieten eine ***asynchrone Kommunikation***, bei der der Informationsempfänger nicht anwesend sein muss. Bei ***Synchronen Kommunikationsformen*** müssen alle Kommunikationspartner online sein: Instant Messaging, IP-Telefonie und Videokonferenzen ermöglichen eine Echtzeitunterhaltung und Peer-to-Peer-Dienste (P2P) ein File-Sharing (Tauschbörsen).

Im ***Bereich der öffentlichen Kommunikation*** bietet News (USENET News) das weltweit größte Diskussionsforum, das vom Aufbau her einem schwarzen Brett ähnelt. Es ist hierarchisch in Themengruppen (Newsgroups) aufgeteilt, zu denen Beiträge erstellt und gelesen werden können. Wer Beiträge lesen will, muss selbst aktiv werden und die Beiträge auswählen ***(Pull-System)***. Dagegen sind Mailing-Listen zentral geführte Verteilerlisten zu verschiedenen Interessengruppen, in die man sich eintragen kann. Die an einen zentralen Listserver geschickten Beiträge werden dann jeweils per E-Mail an alle Teilnehmer einer Mailing-Liste geschickt ***(Push-System)***. Während News und Mailing-Listen eine asynchrone Kommunikationsform darstellen, erlauben Chat-Dienste (Chatrooms) den Gruppenteilnehmern eine textorientierte Echtzeitunterhaltung, also eine synchrone Kommunikation.

Zugriff auf entfernte Datenbestände

Ein Zugriff auf entfernte Datenbestände dient der ***Informationsgewinnung und Unterhaltung.*** Er hat für Privatleute ebenfalls eine hohe Bedeutung. Durch den Aufruf von multimedialen Seiten im WWW ist der weltweite Zugriff auf praktisch jede öffentlich zugängliche Information von Tagesnachrichten bis zu Sonderangeboten möglich. Die grafischen Oberflächen der heute verfügbaren Webbrowser machen den Seitenabruf von Webservern extrem einfach und ermöglichen darüber hinaus die Nutzung weiterer Informationsdienste. Zum einen kann über die Browseroberfläche in entfernten Datenbanken und Wissensbanken recherchiert werden. Zum anderen können über den FTP-Dienst (File Transfer Protocol) entfernte Text-, Bild-, Sound-, Video- und Programmdateien herunter geladen werden.

Nutzung von entfernten interaktiven Anwendungen

Die Nutzung von entfernten interaktiven Anwendungen ist wahrscheinlich das Ziel, zu dem in Zukunft die größten Wachstumsraten erreicht werden; denn interaktive Anwendungen ermöglichen die Bereitstellung aller möglichen kommerziellen und nichtkommerziellen Angebote. ***Kommerzielle Angebote*** reichen vom Online-Banking über die Reisebuchung bis hin zum Computerkauf. ***Nicht-kommerzielle Angebote*** können z. B. Suchmaschinen, Telelearning oder Spiele in Echtzeit-Simulation sein. Die

Grenzen zu kommerziellen Angeboten sind hier sicherlich fließend. Unternehmen der Old Economy und der New Economy werden miteinander konkurrieren, um den Zielen der privaten Nutzer soweit wie möglich entgegenzukommen.

2.3 Von Rechenzentren zu Terminal- und Hostrechner-Netzen

Überblick über die Geschichte der Unternehmensnetze

Um die heutige Situation von Computernetzwerken verstehen zu können, müssen wir einen Blick zurück in ihre Geschichte werfen. Die Wurzeln von Computernetzwerken liegen im wissenschaftlichen und militärischen Bereich. Die breite Entwicklung und Anwendung von Computernetzwerken vollzog und vollzieht sich jedoch im betrieblichen Bereich. Hier waren private Unternehmen stets Vorreiter vor öffentlichen Institutionen.

Die Geschichte von Unternehmensnetzen ist eng mit der Geschichte der Datenverarbeitung verknüpft. Inzwischen erstreckt sich die Entwicklung von Computernetzwerken über mehr als fünf Jahrzehnte, die durch unterschiedliche ***Netzwerkarchitekturen*** gekennzeichnet sind (vgl. [19], S. 13 ff.; [23], S. 28 ff.; [33], S. 13 ff.; [50], S. 1 ff.):

- ***60er Jahre:*** Zunächst gab es nur einen isolierten Rechenzentrumsbetrieb ohne Netz. Ende der 60er Jahre entstanden die ersten ***sternförmigen Terminal-Netze.***
- ***70er Jahre:*** Es wurden viele ***zentrale Hostrechner-Netze*** mit Mainframe- und Mini-Hosts entwickelt, um die verschiedenen Rechnerressourcen unabhängig von ihrem Standort gemeinsam nutzen zu können.
- ***80er Jahre:*** Dies ist das Jahrzehnt der ***dezentralen Arbeitsplatzrechner-Netze,*** die neben die zentralen Hostrechner-Netze traten und die Rechnerkapazität als Client-Server-Netze an die Arbeitsplätze brachten.
- ***90er Jahre:*** Die verschiedenen historisch gewachsenen Teilnetze waren zunächst proprietär (herstellerspezifisch) und hatten heterogene Netzwerkarchitekturen. Sie wurde über standardisierte Kommunikationsarchitekturen schrittweise zu ***homogenen Unternehmensnetzen*** (Internetworks) zusammengeführt.
- ***Das 21. Jahrhundert:*** Im ersten Jahrzehnt entstehen globale ***webbasierte Computernetze.*** Sie ermöglichen einen unternehmensweiten und unternehmensübergreifenden globalen Zugriff auf die weltweit verteilten Rechnerressourcen und -dienstleistungen.

Die 60er Jahre

Die kommerzielle Datenverarbeitung begann auf zentralen Großrechnern in abgeschlossenen, staubfreien und klimatisierten Rechenzentren, die im „closed shop" betrieben wurden. Die Großrechner wurden später ***Mainframe*** genannt, da ihre Prozessoren und ihr Hauptspeicher in einem großen, mannshohen Metallgehäuse, dem Mainframe, untergebracht waren.

Die ersten Mainframes arbeiteten im ***Stapelbetrieb.*** Programme und Eingabedaten wurden auf Lochkarten gestanzt und anschließend über Lochkartenleser in den Hauptspeicher eingelesen und verarbeitet. Der Stapelbetrieb beschleunigte sich, als die Lochkarten nach einigen Jahren durch Magnetbänder abgelöst wurden. Die automatisierte Datenverarbeitung spielte sich aber nach wie vor nur isoliert im Rechenzentrum ab, und die peripheren Geräte (Lochkartenleser, Magnetbandstationen, Drucker usw.) waren dort lokal aufgestellt. Die Kommunikation zwischen Fachabteilungen und Rechenzentrum erfolgte über Ablochbelege und auf Formularen, die vom Schnelldrucker auf Endlospapier ausgefüllt wurden. Der Zugang zum Mainframe blieb Systemspezialisten, Programmierern und Operateuren vorbehalten.

Sternförmige Terminal-Netze

Im Laufe der 60er Jahre entstanden aus den Einsatzmöglichkeiten von Bildschirmterminals, Datenübertragungskabeln und Timesharing-Betriebssystemen die ersten sternförmigen Terminal-Netze. Großunternehmen installierten dezentral in ihren Fachabteilungen Bildschirmgeräte mit alphanumerischen Displays für ASCII-Text und verbanden sie über Koaxialkabel mit dem zentralen Großrechner. Zentrale Computer, die Terminals und/oder andere Computer bedienen, wurden später auch ***Hosts*** oder ***Hostrechner*** (Wirtsrechner, gastgebende Rechner) genannt, weshalb man heute auch von Terminal-Host-Netzen spricht.

Abbildung 2.6 zeigt die Stern-Topologie eines typischen Terminal-Netzes der 60er Jahre. Die dargestellte IBM S/360 des damaligen wie heutigen Mainframe-Marktführers war der Nachfolger des legendären Transistorrechners IBM 1401. Eine begrenzte Anzahl von Endbenutzern und Programmierern konnte über ein Inhouse-Netz auf den zentralen Host zugreifen. Später kamen weitere Zugriffsmöglichkeiten über das Telefonnetz und über gemietete Leitungen hinzu. Zur Entlastung des Hostrechners wurde hierbei ein Multiplexer (Datenübertragungssteuereinheit) IBM 270x vorgeschaltet. Der ***interaktive Dialogbetrieb*** war geboren. Zum einen ermöglichten Timesharing-Betriebssysteme den Benutzern im sog. ***Teilnehmerbetrieb,*** unabhängig voneinander isolierte Aufgaben (z. B. Buchhaltung, Programmierung) zu lösen. Zum anderen erlaubten die neu aufgekommenen Magnetplattenspeicher und Datenbankmanagementsysteme (DBMS, Database Management Systems), im sog. ***Teilhaberbetrieb*** auf einer gemeinsamen Datenbasis an Teilen der gemeinsamen Unternehmensaufgabe zu arbeiten.

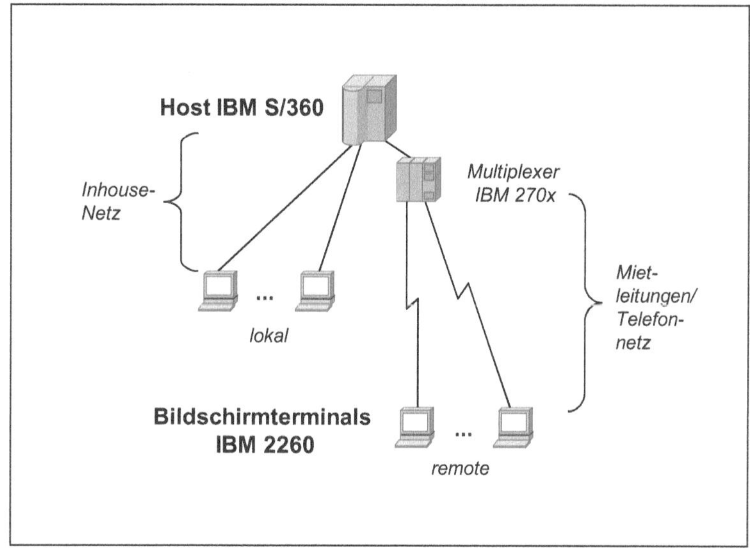

Abb. 2.6: Beispiel eines Terminal-Netzes für den Host IBM S/360

Die 70er Jahre

Im nächsten Jahrzehnt stand zunächst die Vernetzung von wissenschaftlichen, militärischen und kommerziellen Mainframe-Rechnern im Mittelpunkt der Entwicklung. Es entstanden viele ***zentrale Hostrechner-Netze*** (Host-Host-Netze) mit dem Ziel, bestimmte in einem Netz verfügbare Geräte, Programme und Dateien unabhängig von ihrem Standort gemeinsam nutzen zu können. Ergänzt wurde dieser Trend später durch die Netzeinbindung von Minicomputern, die als Kompaktrechner mit neuartiger Technik und etwas geringerer Leistung eine preiswerte Alternative zu den Mainframe-Hosts darstellten.

Dies war der Beginn der ***„Kopernikanischen Wende der Informationsverarbeitung“.*** Nicht mehr der Großrechner bildete das Zentrum eines Netzes. Stattdessen rückten die Netze selber in den Mittelpunkt der Betrachtung. Sie begannen die Rechner zu dominieren, indem sie deren Ressourcen unabhängig vom Ort verfügbar machten. Die so entstehende Kommunikations-Infrastruktur der Netze lieferte die Basis für eine ***verteilte Da-***

tenverarbeitung, die heute auch als Host-Host-Computing oder als Peer-to-Peer-Computing (gleichberechtigte Zusammenarbeit) bezeichnet wird.

Zentrale Hostrechner-Netze mit proprietären Netzwerkarchitekturen

Die Netzwerkarchitekturen der 70er Jahre waren zunächst proprietär (herstellerspezifisch). In Deutschland hatte sich im kommerziellen Bereich die ***Systems Network Architecture (SNA)*** von IBM vor ***Transdata*** von Siemens am weitesten durchgesetzt. Im wissenschaftlichen Bereich wurde DEC (Digital Equipment Corporation) mit der ***Digital Network Architecture (DNA)*** und DECnet über drei Jahrzehnte zum Marktführer (DEC wurde zwischenzeitlich von Compaq übernommen und Compaq fusionierte 2002 mit Hewlett-Packard).

Wesentlicher Bestandteil der Netzwerkarchitekturen waren die Terminalprotokolle. Das Terminal ***IBM 3270*** ist bis heute ein weltbekannter Industriestandard für die blockweise Datenübertragung. Das Terminal ***DEC VT100*** wurde zum entsprechenden Industriestandard für eine zeichenweise Datenübertragung. Es bildet bis heute die Basis der entsprechenden internetbasierten Terminalemulation ***Telnet*** (Telecommunications Network Protocol) zum Einloggen auf einem entfernten Host, sodass ein PC-Client für einen Server als virtuelles (VT100)-Terminal erscheint.

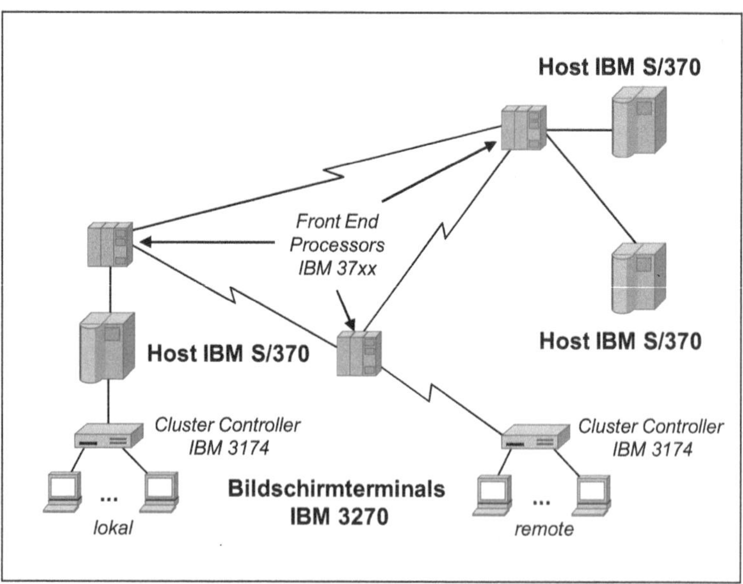

Abb. 2.7: IBM's SNA-Netzwerktopologie als Beispiel für Hostrechner-Netze

Abbildung 2.7 veranschaulicht eine SNA-Netztopologie für Hostrechner der Serie IBM S/370. Mehrere Terminals IBM 3270 sind jeweils über Koaxialkabel an einen Cluster Controller IBM 3174 (Multiplexer, Steuereinheit) angeschlossen. Die dezentralen Cluster Controller sind ihrerseits entweder lokal direkt mit einem Host IBM S/370 oder über Fernleitungen mit einem Front End Processor IBM 370x verbunden. Frontend-Prozessoren entlasten die Hosts als Communication Controller (Kommunikationsrechner) von den Aufgaben der Kommunikationssteuerung und ermöglichen gleichzeitig eine Vernetzung mehrerer Hosts.

Beginn der Standardisierung

Im Laufe der 70er Jahre wurden neben den proprietären Netzwerkarchitekturen auch ***Standards zur Datenkommunikation*** entwickelt, die eine Verbindung von Mainframes und Minicomputern verschiedener Hersteller (als Hostrechner) über einheitliche Kommunikationsprotokolle zulassen. Sie basieren ebenso wie die proprietären Netzwerkarchitekturen auf dem technischen Konzept der Point-to-Point-Netze (vgl. Abbildung 2.3), allerdings ohne physisch durchgeschaltete (Telefon-)Verbindungen. Stattdessen arbeiten sie als ***Paketvermittlungsnetze*** nach dem Prinzip Store and Forward: Die Vermittlungsknoten im Netz, die damals noch IMPs (Interface Message Processors) genannt wurden und die heute Router heißen, leiten die Datenpakete verbindungsorientiert oder verbindungslos weiter.

Die Standards der Paketvermittlungsnetze haben zwei Wurzeln (zu Details vgl. z. B. [28], S. 36 ff.; [43], S. 67 ff. und S. 77 ff.):

- Das 1969 realisierte ***Forschungsnetz ARPANET*** der Advanced Research Projects Agency des US-Verteidigungsministeriums. Es war Vorbild für die Realisierung einer Reihe größerer privater Paketvermittlungsnetze. Diese Entwicklungen mündeten 1976 in der X.25-Spezifikation des CCITT (heute ITU-T) für ***öffentliche, verbindungsorientierte Paketvermittlungsnetze***. Wir werden X.25 und die rasante Weiterentwicklung von verbindungsorientierten Paketvermittlungsnetzen zu Breitbandnetzen in Kapitel 6 näher kennen lernen.
- Das aus dem Internet-Projekt entstandene ***Ur-Internet***, das von der in DARPA umbenannten Defense Advanced Research Projects Agency 1973 gestartet und 1977 fertiggestellt worden war. Das ursprüngliche „ARPA-Internet" benutzte NCP (Network Control Protocol) und verband vier Paketvermittlungsnetze: das ARPANET, ein paketorientiertes Satellitennetz, ein paketorientiertes Funknetz

und das von der Firma Xerox entwickelte Ethernet. 1983 erfolgte die Umstellung des Ur-Internets auf das ***Protokollpaar TCP/IP.*** Diese Umstellung führte dazu, dass TCP/IP zur Grundlage eines weltweiten Industriestandards wurde. Heute ist TCP/IP der zentrale De-facto-Standard für ***verbindungslose Paketvermittlungsnetze des Internets.*** Im Verlauf der folgenden Kapitel werden die verschiedenen Konzepte und Techniken des Internets im jeweiligen Kontext detaillierter betrachtet.

2.4 Von Arbeitsplatzrechner-Netzen zu Unternehmensnetzen

Während mit dem ARPANET und mit dem Internet-Projekt die ersten Paketvermittlungsnetze für den WAN-Bereich geschaffen worden waren, entstanden mit den ersten Mikrocomputern die Grundlagen für ***dezentrale Arbeitsplatzrechner-Netze.*** Meilensteine dieser Entwicklung waren 1975 der Vertrieb des ersten Personal Computer (PC) mit dem Namen Altair, 1977 die Vermarktung des legendären Apple II und 1981 der erste IBM-PC mit dem Betriebssystem PC-DOS. Der IBM-PC schaffte dank des hohen Ansehens von IBM in der Geschäftswelt schnell den breiten Marktdurchbruch.

Die 80er Jahre

Die ersten PCs arbeiteten unvernetzt als Stand-alone-Systeme (Einzelplatzsysteme). Doch bereits Anfang der 80er Jahre wurden die beiden grundlegenden Konzepte für ***lokale Netze*** entwickelt:

- Der ***Ethernet-Bus:*** Er wurde 1983 als Standard spezifiziert und basiert auf den Entwicklungsarbeiten des Firmenkonsortiums DEC, Intel und Xerox in den 70er Jahren (daher als DIX-Standard bezeichnet).
- Der ***Token-Ring:*** Er folgte 1985 als Antwort von IBM auf das Ethernet.

Die zu einem LAN zusammengefassten PCs beschränkten sich zunächst auf einzelne Büros oder Etagen. Frühe ***PC-LANs*** waren durchweg von den Mainframe- und Minicomputer-Netzen eines Unternehmens getrennt, sodass Terminal- und Hostrechner-Netze einerseits und PC-Netze andererseits parallel zueinander arbeiteten. Ziel der frühen PC-Netze war es, Dateien schnell austauschen zu können und auf gemeinsame Ressourcen wie Drucker zugreifen zu können.

Die ersten PC-LANs waren kleine ***Peer-to-Peer-Netze*** für Arbeitsgruppen. Damit Netzzugriffe möglich wurden und PCs miteinander kommunizieren konnten, mussten die Betriebssysteme entsprechend ergänzt bzw. erweitert werden. Z. B. ermöglichten die Betriebssysteme Windows für Workgroups (WfW) von Microsoft und Personal Netware von Novell ein Peer-to-Peer-Computing.

Client-Server-Netze

Da die Verwaltung von Peer-to-Peer-Netzen bei einer größeren Anzahl von PCs schnell an ihre Grenzen stieß, ist man bald dazu übergegangen, Client-Server-Netze zu realisieren. Zur Bereitstellung der Serverdienste im Netz wurde spezielle Server-Software geschaffen (vgl. [23], S. 423 ff.). Sie lief zunächst nur als Anwendungsprogramm unter dem jeweiligen Betriebssystem, so z. B. das IBM PC-LAN-Programm unter PC-DOS, der Microsoft LAN-Manager und der IBM LAN-Server beide unter IBM's Betriebssystem OS/2. Später wurden für Server eigene ***Netzwerkbetriebssysteme*** entwickelt. Novells Netware und Microsofts Windows NT Advanced Server sind bekannte Beispiele. Die Clients benötigten für das Client-Server-Computing nur einen gesonderten LAN-Requester, der in modernen PC-Betriebssystemen bereits enthalten ist.

Neben den PC-LANs entstand noch eine zweite Gruppe von Arbeitsplatzrechner-Netzen für das Client-Server-Computing, die ***Workstation-LANs*** (WS-LANs). Sie verbinden an den Arbeitsplätzen installierte Hochleistungsrechner (Power Workstations) mit zentralen Hochleistungsservern, um z. B. gemeinsam Konstruktionsaufgaben des CAD (Computer Aided Design) oder eine Bild- und Dokumentenbearbeitung im Rahmen des DTP (Desktop Publishing) erledigen zu können. Bei Workstation-LANs kamen und kommen insbesondere Betriebssysteme der UNIX-Varianten zum Einsatz, heutzutage vor allem LINUX.

Client-Server-Netze wurden noch durch einen weiteren Trend vorangetrieben, durch das ***Downsizing*** bzw. ***Rightsizing.*** Unter Downsizing oder Rightsizing versteht man die Ablösung eines zentralen Großrechners durch kleinere UNIX- oder Windows-NT-Netze, um vor allem neue Anwendungen bei praktisch gleicher Leistung zu deutlich geringeren Kosten betreiben zu können.

Abbildung 2.8 verdeutlicht das Konzept der ***Client-Server-Architekturen,*** das Ende der 80er Jahre auch für den Mainframe-Bereich übernommen wurde. Als Auftragnehmer fungieren in erster Linie Datei- und Druckserver sowie Applikations- (Anwendungs-) und Datenbankserver mit Window-NT-, Netware- und UNIX-Netzwerkbetriebssystemen. Auftraggeber sind entsprechende PCs und Workstations (vgl. [16], S. 54 f.). Als Transportprotokoll wird hauptsächlich das Protokollpaar TCP/IP oder bei Einsatz von Netware IPX/SPX eingesetzt.

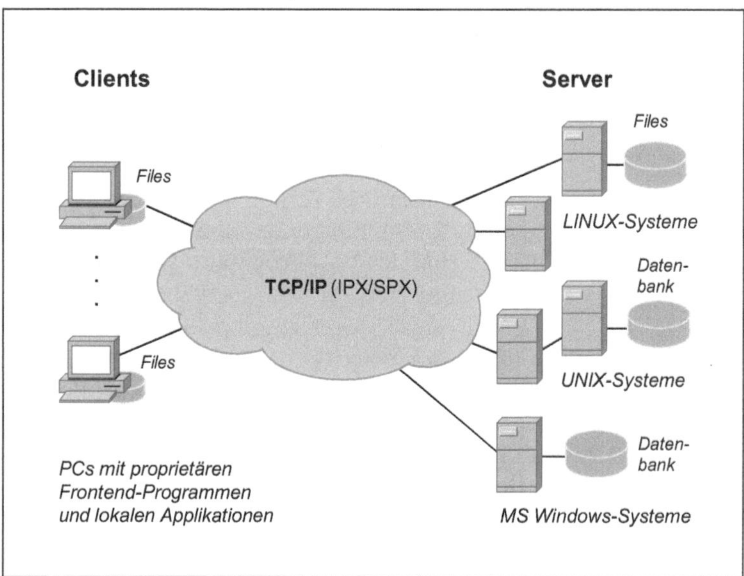

Abb. 2.8: Konzept der Client-Server-Architekturen für Arbeitsplatzrechner-Netze

Eine zweistufige Client-Server-Architektur basiert auf Datenbankservern und PCs oder Workstations mit proprietären lokalen Applikationen (z. B. MS Word, Excel, Access). Eine dreistufige Client-Server-Architektur verwendet neben zentralen Datenbankservern zusätzlich noch vorgeschaltete Applikationsserver (z. B. für die Groupware Lotus Notes von IBM oder für die damalige Standardsoftware R/2 von SAP), während auf den PCs oder Workstations die entsprechenden proprietären Frontendprogramme laufen. Die voluminösen Frontendprogramme haben zu dem Namen „Fat Clients“ geführt.

Die 90er Jahre

Anfang der 90er Jahre existierten in vielen Unternehmen verschiedene ***heterogene Netzwerkarchitekturen*** nebeneinander. Neben einem zentralen Terminal- (und Hostrechner-)Netz gab es für verschiedene Abteilungen und Arbeitsgruppen dezentrale Arbeitsplatzrechner-Netze. Während das Terminal- (und Hostrechner-)Netz schnelle Datenbankzugriffe ermöglichte und integrierte Anwendungsfunktionen bereitstellte, glänzten die dezentralen Arbeitsplatzrechner-Netze mit ihren grafischen Oberflächen und Möglichkeiten einer individuellen Datenverarbeitung.

Homogene Unternehmensnetze

Zentrale Aufgabe der 90er Jahre war es deshalb in vielen Unternehmen, beide Netzwerkwelten zu einem integrierten ***Unternehmensnetz*** (Verbundnetz, Internetwork) zusammenzuführen. Abbildung 2.9 zeigt ein Beispiel für ein integriertes Unternehmensnetz, das zentrale und dezentrale Computer miteinander verbindet und so unternehmensweit verteilte Anwendungen ermöglicht. Beschränkt sich ein Unternehmensnetz mit seinen verschiedenen lokalen Netzen auf ein Grundstück, so spricht man von einem ***Campusnetzwerk.*** Werden dagegen auch entfernte lokale Netze eines Unternehmens über ein WAN integriert, so nennt man das Unternehmensnetz ***Corporate Network.***

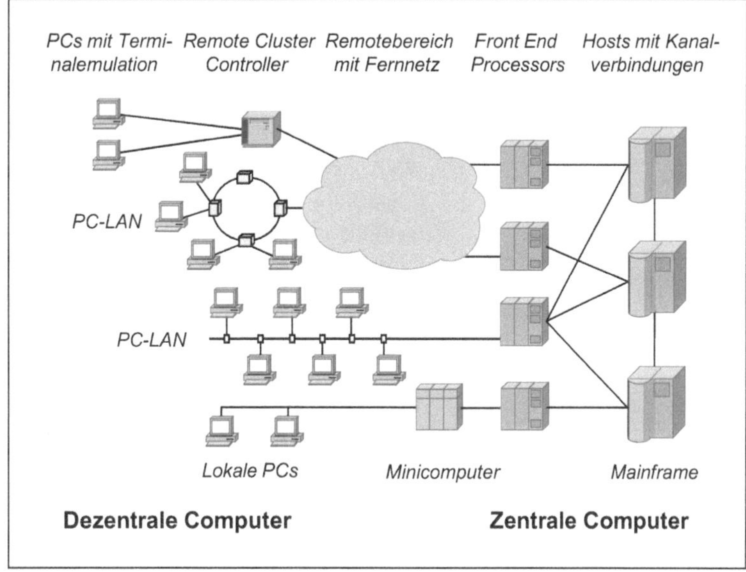

Abb. 2.9: Beispiel für ein integriertes Unternehmensnetz

Bei der ***Anwendungsverteilung*** wurde häufig ein hierarchisches Konzept mit folgenden drei Rechnerebenen zugrunde gelegt (vgl. [23], S. 289 f.):

- ***Arbeitsplatzrechnerebene:*** Als Endeinrichtungen werden je nach Anwendung PCs oder Workstations eingesetzt, die untereinander mit einem Ethernet-LAN oder Token-Ring-LAN vernetzt sind.

- ***Abteilungsrechnerebene:*** Als Abteilungsserver werden Minicomputer oder LAN-Server eingesetzt, um anwendungsbezogene und infrastrukturelle Leistungen zu erbringen. Hierzu gehören z. B. die Unterstützung beim Booten der Arbeitsplatzrechner, das lokale Netzwerkmanagement und die Verbindung zu Hostrechnern sowie die Bereitstellung abteilungsbezogener Anwendungsfunktionen.
- ***Großrechnerebene:*** Ein oder mehrere miteinander verbundene Hostrechner erbringen unternehmensweit benötigte Dienste. Hierzu gehören insbesondere die Verwaltung zentraler Datenbanken und die Bereitstellung zentraler Applikationen.

Standardisierte Kommunikationsarchitekturen

Damit die verschiedenartigen Computer eines Unternehmens miteinander kommunizieren können, benötigen sie eine standardisierte Kommunikationssoftware mit einheitlichen Schnittstellen, die in einer entsprechenden Kommunikationsarchitektur beschrieben wird. Am Markt haben die drei folgenden Kommunikationsarchitekturen die größte Bedeutung erlangt:

- ***SNA (Systems Network Architecture)*** von IBM: Der klassische Herstellerstandard war ursprünglich für Terminal-Netze entwickelt worden. Im Rahmen von IBM's Netzwerkmodell „Networking Blueprint" wurde er 1994 insbesondere durch Integration von OSI- und TCP/IP-Protokoll-Implementierungen zu einer bis heute bedeutsamen modernen Kommunikationsarchitektur erweitert.
- ***OSI (Open Systems Interconnection)*** der ISO (International Organization for Standardization): Das OSI-Referenzmodell ist bis heute die Basis für alle verteilten Anwendungen. Die Kommunikationsarchitekturen DECnet von DEC und Transdata von Siemens enthielten OSI-Protokoll-Implementierungen, die jedoch ab Mitte der 90er Jahre zunehmend TCP/IP-Implementierungen weichen mussten.
- ***Internet-Protokollfamilie (TCP/IP-Protokollfamilie)*** des amerikanischen Verteidigungsministeriums (DoD, Department of Defense): Diese populäre Kommunikationsarchitektur wird seit Mitte der 90er Jahre praktisch von allen Herstellern angeboten und inzwischen von allen Unternehmen und öffentlichen Institutionen eingesetzt.

Intelligente Netzknoten

Für den Aufbau integrierter Unternehmensnetze werden neben den mit standardisierter Kommunikationssoftware arbeitenden Clients und Servern intelligente Netzknoten (Vermittlungs- und Übertragungseinrichtungen) benötigt. Sie müssen die verschiedenen Datenströme selbstständig und flexibel von den Sendern zu den Empfängern weiterleiten. Die Entwicklung entsprechender ***Netzwerkgeräte*** basiert ebenfalls auf der Mikroprozessortechnik, die bis in die 70er Jahre zurückreicht. In den 80er und 90er Jahren wurden vielfältige kompakte und modulare Netzwerkgeräte in Form von Hubs über Bridges bis hin zu Routern und Switches entwickelt, die in standardisierte 19-Zoll-Netzwerkschränke eingebaut werden können. Sie werden im Abschnitt 8.1 detailliert betrachtet.

2.5 Webbasierte Computernetze der Gegenwart

Die Wurzeln des WWW

Die Basis für die heutigen globalen Computernetzwerke wurde 1991 am europäischen Laboratorium für Teilchenphysik CERN in Genf gelegt, als das ***World Wide Web (WWW)*** ins Leben gerufen wurde (vgl. [28], S. 257 ff.). Tim Berners-Lee hatte in den 80er Jahren ein ***Hypertextsystem*** zur Informationsaufbereitung entwickelt, um die Kommunikation und Information zwischen den weltweit verstreuten CERN-Physikern zu erleichtern. 1990 stellte er zusammen mit seinem Kollegen Robert Cailliau ein detailliertes Konzept zur Realisierung dieser Idee vor, und es wurde ein Projekt mit dem Namen World Wide Web gestartet.

Das Konzept für das WWW basiert auf drei kurz darauf veröffentlichten Spezifikationen:

- ***HTML (HyperText Markup Language):*** HTML ist eine Seitenbeschreibungssprache für Hypertextdokumente im Internet. Hypertextdokumente sind Textdateien (HTML-Dateien), die über sog. Hyperlinks (markierte Schlüsselwörter) auf andere Textdateien verweisen und die bei Aktivierung (z. B. über die Return-Taste oder einen Mausklick) eine Verzweigung dorthin ermöglichen.
- ***HTTP (Hypertext Transfer Protocol):*** HTTP ist das dazugehörige Transportprotokoll. Es wird benötigt, um die Hypertextdokumente, die sich auf verschiedenen WWW-Servern an verschiedenen Orten befinden können, zu einem WWW-Client zu übertragen.
- ***URL (Uniform Resource Locator):*** Eine URL ist die Adresse eines Hypertextdokumentes. Sie enthält den Na-

men des Dienstprotokolls (z. B. HTTP), die IP-Adresse bzw. den Domainnamen und optional die Port-Nummer des Servers sowie den Dateipfad und Dateinamen des Hypertextdokumentes (z. B. http://www.hs-furtwangen.de:80/FB/index.html). Die Dienstprotokoll-Port-Nummer wird normalerweise weggelassen, wenn die Verbindung über einen Standardport läuft (z. B. 80 bei HTTP).

1991 wurden die ersten Hypertextdokumente auf WWW-Server geladen. Das Dokumentenarchiv eines Servers konnte mit einem textorientierten WWW-Client mit ASCII-Zeichen-Darstellung durchblättert werden (Browsing), und es konnte von einem Server zum nächsten gesprungen werden (Surfing). Nachdem diese Möglichkeiten zunächst nur sehr mäßig genutzt wurden, gelang dem WWW 1993 der entscheidende Durchbruch. Marc Andreesen vom NCSA (National Center for Supercomputing Applications) an der Universität von Illinois hatte mit NCSA-MOSAIC den ersten ***WWW-Browser mit grafischer Oberfläche*** vorgestellt, der kurz darauf auch in einer Version für MS Windows verfügbar wurde. Die „Navigation" war jetzt per Mausklick möglich und die Hypertextdokumente konnten auch Links zu Bilddateien enthalten.

Erstes Jahrzehnt des 21. Jahrhunderts

Inzwischen hat sich das WWW durch Multimediaanwendungen in ein globales ***Hypermedia-Netzwerk*** verwandelt. Zum einen können über Hyperlinks Hypertext- und Textdokumente, Grafiken, Fotos, Audio-, Video- und Programmdateien herunter geladen werden. Zum anderen kann über Hyperlinks auf Echtzeit-Multimediaanwendungen zugegriffen werden, sodass Audio- und Videoströme etwa zum Internet-Radio und zum Internet-Fernsehen oder zur Videotelefonie empfangen werden können.

Die heutigen webbasierten Computernetze verwenden zwei grundlegende Schlüsseltechnologien:

- Das ***World Wide Web*** (heute kurz „Web" genannt): Es bietet mit seiner multifunktionalen, multimedialen und plattformunabhängigen Benutzerschnittstelle webbasierte Internet-Dienste. Clients können über Webbrowser prinzipiell auf jeden Server an jedem beliebigen Punkt der Erde zugreifen und beliebige Text-, Bild-, Sound- und Video-Dateien sowie beliebige Anwendungen nutzen.
- Das ***Internet:*** Es umfasst alle Computernetzwerke, die das Protokollpaar TCP/IP als einfache, weltweit verbreitete Kommunikationsplattform verwenden. TCP/IP ist die zentrale Basis für beliebige webbasierte Internet-Dienste.

Einfachheit und Virtualität

Abbildung 2.10 zeigt, wie einfach sich die Computernetzwerke der Gegenwart aus der Benutzerperspektive darstellen. Da die Technik in den Hintergrund getreten ist, sind für den Benutzer nur noch drei „Dinge" wichtig:

- der ***Browser*** mit seiner Benutzeroberfläche zur Navigation im Cyberspace (virtueller Raum),
- das ***Internet*** zum Eintritt in den Cyberspace und
- die ***Server*** zur Realisierung des Cyberspace.

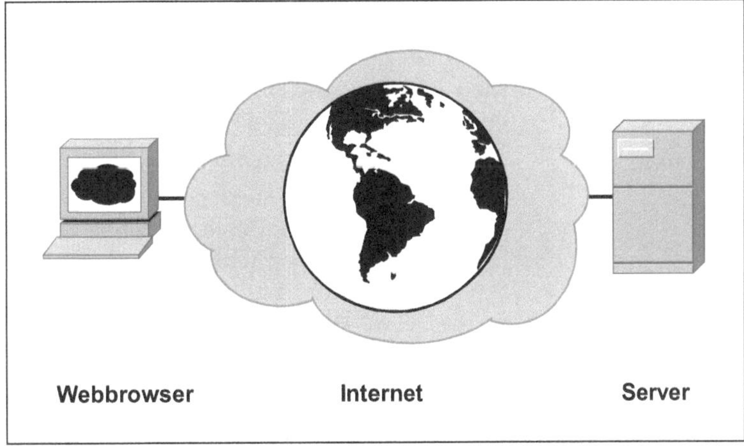

Abb. 2.10: Webbasierte Computernetze aus der Benutzerperspektive

Diese vereinfachte Sicht wird durch zwei altbewährte Konzepte erreicht ([29], S. 151 ff.): die Transparenz und die Virtualität. Durch die ***Netzwerktransparenz*** (Durchsichtigkeit) bleibt den Benutzern die hohe Komplexität webbasierter Computernetze verborgen. Leitungen, Funkübertragungsstrecken, Switches, Router und Gateways scheinen nicht zu existieren, obwohl es sie in der Realität in immer größerer Zahl in immer komplexeren Netzen gibt. Eine ***virtuelle Welt*** wird den Benutzern in webbasierten Computernetzen in Form eines bunten, multimedialen Cyberspace vorgetäuscht. Diese Welt scheint sich immer mehr auszuweiten, obwohl sie in der Realität gar nicht existiert.

Aus der Sicht der Netzwerkbetreiber existieren drei verschiedene Ausprägungen von webbasierten Computernetzen: das Internet, Intranets und Electronic-Commerce-Anwendungen (kurz: E-Commerce-Anwendungen).

Das Internet

Das Internet ist das größte, globale Computernetzwerk, das weltweit Hunderte Millionen von privaten Netzwerken und 2008 erstmals über eine Milliarde von Computern über zahllose öffentliche Netze miteinander verbindet. Es ist ein offenes Netz, zu dem Privatleute, Unternehmen und nicht-kommerzielle Organisationen gleichermaßen Zugang haben.

Das Internet basiert auf ***Backbones*** (globalen und kontinentalen Hauptverkehrsnetzen mit hoher Übertragungskapazität), die von Network Service Providern (NSPs wie AT&T, Cogent und MCI) betrieben werden. Backbones sind über ***Peering Points*** bzw. in den USA über Network Access Points (NAPs) miteinander verbunden. Große Internet Service Provider (ISPs wie T-Online) und Großunternehmen haben einen direkten Zugang zu Backbones. Kleinere ISPs, kleinere Unternehmen und Privatleute werden dagegen von großen ISPs bedient (vgl. u. a. [42], S. 350).

Intranets

Im Gegensatz zum offenen Internet sind Intranets interne Unternehmensnetze, die einen privaten Betreiber haben und die nur einer geschlossenen Benutzergruppe (den Mitarbeitern des Unternehmens) zur Verfügung stehen. Ein Intranet hat eine Client-Server-Architektur, basiert auf der Internettechnologie (Protokollpaar TCP/IP) und stellt seine Dienste über offene Standardprotokolle des Internets (HTTP, FTP usw.) zur Verfügung.

Gegenüber den Unternehmensnetzen der 90er Jahre haben Intranets, die Informationen eines ***Enterprise Wide Webs*** bieten, drei entscheidende Vorteile (vgl. z. B. [16], S. 55 ff.):

- ***Webbrowser-Interface:*** Clientprogramme, die prinzipiell auf jedem PC, auf jeder Workstation und zunehmend auch auf jedem mobilen Endgerät laufen, ermöglichen mit HTML einen unternehmensweiten und auch globalen, ortsunabhängigen Zugriff auf beliebige Arten von Informationen (Text, Bilder, Audio, Video).
- ***Standardisierte Protokolle:*** Die Kommunikationsprotokolle TCP/IP, HTTP, FTP usw. sind praktisch für jeden Computer und für jedes Betriebssystem verfügbar, sodass eine standardisierte Kommunikationsarchitektur für Client-Server-Anwendungen entsteht.
- ***Plattformunabhängige Servertechnologien:*** Java, XML, CORBA und Web-Services bilden die Grundlage für die Kommunikation zwischen im Intranet verteilten objektorientierten Anwendungen, die auf verschiedenen Server-Plattformen (MS Windows 2003 Server, UNIX,

LINUX) laufen können. Sie ermöglichen somit eine plattformunabhängige Daten- und Anwendungsintegration.

Technische Internet- und Intranet-Basis

Die 1995 von der Firma Sun entwickelte objektorientierte Programmiersprache ***Java*** ist plattformunabhängig. Java-Quellprogramme werden vom Java-Compiler in maschinenunabhängigen Byte-Code übersetzt, der von einem praktisch für jedes Betriebssystem verfügbaren Java-Interpreter ausgeführt werden kann. So lassen sich vom Server herunter geladene Java-Applets vom Webbrowser eines Clients interpretieren oder Servlets („serverseitige Java-Applets") und Java Server Pages von der Servlet-Engine eines Servers ausführen. Und es können EJBs (Enterprise Java Beans, Business-Anwendungsobjekte) auf einer „Java 2 Platform, Enterprise Edition" (J2EE) eines Servers abgearbeitet werden.

XML (Extensible Markup Language) ist eine 1998 vom W3C (World Wide Web Consortium) veröffentlichte Metasprache, mit der Datenstrukturen und Dokumentenformate anwendungsspezifisch beschrieben werden können.

Mit ***CORBA*** (Common Object Request Broker Architecture) veröffentlichte die OMG (Object Management Group), die 1989 von 11 Firmen gegründet worden war, 1990 eine erste Standard-Architektur für verteilte, objektorientierte Anwendungen.

Web-Services umfassen die seit 2000 vom W3C verabschiedeten Grundlagenstandards SOAP (ursprüngliche Abk.: Simple Object Access Protocol), WSDL (Web Services Description Language) und UDDI (Universal Description, Discovery and Integration). Das XML-basierte Protokoll SOAP dient dem standardisierten Informationsaustausch und WSDL der Interface-Beschreibung. UDDI spezifiziert ein Netzwerk von öffentlichen Registrierungsstellen, in denen Unternehmen sich mit einem Verweis auf ihre WSDL-Datei registrieren lassen können, sodass eine Art globales „Telefonbuch" entsteht. Einen guten Überblick zu diesen plattformunabhängigen Servertechnologien bieten [13] und [14].

E-Commerce-Anwendungen

Wenn ein Unternehmen sein Intranet mit dem Internet verknüpft, kann es E-Commerce-Anwendungen (synonym: E-Business-Anwendungen) realisieren. Abbildung 2.11 zeigt (in Anlehnung an [16], S. 68), wie über das Internet Geschäftsbeziehungen aufgebaut werden können:

- ***Business-to-Business (kurz: B2B):*** Unternehmen kommunizieren über B2B-Anwendungen mit anderen Unternehmen und können so Waren und Dienstleistungen nachfragen oder anbieten.

- ***Business-to-Consumer (kurz: B2C):*** Unternehmen bieten Kunden über B2C-Anwendungen Informations- und Kommunikationsmöglichkeiten, um so Waren und Dienstleistungen aller Art anbieten und verkaufen zu können.

Da die Kommunikation in beiden Fällen vom Intranet aus über das öffentliche, unsichere Internet stattfindet, sind beim E-Commerce besondere Maßnahmen zur sicheren Datenübertragung und zum Zugriffsschutz für das Intranet erforderlich.

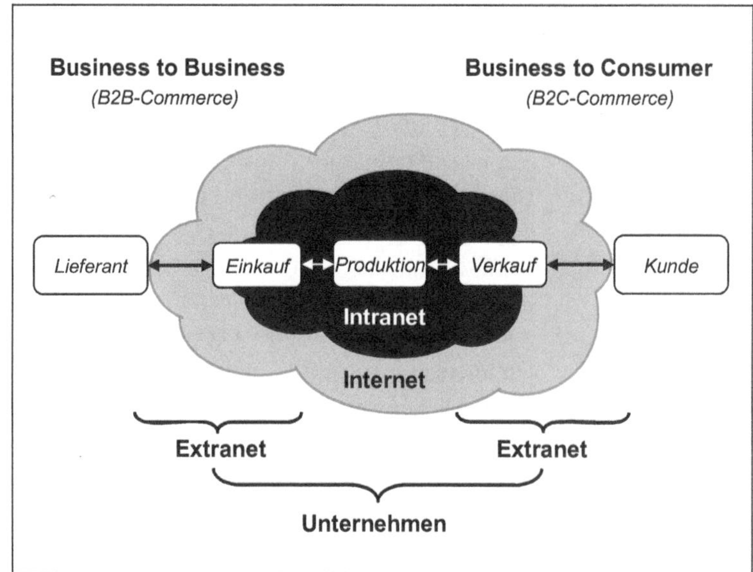

Abb. 2.11: E-Commerce-Anwendungen

Beispiele zum E-Commerce

Wie die folgenden Beispiele zeigen, gibt es E-Commerce-Anwendungen inzwischen in den verschiedensten Ausprägungen. B2C-Commerce kann als kostengünstiger Vertriebsweg einfach durch Verknüpfung von Intranet-Anwendungen mit einem ***Webserver*** und einer dazwischen liegenden Firewall („Brandschutzmauer", Gateway) realisiert werden. Man spricht von einem ***Extranet,*** wenn Unternehmen bestimmte Intranet-Anwendungen so öffnen, dass nur registrierte Geschäftspartner durch sichere VPNs (Virtual Private Networks) über das Internet Zugriff auf bestimmte Teile des jeweiligen Intranets haben. Der Begriff „Extranet" wurde ursprünglich nur für den B2B-Bereich verwendet, heute gilt er auch für B2C-Beziehungen.

Mehrere Unternehmen können auch ein ***virtuelles Unternehmen*** bzw. eine virtuelle Organisation aufbauen, indem sie ihre Intranets durch sichere VPNs über das Internet so miteinander verbinden, dass sie für Kunden zusammen wie eine Einheit erscheinen. Virtuelle Unternehmen werden meist nur auf Zeit zur Erfüllung eines Auftrages gebildet. Ein ***elektronischer Markt*** entsteht, wenn eine elektronische Austauschplattform für Angebot und Nachfrage von Produkten und Dienstleistungen auf Basis des Webs geschaffen wird.

Das neue „Web 2.0"

Der Begriff „Web 2.0" geht auf den Medienunternehmer Tim O'Reilly zurück, der damit 2005 die Ablösung des Informationsmediums „Web 1.0" durch eine ***soziale Interaktions- und Kollaborationsplattform Web 2.0*** kennzeichnen wollte. Das neue Web 2.0 wird u. a. durch folgende Neuerungen geprägt:

- ***Blogs*** (Weblogs): tagebuchähnliche Themen-Webseiten,
- ***Wikis:*** „Wissens-Pools" für Beiträge, die von Autoren und Lesern editiert werden (wie z. B. Wikipedia),
- ***Plattformen für soziale Netzwerke:*** zur (Selbst-)Präsentation und Kommunikation (z. B. MySpace, Xing),
- ***Medienplattformen:*** zum Medienaustausch (z. B. YouTube: Videos, Flickr: Fotos, Podcasts: Audio, Video).

Das Web 2.0 führt also zur Mitgestaltung durch seine Benutzer.

2.6 Anforderungen an Computernetzwerke

Benutzer und Netzwerkadministratoren erwarten, dass „ihr" Netzwerk eine bestimmte Übertragungsleistung bringt, dass es eine „gute" Qualität der Netzwerkdienste bereitstellt und dass es weitere wichtige Qualitätsmerkmale erfüllt. Die Kapazitäts-, Dienstgüte- und Qualitätsanforderungen, die ein Netzwerk bei seinem Betrieb erfüllen soll, müssen deshalb bereits bei seiner Planung definiert werden (vgl. [34], S. 19 ff.).

Kapazitätsanforderungen

Kapazitätsanforderungen beschreiben die von einem Netzwerk zu erbringende Übertragungsleistung. Die erwartete Übertragungsleistung, die auch als Übertragungsrate, Datenrate oder Durchsatz und meist etwas ungenau als Bandbreite bezeichnet wird, definiert die maximale Datenmenge, die in einer bestimmten Zeit über ein Netzwerk vom Sender zum Empfänger übertragen werden kann. Die ***Übertragungskapazität*** wird üblicherweise in bit/s (bps) angegeben. Sie ist die grundlegende Größe für jeden Netzwerkanschluss.

Abbildung 2.12 zeigt, wie die Kapazitätsanforderungen von Computeranwendungen im Zeitablauf immer stärker steigen. ***Bildschirmterminals*** mit alphanumerischen Displays kamen noch mit einer Bandbreite von 9,6 kbit/s (9.600 bit/s) oder weniger aus. So konnte z. B. ein IBM-Terminal 3270 (mit 24 Zeilen à 80 Zeichen) einen Datenblock mit 1000 Zeichen (etwa einen größeren Kundenauftrag) in 1 Sekunde übertragen:

- 1000 Byte/s * 8 bit/Byte = 8.000 bit/s

Wird dagegen eine Rastergrafik in der Größe des kompletten Inhaltes eines ***grafischen PC-Monitors*** in 1 Sekunde übertragen, so wird bei einer Bildschirmauflösung von 1.024 * 768 Pixeln (Picture Elements, Bildpunkten) und einer Farbcodierung von 8 Bit/Pixel schon eine Bandbreite von 6 Mbit/s benötigt:

- 1024 * 768 Pixel/s * 8 Bit/Pixel = 6.291.456 bit/s

Soll schließlich eine unkomprimierte ***Videosequenz*** von 25 Vollbildern/s in einem kleinen Bildschirmausschnitt von 352 * 288 Pixeln bei einer Farbcodierung von 16 Bits/Pixel übertragen werden, so werden dafür schon 40 Mbit/s benötigt:

- 352 * 288 Pixel/Bild * 16 Bit/Pixel * 25 Bilder/s = 40.550.400 bit/s

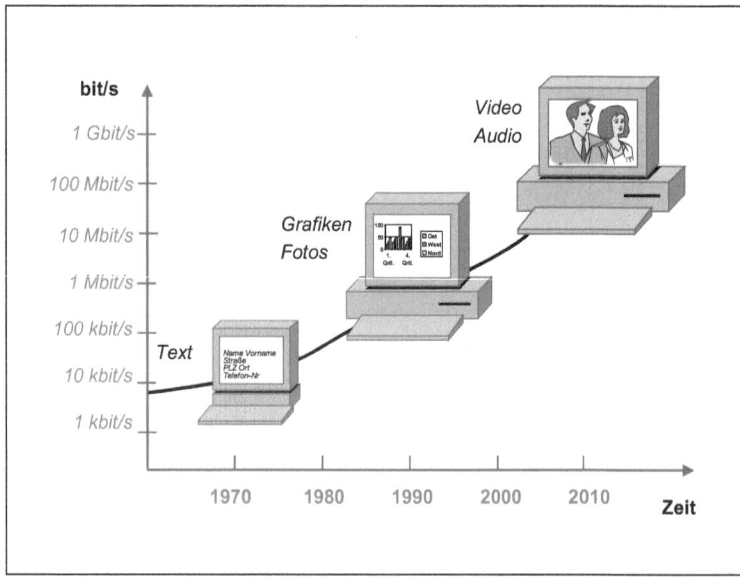

Abb. 2.12: Der Bandbreitebedarf im Zeitablauf

Da dies die meisten Teilnehmeranschlüsse heute noch nicht leisten können, werden ***Komprimierungstechniken*** eingesetzt. So werden z. B. mit dem ISO-Standard MPEG-1 der 1988 gegründeten Moving Picture Experts Group (MPEG) Kompressionsraten von durchschnittlich 20:1 über mehrere Bilder hinweg erreicht. Hierzu werden jeweils nur die Veränderungen einer Bildgruppe übertragen (vgl. [52], S. 67 ff.). Die komprimierte Videosequenz des obigen Beispiels kann dann z. B. schon über einen 2- oder 6-Megabit-DSL-Anschluss gut übertragen werden.

Dienstgüteanforderungen

Die Dienstgüte kennzeichnet die Mindest-Übertragungsqualität, die von einem Netzwerkdienst gefordert wird. Sie wird auch als ***QoS (Quality of Service)*** bezeichnet und umfasst die Garantie der:

- ***Zuverlässigkeit*** eines Netzwerkdienstes mit durchschnittlicher Verlust- und Fehlerrate,
- ***Isochronität*** (verzögerungsfreie Übertragung) mit Angabe der maximal zulässigen Verzögerung und Verzögerungsschwankung.

Als ***Verlustrate*** wird der Prozentsatz der gesendeten Datenpakete bezeichnet, der von den Vermittlungsknoten aufgrund fehlender Kapazität nicht weitergeleitet werden kann, sodass die Datenübertragung wiederholt werden muss. Die ***Fehlerrate*** gibt den Prozentsatz der gesendeten Datenpakete an, die beim Empfänger fehlerhaft ankommen und deren Übertragung deshalb ebenfalls wiederholt werden muss (z. B. 10^{-3} = 1 Bit/1.000 Bits). Die nachfolgende Übersicht zeigt die Bitfehlerwahrscheinlichkeit wichtiger Übertragungsmedien, so wie sie sich üblicherweise ohne vorgenommene Fehlerkorrektur ergibt (vgl. [42], S. 168 f.).

Übertragungsmedium	***Bitfehlerwahrscheinlichkeit***
Funkkanal	10^{-1} - 10^{-3}
Fernsprechanschlussleitung	10^{-5}
ISDN-Netz	10^{-6} - 10^{-7}
LAN-Kabel	10^{-9}
Lichtwellenleiter	10^{-12}

Verzögerung und Verzögerungsschwankung sind für interaktive Anwendungen und vor allem für Multimediaanwendungen in

Echtzeit von Bedeutung. Die ***Verzögerung (Delay)*** gibt die Zeitspanne an, die zwischen dem Senden und Empfangen des ersten Datenbits vergeht. Die Verzögerung sollte für hochwertige Multimediaanwendungen nicht über 100 ms (Millisekunden) liegen. Untersuchungen der ITU haben ergeben, dass bei einer Arbeit an einer grafischen Oberfläche 30 ms Verzögerung und bei der Sprachübertragung 150 ms gerade noch akzeptabel sind. Die nachfolgende Übersicht zeigt, welche Auswirkungen Verzögerungen bei einer Sprachübertragung auf die zwischenmenschliche Kommunikation haben (vgl. [27], S. 30 ff.). Die ***Verzögerungsschwankung (Jitter)*** definiert die Abweichungen von der durchschnittlichen Übertragungsverzögerung. Sie führt z. B. bei einer Echtzeit-Videoübertragung zum „Ruckeln" und zu Verzerrungen des Sounds.

Verzögerung pro Richtung	***Auswirkung auf die Kommunikation***
> 600 ms	Keine Kommunikation möglich
600 ms	Keine zusammenhängende Kommunikation möglich
250 ms	Verzögerung wirkt stark störend
50 ms	Keine Verzögerung wahrnehmbar

Qualitätsanforderungen

Während die Kapazitätsanforderungen die Übertragungsleistung und die Dienstgüte die Mindest-Übertragungsqualität eines Netzwerkdienstes beschreiben, kennzeichnen die Qualitätsanforderungen die gewünschten Eigenschaften, die das Netzwerk selbst haben soll. Sie betreffen insbesondere die Gewährleistung der

- ***Netzwerkverfügbarkeit,***
- ***Netzwerksicherheit,***
- ***Benutzermobilität und***
- ***Netzwerkskalierbarkeit.***

Einzelheiten hierzu sind z. B. bei [34] zu finden.

Die ***Netzwerkverfügbarkeit*** gibt die Ausfallsicherheit eines Netzes als den Prozentsatz der vorgesehenen Betriebszeit an, der den Netzwerkbenutzern nach Abzug von Ausfall- und Wartungszeiten zugesichert wird. Die Verfügbarkeit lässt sich durch redundante Netzwerkkomponenten und Übertragungsmedien ganz wesentlich erhöhen. Ist ein Netzwerk redundant ausgelegt, so können die bei Ausfall eines Netzknotens noch intakten Netzwerkgeräte die Verkehrsströme automatisch umleiten (Selbstregenerierungseffekt in „elastischen" Netzwerken). Für einen täglichen 24-Stundenbetrieb sind folgende Verfügbarkeits-Levels üblich:

Verfügbarkeits-Level	***Ausfallzeit***
99,9 %	8,75 Stunden/Jahr
99,99 %	53 Minuten/Jahr
99,999 %	5 Minuten/Jahr

Im Gegensatz zur Netzwerkverfügbarkeit kennzeichnet die ***Netzwerksicherheit*** die Bewahrung des Datenverkehrs vor schädlichen Angriffen und Einwirkungen beim Datentransport. Insbesondere können zur Erhöhung der Netzwerksicherheit folgende Anforderungen gewährleistet werden:

- die ***Vertraulichkeit*** der Nachrichten durch eine Nachrichtenverschlüsselung,
- die ***Integrität,*** d. h. die Nicht-Verfälschung der Nachrichten durch eine sog. Hash-Funktion, die aus einer Nachricht einen nicht umkehrbaren kurzen Wert erzeugt (digitaler Fingerabdruck),
- die ***Authentizität*** des Nachrichtensenders durch eine elektronische Unterschrift (digitale Signatur).

Die Unterstützung der ***Benutzermobilität*** ist eine Qualitätsanforderung, die immer größere Bedeutung erlangt. Ein Netzwerk, das Benutzermobilität unterstützt, ermöglicht den Benutzern, sich „in einem Netzwerk" zu bewegen und sich von verschiedenen Hosts aus einzuloggen. Darüber hinaus wird in einem Funknetz auch die Mobilität der Endgeräte unterstützt, sodass sich der Benutzer auch während der Kommunikation im Netz bewegen kann. Die Mobilität der Endgeräte wird in erster Linie durch Mobilfunknetze und WLANs unterstützt.

Netzwerkskalierbarkeit bezeichnet schließlich die Fähigkeit eines Netzwerkes, sich an geänderte Anforderungen des Netzwerkbetreibers anpassen zu lassen. Ein skalierbares Netz ermöglicht beim Unternehmenswachstum Netzwerkerweiterungen und

-veränderungen, ohne dass die Netzwerkinfrastruktur dazu erneuert werden muss (Aufwärtsskalierbarkeit). Auch eine entsprechende Netzwerkverkleinerung sollte möglich sein (Abwärtsskalierbarkeit).

2.7 Testaufgaben

1. Nennen Sie vier grundlegende Möglichkeiten zur Klassifikation von Netzwerken!
2. Was verstehen Sie unter einem
   (1) Campusnetzwerk,
   (2) Corporate Network,
   (3) VPN (Virtuelles Privates Netz),
   (4) VAN (Mehrwertnetz)?
3. Welche ungefähre Ausdehnung und Übertragungskapazität haben die folgenden Netzwerkklassen: (1) GAN, (2) LAN, (3) MAN, (4) PAN, (5) SAN, (6) WAN?
4. Nennen Sie die Übertragungsraten von
   (1) Schmalbandnetzen,
   (2) Weitbandnetzen,
   (3) Breitbandnetzen!
5. Erläutern Sie die technischen Übertragungskonzepte von
   (1) Broadcast-Netzen (Diffusionsnetzen) und
   (2) Point-to-Point-Netzen (Teilstreckennetzen)!
6. Beschreiben Sie die Ziele, die mit dem Einsatz von Computernetzwerken im betrieblichen Bereich angestrebt werden!
7. Erläutern Sie drei grundlegende Ziele, die Privatleute bei der Nutzung von Computernetzwerken haben!
8. Was verstehen Sie unter asynchroner und synchroner Kommunikation, was unter einem Pull-System und einem Push-System? Verdeutlichen Sie jeden Begriff anhand eines Beispiels!
9. Kennzeichnen Sie die Geschichte von Unternehmensnetzen für die letzten fünf Jahrzehnte inkl. des jetzigen Jahrzehnts, indem Sie die jeweils entstandenen Netzarchitekturen beschreiben!
10. Was verstehen Sie unter
    (1) Stapelbetrieb,
    (2) interaktivem Dialogbetrieb,
    (3) Teilnehmerbetrieb und
    (4) Teilhaberbetrieb?

11. Was verstehen Sie unter der „Kopernikanischen Wende der Informationsverarbeitung“?
12. Nennen Sie die drei wichtigsten proprietären Netzwerkarchitekturen der 70er Jahre für den kommerziellen und wissenschaftlichen Bereich zusammen mit dem jeweiligen Hersteller!
13. Nennen Sie die zwei wichtigsten Terminalprotokolle, die bis heute ihre Bedeutung behalten haben, und beschreiben Sie den entscheidenden Unterschied, der zwischen ihnen besteht!
14. Beschreiben Sie die beiden Forschungsnetze, die zu standardisierten Terminal- und Hostrechner-Netzen geführt haben! Wann wurden sie fertig gestellt und nach welchem Vermittlungsprinzip funktionieren sie?
15. Welche heutigen Computernetzwerke sind aus den beiden Forschungsnetzen hervorgegangen und welche Unterschiede gibt es bezüglich ihrer Verbindungsorientierung?
16. Beschreiben Sie zwei wesentliche Merkmale der frühen PC-LANs!
17. Was verstehen Sie unter
    (1) Client-Server-Architekturen,
    (2) Workstation-LANs,
    (3) Downsizing bzw. Rightsizing,
    (4) Netzwerkbetriebssystemen?
18. Welche heterogenen Netzwerkarchitekturen wurden in den 90er Jahren zu Unternehmensnetzen zusammengeführt? Was ist ein Campusnetzwerk und was ein Corporate Network?
19. Beschreiben Sie das hierarchische Konzept mit drei Rechnerebenen, das häufig zur Anwendungsverteilung für Unternehmensnetze verwandt wurde!
20. Kennzeichnen Sie die drei Kommunikationsarchitekturen, die am Markt die größte Bedeutung erlangt haben!
21. Was verstehen Sie unter intelligenten Netzknoten?
22. Erläutern Sie die drei grundlegenden Spezifikationen, auf denen das heutige WWW basiert! Was war der entscheidende Auslöser für den breiten Durchbruch des WWW?
23. Worin unterscheidet sich ein Hypertextsystem von einem Hypermedia-Netzwerk? Welche zwei Schlüsseltechnologien werden von webbasierten Computernetzen verwendet?

24. Woraus bestehen webbasierte Computernetze, wenn sie aus der Benutzerperspektive betrachtet werden? Erläutern Sie die beiden altbewährten Konzepte, die diese Benutzerperspektive ermöglichen!
25. Welche drei Ausprägungen von webbasierten Computernetzen gibt es aus der Sicht der Netzwerkbetreiber? Was haben das Internet und Intranets gemeinsam und worin unterscheiden sie sich?
26. Erläutern Sie drei Vorteile, die Enterprise Wide Webs gegenüber den Unternehmensnetzen der 90er Jahre haben!
27. Welche plattformunabhängigen Servertechnologien kennen Sie? Beschreiben Sie sie kurz!
28. Was verstehen Sie unter
    (1) E-Commerce-Anwendungen,
    (2) B2B- und B2C-Anwendungen,
    (3) einem Extranet,
    (4) einem virtuellen Unternehmen,
    (5) einem elektronischen Markt?
29. Was verstehen Sie unter dem Begriff „Web 2.0"?
30. Erläutern Sie zu den Kapazitätsanforderungen an Computernetzwerke:
    (1) die allgemeine historische Entwicklung,
    (2) den Begriff „Übertragungskapazität"!
    (2) die Maßeinheit der Übertragungsrate!
31. In welchen Größenordnungen bewegen sich die erforderlichen Übertragungsraten
    (1) für Bildschirmterminals mit alphanumerischen Displays,
    (2) für die Bildübertragung zu grafischen PC-Monitoren,
    (3) für Videoübertragungen (Multimediaanwendungen)?
32. Definieren Sie folgende Begriffe und setzen Sie sie zueinander in Beziehung:
    (1) Dienstgüte (QoS, Quality of Service),
    (2) Zuverlässigkeit,
    (3) Isochronität,
    (4) Verlustrate,
    (5) Fehlerrate,
    (6) Delay,
    (7) Jitter!
33. Erläutern Sie vier grundlegende Qualitätsanforderungen, die an moderne Computernetzwerke gestellt werden!

3 Kommunikationsarchitektur von Computernetzen

Die Kommunikation zwischen vernetzten Computern ist außerordentlich komplex. Es wird deshalb ein Architekturmodell benötigt, das die in Computernetzen ablaufende Kommunikation in einer überschaubaren Kommunikationsarchitektur beschreibt.

In diesem Kapitel wird zunächst das in der Fachwelt allseits bekannte OSI-Referenzmodell vorgestellt, das heute die gedankliche Basis für praktisch alle Computernetzwerke bildet und das deshalb unbedingt verstanden werden muss. Auf seiner Grundlage wird die Internet-Protokollfamilie beschrieben, die den heutigen De-facto-Standard für Computernetzwerke darstellt. Zum Schluss des Kapitels folgt ein Überblick über die wichtigsten Standardisierungs-Institutionen und Internet-Organisationen.

3.1 Das OSI-Referenzmodell im Überblick

Kommunikationsarchitektur und Schichtenbildung

Bei den Terminal-Netzen war die erforderliche Kommunikationshardware und -software noch überschaubar. Seit den ersten Hostrechner-Netzen jedoch wurde insbesondere die Kommunikationssoftware immer komplexer, und heute ist sie hochstrukturiert. Um die Komplexität zu verringern, wurden bereits in den 70er Jahren proprietäre Architekturmodelle entworfen, die den komplexen Kommunikationsprozess in Teilfunktionen zerlegen und die entsprechenden herstellerspezifischen Kommunikationsdienste in eine ***geschichtete Kommunikationsarchitektur*** einordnen (z. B. IBM's SNA und DEC's DNA). Die Implementierung der einzelnen Schichten in entsprechender Kommunikationssoftware führt zu hierarchisch angeordneten Protokollen, die auch als Protokoll-Stack (Protokoll-Stapel, Protocol Stack) bezeichnet werden.

Ein beispielhafter Vergleich

Ein einprägsamer beispielhafter Vergleich, der sich ähnlich auch bei ([23], S. 54 ff.) und bei ([43], S. 44 f.) findet, erleichtert das Verständnis einer in Schichten aufgeteilten Kommunikationsarchitektur. Abbildung 3.1 zeigt zwei Philosophen P1 und P2, die sich miteinander über den Sinn des Lebens unterhalten. P1 lebt in einem Elfenbeinturm in Kenia und spricht nur Suaheli, P2 lebt in einem Elfenbeinturm in Indien und spricht nur Hindi. Die beiden Philosophen sind Partner einer höheren Schicht, der ***Anwendungsschicht.***

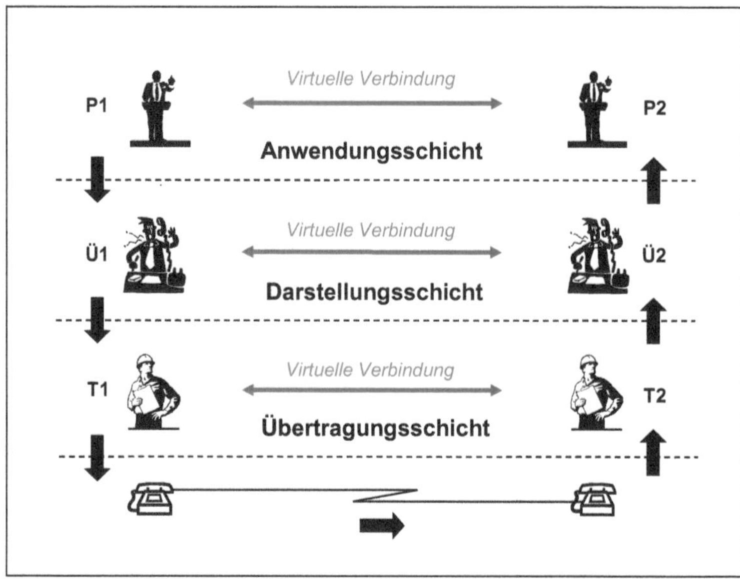

Abb. 3.1: Beispielhafter Vergleich zur Kommunikationsarchitektur

Da sie verschiedene Sprachen sprechen, engagieren beide einen Übersetzer. Die Übersetzer Ü1 und Ü2 sind Partner der darunter liegenden Schicht, der ***Darstellungsschicht.*** Sie müssen sich auf eine gemeinsame Sprache, z. B. auf Englisch, einigen. Da zwischen ihnen eine größere Entfernung liegt, wenden sich beide Übersetzer an einen Techniker, der die Nachrichten z. B. per Telefon, Fax oder Fernschreiben weiterleitet. Die Techniker T1 und T2 sind Partner der untersten Schicht, der ***Übertragungsschicht.*** Von dort aus werden die Nachrichten dann über das entsprechende Netzwerk (z. B. Telefonnetz, E-Mail) übertragen.

Schlussfolgerungen

Der Vergleich zeigt drei wesentliche Merkmale einer auf Schichten basierenden Kommunikationsarchitektur:

- ***Virtualität der Kommunikation:*** Die Teilnehmer realisieren eine virtuelle Verbindung und empfinden die Kommunikation als horizontal.
- ***Transparenz der Kommunikation:*** Die tatsächliche Kommunikation läuft mit Ausnahme der physischen Nachrichtenübertragung vertikal ab.

- ***Unabhängigkeit der Schichten:*** Die drei Schichten sind bis auf ihre Schnittstellen fast völlig unabhängig voneinander. Gesprächsgegenstand, Sprache und Transportverfahren können beliebig gewechselt werden.

Entstehung und Ziel des OSI-Referenzmodells

Mit den proprietären Netzwerkarchitekturen der verschiedenen Hersteller ließen sich nur ***homogene Netze*** realisieren. Diese sog. ***geschlossenen Systeme*** ermöglichten nur einen Nachrichtenaustausch zwischen herstellerspezifischen Geräten (z. B. innerhalb IBM's SNA oder DEC's DNA und DECnet). Sie verhinderten aber wegen ihrer Inkompatibilität die Interoperabilität (Kommunikationsfähigkeit) zwischen Computern verschiedener Hersteller. Ziel der Entwicklung des OSI-Referenzmodells war es deshalb, die ***Kommunikation zwischen heterogenen Netzen,*** d. h. zwischen den heterogenen Computersystemen der verschiedenen Hersteller zu ermöglichen.

Das OSI-Referenzmodell wurde 1977 von der ISO (International Organization for Standardization) entworfen und 1984 in einer bis heute gültigen und mehrfach erweiterten Spezifikation veröffentlicht (ISO 7498-1984, Open Systems Interconnection, Basic Reference Model). Es bietet als abstraktes, allgemeines Schichtenmodell die Basis für die ***Kopplung offener Systeme.*** Als „offene Systeme" werden beliebige ***heterogene Computer und Netzknoten*** bezeichnet, deren Kommunikationsarchitekturen zum OSI-Referenzmodell und den darauf aufbauenden Standards konform sind, sodass ein insgesamt homogenes Netz entsteht. Das OSI-Referenzmodell ist keine konkrete Kommunikationsarchitektur, sondern ein Rahmenwerk (Framework) für die Definition, Einordnung und Zuordnung von herstellerunabhängigen und frei zugänglichen Standards.

Inhalt des OSI-Referenzmodells

Das OSI-Referenzmodell beschreibt eine ***Referenzarchitektur*** für den Weg, den eine Nachricht von einem Anwendungsprozess in einem Computer über ein Netzwerk zu einem Anwendungsprozess in einem anderen Computer zurücklegt (z. B. von einem Webbrowser zu einem Webserver). Es abstrahiert hierbei ausdrücklich von den realen Hardware- und Softwarekomponenten der Systeme (Computer, Netzknoten) und stellt nur die funktionalen Aspekte der Systeme sowie die Anordnung ihrer Interaktionspunkte (Schnittstellen) dar. Abbildung 3.2 verdeutlicht ***grundlegende Begriffe,*** die das OSI-Referenzmodell dazu benutzt:

- Die Computer sind ***Endsysteme.***

- Die Anwendungsprogramme sind ***Verarbeitungsinstanzen*** (Anwendungsinstanzen).
- Die Übertragungs- und Vermittlungseinrichtungen bilden das ***Transitsystem.***

So kann das OSI-Referenzmodell z. B. alle Übertragungs- und Vermittlungseinrichtungen zwischen zwei Endsystemen als ein einziges Transitsystem betrachten.

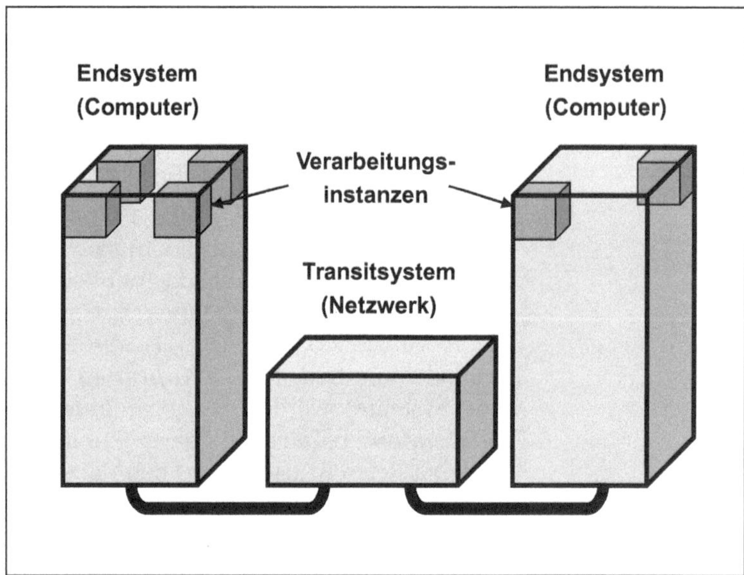

Abb. 3.2: Grundlegende Begriffe des OSI-Referenzmodells

Architekturmerkmale des OSI-Referenzmodells

Generell definiert das OSI-Referenzmodell folgende Architekturmerkmale (vgl. [23], S. 69; [26], S. 20 ff.):

- die Aufteilung der Kommunikationsarchitektur in überschaubare ***funktionale Schichten,*** die bei technischem Fortschritt einzeln ausgetauscht werden können,
- die Aufteilung der funktionalen Schichten in ***Instanzen*** (Entities, Arbeitseinheiten, Funktionen, Objekte), die die in den Systemen auf dieser Schicht zu erbringenden ***Dienste*** (Services) repräsentieren,
- die Aufteilung der Dienste in ***Dienstelemente*** (Dienstprimitive, Service Primitives), die der nächsthöheren Schicht über ***Dienstzugangspunkte*** (SAPs, Service Access Points) zugänglich gemacht werden,

- die ***Kooperation der Instanzen zweier benachbarter Schichten*** in einem (End-)System,
- die ***Kooperation von Instanzen derselben Schicht,*** die sich in zwei Endsystemen oder generell in mehreren Systemen befinden.

Abbildung 3.3 gibt einen Überblick über die sieben Schichten des OSI-Referenzmodells, die zur Kommunikation zwischen zwei Verarbeitungsinstanzen nacheinander durchlaufen werden müssen. Die Funktionen der einzelnen Schichten werden wir in den Abschnitten 3.3 und 3.4 näher kennen lernen. Zunächst wollen wir uns jedoch das Zusammenspiel der verschiedenen Instanzen ansehen.

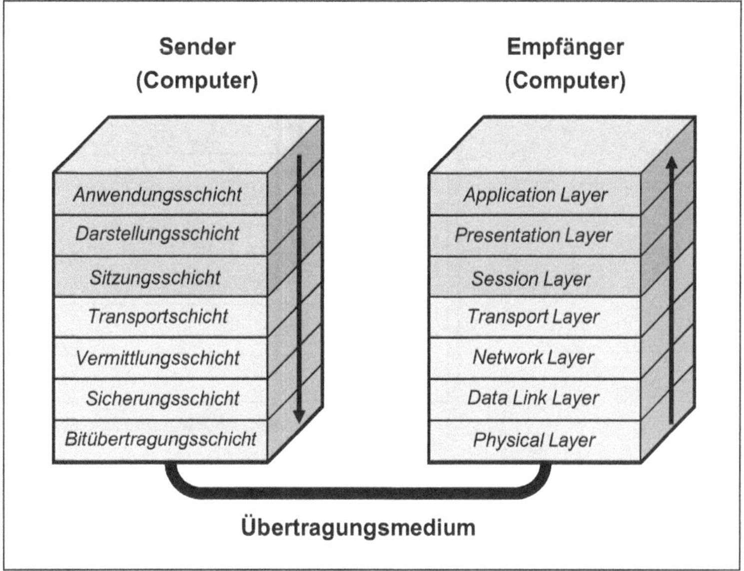

Abb. 3.3: Überblick über die Schichtenstruktur des OSI-Referenzmodells

3.2 Dienste und Protokolle im OSI-Referenzmodell

Die in zwei Endsystemen agierenden Verarbeitungsinstanzen (z. B. ein Webbrowser und ein Webserver) stützen sich in ihrer Kommunikation auf eine ***Hierarchie von Kommunikationsdiensten,*** die aus der Zerlegung des Nachrichtenweges in die erforderlichen Teilfunktionen hervorgeht. Wie Abbildung 3.4 zeigt, umfasst ein in der Hierarchie höherer Kommunikationsdienst alle in der Hierarchie niedrigeren Kommunikationsdienste. Dies entspricht einem ***Zwiebelschalenmodell:*** Wenn man eine Zwiebelschale (z. B. die Kommunikationsdienste der Funktionsschicht N + 1) wegnimmt, enthält der Kern der verbleibenden Zwiebelschalen alle untergeordneten Kommunikationsdienste, die der übergeordneten (weggenommenen) Zwiebelschale als kompletter Kommunikationsdienst zur Verfügung stehen (Kommunikationsdienste der Schichten N, N - 1, N - 2 usw.). Die auf diese Weise entstehenden ***Funktionsschichten*** erstrecken sich ebenso wie die Kommunikationsdienste über die Systemgrenzen hinweg.

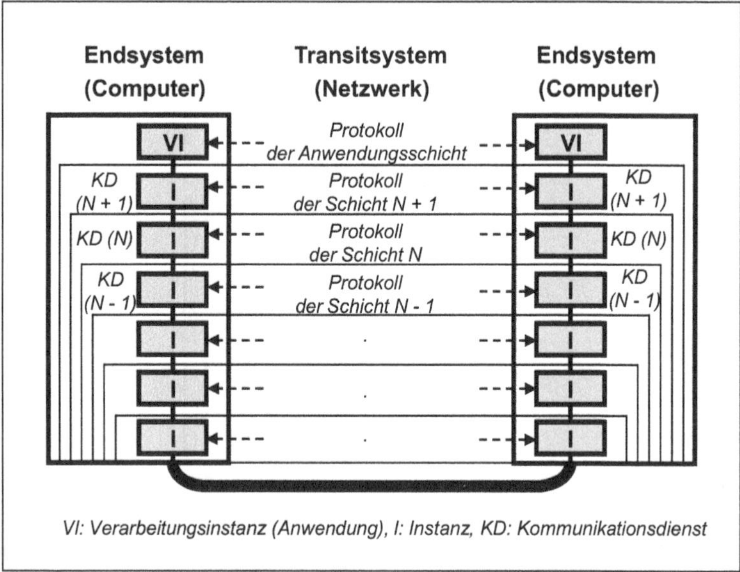

Abb. 3.4: Hierarchie von Kommunikationsdiensten, Instanzen und Protokollen

Die von einer Schicht zu erbringende Dienstleistung wird durch das in einem schichtspezifischen ***Protokoll*** geregelte Zusammenspiel von Instanzen erbracht, die derselben Schicht angehören und die sich in verschiedenen Systemen befinden. Abbildung 3.4 zeigt, dass auf diese Weise aus der Hierarchie von Kommunikationsdiensten (Zwiebelschalenmodell) eine ***Hierarchie von Instanzen und Protokollen*** entsteht (Funktionsschichtenmodell).

Zu jeder Schicht gibt es verschiedene Standards, die Dienste und Protokolle beschreiben. Ein Standard besteht jeweils aus einer Dienst-Spezifikation und einer Protokoll-Spezifikation (vgl. [26], S. 24 ff.). Das OSI-Referenzmodell geht dabei von verbindungsorientierten Diensten aus.

Dienst-Spezifikation

Eine Dienst-Spezifikation definiert die Dienste (Funktionen) einer Schicht N, die den (End-)Systemen in der nächsthöheren Schicht N + 1 über einen ***Dienstzugangspunkt*** bzw. ***SAP (Service Access Point)*** zur Verfügung gestellt werden. Sie enthält das gesamte Dienstleistungsangebot für die nächsthöhere Schicht mit den Dienstnamen der einzelnen ***Dienste,*** z. B.:

- ***N-CONNECT*** für den Verbindungsaufbau,
- ***N-DATA*** für den anschließenden Datentransport und
- ***N-DISCONNECT*** für den abschließenden Verbindungsabbau.

Dienstelemente eines Dienstes

Abbildung 3.5 zeigt am Beispiel des Dienstes N-CONNECT, wie die einzelnen ***Dienstelemente*** den Dienstbenutzern über SAPs zur Verfügung gestellt werden. Der Diensterbringer wird als eine nicht verteilte Instanz angesehen, obwohl er sich über zwei oder mehrere Systeme erstrecken kann.

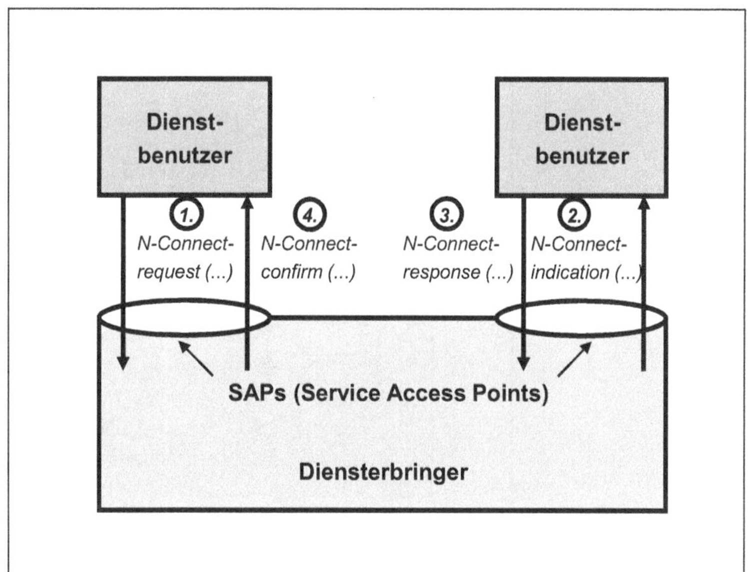

Abb. 3.5: Beispiel einer Dienst-Spezifikation

Mit dem Aufruf jedes Dienstelementes wird eine Menge von Parametern übergeben:

- ***N-CONNECT.request*** (Senderadresse, Empfängeradresse, ...) zur Verbindungsanforderung vom Dienstbenutzer,
- ***N-CONNECT.indication*** (Senderadresse, Empfängeradresse, ...) zur Anzeige der Verbindungsanforderung vom Diensterbringer,
- ***N-CONNECT.response*** (Senderadresse, Empfängeradresse, ...) zur Antwort auf die Verbindungsanforderung vom Dienstbenutzer (Annahme oder Ablehnung),
- ***N-CONNECT.confirm*** (Senderadresse, Empfängeradresse, ...) zur Bestätigung der Verbindungsanforderung durch den Diensterbringer (Annahme oder Ablehnung).

Protokoll-Spezifikation

Eine Dienst-Spezifikation legt nur die Dienste und Dienstelemente einer Schicht mit ihren Namen und Parametern fest. Sie sagt aber nichts darüber aus, wie diese Dienste erbracht werden. Diese Lücke, die eine Dienst-Spezifikation offen lässt, wird von der zugehörigen Protokoll-Spezifikation geschlossen. Abbildung 3.6 zeigt den Inhalt einer Protokoll-Spezifikation schematisch.

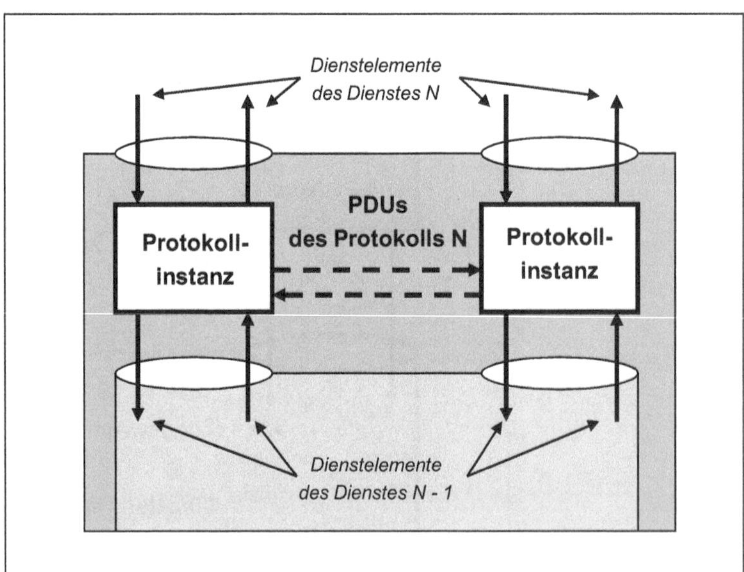

Abb. 3.6: Schematische Darstellung des Inhalts eines Protokolls

Eine Protokoll-Spezifikation regelt:

- das Format (die Datenstruktur) der auszutauschenden ***PDUs (Protocol Data Units, Protokolldateneinheiten)*** mit ihren einzelnen Datenfeldern und
- den ***Ablauf der Kommunikation*** zwischen den beiden in einer Schicht beteiligten Instanzen zur Realisierung des Kommunikationsdienstes (z. B. beidseitiger Verbindungsaufbau, Datentransfer, Verbindungsabbau).

Alle Protokolle mit Ausnahme der Anwendungsprotokolle der obersten Schicht dienen dazu, auf der Basis eines unterlagerten Kommunikationsdienstes einen höheren Kommunikationsdienst zu erbringen. Protokolle werden beschrieben, indem man die ***Interaktionen*** der beteiligten ***Protokollinstanzen*** untereinander sowie mit dem nächsthöheren ***Dienstbenutzer*** und dem unterlagerten ***Diensterbringer*** festlegt. Eine Protokoll-Spezifikation kann auch festlegen, dass eine Protokollinstanz über mehrere SAPs unterschiedliche Kommunikationsdienste bedient bzw. benutzt (z. B. IP mit TCP oder mit UDP).

Kommunikation zwischen zwei Schichten

Wir wollen uns nun noch ein wenig genauer ansehen, wie das OSI-Referenzmodell die Kommunikation zwischen den Instanzen zweier Schichten über eine Schnittstelle – einen ***SAP*** – beschreibt (vgl. [42], S. 25 f.; [8], S. 46 ff.). Die SAPs benötigen eindeutige Adressen, die etwa mit Telefonnummern vergleichbar sind. Außerdem müssen Regeln über die an einem SAP zu übergebenden Nutzdaten und Parameter existieren. Abbildung 3.7 zeigt die Übergabe einer Datenschnittstelleneinheit, einer ***IDU (Interface Data Unit)*** von der Schicht N + 1 zur Schicht N.

Eine IDU besteht aus einer ***ICI (Interface Control Information)*** und einer ***SDU (Service Data Unit).*** Die SDU enthält die zu übertragenden Nutzdaten. Mit Hilfe der ICI kann die Schicht N (der Diensterbringer) einen ***Header*** (Kopf) zur ***SDU*** hinzufügen. Dies nennt man auch Einkapselung (Encapsulation), da die SDU der Schicht N + 1 hinter dem Header der Schicht N wie in einer Kapsel verschwindet.

Kommunikation innerhalb einer Schicht

Der Header enthält Steuerinformationen wie z. B. Sender- und Empfängeradresse für die Kommunikation mit der entsprechenden Protokollinstanz auf derselben Schicht N im entfernten Computer. Die Kommunikation zwischen entfernten Protokollinstanzen derselben Schicht wird über ***Header*** (Kopf) und teilweise auch über ***Trailer*** (Anhang) gesteuert, die der SDU hinzugefügt werden. Header, SDU und ggf. Trailer werden zusammen als ***PDU (Protocol Data Unit)*** bezeichnet. Die zulässige Länge der SDU heißt ***MTU (Maximum Transmission Unit).***

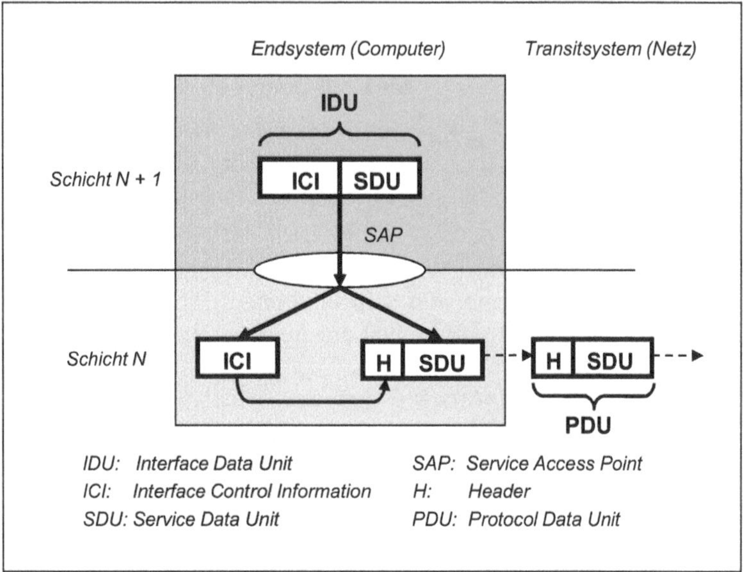

Abb. 3.7: Kommunikation zwischen zwei OSI-Schichten über einen SAP

In der Praxis spricht man statt von PDUs allgemein von ***Paketen (Packets).*** In Abhängigkeit von der jeweiligen Schicht werden für PDUs aber häufig auch unterschiedliche Begriffe verwendet:

- ***Frames*** (Rahmen) oder ***Cells*** (Zellen) auf der Schicht 2,
- ***Packets*** (Pakete) oder ***Datagrams*** (Datagramme) auf der Schicht 3,
- ***Segments*** (Segmente) oder ***Fragments*** (Fragmente) auf der Schicht 4 und
- ***Messages*** (Nachrichten) oder ***Data*** (Daten) auf den Schichten 5 bis 7.

Während Nachrichten bzw. Daten eine fast beliebige Länge haben können (z. B. die Daten einer Echtzeit-Videoübertragung), gibt es für Frames, Packets und Segments jeweils eine fest definierte Länge, sodass ein Datenstrom auf den unteren Funktionsschichten segmentiert bzw. fragmentiert werden muss.

Verteilung der Schichten im Computernetz

Bei der bisherigen Betrachtung wurden die Übertragungs- und Vermittlungseinrichtungen des Transitsystems, die sich zwischen zwei Endsystemen befinden, zur Vereinfachung ausgeklammert. In realen Computernetzwerken befinden sich im Transitsystem jedoch zahlreiche ***Netzknoten,*** die die verschiedenen Netzsegmente (Teilstrecken) miteinander verbinden. Sie agieren normalerweise nur auf den OSI-Schichten 1 bis 3:

- ***Repeater:*** auf der OSI-Schicht 1 zur Signalverstärkung und -regeneration bei der Bitübertragung,
- ***Bridges*** und ***Switches:*** auf den OSI-Schichten 1 und 2: zur Nachrichtenvermittlung zwischen benachbarten Systemen,
- ***Router:*** auf den OSI-Schichten 1 bis 3 zur Nachrichtenvermittlung zwischen Endsystemen über mehrere Teilstrecken und Netze hinweg.

Abbildung 3.8 zeigt die Verteilung der OSI-Schichten im Transitsystem am Beispiel von Routern.

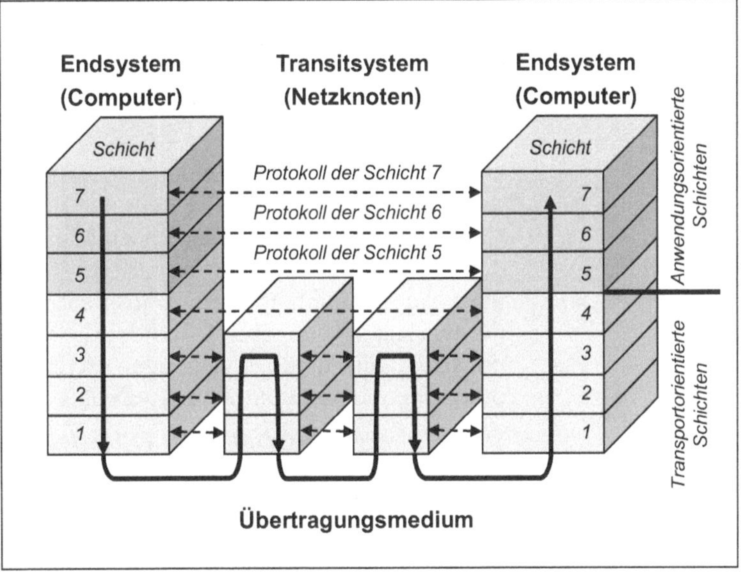

Abb. 3.8: Verteilung der OSI-Schichten im Netz

Transport- und anwendungsorientierte Schichten

Während sich in den Endsystemen alle sieben OSI-Schichten befinden müssen, werden in den Transitsystemen normalerweise nur die Schichten 1 bis 3 benötigt. Die OSI-Schichten 1 bis 4 werden auch als ***transportorientierte Schichten*** bezeichnet, da sie den Nachrichtentransport zwischen zwei Endsystemen realisieren. Die OSI-Schicht 4 stellt dabei den Abschluss des Transportsystems für eine gesicherte Ende-zu-Ende-Verbindung zur Verfügung. Die OSI-Schichten 5 bis 7 nennt man ***anwendungs-***

orientierte Schichten, da sie von transportspezifischen Merkmalen abstrahieren und nur die für das Senden und Empfangen von Nachrichten erforderliche Anwendungsfunktionalität besitzen.

3.3 Die transportorientierten OSI-Schichten

Die sieben OSI-Schichten bilden den Rahmen für eine Reihe von internationalen Standards, die ihrerseits als Vorgabe für die Implementierung von entsprechenden schichtspezifischen Protokollen dienen. Jede Schicht enthält eine bestimmte Funktionalität und bietet damit der nächsthöheren Schicht entsprechende Dienste an.

Zunächst wird in diesem Abschnitt ein grober Überblick über die Funktionalität der transportorientierten OSI-Schichten gegeben, bevor im nächsten Abschnitt die Funktionen der anwendungsorientierten OSI-Schichten beschrieben werden. Die Konzepte, Techniken und Mechanismen zu den wesentlichen Standards und Protokollen werden wir im weiteren Verlauf des Buches näher kennen lernen.

Die unteren vier OSI-Schichten betreffen den Datentransport. Sie definieren, wie Daten von einem sendenden Computer über ein Übertragungsmedium zu einem empfangenden Computer transportiert werden können. Abbildung 3.9 gibt einen Überblick über die Funktionalität der transportorientierten Schichten. An der Oberkante der Schicht 4 endet die transportorientierte Funktionalität, die darüber liegenden Schichten enthalten anwendungsorientierte Funktionen (zu Details vgl. [42], S. 52 ff.).

Die OSI-Schicht 1

Die ***Bitübertragungsschicht (Physical Layer)*** beschreibt die nachrichtentechnischen Hilfsmittel für die Bitübertragung auf einem physischen Übertragungsmedium. Zur physischen Übertragung müssen alle Bits (alle Nullen und Einsen) der zu übertragenden Daten physikalisch durch ***Signale,*** d. h. durch physikalische Größen dargestellt werden. Hierzu kommen insbesondere elektrische Spannungen und Ströme, Lichtwellen und elektromagnetische Wellen in Betracht.

Die Bitübertragungsschicht definiert die elektrischen, mechanischen, prozeduralen und funktionalen Spezifikationen zur Aktivierung, Aufrechterhaltung und Deaktivierung einer physischen Verbindung zwischen zwei benachbarten Systemen. Die Bitübertragung wird durch aktive Netzwerkkomponenten wie Netzwerkadapter, Repeater, Bridges, Switches oder Router durchgeführt. Netzwerkkabel und Stecker sind dagegen passive Netzwerkkomponenten.

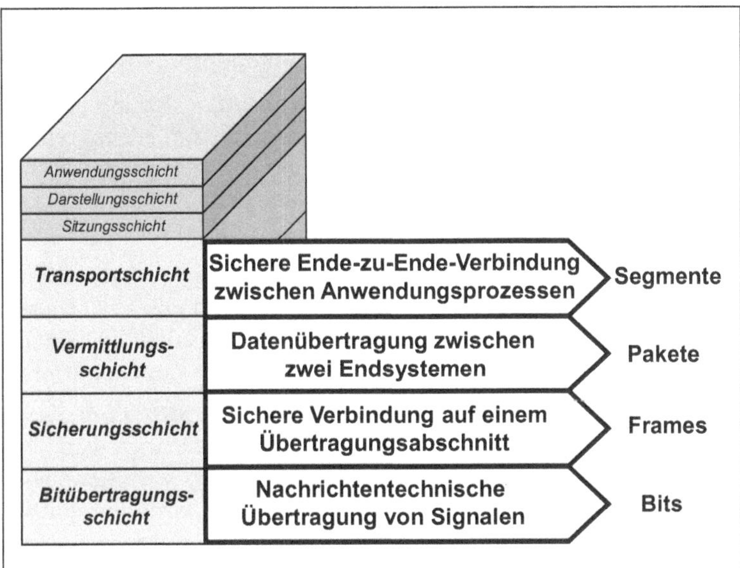

Abb. 3.9: Funktionalität der transportorientierten Schichten

Im Einzelnen sind folgende Details der Bitübertragung standardisiert:

- ***Physische Schnittstellen:*** physikalische Eigenschaften von Steckern und Steckerbuchsen, die zur Verbindung von DEE und DÜE bzw. von DÜE und Übertragungskabel vorhanden sein müssen, insbesondere Steckerform (z. B. Trapez-Stecker) und Pin-Belegungen für Sendedaten, Empfangsdaten und Signalisierung.
- ***Physisches Übertragungsmedium:*** physikalische Eigenschaften (Bauarten, Widerstände, Dämpfungen usw.) und maximal zulässige Länge von elektrischen Leitern, Lichtwellenleitern und Funkbereichen.
- ***Signalisierung (Control Signaling):*** Austausch von Signalen zum Aufbau, zur Überwachung und zum Abbau von physischen Verbindungen über ein Übertragungsmedium (Handshake-Verfahren) inkl. der Festlegung der Betriebsart der Nachrichtenübertragung (Halbduplex- oder Vollduplex-Betrieb).

- ***Signalcodierung:*** physikalische Darstellung der Nullen und Einsen einer Bit-Folge durch Signale, d. h. durch physikalische Größen wie Spannung und Spannungswechsel, Stromrichtung und Stromstärke, Frequenzen und Frequenzwechsel (z. B. Null-Bits: keine Spannung, Eins-Bits: Spannung).
- ***Synchronisation:*** Realisierung einer gemeinsamen Übertragungsrate und eines gemeinsamen Timings zwischen Sender und Empfänger (Gleichlaufverfahren), sodass der Gleichtakt zweier Endsysteme zur präzisen, mittigen Abtastung der Empfangssignale führt.
- ***Signalmultiplexing (Physisches Multiplexing):*** Einrichtung mehrerer logischer Datenkanäle über ein physisches Übertragungsmedium, sodass verschiedene Kommunikationspartner simultan kommunizieren können.

Die OSI-Schicht 2

Die ***Sicherungsschicht (Data Link Layer),*** die auch als Datenverbindungsschicht bezeichnet wird, beschreibt die Realisierung sicherer (zuverlässiger) Verbindungen zwischen benachbarten Systemen auf einem Übertragungsabschnitt, z. B. zwischen Computer und Router oder Router und Router. Sie sorgt für eine zuverlässige Bitübertragung über ein Übertragungsmedium.

Damit die Bits einer Bit-Folge entsprechend interpretiert werden können, werden sie zu größeren Einheiten zusammengefasst. Diese Einheiten sind bei der älteren asynchronen Übertragung einzelne Zeichen (A, B, C, ..., 1, 2, 3, ...), bei der heute üblichen synchronen Bitübertragung ***Frames*** (Rahmen) oder auch kleinere ***Cells*** (Zellen). Die Sicherungsschicht ergänzt die von der nächsthöheren Vermittlungsschicht erhaltenen Daten um Header und Trailer, die Felder mit Steuer-, Adress- und Fehlererkennungsdaten enthalten.

Zur Sicherungsschicht gibt es zahlreiche Standards, die folgende Eigenschaften detaillieren:

- ***Netztopologie:*** Definition der Verbindungsstruktur für physisch benachbarte Endsysteme als Punkt-zu-Punkt-Verbindung (Direktverbindung) oder als gemeinsam nutzbare Mehrpunktverbindung (Shared Medium) in Form einer Bus-, Ring- oder Stern-Topologie.
- ***Physische Adressierung:*** Definition des Adressaufbaus von weltweit einheitlichen Hardwareadressen (MAC-Adressen, Medium-Access-Control-Adressen) für die vernetzten Endsysteme und Netzknoten sowie Regelung der

Adressierung der Empfangssysteme, d. h. ihrer Ansteuerung durch eine Unicast-, Multicast- oder Broadcast-Adressierung (siehe Abschnitte 7.1, 7.2, 7.4 und 8.2).

- ***Framing:*** Verfahren zur Rahmenbildung und Rahmensynchronisation, d. h. Zusammenfassung von Bits einer Bit-Folge zu Frames mit fest definiertem Inhalt (Feldnamen, Feldgrößen, Feldreihenfolge), die durch sog. Flags (Bitmuster) begrenzt werden; der Empfänger kann anhand der Flags Beginn und Ende jedes Frames einer Frame-Folge erkennen.
- ***Verbindungs- und Zugriffssteuerung:*** Verfahren zum Aufbau, zur Überwachung und zum Abbau einer Punkt-zu-Punkt-Verbindung durch Steuer-Frames und zur Regelung des Zugriffs zu einer Mehrpunktverbindung; dies geschieht durch deterministische Verfahren mit vorgegebener Sende-Reihenfolge (z. B. beim Token-Ring) und durch nicht-deterministische Verfahren ohne Reihenfolge nach dem Konkurrenzprinzip (beim Ethernet-Bus).
- ***Sequenz-Nummerierung:*** Nummerierungsverfahren zur Zuordnung von Sequenz-Nummern zu den einzelnen Frames entsprechend ihrer Sendereihenfolge, um eine Fehlererkennung und Fehlerbehebung sowie eine Flusssteuerung durchführen zu können.
- ***Fehlererkennung und Fehlerbehebung:*** Verfahren zur Berechnung, Übertragung und Kontrolle einer Prüfzahl zu jedem Frame; der Empfänger kann durch Vergleich der vom Sender berechneten und übertragenen Prüfzahl mit der von ihm selbst errechneten Prüfzahl Fehler feststellen; im Fehlerfall und bei Zeitüberschreitung für eine erwartete Quittung (Timeout) wird automatisch eine Wiederholungsanforderung angestoßen (ARQ, Automatic Repeat Request).
- ***Flusssteuerung:*** Verfahren zur Übertragung von so vielen Frames wie möglich durch einen Sender ohne Überlast für den Empfänger entsprechend der Größe seines Empfangspuffers.

Die OSI-Schicht 3

Die ***Vermittlungsschicht (Network Layer)*** beschreibt die Datenübertragung zwischen Endsystemen über ein Kommunikationsnetz (Transitsystem) hinweg, das seinerseits aus mehreren Teilnetzen mit speziellen Vermittlungsknoten bestehen kann. Kommunikationsnetze haben meist die Topologie eines Maschennetzes, sodass verschiedene Verbindungswege zwischen Endsystemen möglich sind. Während die Sicherungsschicht nur die Datenübertragung auf einem Übertragungsabschnitt zwischen benachbarten Systemen regelt, ermöglicht die Vermittlungsschicht eine Übertragung der ***Datenpakete*** zwischen zwei Endsystemen über mehrere Übertragungsabschnitte zwischen den verschiedenen Routern hinweg. Dazu müssen die logischen Adressen aller Endsysteme und Router weltweit eindeutig sein.

In der Vermittlungsschicht werden folgende Netzwerkdetails beschrieben:

- ***Logische Adressierung:*** Definition des Adressaufbaus von logischen Geräteadressen, die hierarchisch aufgebaut sind und die sich aus einer Netzwerknummer und einer Gerätenummer zusammensetzen (z. B. X.25-Adresse, IP-Adresse); Umsetzung einer logischen Geräteadresse in eine physische Geräteadresse, um einen Empfangsrechner ansteuern zu können (sog. Adressauflösung) (zur IP-Adressierung siehe Abschnitte 8.3 und 9.2).
- ***Routing (Wegefindung):*** Verfahren zur Bestimmung des „optimalen" Weges (Pfad, Route) zwischen zwei entfernten Routern, Führen von Routing-Tabellen mit Routing-Einträgen, die Zieladressen und „Next-Hop"-Adressen enthalten.
- ***Fragmentierung und Defragmentierung:*** Aufteilung der Datenpakete in kleinere Fragmente, falls die Pakete länger sind als die auf dem Übertragungsabschnitt zum nächsten Knoten (Next Hop) maximal zulässige Nutzlast der Frames, und Zusammensetzung der Fragmente im empfangenden Endsystem.
- ***Verbindungsorientierte Paketvermittlung (CONP, Connection Oriented Network Protocol):*** Verfahren zum Aufbau einer virtuellen Verbindung ***(Signalisierung),*** anschließende Weiterleitung aller mit einer Kanalnummer versehenen Pakete über denselben Weg dieser virtuellen Verbindung und abschließender Abbau der virtuellen Verbindung (z. B. bei X.25/Datex-P, Frame Relay und ATM).
- ***Verbindungslose Paketvermittlung (CLNP, ConnectionLess Network Protocol):*** Verfahren zur Weiterleitung von Datenpaketen, bei dem die einzelnen Pakete einer Nachricht (Datagramme) eine Sende- und Emp-

fangsadresse erhalten und je nach Netzauslastung unabhängig voneinander über verschiedene Wege weitergeleitet werden können (z. B. IP-Pakete oder IPX-Pakete).

Die OSI-Schicht 4

Die ***Transportschicht (Transport Layer)*** beschreibt die Bereitstellung eines universellen Transportdienstes für die darüber liegende Sitzungsschicht. Ihre Funktionalität stellt den kommunizierenden Anwendungsprozessen mit Hilfe der drei darunter liegenden Schichten eine sichere (zuverlässige) Ende-zu-Ende-Verbindung bereit.

Die Transportschicht ist für die fehlerfreie Übertragung der von der Sitzungsschicht erhaltenen Daten in der richtigen Reihenfolge zuständig. Sie entlastet damit die anwendungsorientierten Schichten von der gesamten Transportfunktionalität. Die Daten können beliebig lang sein und werden von ihr in ***Segmente*** zerlegt. Der Sitzungsschicht im empfangenden Computer stellt die Transportschicht die Daten in der Form zur Verfügung, in der sie sie von der Sitzungsschicht im sendenden Computer erhalten hat.

Es gibt einen verbindungsorientierten Transportdienst mit einem entsprechenden Transportprotokoll ***(COTP, Connection Oriented Transport Protocol)*** sowie ein verbindungsloses Transportprotokoll ***(CLTP, ConnectionLess Transport Protocol).*** Zum verbindungsorientierten Transportdienst wurden fünf verschiedene Transportprotokollklassen mit unterschiedlichem Funktionsumfang entwickelt. Folgende Funktionen gehören zur Transportschicht:

- ***Adressierung der Anwendungsprozesse:*** Definition des Adressaufbaus von weltweit einheitlichen Adressen für Anwendungsprozesse (Transport-SAPs, z. B. TCP-Port-Nummern) und Regelung der Adressierung (Ansteuerung) eines Anwendungsprozesses im empfangenden Computer über einen Transport-SAP.
- ***Verbindungssteuerung:*** Aufbau, Überwachung und Abbau einer virtuellen Ende-zu-Ende-Verbindung mit der angeforderten Dienstgüte (QoS, Quality of Service) beim verbindungsorientierten Transportdienst.
- ***Segmentierung und Reassemblierung:*** Aufteilung der im sendenden Computer von der Sitzungsschicht erhaltenen Daten in Segmente, falls die Daten länger sind als die auf der Transportschicht maximal zulässige Segmentlänge, und Zusammensetzung der Segmente im empfan-

genden Computer vor der Übergabe der Daten an die Sitzungsschicht.

- ***Sequenz-Nummerierung:*** Nummerierungsverfahren zur Zuordnung von Sequenz-Nummern zu den einzelnen zu sendenden Segmenten, um eine Fehlererkennung und Fehlerbehebung im übertragenen Bytestrom sowie eine Flusssteuerung durchführen zu können und um die Segmente in der richtigen Reihenfolge an die Sitzungsschicht übergeben zu können.
- ***Logisches Multiplexing:*** Verfahren zur Einrichtung mehrerer virtueller Ende-zu-Ende-Verbindungen, sodass mehrere in einem Computer laufende Anwendungsprozesse gleichzeitig mit verschiedenen entfernten Anwendungsprozessen kommunizieren können (Multitasking).
- ***Flusssteuerung:*** Verfahren zur Übertragung von so vielen Segmenten wie möglich durch einen Sender ohne Überlast für den Empfänger entsprechend der Größe seines Puffers.

3.4 Die anwendungsorientierten OSI-Schichten

Während die transportorientierten Schichten von der ISO im unteren Bereich zu grob definiert wurden und später (z. B. für LAN-Standards) weiter unterteilt werden mussten, sind die anwendungsorientierten Schichten zu detailliert geraten. Ihre eng zusammenhängende Funktionalität hätte eigentlich zu einer einzigen Schicht zusammengefasst werden können, und die Internet-Dienste (HTTP, FTP usw.) tun dies auch. Auf den OSI-Schichten 5 bis 7 werden ***Daten*** bzw. ***Nachrichten*** übertragen. Abbildung 3.10 zeigt die Funktionalität der anwendungsorientierten Schichten im Überblick. Ausführliche Informationen hierzu sind z. B. zu finden bei [23], S. 331 ff. oder bei [42], S. 124 ff.

Die OSI-Schicht 5

Die ***Sitzungsschicht (Session Layer),*** die auch als Kommunikationssteuerungsschicht bezeichnet wird, beschreibt die Regeln für die virtuelle Verbindung von zwei Anwendungsprozessen, die auf zwei vernetzten Rechnern laufen. Sie ermöglicht den Aufbau, die Durchführung und den Abbau von Sitzungen (Sessions), d. h. von Kommunikationsverbindungen zwischen zwei entfernten Anwendungsinstanzen. Hierzu stellt sie Funktionen zur Dialogsteuerung und zur Synchronisation bereit. Protokolle der Verbindungsschicht sind immer verbindungsorientiert ***(COSP, Connection Oriented Session Protocol).***

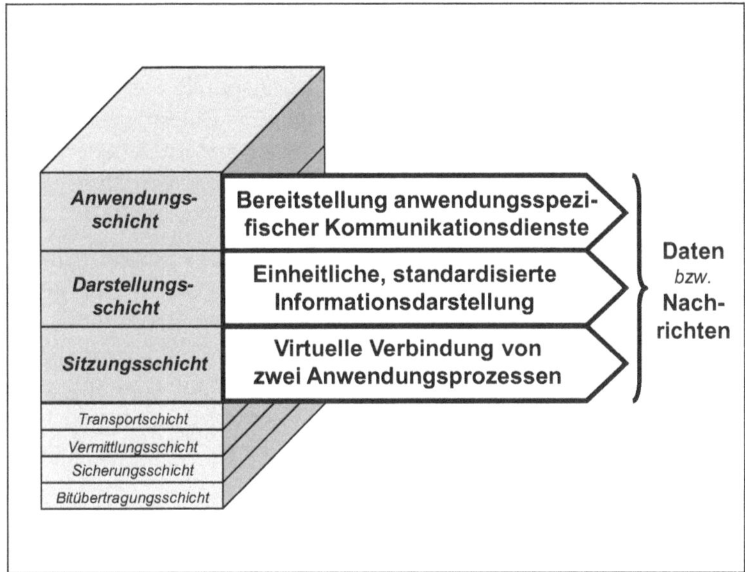

Abb. 3.10: Funktionalität der anwendungsorientierten Schichten

Die ***Dialogsteuerung*** beginnt beim virtuellen Verbindungsaufbau mit dem Aushandeln eines Satzes von Sitzungsparametern zwischen dem Initiator einer Sitzung (Session Master) und seinem Kommunikationspartner (Session Slave). So wird z. B. die Betriebsart (Halbduplex- oder Vollduplex-Betrieb) festgelegt und das Senderecht durch die Vergabe von Token (Berechtigungsmarken) geregelt. Auch die An- und Abmeldefunktion für Benutzer mit Passwortabfrage gehört hierzu. Jede Sitzung erhält einen eindeutigen Identifikator.

Die ***Synchronisation*** kommt während des anschließenden Datentransfers zum Einsatz, indem ein gemeinsames Timing für beide Anwendungsprozesse realisiert wird; denn obwohl die Transportschicht eine zuverlässige Ende-zu-Ende-Verbindung bereitstellt, könnte das Transportsystem selbst kurzfristig ausfallen. Wenn eine Sitzung durch einen Ausfall des Transportsystems unterbrochen wird, soll sie wieder aufgenommen werden können. Deshalb wird die während einer Sitzung durchgeführte Aktivität in kleinere Dialogeinheiten (Dialog Units) unterteilt, die durch Hauptsynchronisationspunkte abgegrenzt werden. Die Dialogeinheiten selbst werden durch Nebensynchronisationsspunkte weiter unterteilt.

Jede Operationsfolge zwischen zwei Synchronisationspunkten wird als ***atomare Transaktion*** angesehen, die entweder komplett erledigt und bestätigt werden muss (Commit) oder aber zurückgerollt werden muss (Roll Back). Deshalb werden zu jedem neuen Synchronisationspunkt die seit dem letzten Synchronisationspunkt übertragenen Daten gesichert. Nach einer Verbindungsunterbrechung erfolgt ein Wiederaufsetzen auf dem letzten Synchronisationspunkt mit einer Neusynchronisation und einer erneuten Übertragung der gesicherten Daten.

Die OSI-Schicht 6

Die ***Darstellungsschicht (Presentation Layer)*** ermöglicht es den verschiedenen Endsystemen, eine ***gemeinsame Informationsdarstellung*** zu benutzen, damit sich ihre Anwendungsinstanzen überhaupt verständigen können. Ein Großrechner kann z. B. den 8-Bit-Code EBCDIC (Extended Binary Coded Decimal Interchange Code) benutzen, während die meisten PCs den 7-Bit-Code ASCII (American Standard Code for Information Interchange) verwenden.

Die Darstellungsschicht enthält Codierungs- und Konvertierungsfunktionen, um unterschiedliche Codierungen über eine ***Codeumwandlung*** anzupassen und so den kommunizierenden Anwendungsinstanzen eine Übertragung im selben Daten- und Dateiformat zu ermöglichen. Hierzu wird eine standardisierte Codierung (Transfer Syntax) verwendet, in die die unterschiedlichen Codierungen der Endsysteme (lokale Syntaxen) übersetzt werden. Dies geschieht mit Hilfe einer abstrakten Syntax (ASN.1, Abstract Syntax Notation One). Protokolle der Darstellungsschicht sind immer verbindungsorientiert ***(COPP, Connection Oriented Presentation Protocol).***

Die Darstellungsstruktur ist eng mit dem entsprechenden Anwendungsdienst der übergeordneten Anwendungsschicht verknüpft. So gibt es z. B. spezielle Darstellungsfunktionen für den Dateitransfer (ASCII, Binary), für den Maildienst oder für Bild- und Videoübertragungen.

Zur Darstellungsschicht gehören auch Funktionen zur Datenkompression und zur Datenverschlüsselung. Eine standardisierte ***Datenkompression*** ermöglicht es, die Übertragungszeit für einen Dateitransfer wesentlich zu verkürzen. Mit Hilfe einer standardisierten ***Datenverschlüsselung*** können Daten bei ihrer Übertragung gegen unberechtigtes Lesen geschützt werden, sodass ihre Vertraulichkeit gewahrt bleibt.

Die OSI-Schicht 7

Die ***Anwendungsschicht (Application Layer)*** beschreibt die Bereitstellung von anwendungsspezifischen Kommunikationsfunktionen. Sie liefert ***Kommunikationsdienste*** (ASEs, Application Service Elements) für Anwendungsinstanzen und aufsetzende Benutzer.

Die grafische Darstellung der OSI-Schichten endet üblicherweise mit der Anwendungsschicht und ist bezüglich der Anwendungsinstanzen nicht so klar, sondern missverständlich. Entweder werden Anwendungsinstanzen als in der OSI-Schicht 7 enthalten angesehen oder es wird in Abkehr von der früher vertretenen Meinung angenommen, dass sie selbst nicht mehr zum OSI-Referenzmodell gehören und deshalb oberhalb der OSI-Schicht 7 angesiedelt sind.

Die Funktionalität der Anwendungsschicht lässt sich am besten verstehen, wenn man sich ihre Dienste ein wenig näher ansieht. Zunächst gibt es ***allgemeine Anwendungsdienstelemente*** (CASEs, Common Application Service Elements), die grundlegende Funktionen der Anwendungskommunikation bereitstellen:

- Aufbau einer ***Assoziation*** (Verbindung) zwischen zwei Anwendungsinstanzen (ACSE, Association Control Service Element).
- Zuverlässiger ***Nachrichtentransfer*** für eine Nachricht (RTSE, Reliable Transfer Service Element).
- Entfernter ***Operationsaufruf*** für Client-Server-Betrieb (ROSE, Remote Operation Service Element).
- Synchronisation, Abschluss und Zurücksetzen einer verteilten ***Transaktion*** (CCRSE, Commitment, Concurrency and Recovery Service Element).

Sodann existieren ***spezielle Anwendungsdienste*** (SASE, Specific Application Service Elements), die eine Reihe bekannter Dienste wie ***File Transfer*** (FTAM, File Transfer and Access Management), ***Maildienst*** (MHS, Message Handling System) oder ***Verzeichnisdienst*** (Directory Services) bereitstellen. Anwendungsinstanzen können auf die Anwendungsdienste der OSI-Schicht 7 über spezielle Anwendungsprogrammier-Schnittstellen, sog. APIs (Application Program Interfaces), zugreifen.

Einsatz von „OSI“ in der Praxis

Will man feststellen, inwieweit sich „OSI“ im praktischen Netzwerkeinsatz durchgesetzt hat, so muss man zunächst klar zwischen folgenden Dingen unterscheiden:

- OSI-Referenzmodell,
- Internationale Standards bzw. Normen auf der Basis des OSI-Referenzmodells („OSI-Standards“ bzw. „OSI-Normen“),

- Implementierung von internationalen Standards und OSI-Protokollimplementierungen,
- De-Facto-Standards (Industrie-Standards) und nach De-facto-Standards realisierte Protokollimplementierungen.

Das ***OSI-Referenzmodell*** selbst ist heute eine unumstrittene und nicht mehr wegzudenkende Bezugsbasis für die Beschreibung von Computernetzwerken. Für die einzelnen OSI-Schichten wurden zahlreiche ***internationale Standards bzw. Normen*** entwickelt, die die jeweiligen schichtspezifischen Dienste und Protokolle spezifizieren. Diese OSI-Standards reichen von der physikalischen Schnittstellendefinition V.24 der ITU-T auf der OSI-Schicht 1 bis hin zum Standard für den Filetransfer FTAM der ISO-Norm 8571 auf der OSI-Schicht 7. Abbildung 3.11 gibt einen Überblick über eine Auswahl bekannter OSI-Standards.

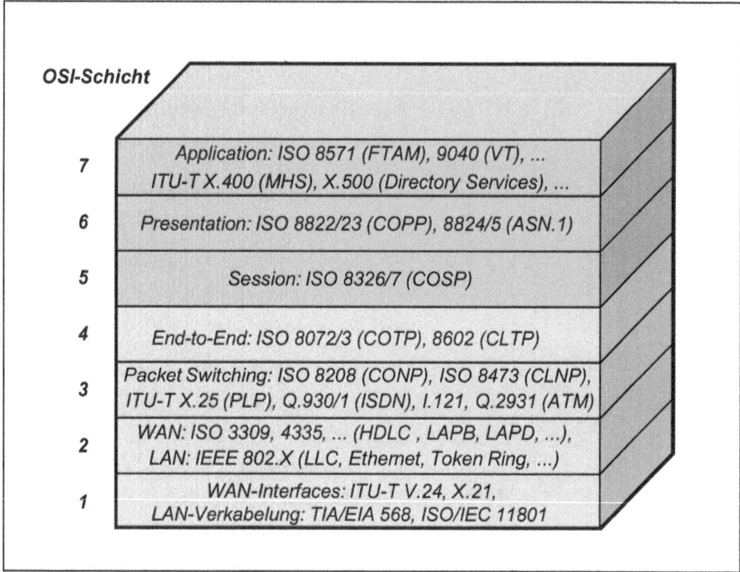

Abb. 3.11: Überblick über bekannte OSI-Standards

Betrachtet man ***Implementierungen von internationalen Standards*** und ***OSI-Protokollimplementierungen,*** so ergibt sich ein gemischtes Bild:

- ***OSI-Schichten 1 und 2:*** Hier orientieren sich praktisch alle Implementierungen an ***internationalen OSI-Standards*** auf der Basis des OSI-Referenzmodells. Zu erwähnen sind insbesondere die LAN-Standards des IEEE, aber auch der ISO-Standard für das wichtigste WAN-Protokoll HDLC (High-Level Data Link Protocol).

- ***OSI-Schicht 3:*** Einerseits setzen im WAN-Bereich viele private und öffentliche Netzbetreiber Übertragungstechnologien ein, die auf ***internationalen Standards*** zu den OSI-Schichten 1 bis 3 aufbauen: zu nennen sind hier das ISDN, PDH und SONET/SDH sowie Paketvermittlungsnetze auf Basis von X.25, Frame Relay oder ATM (Asynchronous Transfer Mode). Andererseits hat der weltweite Siegeszug der ***Internet-Protokollfamilie als De-facto-Standard*** die herstellerspezifischen OSI-Protokollimplementierungen abgelöst, sodass auch in größeren Endsystemen (Zentralrechnern, Servern) kaum noch OSI-Protokoll-Stacks zu finden sind. IP-Pakete werden deshalb im WAN-Bereich meist durch OSI-Protokollimplentierungen eingekapselt und übertragen.
- ***OSI-Schichten 4 bis 7:*** Hersteller und Anwender haben sich praktisch ausnahmslos von der OSI-Protokollwelt verabschiedet und setzen nur noch die ***Internet-Protokollfamilie des De-facto-Standards*** mit den bekannten Anwendungsdiensten (HTTP, FTP usw.) ein.

3.5 Die Internet-Protokollfamilie

Die Internet-Protokolle als De-facto-Standard

Wenn man sich die Komplexität der dargestellten OSI-Welt vor Augen führt, ist es nicht verwunderlich, dass die OSI-Protokolle von einfacheren, leichter zu implementierenden und damit preiswerteren Protokollen überholt wurden. Die einfacheren Protokolle, die das geschafft haben, werden als Internet-Protokollfamilie, nach dem Kern-Protokollpaar als ***TCP/IP-Protokollfamilie*** oder auch als ***DoD-Protokollfamilie*** bezeichnet. Letzteres rührt von ihrer Herkunft her; denn das amerikanische Verteidigungsministerium (DoD, Department of Defense) hatte nach dem ARPANET auch seine Weiterentwicklung zum ARPA-Internet gefördert. Dies führte schließlich zur Entwicklung des Protokollpaars TCP/IP und ab 1983 zu dessen weltweitem Einsatz.

Die Implementierung von TCP/IP im Betriebssystem ***BSD-UNIX 4.2*** (Berkeley Software Distribution UNIX 4.2) hat ganz wesentlich zu dieser Ausweitung des ARPA-Internets beigetragen. Auch machten immer mehr Hersteller TCP/IP zum Bestandteil ihrer Betriebssysteme. Heute ist die Internet-Protokollfamilie auf praktisch allen Computern verfügbar und damit zum De-facto-Standard für die computergestützte Kommunikation geworden.

Die Begriffe „Protokollfamilie" und „Protokoll-Suite"

Statt von einer Protokollfamilie spricht man oft auch von einer ***Protokoll-Suite*** (vgl. [50], S. 71). Beide Begriffe meinen dasselbe und bezeichnen eine Menge von zusammengehörigen Protokollen, von denen auf den einzelnen Schichten mehrere zur Auswahl stehen können. Die Internet-Protokollfamilie bzw. Internet-Protokoll-Suite bietet für die Ende-zu-Ende-Kommunikation zwischen zwei Anwendungsprozessen das verbindungsorientierte Protokoll ***TCP (Transmission Control Protocol)*** und das verbindungslose Protokoll ***UDP (User Datagram Protocol)*** zur Auswahl an. Beide können mit dem Protokoll ***IP (Internet Protocol)*** zusammenarbeiten. Die zentrale Aufgabe von IP ist die Weiterleitung der empfangenen Datenpakete durch das Internet.

Für Internet-Dienste stehen aus der Internet-Protokollfamilie zahlreiche ***anwendungsorientierte Protokolle*** zur Verfügung, die ihrerseits TCP oder UDP benutzen und so anwendungsorientierte Kommunikationsdienste ermöglichen. So verwendet z. B. das Protokoll HTTP für Zugriffe auf Webseiten das verbindungsorientierte TCP. Dagegen nutzt etwa das DNS-Protokoll, das die für Menschen leichter merkbaren Hostnamen (Domainnamen) auf der Basis des DNS (Domain Name System) in IP-Adressen (Internet-Adressen) umsetzt, das verbindungslose UDP.

Der Begriff „Protokoll-Stack"

Im Gegensatz zur Protokollfamilie bzw. Protokoll-Suite ist ein „Protokoll-Stack" (Protokollstapel, Protocol Stack) eine Menge von Protokollen, die auf einem Computer installiert sind und die als ***ausführbarer Programm-Code*** die Kommunikation zwischen zwei Anwendungsprozessen steuern. Ein Webbrowser verwendet beispielsweise das Protokoll HTTP zur Realisierung seines Kommunikationsdienstes. Dieses setzt seinerseits auf einem aktivierten TCP/IP-Protokoll-Stack auf, der wiederum ein ausführbares Schicht-2-Protokoll zum eingesetzten Netzwerkadapter (z. B. Ethernet-Karte) verwendet.

Die DoD-Kommunikationsarchitektur

Im Gegensatz zum OSI-Referenzmodell besteht die DoD-Kommunikationsarchitektur nur aus ***vier Schichten.*** Abbildung 3.12 zeigt die DoD-Kommunikationsarchitektur. Das Kernstück bildet das Protokollpaar TCP/IP.

Die Funktionalität der vier DoD-Schichten lässt sich folgendermaßen umreißen:

- ***Network Access Layer:*** Sie bietet die Basis für eine sichere (zuverlässige) physische Verbindung zwischen zwei physisch benachbarten Systemen und gehört selbst nicht zur Internet-Protokollfamilie. Ihre zentralen Aufgaben sind die physikalische Bitübertragung, die Steuerung des Netzzugriffs und die Realisierung zuverlässiger physischer Verbindungen.

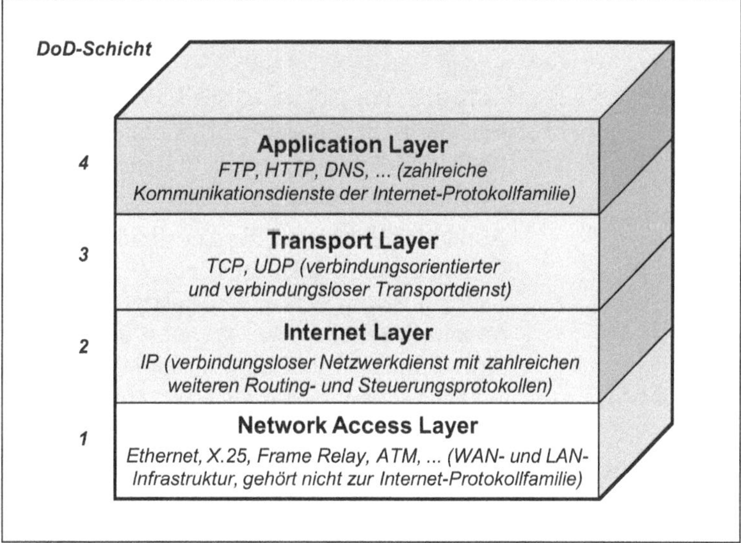

Abb. 3.12: Die DoD-Kommunikationsarchitektur

- ***Internet Layer:*** Sie hat die Aufgabe, einzelne Datenpakete (Datagramme) von einem sendenden Endsystem aus über die verschiedenen Subnetze des Internets zum empfangenden Endsystem zu leiten. Zu diesem Zweck enthält sie neben dem IP-Protokoll auch noch weitere Protokolle zum Finden des „besten" Weges (Routing), zum Umsetzen von IP-Adressen in MAC-Adressen (Hardwareadressen) und zu weiteren Steuerungsaufgaben.

- ***Transport Layer:*** Sie ermöglicht eine sichere (zuverlässige) virtuelle Ende-zu-Ende-Verbindung zwischen zwei Anwendungsprozessen, die sich in zwei entfernten Endsystemen befinden. Hierzu gehören Aufgaben der logischen Verbindungsrealisierung, der Flusssteuerung und der Erhaltung der Sequenzreihenfolge der von IP einzeln durch das Internet geleiteten Datenpakete. Alternativ ist eine verbindungslose Paketübermittlung möglich.

- ***Application Layer:*** Sie enthält zahlreiche Protokolle, mit denen Anwendungsprozesse auf das Internet und seine Kommunikationsdienste zugreifen können. In ihr sind auch Funktionen zur Datendarstellung und zur Kommunikationsteuerung (Sitzungssteuerung) enthalten.

OSI-Schichten und DoD-Schichten

Der Versuch, die DoD-Schichten den OSI-Schichten zuzuordnen, bereitet Probleme. Hierbei kommen z. B. sechs Autoren in ihren sieben Büchern zu sieben unterschiedlichen Ergebnissen (vgl. [8], S. 546 f.; [19], S. 177 ff.; [23], S. 337 ff.; [24], S. 122 ff.; [42], S. 35 f.; [43], S. 60; [50], S. 67 ff.). Das liegt daran, dass die funktionalen Grenzen bei der DoD-Architektur anders gezogen sind als beim OSI-Referenzmodell und man so je nach Perspektive bestimmte Funktionen vernachlässigen oder berücksichtigen kann.

Abbildung 3.13 zeigt die Zuordnung der DoD-Architektur zu den OSI-Schichten links aus einer möglichen Benutzersicht und rechts aus der Sicht eines Netzwerkadministrators. Für einen ***Internetnutzer*** zu Hause oder im Firmennetz erscheinen die DoD-Schichten vielleicht so einfach, wie sie links in Abbildung 3.13 zu sehen sind. Der Internetnutzer hat über den Netzwerkadapter seines PCs (z. B. Ethernet-Karte) einen Netzzugang ***(OSI-Schichten 1 und 2),*** benutzt in seinem PC einen TCP/IP-Protokoll-Stack ***(OSI-Schichten 3 und 4)*** und macht gerade mit FTP einen Datei-Download ***(OSI-Schichten 5 bis 7).***

Ein ***Netzwerkadministrator*** eines Großunternehmens wird die OSI-Schichten vielleicht so sehen, wie sie rechts in der Abbildung 3.13 dargestellt sind. Er hat auf einem Server-Computer im zentralen Rechenzentrum einen FTP-Server laufen. Der Server-Computer ist vielleicht über X.25, Frame Relay, ATM oder Gigabit Ethernet an das Subnetz des Unternehmens angeschlossen ***(OSI-Schichten 1 bis 3).*** Über ein entsprechendes nationales WAN werden die vom IP-Protokoll gesendeten Datenpakete über weitere Subnetze zum Zielcomputer weitergeleitet ***(im OSI-Referenzmodell nicht vorgesehene Internet Layer).***

Damit dies möglich ist, muss jedoch vorher auf dem Server die IP-Adresse des Next Hop (des nächsten Routers) in die entsprechende Adresse der Network Access Layer umgesetzt werden. So wandelt z. B. beim Ethernet das ARP-Protokoll (Address Resolution Protocol) die IP-Adresse in eine MAC-Adresse (Hardwareadresse) um ***(Internet Layer).*** Das Transportprotokoll TCP verbindet einen entfernten FTP-Client mit dem FTP-Server und übernimmt damit Aufgaben der Sitzungsschicht ***(OSI-Schicht 4 und ein Stück von OSI-Schicht 5)***. Das FTP-Protokoll schließlich kümmert sich neben der Dateiübertragung auch um eine einheitliche Datendarstellung und lässt mehrere parallele Sessions zu ***(OSI-Schichten 5 bis 7)***.

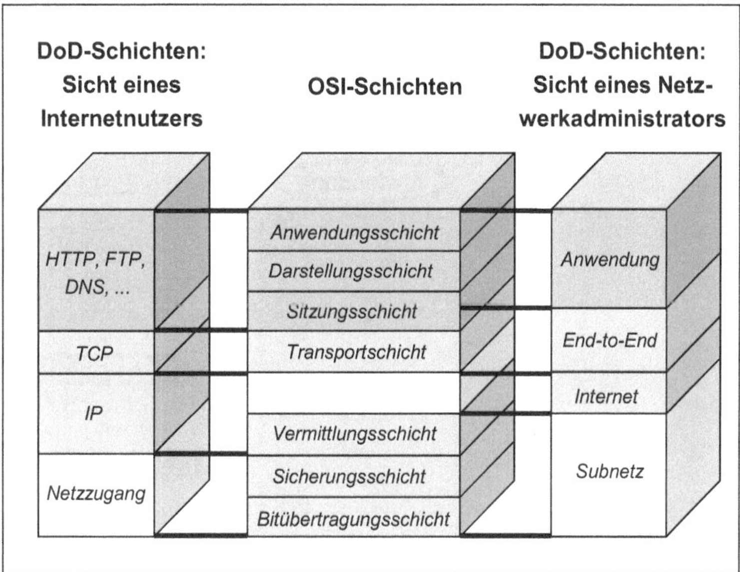

Abb. 3.13: OSI-Schichten und DoD-Schichten

Kommunikationsablauf im DoD-Protokoll-Stack

Abbildung 3.14 zeigt schematisch den Ablauf der Kommunikation in der DoD-Kommunikationsarchitektur. Die Application Layer des sendenden Endsystems fügt den zu übertragenden ***Daten*** einen Header hinzu (z. B. FTP- oder HTTP-Header) und reicht ihre ***Nachricht*** an die Transport Layer weiter. Die Transport Layer segmentiert die Nachrichten ggf., setzt ihren Header davor (TCP- oder UDP-Header) und reicht das bzw. die ***Segmente*** an die Internet Layer weiter. Die Internet Layer fügt ihren Header ein (IP-Header) und übergibt die ***IP-Pakete*** ggf. nach einer Fragmentierung an die Network Access Layer weiter. Diese Schicht ergänzt schließlich jedes IP-Paket um einen weiteren Header und um einen Trailer (von HDLC, LLC, Ethernet usw.). Sie sendet die ***Frames*** dann über den ersten Übertragungsabschnitt des Netzes bis zum ersten Router.

Jeder Router muss den IP-Header eines jeden Paketes auswerten und einen neuen Frame-Header und -Trailer für den nächsten

Übertragungsabschnitt erzeugen (in Abbildung 3.14 nicht sichtbar). Im empfangenden Endsystem werden die Header von den einzelnen Schichten ausgewertet und entfernt. Die PDUs (Protocol Data Units) werden anschließend an das jeweilige Protokoll der nächsthöheren Schicht übergeben, bis die Daten letztendlich beim Anwendungsprozess ankommen. Hierzu enthalten die Header jeder Schicht jeweils ein Feld, aus dem der übergeordnete Protokolltyp hervorgeht.

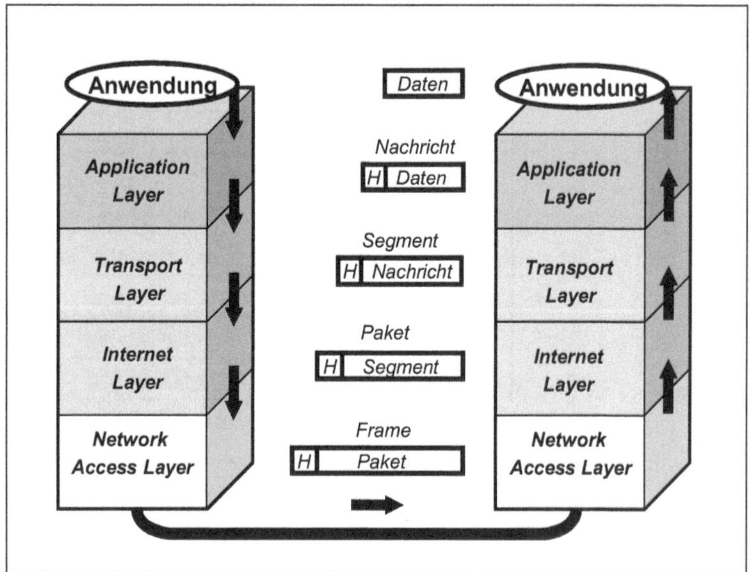

Abb. 3.14: Ablauf der Kommunikation in der DoD-Kommunikationsarchitektur

Die Internet-Protokolle der einzelnen DoD-Schichten

Die Internet-Protokollfamilie enthält zahlreiche Protokolle, die in einer vorbestimmten Weise miteinander zusammenarbeiten müssen. Abbildung 3.15 gibt einen Überblick über die wichtigsten Internet-Protokolle der einzelnen DoD-Schichten. Sie zeigt auch die notwendigen Verbindungen zwischen den Protokollen der verschiedenen Schichten. Die Internet-Protokolle setzen auf der ***Network Access Layer*** auf, die die technische Infrastruktur von WANs und LANs realisiert. Die ***Internet Layer*** enthält Netzwerkprotokolle und Routing-Protokolle (vgl. [8], S. 112).

Netzwerkprotokolle leiten Datenpakete von einem Quellsystem zu einem Zielsystem weiter. IP (Internet Protocol) ist hierbei das zentrale Protokoll, von dem alles abhängt. Zur Umwandlung der logischen IP-Adressen in physische MAC-Adressen (Hardwareadressen) benutzt es ARP (Address Resolution Protocol). RARP (Reverse Address Resolution Protocol) führt die umgekehrte Zuordnung durch (bei plattenlosen Clients). ICMP (Internet Control Message Protocol) tauscht Fehlermeldungen und Steuernachrichten zwischen Routern und Endsystemen aus. IGMP (Internet Group Management Protocol) verwaltet Multicast-Gruppen (für Multimedia-Streaming).

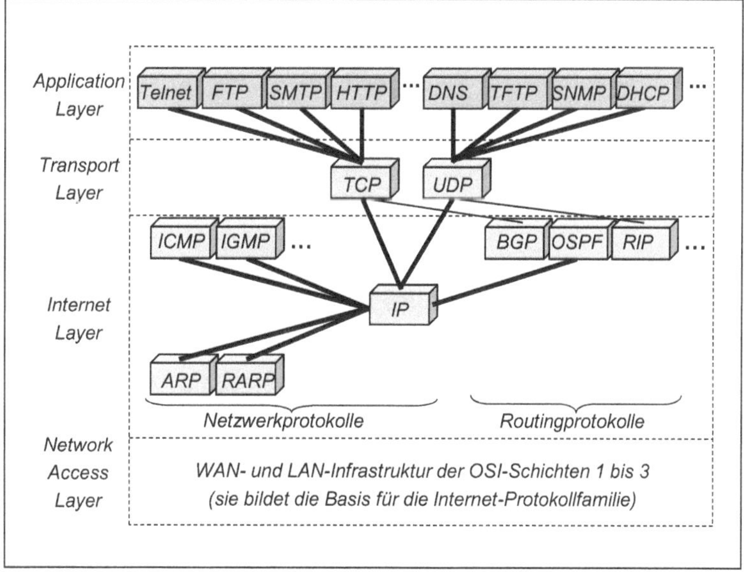

Abb. 3.15: Die Internet-Protokolle der einzelnen DoD-Schichten

Netzwerkprotokolle werden oft auch als geroutete Protokolle (Routed Protocols) bezeichnet, da sie von Routing-Protokollen geroutet werden. ***Routing-Protokolle*** bestimmen auf der Basis eines implementierten Routing-Algorithmus die „optimale" Route (den besten Weg) für Datenpakete vom Sender zum Empfänger. Die verbreitetesten Routing-Protokolle sind OSPF (Open Shortest Path First) sowie RIP (Routing Information Protocol) und BGP (Border Gateway Protocol), die über UDP bzw. TCP laufen.

Die ***Transport Layer*** enthält nur zwei Protokolle. TCP (Transmission Control Protocol) realisiert eine sichere virtuelle Verbindung zwischen zwei Anwendungsprozessen. Das verbindungslose UDP (User Datagram Protocol) überträgt dagegen die Pakete (Datagramme) einzeln ohne Zuverlässigkeitsmechanismen.

Die ***Application Layer*** enthält die meisten Protokolle, und mit neuen Anwendungen kommen weitere dazu. Grundlegende Protokolle, die auf TCP aufbauen, sind:

- ***Telnet (Telecommunications Network Protocol):*** Terminalemulation für entfernte Terminalverbindungen,
- ***FTP (File Transfer Protocol):*** zur Dateiübertragung,
- ***SMTP (Simple Mail Transfer Protocol):*** zum Mailversand,
- ***POP (Post Office Protocol):*** zum Mailabruf,
- ***HTTP (Hypertext Transfer Protocol):*** zur Übertragung von Webseiten.

Bekannte Protokolle, die auf UDP aufsetzen, sind:

- ***DNS (Domain Name System):*** zur Umwandlung von Hostnamen in IP-Adressen,
- ***TFTP (Trivial File Transfer Protocol):*** zum Sichern und Laden von System- und Konfigurationsdateien (z. B. für Router),
- ***SNMP (Simple Network Management Protocol):*** für das Netzwerkmanagement,
- ***DHCP (Dynamic Host Configuration Protocol):*** zur dynamischen Zuweisung von IP-Adressen.

RFCs als Internet-Standards

Die Standards für die Internet-Protokolle werden genauso wie alle anderen Spezifikationen und Richtlinien zum Internet von der IETF (Internet Engineering Task Force) in sog. RFCs (Requests for Comments) definiert und vom ***RFC-Editor*** veröffentlicht (http://www.rfc-editor.org). Eine neue Idee zum Internet wird erst dann zu einem internationalen Standard, wenn ein eingereichtes Dokument nach aufwendigen Prüfungen und Tests drei Phasen durchlaufen hat: Standardvorschlag (Proposed Standard), Standardentwurf (Draft Standard) und Standard (Internet Standard).

Die oben aufgeführten Internet-Protokolle, zu denen Kapitel 9 weitere Details liefert, sind in folgenden RFCs spezifiziert:

- ***Internet Layer:***

IP:	RFC 791	***IGMP:***	RFC 1112
ARP:	RFC 826	***RIP:***	RFC 1058, 2453
RARP:	RFC 903	***OSPF:***	RFC 2328
ICMP:	RFC 792	***BGP:***	RFC 4271

- ***Transport Layer***

TCP:	RFC 793	***UDP:***	RFC 768

- ***Application Layer***

Telnet:	RFC 854, 855	***DNS:***	RFC 1034, 1035
FTP:	RFC 959	***TFTP:***	RFC 1350
SMTP:	RFC 821, 5321	***SNMP:***	RFC 3411, 3412
POP:	RFC 1939	***DHCP:***	RFC 2131
HTTP:	RFC 2616		

3.6 Standardisierungs-Institutionen

Standardisierung und Normung

Wer sich mit Computer-Netzen beschäftigt, kommt um Standards und Normen nicht herum. Die Begriffe „Standard" und „Norm" werden meist synonym, in Deutschland und Europa jedoch auch differenziert verwendet.

Mit ***Standardisierung*** lässt sich in Anlehnung an ([39], S. 581 und S. 819) ganz allgemein das Verfahren bezeichnen, durch das von internationalen und nationalen Interessengemeinschaften (Anwender, Hersteller und technische Fachgremien) in Übereinstimmung Dokumente erstellt werden, die für allgemeine und wiederkehrende Anwendungen Regeln und Leitlinien oder für Tätigkeiten und deren Ergebnisse Merkmale festlegen. Diese Dokumente werden als ***Standards*** bezeichnet und dienen der Vereinheitlichung von Produkten und Leistungen. Ziel von Standards im Netzwerkbereich ist die Gewährleistung der Konnektivität (Anschlussfähigkeit), der Interoperabilität (Fähigkeit zur Zusammenarbeit) und der Kompatibilität (Austauschbarkeit) für alle Komponenten durch einheitliche Schnittstellen und Protokolle.

Standards sind oft die Vorstufe zu Normen. Wenn Standardisierungsverfahren von staatlich anerkannten internationalen oder nationalen Institutionen durchgeführt werden (Normungs-Institutionen wie z. B. ISO, DIN), spricht man von ***Normung*** und nennt die herausgegebenen Dokumente ***Normen.*** Normen besitzen aber entgegen einer weit verbreiteten Meinung keine Rechtsverbindlichkeit, solange sie nicht durch Gesetze, Verordnungen oder Verträge Rechtsverbindlichkeit erlangen. Nachfolgend werden die wichtigsten internationalen und US-amerikanischen Standardisierungs-Institutionen – inkl. Normierungs-Institutionen – aufgeführt, die für den gesamten Bereich der Computernetzwerke eine grundlegende Bedeutung haben.

Allgemeine Standardisierung

ANSI (American National Standards Institute) ist eine private, nichtkommerzielle Organisation mit Sitz in Washington, die

1918 gegründet wurde. Sie verwaltet und koordiniert das freiwillige US-Standardisierungssystem. ANSI hilft bei der Entwicklung US-amerikanischer und internationaler Standards und repräsentiert die USA in der ISO und in der IEC (International Electrotechnical Commission). Besonders bekannte Standards, die von ANSI für den Netzwerkbereich entwickelt wurden, sind die Spezifikation ANSI X3T9.5 für FDDI-MANs (Fibre Distributed Data Interface) und SONET (Synchronous Optical Network) für den Betrieb von Lichtwellenleitern in Breitbandnetzen. Auch durch die Standardisierung von Programmiersprachen (ANSI-COBOL, ANSI-C) wurde ANSI weltweit bekannt. Viele ANSI-Standards wurden von der ISO als internationale Standards übernommen.

Die ***ISO (International Organization for Standardization)*** wurde 1947 als nichtstaatliche Organisation zur internationalen Standardisierung mit Sitz in Genf gegründet. Der Name ISO ist keine Abkürzung; er wurde vielmehr vom griechischen Wort „isos" abgeleitet, das auf die Entwicklung weltweit gleicher Standards abhebt und außerdem keiner gesprochenen Sprache Vorrang gibt, wie es bei einer sprachspezifischen Abkürzung der Fall wäre. Der ISO gehören derzeit ca. 160 nationale Standardisierungs-Institutionen an. Die ISO erarbeitet Standards für fast alle Lebensbereiche, nicht nur für die Technik. Der bekannteste Netzwerkstandard ist das OSI-Referenzmodell. Die ISO kooperiert mit der IEC (International Electrotechnical Commission), die ihre Aktivitäten ergänzt, und mit der ITU (International Telecommunication Union).

Standardisierung der Elektrotechnik und Elektronik

Die ***IEC (International Electrotechnical Commission)*** wurde 1906 in London gegründet, zog 1948 nach Genf um und ist heute die führende globale Standardisierungs-Institution für alle elektrischen und elektronischen Technologien. Sie erarbeitet entsprechende internationale Standards. In der Netzwerkwelt ist sie insbesondere durch den Standard ISO/IEC 11801 für die strukturierte Gebäudeverkabelung bekannt geworden.

So wie die internationalen Standardisierungs-Institutionen ISO und IEC eng zusammenarbeiten, kooperieren auch die US-amerikanischen Standardisierungsgremien EIA und TIA eng miteinander. Die ***EIA (Electronic Industries Alliance)*** ging aus einer kleinen Gruppe von Radioherstellern hervor und wurde 1924 gegründet. Sie ist heute ein Zusammenschluss von sechs mächtigen Elektronik- und High-Tech-Vereinigungen und hat ihren Sitz in Arlington bei Washington.

Die ***TIA (Telecommunications Industry Association)*** entstand, ebenfalls 1924, aus einer kleinen Gruppe von Telefonherstellern. Sie besteht seit 1988 in der heutigen Form, hat ihren Sitz ebenfalls in Arlington und ist die führende nichtkommerzielle Vereinigung für die Kommunikations- und Informationsindustrie in den USA. TIA und EIA wurden weltweit bekannt durch den Standard TIA/EIA-232 (früher bezeichnet als RS-232, Recommended Standard 232), der zur V.24-Schnittstelle zwischen DEE und DÜE führte, und durch den Verkabelungsstandard ANSI/TIA/EIA 568, der die LAN-Standardisierung nach IEEE 802 stark beeinflusst hat.

Das ***IEEE (Institute of Electrical and Electronics Engineers),*** dessen Wurzeln bis 1884 zurückreichen, wurde 1963 gegründet. Es ist eine nichtkommerzielle Ingenieursvereinigung von z. Z. über 375.000 Mitgliedern aus ca. 160 Ländern und hat seinen Sitz heute in Piscataway bei New York. Das IEEE fördert die Entwicklung, Integration und Anwendung von Wissen über Elektro- und Informationstechnologien. Im Bereich der Netzwerkstandardisierung sind die seit 1983 veröffentlichten Spezifikationen IEEE 802 zu den beiden unteren OSI-Schichten von LANs besonders bekannt geworden. Heute kümmern sich neun Arbeitsgruppen unter dem Dach der IEEE Standards Association um die Standardisierung neuer LAN-Technologien (z. B. WLANs).

Speziell für den europäischen Raum ist das ***CENELEC (Comité Européen de Normalisation Electrotechnique)*** tätig, das 1973 als technische Non-Profit-Organisation mit Sitz in Brüssel gegründet wurde. Ihm gehören Mitglieder aus z. Z. 30 europäischen Ländern an, die elektrotechnische Standards für den europäischen Raum vorbereiten. Besonders wichtig ist der Standard EN 50173 für die strukturierte Gebäudeverkabelung, der dem internationalen Standard ISO/IEC 11801 weitgehend entspricht.

Standardisierung der Telekommunikation

Die ***ITU (International Telecommunication Union)*** mit Sitz in Genf ist die bedeutendste internationale Organisation, in der Regierungen und der private Sektor globale Telekommunikationsnetze und -dienste koordinieren. Sie wurde 1865 von zwanzig europäischen Staaten in Paris gegründet und ist seit 1947 eine Unterorganisation im United Nations System mit Sitz in Genf. Im Rahmen einer Umstrukturierung wurden 1992 drei Sektoren geschaffen, die die früher von selbstständigen Institutionen ausgeführten Aktivitäten zusammenfassen: Radiocommunication, Telecommunication Standardization und Telecommunication Development.

Hinsichtlich der Standardisierung von Computernetzwerken interessiert hier nur der zweite Sektor, die ***ITU-T (International Telecommunication Union – Telecommunication Standardization Sector),*** die aus dem früheren CCITT (Comité Consultatif International Télégraphique et Téléphonique) entstanden ist. Die ITU-T Recommendations, die von A bis Z durchgehend geordnet sind, tragen deshalb bei älteren Quellen noch die Bezeichnung CCITT. Besonders bekannte Recommendations (Standards) stammen aus folgenden Serien:

- ***G-Serie:*** Übertragungssysteme und -medien sowie digitale Systeme und Netze, z. B. G.711 für PCM (Pulse Code Modulation),
- ***H-Serie:*** Audiovisuelle und multimediale Systeme, z. B. H.323 für paketvermittelte Multimedia-Kommunikationssysteme,
- ***I-Serie:*** ISDN (Integrated Services Digital Network), z. B. I.430 zur S_0-Schnittstelle, I.431 zur S_{2M}-Schnittstelle,
- ***Q-Serie:*** Switching and Signaling, z. B. Q.920/21 und Q.930/31 zur ISDN-Signalisierung (OSI-Schicht-2 und OSI-Schicht-3),
- ***V-Serie:*** Datenkommunikation über das Telefonnetz, z. B. V.24 für die Schnittstelle zwischen DEE und DÜE,
- ***X-Serie:*** Datennetze und offene Kommunikationssysteme, z. B. X.21/X.25 für die Schnittstelle zwischen DEE und DÜE, X.400 zum Maildienst (MHS, Message Handling System) und X.500 zum Verzeichnisdienst (Directory Services).

Zu erwähnen ist auch noch das ***ETSI (European Telecommunications Standards Institute),*** das europaweit gültige ETS (European Telecommunication Standards) entwickelt. Es wurde 1988 auf Initiative der EU hin als unabhängige, nichtkommerzielle Organisation gegründet und hat seinen Sitz in Sophia-Antipolis, einem bekannten Wissenschaftspark nahe bei Nizza in Südfrankreich. Das ETSI hat wesentlich zur Entwicklung des Euro-ISDN und von Funknetzen (z. B. HiperLAN) beigetragen.

3.7 Internet-Organisationen

Standardisierung des Internets

Die rasante Ausbreitung der Internet-Technologien machte es erforderlich, auch für diesen Bereich spezielle Organisationen zu schaffen, die die weltweiten Entwicklungsaktivitäten koordinieren und die Entwicklungsergebnisse in international anerkannte Standards überführen. Die wichtigsten Internet-Organisationen sind die ISOC, die ICANN und das W3C. Sie agieren alle drei entsprechend dem liberalen Geist der Internetgemeinschaft demokratisch und weisen deshalb bisher keine strenge Hierarchie auf.

Die ***ISOC (Internet Society)*** ist die internationale Organisation, die die globale Kooperation und Koordination für das Internet sowie für seine Technologien und Anwendungen betreibt. Sie wurde 1992 als nichtkommerzielle Organisation gegründet und zählt heute 80 Organisationen und 28.000 private Mitglieder. Sitz und Sekretariat der ISOC befinden sich in Reston, Virginia (USA). Außerdem gibt es ein Büro in Genf sowie weitere lokale Büros.

Die Mitglieder der Internet Society

Struktur und Arbeitsweise der ISOC und ihrer Gremien sind für Außenstehende schwer zu durchschauen und werden in einer Reihe von BCPs (Best Current Practices), die den RFCs formal entsprechen, verbal beschrieben. Abbildung 3.16 versucht, die Mitgliederorganisation grafisch darzustellen.

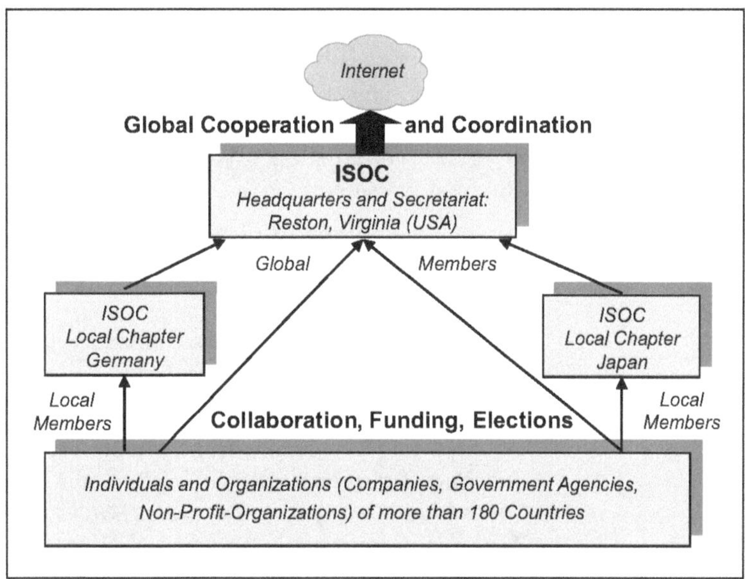

Abb. 3.16: Die Mitgliederorganisation der ISOC

Mitglieder sind sowohl ***Individuals*** (beitragsfreie Einzelpersonen) als auch ***Organization Members*** (beitragszahlende Organisationen) aus praktisch allen Ländern der Erde. Als Organisationen sind insbesondere Unternehmen, Regierungsstellen, Hochschulen und Forschungsinstitutionen an den Standardisierungsarbeiten beteiligt. Die ISOC unterscheidet ***Global Members,*** die in internationalen Gremien mitarbeiten, und ***Local Members,*** die sich in sog. ***ISOC Local Chapters*** (z. B. im ISOC German Chapter) engagieren.

Die Mitglieder aller Länder beteiligen sich an der ***Zusammenarbeit (Collaboration)*** und an den ***Wahlen (Elections)*** des ***Board of Trustees*** der ISOC, das für jeweils drei Jahre gewählt wird. Das Board of Trustees ist für die weltweite Organisation der ISOC verantwortlich. Organization Members müssen sich darüber hinaus durch ihre Beiträge auch an der ***Finanzierung (Funding)*** der ISOC beteiligen. Die ISOC selbst organisiert das Internet durch ***globale Kooperation und Koordination.***

Die Gremien der Internet Society

Bis 2004 fand jährlich die globale ***INET (International Networking Conference)*** statt, zuletzt in Barcelona. Seit 2005 gibt es nur noch regional ausgerichtete INET-Konferenzen. Außerdem wirkt die ISOC weltweit durch ihr Board of Trustees, ihr Sekretariat, ihre nationalen Netzwerktrainings-Workshops, ihre lokalen Chapters, ihre verschiedenen Standardisierungs- und Verwaltungsgremien, ihre Komitees und ihre freiwilligen Helfer.

Die Bedeutung der verschiedenen Gremien der ISOC hat sich im Laufe der Jahre verändert. Abbildung 3.17 gibt einen Überblick über die verschiedenen Aktivitäten und Gremien der ISOC im Rahmen ihrer heutigen Struktur. Die beiden Pole der ISOC sind:

- die ***internationale Gemeinschaft*** der „Netzwerk Designers, Operators, Vendors and Researchers" einerseits und
- das ***Präsidium und Sekretariat*** mit Sitz in Reston, Virginia (USA) andererseits.

Das wichtigste Standardisierungsgremium, das von der ISOC finanziert und gefördert wird, ist heute die ***IETF (Internet Engineering Task Force).*** Sie besteht aus einer Reihe von ***WGs (Working Groups)*** und der ***IESG (Internet Engineering Steering Group),*** die für das technische Management der IETF-Aktivitäten und für den Standardisierungsprozess verantwortlich ist. Die IESG wurde bis Ende 2000 von Vint Cerf geleitet, der als einer der „Väter" des Internets die Protokolle TCP und UDP entwickelt hat.

Neben der IETF gibt es die ***IRTF (Internet Research Task Force),*** die Forschung zur langfristigen Weiterentwicklung des

Internets betreibt. Sie besteht aus ***RGs (Research Groups)*** und der ***IRSG (Internet Research Steering Group),*** die die Forschungsarbeiten steuert. Die IETF und die IRTF sind beide unter dem IAB angesiedelt.

Das ***IAB (Internet Architecture Board)*** ist als Komitee der IETF für das „Big Picture" des Internets (Langfristplanung und Grundsatzkoordination) verantwortlich. Es besteht aus dreizehn Mitgliedern, von denen jedes Jahr sechs aus der IETF nominiert und für zwei Jahre gewählt werden; das dreizehnte Mitglied ist der IETF Chairman, der von den übrigen zwölf Mitgliedern gewählt wird. Das IAB führt monatliche Telefonkonferenzen durch und nimmt an den drei jährlichen IETF-Meetings teil.

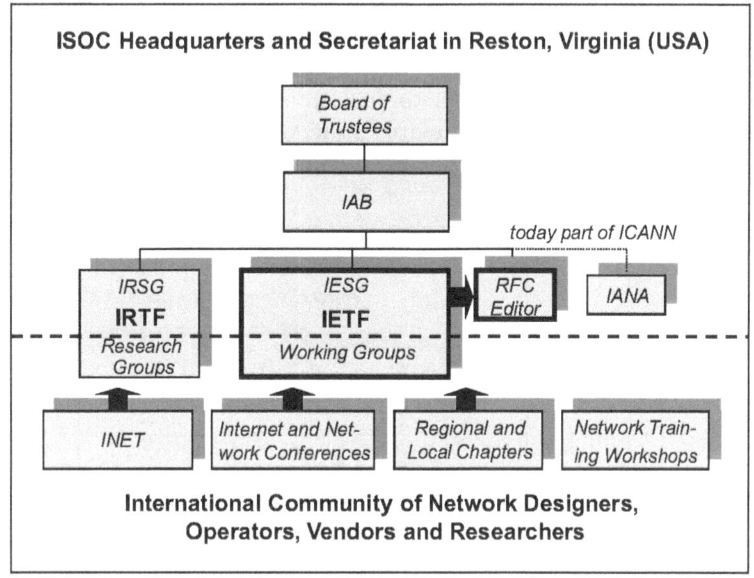

Abb. 3.17: Die verschiedenen Aktivitäten und Gremien der ISOC

Das IAB ernennt und überwacht auch den ***RFC-Editor,*** der die RFCs veröffentlicht. Außerdem billigt es die Ernennungen der Mitglieder der ***IANA (Internet Assigned Numbers Authority),*** die von Jon Postel, einem der „Väter" des Internets, über 30 Jahre lang bis zu seinem Tode 1998 geleitet worden war. Sie ist heute weitgehend in die neu geschaffene und nachfolgend beschriebene ICANN eingegliedert. Schließlich berät das IAB noch das maximal zwanzigköpfige ***Board of Trustees*** der ISOC.

Vergabe der Domainnamen und IP-Adressen

Trotz ihrer Komplexität hat die ISOC bisher gut funktioniert. Die ***Wandlung der Domainnamen*** (z. B. hs-furtwangen.de) machte es jedoch erforderlich, die Vergabe und Zuordnung von Domainnamen und IP-Adressen neu zu organisieren. Die Domainnamen haben sich nämlich von leicht einprägsamen Gedächtnisstützen für Serveradressen hin zu einem Adressbuch mit eingetragenen Markennamen und Warenzeichen verändert. Und Markennamen und Warenzeichen werden vom Marken- und Urheberrecht vor Missbrauch geschützt.

Deshalb wurde die ***ICANN (Internet Corporation for Assigned Names and Numbers)*** 1998 als nichtkommerzielle Organisation mit Sitz in Marina del Rey bei Los Angelos, Kalifornien (USA) gegründet. Ziel der unter Federführung des US-Handelsministeriums ***DOC (Department of Commerce)*** durchgeführten Gründung war es, bei den Aufgaben der Namens- und Adressvergabe eine breite Repräsentation der weltweiten Internetgemeinschaft zu erreichen. Abbildung 3.18 zeigt die Organisationsstruktur der ICANN so, wie sie sich derzeit nach mehrfachen Umstrukturierungen darstellt.

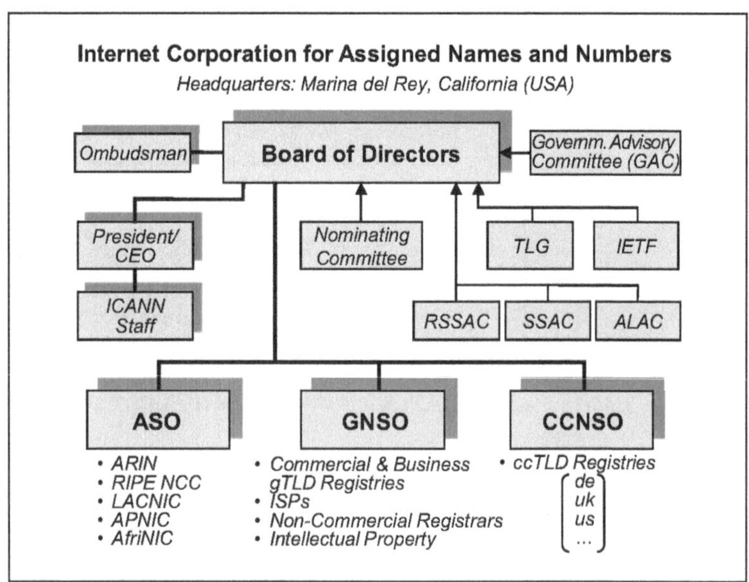

Abb. 3.18: Die Organisationsstruktur der ICANN

Die ICANN besteht im Kern aus dem Board of Directors und drei Supporting Organizations. Im ***Board of Directors*** sitzen 15 Direktoren: je zwei werden von den drei ***Supporting Organizations*** gewählt und acht vom ***Nominating Committee,*** in dem die Registrierungsstellen und die Internetanwender durch 18 Mitglieder vertreten werden. Zusätzlich gibt es noch sechs nicht wahlberechtigte Mitglieder aus den ***Advisory Committees.*** Der ***President/CEO*** (Chief Executive Officer) wird direkt vom Board gewählt und führt die ***ICANN Staff*** (Mitarbeiterstab). Schließlich gibt es noch einen ***Ombudsman*** (Schiedsmann) für Beschwerden über das Board of Directors und über die ICANN Staff.

Supporting Organizations und Advisory Committees

Folgende drei Supporting Organizations unterstützen das Board of Directors und sind stimmberechtigt:

- ***ASO (Address Supporting Organization):*** Ihre Mitglieder werden aus den fünf regionalen Registrierungsstellen gewählt, dem ARIN (American Registry for Internet Numbers), dem RIPE NCC (Réseaux IP Européens Network Coordination Centre), dem LACNIC (Latin American and Caribbean Internet Addresses Registry!), dem APNIC (Asia Pacific Network Information Center) und dem AfriNIC (African Network Information Center).
- ***GNSO (Generic Names Supporting Organization):*** Sie ist für die Verwaltung der gTLDs (generic Top Level Domains) wie z. B. „com", „net" oder „org") zuständig. Ihre Mitglieder werden aus sechs verschiedenen Wählerschaften (z. B. Wirtschafts- und Nicht-Wirtschafts-Unternehmen, ISPs) gewählt.
- ***CCNSO (Country Code Names Supporting Organization):*** Sie ist für die Verwaltung der ccTLDs (country-code Top Level Domains) wie z. B. „de" zuständig. Ihre Mitglieder werden aus den verschiedenen regionalen Registrierungsstellen gewählt.

Außerdem gibt es sechs Advisory Committees (Beratungsgremien), die das Board of Directors der ICANN beraten:

- das ***GAC (Governmental Advisory Committee)*** mit Vertretern von Regierungsstellen,
- die ***TLG (Technical Liaison Group)*** mit Vertretern der ITU-T (International Telecommunication Union – Telecommunication Standardization Sector) und des ETSI (European Telecommunications Standards Institute),
- die ***IETF (Internet Engineering Task Force)*** der ISOC mit deren Vertretern,

- das ***RSSAC (Root Server System Advisory Committee)*** mit Vertretern der Betreiber der DNS (Domain Name System) Root Server,
- das ***SSAC (Security & Stability Advisory Committee)*** zur Gewährleistung der Sicherheit und Integrität des Systems der Zuordnung von Internet-Namen und Internet-Adressen, und schließlich noch
- das ***ALAC (At-Large Advisory Committee)*** mit Vertretern regionaler Nutzerorganisationen.

Während ISOC und ICANN die Organisation und Verbesserung des Internets als weltweit verbreitete Kommunikationsplattform zum Ziel haben, befasst sich das nachfolgend dargestellte W3C mit der langfristigen Weiterentwicklung des World Wide Web.

Standardisierung des Webs

Das ***W3C (World Wide Web Consortium)*** wurde vom Erfinder des Web, Tim Berners-Lee, 1994 am MIT (Massachusetts Institute of Technology) in Cambridge (USA) in Zusammenarbeit mit CERN sowie mit Unterstützung der DARPA und der EU als nichtkommerzielle Organisation gegründet. Es ist ein internationales Konsortium von ungefähr 400 Unternehmen und hat über 70 in Vollzeit arbeitende Mitarbeiter.

Ziel der in Arbeits-, Interessen- und Koordinierungsgruppen durchgeführten Aktivitäten ist insbesondere die Entwicklung und Förderung von technischen Spezifikationen für Webtechnologien. Die Arbeiten werden gemeinschaftlich von derzeit drei ***Hosting Institutions*** gesteuert:

- vom ***CSAIL*** (Computer Science and Artificial Intelligence Laboratory) am MIT in Cambridge (USA),
- vom ***ERCIM*** (European Research Consortium for Informatics and Mathematics) mit Hauptsitz in Sophia Antipolis (Frankreich) und
- von der ***Keio University*** in Fujisawa (Japan).

Außerdem unterstützen sog. ***World Offices*** das W3C in 14 Regionen der Erde.

Zur Koordination der vielfältigen Standardisierungsaktivitäten wurden 1998 ein ***W3C Advisory Board*** und 2001 eine ***W3C Technical Architecture Group*** geschaffen. Das W3C Advisory Board berät die Teams insbesondere in Strategie-, Management- und Rechtsfragen. Die W3C Technical Architecture Group klärt technologieübergreifende Architekturprinzipien und trägt so Verantwortung für die Architektur des Webs.

Arbeitsergebnisse des W3C sind Technical Reports und frei verfügbare Open Source Software (Software mit frei verfügbarem Quellcode). Besonders wichtige Technical Reports sind die ***Recommendations (Standardempfehlungen)***. Sie werden veröffentlicht, nachdem sie einen vorgegebenen Standardisierungsprozess (Recommendation Track Process) durchlaufen haben. Bekannte W3C-Standards sind HTML (HyperText Markup Language), XML (Extensible Markup Language) und CSS (Cascading Style Sheets). Seit 1994 hat das W3C mehr als 90 Web-Standards erarbeitet, die zueinander kompatibel sind.

Der W3C Technology Stack

Abbildung 3.19 stellt die ***Architektur des World Wide Web*** als W3C Technology Stack dar. Das Web ist eine Anwendung auf der Basis des Internets („One Web"). Die Web-Architektur ist als Folge aufeinander aufbauender Schichten dargestellt: von URI/IRI, HTTP (URI/IRI sind Verallgemeinerungen der URL) bis hin zu XML, Namespaces etc. Die sechs Boxen darüber zeigen die Hauptaktivitäten des W3C mit den entsprechenden Spezifikationen: Web Applications, Mobile, Voice, Web Services, Semantic Web und Privacy, Security.

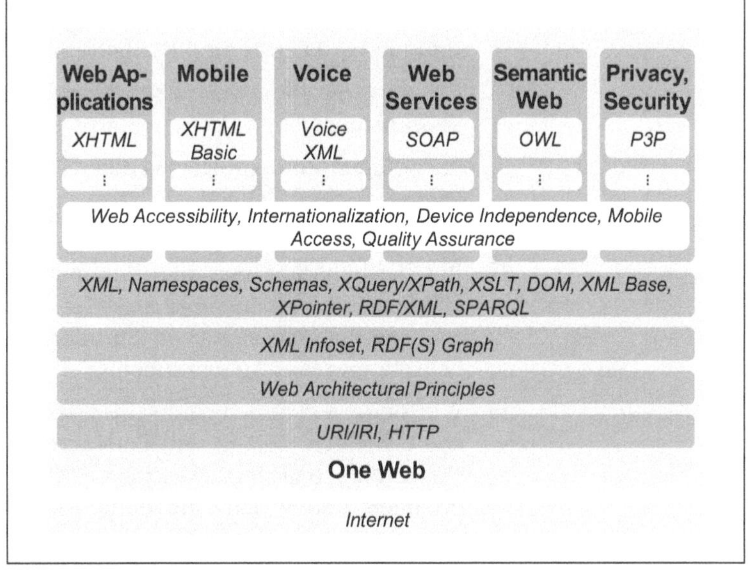

Abb. 3.19: Die Web-Architektur als W3C Technology Stack

Eine detaillierte Beschreibung der Web-Architektur findet der Leser beim W3C (unter http://www.w3c.de/about/technology.htm).

3.8 Testaufgaben

1. Beschreiben Sie die drei grundlegenden modellmäßigen Schichten, die eine Nachricht bei der Kommunikation zweier Gesprächspartner durchläuft, wenn sie sich an entfernten Orten befinden und wenn sie verschiedene Sprachen sprechen!
2. Was verstehen Sie in diesem Zusammenhang unter
   (1) virtueller Sicht der Teilnehmer,
   (2) Transparenz für die Teilnehmer und
   (3) Unabhängigkeit der Schichten?
3. Erläutern Sie die Entstehung und das Ziel des OSI-Referenzmodells!
4. Beschreiben Sie den Inhalt und die Architekturmerkmale des OSI-Referenzmodells!
5. Nennen Sie die sieben Schichten des OSI-Referenzmodells mit den deutschen und englischen Begriffen!
6. Erklären Sie den Zusammenhang, der beim OSI-Referenzmodell in einer Hierarchie von Kommunikationsdiensten zwischen Kommunikationsdiensten, Instanzen und Protokollen besteht!
7. Was verstehen Sie unter einer Dienst-Spezifikation und was sind hierbei Dienste und Dienstelemente?
8. Erläutern Sie die zwei wesentlichen Inhalte einer Protokoll-Spezifikation!
9. In welcher Reihenfolge werden die Dienstelemente eines Dienstes der Schicht N zum Verbindungsaufbau (N-CONNECT) üblicherweise genutzt?
10. Beschreiben Sie, wie die Kommunikation zwischen zwei OSI-Schichten abläuft und wie sie sich innerhalb einer OSI-Schicht vollzieht! Benutzen Sie hierzu die englischen Fachbegriffe und ihre Abkürzungen!
11. Wie sind die OSI-Schichten über das Netz verteilt, d. h. welche Schichten sind in den Endsystemen und welche in den Netzknoten realisiert? Welche OSI-Schichten sind transportorientiert und welche anwendungsorientiert und was heißt das?
12. Erklären Sie den Inhalt der transportorientierten OSI-Schichten, indem Sie jede OSI-Schicht mit ihrem deutschen Namen nennen, ihre Funktionalität stichwortartig umreißen und die wesentlichen standardisierten Details erläutern, also:

(1) Name, Funktionalität und Details zur OSI-Schicht 1,
(2) Name, Funktionalität und Details zur OSI-Schicht 2,
(3) Name, Funktionalität und Details zur OSI-Schicht 3,
(4) Name, Funktionalität und Details zur OSI-Schicht 4!

13. Erklären Sie den Inhalt der anwendungsorientierten OSI-Schichten, indem Sie jede OSI-Schicht mit ihrem deutschen Namen nennen, ihre Funktionalität stichwortartig umreißen und die wesentlichen standardisierten Details erläutern, also:
(1) Name, Funktionalität und Details zur OSI-Schicht 5,
(2) Name, Funktionalität und Details zur OSI-Schicht 6,
(3) Name, Funktionalität und Details zur OSI-Schicht 7!
14. Wie heißen die Übertragungseinheiten auf den verschiedenen OSI-Schichten?
15. Wie weit hat sich der Einsatz von „OSI" in der Netzwerkpraxis durchgesetzt?
16. Nennen Sie zu jeder OSI-Schicht mindestens einen OSI-Standard!
17. Was verstehen Sie unter einer Protokollfamilie und was unter einem Protokoll-Stack?
18. Erläutern Sie die Schichten der DoD-Kommunikationsarchitektur und nennen Sie zu jeder Schicht ein Internet-Protokoll!
19. Ordnen Sie die DoD-Schichten den OSI-Schichten zu und gehen Sie hierbei auf die Zuordnungsproblematik ein!
20. Beschreiben Sie den Kommunikationsablauf im DoD-Protokoll-Stack! Wie nennt man die PDUs (Protocol Data Units) auf den einzelnen DoD-Schichten?
21. Erläutern Sie die wichtigsten Internet-Protokolle der einzelnen DoD-Schichten und beschreiben Sie den Zusammenhang, der zwischen ihnen besteht!
22. Was sind RFCs und wie kommen sie zustande?
23. Was verstehen Sie unter Standards und was unter Normen?
24. Beschreiben Sie wichtige Standardisierungs-Institutionen, die für Computernetzwerke Bedeutung haben und nennen Sie zu jeder Institution einen bekannten Standard!
25. Beschreiben Sie die ISOC mit ihren Aktivitäten und erläutern Sie ihre Mitgliederorganisation!
26. Welche Aufgaben haben nachfolgende ISOC-Gremien und wofür stehen die Abkürzungen:
(1) die IETF mit ihren WGs und ihrer IESG,

(2) die IRTF mit ihren RGs und ihrer IRSG,
(3) der RFC-Editor,
(4) die IANA,
(5) das IAB und das Board of Trustees?

27. Beschreiben Sie die ICANN mit folgenden Details:
    (1) Entstehung der ICANN und Motivation für ihre Gründung,
    (2) Bedeutung der Abkürzung ICANN und Aufgaben der ICANN,
    (3) Organisationsstruktur der ICANN,
    (4) Bedeutung der Abkürzungen ASO, GNSO und CCNSO sowie die Zuständigkeiten dieser Organisationen!

28. Beschreiben Sie das W3C mit folgenden Details:
    (1) Entstehung des W3C,
    (2) Bedeutung der Abkürzung W3C und Aufgaben des W3C,
    (3) die drei Hosting Institutions und World Offices,
    (4) bekannte Beispiele zu Arbeitsergebnissen des W3C!

29. Erläutern Sie die Architektur des Word Wide Web anhand des W3C Technology Stack, und zwar im Einzelnen:
    (1) die Beziehung zwischen Internet und WWW,
    (2) die unteren vier Schichten des W3C Technology Stack,
    (3) die Anwendungen, die in den sechs Boxen über den vier Schichten aufgeführt sind (Hauptaktivitäten des W3C)!

4

Technik der Nachrichtenübertragung

Um ein Grundverständnis von der technischen Seite des Nachrichtentransportes zu bekommen, beschäftigen wir uns in diesem Kapitel mit der physischen Nachrichtenübertragung. Sie entspricht im Wesentlichen der OSI-Schicht 1.

Zunächst wird ein Einblick in praktische und theoretische Übertragungsgrundlagen sowie in die Übertragungs- und Modulationstechnik gegeben. Sie bildet die technische Basis der Bitübertragung. Danach wird die kabelgebundene Bitübertragung mit Hilfe von elektrischen Leitern und Lichtwellenleitern beschrieben. Das Konzept der heute allgemein üblichen strukturierten Verkabelung zeigt den praktischen Kabeleinsatz. Die Darstellung der Funkübertragung macht schließlich die engen technischen Grenzen der drahtlosen Nachrichtenübertragung sichtbar.

4.1 Grundlagen der Bitübertragung

Bitparallele und bitserielle Übertragung

Nachrichten und Daten werden in Computern und Computernetzwerken durch Bits (Binärzeichen, meist 0 und 1) dargestellt. In Computern erfolgt die Bitübertragung sowohl bitparallel als auch bitseriell. Zwischen Zentralprozessor (CPU, Central Processor Unit) und Arbeitsspeicher (RAM, Random Access Memory) werden die Bits entsprechend der Breite der Datenbusse ***bitparallel*** übertragen, z. B. in Gruppen von 16, 32 oder 64 Bits.

Zur Anbindung peripherer Geräte verwendet man neben bitparallelen zunehmend bitserielle Peripherie-Busse und Schnittstellen. Und im Netzwerkbereich zwischen zwei Computern werden die Datenbits weitgehend ***bitseriell*** übertragen. Hierdurch lässt sich die Anzahl der physischen Datenkanäle auf zwei beschränken, auf einen Sendekanal und einen Empfangskanal.

Abbildung 4.1 zeigt, dass zur bitseriellen Datenübertragung beim sendenden Computer eine Parallel-Serien-Wandlung und beim empfangenden Computer eine Serien-Parallel-Wandlung stattfindet (vgl. [31], S. 110; [47], S. 15 ff.). Die Wandlung erfolgt durch ***Parallel-Serien-*** bzw. ***Serien-Parallel-Wandler*** (Parallel-Serial Converter, Serial-Parallel Converter). Ihre Schieberegister können Bits sowohl bitparallel als auch bitseriell aufnehmen und abgeben: Bitaufnahme und -abgabe vom bzw. zum Datenregister erfolgen bitparallel. Bitabgabe und -aufnahme ins bzw. vom Netz verlaufen dagegen über die DÜE bitseriell.

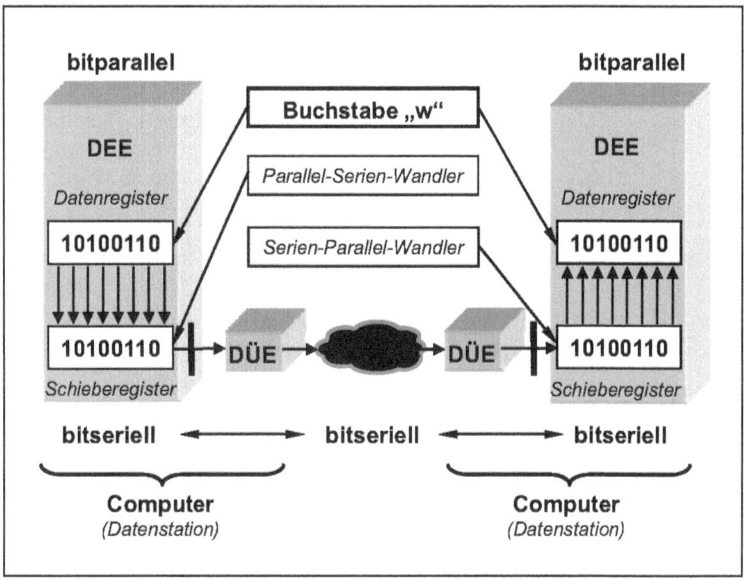

Abb. 4.1: Bitparallele und bitserielle Übertragung

Parallel-Serien- und Serien-Parallel-Wandlung werden im ***Netzwerkadapter*** durchgeführt (vgl. [31], S. 110; [47], S. 289 ff.). So wird z. B. die sog. serielle Schnittstelle eines PCs (COM-Schnittstelle) von der seriellen Schnittstellenkarte durch einen UART (Universal Asynchronous Receiver Transmitter) realisiert. Ein UART ist ein Mikrochip, der die V.24-Schnittstelle eines Computers (DEE) steuert, damit ein Computer mit einem externen Modem (DÜE) bezüglich der Bitübertragung kommunizieren kann. Ein USART (Universal Synchronous Asynchronous Receiver Transmitter) ist ein entsprechender Chip für eine höhere Übertragungsleistung. Andere Netzwerkadapter, die die DEE- und DÜE-Funktionalität integrieren (z. B. Modem-, ISDN- oder Ethernet-Karten), enthalten eine entsprechende Funktionalität.

Signale als Transportmittel

Die Darstellung von Nachrichten oder Daten durch physikalische Größen bezeichnet man als ***Signal.*** Physikalische Größen, die zur Darstellung verwendet werden, sind Spannungen, Ströme, Lichtwellen und elektromagnetische Wellen. In Computernetzwerken fungieren Signale als Transportmittel. ***Signalverläufe*** werden durch mathematische Funktionen zwischen unabhängigen und abhängigen Variablen beschrieben. Eine Zeitfunktion S(t) ist die Zuordnung eines Signalwerts S (für einen vorgegebenen Wertebereich) zur Zeit t (in einem bestimmten Betrachtungszeitraum). Die Zeit ist hierbei die unabhängige Variable, die auf der Abszisse (x-Achse) aufgetragen ist. Und der ***Signalwert*** (die Amplitude) ist die abhängige Variable, die auf der Ordinate (y-Achse) zugeordnet ist (vgl. hierzu z. B. [17], S. 27 ff.).

Signalkategorien

Abbildung 4.2 stellt die vier möglichen ***Signalkategorien*** grafisch gegenüber (in Anlehnung an [17], S. 27 ff.; [26], S. 42 ff.). Ein Signal kann entweder kontinuierlich (mit beliebigen Werten) oder diskret (nur mit bestimmten Werten) auftreten. Die Zeit kann ebenfalls kontinuierlich (permanent im gesamten Betrachtungszeitraum) oder diskret (nur in bestimmten Intervallen) zu neuen Signalwerten führen. Die Kombination dieser vier Möglichkeiten führt zu vier Signalkategorien, die auf entsprechenden Zeitfunktionen basieren:

- ***wert- und zeitkontinuierliche Signale,***
- ***wertkontinuierliche und zeitdiskrete Signale,***
- ***wertdiskrete und zeitkontinuierliche Signale*** sowie
- ***wert- und zeitdiskrete Signale.***

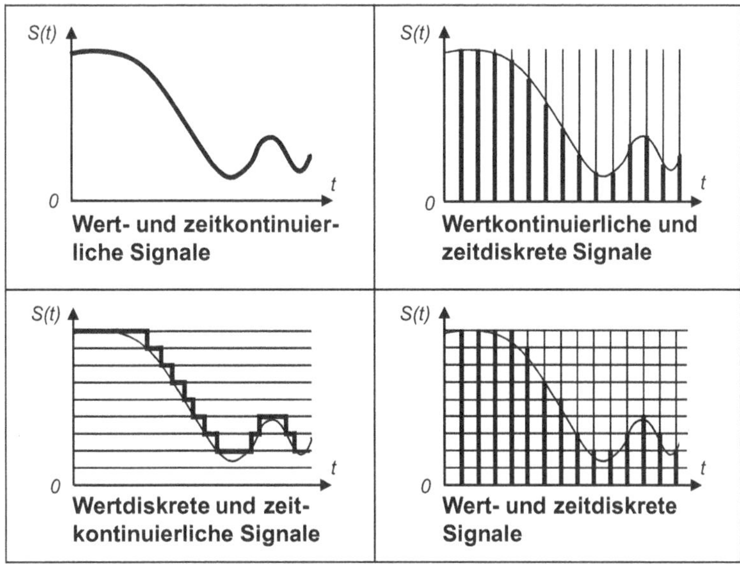

Abb. 4.2: Kontinuierliche und diskrete Signalkategorien

Die erste und die letzte Signalkategorie sind für die Nachrichtenübertragung besonders bedeutsam:

- ***Wert- und zeitkontinuierliche Signale:*** Sie werden in der Praxis als ***analoge Signale*** bezeichnet. Analoge Signale übertragen z. B. Sprache über ein analoges Telefonnetz (auch heute noch auf der sog. „letzten Meile"!).
- ***Wert- und zeitdiskrete Signale:*** Sie werden als ***digitale Signale*** bezeichnet. Digitale Signale übertragen Daten z. B über ein lokales Netzwerk (LAN).

Die Codierung digitaler Signale wird im Abschnitt 4.2 näher betrachtet, und die Modulation analoger und digitaler Signale folgt im Abschnitt 4.3. Auf beiden Gebieten wurden in den letzten Jahrzehnten große Fortschritte erzielt.

Bandbreite

Im LAN-Bereich werden Signale in der Regel direkt mit einer vorgegebenen Taktfrequenz übertragen. Diese beträgt z. B. beim Ethernet 10 MHz (10 Megahertz), wobei ein ***Hertz*** einer Schwingung pro Sekunde entspricht (1 Hz = 1/s). In diesem Zusammenhang ist der Begriff ***Bandbreite*** wichtig:

(1) ***Bandbreite B = maximale Frequenz*** f_{Smax} ***- minimale Frequenz*** f_{Smin}

Unter Bandbreite versteht man also den gesamten übertragbaren Frequenzbereich eines Nachrichtenkanals, der für Nachrichtensignale zur Verfügung steht. Beim Ethernet beträgt die Bandbreite des Nachrichtenkanals 10 MHz, da die elektrischen Binärsignale den gesamten Frequenzbereich von 0 bis 10 MHz belegen.

Kanalkapazität: Bandbreite oder Übertragungsrate?

Die Begriffe „Bandbreite" und „Übertragungsrate" (Datenrate) werden im Netzwerkalltag oft synonym für die Kapazität eines Nachrichtenkanals verwendet. Tatsächlich besteht aber folgender Unterschied:

- Die ***Bandbreite*** bezieht sich auf die sinusförmigen Schwingungen einer Takt- oder Trägerfrequenz (gemessen in Hertz) und damit auf analoge Signale.
- Die max. ***Übertragungsrate*** bzw. Datenrate (= Kanalkapazität) gibt dagegen die Anzahl der pro Sekunde übertragbaren Bits an (bit/s).

Welcher Zusammenhang besteht nun zwischen diesen beiden Größen?

Die Übertragungsrate ist abhängig von der Bandbreite und von der Anzahl der definierten Signalwerte bzw. Symbole. Nach dem sog. ***Nyquist-Theorem,*** das auf Veröffentlichungen von Nyquist von 1924 zurückgeht, benötigt man theoretisch eine Bandbreite von B Hertz, um 2B Bits pro Sekunde übertragen zu können. Bei ***Binärsignalen*** ist die max. Übertragungsrate somit ***2 bit/s/Hz,*** damit der Empfänger sie noch korrekt interpretieren kann. Mit einer Bandbreite von 1 MHz kann man also theoretisch maximal 2 Mbit/s übertragen (vgl. [23], S. 80 ff.; [43], S. 109 f.).

Die generelle theoretische Kanalkapazität

Generell können n Bits je Signalwert bzw. je Symbol übertragen werden, indem 2^n verschiedene Signalwerte bzw. Symbole benutzt werden. Mit 2^n verschiedenen Signalwerten kann eine ***Kanalkapazität von 2B * n bit/s*** durch einen Nachrichtenkanal mit einer ***Bandbreite von B Hz*** realisiert werden. Ordnet man z. B. vier verschiedenen Signalwerten jeweils zwei Bits zu (00, 01, 10, 11), so benötigt man 2B Hertz zur Übertragung von 4B bit/s. Und bei acht verschiedenen Signalwerten können drei Bits je Signalwert übertragen werden (000, 001, 010 usw.), sodass 3B Hertz zur Übertragung von 6B bit/s erforderlich sind. Die Kapazität (Capacity) C eines Nachrichtenkanals ist also theoretisch (vgl. [30], S. 302 f.; [43], S. 109):

(2) $$C = 2B * n \text{ bit/s}$$

Nennt man die Anzahl der verschiedenen Signalwerte bzw. Symbole L (Signaling Levels), so ist:

(3) $L = 2^n$ und daraus folgt $n = \log_2 L$

Die Kanalkapazität ist dann theoretisch:

(4) $$C = 2B * \log_2 L \text{ bit/s}$$

Die tatsächliche Kanalkapazität

Shannon hat 1948 in dem nach ihm benannten ***Shannon-Theorem*** bewiesen, dass die vorhandene Bandbreite in realen Netzwerken wegen des im Nachrichtenkanal auftretenden Rauschens nicht voll ausgenutzt werden kann. Unter „Rauschen" versteht man auftretende Störsignale. Zu berücksichtigen ist daher der sog. ***Signal-Rausch-Abstand*** (Signal to Noise Ratio) S/N, der sich aus dem Verhältnis der Stärke S eines Nutzsignals zur Stärke N des störenden Rauschens (Noise) ergibt. Die maximale Kanalkapazität beträgt deshalb (vgl. [30], S. 304 ff.; [43], S. 110):

(5) $$C = B * \log_2 (1 + S/N) \text{ bit/s}$$

Legt man z. B. die Bandbreite B eines analogen Telefonkanals von 3.100 Hz zugrunde und ist S/N = 1000/1, was 30 dB (Dezibel) entspricht, so ist die maximale Übertragungsrate C = 30.894 bit/s. Bei gleichem B und kleinerem S/N = 100/1, was 20 db entspricht, ist C = 20.640 bit/s. Mit zunehmender Bandbreite wird

S/N grundsätzlich immer kleiner. Dies liegt an weiteren physikalischen Einflüssen wie der Signaldämpfung. Deshalb lassen sich in der Netzwerkpraxis Übertragungsrate (Kanalkapazität) und Bandbreite bei der ***Übertragung von Binärsignalen*** häufig gleichsetzen:

Übertragungsrate C von 1 bit/s ≅ Bandbreite B von 1 Hz

Kanalkapazität und Nachrichtenquader

Die beschriebenen Zusammenhänge lassen sich zusammenfassend anhand des Nachrichtenquaders veranschaulichen, der in der Abbildung 4.3 dargestellt ist (in Anlehnung an [23], S. 84; [31], S. 49). Der Nachrichtenquader, der auch ***Informationsquader*** oder ***Shannon-Quader*** genannt wird, geht auf Shannon zurück.

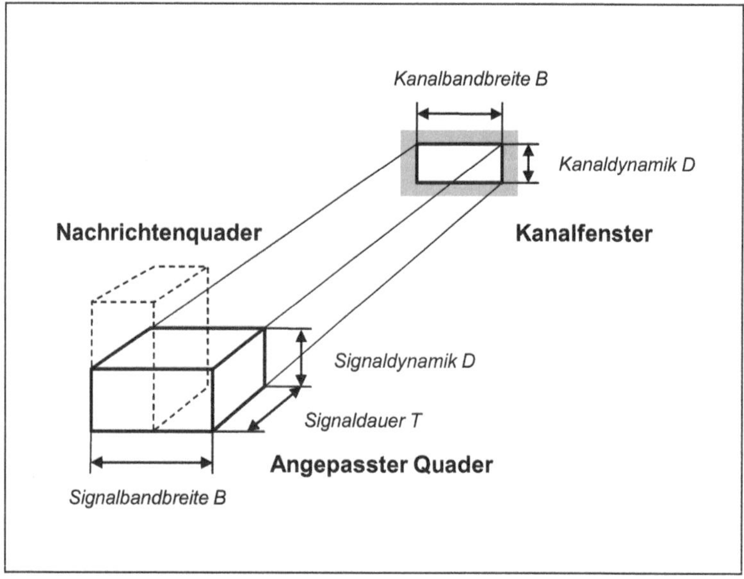

Abb. 4.3: Der Nachrichtenquader von Shannon

Das ***Kanalfenster*** repräsentiert den Nachrichtenkanal mit gegebener Bandbreite B und Kanaldynamik D. Die Kanaldynamik D ist hierbei ein Maß für die Störanfälligkeit des Nachrichtenkanals. Die Fläche des Kanalfensters entspricht der Kanalkapazität C aus Gleichung (5), wobei die Kanaldynamik D definiert ist als:

(6) $$D = \log_2 (1 + S/N)$$

Das Volumen des gestrichelt dargestellten ***Nachrichtenquaders*** mit den Seitenlängen B (Signalbandbreite), T (Signaldauer) und

D (Signaldynamik) symbolisiert die Informationsmenge I bzw. das Signal, das diese Informationsmenge I durch den Nachrichtenkanal übertragen soll. Man erhält die über den Kanal mit der Kapazität C in der Übertragungszeit T zu übertragende Informationsmenge I, wenn man in Gleichung (5) unter Einsatz von Gleichung (6) die Kapazität C mit der Zeit T multipliziert:

(7) $I = C * T = B * \log_2(1 + S/N) * T = B * D * T$

Der Nachrichtenquader muss nun so an das Kanalfenster angepasst werden, dass er hindurch passt. Diese Anpassung ist Aufgabe der ***Codierung*** und der ***Modulation,*** auf die wir in den nächsten beiden Abschnitten näher eingehen. Im Idealfall ist das Ergebnis der fett dargestellte ***angepasste Quader.*** Wenn die angepasste Signalbandbreite jedoch größer ist als die Kanalbandbreite oder wenn die angepasste Signaldynamik größer ist als die Kanaldynamik, so führt die Signalübertragung zu einem Informationsverlust. Ist sie dagegen kleiner, so wird die Kanalkapazität nur unzureichend genutzt.

Übertragungsgeschwindigkeit

Im Zusammenhang mit der Übertragungsrate ist es auch üblich, den Begriff ***Geschwindigkeit*** zu verwenden. Dies ist jedoch – streng genommen – meist nicht richtig. Signale werden im luftleeren Raum mit Lichtgeschwindigkeit übertragen, und die beträgt bekanntlich ca. 300.000 km/s. In elektrischen Leitern werden Signale mit bis zu 80% der Lichtgeschwindigkeit übertragen und in Lichtwellenleitern beträgt die Signalgeschwindigkeit ungefähr zwei Drittel der Lichtgeschwindigkeit. Was Netzwerkanwender und Benutzer jedoch interessiert, ist die Kanalkapazität eines Netzwerkanschlusses im Sinne der Übertragungsleistung, also der pro Zeiteinheit übertragbaren Bits (bit/s).

4.2 Übertragungstechnik

Modell eines Übertragungssystems

Abbildung 4.4 zeigt das Grundmodell eines Übertragungssystems für digitale Signale aus der Sicht der Nachrichtentechnik (in Anlehnung an [17], S. 246 ff.; [40], S. 59 f.; [48], S. 6 f.). Ein Übertragungssystem besteht aus einem Sender, einem Empfänger und einem Kanal zwischen beiden. Ausgangspunkt ist die ***Nachrichtenquelle (Data Source)*** des Senders und Zielpunkt die ***Nachrichtensenke (Data Sink)*** des Empfängers. Eine Funktionseinheit mit Nachrichtenquelle und Nachrichtensenke heißt ***Datenstation.*** Und der ***Kanal (Channel)*** ist die Funktionseinheit, die Nachrichten vom Sender zum Empfänger überträgt. Dabei entsteht aus dem gesendeten Signal das durch eine Störquelle beeinflusste empfangene Signal.

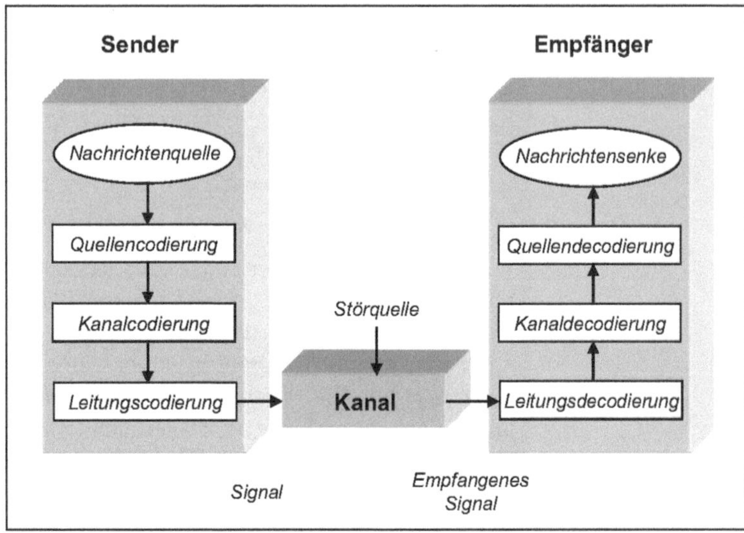

Abb. 4.4: Modell eines Übertragungssystems

Die drei dargestellten Kernfunktionen beim Sender und Empfänger werden nachfolgend kurz beschrieben (in Anlehnung an [17], S. 211 ff.; [31], S. 10 f., 112 ff. und 230 ff.; [40], S. 91 ff.). Sie beinhalten jeweils eine Codierung bzw. Decodierung. Nach der DIN 44300 versteht man unter ***Codierung*** die eindeutige Zuordnung der Zeichen eines Zeichenvorrats zu denjenigen eines anderen Zeichenvorrats. Ein ***Zeichen*** ist hierbei ein Element aus einer zur Darstellung von Information vereinbarten endlichen Menge von verschiedenen Elementen (Zeichenvorrat). Und ein ***Symbol*** ist ein Zeichen, dem eine Bedeutung beigemessen wird.

Quellencodierung

Die ***Nachrichtenquelle*** erzeugt ein digitales elektrisches Signal als Träger einer Nachricht. Das Signal kann z. B. ein digitalisiertes Sprachsignal sein, das ursprünglich von einem Mikrofon stammt. Es kann auch ein digitales bzw. digitalisiertes Videosignal von einer Videokamera oder einer digitales Computersignal sein, z. B. zur Übertragung einer Datei von der Festplatte.

Die ***Quellencodierung (Source Coding)*** hat nun die Aufgabe, die Nachricht der Nachrichtenquelle in eine für die Übertragung geeignete Form zu überführen und eine Folge binärer Code-Symbole zu erzeugen. Dies kann z. B. der ASCII-Code (American Standard Code for Information Interchange) sein. Ziel ist es oft aber auch, die Bitrate so stark wie möglich zu reduzieren, um eine effektive und effiziente Übertragung zu erreichen. Hierdurch darf beim Empfänger jedoch kein Informationsverlust entstehen.

Man unterscheidet bei der Quellencodierung zwischen einer Redundanzreduktion und einer Irrelevanzreduktion. Die ***Redundanzreduktion*** wird durch eine algorithmische Datenkompression erreicht. Die Zeichen des Zeichenvorrats der Nachrichtenquelle werden den Zeichen des Übertragungscodes so zugeordnet, dass überflüssige Symbole entfallen. Überflüssige Symbole sind Anteile im Nutzsignal, die mehrfach vorhanden sind oder die sich aus anderen Anteilen ableiten lassen (z. B. führende Nullen einer Zahl). Redundanzreduktion ist ein reversibler Vorgang, da der Empfänger aus den Zeichen des Übertragungscodes wieder die ursprünglichen Zeichen der Nachrichtenquelle rekonstruieren kann (Quellendecodierung).

Die ***Irrelevanzreduktion*** entfernt die in einem Signal vorhandene Irrelevanz, d. h. im Signal der Nachrichtenquelle vorhandene irrelevante Informationsanteile. Bei der Audio- und Videoübertragung werden so etwa Symbole entfernt, die für den Empfänger nicht wahrnehmbare hohe Sprachfrequenzen oder Farbnuancen repräsentieren. Diese Codierung ist irreversibel.

Kanalcodierung

Ergebnis der Quellencodierung ist ein auf eine minimale Bitrate reduziertes Signal. Dieses würde bei einer Übertragung ohne Fehlersicherung so sehr von Störquellen beeinflusst, dass eine unzumutbar hohe Fehlerrate die Folge wäre. Die Kanalcodierung realisiert deshalb eine Fehlersicherung, indem sie ein gegen Fehler abgesichertes digitales Übertragungssignal erzeugt. Hierzu verwendet sie einen Code, in den ***Redundanz*** (Zusatzinformation) zur Fehlererkennung – und ggf. zur Fehlerkorrektur – eingefügt ist. Im OSI-Referenzmodell ist die Fehlersicherung der Schicht 2 zugeordnet („Sicherungsschicht"!).

Die ***Fehlersicherung (Error Protection)*** besteht immer aus einer Fehlererkennung und einer Fehlerkorrektur. Zur ***Fehlererkennung (Error Detection)*** fügt der Sender dem Quellencode zusätzliche redundante Information hinzu, durch deren Auswertung der Empfänger Übertragungsfehler erkennen kann. Es existieren verschiedene Verfahrensarten der Fehlererkennung:

- ***Fehlererkennung durch Paritäts-Bits:*** Die Summe der Einser-Bits eines Zeichens oder Blockes wird – je nach Vereinbarung – einfach auf gerade oder ungerade Parität ergänzt. Bei vereinbarter gerader Parität ergibt z. B. die Bit-Folge 01001 das Paritäts-Bit 0 und die Bit-Folge 01101 das Parität-Bit 1.
- ***Fehlererkennung durch Block-Codes:*** Block-Codes teilen den Bitstrom in Blöcke fester Länge auf. Den m

Nutzbits eines Blockes werden k Prüfbits als Redundanz angehängt. Zur Erzeugung von Prüfbits gibt es verschiedene Verfahren wie z. B. das bekannte CRC-Verfahren (Cyclic Redundancy Check).

- ***Fehlererkennung durch Faltungs-Codes:*** Faltungs-Codes führen eine kontinuierliche Codierung aus und berechnen die Redundanz fortlaufend aus dem Bitstrom.

Bei der ***Fehlerkorrektur (Error Correction)*** unterscheidet man zwei Arten von Verfahren:

- ***Rückwärtsfehlerkorrektur (BEC, Backwards Error Correction):*** Vom Empfänger wird die Wiederholung fehlerhafter Bitfolgen (Frames) über den Rückkanal angefordert (ARQ, Automatic Repeat Request).
- ***Vorwärtsfehlerkorrektur (FEC, Forward Error Correction):*** Der Empfänger kann fehlerhafte Bitfolgen weitgehend selbst korrigieren, wenn ein geeigneter Code mit hinreichender Redundanz verwendet wird.

Leitungscodierung

Im Anschluss an die Quellen- und Kanalcodierung hat die Leitungscodierung die Aufgabe, ein an den physischen Kanal angepasstes Signal zu erzeugen. Hierzu ordnet sie jeweils einem oder mehreren Bits des quellencodierten bzw. kanalcodierten Signals ein bestimmtes Codesymbol zu, das auf der Leitung übertragen wird. Beim Empfänger erfolgt eine entsprechende Decodierung. Die Leitungscodierung muss insbesondere drei ***Anforderungen*** erfüllen:

- ***Bandbreiten-Effizienz:*** Die für eine Übertragungsrate erforderliche Bandbreite soll möglichst gering sein bzw. zu einer gegebenen Bandbreite soll die Übertragungsrate möglichst groß sein (siehe hierzu den Nachrichtenquader im Abschnitt 4.1!).
- ***Gleichspannungsfreiheit:*** Das Signal darf keine Gleichspannungsanteile enthalten – wie sie z. B. bei einer gehäuften Übertragung von Nullen oder Einsen entstehen; denn auf dem Übertragungspfad können z. B. Regeneratoren (Repeater) vorhanden sein.
- ***Taktregenerierbarkeit:*** Taktfrequenz und Taktphase der abgesandten Pulsfolge müssen innerhalb des Datensignals mitgeliefert werden; denn der Empfänger muss die Anfangs- und Endzeitpunkte der Symbole aus dem

empfangenen Signal wiedergewinnen können, um sich mit dem Sender zu synchronisieren.

In der Regel verwendet die Leitungscodierung einen ***Binärcode,*** d. h. sie codiert nur zwei Signalwerte bzw. Symbole zur Darstellung der zu übertragenden Nullen und Einsen einer Bit-Folge. Bei ***elektrischen Leitern*** erzeugt die Leitungscodierung z. B. unterschiedliche Spannungspegel, die unipolar (1: positive Spannung, 0: keine Spannung) oder bipolar (1: positive Spannung, 0: negative Spannung) sein können. Bei ***Lichtwellenleitern*** wird die Leitungscodierung z. B. durch Lichtimpulse (1: starker Lichtstrahl, 0: schwacher Lichtstrahl) realisiert.

Der Sender liefert außerdem einen ***Signalschritttakt,*** der den Signalwert jeweils in der Mitte eines Bit-Intervalls verändert. Der Empfänger kann dann das Signal mittig abtasten und so eine ***Bitsynchronisation*** durchführen. In Computern kann die Bitsynchronisation durch eine getrennte Taktleitung erfolgen, im Netzwerkbereich benutzt man dagegen selbsttaktende Codes.

Leitungscodes

Abbildung 4.5 zeigt einige bekannte binäre Leitungscodes, die in idealisierter Form wert- und zeitdiskret dargestellt sind (vgl. z. B. auch [26], S. 58 ff.; [31], S. 112 ff.; [42], S. 61 ff.).

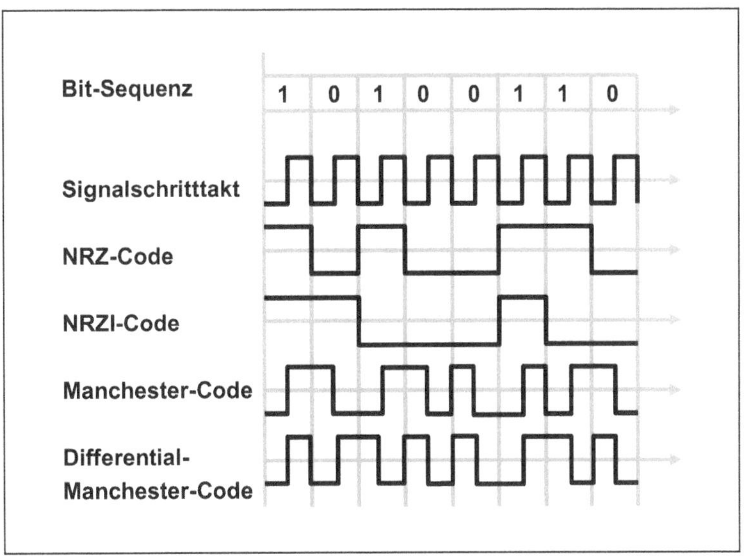

Abb. 4.5: Beispiele für bekannte Leitungscodes

Die dargestellten Leitungscodes haben folgende Merkmale:

- ***NRZ-Code (Non Return to Zero Code):*** 1: positiver Signalwert, 0: negativer Signalwert; keine Rückkehr zu einem spannungslosen Zustand während eines Bit-Intervalls; daher nicht selbsttaktend; Verwendung nur innerhalb von Computern.
- ***NRZI-Code (Non Return to Zero Inverted Code):*** 0: kein Wechsel des Signalwertes, 1: Wechsel des Signalwertes; keine Rückkehr zu einem spannungslosen Zustand während eines Bit-Intervalls; daher nicht selbsttaktend; Verwendung nur innerhalb von Computern.
- ***Manchester-Code:*** 0: positiver Signalwert, Übergang von positivem zu negativem Signalwert in der Mitte des Bit-Intervalls, 1: negativer Signalwert, Übergang von negativem zu positivem Signalwert in der Mitte des Bit-Intervalls; daher selbsttaktend; Verwendung beim klassischen Ethernet-LAN.
- ***Differential-Manchester-Code:*** 0: Wechsel des Signalwertes zu Beginn des Bit-Intervalls, 1: kein Wechsel des Signalwertes zu Beginn des Bit-Intervalls, immer Wechsel in der Mitte des Bit-Intervalls; daher selbsttaktend; Verwendung beim klassischen Token-Ring-LAN.

Neben den überwiegend verwendeten Binärcodes gibt es auch ***mehrwertige Codes,*** die mehr als zwei Signalwerte codieren. Ein Beispiel ist der AMI-Code (Alternate Mark Inversion Code), der allerdings nicht selbsttaktend ist.

Synchronisationsverfahren (Gleichlaufverfahren)

Zusätzlich zur aufgezeigten Bitsynchronisation muss eine Zeichen-, Block- oder Frame-Synchronisation durchgeführt werden (vgl. z. B. [31], S. 107 ff.; [42], S. 78 ff.). Mit ihrer Hilfe kann der Empfänger ganze Bitgruppen synchronisieren, die der Sender geschickt hat („Sender/Empfänger-Gleichlauf"). Dabei unterscheidet man zwei Arten der Nachrichtenübertragung:

- ***Asynchrone Übertragung:*** Die Synchronisation erfolgt lediglich für die Übertragungsdauer jedes einzelnen alphanumerischen Zeichens einer Nachricht.
- ***Synchrone Übertragung:*** Die Synchronisation erfolgt für die Übertragungsdauer von einzelnen Datenblöcken oder von Frames. Ein Block enthält eine Folge von alphanumerischen Zeichen, die durch spezielle Steuerzeichen begrenzt wird. Ein Frame (Rahmen) ist eine Folge von Bits, die am Anfang und Ende jeweils durch ein spezielles Flag (Bitmuster) begrenzt wird.

Im Laufe der Entwicklung von Computernetzwerken wurden drei verschiedene Verfahren realisiert, die in Abbildung 4.6 dargestellt sind. Beim ältesten Verfahren, dem ***asynchronen Übertragungsverfahren (Start-Stopp-Verfahren)*** wird die Synchronisation nur für die Dauer der Übertragung eines einzelnen alphanumerischen Zeichens durchgeführt. Hierzu wird vor jedes Zeichen ein Startbit mit längerer Dauer (meist 0-Bit) gesetzt, und ein Zeichen wird mit ein oder zwei ebenfalls längeren Stoppbits (meist 1-Bit) abgeschlossen. Die einzelnen Zeichen müssen somit nicht nahtlos aneinander gereiht sein. Frühere DEC- und IBM-Datenstationen haben die Daten asynchron übertragen, und die IP-basierte Terminalemulation ***Telnet,*** die das DEC-Terminal VT100 emuliert, funktioniert auch heute noch so.

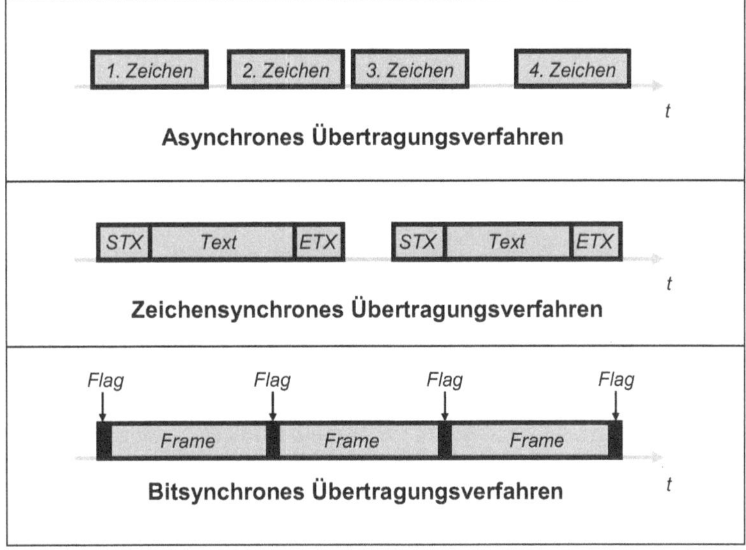

Abb. 4.6: Asynchrone und synchrone Übertragung

Synchrone Übertragungsverfahren können entweder zeichensynchron oder bitsynchron sein. Bei den ***zeichensynchronen Übertragungsverfahren*** der nächsten Entwicklungsstufe erfolgt die Synchronisation auf der Sicherungsschicht für die Dauer der Übertragung eines Datenblockes, d. h. einer Gruppe von alphanumerischen Zeichen. Zur Synchronisation und zur Abgrenzung eines Datenblockes werden Steuerzeichen verwendet, z. B. SYN (Synchronization), STX (Start of Text) und ETX (End of Text). Steuerzeichen dürfen im Text nur vorkommen, wenn der

Text zwischen zwei DLE-Zeichen (Data Link Escape) gesetzt ist, sodass eine sog. transparente Übertragung ermöglicht wird. Ältere Protokolle der Sicherungsschicht wie das ***BSC-Protokoll*** (Binary Synchronous Communication Protocol) oder ***Xmodem*** arbeiten im Halbduplex-Betrieb als zeichensynchrone Übertragungsverfahren.

Die heute überall eingesetzten ***bitsynchronen Übertragungsverfahren*** führen die Synchronisation für die gesamte Übertragungsdauer eines Frames (Rahmens) durch. Statt durch verschiedene Steuerzeichen wird ein Frame durch zwei Flags (Markierungszeichen mit der Bitkombination 01111110) begrenzt. Auf diese Weise können ganze Serien von Frames nahtlos hintereinander übertragen werden. Die Bitkombination der Flags darf im Nutzdatenteil vorkommen, da der Sender nach fünf Einsen eine Null einfügt und der Empfänger jede Null nach fünf Einsen wieder entfernt. Dies nennt man ***Bit-Stopfen (Bit Stuffing).***

Bitsynchrone Übertragungsverfahren finden bei einer ganzen Reihe von Übertragungsprotokollen Anwendung. Hervorzuheben ist insbesondere das ***HDLC-Protokoll,*** das im Vollduplex-Betrieb arbeitet und das Vorbild für viele andere Protokolle (z. B. für TCP) war. Wir werden es in Abschnitt 6.1 näher kennenlernen.

Basisband- und Breitbandübertragung

Die Darstellung der Übertragungstechnik bezog sich bisher stets auf ***Basisbandsignale,*** d. h. auf Signale, die den gesamten verfügbaren Frequenzbereich im Kanal belegen. Will man jedoch mehrere Nachrichtensignale simultan übertragen (= multiplexen), so benötigt man ***modulierte Signale*** mit einem begrenzten Frequenzbereich. Abbildung 4.7 stellt die entsprechende Basisband- und Breitbandübertragung gegenüber.

Die ***Basisbandübertragung*** wird insbesondere im LAN-Bereich für die Übertragung von digitalen Signalen verwendet. So benutzt z. B. das Ethernet mit Manchester-Codierung den Frequenzbereich von 0 bis 10 MHz.

Die ***Breitbandübertragung*** setzt man dagegen zum Multiplexing im WAN-Bereich (siehe Abschnitt 5.1) sowie zur Funkübertragung (siehe Kapitel 10) ein. Die Nachrichtensignale werden dann nicht mehr direkt übertragen, sondern auf der Basis von Trägersignalen mit begrenzter Frequenz über sog. ***Bandpasskanäle*** transportiert. Die „Verschiebung" des Basisbandsignals in einen Bandpasskanal mit höherem Frequenzbereich erfolgt durch eine Modulation. Im folgenden Abschnitt werden wir die grundlegenden Modulationsarten kennenlernen.

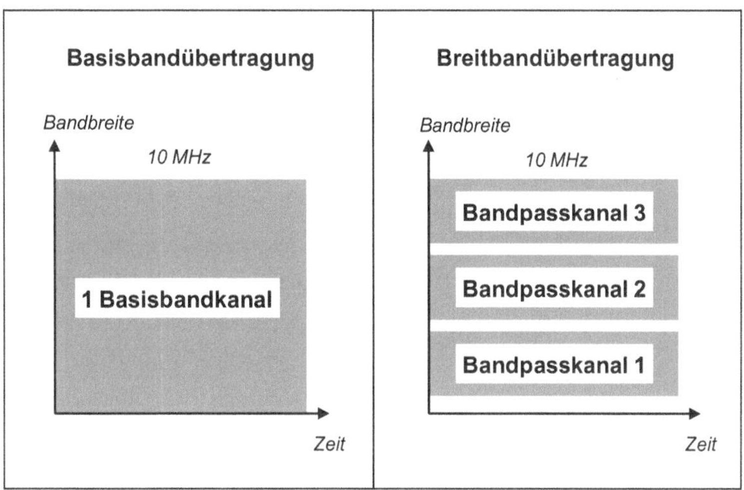

Abb. 4.7: Basisband- und Breitbandübertragung

4.3 Modulationstechnik

Die Grundidee der Modulation

Unter dem Begriff ***Modulation*** versteht man ganz allgemein die Veränderung eines oder mehrerer Parameter eines Trägersignals durch das zu übertragende Basisbandsignal (Nachrichtensignal). Das Basisbandsignal, das das Trägersignal beeinflusst, kann ein digitales oder ein analoges Nachrichtensignal sein. Es ist das Eingangssignal eines Modulators und wird deshalb auch als ***Modulationssignal*** bezeichnet.

Durch Mischung des Modulationssignals mit dem Trägersignal, das von einem Generator erzeugt wird, entsteht am Ausgang des Modulators ein ***moduliertes Signal.*** Der Empfänger führt eine entsprechende ***Demodulation*** durch, indem er aus dem empfangenen Signal wieder das ursprüngliche Basisbandsignal rekonstruiert (vgl. hierzu sowie zu den weiteren Ausführungen u. a. [17], S. 172 ff.; [31], S. 61 f. u. S. 143 ff.; [49]).

Die verwendeten Trägersignale können zwei unterschiedliche ***Signalformen*** haben:

- ***Sinusförmige (analoge) Trägersignale:*** Sie werden zur Kanalanpassung und zum Frequenzmultiplexing verwendet.
- ***Pulsförmige (digitale) Trägersignale:*** Sie werden zur Basisbandübertragung und zum Zeitmultiplexing eingesetzt.

Modulationsarten

Da das Nachrichtensignal – also das Modulationssignal – analog oder digital sein kann und da das Trägersignal sinusförmig (analog) oder pulsförmig (digital) sein kann, lassen sich grundsätzlich vier ***Arten der Modulation*** (und Demodulation) unterscheiden:

- ***digitale Modulation*** eines ***sinusförmigen Trägersignals*** (zur Digital-Analog-Wandlung),
- ***analoge Modulation*** eines ***sinusförmigen Trägersignals*** (zum Frequenzmultiplexing),
- ***analoge Modulation*** eines ***pulsförmigen Trägersignals*** (zur Analog-Digital-Wandlung, 1. Schritt),
- ***digitale Modulation*** eines ***pulsförmigen Trägersignals*** (zur Analog-Digital-Wandlung, 2. und 3. Schritt).

Die erste und vierte Modulationsart betrachten wir näher, da beide zum Verständnis der Bitübertragung von zentraler Bedeutung sind. Dabei gehen wir kurz auf die beiden anderen Modulationsarten ein.

Digital-Analog-Wandlung zur analogen Datenübertragung

Die ***digitale Modulation*** eines sinusförmigen Trägersignals wird zur Digital-Analog-Wandlung von digitalen Basisbandsignalen verwendet. Sie ist Voraussetzung für die analoge Übertragung von ***Daten*** und digitalisierten Audio- und Bildsignalen über traditionelle Telefonnetze und über digitale Mobilfunknetze sowie für die digitale Rundfunk- und Fernsehübertragung.

Werden digitale Signale z. B. über ein traditionelles Telefonnetz übertragen, so benötigt man ein ***Modem (Modulator/Demodulator)***. Das Modem wandelt beim Sender digitale Nachrichtensignale in analoge Signale um. Beim Empfänger erfolgt die entsprechende Rückwandlung der analogen Signale in digitale Nachrichtensignale. Es gibt drei Modulationsverfahren zur Digital-Analog-Wandlung (siehe Abbildung 4.8). Die „Umtastung" erfolgt jeweils durch diskrete Veränderung eines Signalparameters (Signalamplitude, Signalfrequenz oder Signalphase):

- ***Amplitudenumtastung (Amplitude Shift Keying, ASK):*** 1: hohe Amplitude, 0: niedrige Amplitude,
- ***Frequenzumtastung (Frequency Shift Keying, FSK):*** 1: hohe Frequenz, 0: niedrige Frequenz,
- ***Phasenumtastung (Phase Shift Keying, PSK):*** 1: Phase 0°, 0: Phase 180°.

Die ***analoge Modulation*** eines sinusförmigen Trägersignals wird entsprechend verwendet, um ***analoge Audio-*** oder ***Video-***

signale (Basisbandsignale) in einen Bandpasskanal mit höherem Frequenzband zu verschieben und ggf. zu multiplexen. Ein Signalparameter des analogen Trägersignals wird dann kontinuierlich verändert. Die drei analogen Modulationsverfahren heißen ***Amplitudenmodulation, Frequenzmodulation und Phasenmodulation.*** In traditionellen Telefonnetzen realisiert man das Frequenzmultiplexing mit Hilfe der Frequenzmodulation. Auch in digitalen Mobilfunknetzen sowie bei der digitalen Rundfunk- und Fernsehübertragung erfolgt die Anpassung des Basisbandsignals an den Funkkanal überwiegend durch Frequenzmodulation.

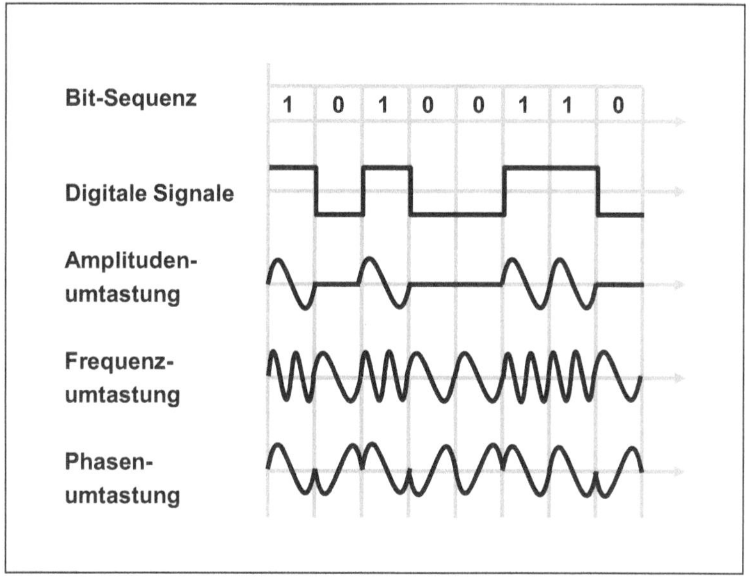

Abb. 4.8: Digitale Modulation eines sinusförmigen Trägersignals

QPSK, 16-QAM und 64-QAM

Um die steigenden Anforderungen an die Kanalkapazität durch effiziente Ausnutzung der Bandbreite erfüllen zu können, wurden ***höherwertige Modulationsverfahren*** für ***die digitale Modulation*** sinusförmiger Trägersignale entwickelt. Sie übertragen mehr als 1 bit/s/Hz bzw. 1 bit/Symbol. In der Praxis findet man heute u. a. folgende Modulationsverfahren, die insbesondere im WAN- und im Funknetz-Bereich zum Einsatz kommen:

- ***QPSK (Quadrature Phase Shift Keying),***
- ***16-QAM (16-Quadrature Amplitude Modulation),***
- ***64-QAM (64-Quadrature Amplitude Modulation).***

Abbildung 4.9 enthält vier sog. Konstellationsdiagramme (Modulationsdiagramme). Sie zeigen die drei genannten Verfahren und zum Vergleich die einfache binäre Frequenzumtastung PSK, auch 2-PSK oder ***BPSK (Binary Phase Shift Keying)*** genannt. Das abgetastete Basisbandsignal wird dargestellt durch I (Inphase-Komponente) und Q (Quadrature-Komponente). Im BPSK-Beispiel entsprechen die Phasenlagen 0° und 180° den Bits „1" und „0". Beim Wechsel von „1" auf „0" und umgekehrt erfolgt jeweils ein Phasensprung von 180°, sodass pro Abtastung nur 1 bit/s/Hz übertragen werden kann (siehe auch Abbildung 4.8).

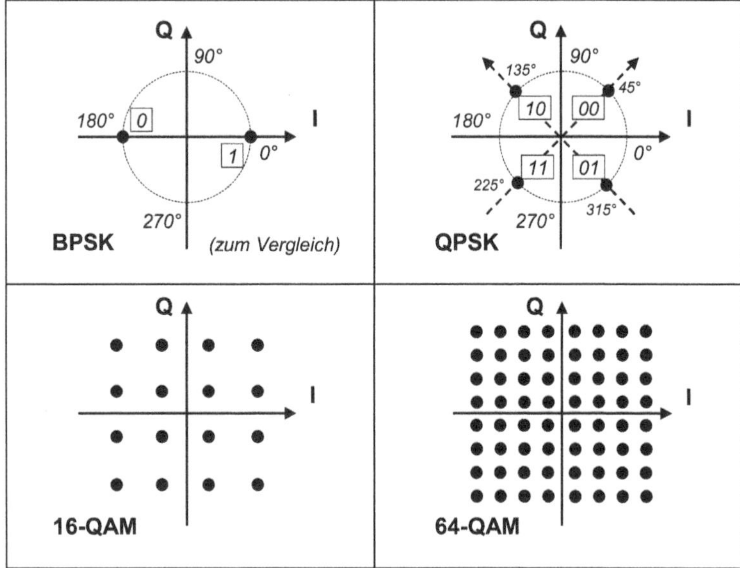

Abb. 4.9: Höherwertige Phasen- und Amplitudenumtastung

QPSK – auch als 4-PSK bekannt – realisiert vier verschiedene Phasensprünge. QPSK kann als zweifache Anwendung von BPSK mit 90° Phasenverschiebung verstanden werden. Es werden die Phasenlagen 45°, 135°, 225° und 315° umgetastet. Mit QPSK können somit 2 bit/s/Hz übertragen werden.

Da die Zahl möglicher Phasenlagen begrenzt ist, verwendet man zur verbesserten Bandbreitenausnutzung eine Kombination aus ***Amplituden- und Phasenumtastung*** (ASK und PSK), die als QAM (Quadrature Amplitude Modulation) bezeichnet wird. ***16-QAM*** überträgt so mit 16 verschiedenen Signalzuständen 4 bit/s/Hz. Entsprechend erreicht ***64-QAM*** 6 bit/s/Hz.

Analog-Digital-Wandlung zur digitalen Sprachübertragung

Moderne Netze übertragen grundsätzlich digitale Signale, da sie weniger störanfällig sind als analoge Signale und da digitale Übertragungstechnik einfacher und kostengünstiger ist. Zur digitalen Übertragung von Sprache und Sound über das ISDN, über LANs und digitale Funknetze sowie zur digitalen Rundfunk- und Fernsehübertragung ist aber zunächst eine Analog-Digital-Wandlung erforderlich.

Nach dem sog. ***Nyquist-Shannon-Abtasttheorem*** muss ein analoges Signal, das eine maximale Frequenz f_{Smax} aufweist, mit einer Abtastfrequenz von mindestens 2 * f_{Smax} abgetastet werden, damit der Verlauf des ursprünglichen analogen Signals wieder aus den zeitdiskreten Abtastwerten rekonstruiert werden kann. Es gilt also für Binärsignale nach den Gleichungen (1) und (2):

(8) $$f_{Abtastung} \geq 2 * f_{Smax}$$

Die sinusförmigen Schwingungen eines analogen Signals müssen mindestens zweimal pro Phase abgetastet werden. So benötigt man für einen analogen Telefonkanal mit der üblichen Bandbreite von 3.100 Hz mindestens 6.200 Abtastungen pro Sekunde.

Für die ***analoge Modulation*** eines pulsförmigen Trägersignals gibt es mehrere Verfahren, die die Pulsamplitude, die Pulsfrequenz, die Pulsphase oder die Pulsdauer modulieren (PAM, PFM, PPM und PDM). Sie haben jedoch alle den Nachteil, dass das modulierte Signal nicht digital, sondern nur amplitudendiskret ist (bei PFM, PPM und PDM) oder aber nur zeitdiskret (bei PAM).

Zur Digital-Analog-Wandlung schließt man deshalb an die analoge Modulation eine ***digitale Modulation*** des pulsförmigen Trägersignals an. In der Praxis hat sich hierzu die ***Pulsecodemodulation (PCM, Pulse Code Modulation)*** durchgesetzt. PCM basiert auf PAM (Pulse Amplitude Modulation). PCM wandelt das wertkontinuierliche und zeitdiskrete PAM-Signal in ein wert- und zeitdiskretes – und somit digitales – PCM-Signal um. Wie Abbildung 4.10 zeigt (in Anlehnung an [17], S. 206 f.; [30], S. 263 ff.; [31], S. 145 ff.), sind hierzu drei Schritte erforderlich:

- ***Periodische Abtastung:*** Das analoge Signal wird zu diskreten Zeitpunkten abgetastet. Es entsteht ein zeitdiskretes PAM-Signal.
- ***Quantisierung der Abtastwerte:*** Die Abtastwerte werden auf diskrete Amplitudenwerte abgebildet und gerundet. Es entsteht ein quantisiertes PAM-Signal, das wert- und zeitdiskret ist.

- ***Codierung der quantisierten Werte:*** Die diskreten Amplitudenwerte des quantisierten PAM-Signals werden auf einen Binärcode (Pulse Code) codiert und als Pulsfolge übertragen.

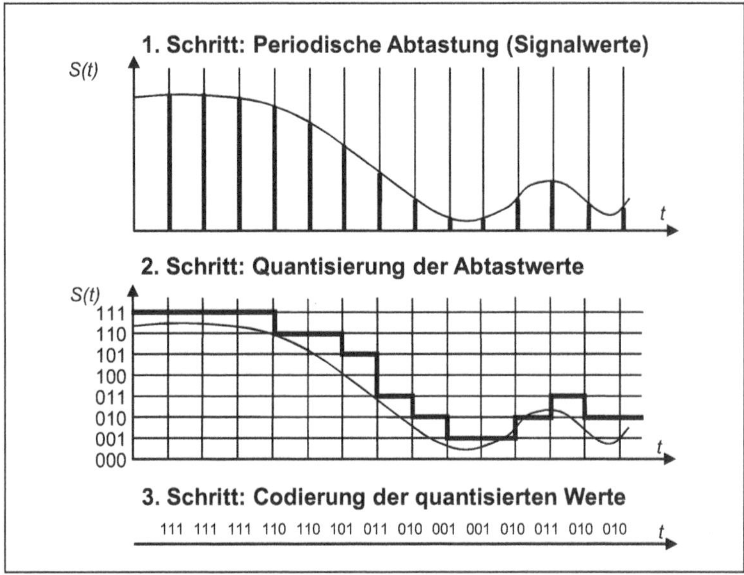

Abb. 4.10: Pulse Code Modulation (PCM) zur Digitalisierung analoger Signale

In der Abbildung 4.10 wurden acht Quantisierungsstufen benutzt, sodass zur Codierung der quantisierten Werte drei Bits je Quantisierungsstufe benötigt werden. Mit dem Pulse Code wird z. B. jede „1" durch einen Puls und jede „0" durch keinen Puls dargestellt. Die einzelnen Bits werden dann seriell übertragen. Beim Empfänger müssen die dargestellten Schritte wieder rückwärts durchlaufen werden. Dies führt bei einer Audio-Übertragung wegen des durch die Quantisierung verursachten Informationsverlustes oft zu einem „kalten, blechernen" Klang.

Das ***ISDN,*** das in Abschnitt 6.3 dargestellt wird, verwendet eine PCM-Technik mit 8-Bit-Codierung für 256 Quantisierungsstufen. Das ergibt dann bei 8000 Abtastungen pro Sekunde eine ***Übertragungsrate*** von ***64 kbit/s*** (8 bit * 8000/s = 64 kbit/s). Diese Übertragungsrate hat eine fundamentale Bedeutung für das Multiplexing mit PDH und SONET/SDH im WAN-Bereich (siehe Abschnitt 6.4).

Ein Beispiel zur Modulation und Demodulation

Private Netzwerknutzer, die von zu Hause aus im Internet surfen, benutzen in der Regel einen Telefon-, ISDN- oder DSL-Anschluss. Abbildung 4.11 zeigt schematisch, wie die Daten bei den heute üblichen digitalen Telekommunikationsnetzen vom Client eines Nutzers aus zu einem entfernten Server fließen.

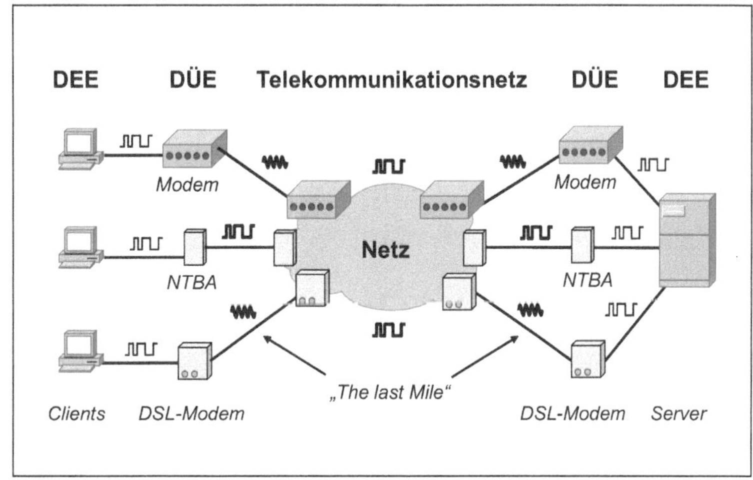

Abb. 4.11: Beispiel zur Modulation in der Telekommunikation

Bei der ***Nutzung eines analogen Telefon-Anschlusses*** werden die digitalen Signale des PCs vom Modem in analoge Signale umgewandelt. Anschließend geht es analog über „die letzte Meile" bis zur Ortsvermittlungsstelle des Telekommunikationsanbieters, in der eine Rückwandlung in digitale Signale erfolgt. Innerhalb des Telekommunikationsnetzes findet eine digitale Signalübertragung statt. In der Ortsvermittlungsstelle auf der Server-Seite erfolgt eine entsprechende Rückwandlung der digitalen Signale in eine analoge Form für „die letzte Meile". Das Modem wandelt die analogen Signale schließlich wieder in digitale Signale um, die der Server versteht.

Beim ISDN-Anschluss setzt der NTBA (Network-Termination-Basisanschluss) eine hausinterne 4-Draht-Leitung in die 2-Draht-Leitung des Netzes um. Hierzu realisiert er u. a. eine Codierung für den Vollduplex-Betrieb über die 2-Draht-Leitung. ***Beim DSL-Anschluss*** moduliert das DSL-Modem die digitalen Nachrichtensignale auf ein analoges Trägersignal mit einer höheren Trägerfrequenz, um so gleichzeitig einen Upstream- und einen Downstream-Kanal zu erzeugen. Ein vorgeschalteter sog. Splitter führt die Datenkanäle dann mit dem Telefonkanal zusammen und trennt sie auf der Empfängerseite wieder ab (siehe Abschnitt 6.8).

4.4 Übertragung über elektrische Leiter

Das älteste Medium, das zur Signalübertragung verwendet wird, sind elektrische Leiter. Sie treten in zwei Bauarten auf als:

- ***Sternvierer*** und ***Twisted-Pair-Kabel (TP-Kabel),*** d. h. als Kabel mit mindestens vier verdrillten Kupferadern, und
- ***Koaxialkabel*** (kurz ***„Koax“*** genannt), die aus einem Kupfer-Innenleiter und einem umschließenden Kupfergeflecht-Außenleiter bestehen.

Wichtige Eigenschaften elektrischer Leiter

Neben der bereits beschriebenen realisierbaren ***Bandbreite*** sind folgende Eigenschaften für die Auswahl von elektrischen Leitern besonders wichtig (vgl. u. a. [12], S. 132 ff.; [42], S. 52 ff.):

- ***Wellenwiderstand (Impedance):*** Er ist eine charakteristische Größe, die von Material und Geometrie des Kabelaufbaus abhängt (heute meist 100 Ohm). Nur wenn alle Verkabelungskomponenten denselben Wellenwiderstand haben, werden Signalreflexionen vermieden.
- ***Dämpfung (Attenuation):*** Sie beschreibt das Verhältnis einer am Kabelanfang eingespeisten Signalleistung zu der am Kabelende herauskommenden Signalleistung. Die Dämpfung ist nicht nur längen-, sondern auch frequenzabhängig. Sie steigt mit der Kabellänge und mit zunehmender Sendefrequenz.
- ***Nahnebensprechdämpfung (NEXT, Near End Crosstalk):*** Sie gibt die Dämpfung des ungewünschten Nahnebensprechens an, das durch den Einfluss eines benachbarten Adernpaares entsteht. Ein großer NEXT bedeutet, dass die Differenz zwischen dem Sendepegel auf einem Adernpaar und dem gedämpften Empfangspegel auf dem benachbarten Adernpaar groß ist.
- ***Dämpfungs-Nahnebensprechdämpfungs-Verhältnis (ACR, Attenuation Crosstalk Ratio):*** ACR gibt das Verhältnis von der Dämpfung eines ankommenden Nutzsignals (Dämpfung: möglichst gering) zur Nahnebensprechdämpfung eines anliegenden Störsignals (NEXT: möglichst hoch) an. ACR wird zur Bewertung von Ende-zu-Ende-Verbindungen (Links) verwendet.

Zu diesen Eigenschaften kommen bei modernen TP-Kabeln weitere Kenngrößen hinzu. Z. B. berücksichtigt ***Global Crosstalk*** auch die gegenseitigen Beeinflussungen von Kabelpaaren.

Twisted-Pair-Kabel (TP-Kabel): klassisch und modern zugleich

Im WAN-Bereich werden Kabel mit verdrillten (verseilten) Kupferadern heute fast nur noch für die Teilnehmeranschlussleitungen der Telekommunikationsnetze verwendet. Im LAN-Bereich werden sie in erster Linie zur Etagenverkabelung verlegt. Da sie ursprünglich nur für die niedrigen Sprachfrequenzen des Telefonverkehrs geschaffen wurden, nennt man sie auch ***Niederfrequenzkabel.*** Seit Mitte der 80er Jahre ist es den Ingenieuren jedoch gelungen, TP-Kabel für den Einsatz von LANs zu immer neuen Höchstleistungen zu bringen, sodass sie heute sogar schon 1 Gbit/s übertragen können. Einzelheiten zu den verschiedenen Kabelarten sind ausführlich bei [12] beschrieben.

Abbildung 4.12 zeigt die heute üblichen Bauarten von Kabeln mit verdrillten Kupferadern. Die klassischen Telefonkabel sind als ***Sternvierer*** konstruiert. Sie bestehen aus zwei Adernpaaren, die immer gegenüber liegen und miteinander zu einer Spiralform verseilt sind. Da die Adernpaare nicht gegen elektromagnetische Felder abgeschirmt sind, können sie ohne aufwendige Übertragungstechnik nur relativ niedrige Datenraten übertragen.

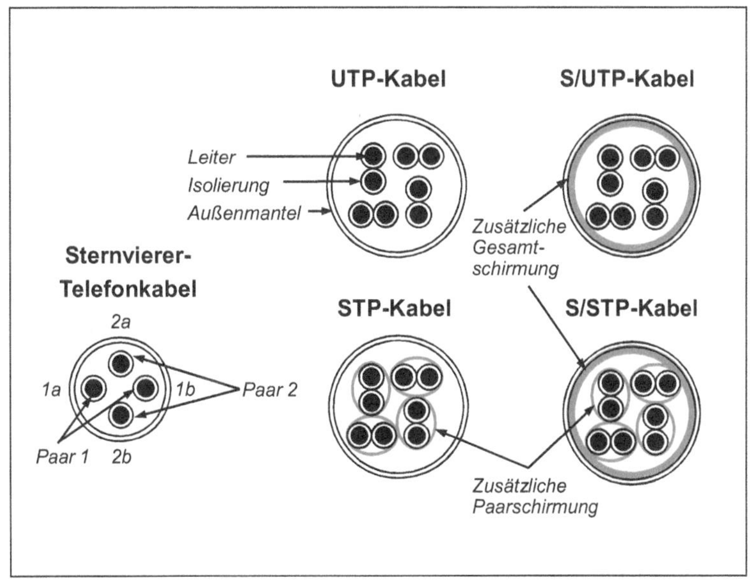

Abb. 4.12: Bauarten von Sternvierern und TP-Kabeln in Querschnittdarstellung

Bei ***Twisted-Pair-Kabeln*** wird jedes Adernpaar zu einer Spirale verdrillt. TP-Kabel bestehen üblicherweise aus vier Adernpaaren. Für die verschiedenen Bauarten haben sich am Markt folgende Begriffe herausgebildet, die zum De-facto-Standard geworden sind:

- ***UTP (Unshielded Twisted Pair):*** ungeschirmtes Kabel, das meist mit vier verseilten Adernpaaren aufgebaut ist.
- ***S/UTP (Screened/Unshielded Twisted Pair):*** Kabel mit einem Gesamtschirm, bei dem die (meist vier) Adernpaare jeweils einzeln verseilt sind.
- ***STP (Shielded Twisted Pair):*** Kabel ohne Gesamtschirm, bei dem die (in der Regel vier) verseilten Adernpaare jeweils einen Einzelschirm besitzen.
- ***S/STP (Screened/Shielded Twisted Pair):*** Kabel mit einem Gesamtschirm, bei dem die (in der Regel vier) verseilten Adernpaare jeweils einen Einzelschirm besitzen.

Besteht die Abschirmung aus Metallfolie, so wird dies durch Bezeichnungen wie ***FTP (Foiled Twisted Pair)*** oder ***S/FTP*** ausgedrückt.

Anschlusskabel, Patch-Kabel und RJ-45-Stecker

Neben fest installierten TP-Kabeln, die in Steckdosen enden, werden Anschluss- und Patch-Kabel („Flicken"-Kabel) benötigt. ***Anschlusskabel*** ermöglichen einen Computeranschluss an eine Steckdose. ***Patch-Kabel*** dienen der Verbindung räumlich naher Netzwerkgeräte, z. B. zur Verbindung von einem Switch und einem Router in einem Netzwerkschrank. Anschluss- und Patch-Kabel haben an beiden Enden ***RJ-45-Stecker*** (Registered Jack Connectors) mit acht Kontakten, die nach TIA/EIA 568A und 568B standardisiert sind. Abbildung 4.13 zeigt die Paarbelegung („Pin-Belegung") der einzelnen Kontakte eines RJ-45-Steckers und einer RJ-45-Buchse nach dem weit verbreiteten Standard TIA/EIA 568B. Die Paar-Belegung ist je nach Einsatz des Steckers unterschiedlich (z. B. Adernpaare 2 und 3 beim Ethernet).

Wird ein Computer an einen Switch oder ein Switch an einen Router angeschlossen, so benötigt man meist ein sog. ***Straight-Through-Kabel*** (durchgeschleiftes Kabel), bei dem jeder Stift des einen Steckers mit dem entsprechenden Stift des anderen Steckers verbunden ist (beide Stifte 1 verbinden TX+ und RX+). Werden dagegen zwei gleiche Geräte (z. B. zwei Computer) direkt miteinander verbunden, so wird in der Regel ein ***Cross-***

over-Kabel (gekreuztes Kabel) benötigt, bei dem jeder Stift des einen Steckers mit dem gekreuzten Stift des anderen Steckers verbunden ist. Abbildung 4.13 verdeutlicht diesen Zusammenhang für die Steckerbelegung eines Ethernet-Kabels.

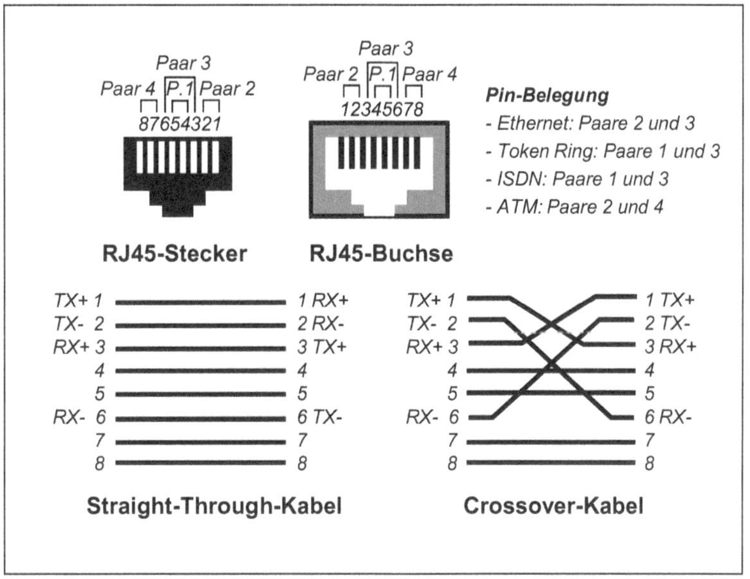

Abb. 4.13: RJ-45-Steckverbindung, Straight-Through- und Crossover-Kabel

Vom Crossover-Kabel ist das ***Rollover-Kabel*** zu unterscheiden, bei dem alle Stifte paarweise gekreuzt sind (1 mit 8, 2 mit 7, usw.). Ein Rollover-Kabel wird benötigt, um einen (Cisco-)Router über seine serielle Schnittstelle von einer Konsole (Terminal, PC) aus erstmalig zu konfigurieren; denn dann sind die Router-Interfaces noch nicht über IP-Adressen erreichbar.

Weiterentwicklung der TP-Kabel

Bis Mitte der 90er Jahre reichten die Bandbreiten der ***Kategorien 3 und 4 des Standards TIA/EIA 568*** für TP-Kabel mit 16 MHz und 20 MHz für Ethernet- und Token-Ring-LANs völlig aus. 1995 führten dann die höheren Anforderungen von High-Speed-LANs (insbesondere vom Fast-Ethernet) zu einer neuen Ausgabe des Standards TIA/EIA 568 mit einer zusätzlichen ***Kategorie 5*** für eine Bandbreite von 100 MHz. Fast gleichzeitig wurde der internationale Standard ***ISO/IEC 11801*** mit den ***vier Link-Klassen A bis D*** veröffentlicht, dessen Kabelkategorien denen des Standards TIA/EIA 568 weitgehend entsprechen. Der Standard ISO/IEC 11801 führte zur entsprechenden europäischen Norm ***EN 50173*** des CENELEC.

Abbildung 4.14 gibt eine Übersicht über die Bandbreiten moderner TP-Kabel. TP-Kabel der ***Kategorie 5*** haben eine Bandbreite von 100 MHz. Die ***Kategorien 6 und 7*** wurden mit 250 und 600 MHz standardisiert, eine ***Kategorie 8*** mit 1,2 GHz befindet sich in Diskussion. Für Gigabit-Ethernet über TP-Kabel benötigt man jedoch nicht nur höherwertige Kabel, sondern auch besser abgeschirmte Steckverbindungen. Der RJ-45-Stecker ist nur für TP-Kabel bis zur Kategorie 6 mit 250 MHz einsetzbar. Für eine Bandbreite von bis zu 600 MHz der Kategorie 7 wurden zwei neue Steckverbindungen standardisiert: die abwärtskompatible ***Steckverbindung GG-45*** der Firma Nexans und die nicht abwärtskompatible ***Tera-Steckverbindung*** der Firma Siemon. Die ***ARJ-45-Steckverbindung*** (Augmented RJ) von Stewart Connector (Bel Fuse Inc.) unterstützt eine Bandbreite von bis zu 1 GHz.

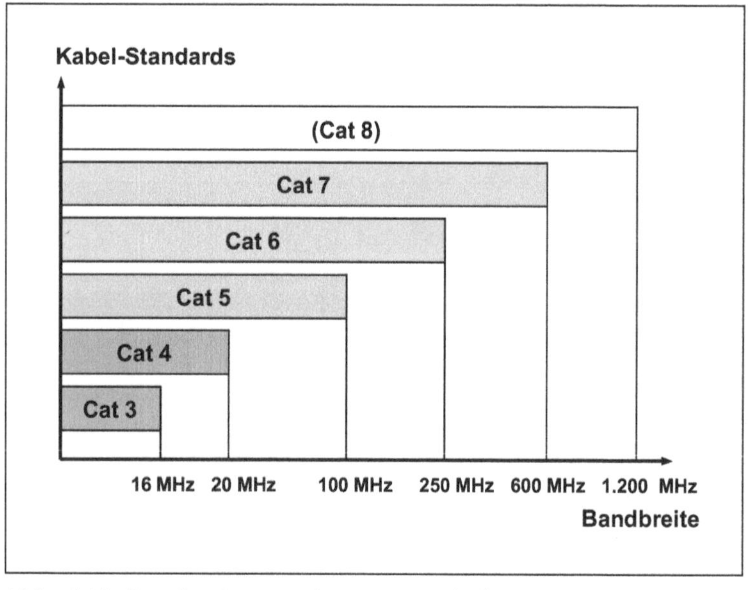

Abb. 4.14: Bandbreiten moderner TP-Kabel

Basisband-Koaxialkabel: Altlasten im Campusnetzbereich

Da TP-Kabel zur Zeit der frühen LANs Anfang der 80er Jahre noch keine hohen Frequenzen übertragen konnten, setzte man beim Ethernet-LAN zunächst Koaxialkabel ein. Mit Koaxialkabeln lassen sich aufgrund ihrer besseren Abschirmung wesentlich höhere Frequenzen übertragen. Deshalb werden Koaxialkabel auch als ***Hochfrequenzkabel*** bezeichnet. Ein Ethernet-LAN benutzt zur Übertragung von Nachrichtensignalen den gesamten Frequenzbereich. Da es somit auf dem Koaxialkabel eine Basisbandübertragung durchführt, spricht man auch von Basisband-Koaxialkabeln. Koaxialkabel werden heute im LAN-Bereich nur noch selten neu verlegt, weil sie einen großen Biegeradius haben und weil der Anschluss von Computern über Koaxialkupplungen aufwendig ist.

Wie Abbildung 4.15 zeigt, besteht ein Koaxialkabel aus einem ***Innenleiter*** und einem ***Außenleiter*** (vgl. [12], S. 31 ff.; [43], S. 112 f.). Zwischen Innenleiter und Außenleiter befindet sich das ***Dielektrikum,*** eine Isolierschicht. Die Nachrichtensignale fließen über den Innenleiter, der Außenleiter dient als Bezugserde und wird gleichzeitig zur Signalrückführung benutzt. Die heute noch gebräuchlichen Basisband-Koaxialkabel für das „Thin Ethernet" tragen die Kennzeichnung RG-58 und haben einen Wellenwiderstand von 50 Ohm.

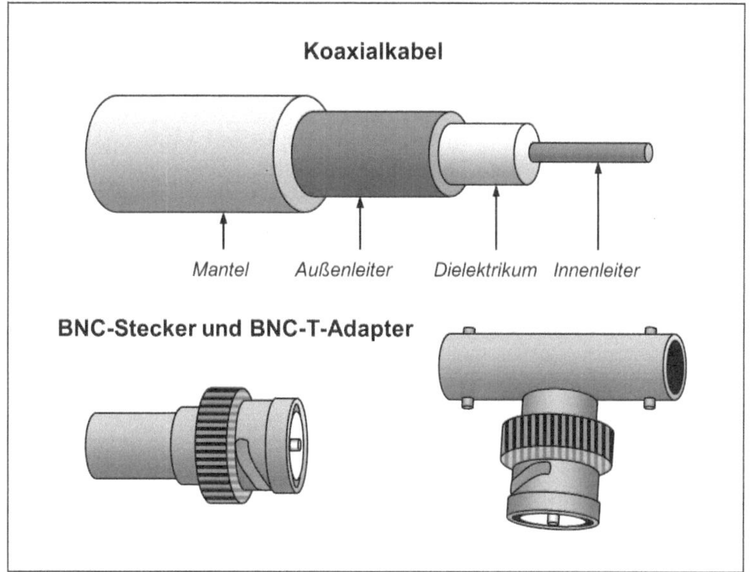

Abb. 4.15: Aufbau eines Koaxialkabels und BNC-Stecker

Abbildung 4.15 zeigt auch die für Koaxialkabel verwendeten Steckverbindungen, ***BNC-Stecker*** (Bayonet-Neill-Concelman-Stecker) und ***BNC-T-Adapter*** mit einrastendem Drehverschluss. In seiner einfachen Form befindet sich ein BNC-Stecker an den beiden Enden eines Kabelsegmentes, das zusammen mit anderen Kabelsegmenten den Ethernet-Bus bildet. Ein BNC-T-Adapter dient dazu, einen Transceiver an den Ethernet-Bus anzuschließen und dabei gleichzeitig zwei Kabelsegmente zu verbinden. Anstatt über einen BNC-T-Adapter kann man zwei Kabelsegmente auch mit einer einfachen BNC-Kupplung verbinden.

Breitband-Koaxialkabel: Basis des Kabelfernsehens und Kabelrundfunks

Breitband-Koaxialkabel finden ihren Einsatz im WAN-Bereich beim Kabelfernsehen und Kabelrundfunk. Über die Koaxialkabel der ***Verteilnetze*** erfolgt eine ***analoge Übertragung*** der Fernseh- und Rundfunksendungen im Breitbandverfahren zu den Haushalten der Fernsehzuschauer und Rundfunkhörer. Breitband-Koaxialkabel haben ihren Ursprung im militärischen Bereich. Sie tragen die (nicht mehr nachvollziehbare) Bezeichnung RG-59 aus den vierziger Jahren, haben einen historisch begründeten Wellenwiderstand von 75 Ohm und können Frequenzen bis mindestens 300 MHz übertragen. Ihre Bandbreite wird in Kanäle von meist 6 MHz aufgeteilt. Diese Kanäle werden für analoge Fernseh- und Rundfunksendungen sowie unter Zuhilfenahme digitaler Modulationstechnik zunehmend auch für digitale Bitströme verwendet, beispielsweise für digitale Radio- und Fernsehsendungen in CD/DVD-Qualität und auch schon für Internetanschlüsse.

Da Breitband-Koaxialkabel eine analoge Trägerfrequenz benutzen, benötigen sie für längere Strecken analoge Verstärker. Früher wurden Breitband-Koaxialkabel auch auf Fernstrecken im Telefonnetz eingesetzt. Inzwischen sind sie dort jedoch fast ausnahmslos durch Glasfaserkabel ersetzt worden.

4.5 Übertragung über Lichtwellenleiter

Gegenüber elektrischen Leitern bieten Lichtwellenleiter (LWL) noch viel höhere Übertragungsbandbreiten. Lichtwellenleiter werden als ***Glasfaserkabel (Fiber Optic Cable)*** aus lupenreinem Quarzglas hergestellt und können wegen ihrer geringen Dämpfung große Entfernungen überbrücken. Außerdem haben sie weitere Vorteile wie hohe Abhörsicherheit und Unabhängigkeit von elektromagnetischer Strahlung (Störfestigkeit und keine störende Ausstrahlung).

Glasfaserkabel wurden zunächst im Backbone-Bereich von Telekommunikationsnetzen verlegt. Inzwischen werden Glasfasern wegen ihrer Vorteile in fast allen Bereichen von LANs, MANs, WANs und GANs eingesetzt. Nur die Etagenverkabelung in LANs und die WAN-Zugänge bleiben meist den elektrischen Leitern vorbehalten; denn eine Computeranbindung über elektrische Leiter ist in LANs meist kostengünstiger, und im WAN-Bereich war eine Neuverkabelung aller vorhandenen Teilnehmeranschlussleitungen bisher zu aufwendig.

Komponenten eines optischen Übertragungssystems

Zur optischen Übertragung, die mit Infrarot-Licht arbeitet, werden neben Lichtwellenleitern noch weitere Komponenten benötigt. Abbildung 4.16 stellt den Aufbau eines optischen Übertragungssystems schematisch dar (vgl. [24], S. 266 ff.).

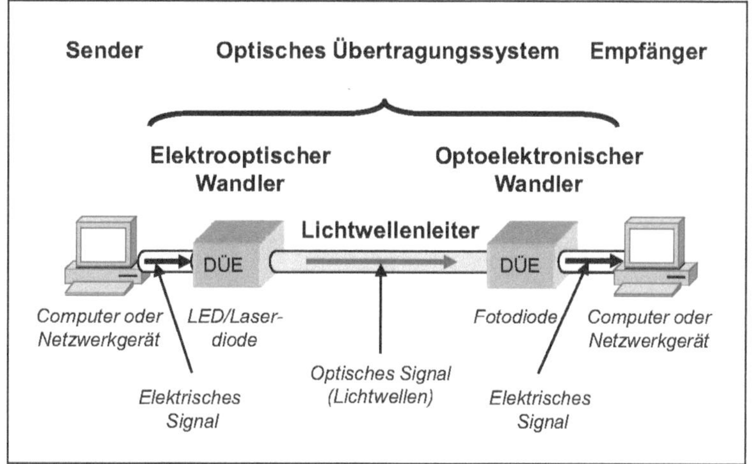

Abb. 4.16: Aufbau eines optischen Übertragungssystems

Die zu übertragenden elektrischen Signale werden von einem ***elektrooptischen Wandler,*** der aus einer Lichtquelle und einem Modulator besteht, in optische Signale umgewandelt. Die Lichtquelle erzeugt hierzu eine Trägerfrequenz, auf die der Modulator die digitalen Nachrichtensignale aufprägt. Dies geschieht meist durch Variation der Stärke eines Lichtstrahls. So können z. B. die Nullen und Einsen eines Bitstroms als schwacher bzw. starker Lichtstrahl mit kleiner bzw. großer Amplitude dargestellt werden. Die erzeugte Lichtwelle wird durch den ***Lichtwellenleiter*** zum Empfänger übertragen, dessen ***optoelektronischer Wandler*** aus einem Lichtempfänger und einem Demodulator besteht. Der optoelektronische Wandler führt eine Rückwandlung der optischen Signale in elektrische Signale durch.

Als Lichtquelle für das unsichtbare Infrarot-Licht wird entweder eine ***LED (Light Emitting Diode)*** oder eine ***Laserdiode*** benutzt (LASER: Light Amplification by Stimulated Emission of Radiation). Als Lichtempfänger dient dagegen eine ***Fotodiode.***

Das Prinzip der Lichtwellenleitung

Wie leitet nun ein Lichtwellenleiter eine Lichtwelle weiter? Es werden hierzu ein ***optisch dichteres Medium*** mit einer größeren Brechzahl n_1 und ein ***optisch dünneres Medium*** mit einer kleineren Brechzahl n_2 benötigt. Abbildung 4.17 zeigt den Zusammenhang zwischen dem Einfallswinkel α und dem Brechungswinkel α' (vgl. [12], S. 284 ff.; [43], S. 113 f.).

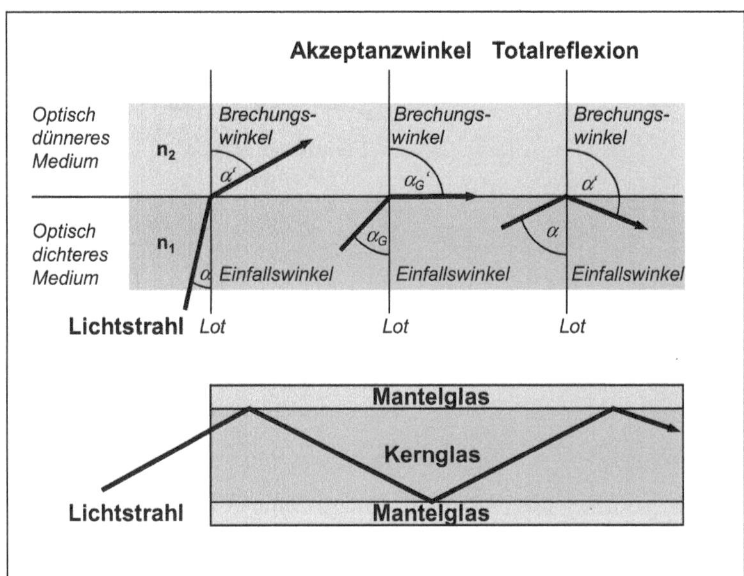

Abb. 4.17: Das Prinzip der Lichtwellenleitung

Grundsätzlich wird ein Lichtstrahl, der von einem optisch dichteren Medium (z. B. Wasser) auf ein optisch dünneres Medium (z. B. Luft) trifft, an der Mediengrenze vom Lot weg gebrochen. Wird nun der Einfallswinkel α bis zum Grenzwinkel α_G vergrößert, so verläuft der gebrochene Lichtstrahl entlang der Mediengrenze (Phasengrenze). Den Grenzwinkel, ab dem ein Lichtstrahl nicht mehr in das optisch dünnere Medium eintritt, nennt man auch ***Akzeptanzwinkel.*** Wird der Einfallswinkel noch größer als der Akzeptanzwinkel, so wird der Lichtstrahl total reflektiert. In diesem Fall spricht man von einer ***Totalreflexion.***

Aufbau von Lichtwellenleitern

Bei Lichtwellenleitern ist das ***Kernglas (Core)*** das optisch dichtere Medium und das den Kern umgebende ***Mantelglas (Cladding)*** das optisch dünnere Medium. Wird nun ein Lichtstrahl mit mindestens dem Akzeptanzwinkel in das Kernglas eingespeist, so leitet ihn das Mantelglas durch die entsprechende Brechung weiter. Jede Glasfaser eines Glasfaserkabels besteht aus Kern- und Mantelglas mit Durchmessern im µ-Bereich (Mikrometerbereich) sowie einer Umhüllung aus Kunststoff (s. Abbildung 4.18).

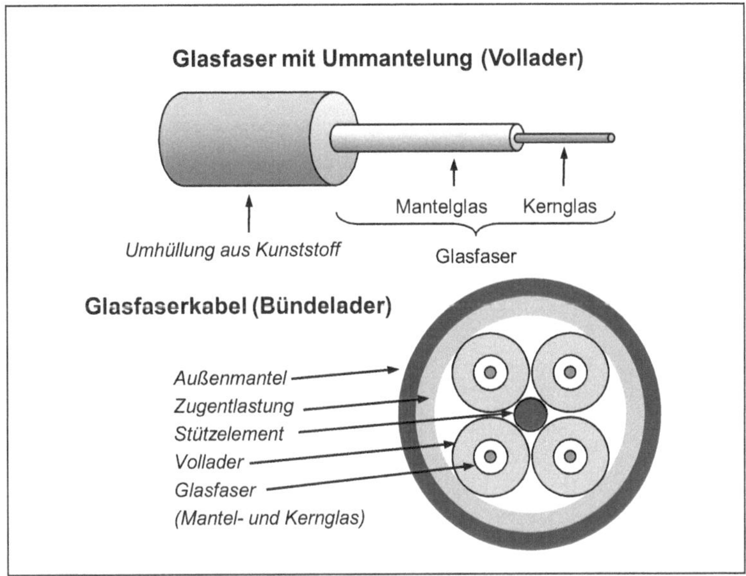

Abb. 4.18: Aufbau von Glasfaserkabeln

In einem Glasfaserkabel sind oft mehrere Glasfasern zu sog. Bündeladern in einer Hülle zusammengefasst. Um die Glasfasern und die Hülle von den Zugkräften zu entlasten, die insbesondere durch Biegen und Temperaturschwankungen entstehen, ist die Hülle meist mit einem Gel gefüllt. Hinzu kommen noch eine Zugentlastung (bei Außenkabeln mit Nagetierschutz) und ein Außenmantel aus Kunststoff, der schließlich das gesamte Glasfaserkabel schützt.

Das Dämpfungsverhalten eines Lichtwellenleiters

Lichtwellenleiter haben genauso wie elektrische Leiter ein bestimmtes Dämpfungsverhalten. Die Dämpfung eines durch eine Glasfaser geführten Lichtstrahls hängt von seiner ***Wellenlänge*** ab. Unter der Wellenlänge versteht man den Abstand zwischen zwei aufeinander folgenden Schwingungs-Maxima (bzw. Schwingungs-Minima). Abbildung 4.19 zeigt das Dämpfungsverhalten eines Lichtwellenleiters. Die Dämpfung, die in dB/km (Dezibel/Kilometer) gemessen wird, sinkt zunächst mit zunehmender

Wellenlänge und steigt dann bei 1600 Nanometern (1600 Milliardstel Metern!) wieder an. Bei einer Wellenlänge von 850 nm, 1300 nm und 1550 nm gibt es jeweils einen Bereich mit einer niedrigeren Dämpfung. Diese drei ***„optischen Fenster"*** werden deshalb bei Lichtwellenleitern zur Signalübertragung genutzt (zu den verschiedenen Eigenschaften von LWL vgl. [12], S. 287 ff.).

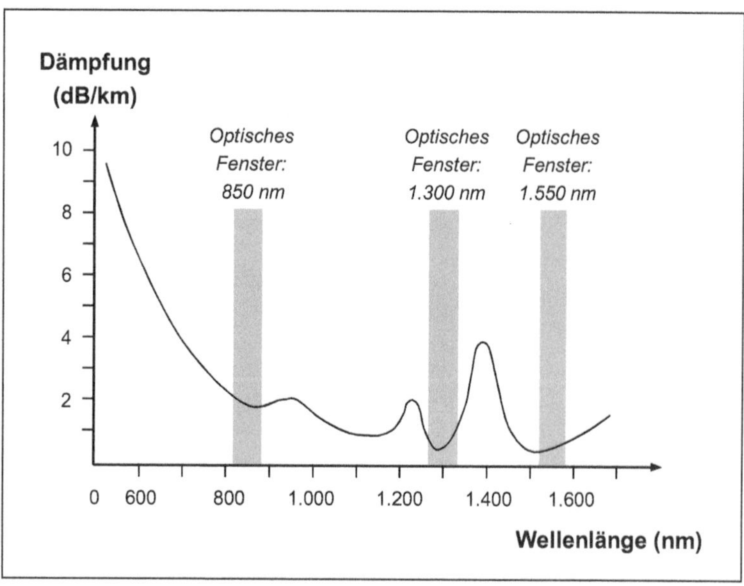

Abb. 4.19: Dämpfungsverhalten eines LWL

Moden, Modendispersion und Bandbreitenlängenprodukt

Die Lichtwellen eines Lichtimpulses, der in einen Lichtwellenleiter eingespeist wird, können sich im Kernglas auf unterschiedlichen Wegen ausbreiten. Die verschiedenen Ausbreitungswege bezeichnet man als ***Moden.*** Bei verschiedenen Moden wird das Infrarot-Licht vom Mantelglas in unterschiedlichen Winkeln reflektiert. Bewegt sich eine Lichtwelle mit vielen Reflexionen am Mantelglas zickzackförmig, so spricht man von einem hohen Mode. Hat sie dagegen einen zum Mantelglas parallelen oder fast parallelen Weg mit weniger Reflexionen, so bezeichnet man dies als niedrigen Mode.

Wenn ein Lichtwellenleiter einen Lichtimpuls in Form von verschiedenen Lichtwellen weiterleitet, kommt es zu einer Überlagerung der verschiedenen Moden mit ihren unterschiedlichen Wegstrecken. Dies nennt man ***Modendispersion.*** Die einzelnen Lichtwellen haben dann verschiedene Laufzeiten. Dies führt zu einer Verbreiterung des ausgesendeten Lichtimpulses und somit zu einer erschwerten Signalerkennung. Je geringer die Modendispersion eines Lichtwellenleiters ist, desto größer ist seine Bandbreite.

Um die Frequenz- und Längenbegrenzungen von Lichtwellenleitern anzugeben, wird das ***Bandbreitenlängenprodukt*** verwendet. Es gibt die maximale Übertragungsfrequenz (Impulsfrequenz) bei einer bestimmten Faserlänge bzw. die maximale Faserlänge für eine vorgegebene Frequenz an. Das Bandbreitenlängenprodukt ist insbesondere abhängig vom Fasertyp, von der Wellenlänge des eingespeisten Lichtes und von der Modendispersion. Beträgt das Bandbreitenlängenprodukt eines Lichtwellenleiters bei einer Wellenlänge von 850 nm z. B. 1 GHz * km, so können u. a. folgende Bandbreiten übertragen werden:

- 2 GHz bei einer Faserlänge von 500 m,
- 1 GHz bei einer Faserlänge von 1 km,
- 500 MHz bei einer Faserlänge von 2 km.

Die verschiedenen Glasfasertypen

Als Lichtwellenleiter werden drei verschiedene Glasfaserarten verwendet, deren Aufbau und Wirkungsweise in Abbildung 4.20 dargestellt sind (vgl. [12], S. 300 ff.; [23], S. 112 ff.):

- ***Multimode-Stufenindexfaser (Multimode Step-Index Fiber):*** Sie besitzt einen relativ großen Durchmesser des Kernglases und hat einen stufenförmig ansteigenden Brechungsindex (sprunghaft ansteigende Brechzahl) an der Grenze vom Mantelglas zum Kernglas. Dies führt zu einer großen Modendispersion und einem kleinen Bandbreitenlängenprodukt (≤ 100 MHz * km).
- ***Multimode-Gradientenindexfaser (Multimode Graded-Index Fiber):*** Ihr Kerndurchmesser ist etwas kleiner und der Brechungsindex hat einen graduell (kontinuierlich) ansteigenden Verlauf. Dadurch werden die verschiedenen Lichtwellen eines Lichtimpulses immer wieder gebündelt, sodass die Modendispersion kleiner und das Bandbreitenlängenprodukt größer ist als bei der Multimode-Stufenindexfaser (ca. 1 GHz * km).
- ***Monomode-Stufenindexfaser (Singlemode Step-Index Fiber):*** Sie besitzt einen sehr kleinen Kerndurchmesser und hat einen stufenförmig ansteigenden Brechungsindex. Da sich die Lichtwellen parallel zum Mantelglas fortbewegen und praktisch keine Modendis-

persion vorhanden ist, ist ihr Bandbreitenlängenprodukt am größten (≥ 10 GHz * km).

Die Standards ***ISO/IEC 11801*** und ***EN 50173*** spezifizieren die Anforderungen für Multimode-Glasfasern durch die Kategorien ***OM1, OM2*** und ***OM3*** sowie für Monomode-Glasfasern durch die Kategorie ***OS1.*** Sie geben für die verschiedenen Glasfasertypen u. a. die maximale Faserdämpfung und die minimale Bandbreite an, die bei der Nutzung der optischen Fenster (850 nm, 1300 bzw. 1310 nm und 1550 nm) garantiert sind.

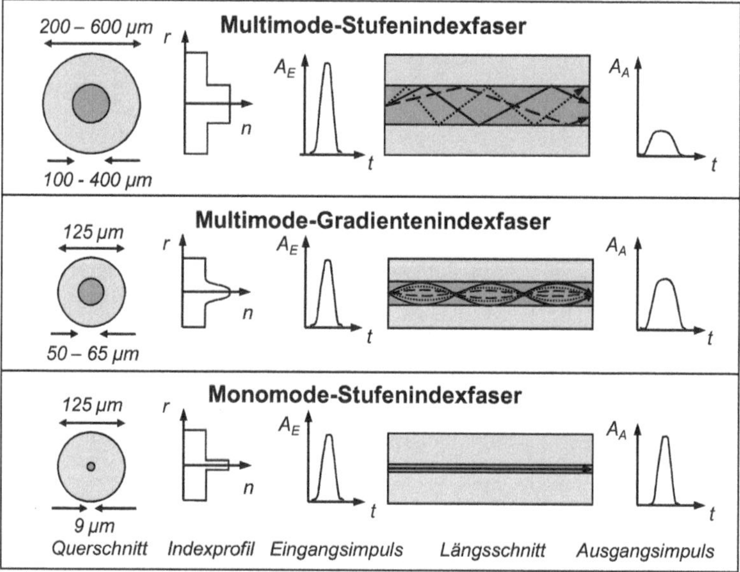

Abb. 4.20: Die verschiedenen Glasfasertypen

LWL-Verbindungstechnik und LWL-Stecker

Bei der Verkabelung müssen in der Regel verschiedene Lichtwellenleiter miteinander verbunden werden. Dies kann zum einen durch die sog. ***Spleißtechnik*** geschehen, mit deren Hilfe man zwei Glasfasern punktgenau zu einer nicht mehr lösbaren Verbindung spleißt („vertaut"). Durch einen Fusions-Spleiß (Lichtbogen-Spleiß), einen Klebe-Spleiß oder einen Crimp-Spleiß werden die zu verbindenden Glasfasern miteinander verschweißt, verklebt oder zusammengeklemmt.

Zum anderen gibt es – ähnlich wie bei elektrischen Leitern – die ***Steckertechnik*** für Anschluss- und Patch-Kabel. Außerdem ermöglichen vorkonfektionierte Breakoutkabel eine einfache Steckermontage ohne aufwendige Spleißtechnik zur Gebäudeverkabelung. Gemeinsam ist fast allen LWL-Steckern und LWL-Buchsen, dass die Glasfasern am Faserende in eine sie umgebende ***Adernhülse (Ferrule)*** eingebettet sind, die eine punktgenaue Justierung beim Steckvorgang ermöglicht. Anders als bei TP-Kabeln gibt es hier aber eine ganze Reihe von LWL-Standard-Steckern, die überwiegend als Simplex- und/oder Duplex-Stecker angeboten werden (vgl. z. B. [12], S. 379 ff.).

Folgende LWL-Standard-Stecker sind bereits älter, werden aber – mit Ausnahme des FSMA-Steckers – noch oft eingesetzt:

- ***FSMA-Stecker*** (Field-Installable Subminiature Assembly): runder Universal-Schraubstecker, der als einer der ersten LWL-Stecker international standardisiert wurde.
- ***MIC-Stecker*** (Media Interface Connector): flacher, rechteckiger Duplex-Stecker, der ursprünglich nur für mit FDDI (Fibre Distributed Data Interface) betriebene MANs vorgesehen war (ANSI X3.166). Mit ihm eng verwandt ist der ***ESCON-Stecker*** (Enterprise Systems Connection) von IBM für die Verbindung von Großrechnern.
- ***ST-Stecker*** (Straight Tip): runder Stecker mit Bajonett-Verriegelung, der zunächst von AT&T spezifiziert wurde und der in WANs, MANs und LANs eingesetzt wird (ISO/IEC 11801:1995 und EN 50173:1995).

Die folgenden neueren LWL-Standard-Stecker werden in der heutigen Netzwerkpraxis sehr häufig verwendet:

- ***E-2000-Stecker:*** von der Firma Diamond entwickelter, rechteckiger Simplex- und Duplex-Stecker, der vor allem im WAN- und MAN-Bereich zum Einsatz kommt (IEC 61754-15).
- ***SC-Stecker*** (Square Connector): im LAN-Bereich sehr verbreiteter quadratischer Simplex- und Duplex-Stecker, der den ST-Stecker bei Neuinstallationen abgelöst hat (ISO/IEC 11801:2002 und EN 50173:2002).
- ***MT-RJ-Stecker:*** von AMP, Hewlett-Packard u. a. entwickelter Duplex-Stecker für den LAN-Bereich, der dem RJ-45-Stecker sehr ähnelt (IEC 61754-18).
- ***LC-Stecker:*** von Lucent entwickelter Duplex-Stecker, der wegen seiner kompakten Form vorwiegend an Netzwerkgeräten im LAN-Bereich Verwendung findet und der den SC-Stecker ablösen soll (ISO/IEC 11801: 2002/Amd 1:2008 und EN 50173:2007).

4.6 Strukturierte Verkabelung

Im Campusnetzbereich hatte das Aufkommen der Arbeitsplatzrechner-Netze Anfang der 80er Jahre zu einem ziemlichen Kabel-Wildwuchs geführt, da Kabel zunächst entsprechend dem jeweiligen Abteilungsbedarf verlegt wurden. Der Wunsch, die abteilungsbezogenen LANs miteinander und auch mit dem zentralen Rechenzentrum zu vernetzen, führte zur Verlegung weiterer Kabel. Es wurde sehr schnell klar, dass diese unsystematische ***bedarfsorientierte Verkabelung*** in einer unüberschaubaren Komplexität enden würde. Deshalb gab es schon bald Bestrebungen, den Kabeleinsatz zu strukturieren und Standards für eine systematische ***Vollverkabelung*** zu entwickeln (zu Einzelheiten vgl. z. B. [12], S. 452 ff.; [23], S. 91 ff.).

Der erste Verkabelungsstandard: TIA/EIA 568

Ein erstes Ergebnis dieser Bemühungen war der nordamerikanische Verkabelungsstandard TIA/EIA 568, der 1991 veröffentlicht wurde. Er liegt derzeit in der aktuellen Version TIA/EIA-568C:2009 vor und trägt heute den Namen ***Commercial Building Telecommunications Cabling Standard.*** TIA/EIA 568 strukturiert die Campusnetzverkabelung hierarchisch in drei Bereiche. Abbildung 4.21 stellt die Bereiche schematisch dar.

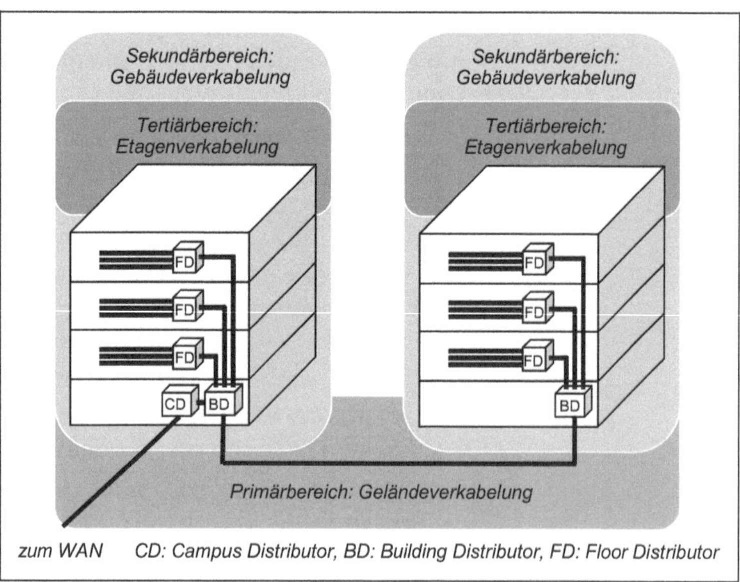

Abb. 4.21: Das Konzept der strukturierten Verkabelung

Die Bereiche der strukturierten Verkabelung heißen:

- ***Primärbereich „Campus"*** (Geländeverkabelung),
- ***Sekundärbereich „Gebäude"*** (Gebäudeverkabelung) und
- ***Tertiärbereich „Etage"*** (Etagenverkabelung).

In seiner ersten Version schlug der Standard für die Gebäude- und Etagenverkabelung 62,5/125µ-Multimode-Gradientenindexfasern, 50-Ohm-Koaxialkabel, 150-Ohm-STP-Kabel und 100-Ohm-UTP-Kabel vor. Für die Anbindung der Büroarbeitsplätze sah er zwei Kabelanbindungen vor, eine für das Telefon und eine für die Datenübertragung. Der wesentliche Nachteil vom ursprünglichen TIA/EIA 568 ist darin zu sehen, dass sich die Spezifikationen nur auf die ***Kabelkomponenten*** (Kabel und Steckverbindungen) beschränken.

ISO/IEC 11801 und EN 50173

1995 wurde der internationale Standard ISO/IEC 11801 mit dem Namen ***Generic cabling for customer premises*** (Allgemeine Verkabelung für Kundengrundstücke) veröffentlicht, der weitgehend mit der fast gleichzeitig veröffentlichten zweiten Ausgabe des amerikanischen Standards TIA/EIA 568 übereinstimmt. Er spezifiziert aber nicht nur Kategorien von Komponenten, sondern auch ***Netzanwendungsklassen*** für ***Übertragungsstrecken (Link-Klassen),*** wobei unter einer Übertragungsstrecke ganz allgemein eine Ende-zu-Ende-Verbindung verstanden wird. Eine Übertragungsstrecke umfasst Installationskabel, Patch-Felder, Steckverbindungen und Anschlussdosen – die Geräte selbst und ihre Anschlusskabel gehören jedoch nicht mehr zu einem Link dazu. ISO/IEC 11801 ist die Basis für eine ***anwendungsneutrale Verkabelung*** mit einheitlichen Verkabelungssystemen für anwendungsunabhängige Anschlüsse (Computer, Telefon, Video usw.). Die aktuelle Standardversion ist ISO/IEC 11801:2002/Amd:2008 (Standard 2002 mit Ergänzung 2008).

Für Europa wurde vom CENELEC kurz vorher der entsprechend aktualisierte europäische Standard EN 50173:2007 mit dem Namen ***Information technology – Generic cabling systems*** herausgegeben, der einen weitgehend identischen Inhalt hat. Es gibt also derzeit drei gültige Verkabelungsstandards: den Standard EN 50173 mit Gültigkeit für Europa, den Standard TIA/EIA 568 mit Anwendung in Nordamerika und den grundlegenden Standard ISO/IEC 11801 mit internationaler Gültigkeit.

Primär-, Sekundär- und Tertiärbereich

Abbildung 4.22 zeigt die von den Standards vorgesehenen Verkabelungsbereiche mit den maximal zulässigen Kabellängen. Der ***Primärbereich*** umfasst die Geländeverkabelung zwischen den verschiedenen Gebäuden eines Unternehmens bzw. einer Organisation (Campus Backbone). Die Geländeverkabelung wird durch einen zentralen ***Standortverteiler (CD, Campus Distributor)*** mit dem WAN verbunden. Die maximale Kabellänge für die Übertragungsstrecken zu den Gebäudeverteilern der Nachbargebäude beträgt 1500 m. Es werden Lichtwellenleiter (Monomode- oder Multimodefasern) empfohlen, um alle Anwendungsanforderungen bestmöglich abzudecken.

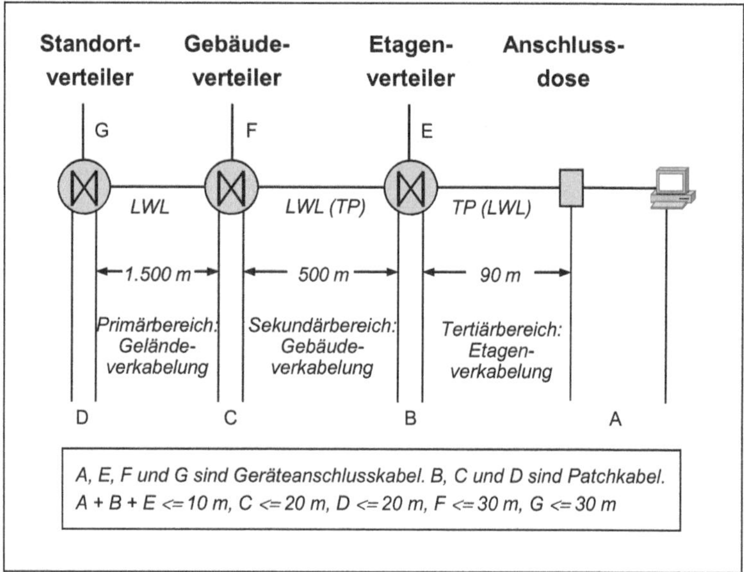

Abb. 4.22: Verkabelungsbereiche und maximale Kabellängen

Im ***Sekundärbereich*** befindet sich die Gebäudeverkabelung mit einem zentralen ***Gebäudeverteiler (BD, Building Distributor)*** pro Gebäude. Er verbindet die einzelnen Etagen in der Regel über Steigleitungsbereiche mit den jeweiligen Etagenverteilern und bildet so das Rückgrat jedes einzelnen Gebäudes (Building Backbone). Für den Sekundärbereich sind Multimode-Glasfasern vorgesehen; bei Bedarf können aber auch Twisted-Pair-Kabel verlegt werden. Ihre maximale Kabellänge ist auf 500 m begrenzt.

Der ***Tertiärbereich*** beinhaltet die Etagenverkabelung. Sie beginnt beim ***Etagenverteiler (FD, Floor Distributor)*** jeder Etage und reicht bis zu den ***Anschlussdosen (TO, Telecommunication Outlets)*** in den Büros oder Arbeitsbereichen. Für die

Etagenverkabelung sollen in der Regel TP-Kabel verwendet werden, aber auch Multimode-Glasfasern sind möglich. Die Kabellänge bis zu den Anschlussdosen darf maximal 90 m betragen.

Geräteanschlusskabel und ***Patch-Kabel*** im Bereich eines Etagenverteilers dürfen zusammen nicht länger als jeweils 10 m sein. Patch-Kabel im Bereich eines Standort- oder Gebäudeverteilers dürfen max. 20 m und entsprechende Geräteanschlusskabel maximal 30 m lang sein.

Link-Klassen und Komponentenkategorien

Die permanent steigenden Anforderungen an eine strukturierte Gebäudeverkabelung spiegeln sich in den Netzanwendungsklassen (Link-Klassen) und Komponentenkategorien wider. Die nachfolgende Tabelle gibt einen Überblick über die verschiedenen ***Klassen und Kategorien für TP-Kabel.***

Klasse	***Kat.***	***Max. Frequenz***	***Anwendung***
A	1	bis 100 kHz	1. Telefon und ISDN S_0
B	2	bis 1 MHz	2. (1.) und ISDN S_{2M}
C	3	bis 16 MHz	3. (2.) u. Ethernet/Token-Ring
	4	bis 20 MHz	4. (3.) u. Ethernet/Token-Ring
D	5	bis 100 MHz	5. (4.) u. Fast Ethernet/ATM
E	6	bis 250 MHz	6. (5.) u. Gigabit Ethernet
F	7	bis 600 MHz	7. (6.) u. Gigabit Ethernet
G	8	bis 1200 MHz	8. noch nicht verabschiedet

Für die Datenkommunikation sind heute nur noch die Kategorien 5 bis 8 von Bedeutung. Kategorie 3 betrifft den Token-Ring mit 4 Mbit/s, Kategorie 4 den Token-Ring mit 16 Mbit/s. Die Kategorien 5 und 6 beziehen sich auf ATM mit 155 Mbit/s, die Kategorie 7 auf ATM mit 622 Mbit/s.

Für ***Multimode-Fasern*** (Wellenlängen 850 nm und 1300 nm) wurden die ***Kategorien OM1, OM2*** und ***OM3*** (Optical Multimode) geschaffen. Sie bieten Bandbreitenlängenprodukte von 200 MHz * km bis über 1500 MHz * km. Für ***Monomode-Fasern*** (1310 nm und 1550 nm) wurde die Kategorie ***OS1*** (Optical Singlemode) spezifiziert, das Bandbreitenlängenprodukt aber noch nicht definiert. Die zugeordneten ***Link-Klassen OF-300, OF-500*** und ***OF-2000 (Optical Fiber)*** garantieren Übertragungslängen von 300 m, 500 m und 2000 m, sogar für das 10-Gigabit Ethernet!

4.7 Funkübertragung

Neben elektrischen Leitern und Lichtwellenleitern bietet die ***Funktechnik*** die dritte Möglichkeit, um Signale zu übertragen. Unter dem Begriff „Funk“ versteht man im weiteren Sinne ganz allgemein die drahtlose bzw. kabellose Signalübertragung durch Aussendung von ***elektromagnetischen Wellen.*** Entscheidende Größen elektromagnetischer Wellen sind ihre ***Frequenz f,*** ihre ***Wellenlänge λ*** und die ***Lichtgeschwindigkeit c*** (ca. 300.000 km/s), mit der sie sich ausbreiten. Zwischen diesen Größen besteht folgender Zusammenhang (vgl. z. B. [43], S. 121 f.):

(9) $$c = \lambda * f$$

Da die Lichtgeschwindigkeit c konstant ist, folgt aus der Gleichung, dass Wellen mit hoher Frequenz eine kleine Wellenlänge haben und vice versa. So sendet z. B. ein UKW-Sender mit einer Frequenz von 100 MHz im 3-Meter-Band, ein Mittelwellensender dagegen beispielsweise mit 1 MHz im 300-Meter-Band.

Das elektromagnetische Spektrum

Die sortierte Auflistung bzw. Darstellung aller bisher bekannten Arten von elektromagnetischen Wellen wird als elektromagnetisches Spektrum bezeichnet. Abbildung 4.23 zeigt das elektromagnetische Spektrum, aufsteigend sortiert nach Frequenzen.

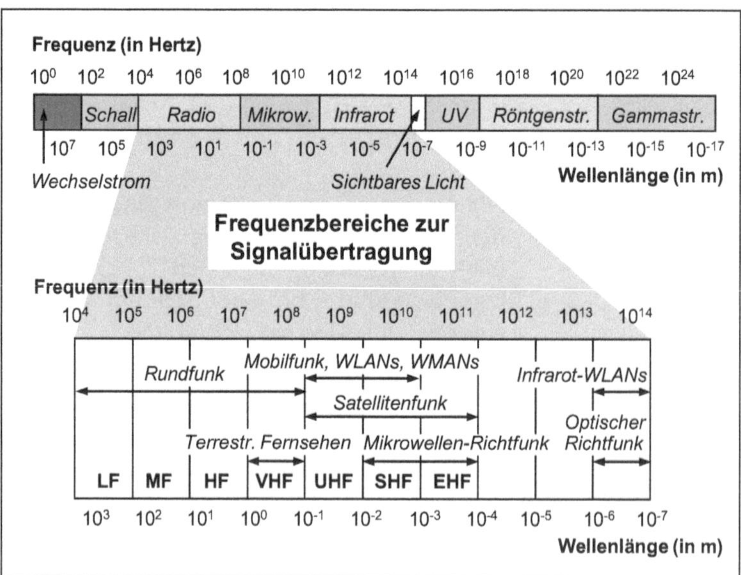

Abb. 4.23: Das elektromagnetische Spektrum

Das elektromagnetische Spektrum wird meist nach Frequenzen aufsteigend bzw. nach Wellenlängen absteigend sortiert dargestellt. Die heutige Funktechnik ermöglicht es, zur Signalübertragung Frequenzen vom niedrigen Kilohertzbereich der Langwellen bis hin zum Terahertzbereich des Infrarot-Lichtes zu nutzen.

Da die Frequenzen des elektromagnetischen Spektrums nicht beliebig vermehrbar sind und da sich mehrere Sender auf derselben Frequenz gegenseitig stören, unterliegen die Funkfrequenzen einer strengen internationalen und nationalen Reglementierung. Die internationale Koordinierung der Zuteilung von Funkfrequenzen erfolgt durch die ***ITU-R (ITU - Radiocommunication Sector).*** In den USA ist die ***FCC (Federal Communications Commission)*** in Washington für die Frequenzzuteilung zuständig, in Deutschland die ***Bundesnetzagentur.*** Sie ist 2005 aus der RegTP (Regulierungsbehörde für Telekommunikation und Post) hervorgegangen und hat ihren Sitz in Bonn.

Die derzeit genutzten Übertragungsarten

Zur Funkübertragung werden drei verschiedene Wellenarten benutzt (siehe Abbildung 4.23):

- ***Radiowellen*** (30 kHz - 300 MHz; LF, MF, HF, VHF),
- ***Mikrowellen*** (300 MHz - 300 GHz; UHF, SHF, EHF),
- ***Infrarot-Lichtwellen*** (300 GHz - 300 THz).

Diese Wellenarten haben grundverschiedene Eigenschaften, die zu ganz unterschiedlichen Übertragungsverfahren geführt haben (vgl. [43], S. 123 ff.). Historisch wurde der Begriff "Funk" zunächst nur im engeren Sinne für die Radioübertragung verwendet.

Bei der ***Radioübertragung*** werden Ladungen in einem elektrischen Stromkreis zum Schwingen gebracht und über eine ***Antenne*** abgestrahlt. Eine Sendeantenne wandelt Hochfrequenz-Wechselströme in elektromagnetische Wellen um, während eine Empfangsantenne die entsprechende Rückwandlung durchführt. Antennen bestehen insbesondere aus Metallstäben und Metallspiegeln und haben sehr unterschiedliche Erscheinungsformen (z. B. Stabantennen oder Dipolantennen).

Da Radiowellen ***rundstrahlend*** sind, werden sie insbesondere zum ***Rundfunk*** und zum ***Fernsehfunk*** genutzt. Die digitalen Übertragungsraten liegen im Megabit-Bereich. Radiowellen können einerseits große Entfernungen zurücklegen und bei niedrigen Frequenzen sehr gut Hindernisse (z. B. Gebäude) durchdringen. Andererseits sinkt ihre Leistung mit der Entfernung und sie sind besonders störanfällig für Regen und Störstrahlungen durch Elektrogeräte.

Die ***Mikrowellenübertragung*** ähnelt der Radioübertragung. Allerdings müssen Mikrowellen in einem speziellen Mikrowellen-Oszillator – Klystron (Laufzeitröhre), Magnetron, Gunn-Diode o. ä. – erzeugt und verstärkt werden, bevor sie über eine Antenne abgestrahlt werden können. Da sich ausgesendete Mikrowellen ***geradlinig in Senderichtung*** ausbreiten, können sie gebündelt übertragen werden. Diese Fähigkeit hat zu einer Vielzahl von Funkübertragungsanwendungen vom Garagentoröffner über ***Richtfunkverbindungen*** bis hin zur ***Satellitenübertragung*** geführt. Es werden Übertragungsraten im Gigabit-Bereich ermöglicht. Im Gegensatz zu Radiowellen können Mikrowellen Hindernisse nur schlecht durchdringen, sodass sie nur für hindernislose Übertragungsstrecken geeignet sind.

Während eine Radio- oder Mikrowellenübertragung durch elektrische Schwingungen über eine Antenne in Gang gesetzt wird, benutzt die ***optische Übertragung mit Infrarot-Lichtwellen*** eine LED (Light Emitting Diode) oder eine Laserdiode zur Aussendung und eine Fotodiode zum Empfang von Infrarotstrahlen. Mit Infrarotstrahlen bezeichnet man den Bereich des elektromagnetischen Spektrums, der zwischen den Mikrowellen und dem sichtbaren Licht liegt. Infrarotstrahlung ist unsichtbar und breitet sich ***geradlinig in Senderichtung*** aus. Sie kann aber keine Hindernisse durchdringen, sodass eine Sichtverbindung zwischen Sender und Empfänger erforderlich ist.

Die Infrarotübertragung wird zum einen im ***Nahbereich*** eingesetzt, angefangen von der Gerätefernbedienung bis hin zu Wireless PANs innerhalb eines Raumes mit einer Übertragungsrate von derzeit maximal 2 Mbit/s. Zum anderen werden Infrarot-Lichtwellen vor allem für ***optische Richtfunksysteme*** zwischen Bürogebäuden in Großstädten verwendet. Optische Richtfunksysteme ermöglichen eine Übertragungsrate von bis zu 2,5 Gbit/s. Eine Übertragungsstrecke kann hierbei maximal 2 km lang sein, da sonst eine punktgenaue Justierung des Empfängers nicht mehr möglich ist. Starker Regen und Nebel behindern eine Übertragung von Infrarot-Lichtwellen allerdings erheblich.

Die verschiedenen Frequenzbereiche

Wie wir gesehen haben, umfassen die zur Signalübertragung genutzten Frequenzbereiche ***elektrische Wellen*** (Radio- und Mikrowellen) und ***optische Wellen*** (Infrarot-Lichtwellen). Schon bei den elektrischen Wellen sind die Größenordnungen kaum noch vorstellbar. Die Namensgebung durch die ITU-R spiegelt dies wider (siehe Abbildung 4.23):

- ***LF (Low Frequency):*** Langwellen (Rundfunk),
- ***MF (Medium Frequency):*** Mittelwellen (Rundfunk),
- ***HF (High Frequency):*** Kurzwellen (Rundfunk),
- ***VHF (Very High Frequency):*** Ultrakurzwellen (Rundfunk, terrestrisches Fernsehen),
- ***UHF (Ultra High Frequency):*** Dezimeterwellen (Mobilfunk, WLANs, Satellitenfernsehen),
- ***SHF (Super High Frequency):*** Zentimeterwellen (Richtfunk, Satellitentelekommunikation),
- ***EHF (Extremely High Frequency):*** Millimeterwellen (Richtfunk, Satellitentelekommunikation).

Terrestrischer Funk

Alle aufgeführten Frequenzbereiche werden zum terrestrischen Funk genutzt, bei dem sich Sender und Empfänger auf (oder nahe) der Erdoberfläche befinden. Nach der Art der Wellenausbreitung kann man zwischen drei Funkarten unterscheiden:

- ***Rundfunk (Radio- und Fernsehnetze),***
- ***Zellularfunk (Mobilfunknetze)*** und
- ***Richtfunk (Richtfunkstrecken).***

Rundfunk und Zellularfunk arbeiten als Broadcast-Netze. Rundfunknetze haben eine Sendereichweite von z. B. 50 km bis hin zur Erdumrundung (im HF-Bereich), Zellularfunk sendet max. 30 km. Abbildung 4.24 zeigt das Modell eines Zellularfunknetzes.

Ein ***Mobilfunknetz*** ist in eine Vielzahl sog. ***Funkzellen*** aufgeteilt, die in der Realität kreisförmig aussehen, sich als Sechsecke aber leichter modellieren lassen. Das Zentrum jeder Funkzelle ist eine fest installierte Basisstation mit einem Sender, die über ein Kabel oder eine Richtfunkstrecke mit einer Vermittlungsstelle verbunden ist. Die Vermittlungsstelle ist ihrerseits an das Mobilfunk-Backbone angeschlossen. Innerhalb einer Funkzelle können Mobilfunkgeräte mit der Basisstation kommunizieren.

Zum Senden und Empfangen werden in jeder Funkzelle ***zwei Frequenzbereiche*** benötigt. Eine Mehrfachverwendung der knappen Funkfrequenzen realisiert man, indem man jeweils mehrere (z. B. 7) Funkzellen mit unterschiedlichen Frequenzen so zu Funkzellengruppen (Cluster) zusammenfasst, dass in den benachbarten Funkzellen unterschiedliche Frequenzen benutzt werden können. In der Abbildung 4.24 sind dies die Frequenzen F1 bis F7 (vgl. z. B. auch [42], S. 58; [43], S. 179 f.).

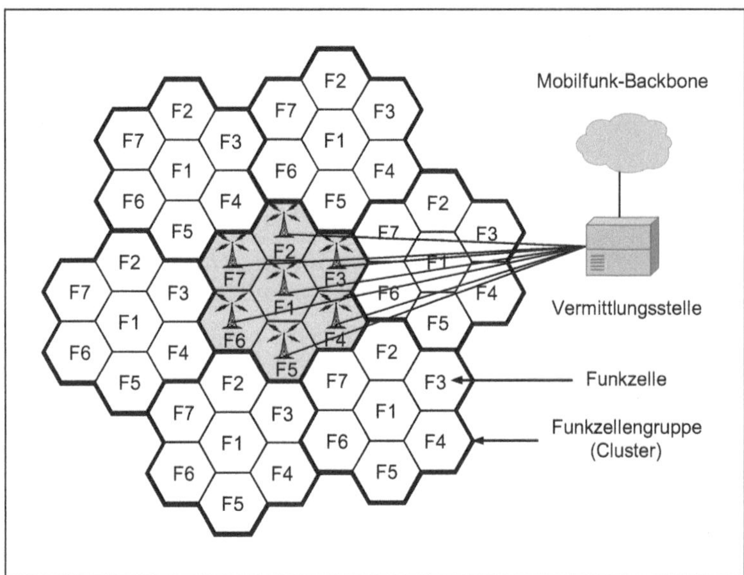

Abb. 4.24: Funkzellen eines Zellularfunknetzes (Mobilfunk)

Mit ***Richtfunk*** lassen sich Point-to-Point-Netze realisieren. Hierzu gibt es ***optische Richtfunksysteme*** und ***Mikrowellen-Richtfunksysteme.*** Sie sind sowohl in öffentlichen wie in privaten Netzwerken zu finden. So haben z. B. viele Unternehmen ihre über eine Stadt verstreuten Bürogebäude durch Richtfunksysteme verbunden und entsprechende Richtfunkantennen auf den Dächern installiert.

Satellitenfunk

Satellitenfunk nutzt nur die höheren Frequenzbereiche UHF, SHF und EHF der Mikrowellen. Abbildung 4.25 zeigt das Konzept des Satellitenfunks. Zum Satellitenfunk werden insbesondere ***geostationäre Satelliten*** eingesetzt, die in ca. 36.000 km Höhe über dem Äquator stationiert sind und die Erde in 24 Stunden entsprechend der Erdumdrehung einmal umkreisen. Sie verwenden ***Transponder*** (Kunstwort aus Transmitter und Responder), um die empfangenen Signale zu verstärken und auf einer anderen Frequenz zur Erde zurückzusenden. Da Nachrichten im Durchschnitt ungefähr 80.000 km zurücklegen müssen, erreichen sie den Empfänger mit einer Verzögerung von ca. 270 ms (vgl. [43], s. 130 ff.).

Satelliten dienten ursprünglich als Ergänzung zu den Überseekabeln für den Bereich der interkontinentalen Telekommunikation. Heutige Kommunikationssatelliten können entsprechend ihrer ***Funktionalität*** in zwei Gruppen eingeteilt werden:

- ***Kommunikationssatelliten*** im engeren Sinne (Synonyme: Nachrichtensatelliten, Fernmeldesatelliten) mit geringer Sendeleistung zum Unicast-Verkehr (und Multicast-Verkehr) im Duplex-Betrieb: Sie ermöglichen eine Daten-, Sprach- und Videokommunikation für öffentliche und private Netze, indem sie Satellitenstationen als Relaisstationen über Punkt-zu-Punkt-Verbindungen miteinander verbinden.
- ***Rundfunk- und Fernsehsatelliten*** mit mittlerer bis starker Sendeleistung zur Sendung von Broadcastverkehr im Simplex-Betrieb: Sie übertragen als direkt strahlende Satelliten Rundfunk- und Fernsehsendungen für viele Teilnehmer, die die Sendungen in der bestrahlten Zone über kleine Parabolantennen empfangen können.

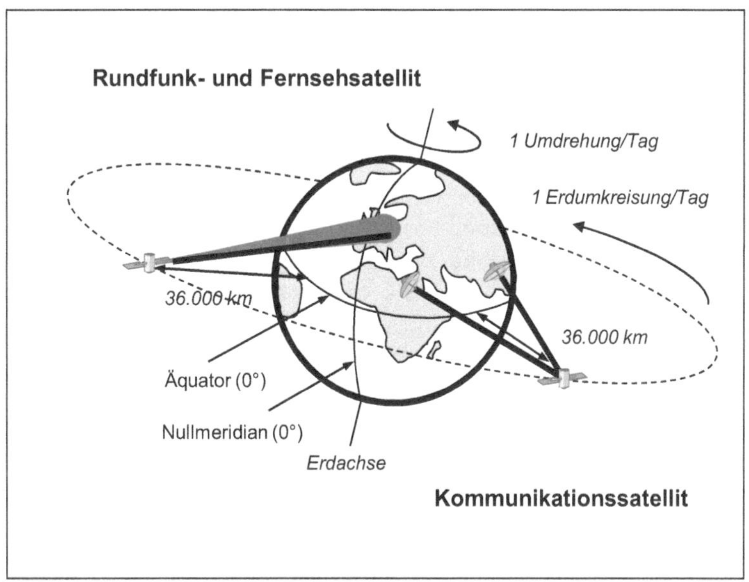

Abb. 4.25: Konzept des Satellitenfunks

Die Bereitstellung von Satellitendiensten erfolgt durch zahlreiche Satellitenbetreiber. International sehr bedeutsam ist ***INTELSAT (International Telecommunication Satellite Consortium)*** mit mehr als 20 Satelliten, über 200 Mitgliedsländern und Sitz in Washington. Der weltweit führende Satellitenbetreiber ist ***SES ASTRA (Societé Européenne des Satellites)*** mit Sitz in Betzdorf, Luxemburg. Er entstand durch Zusammenführung von ASTRA, Europas führendem Satellitenbetreiber, und AMERICOM, einem führenden amerikanischen Betreiber von Satellitendiensten. Die kontinentale Versorgung Europas wird daneben insbesondere von der ***Eutelsat (European Telecommunication Satellite Organization)*** mit Sitz in London durchgeführt.

GEO-, MEO- und LEO-Satelliten

Die Kommunikationssatelliten und die Rundfunk- und Fernsehsatelliten werden nach ihrer Umlaufbahn (Orbit) als GEO(Geostationary Earth Orbit)-Satelliten bezeichnet. Neben den GEO-Satelliten sind noch zwei weitere Satellitenarten von besonderer Bedeutung: die MEO(Medium Earth Orbit)-Satelliten und die LEO(Low Earth Orbit)-Satelliten.

MEO-Satelliten haben ihre Umlaufbahn in einer Höhe zwischen ca. 6000 und 36.000 km über der Erde. Sie werden insbesondere für Satellitennavigationssysteme verwendet. Satellitennavigationssysteme dienen dazu, die geographische Position – also die Koordinaten – des eigenen Standortes eines Nutzers (Signalempfängers) und seines Zielortes zu bestimmen sowie den Weg zum Ziel zu berechnen und dorthin zu steuern (navigieren).

Das nordamerikanische Satellitennavigationssystem ***GPS (Global Positioning System),*** das einen militärischen Ursprung hat, besteht derzeit aus 32 MEO-Satelliten, von denen 24 aktiv sind. Jeweils vier GPS-Satelliten befinden sich in gleichen Abständen auf einer Erdumlaufbahn (Ebene). Sie umkreisen die Erde in einer Höhe von ca. 20.000 km. Für eine Erdumkreisung benötigt ein GPS-Satellit ca. 12 Stunden. Die sechs Erdumlaufbahnen (Ebenen) sind jeweils um 60° versetzt. Zur Standortbestimmung wertet ein GPS-Empfänger die Signallaufzeiten der Signale von drei Satelliten aus und berechnet daraus seine eigene aktuelle Position.

Das für das Jahr 2013 geplante europäische Satellitennavigationssystem ***Galileo,*** das sich derzeit noch in der Testphase befindet, besteht aus 30 MEO-Satelliten. Jeweils 10 Satelliten (neun aktive und ein Reservesatellit) befinden sich in einer Höhe von ca. 23.000 km auf einer von drei sich überschneidenden Umlaufbahnen (Ebenen).

LEO-Satelliten bewegen sich auf einer Umlaufbahn in Höhe von ca. 500 bis 1500 km. Sie benötigen für eine Erdumkreisung je nach Höhe ca. eineinhalb bis zwei Stunden. LEO-Satelliten werden vor allem zur mobilen, satellitenbasierten Sprach- und Datenkommunikation eingesetzt. Die bedeutendsten Anbieter sind ***Iridium*** mit derzeit 66 Satelliten und ***Gobalstar*** mit 48 Satelliten.

4.8 Testaufgaben

1. Wo findet in Computernetzwerken eine bitparallele und wo eine bitserielle Übertragung statt? Durch welche Funktionseinheit wird eine Parallel-Serien-Wandlung realisiert und in welche Komponente eines Computers ist diese Funktionseinheit integriert?
2. Erläutern Sie die Begriffe „Signal“, „Signalverlauf“ und „Signalwert“! Kennzeichnen Sie die verschiedenen Signalkategorien! Ordnen Sie analoge Signale und digitale Signale jeweils einer Signalkategorie zu!
3. Erläutern Sie die Begriffe „Bandbreite“ und „Übertragungsrate“! Nennen Sie die Maßeinheiten für die Bandbreite und für die Übertragungsrate!
4. Die Übertragungskapazität eines Nachrichtenkanals ist von fundamentaler Bedeutung.
   (1) Was besagt das Nyquist-Theorem?
   (2) Welche generelle theoretische Übertragungsrate kann mit einer bestimmten Bandbreite realisiert werden?
   (3) Was besagt das Shannon-Theorem zur tatsächlichen Übertragungsrate?
5. Was verstehen Sie unter dem Nachrichtenquader, der auch als Informationsquader oder Shannon-Quader bezeichnet wird?
6. Wie hoch ist die Übertragungsgeschwindigkeit in Computernetzwerken?
7. Skizzieren Sie das allgemeine Modell eines Übertragungssystems mit den erforderlichen Funktionseinheiten in einer grafischen Darstellung!
8. Erklären Sie folgende Begriffe:
   (1) Nachrichtenquelle,
   (2) Nachrichtensenke,
   (3) Kanal,
   (4) Datenstation,
   (5) Codierung,
   (6) Zeichen,
   (7) Symbol!

9. Erläutern Sie folgende Funktionen eines Nachrichtensenders:
   (1) Quellencodierung,
   (2) Kanalcodierung,
   (3) Leitungscodierung!
10. Was sind Binärsignale? Wie wird die Signalcodierung für Binärsignale bei elektrischen Leitern und wie bei Lichtwellenleitern realisiert?
11. Skizzieren Sie den NRZ-Code und den Manchester-Code beispielhaft für die Bit-Folge 1101100101! Worin unterscheiden sich beide Codes?
12. Welche Aufgabe haben Synchronisationsverfahren? Wie arbeiten asynchrone, wie zeichensynchrone und wie bitsynchrone Übertragungsverfahren?
13. Erläutern Sie folgende Begriffe:
   (1) Basisbandübertragung,
   (2) Breitbandübertragung,
   (3) Basisbandsignal,
   (4) Bandpasskanal!
14. Was verstehen Sie unter einer Modulation und was unter einer Demodulation? Beantworten Sie die Frage bitte unter Verwendung der Begriffe „Basisbandsignal“, „Trägersignal“, „Modulationssignal“ und „moduliertes Signal“!
15. Welche Signalform können Trägersignale haben und welche Signalform können Modulationssignale haben?
16. Nennen Sie die vier möglichen Modulationsarten und ordnen Sie ihnen die Begriffe „Digital-Analog-Wandlung“ und „Analog-Digital-Wandlung“ zu!
17. Welche Funktion hat ein Modem bei analoger Datenübertragung? Nennen Sie die drei möglichen Modulationsverfahren zur Digital-Analog-Wandlung! Skizzieren Sie die drei Modulationsverfahren zur Digital-Analog-Wandlung für die Bit-Folge 110101!
18. Wie heißen die drei entsprechenden Verfahren zur analogen Modulation eines sinusförmigen Trägersignals? Worin unterscheiden sie sich von den Verfahren zur der Digital-Analog-Wandlung?
19. Welche höherwertigen Verfahren kennen Sie zur digitalen Modulation sinusförmiger Trägersignale? Was ist das Grundprinzip dieser Verfahren?
20. Was besagt das Nyquist-Shannon-Abtasttheorem?

21. Beschreiben Sie die einzelnen Schritte der Pulscodemodulation (PCM) zur Digitalisierung von Audiosignalen (Sprache und Sound) mit Hilfe der Pulsecodemodulation!
22. Welches Modulationsverfahren wird eingesetzt:
    (1) zur Datenübertragung über einen Telefonanschluss,
    (2) zur Sprachübertragung über einen ISDN-Anschluss?
23. Welche grundlegenden Übertragungsmedien stehen für die Nachrichtenübertragung zur Verfügung?
24. Charakterisieren Sie vier wichtige Eigenschaften von elektrischen Leitern, die neben der Bandbreite von Bedeutung sind!
25. Welche Bauart-Grundtypen von Twisted-Pair-Kabeln gibt es und worin unterscheiden sie sich?
26. Was ist
    (1) ein Anschlusskabel,
    (2) ein Patch-Kabel,
    (3) ein RJ-45-Stecker,
    (4) ein Straight-Through-Kabel,
    (5) ein Crossover-Kabel,
    (6) ein Rollover-Kabel,
    (7) ein Sternvierer?
27. Worin unterscheiden sich ein Kategorie-5-Kabel, ein Kategorie-6-Kabel und ein Kategorie-7-Kabel? Wofür wurden die GG-45-Steckverbindung und die Tera-Steckverbindung entwickelt?
28. Wie sind Koaxialkabel aufgebaut und welche Typen von Koaxialkabeln gibt es? Wo werden RG58- und RG59-Kabel eingesetzt?
29. Beschreiben Sie
    (1) die Komponenten eines optischen Übertragungssystems,
    (2) das Prinzip der Lichtwellenleitung,
    (3) den Aufbau von Glasfaserkabeln!
30. Was sind optische Fenster und bei welchen Wellenlängen liegen sie?
31. Erläutern Sie die Begriffe:
    (1) Moden,
    (2) Modendispersion,
    (3) Bandbreitenlängenprodukt!
32. Kennzeichnen Sie die verschiedenen Glasfasertypen mit ihren grundlegenden Merkmalen!

33. Beschreiben Sie die Spleißtechnik und die Steckertechnik zur Verbindung von Lichtwellenleitern! Nennen Sie drei moderne LWL-Standard-Stecker!

34. Was versteht man unter „bedarfsorientierter Verkabelung" und was unter „Vollverkabelung"?

35. Erläutern Sie die Grundidee der strukturierten Verkabelung und beschreiben Sie die verschiedenen Verkabelungsbereiche mit den maximalen Kabellängen!

36. Beschreiben Sie die drei grundlegenden Verkabelungsstandards in der Reihenfolge ihrer Entstehung mit
(1) ihrer Bezeichnung,
(2) ihrem Inhalt,
(3) ihrer inhaltlichen Übereinstimmung/Abweichung,
(4) ihrem jeweiligen geographischen Anwendungsbereich!

37. Welche Link-Klassen und Komponenten-Kategorien wurden für TP-Kabel standardisiert? Nennen Sie die maximalen Frequenzen und die Netzwerkanwendungen der einzelnen Link-Klassen! Welche Klassen wurden für Glasfasern spezifiziert?

38. Was versteht man unter Funk? Welcher Zusammenhang besteht bei elektromagnetischen Wellen zwischen ihrer Frequenz, ihrer Wellenlänge und der Lichtgeschwindigkeit?

39. Beschreiben Sie das elektromagnetische Spektrum und die Wellenarten, die zur Signalübertragung genutzt werden!

40. Kennzeichnen Sie Eigenschaften und Anwendungen
(1) der Radioübertragung,
(2) der Mikrowellenübertragung,
(3) der Infrarot-Lichtwellenübertragung!

41. Beschreiben Sie die Funkarten, die beim terrestrischen Funk genutzt werden!

42. Erläutern Sie das Konzept des Satellitenfunks! Nennen Sie zwei bedeutende Satellitenbetreiber! Welche Arten von geostationären Kommunikationssatelliten gibt es und worin unterscheiden sie sich?

43. Was verstehen Sie unter den Begriffen „GEO-Satellit", „MEO-Satellit" und „LEO-Satellit"? Wozu werden MEO-Satelliten und wozu werden LEO-Satelliten vorwiegend eingesetzt?

5

Netzwerkmechanismen zum Nachrichtentransport

In diesem Kapitel betrachten wir die Netzwerkmechanismen, die zur Steuerung des Nachrichtentransportes eingesetzt werden, um Nachrichten über die verschiedenen Übertragungsabschnitte eines WANs hinweg vom Sender zum Empfänger zu übermitteln.

Zunächst werden die Multiplextechnik und die Vermittlungstechnik beschrieben, die zur Realisierung paralleler logischer Übertragungskanäle in einem Maschennetz benötigt werden. Sodann wird ein Einblick in die Routing-Verfahren zur Bestimmung des besten Weges gegeben, und es werden Fluss- und Überlaststeuerung erläutert, die eine Überlast beim Empfänger und im Netz verhindern.

Abschließend werden die großen Entwicklungslinien der WAN- und LAN-Evolution – inklusive Funk- und IP-Netze – aufgezeigt. Sie bereiten auf die folgenden Kapitel vor und erleichtern so das Verständnis der dort dargestellten Netzwerk-Technologien.

5.1 Multiplextechnik

Notwendigkeit des Multiplexing

Die Multiplextechnik wurde zunächst für die ***Telekommunikation*** entwickelt, um die kostenintensive Netzwerkinfrastruktur der Telekommunikationsanbieter so gut wie möglich auszulasten. Öffentliche Weitverkehrsnetze haben die Topologie eines Maschennetzes und arbeiten als Point-to-Point-Netze (Teilstreckennetze). Ein derartiges Point-to-Point-Netz besteht aus Netzknoten (Übertragungs- und Vermittlungseinrichtungen) und Übertragungsmedien mit hoher Bandbreite (Verbindungskabel, Funkstrecken) zur Verbindung der Netzknoten.

Mehrere Kommunikationsverbindungen für jeweils zwei Endsysteme können in einem Point-to-Point-Netz ***über dieselben Übertragungsabschnitte*** laufen. Schon eine einzige Kommunikationsverbindung würde aber ohne Multiplextechnik bestimmte Übertragungsabschnitte blockieren, wenn man von einem einzigen physischen Medium ausgeht. Mit Hilfe der Multiplextechnik wird die gleichzeitige Mehrfachnutzung eines Netzes durch mehrere Endsysteme möglich. Abbildung 5.1 verdeutlicht die Notwendigkeit und das Konzept des Multiplexing.

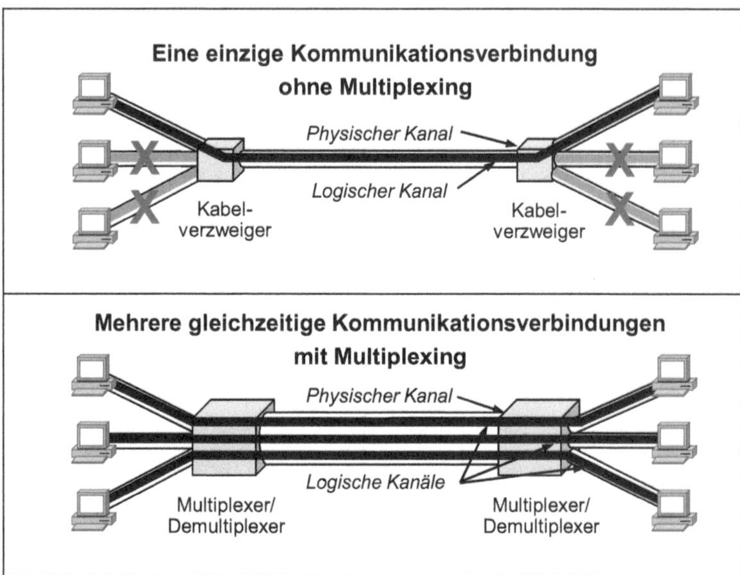

Abb. 5.1: Notwendigkeit und Konzept des Multiplexing

Konzept des Multiplexing

Mit Multiplextechnik werden die Signale ***mehrerer logischer Kanäle*** geringer „Bandbreite" gleichzeitig über ***ein physisches Übertragungsmedium*** hoher „Bandbreite" übertragen. Mehrere voneinander unabhängige serielle Bitströme können so parallel über denselben Übertragungsabschnitt fließen. Ein ***Multiplexer*** führt die verschiedenen Bitströme, die mit einer niedrigen Übertragungsrate bei ihm ankommen, zusammen und überträgt den so entstandenen Bitstrom über ein physisches Medium mit hoher Übertragungskapazität. Am anderen Ende des Mediums trennt ein ***Demultiplexer*** den empfangenen Bitstrom wieder in die einzelnen Bitströme auf und leitet sie mit ihrer ursprünglichen Übertragungsrate zu den Empfängern weiter (vgl. z. B. [7], S. 52 ff.; [30], S. 229; [42], S. 70 ff.; [43], S. 161 ff.).

Frequenzmultiplexing und Zeitmultiplexing

Die am weitesten verbreiteten Multiplexverfahren sind das Frequenzmultiplexing und das Zeitmultiplexing. In Abbildung 5.2 sind beide Multiplexverfahren schematisch dargestellt.

Das ***Frequenzmultiplexing (FDM, Frequency Division Multiplexing)*** teilt die große Bandbreite eines Übertragungsmediums in mehrere kleinere Frequenzbänder auf, sodass sich mehrere logische Kanäle mit kleiner Bandbreite ergeben. Ein Multiplexer führt hierzu mehrere getrennte Signale so zusammen, dass sie als ein Signal über einen physischen Kanal mit hoher Bandbreite übertragen werden. Frequenzmultiplexing wird seit den

40er Jahren ***in analogen Telefonnetzen*** eingesetzt. Die analogen Sprachsignale der verschiedenen Teilnehmer werden durch analoge Modulation auf analoge Trägersignale unterschiedlicher Frequenz aufgeprägt. Wegen des permanent geringen Bandbreitebedarfs eignet sich Frequenzmultiplexing gut für Sprachübertragung. In modernen Funknetzen wird OFDM (Orthogonal Frequency Division Multiplexing) eingesetzt (siehe Abschnitt 10.6).

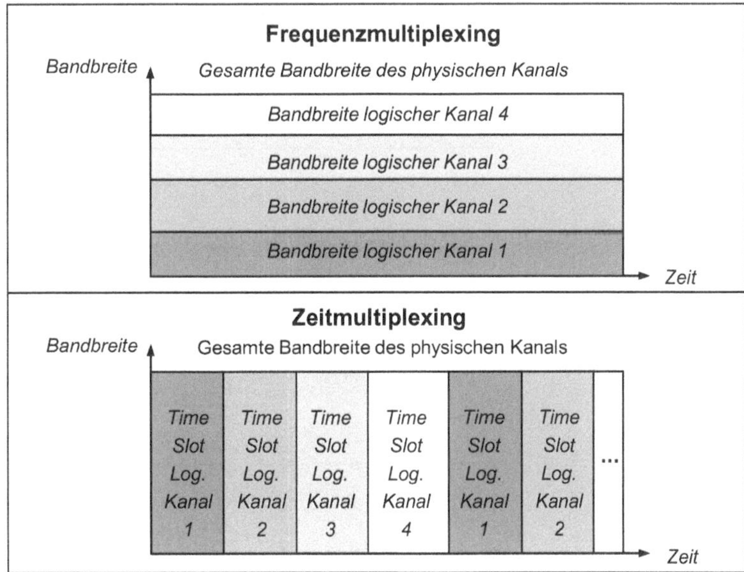

Abb. 5.2: Frequenzmultiplexing und Zeitmultiplexing

Im Gegensatz zum Frequenzmultiplexing teilt das ***Zeitmultiplexing (TDM, Time Division Multiplexing)*** die Kanalkapazität eines breitbandigen Übertragungsmediums in ***Zeitschlitze (Time Slots)*** auf. Alle Übertragungskanäle erhalten zyklisch entsprechende Zeitschlitze, die ihnen der Reihe nach oder je nach Verkehrslast mehr oder weniger oft zugeteilt werden. Jedem Nachrichtenkanal steht somit jeweils für einen kurzen Moment die gesamte Bandbreite zur Verfügung. Zeitmultiplexing eignet sich gut für ***Computernetzwerke,*** die im Dialogbetrieb genutzt werden. Der Nachrichtenverkehr fällt hierbei nicht kontinuierlich, sondern in kurzen explosionsartigen Datenstößen (Bursts) an.

Die verschiedenen Multiplexverfahren im Überblick

Der überwiegende Teil der Netzlast, die Netzwerke heute zu bewältigen haben, ist Datenverkehr; deshalb wurden die Zeitmultiplexverfahren im Laufe der Jahrzehnte immer weiter verfeinert. Außerdem wurden neue Multiplexverfahren wie das Wellenlängenmultiplexing und das Codemultiplexing entwickelt. Abbildung 5.3 gibt eine Übersicht über die grundlegenden Multiplexverfahren (vgl. ähnlich bei [26], S. 421).

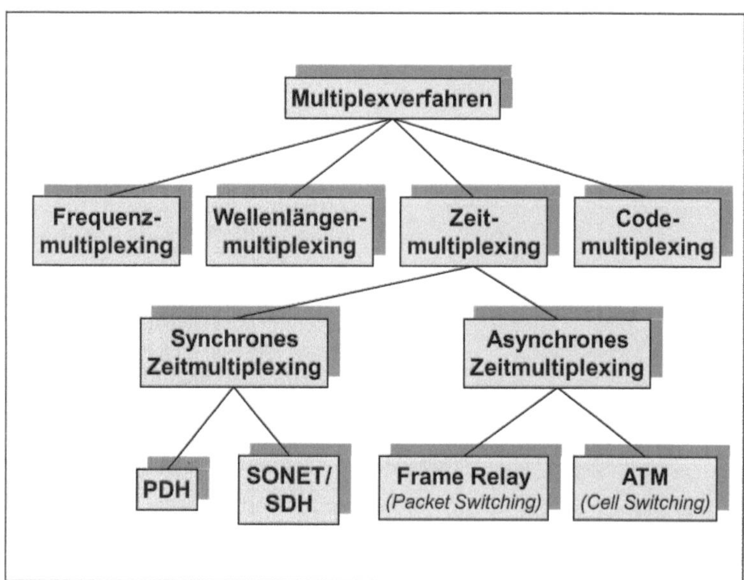

Abb. 5.3: Übersicht über die Multiplexverfahren

Wellenlängenmultiplexing

Das ***Wellenlängenmultiplexing (WDM, Wavelength Division Multiplexing)*** wird seit 1995 bei Lichtwellenleitern eingesetzt, um die Übertragungskapazität zu erhöhen. Durch Übertragung von Infrarot-Lichtsignalen verschiedener Wellenlänge können gleichzeitig mehrere Bitströme übertragen werden. Für jeden einzelnen logischen Nachrichtenkanal wird hierdurch die maximale Übertragungsrate des Lichtwellenleiters erreicht.

Mit ***DWDM (Dense Wavelength Division Multiplexing)*** lassen sich derzeit durch eine dichte Kanalbündelung bis zu 256 parallele Kanäle mit unterschiedlichen Wellenlängen aufbauen. ***CWDM (Coarse Wavelength Division Multiplexing)*** realisiert dagegen wesentlich weniger Kanäle mit grober (coarse) Kanalabgrenzung, ist dafür aber kostengünstiger. Das Wellenlängenmultiplexing entspricht dem Frequenzmultiplexing; die Bezeichnung basiert auf der bei Lichtwellenleitern üblichen Einteilung nach Wellenlängen, durch die auch die optischen Fenster gekennzeichnet werden.

Codemultiplexing

Codemultiplexing (CDM, Code Division Multiplexing) wurde für den Mobilfunk entwickelt und wird beim UMTS eingesetzt (siehe Abschnitt 10.4). Jedem Sender wird ein eigener Code zugeordnet, mit dem er die zu übertragenden Bits einzeln multipliziert. Verschiedene Sender können so gleichzeitig verschiedene Signalmuster auf derselben Frequenz senden. Die codierten Signale aller Sender überlagern sich und ergeben ein ***Summensignal.*** Die Empfänger können die für sie bestimmten Bits anhand des mit dem Sender vereinbarten Codes wieder aus dem Summensignal herausfiltern, indem sie den Code bitweise auf das Empfangssignal anwenden (anschauliche Beispiele hierzu bieten z. B. [26], S. 348 f.; [37], S. 163 ff.). Als einfachen Vergleich kann man sich eine internationale Party vorstellen, deren Teilnehmer in verschiedenen Sprachen alle durcheinander reden, wobei sich Teilnehmer aus demselben Land trotzdem verstehen können.

Synchrones und asynchrones Zeitmultiplexing

Zum ***Zeitmultiplexing (TDM, Time Division Multiplexing)*** wurden zwei Gruppen von Verfahren entwickelt: synchrones und asynchrones Zeitmultiplexing. Der Unterschied beider Multiplexverfahren wird aus Abbildung 5.4 deutlich.

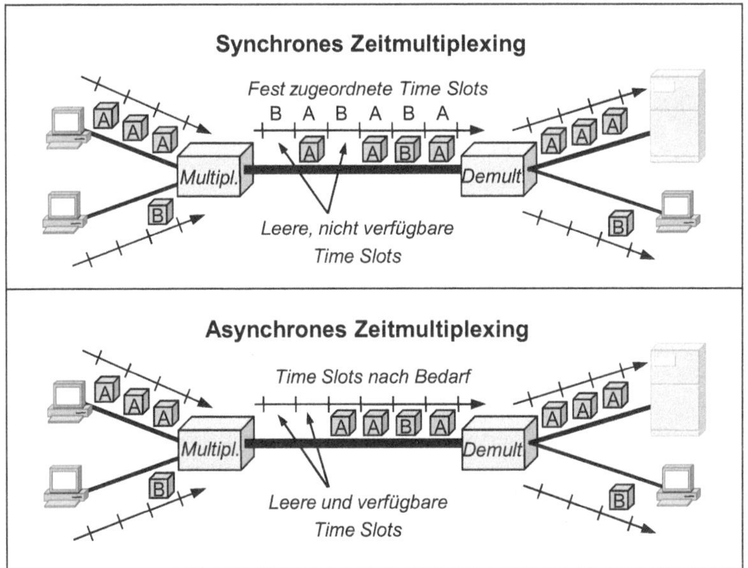

Abb. 5.4: Synchrones und asynchrones Zeitmultiplexing

Synchrones Zeitmultiplexing (STD, Synchronous Time Division) multiplext logische Kanäle synchron, d. h. periodisch in festen Zeitintervallen. Hierzu werden Übertragungsrahmen mit Zeitschlitzen (Time Slots) fester Länge verwendet, wobei jedem logischen Kanal ein bestimmter Zeitschlitz zugeordnet wird. Ein Nachrichtenkanal kann so vom Demultiplexer über die ***Position*** seines Zeitschlitzes im jeweiligen Übertragungsrahmen identifiziert werden. Beim synchronen Zeitmultiplexing ist die Kapazitätsauslastung schlecht, wenn zwischendurch viele leere Zeitschlitze übertragen werden.

Asynchrones Zeitmultiplexing (ATD, Asynchronous Time Division) verbessert die Kapazitätsauslastung. Logische Kanäle belegen Zeitschlitze nur noch bei Bedarf, sodass nur volle Zeitschlitze übertragen werden. Die Zuteilung der Zeitschlitze erfolgt asynchron, d. h. nicht gleichmäßig in variablen Zeitintervallen. Da die Zeitschlitze eines Kanals hierbei nicht mehr anhand ihrer relativen Position in einem Übertragungsrahmen identifiziert werden können, erhalten sie eine ***Kanal-Identifikationsnummer (Channel Identifier).***

PDH und SONET/SDH

Zum ***synchronen Multiplexing*** sind unbedingt noch die PDH und SONET/SDH zu erwähnen. Sie haben als standardisierte Multiplexhierarchien eine fundamentale Bedeutung für den weltweiten Nachrichtenverkehr erlangt.

Die ***Plesiochrone Digitale Hierarchie (PDH, Plesiochronous Digital Hierarchy),*** die vom CCITT, dem Vorläufer der ITU, 1972 standardisiert wurde, multiplext Telefonkanäle von 64 kbit/s zu höheren Multiplexstufen, in Europa z. B. zu 2,048 Mbit/s für 30 Telefonkanäle und 2 Kanäle zur Steuerung und Synchronisation. Das Wort ***plesiochron*** (griechisch: fast synchron) bedeutet hierbei, dass das Multiplexing der Telefonkanäle nicht zu einem Vielfachen ihrer Übertragungsrate führt und somit nicht ganz zeitgleich läuft, da zur Synchronisation der verschiedenen Kanäle Stopfbits eingefügt und entfernt werden müssen.

SONET (Synchronous Optical Network) ist der 1985 vom ANSI standardisierte US-amerikanische Nachfolger der PDH. Die ***SDH (Synchronous Digital Hierarchy)*** wurde als entsprechender weltweiter Nachfolger der PDH 1988 von der ITU-T standardisiert. Beide Verfahren erzeugen Multiplexstufen, die das genaue Vielfache der gemultiplexten Kanäle ergeben, und arbeiten somit voll synchron. SONET/SDH wird aller Voraussicht nach auch im neuen Jahrzehnt die vorherrschende WAN-Technologie bleiben.

Frame Relay und ATM

Werden beim ***asynchronen Zeitmultiplexing*** Pakete ***variabler Länge*** benutzt, so spricht man von ***Packet Switching*** (Paketvermittlung). Packet Switching wird bei ***Frame Relay*** (Rahmen-Durchschaltung), einer weit verbreiteten WAN-Technologie, eingesetzt. Arbeitet asynchrones Zeitmultiplexing dagegen mit Paketen ***fester Länge,*** so nennt man dies ***Cell Switching*** (Zellvermittlung). Cell Switching kommt bei ***ATM (Asynchronous Transfer Mode),*** einer modernen und sehr leistungsfähigen WAN-Technologie, zum Einsatz. Im nächsten Kapitel werden die aufgeführten Zeitmultiplexverfahren noch detaillierter beschrieben, da sie zu weltweit bedeutsamen WAN-Technologien entwickelt wurden.

Physisches und logisches Multiplexing

Die dargestellten Multiplexverfahren betreffen die Bitübertragungsschicht und die Sicherungsschicht (OSI-Schichten 1 und 2). Sie dienen dem Transport von mehreren Bitströmen (FDM, WDM, CDM sowie PDH und SONET/SDH) bzw. von Frames oder Cells (Frame Relay und ATM) über ein physisches Übertragungsmedium. Daher können sie als ***physisches Multiplexing*** bezeichnet werden.

Multiplexing kann aber auch auf den höheren OSI-Schichten stattfinden. So werden z. B. durch den TCP/IP-Protokoll-Stack (OSI-Schichten 3 und 4) mehrere logische Kanäle gleichzeitig geführt: Web-Verkehr, E-Mail-Verkehr und File Transfer laufen gleichzeitig ab. In diesen Fällen ist es sinnvoll, die entsprechenden Funktionen als ***logisches Multiplexing*** zu bezeichnen. Multiplexing kann also auf verschiedenen OSI-Schichten stattfinden, und das sogar gleichzeitig!

5.2 Vermittlungstechnik

Die Vermittlungstechnik ist ebenso wie die Multiplextechnik im Bereich der ***Telekommunikation*** entstanden. Sie wurde entwickelt, um in ***Point-to-Point-Netzen (Teilstreckennetzen)*** zunächst Telefongespräche und später auch Daten über die verschiedenen Netzknoten (Vermittlungseinrichtungen) „durchschalten" (switching) und weiterleiten (forwarding) zu können. Man unterscheidet heute drei Arten der Vermittlungstechnik:

- ***Leitungsvermittlung (Circuit Switching),***
- ***Nachrichtenvermittlung (Message Switching) und***
- ***Paketvermittlung (Packet Switching).***

Der Netzwerkklassiker [30] enthält viele anschauliche Einzelheiten zur Vermittlungstechnik (Switching) und ihrer Entwicklung, weitere gute Quellen sind z. B. [23], S. 126 ff. und [43], S. 171 ff.

Leitungsvermittlung (Circuit Switching)

Die Leitungsvermittlung bildet seit jeher das ***„Herzstück" von Telefonnetzen.*** Damit zwei Kommunikationspartner ein Telefongespräch führen können, wird zwischen ihnen zunächst eine feste ***physische Verbindung*** aufgebaut. Abbildung 5.5 verdeutlicht das Prinzip der Leitungsvermittlung.

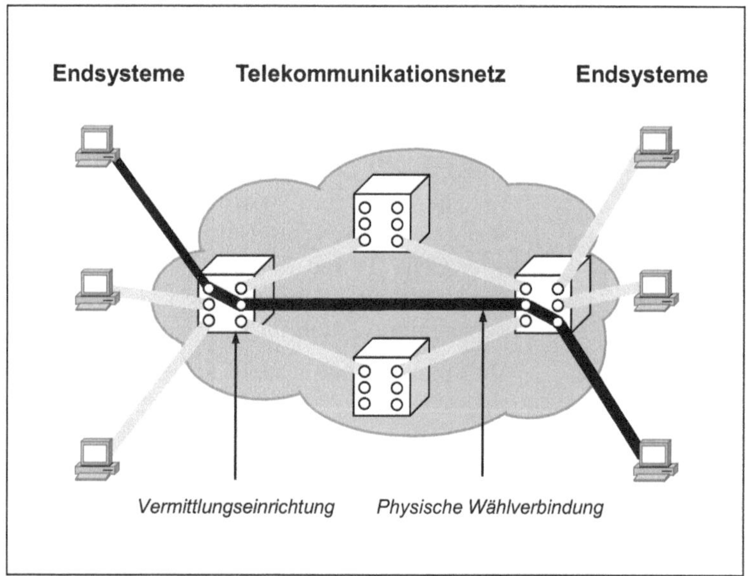

Abb. 5.5: Das Prinzip der Leitungsvermittlung

Bei den ersten Vermittlungsstellen („Telefonämter" seit ca. 1880) wurde die physische Verbindung noch ***manuell*** durch eine Operatorin („Fräulein vom Amt") realisiert, die die jeweilige Eingangsleitung über ein Patch-Kabel mit der Ausgangsleitung verband. Seit Anfang des 20. Jahrhunderts installierte man ***analoge Vermittlungseinrichtungen,*** die entsprechend der Erfindung des Amerikaners Strowger (1889) elektromechanisch arbeiteten: Ein Fernsprechteilnehmer gab die Ziffern der Rufnummer über die Wählscheibe seines Telefons ein, und das Telefon sandte die entsprechenden Impulsreihen an die Vermittlungseinrichtung (Impulswahlverfahren, IWV). In der Vermittlungseinrichtung steuerten die Impulse einen elektromechanischen Hebdrehwähler, der die physische Wählverbindung zu dem gewünschten Gesprächsteilnehmer herstellte.

Seit 1997 ist das Telefonnetz in Deutschland komplett auf ***digitale Vermittlungseinrichtungen*** umgestellt. Als Vermittlungseinrichtungen dienen Computer. Sie werden durch Tastentelefone über das Mehrfrequenzwahlverfahren (MFV, Tonwahl) mit Tönen verschiedener Frequenz angesteuert und bauen so die gewünschten Wählverbindungen auf. Neben ***Wählverbindungen (Switched Circuits)*** können von einem Telekommunikationsanbieter grundsätzlich auch feste ***Standleitungen (Leased Lines)*** geschaltet werden. Über Standleitungen können große Unternehmen und Organisationen ihre Außenstellen mit der Zentrale verbinden. Im lokalen Bereich werden oft digitale ***Nebenstellenanlagen (PABX, Private Automatic Branch Exchange)*** benutzt, um lokale Telefone eines Büros miteinander und mit dem öffentlichen Telefonnetz zu verbinden.

So gut sich die Leitungsvermittlung beim Telefonverkehr über ein Jahrhundert bewährt hat, so schlecht eignet sie sich für den Datenverkehr. Ihr entscheidender ***Nachteil*** ist ihre ***mangelhafte Kapazitätsauslastung;*** denn im Gegensatz zum gleichmäßigen und schmalbandigen Telefonverkehr fällt Datenverkehr überwiegend stoßweise und mit großem Datenvolumen an. Während der langen Sendepausen beim Dialogbetrieb (z. B. eines surfenden Benutzers) bleibt die physische Verbindung dagegen ungenutzt.

Nachrichtenvermittlung (Message Switching)

Die Nachrichtenvermittlung verbessert die Netzauslastung ganz wesentlich. Eine Nachricht wird ohne Verbindungsaufbau nach dem ***Store-and-Forward-Prinzip*** von Knoten zu Knoten weitervermittelt. Abbildung 5.6 zeigt, dass die betroffenen Leitungen nur noch für die Dauer der Nachrichtenübertragung belegt sind.

Ihren Ursprung hat die Nachrichtenvermittlung im ***Telegrafenverkehr*** der USA. Während Telegramme in Europa mit seinen kurzen Entfernungen und seiner hohen Bevölkerungsdichte über das Telex-Netzwerk per Leitungsvermittlung verschickt wurden, entschieden sich amerikanische Telegrafengesellschaften wie Western Union für die Nachrichtenvermittlung. Seit den 30er Jahren wurden empfangene Nachrichten in den sog. Torn-Tape Switching Centers auf Lochstreifen gestanzt und durch ***manuelles Operating*** der Lochstreifen (Abreißen und Einlesen) weitergeleitet. Seit den 60er Jahren realisierten führende Computerhersteller wie IBM und DEC zu ihrer Telekommunikationssoftware eine ***automatische Nachrichtenvermittlung,*** die in sternförmigen Netzen und später auch in Maschennetzen einsetzbar war.

Die Nachrichtenvermittlung hat neben ihrer besseren Netzauslastung weitere Vorteile gegenüber der Leitungsvermittlung. Sie erlaubt eine asynchrone Kommunikation ohne Anwesenheit des Empfängers, ermöglicht einen Nachrichtenversand an mehrere

Empfänger gleichzeitig und bietet außerdem die Ausnutzung alternativer Wege bei Leitungsausfall. ***Probleme*** ergeben sich aber beim Datenverkehr: Variabel lange Dateien erfordern einen sehr großen, kaum vorhersagbaren Speicherplatz (Pufferspeicher) in den Netzknoten, und sehr lange Dateien blockieren das Netz für andere Kommunikationspartner.

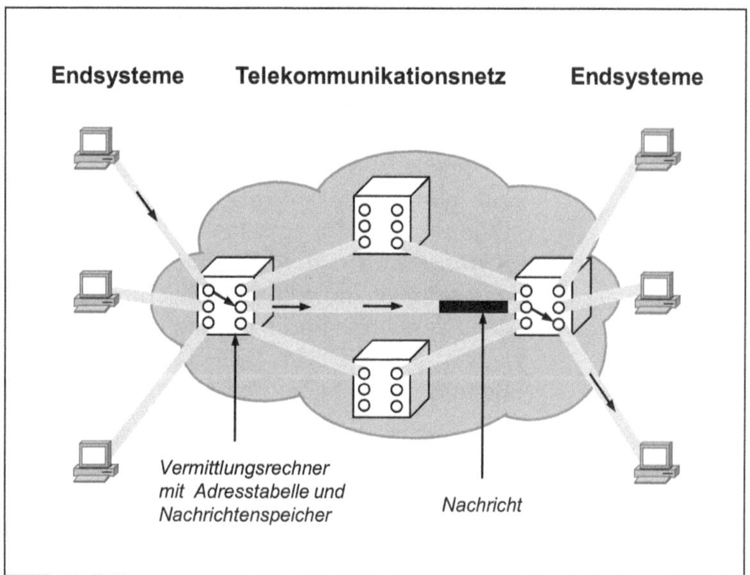

Abb. 5.6: Das Prinzip der Nachrichtenvermittlung

Paketvermittlung (Packet Switching)

Die Weiterentwicklung der Nachrichtenvermittlung für Datenverkehr führte in den 70er Jahren zur Verbreitung der Paketvermittlung. Die Paketvermittlung wurde speziell für ***Computernetzwerke*** geschaffen. Sie ermöglichte die Kommunikation zwischen Großrechnern über Telekommunikationsnetze, deren Netzknoten (Router) in der Regel ein Maschennetz bilden. Heute wird die Paketvermittlung auch in lokalen Netzen und zur Anbindung der Endgeräte eingesetzt. Auf Basis der Paketvermittlung können beliebige Clients und Server weltweit miteinander kommunizieren.

Bei der Paketvermittlung haben ***alle Nachrichten bzw. Dateien*** eine annähernd ***gleiche und maximal begrenzte Länge.*** Dies wird dadurch erreicht, dass der Sender lange Nachrichten vor ihrer Übertragung in kleinere Datenpakete zerlegt (Segmentierung, Fragmentierung) und der Empfänger diese Datenpakete nach der Übertragung wieder zur ursprünglichen Nachricht zusammenfügt

(Reassemblierung, Defragmentierung). Die für die Übertragung benötigten Leitungen und Vermittlungseinrichtungen werden somit nur kurz für die Dauer der Übertragung jeweils eines Datenpaketes belegt.

Die einzelnen Datenpakete einer Nachricht können über die verschiedenen Netzknoten hinweg weitgehend parallel übertragen werden, sodass ein ***Pipeline-Effekt*** entsteht. Abbildung 5.7 zeigt die Übertragungszeit derselben Nachricht bei Nachrichtenvermittlung und bei Paketvermittlung. Während das erste Datenpaket vom Netzknoten C zum Empfängersystem transportiert wird, bewegt sich das zweite Datenpaket bereits von B nach C usw. Die Übertragungszeit verkürzt sich also wesentlich.

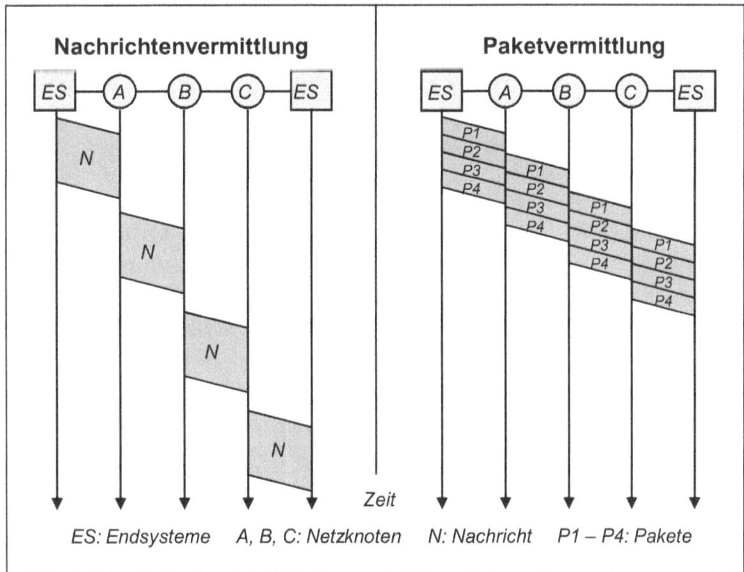

Abb. 5.7: Übertragungszeit bei Nachrichtenvermittlung und Paketvermittlung

Es existieren heute zwei Arten der Paketvermittlung:

- ***Datagram Switching (verbindungsloser Dienst):*** Jedes Datenpaket einer Nachricht wird isoliert übertragen. Die einzelnen Datenpakete haben eine Sende- und Empfangsadresse. Sie können unterschiedliche Wege gehen. Daher muss sie der Empfänger wieder in die richtige Reihenfolge bringen (Sequencing). Das IP-Protokoll realisiert einen verbindungslosen Datagram-Dienst.

- ***Virtual Circuit Switching (verbindungsorientierter Dienst):*** Zur Datenübertragung muss erst eine virtuelle Verbindung aufgebaut werden, indem ein vorausgehendes Steuerpaket in den Netzknoten entsprechende Tabelleneinträge mit einer logischen Kanal-Nummer veranlasst. Alle folgenden Datenpakete erhalten diese Kanal-Nummer und laufen somit denselben Weg. Der klassische ITU-T-Standard X.25 spezifiziert virtuelle Verbindungen für öffentliche Paketvermittlungsnetze. Er ist z. B. im Datex-P-Dienst der Deutschen Telekom realisiert. Auch Frame Relay, ATM und das moderne MPLS arbeiten mit Virtual Circuit Switching.

OSI-Schichten der Vermittlungstechnik

Die Vermittlungstechnik betrifft die ***OSI-Schichten 1 bis 3.*** Während die Leitungsvermittlung der Bitübertragungsschicht zugeordnet werden kann, erreicht die Funktionalität der automatischen Nachrichtenvermittlung bereits die Sicherungsschicht. Die Paketvermittlung schließlich deckt zusätzlich die Vermittlungsschicht ab.

5.3 Routing-Verfahren

Das Routing-Problem

In Paketvermittlungsnetzen werden die Datenpakete eines Senders von speziellen Vermittlungsrechnern, den Routern, nach dem Store-and-Forward-Prinzip „Hop by Hop“ bis zum Empfänger weitervermittelt (Switching). Jeder Router muss deshalb den besten Weg kennen, auf dem er ein Paket entsprechend dessen Zieladresse weiterleiten kann. Die ***Ermittlung des „optimalen“ Weges (Pfad, Route)*** zum entfernten Router, an dem das Zielsystem hängt, ist deshalb die zweite grundlegende Aufgabe eines Routers. Sie wird als ***Routing*** bezeichnet.

Abbildung 5.8 verdeutlicht das Routing-Problem. Die Router sind durch das Router-Symbol des Netzwerkgeräteherstellers Cisco dargestellt. Cisco ist im Backbone- und High-end-Bereich der Marktführer mit über zwei Dritteln Weltmarktanteil bei Routern und Switches. Da sich Cisco-Symbole in der Netzwerkpraxis weitgehend durchgesetzt haben, sind Netzwerkgeräte auch im weiteren Verlauf des Buches durch Cisco-Symbole dargestellt.

Was in Paketvermittlungsnetzen der beste Weg ist, hängt von den angestrebten Zielen ab. Übliche ***Routingmetriken*** sind:

- ***Anzahl der Hops*** (Router auf dem Zielpfad) oder
- ***Bandbreite*** (Weg mit der höchsten Kapazität) und
- ***Verzögerung*** (Weg mit der schnellsten Übertragung).

Seltener werden die Metriken ***Netzlast*** (Kapazitätsauslastung), ***Zuverlässigkeit*** (Rate der korrekt übertragenen Paketen) und ***MTU*** (Maximum Transmission Unit, zulässige Paketgröße) verwendet.

Die besten Pfade zu den verschiedenen erreichbaren Netzen und Subnetzen stehen in der ***Routing-Tabelle*** eines jeden Routers. Eine Routing-Tabelle enthält Routing-Einträge mit den Adressen der Zielnetzwerke und der nächsten Router für die Weitervermittlung der Pakete (Switching). Wie aber kommen die Einträge in die Routing-Tabellen hinein und wie werden sie verwaltet?

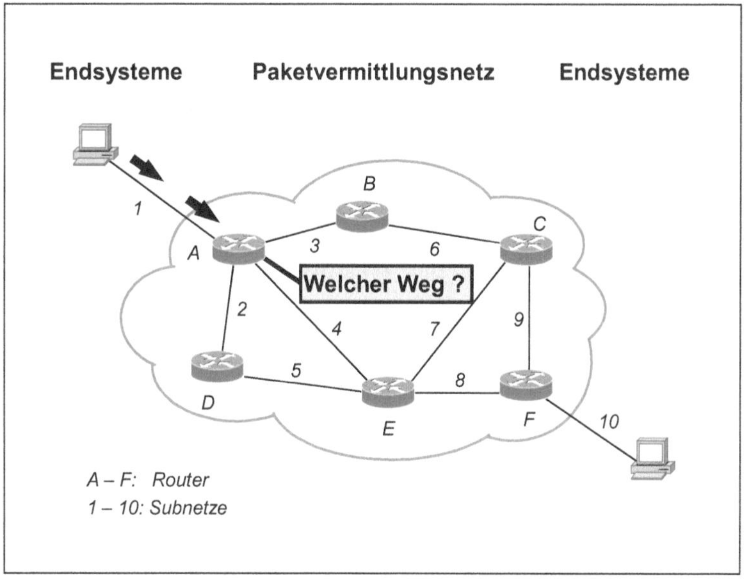

Abb. 5.8: Das Routing-Problem

Tabellenbasierte Routing-Verfahren

Seit den 70er Jahren gibt es eine sehr umfangreiche wissenschaftliche Literatur mit Lösungsvorschlägen zum Thema Routing und es wurden ganz unterschiedliche Lösungen realisiert. Breite kommerzielle Bedeutung erlangte aber erst das IP-Routing Mitte der 90er Jahre mit der rasanten Ausbreitung des Internets. Die verschiedenen Routing-Verfahren lassen sich folgendermaßen klassifizieren (vgl. [8], S. 101 ff.; [23], S. 130 ff.; [42], S. 108 ff.):

- ***Statische und dynamische (adaptive) Routing-Verfahren:*** Wird eine Routing-Tabelle manuell von einem Netzwerkadministrator verwaltet, so spricht man von einem statischen Routing-Verfahren. Ein dynamisches Routing-Verfahren liegt vor, wenn in den Routern ein Routing-Protokoll eingesetzt wird, das die Routing-Tabellen in Abhängigkeit von der aktuellen Netzwerksituation anpasst.

- ***Zentralisierte und verteilte Routing-Verfahren:*** Bei ersteren gibt es ein zentrales Routing Control Center (RCC), das die optimalen Wege festlegt und seine Entscheidungen an die verteilten Router weiterleitet. Bei letzteren entscheiden die dezentralen Router selbst, welche Pfade sie als beste Wege verwenden wollen.
- ***Lokale und globale Routing-Verfahren:*** Router verwalten entweder nur Informationen über ihre unmittelbare Umgebung (Informationen ihrer Nachbar-Router) oder aber sie berücksichtigen den Zustand eines gesamten Netzes (Informationen aller Router einer Organisation).

Das Ergebnis all dieser Routing-Verfahren ist in jedem Falle eine Routing-Tabelle pro Router, so wie sie in Abbildung 5.9 stark vereinfacht dargestellt ist. Die Tabelleneinträge enthalten die Adresse des Zielnetzes und die Adresse des nächsten Routers (Next Hop) bzw. eine Angabe zum direkten Anschluss des Zielnetzes.

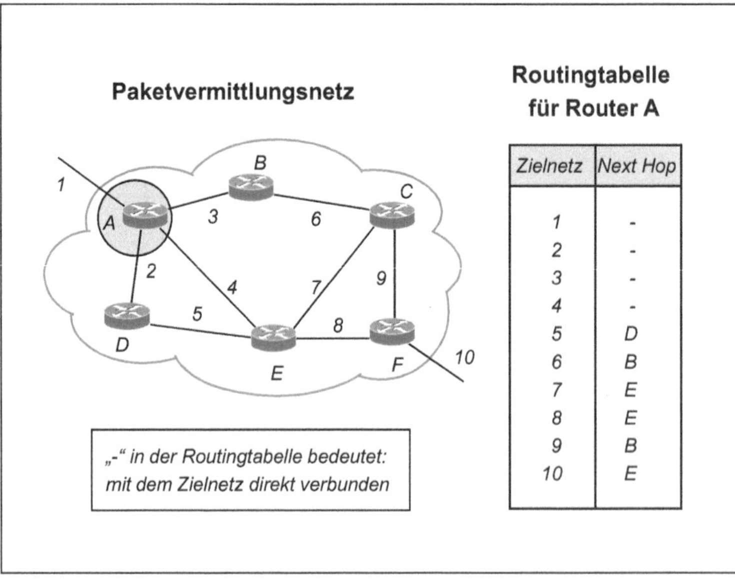

Zielnetz	Next Hop
1	-
2	-
3	-
4	-
5	D
6	B
7	E
8	E
9	B
10	E

Abb. 5.9: Aufbau einer Routing-Tabelle

Die Praxis: Routing-Domänen (Autonome Systeme)

Das inzwischen weltweit eingesetzte ***IP-Routing*** hat zu einer Mischlösung der aufgeführten Routing-Verfahren geführt. Das Internet arbeitet überwiegend mit dynamischen, verteilten, globalen Routing-Verfahren. Es besteht aus einem weltweiten Verbund von Routing-Domänen. Eine ***Routing-Domäne*** ist eine Gruppe von Endsystemen und intermediären Systemen (Routern), die unter einheitlicher Verwaltung stehen (Autonomes System, Administrationsdomäne). Jedes Unternehmen und jede Institution verwaltet eine eigene Routing-Domäne.

Abbildung 5.10 zeigt das Routing durch verschiedene Routing-Domänen, die über sog. ***Border Router*** miteinander verbunden sind. Innerhalb einer Routing-Domäne verläuft das Routing über sog. ***Interior Router.***

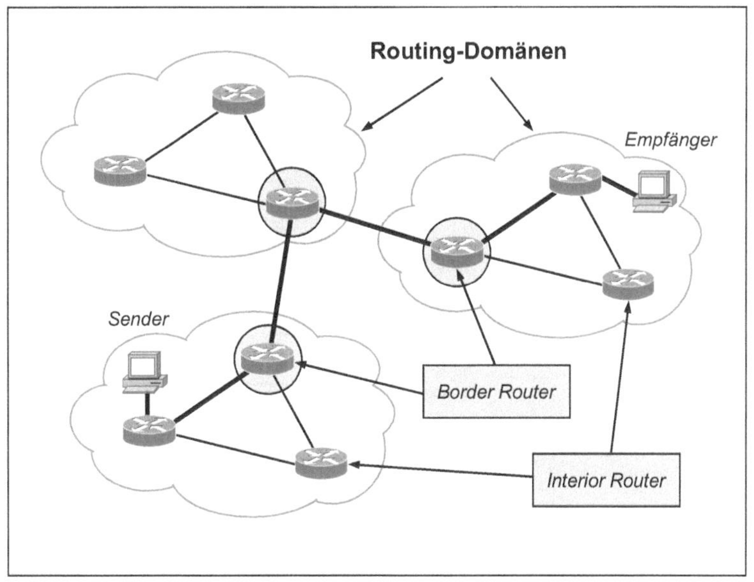

Abb. 5.10: Routing durch verschiedene Routing-Domänen

Routing-Algorithmen

Beim dynamischen (adaptiven) Routing werden insbesondere zwei Arten von Routing-Algorithmen eingesetzt: Distance-Vector-Routing und Link-State-Routing (zu Einzelheiten vgl. [9], S. 728 ff.; [42], S. 110 ff.; [43], S. 395 ff.; [51]). Das ***Distance-Vector-Routing*** lässt sich kurz folgendermaßen beschreiben:

- Jeder Eintrag einer Routing-Tabelle enthält den ***Distanz-Vektor zu einem Zielnetz*** (z. B. Zielnetz, Next-Hop-Router, Anzahl der Hops).

- Jeder Router erhält ***von seinen unmittelbaren Nachbarn*** periodisch deren ***komplette Routing-Tabellen.***
- Jeder Router ***erhöht die Distanz-Vektoren*** für die Zielnetze der erhaltenen Routing-Tabellen.
- Jeder Router ***aktualisiert*** seine Routing-Tabelle und übernimmt ggf. Einträge mit kleineren Distanz-Vektoren.

Abbildung 5.11 veranschaulicht die erlernten Distanz-Vektoren für die Router B, C und D. Jeder Eintrag enthält die Adresse des Zielnetzes, ggf. die Adresse des nächsten Routers (Next Hop) sowie die Routingmetrik (z. B. Hop Count).

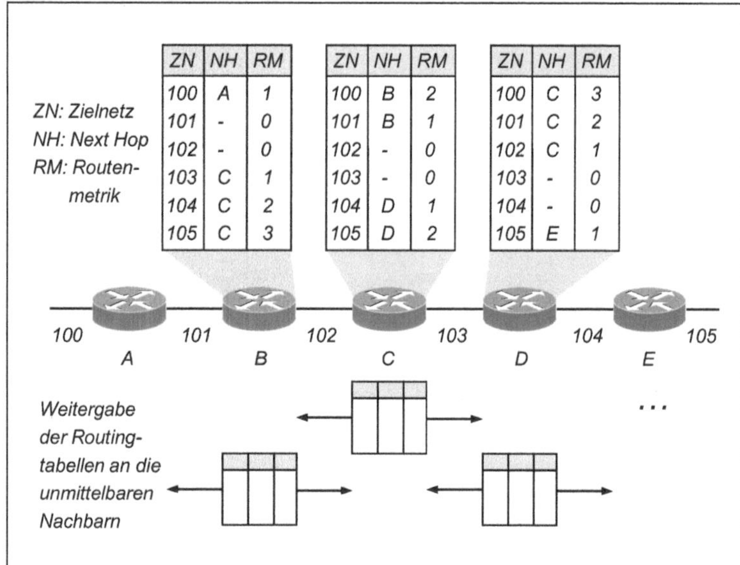

Abb. 5.11: Distance-Vector-Routing

Während beim Distance-Vector-Routing Routing-Schleifen entstehen können, werden Schleifen beim Link-State-Routing praktisch vermieden. Dafür ist das Link-State-Routing auch wesentlich aufwendiger.

Das ***Link-State-Routing*** lässt sich durch folgende Merkmale umreißen:

- Jeder Router erhält regelmäßig ***von allen Routern einer Domäne*** Nachrichten über deren ***Tabelleneinträge zu ihren unmittelbaren Nachbarn*** (Link State Advertisements, LSAs).

- Jeder Router errichtet und verwaltet mit Hilfe dieser Nachrichten eine ***Topologie-Datenbank*** für die gesamte Routing-Domäne.
- Jeder Router konstruiert aus der Topologie-Datenbank mit Hilfe des Link-State-Algorithmus (synonym: Shortest Path First, SPF) einen ***Netztopologie-Baum*** (SPF Tree). Dieser besteht aus ihm als Wurzel und aus allen möglichen Pfaden zu den erreichbaren Zielnetzen, die ***nach der Pfadlänge sortiert*** sind (SPF).
- Jeder Router verwaltet seine ***Routing-Tabelle*** mit Tabelleneinträgen zu den kürzesten Pfaden. Die Einträge enthalten die Adresse des jeweiligen Zielnetzwerkes, ggf. die Adresse des nächsten Routers und die Routingmetrik.

Abbildung 5.12, die wiederum von den Routern A bis E ausgeht, skizziert das Link-State-Routing schematisch für den Router C.

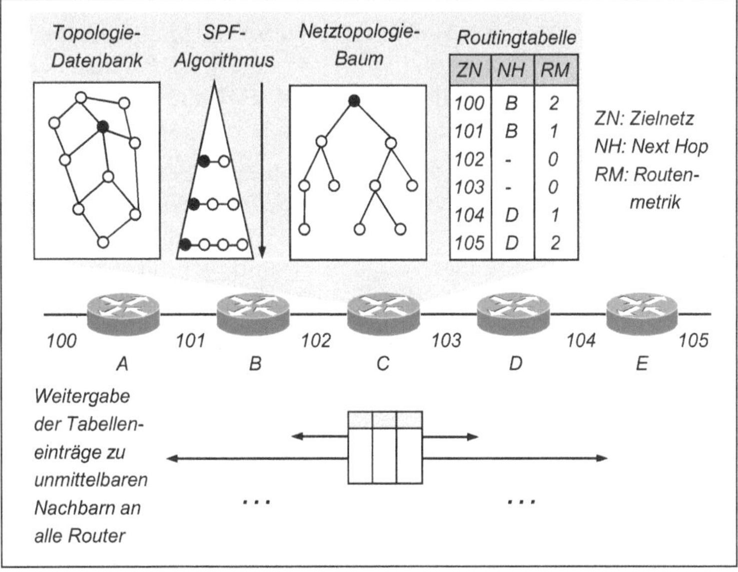

Abb. 5.12: Link-State-Routing

Routing-Protokolle: Ein Überblick

Die aufgeführten Routing-Algorithmen wurden in mehreren Routing-Protokollen implementiert. IP-Routing-Protokolle für ***Unicast-Verkehr*** lassen sich in zwei Gruppen einteilen: Interior-Gateway- und Exterior-Gateway-Protokolle. ***Interior-Gateway-Protokolle*** routen innerhalb eines autonomen Systems:

- Die standardisierten Protokolle ***RIPv1*** und ***RIPv2*** (Routing Information Protocol Version 1 und 2) verwenden Distance-Vector-Routing. Sie sind sehr einfach zu konfigurieren und besonders in kleineren LANS verbreitet.
- Das standardisierte ***OSPF*** (Open Shortest Path First) arbeitet mit Link State Routing. Es erfordert eine umfassende Konfiguration und ermöglicht die Einrichtung hierarchischer Bereiche („Areas"). OSPF wird in größeren Organisationen eingesetzt.
- Die beiden proprietären Cisco-Protokolle ***IGRP*** (Interior Gateway Routing Protocol) und ***EIGRP*** (Enhanced IGRP) verwenden Distance-Vector-Routing bzw. eine Mischung aus beiden Routing-Algorithmen.

Exterior-Gateway-Protokolle werden auf Border-Routern für das Routen zwischen verschiedenen autonomen Systemen installiert. Vorherrschend ist ***BGP4*** (Border Gateway Protocol Version 4) als Nachfolger des EGP3 (Exterior Gateway Protocol 3).

Für ***Multicastverkehr*** im Multimediabereich werden vor allem die Routing-Protokolle ***DVMRP*** (Distance Vector Multicast Routing Protocol), ***PIM DM*** und ***PIM SM*** (Protocol Independent Multicast, Dense Mode bzw. Sparse Mode) verwendet.

Routing-Tendenzen und OSI-Schichten

Die dargestellten Routing-Verfahren gehören alle zur ***OSI-Schicht 3.*** Dies wirkt sich bei hohem Datenverkehrsvolumen jedoch nachteilig aus; denn alle Datenpakete müssen in jedem Router ausgepackt und geprüft werden, bis zur Vermittlungsschicht hoch gereicht und verarbeitet werden sowie anschließend wieder mit neuem Schicht-2-Header und -Trailer weitergeleitet werden. Eine ***Verringerung des Routing-Overheads*** wird erreicht durch:

- ***Message Routing:*** Während beim bisher betrachteten Packet Routing (Cisco-Terminologie: Process Switching) für jedes einzelne Paket der beste Weg ausgesucht wird, geschieht dies beim Message Routing (Cisco-Terminologie: Fast Switching) nur noch für das erste Paket einer Nachricht bzw. Datei. Anschließend erfolgt ein Eintrag in einen Routen-Cache (schneller Pufferspeicher), sodass die folgenden Datenpakete mit Hilfe des Cache-Eintrages schneller weitergeleitet werden können.
- ***Virtual Circuit Switching:*** Hier gibt es zwei Möglichkeiten. Entweder wird eine Route zum Beginn einer Session für alle während der Session gesendeten Pakete

festgelegt (SVC, Switched Virtual Circuit, Session Routing). Oder sie wird von einem Telekommunikationsanbieter auf Dauer fest geschaltet (PVC, Permanent Virtual Circuit). Beides funktioniert z. B. mit X.25.

- ***Fast Packet Switching:*** Beim modernen Virtual Circuit Switching werden die Routing-Tabellen in die ***OSI-Schicht 2*** gelegt. Es wird nicht mehr die logische Adresse des Zielnetzes und des Next Hops, sondern die logische Kanalnummer des SVC oder PVC zusammen mit der Nummer des jeweiligen Ausgangsports zum Next Hop gespeichert (z. B. bei ATM und MPLS).

5.4 Flusssteuerung

Die Anzahl der Datenpakete, die ein Endsystem oder ein Zwischensystem empfangen kann, hängt grundsätzlich von der Größe seines Pufferspeichers und von seiner Verarbeitungskapazität ab. Sendet ein Sender mehr Datenpakete, als ein Empfänger pro Zeiteinheit speichern und verarbeiten kann, so kommt es ohne weitere Vorsorgemaßnahmen zu Problemen. Der Sender kann nicht mehr alle Datenpakete abliefern, es gehen Pakete verloren und die Übertragung muss wiederholt werden, wobei es zu einem erneuten Stau kommen kann.

Grundidee der Flusssteuerungs-mechanismen

Es gibt deshalb Steuerungsmechanismen, die ***einen zügigen Nachrichtenfluss gewährleisten*** sollen und die unter dem Begriff „Flusssteuerung" oder auch „Datenflusskontrolle" zusammengefasst werden. Flusssteuerungs-Mechanismen sind beim jeweiligen Sender und Empfänger implementiert. Ziel der ***Flusssteuerung (Flow Control)*** ist die Übertragung von so vielen Datenpaketen wie möglich ohne Überlast für den Empfänger. Die Flusssteuerung hat die Aufgabe, den Datenfluss zwischen einem Sender und einem Empfänger entsprechend der Aufnahmefähigkeit des Empfängers zu regeln.

Zur Flusssteuerung wurden vielfältige Mechanismen entwickelt, mit denen ein Empfänger einem Sender mitteilen kann, ob er im Augenblick weitere Bytes, Frames oder Pakete empfangen kann (vgl. z. B. [11], S. 117 ff.; [26], S. 98 f.; [43], S. 228 ff.). Es werden drei Gruppen von Flusssteuerungs-Mechanismen eingesetzt, die sich in ihrer Komplexität unterscheiden:

- ***Handshake-Mechanismen,***
- ***Stop-and-Wait-Mechanismen,***
- ***Window-Mechanismen.***

Handshake-Mechanismen

Die einfachste Lösung sind Handshake-Mechanismen. Sie wurden ursprünglich für die ***asynchrone Übertragung*** in Terminal-Netzen entwickelt. Heute steuern sie insbesondere den Datenfluss zwischen einer DEE und einer DÜE über die ***V.24-Schnittstelle,*** aber auch in ***WLANs*** und in ***Mobilfunknetzen*** werden Handshake-Mechanismen verwendet.

Am bekanntesten sind wohl die Handshake-Mechanismen zur Datenflusssteuerung zwischen Computer und Modem. Beim ***Hardware-Handshake*** (RTS/CTS-Handshake) können sich ein Computer und sein Modem mit einem positiven und einem negativen Signalwert gegenseitig mitteilen, ob sie Daten empfangen können oder nicht. Sie „missbrauchen" hierzu die RTS-Leitung (Ready To Send) und die CTS-Leitung (Clear To Send) der V.24-Schnittstelle entgegen ihrer ursprünglich wörtlichen Bedeutung, indem sie beide Leitungen zur gegenseitigen Empfangssteuerung nutzen.

Beim ***Software-Handshake*** (XON/XOFF-Handshake) sendet ein empfangender Computer seinem Modem oder auch dem entfernten sendenden Computer ein spezielles ASCII-Zeichen: XON (Exchange On) oder XOFF (Exchange Off). Da die Bit-Kombinationen beider Zeichen aber auch in den übertragenen Daten vorkommen können, eignet sich Software-Handshake nur für reine Textübertragung.

Stop-and-Wait-Mechanismen

Zeichensynchrone Übertragungsverfahren, die im Gegensatz zu asynchronen Übertragungsverfahren ganze Datenblöcke übertragen, steuern den Datenfluss über Stop-and-Wait-Mechanismen (Stop and Wait ARQ, Automatic Repeat Request). Stop-and-Wait-Mechanismen wurden schon in den ersten Netzwerkprotokollen zur Zeit der ***Terminal-Netze*** implementiert, so z. B. im BSC-Protokoll (Binary Synchronous Communication) von IBM. Abbildung 5.13 zeigt die Arbeitsweise eines Stop-and-Wait-Mechanismus.

Der Sender sendet einen Datenblock, startet seinen Timer und wartet. Erhält er vom Empfänger innerhalb einer vorgegebenen ***Zeitspanne (Timeout)*** eine ***positive Quittung (ACK, Acknowledgement),*** so setzt er den Timer zurück und sendet den nächsten Datenblock. Erhält er innerhalb der vorgegebenen Zeitspanne eine ***negative Quittung (NAK, Negative Acknowledgement)*** oder gar keine Quittung, so wiederholt er die Übertragung und startet den Timer neu. Im Falle mehrerer erfolgloser Versuche bricht er die Übertragung ganz ab.

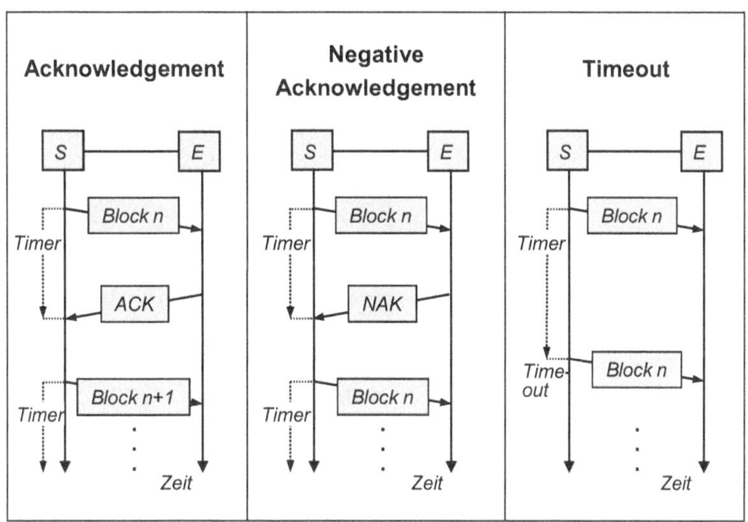

Abb. 5.13: Arbeitsweise des Stop-and-Wait-Mechanismus

Window-Mechanismen

Die heute meist eingesetzten ***bitsynchronen Übertragungsverfahren*** (wie z. B. HDLC oder LLC) benutzen im Regelfall sog. Window-Mechanismen. Mit dem Konzept des ***Sliding Window (Schiebefenster-Verfahren)*** lässt sich eine wesentlich höhere Auslastung eines Nachrichtenkanals erreichen, da ein Sender eine Reihe von Frames hintereinander senden kann, bevor er auf eine Empfangsbestätigung warten muss. Der Begriff „Window" bezeichnet hierbei die Anzahl der Frames, die gesendet bzw. empfangen werden dürfen, ohne dass eine Bestätigung erforderlich ist. Sender und Empfänger verwalten jeweils ein Fenster.

Abbildung 5.14 verdeutlicht das Konzept des Sliding Window ***für unmittelbar benachbarte Systeme*** (Computer, Router) in Anlehnung an [11], S. 122 ff.; [29], S. 320 ff.; [43], S. 239 ff.

Sender und Empfänger verwalten ihre Fenster mit einem ***Positionszähler,*** der die Sequenznummern der Frames üblicherweise von 0 bis 7, bei Satellitenübertragung wegen der Eindeutigkeit bei der größeren Verzögerung von 0 bis 127 zählt. Der Sender verwendet die ***Nummer*** N_S für die zu übertragenden Frames (Send), der Empfänger quittiert alle bisher korrekt empfangenen Frames mit der ***Nummer*** N_R ***des jeweils nächsten erwarteten Frames*** (Receive).

Die Flusssteuerung läuft prinzipiell in folgenden Schritten ab:

- Vor dem Beginn der Datenübertragung vereinbart der Empfänger mit dem Sender entsprechend seiner Puffergröße als Flusssteuerungsparameter eine ***Fenstergröße W,*** die auch als Kredit (Credits) bezeichnet wird. Im abgebildeten Beispiel beträgt sie 3 Frames, sodass Sender und Empfänger maximal 3 Frames ohne Quittung senden bzw. empfangen dürfen. Zur Realisierung eines Fensters dienen zwei Zeiger (Anfangs-Pointer P_a und End-Pointer P_e). Zu Beginn gilt: $0 <= N_s < W$.

- Bei jeder Sendung vermindert der ***Sender*** seine ***Credits*** entsprechend der Anzahl der gesendeten Frames, indem er einen dritten Pointer P_n auf den nächsten zu sendenden Frame setzt. Bei jeder Empfangsbestätigung erhöht er seine Credits um die aus der Empfangsbestätigung hervorgehende Zahl durch ***Verschieben des Fensters.***
- Bei jedem Empfang erhöht der ***Empfänger*** seine ***Credits*** entsprechend der Anzahl der korrekt empfangenen Frames durch ***Verschieben des Fensters.*** Außerdem teilt er dem Sender den korrekten Empfang und die Credit-Erhöhung durch die Sequenznummer des nächsten erwarteten Frames mit.

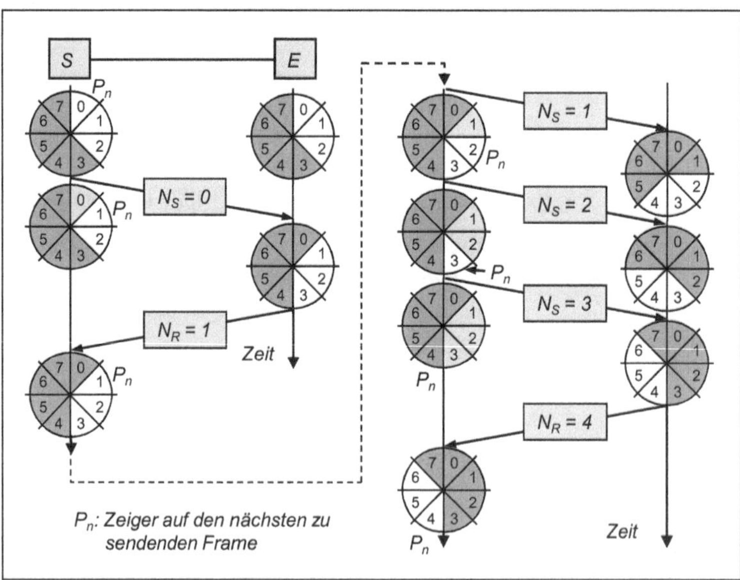

Abb. 5.14: Sliding Window für unmittelbar benachbarte Systeme

Damit nicht jeder Frame einzeln quittiert werden muss, kennzeichnet der Sender das Ende einer Frame-Folge. Er weiß aufgrund der zuletzt erhaltenen ***Quittungsnummer,*** ob alle vorher gesendeten Frames korrekt angekommen sind ***($N_S = N_R$)*** oder ab welchem Frame er die Frame-Folge wiederholen muss ***($N_S > N_R$).*** Bleibt eine Quittung innerhalb des vorgegebenen Time-outs ganz aus, so verfährt der Sender ähnlich wie bei einem Stop-and-Wait-Mechanismus: erneute Übertragung und bei mehrfachen erfolglosen Versuchen Sendungsabbruch. Der Empfänger vernichtet Frames mit Sequenznummern, die außerhalb des Fensters liegen. Eine verzögerte Frame-Wiederholung quittiert er aber ***($N_S < N_R$).***

Das Herunterzählen und Erhöhen der Credits beim Sender wird in der Literatur manchmal als Verkleinern bzw. Vergrößern des Fensters dargestellt, was jedoch zur Verwirrung führen kann (z. B. bei [43], S. 242); denn die Fenstergröße kann während einer Datenübertragung tatsächlich vergrößert oder verkleinert werden, um den Durchsatz zu erhöhen bzw. um Staus zu vermeiden ***(variable Fenstergröße).*** Alle bisher gezeigten Flusssteuerungsmechanismen betreffen die OSI-Schicht 2. Das Konzept des Sliding Window findet jedoch auch auf den höheren OSI-Schichten (z. B. bei TCP) zur Flusssteuerung Anwendung.

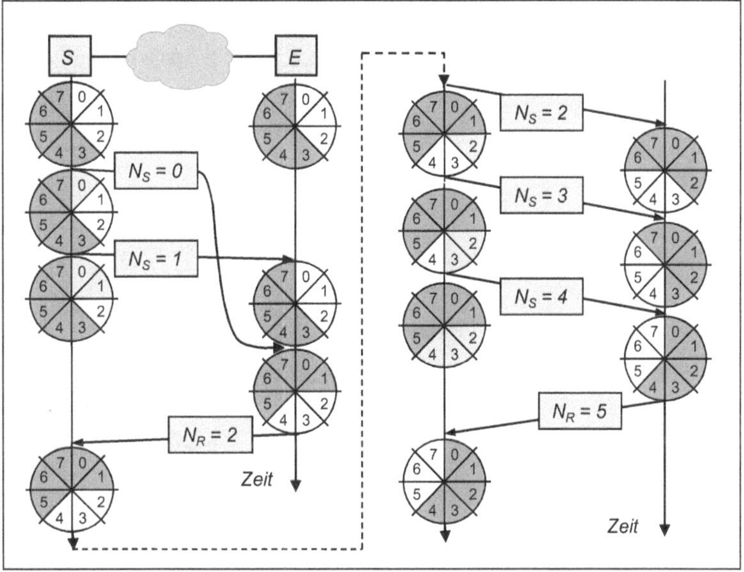

Abb. 5.15: Sliding Window für nicht benachbarte Endsysteme

In Paketvermittlungsnetzen können Datenpakete bei verbindungslosen Diensten (z. B. bei IP) außerhalb der gesendeten

Reihenfolge ankommen. Um unnötige Paket-Wiederholungen zu vermeiden, benötigen ***nicht benachbarte Endsysteme*** in diesem Fall einen leicht geänderten Window-Mechanismus (vgl. Abbildung 5.15). Wenn der Empfänger Datenpakete erhält, die innerhalb des Fensters, aber außerhalb der erwarteten Reihenfolge liegen $(N_R < N_S < N_R + W)$, wartet er mit dem Verschieben des Fensters und mit seiner Quittung, bis auch das nächste erwartete Datenpaket ebenfalls eingetroffen ist $(N_S = N_R)$. Die in der Reihenfolge nachfolgenden Pakete werden aber nur soweit berücksichtigt, wie sie eine lückenlose Reihenfolge bilden.

5.5 Überlaststeuerung

Überlastsituationen

Die Flusssteuerung regelt die Menge der zu übertragenden Daten zwischen einem Sender und einem – benachbarten oder entfernten – Empfänger, um Überlastsituationen beim Empfänger zu vermeiden. Überlastsituationen können jedoch auch ***in einem Teilnetz*** (lokal) oder sogar ***im gesamten Netz*** (regional) entstehen, wenn viele Sender gleichzeitig viel Datenverkehr verursachen. Werden Netzknoten durch großen Datenverkehr von vielen sendenden Endsystemen überlastet, so hat dies Folgen für die ***Netzleistung.*** Sie wird dann aufgrund der Staus ohne Vorsorgemaßnahmen in Teilbereichen stark absinken. Im Extremfall kann sogar das ganze Netz "zusammenbrechen".

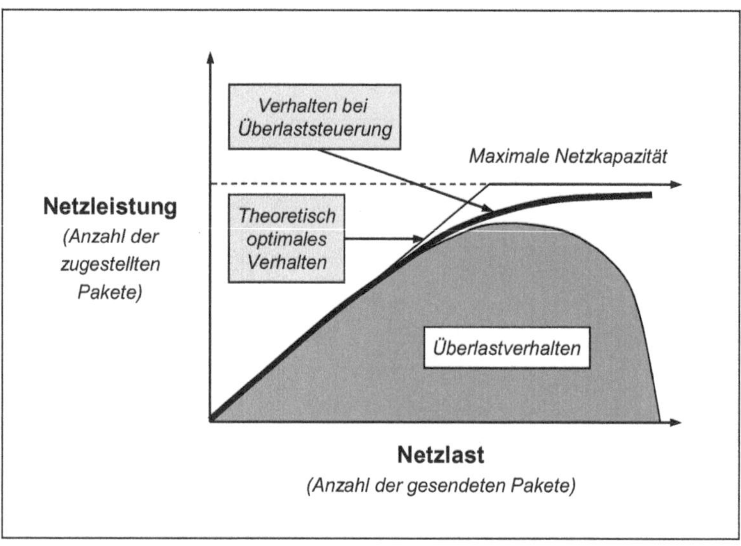

Abb. 5.16: Abhängigkeit der Netzleistung von der Netzlast

Abbildung 5.16 verdeutlicht die Abhängigkeit der Netzleistung von der ***Verkehrsbelastung*** des Netzes (vgl. [11], S. 138 ff.; [18], S. 131 ff.). Bei niedriger Netzlast werden alle gesendeten Pakete den Empfängern zugestellt. Nähert sich die Netzlast jedoch der maximalen Netzkapazität, so wird das Netz zunehmend überlastet, da gesendete Pakete vernichtet und erneut gesendet werden müssen. Dies geschieht z. B., wenn Router auf mehreren Eingangsports viele Datenpakete für denselben Ausgangsport erhalten und ihr Pufferplatz nicht mehr ausreicht. Mit zunehmender Netzlast vermindert sich die Netzleistung schließlich immer weiter.

Methoden zur Überlaststeuerung

Um solche Überlastungssituationen zu verhindern, wurden unterschiedliche Steuerungsmethoden entwickelt. Sie sind in Theorie und Praxis unter den Begriffen „Überlaststeuerung", „Stauvermeidung" (Congestion Avoidance) und „Quality of Service" (QoS) bekannt. In letzter Zeit wird auch der Begriff „Verkehrssteuerung" (Traffic Engineering) benutzt, um die Gestaltungsmöglichkeiten des Verkehrsflusses zu betonen. Ziel der ***Überlaststeuerung*** ist ganz allgemein die Übertragung von so vielen Datenpaketen wie möglich ohne Überlast für das Netzwerk (vgl. Abbildung 5.16). Methoden zur Überlaststeuerung werden in Netzknoten eingesetzt und betreffen immer auch die OSI-Schicht 3.

In modernen Computernetzen wird heute ein Mix vieler verschiedener und teilweise komplexer Methoden zur Überlaststeuerung angewandt (vgl. z. B. [8], S. 790 ff.). Besonders hervorzuheben sind folgende Methoden:

- ***Queuing:*** Bereitstellung von Pufferspeichern in den Netzknoten zur Aufnahme der Datenpakete in Warteschlangen,
- ***Retransmission:*** Verhinderung des Überlaufs der Pufferspeicher in den Netzknoten durch Vernichten der Datenpakete am Ende der Warteschlangen (Tail Drop), sodass sie erneut übertragen werden müssen,
- ***Traffic Policing:*** Verkehrsüberwachung einer Ausgangsleitung zur Vernichtung der Datenpakete, die eine vorgegebene Übertragungsrate überschreiten,
- ***Traffic Shaping:*** Verkehrsglättung zur Begrenzung der Übertragungsrate einer Ausgangsleitung durch Pufferung und verzögerte Versendung von Lastspitzen,
- ***Load Balancing:*** Lastverteilung auf alternative Wege zur Stauvermeidung in einer Ausgangswarteschlange,

- ***Admission Control:*** vorübergehende Ablehnung des Aufbaus virtueller Verbindungen für Endsysteme durch Zugangsknoten bei erkannter Überlast,
- ***Priority Queuing:*** Klassifizierung des Datenverkehrs zur Verkehrspriorisierung durch entsprechende Markierung der Datenpakete, sodass Datenpakete mit höherer Priorität bevorzugt behandelt werden können (Garantie bestimmter QoS-Stufen).

Überlaststeuerung und Quality of Service (QoS)

Der Zusammenhang zwischen der Überlaststeuerung und der Garantie bestimmter QoS-Stufen (Dienstgüte-Stufen) für Endsystem-Verbindungen wird in Abbildung 5.17 verdeutlicht (vgl. hierzu auch [8], S. 794 f.).

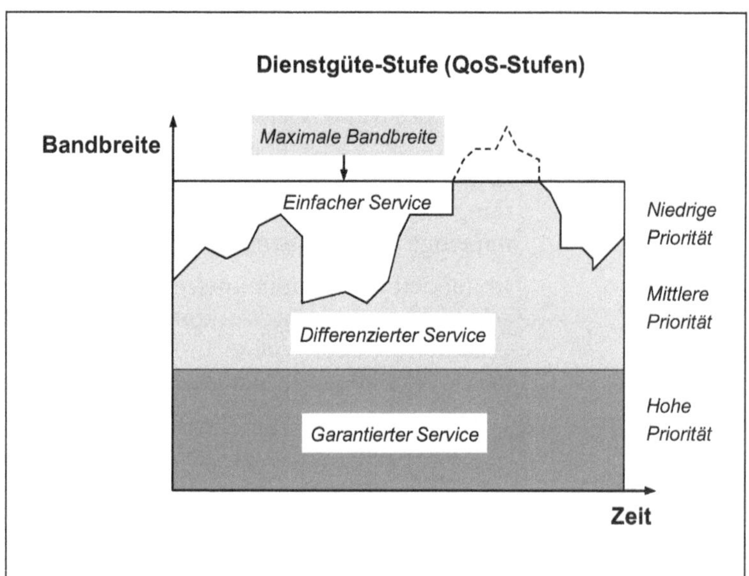

Abb. 5.17: Überlaststeuerung und Quality of Service

Es werden drei für Paketvermittlungsnetze übliche QoS-Stufen unterschieden:

- ***Integrated Service (Garantierter Service):*** Für diesen Datenverkehr fordert ein Sender von den Routern auf dem Pfad zum Empfänger die Reservierung eines Teils der verfügbaren Übertragungskapazität an; entlang dieser logischen Kanäle ergibt sich dann eine garantierte Übertragungsrate, die auch bei Überlast gilt.

- ***Differentiated Service (Differenzierter Service):*** Datenverkehr dieser Stufe wird von jedem einzelnen Netzknoten – soweit möglich – im Rahmen seiner verfügbaren Übertragungskapazität bevorzugt behandelt, und es werden so wenig Pakete wie möglich vernichtet.
- ***Best Effort Service (Einfacher Service):*** Die restliche Übertragungskapazität steht dem Datenverkehr dieser Stufe zur Verfügung; bei Überlast werden die Datenpakete dieses einfachen Service als erste vernichtet, sodass sie erneut übertragen werden müssen.

5.6 WAN- und LAN-Evolution inklusive Funk- und IP-Netze

Die WAN-Technik und die LAN-Technik haben sich in der Vergangenheit völlig unterschiedlich entwickelt. Dies gilt auch für die entsprechenden Funknetze im WAN-Bereich (Mobilfunknetze) und im LAN-/MAN-Bereich (WLANs, WPANs und WMANs).

Die ***WAN-Technik*** basiert auf der über hundert Jahre alten Fernmeldetechnik. Diese wurde im Laufe der Jahrzehnte immer wieder verbessert, damit die öffentlichen ***Festnetze*** (Fernmeldenetze mit fest installierten Leitungen) den stetig wachsenden Fernsprech- und Fernschreibverkehr wirtschaftlich bewältigen konnten. Seit Anfang der 70er Jahre machte der neu hinzukommende und überproportional wachsende Datenverkehr neue und anspruchsvollere technische Lösungen erforderlich.

Die noch junge, erst Anfang der 80er Jahre entstandene ***LAN-Technik*** diente zunächst nur dazu, in großen Unternehmen eine überschaubare Anzahl von Arbeitsplatzrechnern auf einfache Weise über ***lokale Netze*** miteinander zu verbinden. Es ist deshalb nicht erstaunlich, dass die bisher beschriebenen komplexen Netzwerkmechanismen ausschließlich als WAN-Technik entwickelt wurden und zunächst nur in Telekommunikationsnetzen zum Einsatz kamen.

WAN-Evolution

Wie wir gesehen haben, sind die beiden zentralen Netzwerkmechanismen im WAN-Bereich die Multiplextechnik – zur simultanen Nutzung einer Übertragungsstrecke – und die Vermittlungstechnik – zur Weiterleitung der Nachrichten in Maschennetzen über die verschiedenen Netzknoten hinweg. Beide Techniken sind eng miteinander verbunden und ermöglichen zusammen die ***Realisierung verbindungsorientierter Dienste*** zwischen zwei Kommunikationspartnern. Sie werden durch eine Reihe weiterer Netzwerkmechanismen wie Routing, Flusssteuerung und

Überlaststeuerung unterstützt, um die erforderliche Netzelastizität (Anpassungsfähigkeit) zur maximalen Ausnutzung der vorhandenen Netzkapazität zu erreichen.

Die Abbildungen 5.18 und 5.19 geben einen Überblick über die grundlegenden Entwicklungsstufen der Multiplextechnik und der Vermittlungstechnik seit 1880 (vgl. ähnlich auch bei [27], S. 92). Abbildung 5.18 zeigt die ***technische Entwicklung bis 1990:***

Multiplextechnik	Vermittlungstechnik	Dienst	Jahr
	Circuit Switching (Manual Systems)	Telefonie/ Telegrafie	1880
	Circuit Switching (Electromechanical Systems)		1910
Frequency Division Multiplexing (FDM)			1940
	Circuit Switching (Digital Computer-controlled Systems)		1965
(Synchronous) Time Division Multiplexing (TDM)		PDH	1972
	Packet Switching (X.25)	X.25 (Datex-P)	1976 (1980)
		(SDH) S-ISDN	(1988) 1990

Abb. 5.18: WAN-Technik im geschichtlichen Überblick (Teil 1)

- Die Konzepte zum ***Frequenzmultiplexing*** und zur ***Leitungsvermittlung,*** die für den Telefon- und Fernschreibverkehr entwickelt worden waren, wurden ab 1965 auch für den Datenverkehr mitbenutzt.
- ***Synchrones Zeitmultiplexing*** kam zunächst vor allem in sternförmigen Terminal-Netzen großer Unternehmen zum Einsatz. 1972 standardisierte das CCITT die ***PDH*** (Plesiochronous Digital Hierarchy) für WAN-Backbones. Für höhere Bitraten wurden 1985/1988 die Multiplexhierarchien ***SONET/SDH*** (Synchronous Optical Network/Synchronous Digital Hierarchy) geschaffen.
- Der CCITT-Standard ***X.25*** (heute ITU-T X.25) zur ***Datenpaketvermittlung*** wurde 1976 veröffentlicht. Auf

seiner Basis bieten Telekommunikationsunternehmen Paketvermittlungsdienste an (z. B. in Deutschland seit 1980 Datex-P-Dienst). Die Übertragungsraten liegen z. B. bei 64 kbit/s, was der Grundstufe der PDH entspricht.

- 1990 wurde das ***Schmalband-ISDN*** (Integrated Services Digital Network) mit einer Übertragungsrate von 64 kbit/s gemäß der Grundstufe der PDH installiert.

Abbildung 5.19 gibt einen Überblick über die weiteren Entwicklungsstufen moderner ***Datenpaketvermittlungsnetze seit 1991.*** Die Entwicklung hat sich deutlich beschleunigt. Der stetig wachsende Datenverkehr und der hinzugekommene Multimediaverkehr erfordern Netze mit immer größerer Bandbreite. Deshalb wurden zahlreiche weitere Konzepte und Standards zur Multiplex- und Vermittlungstechnik entwickelt.

Multiplextechnik	Vermittlungstechnik	Dienst	Jahr
Asynchronous Time Division Multiplexing (ATD)	Packet Transfer Mode (PTM) (ATD-basierte Paket-Vermittlung)	Frame Relay	1991
	Asynchronous Transfer Mode (ATM) (ATD-basierte Zell-Vermittlung)	B-ISDN	1994
Wavelength Division Multiplexing (WDM)			1995
	Multiprotocol Label Switching (MPLS)		2001
Code Division Multiplexing (CDM)		UMTS	2005
Orthogonal Frequency Division Multiplexing (OFDM)		LTE	2011?

Abb. 5.19: WAN-Technik im geschichtlichen Überblick (Teil 2)

Im Einzelnen ergeben sich folgende Entwicklungsstufen:

- Fast Packet Switching mit ***Frame Relay*** basiert auf einer ***asynchronen Multiplex-*** und ***Vermittlungstechnik.*** Es bietet seit 1991 eine Datenpaketvermittlung mit Übertragungsraten von bis zu 34 Mbit/s in Europa bzw. von bis zu 45 Mbit/s in den USA entsprechend der PDH.
- Das ***B-ISDN*** (Broadband Integrated Services Digital Network) basiert auf der asynchronen Multiplex- und

Vermittlungstechnik von ***ATM.*** ATM ist eine sehr komplexe Technik. Seine hohe Dienstgüte (QoS, Quality of Service) hat Vorbildfunktion. Seit 1994 wurden viele ATM-basierte WAN-Backbones mit Zellvermittlung ab 155 Mbit/s aufwärts entsprechend SONET/SDH realisiert.

- Für die verwendeten Lichtwellenleiter (LWL) wird seit 1995 das ***Wellenlängenmultiplexing*** (WDM) eingesetzt, das vom Prinzip her ähnlich wie das Frequenzmultiplexing funktioniert. Seit 2001 realisieren ***MPLS-Backbones*** eine hohe Dienstgüte ohne die Komplexität von ATM.
- Das ***Code Multiplexing*** ist seit 2005 beim 3G-Mobilfunknetz ***UMTS*** (Universal Mobile Telecommunications System) im Einsatz.
- ***OFDM*** (Orthogonal Frequency Division Multiplexing) soll bei der UMTS-Nachfolgetechnik ***LTE*** (Long Term Evolution) voraussichtlich ab 2011 eingesetzt werden.

OFDM wurde ursprünglich für den LAN-Bereich entwickelt. An diesem Beispiel kann man erkennen, dass WAN- und LAN-Technologien zukünftig zusammenwachsen werden.

LAN-Evolution

Im Gegensatz zur WAN-Technik, die komplexe verbindungsorientierte Dienste ermöglicht, benutzt die LAN-Technik recht einfache und „grobe“ Netzwerkmechanismen zur ***Realisierung verbindungsloser Dienste.*** LANs wurden Anfang der 80er Jahre in Unternehmen aufgebaut, um auf dem eigenen Grundstück dezentrale Stand-alone-PCs miteinander zu verbinden. Dies geschah, indem man zunächst ein einfaches Koaxialkabel verlegte und die dezentralen Arbeitsplatz-Rechner hieran anschloss.

Damit sich die angeschlossenen PCs das Kabel bei der Datenübertragung teilen können ***(Shared Medium),*** entwickelte man einen einfachen Netzwerkmechanismus: den ***Ethernet-Bus*** mit einem nicht deterministischen Zugriffsverfahren. Jeder PC kann jederzeit versuchen, einen Ethernet-Frame zu senden. Bei einer Kollision müssen die betroffenen PCs ihre Sendungen nach einer zufälligen Zeitspanne wiederholen. Jeder Ethernet-Frame enthält insbesondere eine Absender- und Empfängeradresse und wird als ***Broadcast*** an alle angeschlossenen PCs gesendet. Der Empfänger kopiert sich den Frame, während alle anderen Stationen ihn vernichten.

Als zweiter bedeutender Netzwerkmechanismus folgte dem Ethernet-Bus wenig später der von IBM entwickelte***Token-Ring*** mit einem deterministischen Zugriffsverfahren. Die über TP-

Kabel ringförmig zusammengeschlossenen PCs dürfen jeweils der Reihe nach einen Frame senden, wenn der Token-Ring frei ist. Dies wird ihnen durch einen im Ring zirkulierenden Token-Frame (Token = Bitmuster) mitgeteilt, der ein Frei-Token enthält. Kommt das Frei-Token bei einem sendewilligen PC vorbei, so sendet er seinen Frame mit Absender- und Empfängeradresse als ***Broadcast,*** der bei allen anderen PCs vorbeikommt. Außerdem wandelt er im Token-Frame das Frei-Token in ein Besetzt-Token um, sodass kein anderer PC senden kann. Wenn der gesendete Frame wieder bei ihm vorbeikommt, nimmt ihn der sendende PC vom Ring und sendet ein Frei-Token, sodass der nächste sendewillige PC seinen Frame senden kann.

Während das Ethernet zur führenden LAN-Technologie weiterentwickelt wurde, ist der IBM Token-Ring heute bedeutungslos. Ring-Topologien sind jedoch gerade im MAN-Bereich nach wie vor hochaktuell. Abbildung 5.20 stellt entscheidenden Entwicklungsstufen der LAN-Technik schematisch dar.

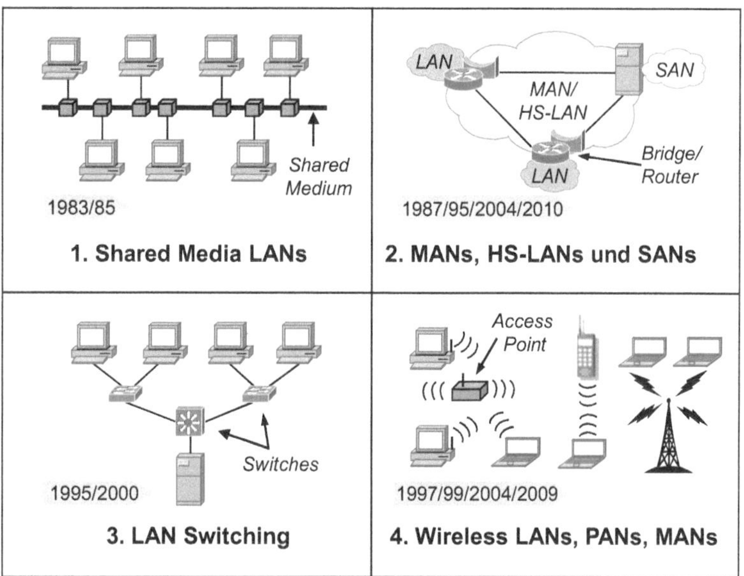

Abb. 5.20: LAN-Technik im geschichtlichen Überblick

Die bereits dargestellten ***Shared Media LANs*** werden oft auch als „klassische LANs" bezeichnet, da sie heute praktisch kaum noch anzutreffen sind. Der von DEC, Intel und Xerox entwickelte, 1983 standardisierte Ethernet-Bus arbeitet mit einer Übertragungsrate von 10 Mbit/s und der von IBM 1985 entwickelte Token-Ring mit einer Übertragungsrate von 4 bzw. 16 Mbit/s.

MANs und ***HS-LANs*** (High-Speed LANs) haben eine Übertragungsrate von 100 Mbit/s und mehr. MANs dienen vor allem der Vernetzung verschiedener Büro-LANs von Zweigstellen und Niederlassungen im Großstadtbereich (Metropoltitan Area). High-Speed LANs fungieren oft als Campus-Backbones im Bürogebäudebereich und auf großen Werksgeländen, um isolierte LANs miteinander zu verbinden. Die Vernetzung erfolgt in beiden Fällen entweder über Bridges (Brücken) auf der OSI-Schicht 2 oder über Router auf der OSI-Schicht 3.

Im MAN-Bereich begann die Erhöhung der Übertragungsrate auf 100 Mbit/s mit dem 1987 standardisierten ***FDDI-Ring*** (Fibre Distributed Data Interface), der als verbesserter, schneller Token Ring arbeitet. Im LAN-Bereich folgte 1995 das ***Fast Ethernet.*** Die Leistungssteigerung des Ethernets setzte sich über das Gigabit-Ethernet (GbE, GE) zum ***10-Gigabit Ethernet*** (10GbE, 10GE) fort. Fast Ethernet, Gigabit Ethernet und 10-Gigabit Ethernet werden praktisch nur noch in „geswitchter" Form eingesetzt (LAN Switching). Das 10-Gigabit Ethernet hat auch schon den MAN-und WAN-Bereich erobert. Für den MAN-Bereich wurde 2004 zudem der RPR (Resilient Packet Ring) standardisiert, der als „elastischer Paketvermittlungsring" wieder am FDDI-Ring anknüpft, allerdings mit mehr Leistung von bis zu 10 Gbit/s. Für 2010 ist die Verabschiedung des Standards für das ***100-Gigabit Ethernet*** vorgesehen.

SANs (Storage Area Networks) werden seit Ende der 90er Jahre in Rechenzentren eingesetzt. Sie dienen dazu, im Backend-Bereich die Speichermedien von den Servern zu entkoppeln, um mehr Leistung und Flexibilität zu erreichen. SANs verwenden insbesondere ***FC*** (Fibre Channel) als Übertragungstechnik und erreichen so Übertragungsraten von 8 Gbit/s und mehr.

Das ***LAN Switching*** ist 1995 aus der Bridging-Technik entstanden, indem man aus Bridges Switches mit mehr als zwei Netzanschlüssen (Ports) entwickelte. So wurde es möglich, an einen Switch mehrere Endsysteme anzuschließen und einen von einem Sender gesendeten Frame als ***Unicast*** zu einem Empfänger durchzuschalten. Auch eine kaskadenförmige (kaskadierte) Switch-Anordnung ist möglich (siehe Abb. 5.20).

LAN-Switches können mehrere Sender und Empfänger simultan bedienen. Sie bieten jedem Endsystem für den Moment der Weiterleitung eines Frames eine ***dedizierte Bandbreite*** (Dedicated

Bandwidth) und haben so das Prinzip des Shared Medium verlassen. Es können auch Multilayer Switches zum Einsatz kommen, die neben dem Layer-2- auch ein ***Layer-3-Switching*** zur schnellen Durchschaltung von IP-Paketen realisieren. Multilayer Switching hat sich seit ca. 2000 in der Netzwerkpraxis durchgesetzt. Damit wurde – wenn auch verspätet – die Vermittlungstechnik aus dem WAN-Bereich in vereinfachter Form in den LAN-Bereich übertragen.

WLANs (Wireless LANs), WPANs (Wireless PANs) und ***WMANs (Wireless MANs)*** folgen dem immer stärkeren Trend zu einer mobilen LAN-Technik. Motivation zum Aufbau von ***WLANs*** ist die Unterstützung der Endgeräte-Mobilität, sodass Benutzer auch ohne LAN-Kabelanschluss kommunizieren und sich während ihrer Kommunikation begrenzt fortbewegen können. Der Aufbau von Funk-LANs geschieht üblicherweise über sog. Access Points, die als zentrale Funkstationen an ein verkabeltes LAN angeschlossen werden. 1997 gab es den ersten WLAN-Standard IEEE 802.11, 2009 den neuesten IEEE 802.11n.

Über ***WPANs*** können Peripheriegeräte (z. B. Handys, PDAs, Drucker) kabellos miteinander und mit PCs und/oder Notebooks kommunizieren. Das Bluetooth PAN wurde von der Firma Ericsson initiiert und nachfolgend standardisiert (1999/2004/2009: Bluetooth 1.0/2.0/3.0 in IEEE 802.15.1). Daneben wurden UWB (Ultra Wide Band) für hohe und ZigBee (IEEE 802.15.4) für geringe Übertragungsraten konzipiert.

Die jüngste bahnbrechende Technik ist RFID (Radio Frequency Identification). RFID-Chips dienen dazu, Objektdaten berührungslos und ohne Sichtkontakt zu speichern und zu lesen. Die ***RFID-Technik*** wird unsere Welt revolutionieren, da der Einsatz der winzigen RFID-Chips praktisch überall möglich ist – beim Reisepass zur Personenkontrolle genauso wie bei Bekleidungsartikeln und Lebensmitteln zur Steuerung, Verwaltung und Abrechnung von Warenströmen in Industrie- und Handelsbetrieben (seit 2007 z. B. flächendeckender RFID-Einsatz der Metro Group zur operativen Nutzung).

Für ***WMANs*** wurden 2004 die Standards IEEE 802.16:2004 und 802.16e herausgegeben. WMANs ermöglichen eine Breitbandübertragung mit bis zu 75 Mbit/s bei einer Reichweite von bis zu 50 km.

Technikintegration und „IP-over-Optical"-Konzepte

Die aufgezeigte ***WAN-Technik*** betrifft die OSI-Schichten 1 bis 3, die umrissene ***LAN-Technik*** prinzipiell nur die OSI-Schichten 1 und 2. Das heute überall genutzte ***Protokoll-Paar TCP/IP*** deckt die OSI-Schicht 3 – bzw. eine zusätzliche Schicht oberhalb der OSI-Schicht 3 – und die OSI-Schicht 4 ab (zur Einordnung des IP-Protokolls in das OSI-Referenzmodell siehe Abbildung 3.13!). IP ermöglicht es als weltweit einheitliches Protokoll, in verschiedenen Netzen auf den unteren OSI-Schichten völlig unterschiedliche WAN-, MAN- und LAN-Technologien zu verwenden. Dies geschieht auch noch weitgehend.

Es lassen sich jedoch Trends einer Technikintegration erkennen, da die WAN-, MAN- und LAN-Technologien der unteren OSI-Schichten zusammenwachsen. Um das stetig wachsende Datenübertragungsvolumen zu bewältigen, nutzt man immer mehr die ***optische Übertragungstechnologie*** mit ***WDM.*** Hierbei versucht man, die Kommunikationsarchitektur immer flacher zu machen, um den ***Overhead (Steuerdaten)*** für die Paketweiterleitung in den Netzknoten zu reduzieren. Abbildung 5.21 zeigt fünf bedeutende „IP-over-Optical"-Konzepte.

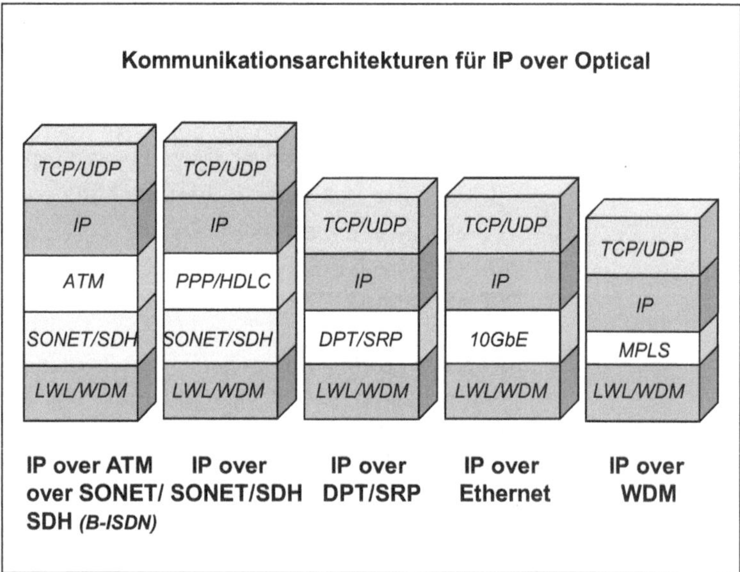

Abb. 5.21: Trend der „IP-over-Optical"-Konzepte

Die Konzepte sind nicht mehr auf eine einzelne Netzwerkklasse beschränkt und decken mehrere Netzwerkklassen ab:

- ***IP over ATM over SONET/SDH*** wird heute fast nur noch von Betreibern öffentlicher Netze (von Telekommunikationsanbietern) im WAN- und MAN-Bereich eingesetzt. Entgegen der ursprünglichen Zielsetzung von ATM ist sein Durchbruch im LAN-Bereich nicht erfolgt, da ATM wesentlich komplexer und teurer ist als die Ethernet-Technologie. Zur Verringerung des Overheads kann ATM auch direkt auf WDM betrieben werden (IP over ATM).

- ***IP over SONET/SDH*** (Packet over SONET/SDH) wird ebenfalls für WANs und MANs eingesetzt. Zur Vermeidung der Komplexität von ATM werden die IP-Pakete in einfache PPP-Frames (des Point-to-Point Protocol) eingekapselt und dann in HDLC- Frames (High-Level Data Link Control) weitergeleitet.
- ***IP over DPT/SRP*** (Dynamic Packet Transfer/Spatial Reuse Protocol) wurde von Cisco entwickelt und 2004 als LAN- und MAN-Technologie für optische Ringe (RPRs, Resilient Packet Rings) in IEEE 802.17 standardisiert. DPT/SRP ermöglicht eine optimale Ausnutzung der einzelnen Ringstrecken für Nutz- und Steuerdaten in beiden Richtungen. DPT/SRP kann über GbE, über SONET/SDH, aber auch direkt über LWL und WDM betrieben werden.
- ***IP over Ethernet,*** das ursprünglich für LANs entwickelt wurde, erobert wegen seiner einfachen Technik und seiner günstigen Kosten als 10-Gigabit Ethernet (10GbE) immer mehr den MAN- und WAN-Zugangsbereich.
- ***IP over WDM*** führt verschiedene logische Kanäle oder Bursts (Folgen) von IP-Paketen direkt auf Lichtwellenleitern mit Wellenlängenmultiplexing simultan über mehrere Switches hinweg. Als hierzu erforderliche Anpassungsschicht wird derzeit MPλS (Multiprotocol Lambda Switching) favorisiert. Mit optischem Switching (OXC, Optical Cross-Connect) werden sich in Zukunft rein optische Netze (Photonische Netze) ergeben.

Netzwerk- und Internet-Technologien

Bei so vielen „IP-over-Optical"-Konzepten stellt sich die Frage nach mehr Details zu den verschiedenen Netzwerk-Technologien einerseits und zu den grundlegenden Internet-Technologien inklusive IP-Protokoll andererseits:

- ***Netzwerk-Technologien:*** Im Kapitel 6 folgen Details zu den verschiedenen WAN-Technologien vom klassischen HDLC-Protokoll bis zum modernen MPLS und DSL. Kapitel 7 beschreibt LAN-, MAN- und SAN-Technologien vom klassischen Ethernet bis zum modernen RPR und FC. Kapitel 10 stellt schließlich Mobilfunk- und lokale Funknetz-Technologien dar, die mit immer höheren Bandbreiten ein ***mobiles Internet*** ermöglichen werden.

- ***Internet-Technologien:*** Netzwerkgeräte, Layer-2- und Layer-3-Internetworking, virtuelle LANs und Multilayer-Switching sowie die Architektur moderner Campusnetze folgen im Kapitel 8. Im Kapitel 9 wird dann die Technik der Internet-Protokolle im Detail beschrieben. Zum einen geht es um die TCP/IP-Protokollbasis, zum anderen um die vielfältigen Internetdienste, die auf der TCP/IP-Protokollbasis aufsetzen. ***Zur Erinnerung:*** TCP/IP betrifft die OSI-Schichten 3 und 4, Dienste wie HTTP, FTP usw. decken jeweils die OSI-Schichten 5 bis 7 ab. Das OSI-Referenzmodell und die Internet-Protokollfamilie wurden bereits im Kapitel 3 ausführlich dargestellt.

5.7 Testaufgaben

1. Beschreiben Sie
   (1) den Einsatzbereich der Multiplextechnik,
   (2) die Notwendigkeit der Multiplextechnik,
   (3) das Grundkonzept der Multiplextechnik!
2. Wie funktionieren Frequenzmultiplexing und Zeitmultiplexing? Welche Multiplextechnik eignet sich aus welchem Grund für Datenübertragung, welche für Sprachübertragung?
3. Beschreiben Sie
   (1) das Funktionsprinzip des synchronen Zeitmultiplexing,
   (2) das Funktionsprinzip des asynchronen Zeitmultiplexing,
   (3) das Multiplexing bei Frame Relay und bei ATM,
   (4) die Multiplexhierarchien PDH und SONET/SDH!
4. Erklären Sie
   (1) die Funktionsweise des Wellenlängenmultiplexing,
   (2) den Unterschied zwischen DWDM und CWDM,
   (3) die Funktionsweise von Codemultiplexing!
5. Erläutern Sie die Begriffe „Physisches Multiplexing“ und „Logisches Multiplexing“!
6. In welchen Netzen wird eine Vermittlungstechnik benötigt? Welche Arten von Vermittlungstechnik gibt es und wie funktionieren sie? Welche Vorteile haben die einzelnen Arten der Vermittlungstechnik?

7. Beschreiben Sie die geschichtliche Entwicklung der Vermittlungstechnik!
8. Was verstehen Sie unter
   (1) Datagram Switching,
   (2) Virtual Circuit Switching,
   (3) dem Pipeline-Effekt?
   Nennen Sie die entsprechenden deutschen Begriffe zu (1) und (2)!
9. Nennen Sie zu jeder Vermittlungstechnik eine passende grundlegende Multiplextechnik und begründen Sie deren Eignung!
10. Was verstehen Sie unter dem Routing-Problem? Nennen Sie drei wichtige Routingmetriken!
11. Was sind tabellenbasierte Routing-Verfahren? Wie ist eine Routing-Tabelle aufgebaut? Wie lassen sich Routing-Verfahren klassifizieren?
12. Beschreiben Sie den Zusammenhang zwischen Routing-Domänen, Border Routern und Interior Routern!
13. Erläutern Sie die Arbeitsweise von Distance-Vector-Algorithmen!
14. Erläutern Sie die Arbeitsweise von Link-State-Algorithmen!
15. Geben Sie einen kurzen Überblick über verbreitete Routing-Protokolle und beschreiben Sie Routing-Tendenzen!
16. Erläutern Sie die Grundidee von Flusssteuerungsmechanismen!
17. Erklären Sie das Grundprinzip von Handshake-Mechanismen und von Stop-and-Wait-Mechanismen!
18. Was versteht man bei Window-Mechanismen
    (1) unter dem Begriff „Window",
    (2) unter dem Begriff „Credits",
    (3) unter einer Quittungs-Nummer?
19. Beschreiben Sie das Konzept des Sliding Window für unmittelbar benachbarte Systeme! Was ist beim Konzept des Sliding Window in Paketvermittlungsnetzen bezüglich nicht benachbarter Endsysteme zu berücksichtigen?
20. Beschreiben Sie die Überlastsituation von Paketvermittlungsnetzen, indem Sie die Abhängigkeit der Netzleistung von der Netzlast aufzeigen!

21. Welche Aufgabe hat die Überlaststeuerung in Paketvermittlungsnetzen?
22. Erläutern Sie mindestens fünf verschiedene Methoden zur Überlaststeuerung!
23. Welcher Zusammenhang besteht zwischen der Überlaststeuerung und der Quality of Service (QoS)? Beschreiben Sie die drei grundlegenden QoS-Stufen!
24. Für welche Einsatzbereiche wurden die WAN-Technik und die LAN-Technik entwickelt und wie alt sind die beiden Technikarten?
25. Welche grundlegenden Unterschiede bestehen zwischen der WAN-Technik und der LAN-Technik? Welche beiden Netzwerkmechanismen stehen im Mittelpunkt der WAN-Technik?
26. Geben Sie einen kurzen geschichtlichen Überblick über die Multiplex- und Vermittlungstechnik mit ihren wichtigsten Entwicklungsstufen!
27. Beschreiben Sie die vier entscheidenden Entwicklungsstufen der LAN-Technik!
28. Erläutern Sie die beiden klassischen LAN-Konzepte eines Shared Medium!
29. Erkläre Sie die Begriffe
    (1) LAN Switching,
    (2) Dedicated Bandwidth,
    (3) Multilayer Switching!
30. Was sind „IP-over-Optical"-Konzepte? Welche bekannten „IP-over-Optical"-Konzepte kennen Sie? Welche Trends lassen sich bei diesen Konzepten erkennen?

6 WAN-Technologien für die Telekommunikation

Die WAN-Technologien, die die wesentlichen Entwicklungsstufen der Telekommunikation markieren, werden im vorliegenden Kapitel beschrieben. Sie bauen großenteils aufeinander auf, koexistieren andererseits aber auch in den verschiedenen Telekommunikationsnetzen nebeneinander.

Das HDLC-Protokoll, das Mitte der 70er Jahre entstand, bildet den Ausgangspunkt der Entwicklung. Ihm folgten die Paketvermittlungstechnik X.25 und die Dienstintegration im Schmalband-ISDN. Parallel dazu entstanden nacheinander die PDH und SONET/SDH. Die erforderliche Erhöhung der Bandbreite führte zum Fast Packet Switching zunächst mit Frame Relay und dann mit ATM, das als Basis des Breitband-ISDN vorgesehen wurde.

Moderne Internet-Backbones verwenden insbesondere die neue WAN-Technologie MPLS, die großes Zukunftspotential hat und mit der sich auch rein optische Netze (photonische Netze) realisieren lassen. Der Netzzugang zu Breitbandnetzen erfolgt meist über eine DSL-Technik mit dem PPP-Protokoll. Funknetze zum mobilen Netzzugang werden im Kapitel 10 beschrieben.

6.1 Verbindungssicherung mit HDLC

HDLC (High-Level Data Link Control) nach ISO 3309, 4335 und 7809 kann als das wichtigste Protokoll der Sicherungsschicht angesehen werden, da es eine Vorbildfunktion für viele andere Protokolle der OSI-Schicht 2 hatte. Es dient dazu, Folgen von Frames sicher – d. h. ohne Fehler – über einen Streckenabschnitt ***zwischen zwei benachbarten Systemen*** zu übertragen. Die Hauptaufgaben von HDLC sind das Framing (Rahmenbildung und Rahmensynchronisation), die Flusssteuerung und die Fehlerabsicherung. HDLC ist ein bitsynchrones Übertragungsverfahren für Halb- und Vollduplex-Betrieb. Es löste Ende der 70er Jahre das bytesynchrone und nur halbduplexfähige BSC-Protokoll (Binary Synchronous Communication) ab und ist bis heute z. B. auf seriellen Schnittstellen von Routern verfügbar.

Die Standardisierung von HDLC

Die IBM hatte ein Protokoll namens ***SDLC*** (Synchronous Data Link Control) für ihre Netzwerkarchitektur SNA entwickelt. Die

ISO übernahm SDLC in leicht veränderter Form und publizierte den Standard ***HDLC.*** Aus HDLC machte das CCITT (heute: ITU-T) LAP (Link Access Procedure) und später ***LAPB*** (Link Access Procedure – Balanced), das im Paketvermittlungs-Standard X.25 die OSI-Schicht 2 abdeckt. Außerdem veröffentlichte das CCITT ***LAPD*** (Link Access Procedure – D Channel), das im ISDN-Standard Q.920/Q.921 ebenfalls die OSI-Schicht 2 abdeckt. Das IEEE veränderte HDLC zu ***LLC*** (Logical Link Control), das die OSI-Schicht 2b für LANs im Standard IEEE 802.2 spezifiziert. RFC 1661 definiert das HDLC-ähnliche ***PPP*** (Point-to-Point Protocol) für den Datagram-Transport (vgl. z. B. [8], S. 267 ff.). Und der aktuelle Standard von HDLC ist die ISO/IEC 13239:2002.

Unterstützte Netzwerktopologien

Während SDLC vier Netzwerktopologien unterstützt, sind es bei HDLC nur zwei:

- ***Multipoint-Verbindungen:*** Mit ihnen wurden früher sternförmige Terminal-Netze aufgebaut.
- ***Point-to-Point-Verbindungen:*** Sie wurden für Stern- und Maschennetze geschaffen und bilden bis heute die Basis der klassischen Paketvermittlungsnetze.

Abbildung 6.1 zeigt die möglichen Netzwerktopologien, die sich hieraus ergeben.

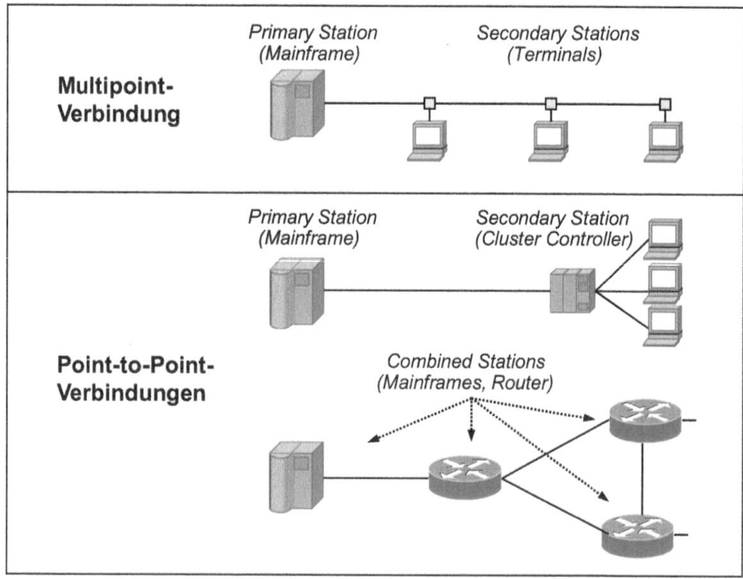

Abb. 6.1: Multipoint- und Point-to-Point-Verbindungen

Multipoint-Verbindungen bestehen aus einer ***Primary Station*** und mehreren ***Secondary Stations.*** Die Primary Station ist die Leitstation (Mainframe), die die Verbindung steuert und die die Secondary Stations (Terminals) der Reihe nach abfragt (Polling) oder ihnen Nachrichten sendet. Eine Secondary Station ist also eine abhängige Station, die im Regelfall nur antwortet.

Point-to-Point-Verbindungen bestehen im einfachen Fall aus einer ***Primary Station*** und einer ***Secondary Station.*** Zur besseren Kapazitätsausnutzung können aber auch auf beiden Seiten die Funktionen einer Primary Station mit denen einer Secondary Station kombiniert werden. Dann entstehen ***Combined Stations,*** die im Vollduplex-Betrieb arbeiten und die jederzeit eine Verbindung initiieren können. Combined Stations werden bis heute bei den klassischen Paketvermittlungsnetzen eingesetzt.

Primary und Secondary Stations werden in einem ***Unbalanced Mode*** betrieben, Combined Stations arbeiten im ***Balanced Mode*** (vgl. z. B. auch [42], S. 93 ff.; [29], S. 276 ff.).

Unbalanced Modes

Für Primary und Secondary Stations werden zwei verschiedene Betriebsarten verwendet, die in Abbildung 6.2 dargestellt sind:

- Normal Response Mode und
- Asynchronous Response Mode.

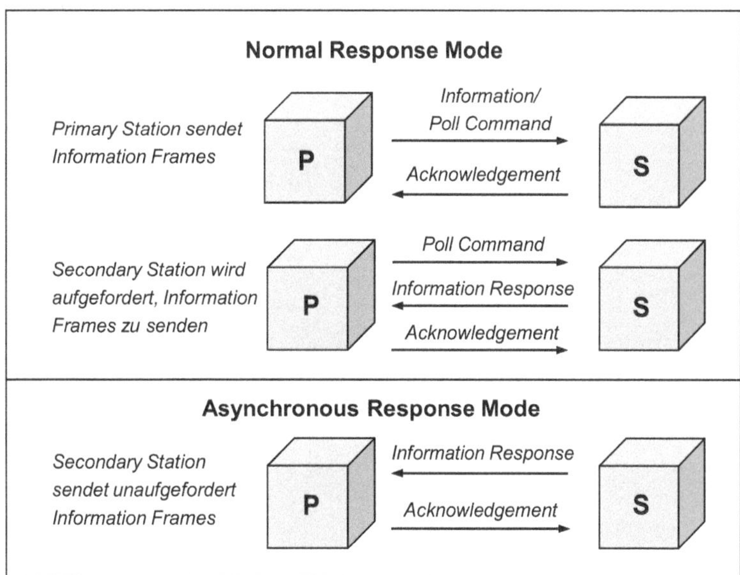

Abb. 6.2: Unbalanced Modes von HDLC

Beim ***Normal Response Mode*** kann eine Secondary Station (Terminal) nur dann Frames übertragen, wenn sie zuvor von der Primary Station (Mainframe) dazu aufgefordert wurde (Polling). Sie kann dann einen oder mehrere Frames senden und muss den letzten Frame markieren. Ein erneutes Senden ist ihr erst wieder möglich, wenn sie erneut „angepollt" wurde. Eine Primary Station kann jederzeit selbst Information Frames übertragen.

Im ***Asynchronous Response Mode*** kann die Secondary Station Frames senden, ohne auf das Polling der Primary Station warten zu müssen. Der Asynchronous Response Mode kann zu einer besseren Übertragungsleistung führen, da Wartezeiten und Frames zum Polling entfallen können. Allerdings kann die Secondary Station beim Halbduplex-Betrieb ggf. erst dann senden, wenn die Primary Station ein Polling beendet hat.

Balanced Mode

Der ***Asynchronous Balanced Mode*** wird insbesondere bei Maschennetzen eingesetzt. Er verwendet Combined Stations, sodass jeder Netzknoten eine Combined Station ist. Da eine Combined Station die Funktionen einer Primary und Secondary Station vereint, kann sie jederzeit mit einer Datenübertragung beginnen. Dies führt bei Paketvermittlungsnetzen zur notwendigen Flexibilität, um die Übertragungswege bestmöglich auszunutzen. Abbildung 6.3 zeigt das Konzept des Asynchronous Balanced Mode.

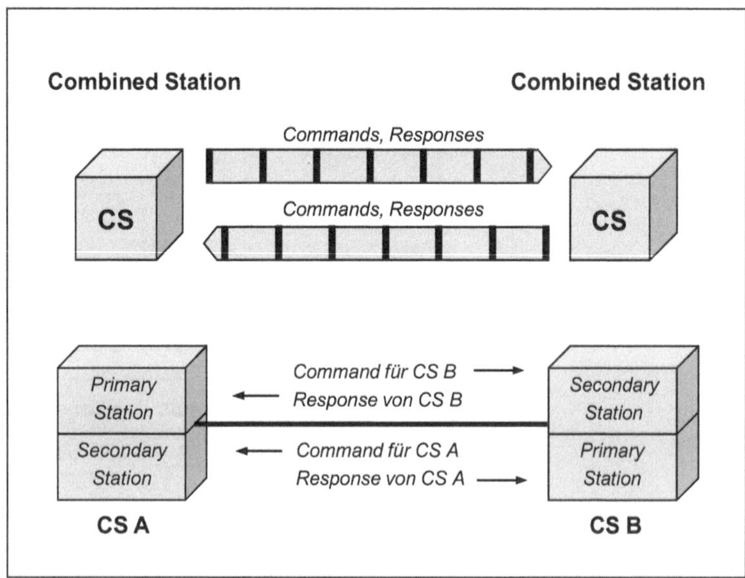

Abb. 6.3: Asynchronous Balanced Mode mit Combined Stations

Format und Typen von HDLC-Frames

Die PDUs (Protocol Data Units), die HDLC als bitsynchrones Protokoll überträgt, sind Frames (Rahmen), die durch zwei ***Flags*** (Markierungszeichen mit der Bitkombination 01111110) begrenzt werden. Die Bitkombination der Flags darf im Nutzdatenteil vorkommen, da der Sender nach fünf Einsen eine Null einfügt und der Empfänger jede Null nach fünf Einsen wieder entfernt (Bit Stuffing). Gibt es zwischen zwei Frames eine Pause, so werden solange Flags gesendet, bis wieder ein Frame folgt.

Abbildung 6.4 zeigt das Grundformat von HDLC-Frames (vgl. z. B. [29], S. 278 ff.; [43], S. 264 f.): Adressfeld (8 Bits), Steuerungsfeld (8 Bits), Datenfeld und ein Prüfzahlfeld (16 Bits).

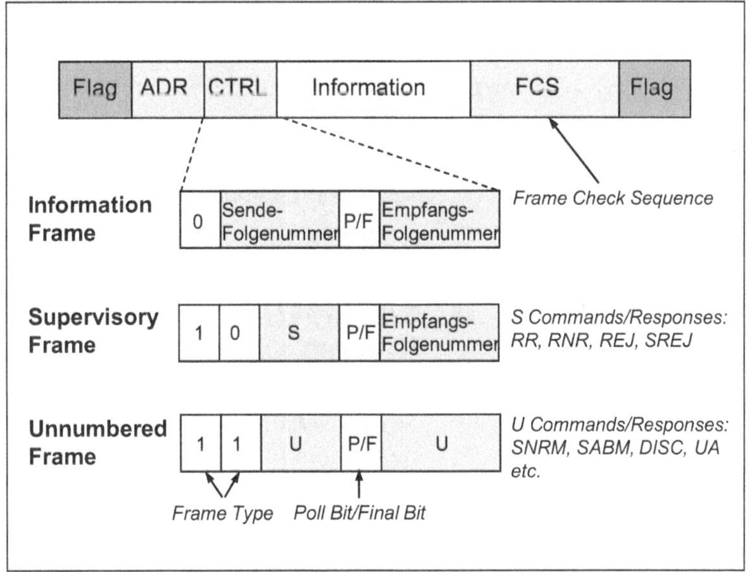

Abb. 6.4: Aufbau von HDLC-Frames

Das ***Adressfeld*** wird insbesondere bei Multipoint-Verbindungen zur Identifizierung der Terminals benötigt. Es enthält bei Befehlen (Commands) der Primary Station und bei Antworten der Secondary Stations (Responses) die jeweilige Terminaladresse. Bei Point-to-Point-Verbindungen mit Combined Stations dient das Adressfeld der Unterscheidung zwischen Befehlen und Antworten (siehe hierzu Abbildung 6.3):

- Gesendeter Frame mit Partner-Adresse: Command,
- Empfangener Frame mit Partner-Adresse: Response,

- Gesendeter Frame mit eigener Adresse: Response,
- Empfangener Frame mit eigener Adresse: Command.

Die ersten ein bis zwei Bits des ***Steuerfelds (Control Field)*** markieren den jeweiligen ***Frame-Typ:***

- ***Information Frame*** für Nutzdaten (Payload),
- ***Supervisory Frame*** mit Funktionen zur Flusssteuerung und Fehlersicherung,
- ***Unnumbered Frame*** zum Verbindungsauf- und -abbau.

Alle drei Frame-Typen enthalten im Steuerfeld ein ***Poll- bzw. Final-Bit.*** Mit dem Poll-Bit fordert die Primary Station die Secondary Station zur Antwort auf. Mit dem Final-Bit verlangt eine Secondary Station im letzten von maximal sieben gesendeten Frames eine Quittung von der Primary Station.

Supervisory Frames führen im Steuerfeld außerdem noch einen ***Antwort-Code:***

- ***RR (Receive Ready):*** Meldung der Empfangsbereitschaft mit Quittung zum letzten Frame,
- ***RNR (Receive Not Ready):*** Meldung fehlender Empfangsbereitschaft (busy) mit Quittung zum letzten Frame,
- ***REJ (Reject):*** Negative Quittung mit Wiederholungsaufforderung für einen fehlerhaften und die folgenden Frames (optional),
- ***SREJ (Selective Reject):*** Negative Quittung mit Wiederholungsaufforderung für einen fehlerhaften Frame (optional).

Unnumbered Frames enthalten einen ***Befehls-Code*** oder einen ***Antwort-Code.*** Beispiele hierzu sind:

- ***SNRM (Set Normal Response Mode):*** Befehl der Primary Station an die Secondary Station zur Datenübertragung im Normal Response Mode (Verbindungsaufbau),
- ***SABM (Set Asynchronous Balanced Mode):*** Befehl einer Combined Station zur Datenübertragung im Asynchronous Balanced Mode (Verbindungsaufbau),
- ***DISC (Disconnect):*** Aufforderung zur Beendigung der Datenübertragung (Verbindungsabbau),
- ***UA (Unnumbered Acknowledgement):*** Quittung einer Secondary Station zu einem Unnumbered Frame.

Flusssteuerung mit HDLC

Zur Flusssteuerung enthält das Steuerfeld von Information Frames die ***Nummer des gesendeten Frames*** (Send Sequence Number) und die ***Nummer des nächsten erwarteten Frames*** (Receive Sequence Number), mit der der letzte empfangene Frame quittiert wird. Das Mitführen der Quittungen in den Information Frames der Partnerstation wird auch als Piggyback Acknowledgement (Huckepack-Quittierung) bezeichnet. Hat die Partnerstation keinen Information Frame zu übertragen, so sendet sie stattdessen einen einzelnen RR-Frame, der im Steuerfeld nur eine Receive Sequence Number enthält. Die Sequenz-Nummern laufen von 0 bis 7 bzw. von 0 bis 127 beim erweiterten Verfahren (Extended Mode), das z. B. bei Satellitenübertragung wegen der längeren Übertragungsdauer angewendet wird.

Abbildung 6.5 veranschaulicht die Flusssteuerung beispielhaft für den Normal Response Mode und für den Asynchronous Balanced Mode. Beide Beispiele gehen zur Vereinfachung von Halbduplex-Betrieb aus (zur Flusssteuerung siehe Abschnitt 5.4).

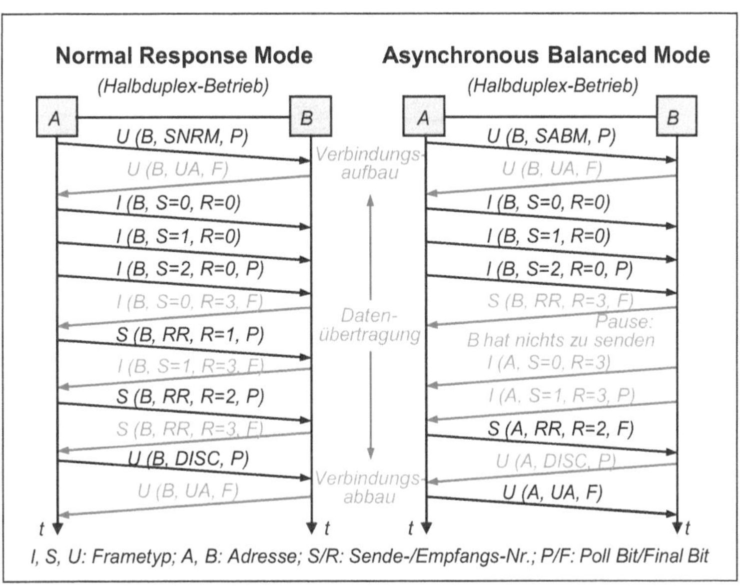

Abb. 6.5: HDLC-Sequenzdiagramm zur Flusssteuerung

Fehlerabsicherung mit HDLC

Zur Fehlerlabsicherung berechnet HDLC beim Sender aus den Bits des zu sendenden Frames nach dem CRC-Verfahren (Cyclic Redundancy Check) eine zwei Bytes lange ***Prüfzahl*** (Blockprüfzeichen) und speichert sie im ***Feld FCS (Frame Check Se-***

quence). Beim Empfänger führt HDLC die Berechnung für den empfangenen Frame erneut durch und vergleicht das Ergebnis mit dem übertragenen FCS-Feld. Im Falle einer Abweichung sendet der Empfänger eine ***negative Quittung*** zu dem fehlerhaften Frame, indem er den Frame nochmals über dessen Sequenz-Nummer anfordert. Der Sender erkennt einen Übertragungsfehler an der Sequenz-Nummer der negativen Quittung. Die „Polling Station" verwendet zusätzlich ein ***Timeout:*** Falls sie vom Empfänger nicht innerhalb einer vorgegebenen Zeitspanne einen Response-Frame erhält, wiederholt sie ihre Übertragung.

In der Abbildung 6.6 sind für den Normal Response Mode und für den Asynchronous Balanced Mode jeweils zwei beispielhafte Übertragungsfehler zu sehen. Der erste Fehler ist ein FCS-Fehler und der zweite ein Timeout-Fehler. Beide Fehler führen jeweils zu einer erneuten Übertragung.

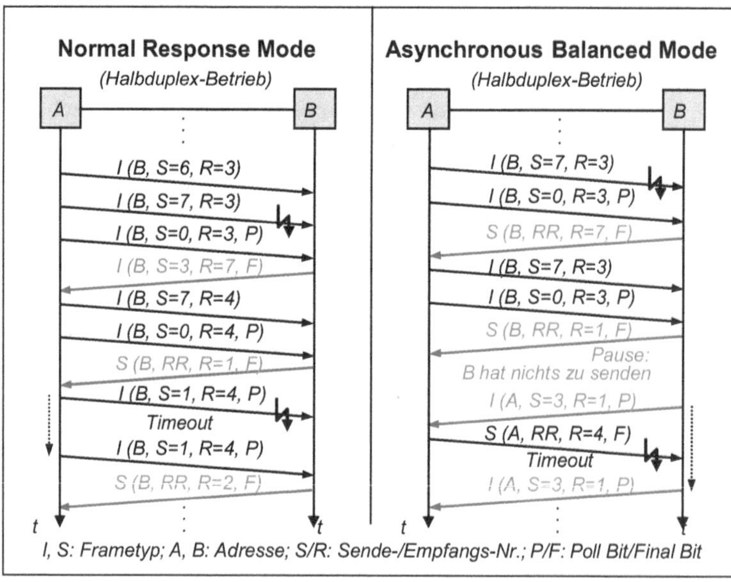

Abb. 6.6: HDLC-Sequenzdiagramm zur Fehlerabsicherung

6.2 Paketvermittlung mit X.25

HDLC realisiert als Protokoll der OSI-Schicht 2 im Asynchronous Balanced Mode sichere Point-to-Point-Verbindungen zwischen benachbarten Systemen. Der Standard X.25 der ITU-T, der die OSI-Schichten 1 bis 3 abdeckt, bildet dagegen die Grundlage für verbindungsorientierte Paketvermittlungsnetze. Er ermöglicht den Aufbau von logischen Kanälen für virtuelle Verbindungen zwischen entfernten Computern über mehrere Netzknoten hinweg. X.25 basiert auf den Ideen zum 1969 realisierten ***ARPANET,*** die maßgeblich von Donald W. Davies vom NPL (National Physical Laboratory) in Teddington (London) beeinflusst wurden.

X.25 hat zu einer weltweiten Verbreitung von X.25-Netzen geführt und ist seit seiner Veröffentlichung im Jahre 1976 einer der bedeutendsten Standards der Computerindustrie geworden. Z. B. werden Online-Transaktionen zum Electronic Cash bis heute auf der Basis von X.25 sicher von Geldausgabeautomaten und Supermarktkassen zu den zentralen Rechenzentren übertragen und dort abgewickelt. In Deutschland bietet die Deutsche Telekom ***Datex-P*** (Data Exchange – Paketvermittlung) als X.25-Dienst an, der über den D-Kanal eines ISDN-Anschlusses erreichbar ist.

Die X.25-Schnittstelle

X.25 beschreibt die Schnittstelle zwischen einem Endsystem ***(DTE, Data Terminating Equipment)*** und einer Datenübertragungseinrichtung ***(DCE, Data Circuit-Terminating Equipment),*** die als Netzabschluss fungiert. Die interne Arbeitsweise eines Paketvermittlungsnetzes wird von X.25 nicht festgelegt. Abbildung 6.7 zeigt die logische Struktur der X.25-Schnittstelle (vgl. [8], S. 277 ff.; [11], S. 237 ff.).

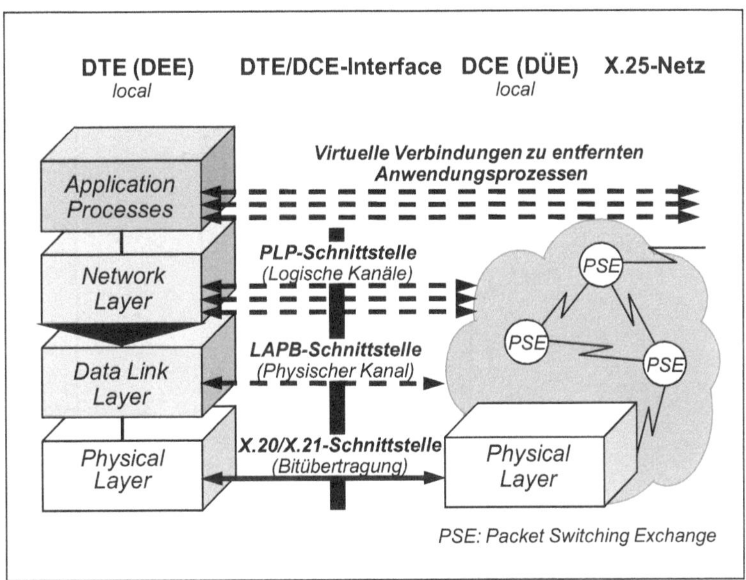

Abb. 6.7: Die logische Struktur der X.25-Schnittsstelle

Die X.25-Spezifikation umfasst die OSI-Schichten 1 bis 3:

- ***X.20 und X.21:*** Physische Schnittstelle für die asynchrone bzw. synchrone Datenübertragung über digitale Netze (Steckerbelegung, physikalische Eigenschaften),
- ***LAPB (Link Access Procedure – Balanced):*** eingeschränkte Variante von HDLC, die auf Asynchronous Balanced Mode für Combined Stations beschränkt ist,
- ***PLP (Packet Layer Protocol):*** X.25-Protokoll der Vermittlungsschicht, das oft auch einfach als X.25 Schicht 3 bezeichnet wird.

Über X.20 bzw. X.21 baut LAPB eine sichere physische Verbindung von einem Endsystem ***(DTE)*** zum nächstliegenden Netzknoten ***(PSE, Packet Switching Exchange)*** auf. Das PLP, das diese Verbindung veranlasst, ist hier von besonderem Interesse, da es das erste Standard-Protokoll für ein verbindungsorientiertes Paketvermittlungsnetz war und da es zum Vorbild für moderne Paketvermittlungsnetze – insbesondere für Frame Relay, ATM und MPLS – wurde.

Logische Kanäle und virtuelle Verbindungen

PLP realisiert auf der Basis sicherer physischer Verbindungen ***logische Kanäle*** für ***virtuelle Verbindungen*** zwischen Endsystemen über mehrere Netzknoten hinweg (siehe Abbildung 6.8).

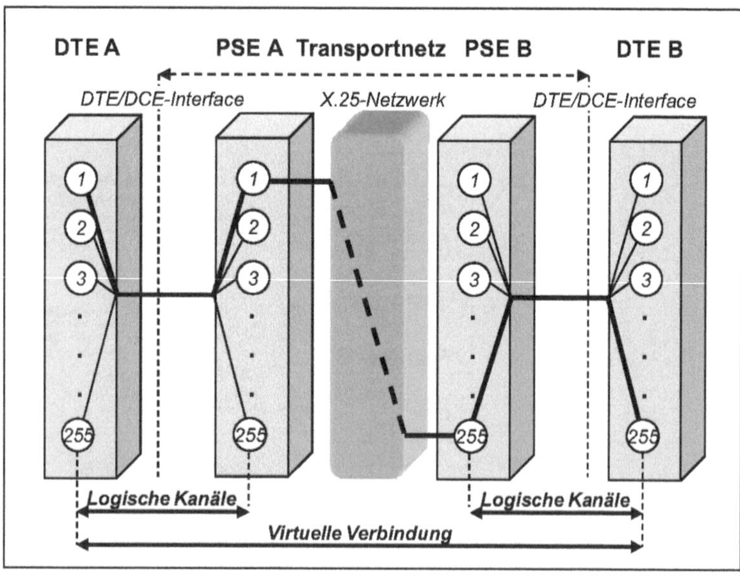

Abb. 6.8: Logische Kanäle und virtuelle Verbindungen

Durch logisches Multiplexing kann PLP von einem Endsystem aus gleichzeitig bis zu 255 logische Kanäle für virtuelle Verbindungen aufbauen. Zum einen lassen sich so von einem Endsystem aus parallele virtuelle Verbindungen zu verschiedenen Endsystemen realisieren (z. B. zwischen einem Server und entfernten Clients). Zum anderen können auch zwei Server über eine Reihe paralleler virtueller Verbindungen miteinander kommunizieren.

Topologie und Arbeitsweise von X.25-Netzen

Ein X.25-WAN besteht aus einer Reihe von Netzknoten, die bei Datex-P ***Datenvermittlungsstellen*** genannt werden und die miteinander zu einem ***Maschennetz*** verbunden sind. In Deutschland bestand das Datex-P-Netz bei seiner Installation im Jahre 1980 ursprünglich aus 17 Datenvermittlungsstellen, heute sind es weit über 100. Abbildung 6.9 stellt die Topologie von X.25-Netzen schematisch am Beispiel des Datex-P-Netzes dar.

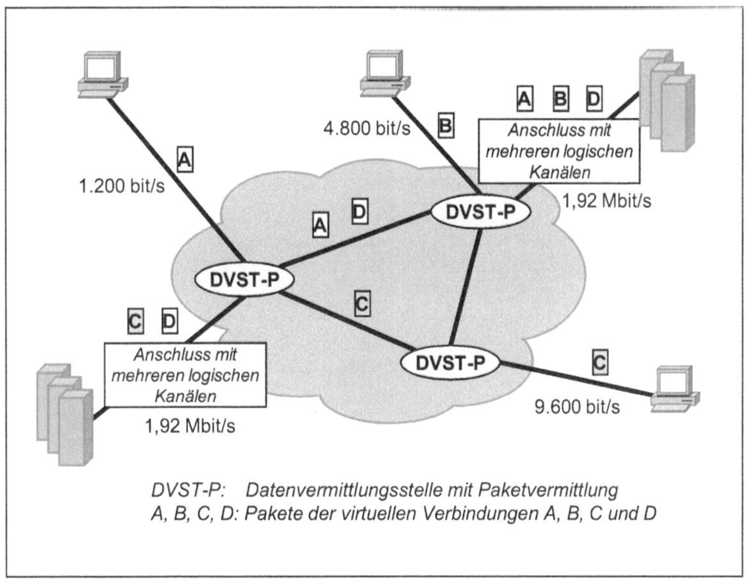

Abb. 6.9: Das Datex-P-Netz als Beispiel eines X.25-Netzes

Sobald eine Datenvermittlungsstelle von einem Endsystem ein Datenpaket erhält, entfernt sie seinen Rahmen. Sie interpretiert die Header-Information des Paketes und bestimmt anhand ihrer Routing-Tabelle die nächste Datenvermittlungsstelle, zu der das Paket auf seinem Weg zum empfangenden Endsystem weitergeleitet werden muss. Dann bildet sie um das Paket einen neuen Rahmen und leitet es als Frame weiter zur nächsten Datenvermittlungsstelle. Dieser Vorgang wiederholt sich so lange, bis das Paket bei der Datenvermittlungsstelle ankommt, die es direkt an das empfangende Endsystem ausliefern kann (vgl. [23], S. 137).

X.25-Anschlussarten und Verbindungsarten

Um ein X.25-Netz nutzen zu können, benötigt ein Anwender eine DCE (DÜE). Bei Datex-P ist dies eine sog. ***Datennetzabschlusseinrichtung (DNAE)*** oder ein ISDN-Anschluss. Die verfügbaren Übertragungsraten des Datex-P-Netzes liegen derzeit zwischen 1,2 und 9,6 kbit/s bei einem ISDN-Anschluss und zwischen 9,6 kbit/s und 1,92 Mbit/s bei einem Datex-P-Anschluss. Die Paketlänge beträgt 128 oder 256 Bytes. Es wird eine volumenabhängige Gebühr nach der Anzahl der übertragenen Pakete berechnet. Für Endsysteme, die eine asynchrone Datenübertragung verwenden, benutzt ein PSE eine sog. ***PAD-Funktion*** (Packet Assembly/Disassembly), die die einzelnen Zeichen zu Paketen zusammenfasst bzw. Pakete zeichenweise ausliefert (mit Funktionalität nach X.3 und Schnittstellen nach X.28 und X.29).

Virtuelle Verbindungen können grundsätzlich entweder fest geschaltet sein ***(PVC, Permanent Virtual Circuit)*** oder fallweise bei Bedarf aufgebaut werden ***(SVC, Switched Virtual Circuit).***

Steuerpakete und Datenpakete des PLP

Verbindungsaufbau und -abbau erfolgen durch besondere Steuerpakete. Abbildung 6.10 zeigt das Grundformat von X.25-Paketen (PLP-Paketen). Steuerpakete und Datenpakete haben prinzipiell denselben Aufbau (vgl. z. B. [20], S. 84 ff.).

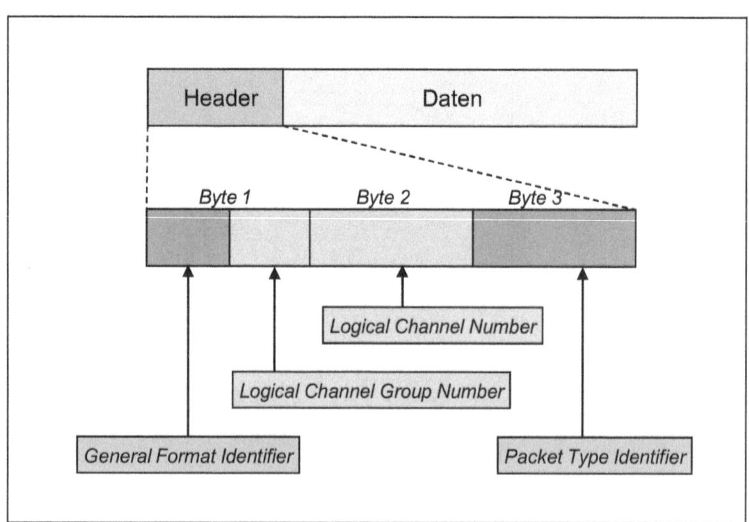

Abb. 6.10: Das Grundformat von X.25-Paketen

PLP-Pakete haben vier Typen von Feldern (vgl. [8], S. 282):

- ***General Format Identifier (GFI)*** mit 4 Bits im Header zur Kennzeichnung von Paket-Parametern (z. B. Steuer- oder Datenpaket),
- ***Logical Channel Identifier (LCI)*** mit 12 Bits im Header zur Identifizierung eines logischen Kanals zwischen Endsystem und Netzknoten (DTE/DCE-Schnittstelle), sodass theoretisch 4096 logische Kanäle möglich sind,
- ***Packet Type Identifier (PTI)*** mit 8 Bits im Header zur Kennzeichnung von einem der siebzehn möglichen Pakettypen (z. B. CALL REQUEST, CLEAR REQUEST usw.),
- ***Data Field*** für Benutzerdaten der höheren Schichten und bei einigen Steuerpaketen für Parameter.

Ein CALL-REQUEST-Paket enthält im Data Field insbesondere die logische Quelladresse des rufenden Endsystems und die logische Zieladresse des gerufenen Zielsystems, zu dem eine virtuelle Verbindung aufgebaut werden soll. Diese ***Adressen*** sind nach ***X.121*** standardisiert und bestehen aus dem DNIC (Data Network Identification Code) und der NTN (National Terminal Number). Datenpakete enthalten im Header insbesondere die zu ihrer Weiterleitung erforderliche logische Kanalnummer.

Auf- und Abbau virtueller Verbindungen

Abbildung 6.11 verdeutlicht die drei Phasen einer virtuellen Verbindung (vgl. z. B. [11], S. 242 ff.; [23], S. 143 f.). Verbindungsaufbau und -abbau erfolgen im sog. ***Two-Way-Handshake-Verfahren.***

In der ***Verbindungsaufbauphase*** sendet das rufende Endsystem einen CALL REQUEST. Dieses Steuerpaket wird anhand der Routing-Tabellen der Netzknoten eines X.25-Netzes bis zum Zielnetzkoten weitergeleitet. Es bewirkt den Aufbau logischer Kanäle zu den „Next-Hop-Netzknoten“ entlang der gewünschten virtuellen Verbindung mit entsprechender vorläufiger Speicherplatzreservierung und Tabellenaktualisierung (logische Kanalnummer/Next-Hop-Adresse). Der Zielnetzknoten informiert das gerufene Endsystem durch einen INCOMING CALL. Das gerufene Endsystem bestätigt seine Kommunikationsbereitschaft mit einem CALL ACCEPTED, der die logischen Kanäle endgültig einrichtet und beim rufenden Endsystem als CALL CONNECTED ankommt.

In der ***Datenübertragungsphase*** erfolgt der gegenseitige Datenaustausch nach dem Konzept des Sliding Window mit einer Paketnummerierung und -quittierung. Die Datenübertragung kann von jedem der beiden Endsysteme durch einen Verbindungsabbau abgeschlossen werden.

In der ***Verbindungsabbauphase*** sendet ein Endsystem einen CLEAR REQUEST. Dieser veranlasst das X.25-Netz, dem anderen Endsystem eine CLEAR INDICATION auszuliefern. Das andere Endsystem bestätigt den Verbindungsabbau mit einem CLEAR CONFIRMATION. Hierdurch werden die entsprechenden Tabelleneinträge in den Netzknoten gelöscht und der für die logischen Kanäle reservierte Pufferspeicher wird wieder freigegeben.

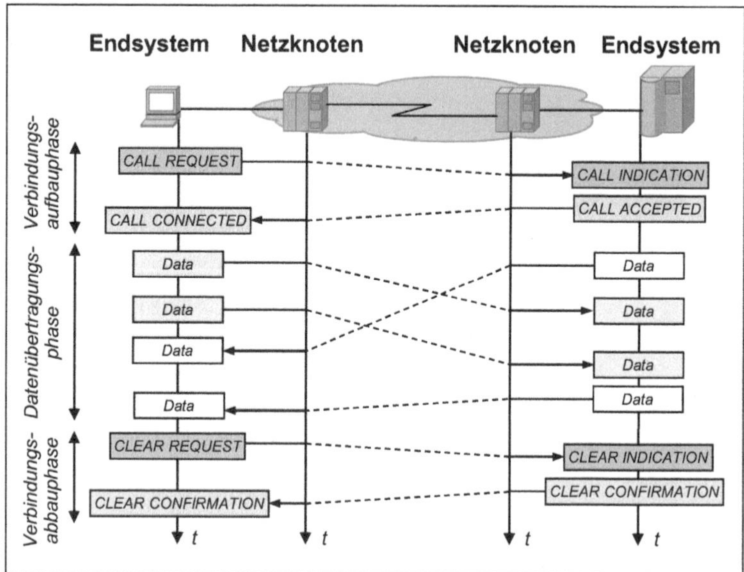

Abb. 6.11: Verbindungsaufbau, Datenübertragung und Verbindungsabbau

X.25-Anwendungen über XOT

Da eine Rechnerkommunikation über das Internet kostengünstiger sein kann als über X.25, wurde eine Lösung geschaffen, die sichere X.25-Anwendungen auch über TCP/IP kommunizieren lässt: ***XOT (X.25 over TCP/IP).*** XOT nach RFC 1613 ermöglicht es, X.25-Pakete sicher über das Internet zu versenden. XOT kann insbesondere durch den zusätzlichen Einsatz spezieller XOT-Router realisiert werden, sodass der kostenintensive Ersatz der gesamten X.25-Infrastruktur einer Organisation bzw. eines Unternehmens vermieden wird.

6.3 Diensteintegration im Schmalband-ISDN

Hintergrund der ISDN-Entwicklung

Bis Mitte der 70er Jahre wurden für unterschiedliche Dienste getrennte öffentliche Netze entwickelt. So begann in der zweiten Hälfte des 19. Jahrhunderts zunächst die Realisierung des Fernschreibnetzes (Telegrafennetzes) zur ***Textübertragung*** (Telegrammübermittlung). Wenig später folgte der Ausbau des analogen Fernsprechnetzes (Telefonnetzes) zur ***Sprachübertragung.*** Beide Dienste sind heute weltweit verfügbar.

Die erst Ende der 60er Jahre aufkommende ***Datenübertragung*** führte zu weiteren Netzen. In Deutschland entstanden neben dem Fernschreibnetz (mit 50 bit/s) das Teletexnetz (mit 2400 bit/s), das Direktrufnetz (mit fest geschalteten Standleitungen), das Datex-L-Netz (ein leitungsvermitteltes Datennetz) und das im letzten Abschnitt beschriebene Datex-P-Netz.

Diese verschiedenen Datenübertragungsnetze wurden ab 1976 schrittweise in einem digitalen Fernmeldenetz, dem IDN (Integriertes Text- und Datennetz), zusammengefasst. Ab 1990 begann in Deutschland die Einführung des ***ISDN (Integrated Services Digital Network),*** das alle Fernmeldedienste – die Übertragung von Sprache, Texten, Daten und Festbildern (Telefaxen) – in einem einzigen digitalen Fernmeldenetz integriert. Inzwischen hat fast die Hälfte aller deutschen Haushalte einen ISDN-Anschluss.

Die Einführung eines ISDN als öffentliches, diensteintegrierendes digitales Netzwerk wird vor allem mit folgenden ***Nutzenfaktoren*** begründet (vgl. hierzu z. B. [23], S. 171):

- ***Höhere Dienstgüte:*** Im Gegensatz zu analogen Signalen lassen sich verformte digitale Signale bitweise regenerieren.
- ***Einfachere Technik:*** Der WAN-Verkehr besteht in immer größerem Umfang aus Datenverkehr, der schon in digitaler Form vorliegt und direkt digital übertragen und verarbeitet werden kann. Telefonverkehr lässt sich durch PCM-Technik leicht digitalisieren und dazupacken.
- ***Rationalisierung:*** Ein Netzbetreiber muss nur noch ein öffentliches Netz warten und die Teilnehmer können ihre verschiedenen monofunktionalen Endgeräte durch multifunktionale Endgeräte ersetzen.
- ***Flexibilisierung:*** Mit einer digitalen Schnittstelle können bestehende Dienste kontinuierlich verbessert und durch neue Dienste ergänzt oder abgelöst werden.

ISDN-Konzept und ISDN-Anschlussarten

Abbildung 6.12 zeigt im oberen Teil das grundlegende Konzept des Schmalband-ISDN. Im Gegensatz zum analogen Telefonnetz erfolgt die Verbindungssteuerung beim ISDN-Netz nicht durch eine In-Band-Signalisierung im Fernsprechkanal selbst, sondern durch eine ***Out-of-Band-Signalisierung*** in einem eigenen Signalisierungskanal. Es handelt sich um eine ***paketvermittelte Verbindungssteuerung,*** die zwischen zwei Endeinrichtungen jeweils ***leitungsvermittelte ISDN-Verbindungen*** herstellt.

Das ISDN bietet für den Anschluss von Endeinrichtungen verschiedene ***Anschlussarten,*** die im unteren Teil von Abbildung 6.12 aufgeführt sind und die nachfolgend näher beschrieben werden. Eine ausführliche Darstellung des Schmalband-ISDN (Euro-ISDN) und seiner Datenkommunikationsmöglichkeiten findet der Leser z. B. in [2], [22] und [26], S. 394 ff.[1].

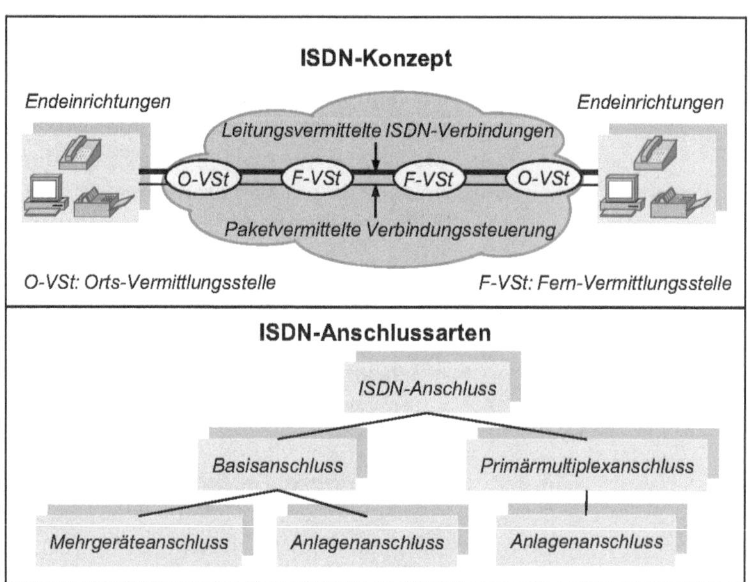

Abb. 6.12: ISDN-Konzept und ISDN-Anschlussarten

ISDN-Basisanschlüsse und ISDN-Primärmultiplex-anschluss

Die verschiedenen ISDN-Anschlussarten werden in Abbildung 6.13 schematisch veranschaulicht. Ein ***Basisanschluss*** (BRI, Basic Rate Interface) stellt die sog. ***S_0-Schnittstelle*** zur Verfügung und wird als ***NTBA (Network-Termination-Basisanschluss)*** bezeichnet. Er schließt die von der digitalen Ortsvermittlungsstelle (DIVO) kommende 2-Draht-Leitung (Teilnehmeranschlussleitung) ab und setzt sie in eine hausinterne 4-Draht-Leitung um.

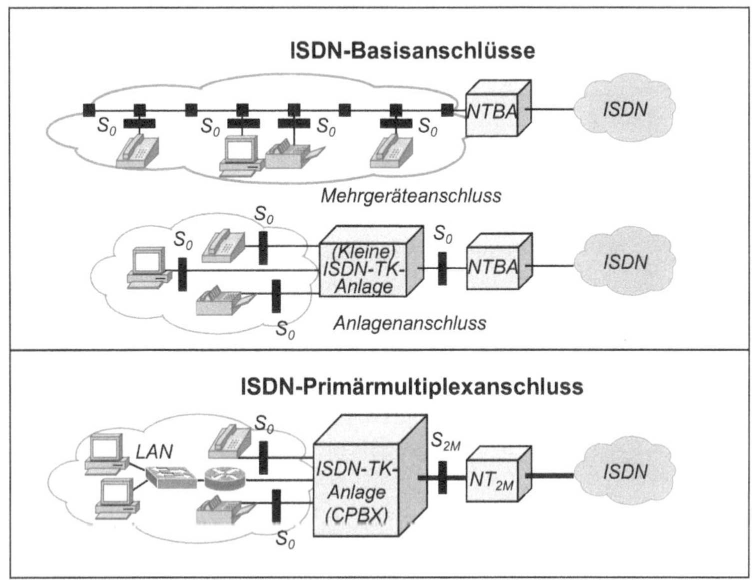

Abb. 6.13: ISDN-Basisanschlüsse und ISDN-Primärmultiplexanschluss

Ein NTBA kann als Mehrgeräteanschluss (Multipoint-Verbindung) oder als Anlagenanschluss (Point-to-Point-Verbindung) konfiguriert werden. Ein ***Mehrgeräteanschluss*** wird durch einen passiven (externen) S_0-Bus mit maximal 12 ISDN-Anschlussdosen realisiert, an den bis zu 8 ISDN-Endgeräte mit verschiedenen Telefonnummern (Mehrfachrufnummern) angeschlossen werden können. Ein analoges Endgerät lässt sich über einen vorgeschalteten ISDN-Adapter an den S_0-Bus anschließen. Interne Verbindungen zwischen zwei Endgeräten erfolgen über das ISDN und sind kostenpflichtig – es sei denn, man schließt sie an eine kleine ISDN-TK-Anlage (Telekommunikationsanlage) an, die ihrerseits wie ein ISDN-Gerät am S_0-Bus hängt.

Einem ***Anlagenanschluss*** wird ein Rufnummernblock zugeteilt. Er dient dazu, eine kleine ISDN-TK-Anlage anzuschließen, um die Vermittlung der zugeteilten Durchwahlrufnummern durchzuführen. Die Endgeräte sind beim Anlagenanschluss an den aktiven (internen) S_0-Bus der ISDN-TK-Anlage angeschlossen, so dass interne Verbindungen zwischen ISDN-Endgeräten kostenlos sind. Auch analoge Endgeräte können direkt an die analogen Ports einer ISDN-TK-Anlage angeschlossen werden.

Neben dem Basisanschluss bietet das ISDN einen ***Primärmultiplexanschluss*** (PRI, Primary Rate Interface), der als ***NT_{2M}*** die sog. ***S_{2M}-Schnittstelle*** (2M steht für 2 Mbit/s) bereitstellt. Er ist über zwei Glasfasern oder über ein vieradriges Twisted-Pair-Kabel mit der Ortsvermittlungsstelle verbunden. Ein Primärmultiplexanschluss ist ein Anlagenanschluss für eine leistungsfähige ISDN-TK-Anlage. Eine solche ISDN-TK-Anlage wird auch als digitale ISDN-Nebenstellenanlage, als CPBX (Computerized Private Branch Exchange) oder einfach als PBX bezeichnet.

ISDN-Schnittstellen und ISDN-Kanäle

Der ISDN-Basisanschluss (BRI, Basic Rate Interface) bietet mit seiner ***S_0-Schnittstelle*** zwei ***B-Kanäle (Bearer Channels)*** mit je 64 kbit/s für Nutzdaten und einen ***D-Kanal (Data Channel)*** mit 16 kbit/s für die Signalisierung (Verbindungssteuerung), wobei „Data Channel" sicherlich eine etwas missverständliche Bezeichnung ist. 64 kbit/s sind die für Sprachübertragung erforderliche Basisdatenrate (siehe Abschnitt 4.3). Zu den 144 kbit/s (2 * 64 kbit/s + 16 kbit/s) sind noch 48 kbit/s für die Synchronisation hinzuzurechnen, sodass sich eine Bruttodatenrate von 192 kbit/s ergibt. Die S_0-Schnittstelle realisiert zur Bereitstellung der B-Kanäle und des D-Kanals insbesondere den Bit-Takt, die Rahmensynchronisation, die Fernspeisung (für Stromausfall) und die Aktivierung/Deaktivierung des NTBA. Abbildung 6.14 zeigt die B- und D-Kanäle der Schnittstellen S_0 und S_{2M}.

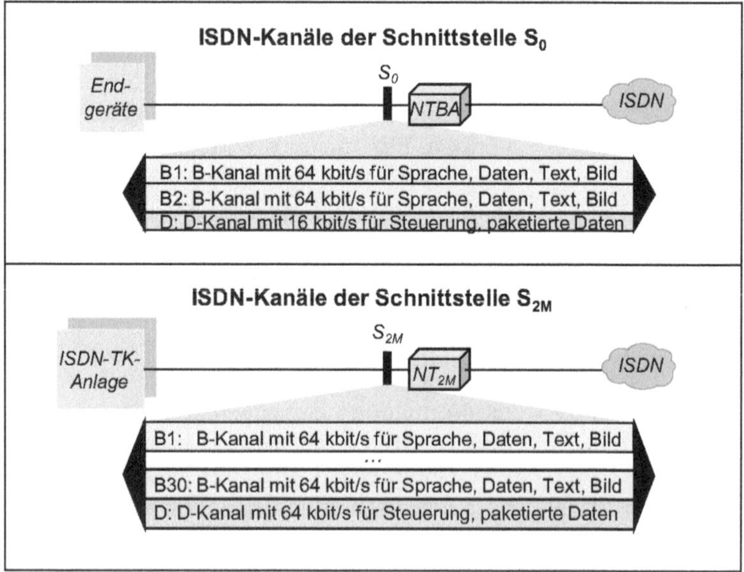

Abb. 6.14: ISDN-Kanäle der Schnittstellen S_0 und S_{2M}

Der ISDN-Primärmultiplexanschluss (PRI, Primary Rate Interface) stellt mit seiner ***S_{2M}-Schnittstelle*** insgesamt ***30 B-Kanäle*** in Europa (bzw. 24 Kanäle in den USA) und einen ***D-Kanal*** mit je 64 kbit/s zur Verfügung. Dies geschieht mit dem ***PCM30-System*** (Pulse Code Modulation 30), das die codierten Amplitudenwerte der (Sprach)-Signale (vgl. Abb. 4.7) von 30 B-Kanälen in einen seriellen Bitstrom multiplext. PCM30 gilt als Vorläufer der PDH. Da noch 64 kbit/s für die Synchronisation hinzukommen, beträgt die Bruttodatenrate insgesamt 2,048 Mbit/s (32 * 64 kbit/s).

X.25-Pakete können im ISDN übrigens sowohl über einen B-Kanal als auch über den D-Kanal transportiert werden (Minimal- bzw. Maximalintegration nach ITU-T X.31). Außerdem gibt es seit 1997 drei weitere ISDN-Dienste, die B-Kanäle bündeln. Die H_0-Schnittstelle bündelt 6 B-Kanäle zu 384 kbit/s, die H_{11}-Schnittstelle 24 B-Kanäle zu 1,536 kbit/s und die H_{12}-Schnittstelle 30 B-Kanäle zu 1,920 Mbit/s.

Die Kommunikationsarchitektur eines ISDN-Netzes

Das ISDN realisiert leitungsvermittelte Verbindungen über die B-Kanäle. ***B-Kanäle*** stellen nur die ***OSI-Schicht 1*** bereit, da die Endgerätesteuerung vom jeweiligen Dienst abhängt und somit gerätespezifisch ist. Die paketvermittelte Verbindungssteuerung des ***D-Kanals*** – insbesondere der Verbindungsauf- und -abbau – erfolgt dagegen auf den ***OSI-Schichten 1 bis 3*** (vgl. Abb. 6.15).

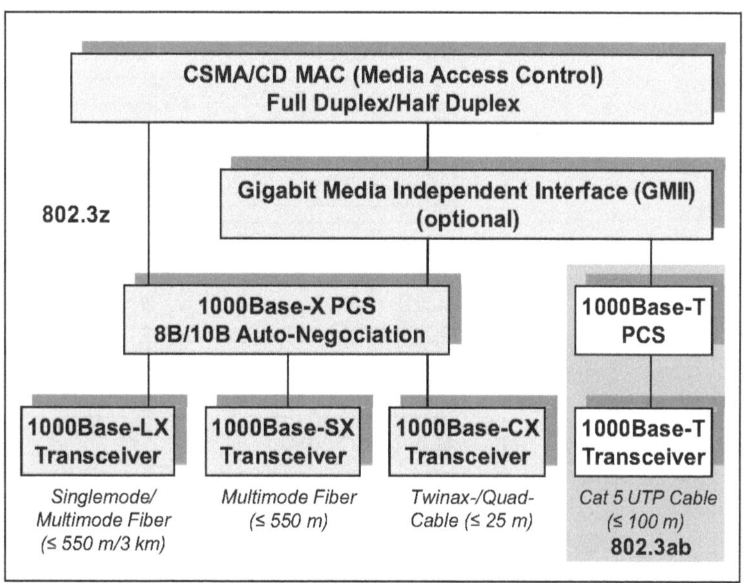

Abb. 6.15: B-Kanal-Verbindungen und D-Kanal-Verbindung

Für die Benutzersignalisierung, d. h. für die Übertragung von Steuerungsnachrichten zwischen Endeinrichtungen und der Ortsvermittlungsstelle wird das sog. ***D-Kanal-Protokoll*** verwendet, das die OSI-Schichten 1 bis 3 abdeckt. Die Zentralkanalsignalisierung im ISDN selbst benutzt das ***Signalisierungssystem SS7*** (Signaling System 7), das hier nicht näher betrachtet wird.

Das D-Kanal-Protokoll realisiert auf den drei OSI-Schichten folgende Funktionen:

- ***Bitübertragungsschicht:*** Übertragung der Multiplexrahmen (Bitfolgen) für Steuerungsnachrichten nach ITU-T I.430/I.431 für den NTBA bzw. NT_{2M},
- ***Sicherungsschicht:*** Realisierung einer gesicherten Verbindung mit LAPD (Link Access Procedure – D Channel) nach ITU-T Q.920/Q.921 für den NTBA bzw. NT_{2M},
- ***Vermittlungsschicht:*** Übertragung der Steuerungsnachrichten mit DSS1 (Digital Subscriber Signaling System No. 1) nach ITU-T Q.930/Q.931 für den NTBA bzw. NT_{2M}.

Formate zur Benutzersignalisierung

Abbildung 6.16 zeigt die Formate, die das ISDN für die S_0-Schnittstelle auf den OSI-Schichten 1 bis 3 zur Benutzersignalisierung verwendet.

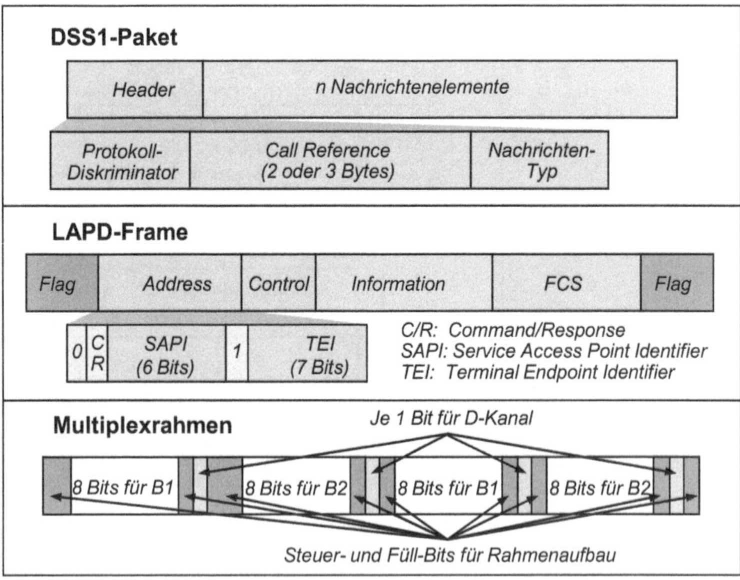

Abb. 6.16: Multiplexrahmen, LAPD-Frame und DSS1-Paket

Ein ***Multiplexrahmen*** der Bitübertragungsschicht umfasst 48 Bits, von denen 4 Bits für den D-Kanal und 32 Bits für die beiden B-Kanäle verwendet werden. Die übrigen Bits sind Steuer- und Füll-Bits für den Rahmenaufbau. Da 4000 Rahmen pro Sekunde gesendet werden (Rahmenfrequenz von 4 kHz), ergibt sich eine Rahmenübertragungszeit von 250 µs. In dieser Zeit können pro B-Kanal 2 Bytes Nutzinformation übertragen werden.

Ein ***LAPD-Frame*** entspricht in seinem Aufbau weitgehend einem HDLC-Frame. Abweichend von HDLC enthält das Adressfeld im ersten Byte ein Null-Bit, ein Command/Response-Bit und den SAPI (Service Access Point Identifier), im zweiten Byte ein Einser-Bit und den TEI (Terminal Endpoint Identifier). Der SAPI identifiziert für die OSI-Schicht 3 den Zugangspunkt zu einen bestimmten Dienst der OSI-Schicht 2 (z. B. 0: Signalisierung, 16: Übertragung von Datenpaketen). Der TEI identifiziert ein einzelnes Endgerät oder Gruppen von Endgeräten (für Broadcasts).

Ein ***DSS1-Paket*** enthält die eigentliche Signalisierungsnachricht. Der Header des Paketes enthält:

- einen ***Protokoll-Diskriminator,*** der den benutzten Protokolltyp angibt (Euro-D-Kanal-Protokoll DSS1 oder nationales D-Kanal-Protokoll 1TR6),
- die ***Call Reference*** zur Zuordnung einer Nachricht zu einer speziellen Kanalverbindung sowie
- den ***Nachrichtentyp,*** der die Funktion der jeweiligen Nachricht angibt (z. B. SETUP, ALERTing, CONNect).

Dem Header folgen obligatorische oder optionale Informationselemente. Sie enthalten erforderliche Parameter wie z. B. die Rufnummer der rufenden und der gerufenen Endeinrichtung.

Aufbau einer B-Kanalverbindung mit DSS1

Der Aufbau einer B-Kanal-Verbindung zu einem anderen Teilnehmer ist in Abbildung 6.17 schematisch dargestellt. Zunächst bewirkt das ***Abnehmen des Hörers von Endgerät A*** das Senden einer SETUP-Nachricht zur Vermittlungsstelle A. Die Vermittlungsstelle A teilt dem rufenden Endgerät mit SETUP ACK einen B-Kanal zu und übermittelt im durchgeschalteten B-Kanal den ***Wählton***. Durch das ***Wählen*** wird das Endgerät A veranlasst, der Vermittlungsstelle B über die Vermittlungsstelle A INFO-Nachrichten mit den Wahlziffern zu senden, woraufhin Vermittlungsstelle A den Wählton wieder abschaltet. Beim Wählen mit aufgelegtem Hörer entfallen die INFO-Nachrichten und der Wählton, da die Wahlziffern dann bereits in der SETUP-Nachricht enthalten sind.

Die INFO-Nachrichten bewirken, dass die Vermittlungsstelle B allen an den S0-Bus angeschlossenen Endgeräten eine SETUP-Nachricht sendet, die zum ***Klingeln*** führt. Die Endgeräte, die den geforderten Dienst leisten können, antworten der Vermittlungsstelle B mit einer ALERT-Nachricht, woraufhin Vermittlungsstelle A einen ***Freiton*** an Endgerät A sendet. Das ***Abheben des Hörers von Endgerät X*** bewirkt das Absenden einer CONN-Nachricht zum Verbindungsaufbau. Sie führt beim Endgerät A zum ***Freitonende*** und zur Quittierung mit CONN ACK. Außerdem teilt die Vermittlungsstelle B dem gerufenen Endgerät X mit CONN ACK einen B-Kanal zu und schickt eine RELEASE-Nachricht an die übrigen gerufenen Endgeräte, was zum ***Klingelende*** führt. Die Endgeräte antworten mit einem RELEASE ACK. Damit „steht" die B-Kanal-Verbindung.

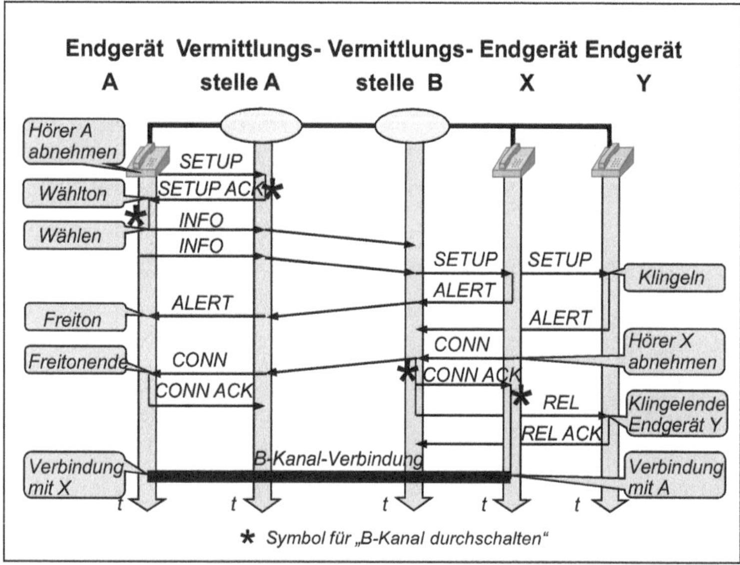

Abb. 6.17: Aufbau einer ISDN-Verbindung mit DSS1

ISDN-Nebenstellenanlagen

Sollen viele Endeinrichtungen mit dem ISDN verbunden werden, so ist der Einsatz einer ISDN-Nebenstellenanlage (ISDN-TK-Anlage, PBX) erforderlich. Eine ISDN-Nebenstellenanlage ist eine ***private Vermittlungseinrichtung***, die über einen ISDN-Primärmultiplexanschluss mit dem ISDN verbunden ist und an die mehrere Teilnehmer-Endeinrichtungen (Nebenstellen) über Nebenstellen-Anschlussleitungen angeschlossen sind. Abbildung 6.18 zeigt das Vermittlungsprinzip einer Nebenstellenanlage.

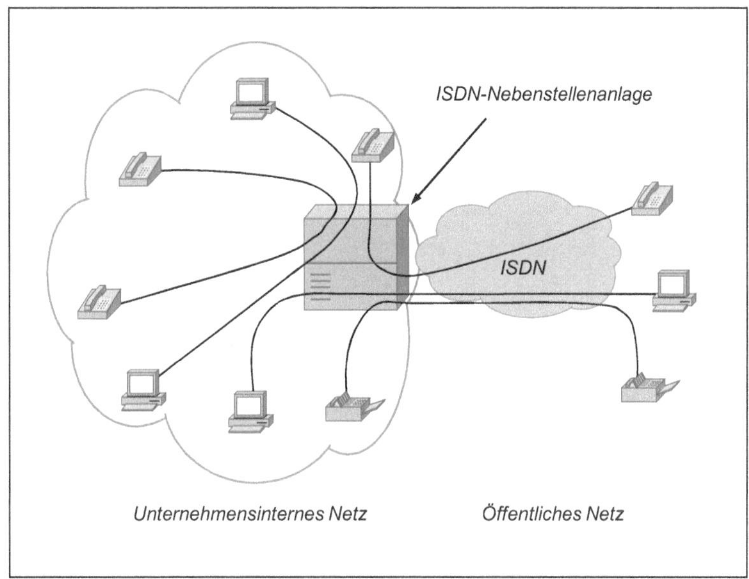

Abb. 6.18: Vermittlungsprinzip von ISDN-Nebenstellenanlagen

Eine ISDN-Nebenstellenanlage vermittelt einerseits Endeinrichtungen im unternehmensinternen Netz miteinander, andererseits baut sie Verbindungen zu externen Endeinrichtungen über das öffentliche ISDN-Netz auf. Hierzu besitzt sie als Kernstück eine Durchschalteinheit (Switching Unit) mit einem blockierungsfreien Raum-Zeit-Koppelfeld. Über das Raum-Zeit-Koppelfeld werden die B-Kanäle physisch durchgeschaltet und die Bitströme im Zeitmultiplexverfahren auf der Basis des PCM30-Systems weitergeleitet (zu Einzelheiten vgl. u. a. [23], S. 184 ff.).

6.4 Multiplexing mit PDH und SONET/SDH

Der PDH-Standard

Zur Digitalisierung der Telefonnetze und zur Einführung des Schmalband-ISDN wurde die ***Plesiochrone Digitale Hierarchie (PDH, Plesiochronous Digital Hierarchy)*** entwickelt, die sich grundsätzlich für alle Übertragungsmedien eignet. Die PDH ist eine ***synchrone Zeitmultiplextechnik*** mit hierarchisch gegliederten Übertragungsraten zur Realisierung leitungsvermittelter und/oder paketvermittelter Endsystemverbindungen über WAN-Backbones. 1972 veröffentlichte das CCITT (der Vorläufer der ITU-T) für Nordamerika, Europa und Japan die entsprechenden PDH-Standards G.702 (Übertragungsraten), G.703 (Übertragungsschnittstellen) und G.704 (Rahmenstrukturen), die zwischenzeitlich mehrfach überarbeitet wurden.

Das Wort ***plesiochron*** (griechisch: fast synchron) weist darauf hin, dass die Bitraten der gemultiplexten kleineren Kanäle zusammen nicht genau die Bitrate der nächsthöheren Multiplexstufe ergeben. Abweichungen entstehen u. a. dadurch, dass Dummy-Bits (Stopfbits) eingefügt werden müssen, um leicht unterschiedliche Taktraten der verschiedenen Übertragungssysteme auszugleichen (Bit-Stopfen, Bit Stuffing).

Das Konzept der PDH

Die PDH multiplext die ***Primärmultiplexrate*** – 2,048 Mbit/s der S_{2M}-ISDN-Schnittstelle des PCM30-Systems in Europa –, indem sie die Nutzbits von deren Übertragungsrahmen (E1-Rahmen in Europa) in größere Übertragungsrahmen eines schnelleren logischen Kanals (E2 bis E5) einfügt. Abbildung 6.19 zeigt das Format eines E1-Rahmens der Multiplexstufe PCM30 und eines E2-Rahmens der nächsthöheren Multiplexstufe PCM120 (vgl. u. a. [26], S. 421 f.; [42], S. 282 ff.). Um eine Verwechselung mit den „Frames" der OSI-Schicht 2 zu vermeiden, werden hier die PDUs der OSI-Schicht 1 mit dem deutschen Wort „Rahmen" bezeichnet.

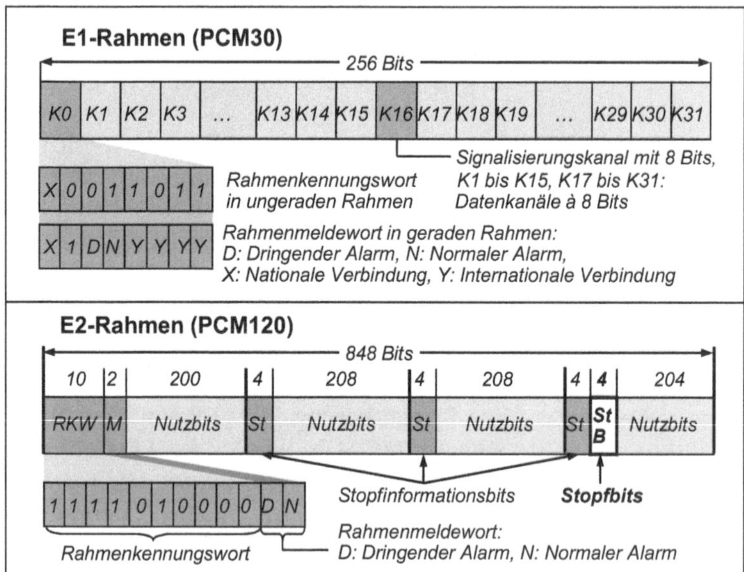

Abb. 6.19: Formate des E1-Rahmens und des E2-Rahmens

Ein ***E1-Rahmen*** der Hierarchiestufe 1 besteht aus 32 Bytes für 32 logische Kanäle. Das erste Byte für Kanal 0 enthält bei „ungeraden" Rahmen (1., 3., 5. Rahmen usw.) ein Rahmenkennungswort mit Synchronisationsbits, bei „geraden" Rahmen (2., 4., 6.

Rahmen usw.) ein Rahmenmeldewort mit Signalisierungsinformationen für die Multiplexeinrichtungen. Das 16. Byte für Kanal 16 enthält die Signalisierungsbits des ISDN-D-Kanals, die übrigen Bytes der Kanäle 1 bis 15 und der Kanäle 17 bis 31 enthalten nacheinander jeweils acht Datenbits der 30 ISDN-B-Kanäle. Da 8000 Rahmen pro Sekunde gesendet werden (Rahmenfrequenz von 8 kHz), ergibt sich eine Rahmenübertragungszeit von 125 µs, so dass in dieser Zeit pro B-Kanal 1 Byte Nutzinformation übertragen wird.

Ein ***E2-Rahmen*** der Hierarchiestufe 2 transportiert Nutzbits von vier E1-Bitströmen der Hierarchiestufe 1. Er enthält 848 Bits (4 * 212 Bits) und beginnt ebenfalls mit einem Rahmenkennungswort (10 Bits), dem ein Rahmenmeldewort (2 Bits) folgt. Die vier Nutzbitbereiche enthalten der Reihe nach jeweils ein Bit der vier PCM30-Bitströme, d.h. Bit 13 enthält ein Bit des ersten PCM30-Bitstromes und Bit 16 ein Bit des vierten PCM30-Bitstromes. Dann folgt in Bit 17 wieder ein Bit des ersten PCM30-Bitstromes usw. In einem E2-Kanal mit 8,448 Mbit/s lassen sich so vier E1-Kanäle à 2,048 Mbit/s übertragen. Die Rahmenübertragungszeit beträgt 100,38 µs (848 bit / 8,448 Mbit/s), sodass 9.962 Rahmen pro Sekunde übertragen werden (Rahmenfrequenz von 9,962 kHz).

Die vier Nutzbitbereiche sind durch jeweils vier ***Stopfinformationsbits*** voneinander getrennt. Sie enthalten zur Sicherheit dreifach redundante Informationen. Für jeden PCM30-Bitstrom zeigt ein Stopfinformationsbit an, ob der letzte Nutzbitbereich eines E2-Rahmens nur Nutz-Bits enthält oder ob ein Stopfbit eingefügt werden musste, um eine leicht unterschiedliche Taktrate des Bitstromes auszugleichen. In jedem E2-Rahmen können somit pro PCM30-Bitstrom 205 oder 206 Nutzbits übertragen werden (50 + 52 + 52 + 51 Bits oder 50 + 52 + 52 + 52 Bits).

Die ***Multiplexhierarchie*** ergibt sich durch mehrfaches „Verschachteln" der Übertragungsrahmen. E3-, E4- und E5-Rahmen sind hierbei ähnlich aufgebaut wie E2-Rahmen. Für die USA gibt es die entsprechenden Übertragungsraten ***DS1, DS2, DS3*** und ***DS4*** (neue Bezeichnung: Data Signal) bzw. ***T1, T2, T3*** und ***T4*** (alte Bezeichnung: Trunk), für Japan existieren die teilweise identischen Übertragungsraten ***J1, J2, J3, J4*** und ***J5***.

Die Standards SONET und SDH

Da die PDH bei höheren Bitraten ihre Grenzen zeigt und für die verschiedenen Regionen unterschiedliche Bitraten spezifiziert wurden, musste eine neue internationale Multiplexhierarchie entwickelt werden. Zunächst wurde 1985 vom ANSI für Nordamerika ***SONET (Synchronous Optical Network)*** spezifiziert. 1988 folgte auf seiner Basis die weltweit gültige und inzwischen mehrfach überarbeitete ***Synchrone Digitale Hierarchie (SDH, Synchronous Digital Hierarchy),*** die durch die Standards G.707 bis G.709 der ITU-T spezifiziert ist. Sie stimmt weitgehend mit SONET überein und löst die veraltete PDH ab. SONET und SDH sind auf Lichtwellenleiter und auf Richtfunk beschränkt. Abbildung 6.20 gibt einen Überblick über die drei Multiplex-Hierarchien (vgl. z. B. auch [7], S. 125 ff.; [42], S. 282 ff.). Sie zeigt wichtige ***Brutto-Bitraten in Mbit/s,*** besonders bedeutsame Multiplexstufen sind fett markiert.

Plesiochronous Digital Hierarchy (PDH)			SONET	Synchronous Digital Hierarchy (SDH)
Nordamerika	*Europa*	*Japan*	*USA*	*weltweit*
0,064 (DS0)	**0,064 (E0)**	**0,064 (J0)**	-	-
1,544 (DS1)	**2,048 (E1)**	**1,544 (J1)**	-	-
6,312 (DS2)	8,448 (E2)	6,312 (J2)	-	-
44,736 (DS3)	**34,368 (E3)**	**32,064 (J3)**	51,840 (OC1)	-
274,176 (DS4)	139,264 (E4)	97,728 (J4)	**155,520 (OC-3)**	**155,520 (STM-1)**
-	564,992 (E5)	397,200 (J5)	**622,080 (OC-12)**	**622,080 (STM-4)**
-	-	-	**2.488,320 (OC-48)**	**2.488,320 (STM-16)**
-	-	-	**9.953,280 (OC-192)**	**9.953,280 (STM-64)**
-	-	-	**39.813,120 (OC-768)**	**39.813,120 (STM-256)**
-	-	-	**159.252,480 (OC-3072)**	**159.252,480 (STM-1024)**

Abb. 6.20: Die Multiplex-Hierarchien PDH, SONET und SDH

Die Multiplexstufen werden bei SONET mit ***OC (Optical Carrier),*** bei SDH mit ***STM (Synchronous Transport Module)*** bezeichnet. SONET und SDH arbeiten im Gegensatz zur PDH nicht bitorientiert, sondern ***byteorientiert.*** Sie können Multiplexstufen erzeugen, die das genaue Vielfache der kleineren Kanäle ergeben, und deshalb voll synchron multiplexen. Sie können auch alle Multiplex-Hierarchien der PDH und andere Datenströme wie HDLC-Frames und IP-Pakete übertragen. Anders als bei der PDH ermöglichen ***Add Drop Multiplexers*** das direkte Einfügen und Herausnehmen eines Bitstroms auf jeder beliebigen Multiplexstufe.

Topologie von SONET/SDH-Netzen

SONET/SDH-Netze haben normalerweise eine ***Ring-Topologie.*** Sie werden zur Erhöhung der Netzwerkverfügbarkeit in Form eines Doppelringes realisiert. Der erste Ring ist aktiv, der zweite dient als Reservering für Notfälle. Eine Ring-Topologie hat außerdem den Vorteil, dass mit ihr ***Maschennetze*** nachgebildet werden können. Dies wird aus Abbildung 6.21 deutlich. Ein SONET/SDH-Ring besteht aus ADMs, an die z. B. über die Multiplexstufe STM-1 mehrere TMs angeschlossen sind, die ihrerseits mehrere PCM30- bis PCM1920-Systeme bedienen. Zwei SONET/SDH-Ringe lassen sich über einen DXC miteinander verbinden.

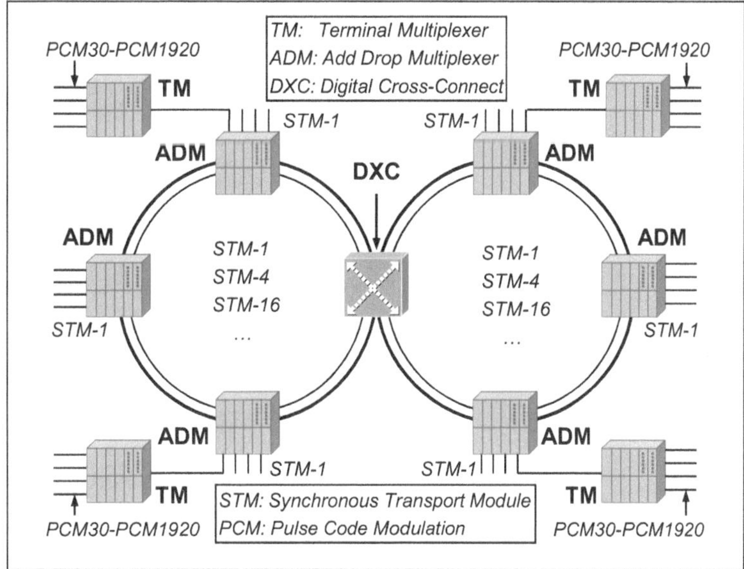

Abb. 6.21: Topologie von SONET/SDH-Netzen

Ein WAN-Backbone besteht gemäß der Abbildung 6.21 aus folgenden ***Komponenten*** (vgl. u. a. [7], S. 130; [42], S. 287 ff.):

- ***Terminal Multiplexer (TM):*** Er multiplext die Nutzsignale von plesiochronen und synchronen Kanälen zu einem Kanal mit einer höheren Übertragungsrate.
- ***Add Drop Multiplexer (ADM):*** Er kann einzelne Kanäle mit niedriger Übertragungsrate in einen SONET/SDH-Kanal einfügen bzw. aus ihm herausnehmen.
- ***Digital Cross-Connect (DXC):*** Er vermittelt als elektronischer Switch ganze Kanalgruppen.

- ***Regenerator (REG):*** Er regeneriert und verstärkt eingehende optische Signale für einen Streckenabschnitt.

Die SONET/SDH-Architektur

Abbildung 6.22 zeigt die SONET/SDH-Architektur, die auf der in Abbildung 6.21 dargestellten Topologie aufbaut.

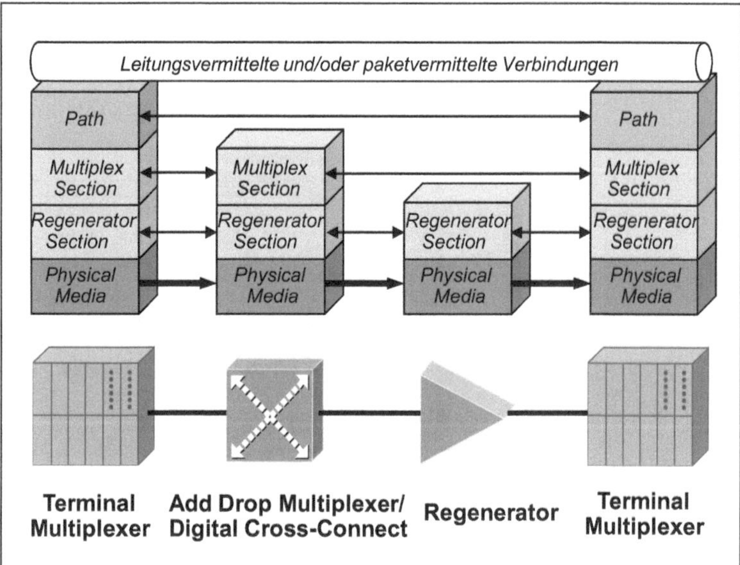

Abb. 6.22: Die SONET/SDH-Architektur

Die SONET/SDH-Architektur gliedert die Bitübertragungsschicht in vier ***Teilschichten*** auf, die in den SONET/SDH-Komponenten in unterschiedlichem Umfang realisiert sind:

- ***Physical Media Layer:*** Sie spezifiziert als Photon-Teilschicht (Photon: kleinstes Energieteilchen einer elektromagnetischen Strahlung) die physikalischen Eigenschaften des Lichtes und der Lichtwellenleiter (LWL).
- ***Regenerator Section Layer:*** Sie realisiert Punkt-zu-Punkt-Verbindungen zwischen zwei benachbarten Komponenten (Regenerator-Abschnitt) über einen LWL.
- ***Multiplex Section Layer:*** Sie übernimmt das Multiplexen mehrerer Kanäle über eine Leitung und das Demultiplexen am Ende der Leitung (Multiplexer-Abschnitt).
- ***Path Layer***: Sie baut eine Ende-zu-Ende-Verbindung zwischen zwei Terminal-Multiplexern auf (virtueller Pfad).

Aufbau eines SDH-Rahmens

Zwischen zwei Multiplexern werden ***SONET/SDH-Rahmen*** übertragen. Abbildung 6.23 zeigt den Aufbau eines SDH-Rahmens am Beispiel der Multiplexstufe STM-1 (Synchronous Transport Module 1) in vereinfachter Form (vgl. z. B. [26], S. 423 ff.). Ein ***STM-1-Rahmen*** besteht aus 9 Zeilen zu 270 Bytes (2430 Bytes), die der Reihe nach von links nach rechts übertragen werden. Da ein Rahmen alle 125 µs wiederholt wird, beträgt die Rahmenfrequenz 8000 Rahmen/s. Für die Multiplexstufe STM-1 ergibt sich somit eine Brutto-Übertragungsrate von 155 Mbit/s (9 * 270 * 8 Bits * 8000/s = 155.520.000 bit/s).

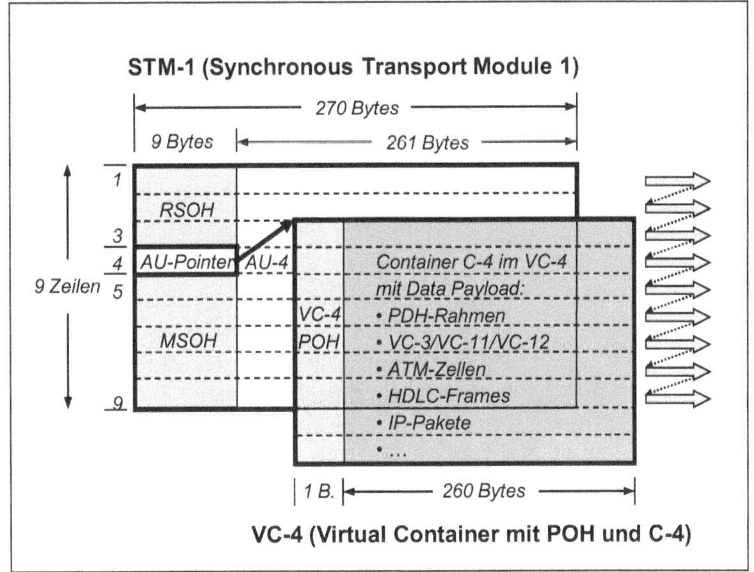

Abb. 6.23: Struktur eines SDH-Rahmens für die Multiplexstufe STM-1

Die ersten 9 Bytes einer STM-1-Zeile bilden den SOH (Section Overhead, Abschnitts-Overhead), sodass je Zeile noch 261 Bytes für die Data Payload (Nutzlast) zur Verfügung stehen. Der ***RSOH (Regenerator Section Overhead)*** enthält Steuerdaten für einen Übertragungsabschnitt zwischen zwei benachbarten Komponenten (Regenerator-Abschnitt). Der ***MSOH (Multiplex Section Overhead)*** beinhaltet Steuerdaten für den gesamten Übertragungsabschnitt zwischen zwei Multiplexern.

VCs und AUs

SDH basiert wie SONET auf dem Konzept der VCs (Virtual Containers), die mehrfach ineinander geschachtelt werden können.

Ein VC-4 kann mit seinen 9 Zeilen à 261 Bytes insgesamt 2349 Bytes transportieren. Ein VC-4 besteht jeweils aus einem ***Container C-4*** für die Data Payload und dem ***POH (Path Overhead)*** mit Steuerdaten für einen virtuellen Pfad zwischen zwei Terminal-Multiplexern. Die Data Payload eines C-4 beträgt 140 Mbit/s (139.264.000 bit/s). Sie besteht vor allem aus kleineren Containern für PDH-Bitraten (z. B. C-1, C-2, C-3), aus ATM-Zellen oder IP-Paketen. Ein C-1 umfasst 1,544 bzw. 2,048 Mbit/s (DS1/E1), ein C-2 6,312 bzw. 8,448 Mbit/s (DS2/E2) und ein C-3 34,368 bzw. 44,736 Mbit/s (E3/DS3).

Der Virtual Container bildet zusammen mit dem ***AU-Pointer (Administrative Unit Pointer)*** die sog. ***AU (Administrative Unit)***. Die zu übertragenden Bitströme des VCs werden vom Bitstrom des Transportrahmens durch den AU-Pointer (Zeiger) entkoppelt, der sich im SOH des Transportrahmens befindet und der immer auf das erste Byte des VC zeigt. Wenn sich die Lage des VC im Transportrahmen durch Einfügen oder Entfernen von Stopfbits verschiebt, führt dies zur Anpassung des entsprechenden Pointer-Wertes.

Der AU-Pointer zeigt immer auf den Beginn der Nutzlast im Transportrahmen (vgl. im einzelnen [27], S. 148 ff.; [43], S. 168 f.). Da immer der gesamte VC verschoben wird, werden die rechts abgeschnittenen Bytes jeder Zeile des VC am Anfang des Nutzlastbereichs der jeweiligen Folgezeile des Transportrahmens übertragen. Was nicht mehr in den Transportrahmen passt, wird im nächsten Transportrahmen in gleicher Weise übertragen (in Abb. 6.23 der Rest der 7. Zeile sowie die 8. und 9. Zeile des VC).

6.5 Fast Packet Switching mit Frame Relay

Von X.25 zu FPS

Das ISDN, die PDH und auch SONET/SDH wurden ursprünglich für die digitale Sprachübertragung entwickelt, während X.25 zunächst die einzige Multiplex- und Vermittlungstechnik für Datenpakete war. Ein X.25-Netz erzeugt aber viel Overhead, da wegen anfangs geringer Leitungskapazität und relativ schlechter Übertragungsqualität eine aufwendige Flusssteuerung und Fehlersicherung erforderlich war. Die aufkommenden Glasfaserkabel und die Einführung der digitalen Vermittlungstechnik führten deshalb bald zur Idee einer schnellen Paketvermittlungstechnik ***(FPS, Fast Packet Switching)*** mit geringerem Overhead.

Schon 1984 wurden dem CCITT (dem Vorläufer der ITU-T) erste Vorschläge für ein Konzept zum Fast Packet Switching über das ISDN namens ***Frame Relay*** vorgelegt. Wegen fehlender Standards kam es jedoch zunächst zu keinem nennenswerten Einsatz von Frame Relay. Erst 1991 führten die Arbeiten des Frame Relay Forums, das von Cisco, DEC und anderen Unternehmen gegründet worden war, zur Weiterentwicklung von Frame Relay, so z. B. zum LMI (Local Management Interface). Heute ist Frame Relay durch ANSI T1.617/618 und ITU-T Q.922/Q.933 standardisiert (vgl. zu Einzelheiten u. a. [7], S. 315 ff.; [8], S. 199 ff.).

Kommunikationsarchitektur von Frame Relay

Frame Relay basiert ebenso wie X.25 auf virtuellen Verbindungen (Virtual Circuits). Abbildung 6.24 vergleicht ***virtuelle Verbindungen*** bei X.25 und bei Frame Relay. Bei X.25 durchlaufen die Daten in den Vermittlungsknoten (PSE, Packet Switch Exchange) jedes Mal die OSI-Schichten 1 bis 3, bei Frame Relay erreichen sie in den Frame Relay Switches nur die OSI-Schicht 2.

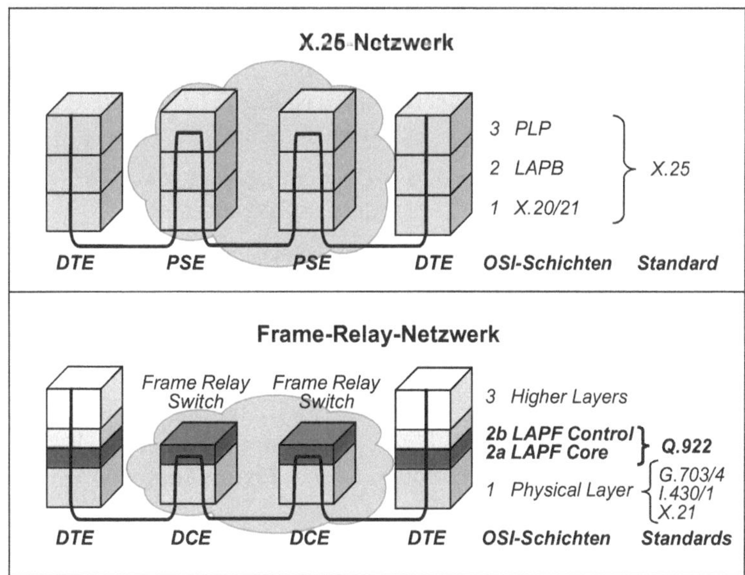

Abb. 6.24: Virtuelle Verbindungen bei X.25 und bei Frame Relay

Wie Abbildung 6.24 zeigt, kann der Datentransfer bei Frame Relay insbesondere auf folgenden physischen Schnittstellen der ***OSI-Schicht 1*** aufsetzen: X.21 (synchrone serielle Schnittstelle), I.430/1 (ISDN-Schnittstellen S_0 und S_{2M}) und G.703/4 (PDH-Schnittstellen). Das eigentliche FPS-Protokoll von Frame Relay (ITU-T Q.922) läuft auf der ***OSI-Schicht 2*** und heißt ***LAPF (Link Access Procedure – Frame Mode)***.

LAPF unterteilt die OSI-Schicht 2 in zwei Teilschichten:

- ***LAPF Core (Kern):*** Die OSI-Schicht 2a läuft als untere Teilschicht sowohl auf den DTEs (Endsystemen) als auch auf den DCEs (Frame Relay Switches) im Netz. LAPF Core realisiert den Datentransfer und ist z. B. für das Setzen von Flags, das Multiplexing und Demultiplexing von Frames sowie für das Erkennen von Übertragungsfehlern mit der FCS-Prüfzahl verantwortlich.
- ***LAPF Control (Steuerung):*** Die OSI-Schicht 2b läuft als obere Teilschicht nur auf den DTEs und ist insbesondere für die Flusssteuerung und für die Fehlerkorrektur zuständig, sodass die Frame Relay Switches des Netzes von diesen Aufgaben entlastet werden.

Frame Relay Virtual Circuits

Im Gegensatz zu X.25 realisiert Frame Relay:

- eine ***Out-of-Band-Signalisierung*** in eigenen Steuerkanälen (Control Plane),
- die ***Multiplextechnik und Vermittlungstechnik*** für die Nutzlast der Datenkanäle (User Plane) ausschließlich auf der OSI-Schicht 2,
- die ***Flusssteuerung und Fehlerbehebung*** ausschließlich in den Endsystemen.

Nach dem Frame Relay Standard können virtuelle Verbindungen entweder fest geschaltet sein ***(PVC, Permanent Virtual Circuit)*** oder bei Bedarf temporär aufgebaut werden ***(SVC, Switched Virtual Circuit).*** In der Praxis verwenden Telekommunikations-Provider überwiegend Frame-Relay-Netze mit PVCs. Die Deutsche Telekom nutzt Frame Relay z. B. in ihrer GPRS-Infrastruktur, bietet derzeit aber auch Firmenkunden den entsprechenden Dienst ***FrameLink*** zur Verbindung von entfernten LANs an.

Sollen SVCs realisiert werden, so erfolgt die Steuerung des Verbindungsaufbaus und -abbaus über den Signalisierungskanal der Control Plane (DSS1 für Frame Mode nach ITU-T Q.933). Er läuft ebenso wie der D-Kanal beim ISDN in allen Netzknoten über die OSI-Schicht 3 (vgl. Abb. 6.15). Bei PVCs wird ein Signalisierungskanal benutzt, um den Endsystemen periodisch Nachrichten zum PVC-Status zu übermitteln (Keep Alive, neue PVCs).

Topologie von Frame-Relay-Netzen

Abbildung 6.25 zeigt ein typisches Frame-Relay-Netzwerk, das die Aufgabe hat, mehrere LANs miteinander zu verbinden. Es besteht aus miteinander verbundenen Frame Relay Switches. Der Frame-Relay-Standard beschreibt – wie der X.25- und der ISDN-

Standard – nur die Teilnehmer-Schnittstelle, nicht aber das Netzwerk selbst. Nach dem Standard erfolgt der Netzzugang von einem Endsystem ***(DTE, Data Terminating Equipment)*** aus auf eine Datenübertragungseinrichtung ***(DCE, Data Circuit-Terminating Equipment)*** über ein ***UNI (User Network Interface).*** Ein DTE kann ein Router, eine Bridge, ein spezielles FRAD (Frame Relay Access Device), das als Multiprotokoll-Interface PDUs anderer Protokolle weiterleitet, oder auch nur ein Computer sein. Als DCE fungiert meist ein Frame Relay Switch. Es gibt aber auch DTEs, die als DCE konfiguriert werden können, sodass das DCE (wie bei einer PC-Netzwerkkarte) in das DTE integriert wird und das Netzwerk im DTE endet.

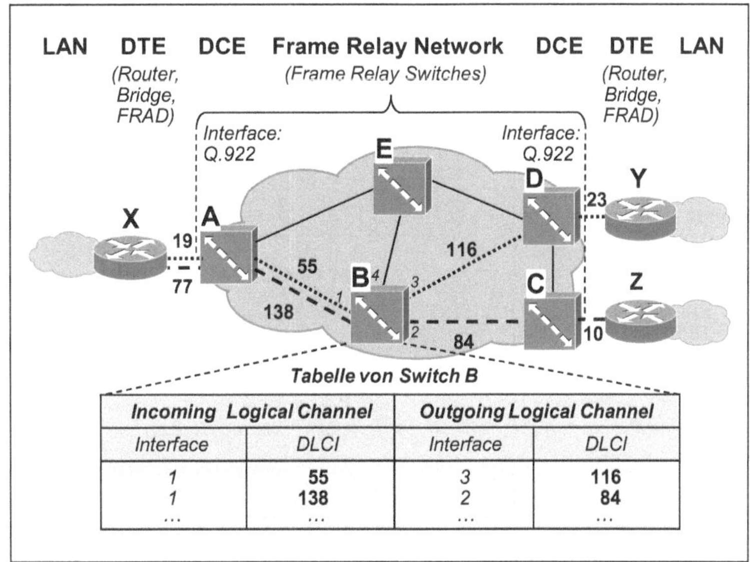

Incoming Logical Channel		Outgoing Logical Channel	
Interface	DLCI	Interface	DLCI
1	55	3	116
1	138	2	84
...	...	...	...

Abb. 6.25: Topologie und Arbeitsweise von Frame-Relay-Netzen

Switching in Frame-Relay-Netzen

Frames werden von den auf einer ***virtuellen Verbindung (Data Link Connection)*** liegenden Frame Relay Switches durchgeschaltet (daher der Name Frame Relay!) und abschnittsweise über logische Kanäle weitergeleitet. Abbildung 6.25 zeigt zwei virtuelle Verbindungen, die durch eine Folge von ***DLCIs (Data Link Connection Identifiers)*** gekennzeichnet sind: zwischen dem Routern X und Y über die DLCIs 19, 55, 116 und 23 sowie zwischen den Routern X und Z über die DLCIs 77, 138, 84 und 10. Jeder Switch besitzt eine Tabelle, die zum jeweiligen Port die entsprechenden DLCIs enthält. So stehen z. B. in der Tabelle vom Switch B zwei Einträge zu den hereinkommenden und entsprechenden herausgehenden logischen Kanälen der beiden virtuellen Verbindungen. Jedem Frame wird vor seinem Transport der entsprechende DLCI hinzugefügt, sodass ihn der nächste Switch jeweils durchschalten und weiterleiten kann.

Format eines LAPF Core Frame

LAPF Core Frames haben eine ***variable Länge***. Der Nutzlastbereich (Information Field) variiert und kann maximal ***16.000 Oktette*** aufnehmen. Wie Abbildung 6.26 zeigt, haben LAPF Core Frames einen ähnlichen Aufbau wie HDLC-Frames. Nur das Control Field fehlt und das Adressfeld ist anders aufgebaut.

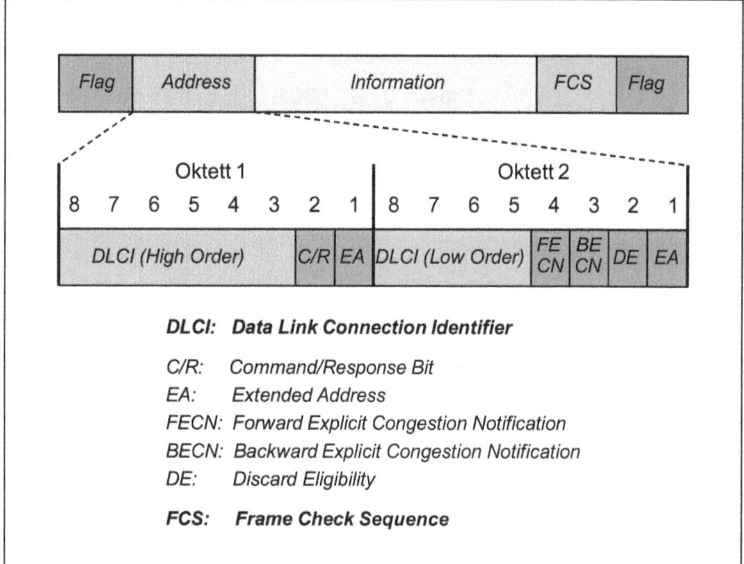

Abb. 6.26: Das Format eines LAPF Core Frame

Die wichtigste Information im Adressfeld ist der 10 Bit lange ***DLCI*** für die Weiterleitung der Frames. Das ***C/R-Bit*** wird wie bei HDLC nur von den DTEs benutzt. Das ***EA-Bit*** gibt an, ob ein weiteres Adress-Byte folgt (es sind max. 4 Adress-Bytes möglich). Die restlichen Bits dienen der Überlaststeuerung. Ein ***FECN-Bit*** teilt dem Empfänger (DTE) mit, dass es auf dem Weg einen überlasteten Switch gab. Der Empfänger verwendet daraufhin ein ***BECN-Bit*** in der Gegenrichtung, um den Sender (DTE) zur Reduzierung des Datenverkehrs zu veranlassen. Das ***DE-Bit*** markiert schließlich Frames mit niedriger Priorität, die in einer Überlastsituation vernichtet werden können.

Asynchrone Multiplex- und Vermittlungstechnik

Frame Relay wurde zur Realisierung einer effektiven Datenübertragung über WAN-Backbones (X.25, ISDN und PDH) mit flexibler Bandbreite entwickelt. Es verwendet ***statistisches Multiplexing,*** d. h. für ein DTE werden die Größe der Zeitschlitze und die Häufigkeit ihrer Zuordnung dynamisch ermittelt, sodass insbesondere Last-Bursts von LAN-Anwendungen flexibel abgearbeitet werden können. Statistisches Multiplexing basiert bei Frame Relay auf zwei grundlegenden Techniken:

- ***Asynchronous Time Division Multiplexing (ATD),*** das die Zeitschlitze nur bei Bedarf mit logischen Kanälen belegt, sodass nur volle Zeitschlitze übertragen werden (siehe Abschnitt 5.1),
- ***Packet Transfer Mode (PTM),*** der als ATD-basierte Vermittlungstechnik Datenpakete (Frames) mit variabler Länge durchschaltet und weiterleitet.

Frame Relay eignet sich damit speziell für ***„Bursty" Traffic*** (stoßartigen Datenverkehr mit starken Schwankungen der Verkehrslast), so wie er insbesondere bei der Inter-LAN-Kommunikation über WANs und bei Client-Server-Anwendungen auftritt.

Der Frame Relay Service

Die maximale Übertragungskapazität von Frame Relay lag anfangs bei 1,544 bzw. 2,048 Mbit/s (PCM24/PCM30) und erreicht heute maximal 34 bzw. 45 Mbit/s (Stufe DS3/E3 der PDH). Auf der Basis einer ***Access Rate*** (vereinbarte maximale Datenrate) werden zur Verkehrssteuerung drei ***Parameter*** festgelegt:

- ***Committed Information Rate (CIR):*** vereinbarte Datenrate, die unter normalen Bedingungen garantiert wird,
- ***Committed Burst Size (Bc):*** größtes Datenvolumen in Bits, das die vereinbarte Datenrate überschreitet (Burst) und das unter normalen Bedingungen in einer festgelegten Zeit Tc übertragen werden kann, wobei Tc = Bc / CIR gewählt wird,
- ***Excess Burst Size (Be):*** größtes nicht vereinbartes Datenvolumen in Bits, das im Rahmen der Access Rate nur bei freier Kapazität in einer festgelegten Zeit Tc übertragen und sonst verworfen wird.

Das Netz entscheidet also, ob eine von einem DTE gewünschte virtuelle Verbindung zugelassen wird. Kommt es trotzdem zu einer Überlastsituation, so werden die Frames, die oberhalb der Bc als DE (Discard Eligible) markiert wurden, verworfen.

6.6 Breitband-ISDN mit ATM

Das rasante Wachstum immer neuer Internet- und Intranetanwendungen führt dazu, dass nicht nur Daten, sondern zunehmend auch Audio- und Videoströme digital übertragen werden müssen. Grundsätzlich steigern Multimediaanwendungen den Bandbreitebedarf gegenüber klassischen Datenverarbeitungsanwendungen ganz erheblich. Darüber hinaus verlangen Echtzeit-Audio (z. B. IP-Telefonie) und Echtzeit-Video (z. B. Videokonferenzen) ***Isochronität,*** d. h. eine verzögerungsfreie Auslieferung aller gesendeten Datenpakete ohne Delay, sodass Verzerrungen und „Ruckeln" vermieden werden.

ATM als Basis des Breitband-ISDN

Von der ITU-T wurde 1988 ***ATM (Asynchronous Transfer Mode)*** als Multiplex- und Vermittlungstechnik für ein öffentliches Breitband-ISDN (B-ISDN) vorgeschlagen, um die zukünftigen Kapazitäts- und Qualitätsanforderungen flexibel und skalierbar abdecken zu können. Zur Beschleunigung der Standardisierungsarbeiten gründeten Cisco, Nortel und anderen Unternehmen 1991 das ***ATM-Forum.*** Es erarbeitete insbesondere die Standards UNI 2.0 für PVCs (1992), UNI 3.0/3.1 (1994) für SVCs sowie UNI 4.0 für verbesserten Service (1996). Die grundlegenden ITU-T-Standards für die UNI-Signalisierung sind Q.2931/2971 mit dem Titel „Digital Subscriber Signaling System No. 2 (DSS2) – User Network Interface (UNI) Layer 3 Specification".

Ebenso wie Frame Relay verwendet ATM zur simultanen Nutzung eines physischen Kanals ATD (Asynchronous Time Division Multiplexing). Anders als bei Frame Relay erfolgt aber ein statistisches Multiplexing mit ***Zellen*** (kleinen Paketen fester Länge) und eine entsprechende ATD-basierte Zell-Vermittlung, um Isochronität zu erreichen (Cell Relay). Eine ausführliche Darstellung der sehr komplexen ATM-Technologie ist in [27] zu finden.

ATM-Schnittstellen

Abbildung 6.27 zeigt im oberen Teil die wichtigsten Schnittstellen eines ATM-Netzes. Ein ATM-Netz besteht aus miteinander verbundenen ***ATM-Switches*** und verbindet seinerseits mehrere ***ATM End-Point Equipments.*** ATM End-Point Equipments können Computer (Mainframes, Enterprise Server, Workstations, PCs), Router, LAN-Switches oder TK-Anlagen sein. Ein ATM End-Point Equipment wird über ein ***UNI (User Network Interface)*** mit einem ATM-Switch verbunden. Zwei ATM-Switches kommunizieren über ein ***NNI (Network Node Interface)*** miteinander. Nebenbei bemerkt: ein UNI kann privat oder öffentlich sein und zwei öffentliche ATM-Netze werden über ein B-ICI (Broadband Interexchange Carrier Interconnect) aneinander gekoppelt.

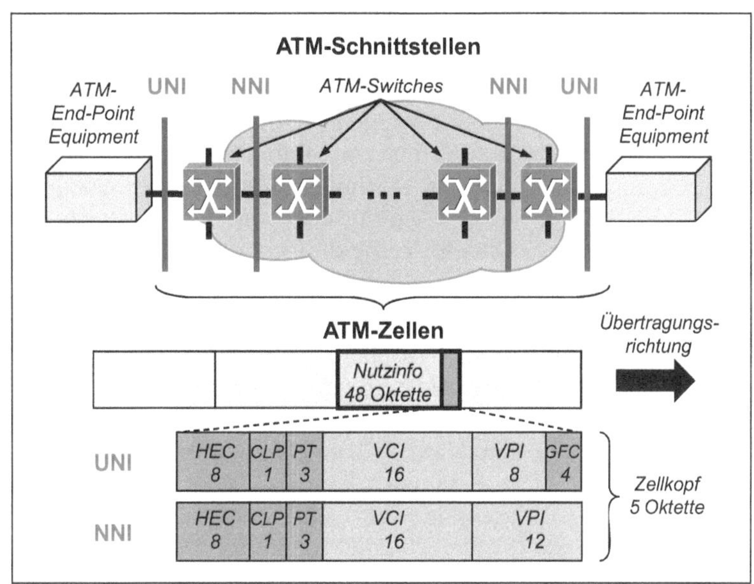

Abb. 6.27: ATM-Schnittstellen und ATM-Zellen

Das Format von ATM-Zellen

Der untere Teil von Abbildung 6.27 zeigt die Struktur von ATM-Zellen am UNI- und am NNI. Die Zellen, die ATM im Gegensatz zu den variabel langen Paketen (Frames) von Frame Relay verwendet, sind jeweils nur ***53 Bytes lang,*** um Blockierungen durch lange Nachrichten zu vermeiden. Jede ATM-Zelle besteht aus einem 48 Bytes langen Nutzlastbereich und einem 5 Bytes langen Header. Zellen am UNI und am NNI haben fast dieselbe Struktur; der UNI-Header enthält aber ein kürzeres VPI-Feld und das zusätzliche Feld ***GFC (Generic Flow Control),*** das nur für die lokale Steuerung Bedeutung hat.

Die wichtigsten Felder des Headers sind der ***VPI (Virtual Path Identifier)*** und der ***VCI (Virtual Channel Identifier).*** Sie werden beide gemeinsam benötigt, um die Zellen einer virtuellen Verbindung abschnittsweise weiterzuleiten. Das Feld ***PT (Payload Type)*** kennzeichnet den Zellentyp (Benutzerdaten, Steuerdaten, Überlast festgestellt) und das Bit ***CLP (Cell Loss Priority)*** markiert die Zell-Priorität zum Verwerfen einer Zelle. Das Feld ***HEC (Header Error Control)*** enthält eine Prüfsumme, die aus den ersten vier Bytes des Headers errechnet wird.

Virtuelle Verbindungen

Mit ATM können virtuelle Verbindungen entweder fest geschaltet werden ***(PVC, Permanent Virtual Circuit)*** oder bei Bedarf temporär aufgebaut werden ***(SVC, Switched Virtual Circuit).*** Für öffentliche ATM-Netzwerke werden Endsystemadressen benutzt, die das Format für internationale Telefonnummern (mit Landes-Code) nach dem ***ITU-T-Standard E.164*** verwenden; in privaten ATM-Netzen werden drei leicht abweichende Adressformate verwendet, die vom ATM-Forum standardisiert wurden. Den Verbindungsaufbau für einen SVC kann man sich stark vereinfacht so ähnlich wie beim Schmalband-ISDN vorstellen (vgl. Abb. 6.17), nur eben mit dem Unterschied, dass statt physischer virtuelle Verbindungen aufgebaut werden.

Virtuelle Pfade und virtuelle Kanäle

In ATM-Backbones werden Glasfaserkabel als physische Breitbandkanäle verwendet. Zur optimalen Kapazitätsausnutzung eines physischen Breitbandkanals benutzt ATM unidirektionale ***Virtual Paths (VP)*** und ***Virtual Channels (VC).*** Abbildung 6.28 veranschaulicht den Zusammenhang zwischen Virtual Paths und Virtual Channels schematisch. Ein Virtual Path bündelt mehrere Virtual Channels. Jeder VP wird durch einen Virtual Path Identifier (VPI) und jeder VC innerhalb eines VPs durch einen Virtual Channel Identifier (VCI) eindeutig identifiziert. VPIs und VCIs haben normalerweise immer nur für einen Streckenabschnitt lokale Bedeutung und werden von den ATM-Switches im Header der ATM-Zellen jeweils neu eingetragen.

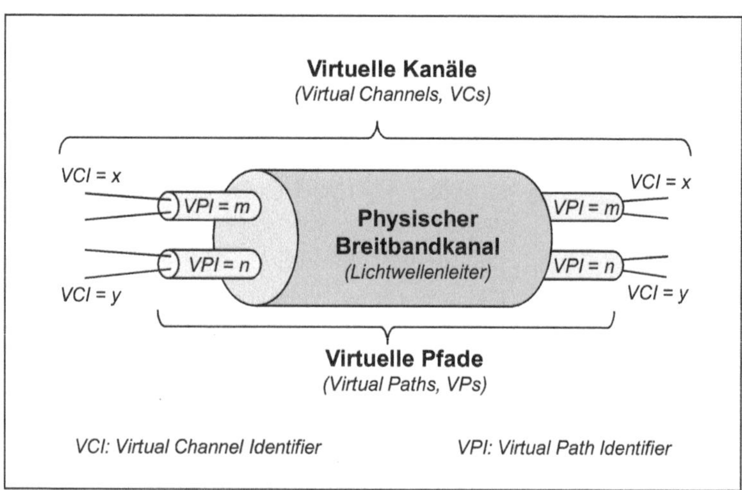

Abb. 6.28: Virtuelle Pfade und virtuelle Kanäle

Cell Switching in ATM-Netzen

Typische ATM-Backbones sind als ***Ring- oder Maschennetze*** konzipiert und basieren meist auf SDH-Ringen. Sie ermöglichen den Anschluss von ATM End-Point Equipments mit unterschiedlichen Übertragungsraten. Abbildung 6.29 zeigt ein privates ATM-

WAN eines Unternehmens mit den ATM-Switches A bis E, an die als ATM End-Point Equipments u. a. ein Enterprise Server (Mainframe) X und zwei entfernte Netzwerkgeräte mit ATM-Interface (Router Y, LAN-Switch Z) angeschlossen sind. Die Netzwerkgeräte bedienen ihrerseits zwei lokale Netze. Vom Enterprise Server X geht eine virtuelle Verbindung zum Router Y und eine zweite virtuelle Verbindung zum LAN-Switch Z.

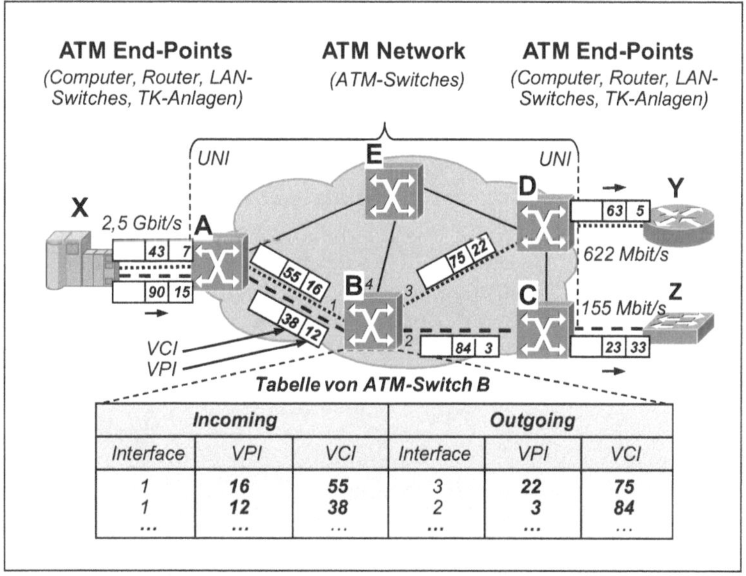

Incoming			Outgoing		
Interface	VPI	VCI	Interface	VPI	VCI
1	16	55	3	22	75
1	12	38	2	3	84
...	...	...	...	...	...

Abb. 6.29: Privates ATM-WAN mit virtuellen Verbindungen und Cell Switching

Die von X nach Y transportierten ***Zellen*** haben die VPI/VCI-Paare 7/43 (von X nach A), 16/55 (von A nach B), 22/75 (von B nach D) und 5/63 (von D nach Y). Die von X nach Z übertragenen Zellen tragen die VPI/VCI-Paare 15/90 (von X nach A), 12/38 (von A nach B), 3/84 (von B nach C) und 33/23 (von C nach Z).

Jeder ***ATM-Switch*** besitzt eine Forwarding-Tabelle, in der zu jedem Port mit hereinkommenden VPI/VCI-Paaren die entsprechenden Ports mit herausgehenden VPI/VCI-Paaren zugeordnet sind. So weiß z. B. ATM-Switch B, dass er die am Port 1 hereinkommenden Zellen mit der VPI/VCI-Kennung 16/55 über Port 3 weiterleiten und in ihren Header das VPI/VCI-Paar 22/75 eintragen muss. Ein ATM-Switch kann in der Regel sowohl VPs als auch VCs einzeln vermitteln. Mit ***DXC (Digital-Cross Connect)*** bezeichnet man dagegen einen Switch, der nur virtuelle Pfade, also ganze Kanalgruppen, auf andere Ports schalten kann, sodass sich nur die VPIs ändern. ATM End-Points führen zu ihren Ports nur einfache Tabellen mit den jeweiligen VPI/VCI-Paaren.

Das B-ISDN-Referenzmodell

Die komplexe ATM-Technologie besteht aus mehreren aufeinander aufbauenden Protokollschichten, die von der ITU-T im Breitband-ISDN-Referenzmodell in Anlehnung an das OSI-Referenzmodell strukturiert wurden (I.321/I.327). Das Modell ist in Abbildung 6.30 dargestellt. Sein Kern deckt die OSI-Schichten 1 und 2 ab, wobei die OSI-Schicht 2 weiter unterteilt wird. In der dritten Dimension unterscheidet es drei Ebenen: eine ***Control Plane*** für Steuerdaten zur Signalisierung (beim S-ISDN: D-Kanal), eine ***User Plane*** für Nutzdaten (beim S-ISDN: B-Kanäle) und eine zusätzliche ***Management Plane*** mit Schichten- und Ebenen-Management, um beispielsweise im Rahmen einer Meta-Signalisierung Signalisierungskanäle auszuwählen und OAM-Zellen (Operation and Maintenance) zur Netzüberwachung einzufügen.

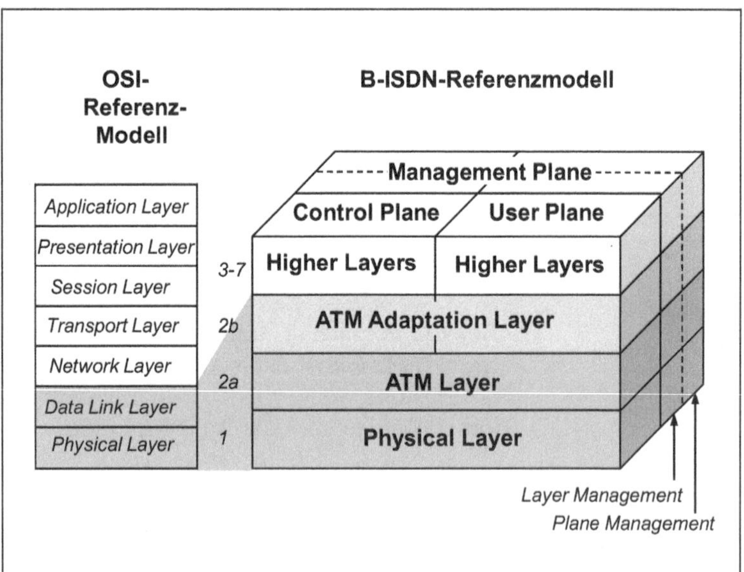

Abb. 6.30: Das B-ISDN-Referenzmodell

Die ***physische Schicht*** spezifiziert die vorgesehenen Transportmedien, die ggf. erforderliche Übertragungsanpassung und die HEC-Generierung. Ursprünglich wurde ATM nur als Technologie für WAN-Backbones über SONET/SDH auf LWL-Basis konzipiert. Bei dieser Lösung müssen die angepassten ATM-Zellen in SDH-Rahmen eingepackt und weitergeleitet werden. Heute kann ATM auch direkt auf LWL-Basis und sogar über TP-Kabel im LAN-Bereich betrieben werden, wobei LANE (LAN-Emulation) eingesetzt werden kann. Die ***ATM-Schicht*** erzeugt die Zell-Header und realisiert das Multiplexen und Vermitteln von ATM-Verbindungen. Die ***ATM-Anpassungsschicht*** (AAL, ATM Adaptation Layer) zerteilt den Datenstrom der höheren Schichten in die 48 Bytes langen Nutzlastteile der ATM-Zellen (Segmentierung, Reassemblierung). Sie ist außerdem ist für die Quality of Service, d. h. für die Dienstgüte verantwortlich.

Die Service-Klassen von ATM

Quality of Service (QoS) ist die herausragende Eigenschaft von ATM, da ATM bisher als einzige Multiplex- und Vermittlungstechnik QoS-Eigenschaften garantieren kann. Für die AAL hat die ITU-T vier Service-Klassen definiert, die die Anforderungen an Echtzeit-Verhalten (Isochronität), Bitrate und Verbindungsorientierung in unterschiedlichem Maße erfüllen:

- ***Class A (AAL 1):*** Echtzeit-Verhalten, konstante Bitrate und Verbindungsorientierung (Beispiel-Einsatz: Emulation von leitungsvermittelten ISDN-Verbindungen),
- ***Class B (AAL 2):*** Echtzeit-Verhalten, variable Bitrate und Verbindungsorientierung (Beispiel-Einsatz: Video-Konferenz),
- ***Class C (AAL 3/4):*** kein Echtzeit-Verhalten, variable Bitrate und Verbindungsorientierung/keine Verbindungsorientierung (Beispiel-Einsatz: Digitales Fernsehen mit Pufferung, Telefax-Übertragung),
- ***Class D (AAL 5):*** kein Echtzeit-Verhalten, variable Bitrate und keine Verbindungsorientierung (Beispiel-Einsatz: TCP/IP-basiertes Web-Surfen).

Zur genaueren Spezifikation der Service-Klassen wurden zahlreiche Parameter wie die Spitzenzellrate PCR (Peak Cell Rate), die Zellverlustrate CLR (Cell Loss Ratio) und die Zelltransferdauer CTD (Cell Transfer Delay) definiert. Wegen der Komplexität der von der ITU-T herausgegebenen Service-Klassen-Spezifikation hat das ATM-Forum vereinfachte Service-Klassen herausgegeben, die den oben aufgeführten Klassen weitgehend entsprechen: CBR (Constant Bit Rate), RT-VBR (Real Time Variable Bit Rate), NRT-VBR (Non Real Time Variable Bit Rate), ABR (Available Bit Rate) und UBR (Unspecified Bit Rate).

Nutzdatenkanäle und Signalisierungskanäle

Abbildung 6.31 stellt die Nutzdatenkanäle der User Plane und die Signalisierungskanäle der Control Plane schematisch dar. Die ATM-Zellen der ***Nutzdatenkanäle,*** die in den ATM End-Points auch die höheren OSI-Schichten durchlaufen, werden in den ATM-Switches nur noch bis zur OSI-Schicht 2a hoch gereicht. ATM erreicht die beschriebene Quality of Service durch schnelles Durchschalten der ATM-Zellen in den ATM-Switches auf der ATM-Schicht. Dort geschieht das Multiplexing und Durchschalten der Zellen anhand ihrer VPI/VCIs, da die Forwarding-Tabellen die VPI/VCI-Paare direkt den physischen Ports zuordnen.

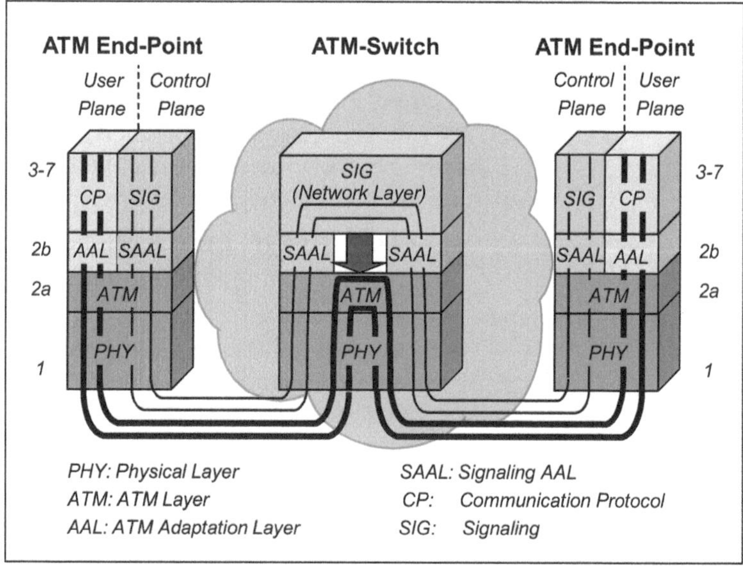

Abb. 6.31: ATM-Nutzlast-Transfer und ATM-Signalisierung

Die ATM-Zellen der ***Signalisierungskanäle*** werden dagegen in den ATM-Switches bis zur Netzwerkschicht hoch gereicht. ATM-Switches erhalten über die Signalisierungskanäle Steuerinformationen, um ihre ***Routing-Tabellen*** pflegen und Routingentscheidungen zur Bestimmung des besten Weges treffen zu können (siehe Abschnitt 5.3). Sie bauen virtuelle Verbindungen auf, indem sie anhand der Zieladressen in den Steuer-Zellen mit Hilfe ihrer Routing-Tabellen Port/VPI/VCI-Einträge in ihren ***Forwarding-Tabellen*** vornehmen. Dann leiten sie die Steuerinformationen weiter. Die Aktualisierung der Forwarding-Tabellen wird in der Abbildung 6.31 durch einen Pfeil von der Netzwerkschicht zur ATM-Schicht symbolisiert.

6.7 MPLS und optische Netze

Das Problem: Effizientes Forwarding von IP-Paketen

Datenverkehr ist inzwischen fast ausschließlich IP-Verkehr, d. h. die Netzknoten müssen immer größere Mengen von Datenpaketen vermitteln und weiterleiten (Forwarding). Die wachsende Zahl von Multimediaanwendungen erzwingt zudem neben immer höheren Bandbreiteanforderungen auch Isochronität. Und VPNs (Virtual Private Networks), die Unternehmensdaten sicher über das Internet leiten sollen, erfordern flexible Lösungen.

Das IP-Protokoll liefert nur einen ***Best Effort Service*** (Service der besten Anstrengung) ohne jegliche Gewährleistung, sodass die gestellten Anforderungen auf andere Weise abgedeckt werden müssen. Grundsätzlich bieten sich zwei Möglichkeiten an:

- ***Over Provisioning:*** Vorhalten hoher Überkapazitäten im gesamten Netz mit der Folge hoher Kosten und geringer Flexibilität,
- ***Traffic Engineering:*** Verkehrs- und Überlaststeuerung mit einer bedarfsgerechten Bereitstellung von Bandbreite und QoS (siehe Abschnitt 5.5).

Zwar bietet das Traffic Engineering von ATM auf der Basis des verbindungsorientierten Cell Switching die gewünschte ***Quality of Service (QoS)*** für die Integration von Daten-, Audio- und Videoübertragung. ATM ist aber außerordentlich komplex und teuer, und es erfordert einen hohen Administrationsaufwand. Deshalb wurden und werden neue Lösungen für ein einfacheres Forwarding von IP-Paketen über WAN- und MAN-Backbones auf der Basis von MPLS entwickelt.

Entstehung und Grundidee von MPLS

MPLS (Multiprotocol Label Switching) war ursprünglich für „IP over ATM“ konzipiert worden. Es steht inzwischen für alle wichtigen ***Layer-2(L2)-Protokolle*** (Frame Relay, PPP, Ethernet etc.) zur Verfügung. MPLS überträgt das ATM-Konzept des Cell Switching über virtuelle Verbindungen auf IP-Pakete. Es ist zwischen den OSI-Schichten 2 und 3 angesiedelt und verbindet das softwareorientierte und zeitaufwendige ***IP-Routing*** der Netzwerkschicht mit dem hardwareorientierten und schnellen ***Switching und Forwarding*** über virtuelle Verbindungen auf der Sicherungsschicht. Hierzu wird in die Layer-2(L2)-Frames nach dem L2-Header und vor dem Layer-3(L3)-Header ein eindeutiges ***Label*** (Etikett, Marke) als Identifikator eingefügt (zu Details vgl. u. a. [6], S. 821 ff.; [42], S. 377 ff.).

Netzknoten, die MPLS beherrschen, werden je nach Schwerpunktsetzung synonym als ***MPLS Router*** oder ***MPLS Switch*** bezeichnet. Zu MPLS gibt es noch keine ITU-T-Standards; aber die IETF hat eine Reihe von RFCs herausgegeben, so insbesondere die grundlegenden RFCs 3031 (MPLS Architecture) und 3032 (Label Stack Encoding).

Label Switched Path (LSP)

Ein MPLS-Netz besteht aus ***Label Switching Routers (LSR)*** im Kernbereich des Netzes (Core), die ***Label Edge Routers (LER)*** an den Netzwerkrändern (Edges) über ***Label Switched Paths (LSPs)*** miteinander verbinden. Abbildung 6.32 veranschaulicht das Forwarding eines IP-Paketes in einem MPLS-Netz über einen Label Switched Path (LSP).

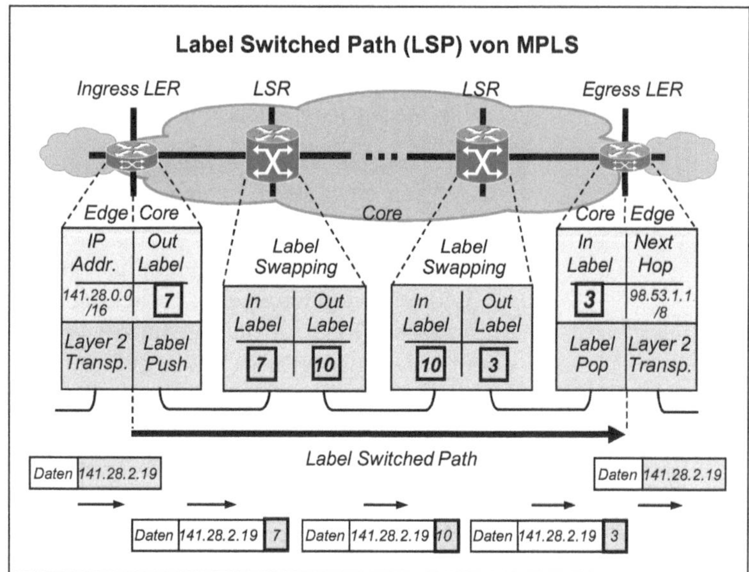

Abb. 6.32: Forwarding eines IP-Paketes auf einem Label Switched Path (LSP)

Ein Ingress LER (Eingangs-Router links in der Abbildung) erhält an seinem Eingangs-Interface ein IP-Paket mit der IP-Adresse 141.28.2.19. Er führt in seiner Forwarding-Tabelle zu der Zielnetzadresse 141.28.0.0 (der Netzteil der IP-Adresse 141.28.2.19 umfasst 16 Bits) das Label 7 und fügt es im L2-Frame vor dem IP-Header (dargestellt durch die IP-Adresse) ein ***(Label Push).*** Die LSRs auf dem weiteren Weg tauschen anschließend das In-Label des IP-Paketes vor seiner Weiterleitung gegen das zugeordnete Out-Label aus (von 7 auf 10, von 10 auf 3). Dieser Vorgang wird ***Label Swapping*** genannt. Der Egress LER am Ziel des MPLS-

Netzes (Ausgangs-Router rechts in der Abbildung) entfernt schließlich das Label wieder ***(Label Pop)*** und leitet das IP-Paket mit Hilfe seiner IP-Adresse konventionell weiter.

MPLS-Header und FEC

Ein Label ist 20 Bits lang und wird in den MPLS-Header eingefügt, der salopp auch als ***Shim Header*** (Beilage-Header, Zwischen-Header) bezeichnet wird. Der Shim Header, der zwischen dem Frame-Header und dem IP-Header liegt, ist insgesamt 32 Bits lang und enthält neben dem Label noch ein 3-Bit-Feld für experimentelle Zwecke, 1 Bit für ein Label Stack Flag zur Hierarchisierung von Labels und ein 8-Bit-Feld TTL (Time To Live).

Ein Ingress LER fasst die verschiedenen Ströme von IP-Paketen zu ***FECs (Forwarding Equivalence Classes)*** zusammen. Alle IP-Pakete einer FEC – z. B. der Netzadresse 141.28.0.0 – werden auf dem gesamten Label Switched Path (LSP) mit den gleichen Labeln versehen und gleich behandelt. Mit Hilfe einer FEC kann auch eine geforderte QoS realisiert werden. Während eine FEC etwa eine garantierte Bandbreite bekommt, wird eine zweite FEC nur bei vorhandener Kapazität bevorzugt behandelt und eine dritte FEC erhält lediglich den Best Effort Service.

Ein Beispiel zum MPLS für zwei FECs

Das Beispiel in Abbildung 6.33 zeigt in stark vereinfachter Form die LSPs für zwei FECs, die vom selben LER kommen.

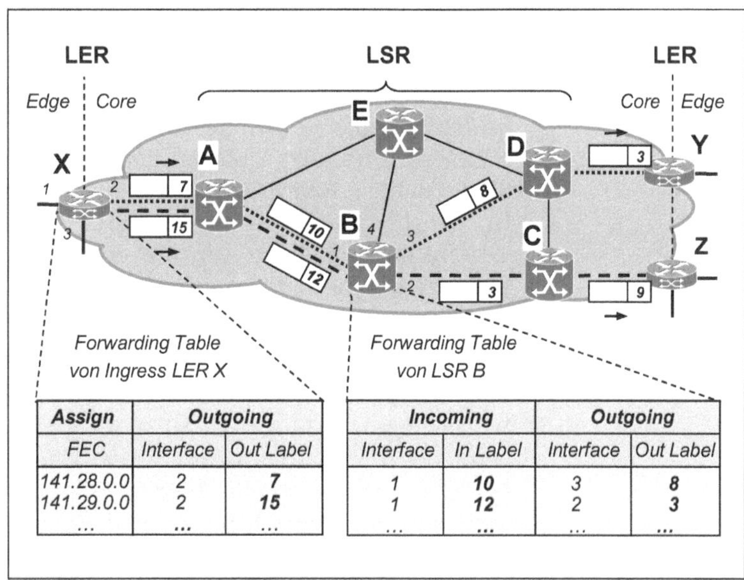

Assign	Outgoing	
FEC	Interface	Out Label
141.28.0.0	2	**7**
141.29.0.0	2	**15**
...	...	...

Incoming		Outgoing	
Interface	In Label	Interface	Out Label
1	**10**	3	**8**
1	**12**	2	**3**
...	...	...	...

Abb. 6.33: Ein Beispiel zum MPLS für zwei FECs

Routing und Label Distribution

Wie werden nun die LSPs eingerichtet und die Label auf die Router (LER und LSR) verteilt? Dies geschieht – wie immer beim Aufbau von Routing-Tabellen – statisch (durch manuelle Einträge) oder bei großen Netzen dynamisch (durch Protokolle). Der dynamische Austausch der Steuerinformationen erfolgt auf der ***Steuerebene (Control Plane)*** stets getrennt vom bisher beschriebenen Forwarding der eigentlichen Nutzlast, die auf der Datenebene (User Plane) stattfindet. Die Zuweisung von Labels entlang der LSPs geschieht in zwei Schritten:

- ***MPLS Routing:*** Zunächst werden die Routen mit bestehenden Routing-Protokollen (z. B. OSPF, BGP) eingerichtet (siehe Abschnitt 5.3).
- ***MPLS Signaling:*** Sodann informieren sich die Router mit einem Signalisierungsprotokoll entlang der Routen darüber, welche Labels und Links für jeden LSP aufgebaut werden sollen. Hierzu verwenden sie das Label Distribution Protocol (LDP) oder, falls eine Verkehrssteuerung (z. B. mit QoS) gewünscht wird, das CR-LDP (Constraint-Based Routed LDP) bzw. das RSVP-TE (Resource Reservation Protocol – Traffic Engineering).

Optische Netze mit GMPLS bzw. MPλS

Die Weiterentwicklung von MPLS soll optisches Multiplexing von IP-Paketen in optischen Transportnetzen ***(OTNs, Optical Transport Networks)*** direkt auf der Bitübertragungsschicht ermöglichen. Die großen Netzbetreiber versprechen sich von optischen Netzen eine größere Skalierbarkeit und Flexibilität sowie niedrigere Betriebskosten. Beim Sender entfallen zeitaufwendige Schritte wie das Segmentieren von IP-Paketen, ihr Einkapseln in ATM-Zellen und das Einfügen der ATM-Zellen bzw. IP-Pakete in SDH-Rahmen. Beim Empfänger spart man das anschließende Hochreichen der „IP-Schnipsel" durch die SDH- und/oder ATM-Teilschichten hindurch zur Anwendung (siehe Abschnitt 5.6). Und der Administrationsaufwand wird wesentlich geringer.

Entsprechende Ansätze, die direkt auf dem Wellenlängenmultiplexing aufbauen, werden mit ***GMPLS (Generalized MPLS)*** oder ***MPλS (Multiprotocol Lambda Switching)*** bezeichnet (λ: Wellenlänge). GMPLS bzw. MPλS dient als Zwischenschicht und verbindet IP direkt mit dem DWDM (Dense Wave Division Multiplexing), sodass ein flacherer Protokoll-Stack entsteht (siehe Abbildung 5.21). Ein Label muss dann nicht mehr explizit zwischen dem Layer-2-Header und dem Layer-3-Header (IP-Header) eingefügt werden, da die DWDM-Wellenlängen direkt als implizite Labels dienen können (vgl. u. a. [6]; S. 871 ff.).

AONs (All Optical Networks)

Vollständig optisch arbeitende Backbone-Netze – ***AONs (All*** bzw. ***Active Optical Networks)*** – erfordern nicht nur GMPLS bzw. MPλS als Lösung, sondern neben Lichtwellenleitern (LWL) auch optische Multiplexer, Switches und Verstärker. Klassische SONET/SDH-Netze basieren heute zwar auch auf Lichtwellenleitern, benutzen aber elektronische Multiplexer (ADM, Add Drop Multiplexer), Switches (DXC, Digital Cross-Connect) und Verstärker (REG, Regenerator), wie sie in Abschnitt 6.4 beschrieben sind (siehe insbesondere Abb. 6.21 und Abb. 6.22). Deshalb ist bei jedem Multiplexer, bei jedem Switch und bei jedem Verstärker eine erneute optoelektronische und elektrooptische Wandlung der Signale erforderlich.

Die ITU-T hat im Standard G.872 die Architektur für ein ***OTN (Optical Transport Network)*** spezifiziert. Ein OTN verwendet analog zu SONET/SDH die folgenden optischen Netzwerkgeräte:

- ***OADM (Optical Add Drop Multiplexer):*** Optische Multiplexer multiplexen die zu übertragenden Signalströme über verschiedene Wellenlängen auf der Photon-Teilschicht.
- ***OXC (Optical Cross-Connect):*** Optische Switches legen ganze Kanalbündel auf die verschiedenen Ausgangs-Ports um.
- ***OA (Optical Amplifier):*** Optische Verstärker ermöglichen es, den Verstärkerabstand ihrer elektronischen Vorgänger auf über 100 km zu verdreifachen.

Die optische Transporttechnik ***OTH (Optical Transport Hierarchy)*** ist im Standard G.709 spezifiziert. Der Standard G.709 beschreibt die Rahmenstruktur der optischen Transporteinheit ***OTU (Optical Transport Unit)*** eines optischen Telekommunikations- bzw. Internet-Backbones. Die Rahmenstruktur entspricht im Wesentlichen der Rahmenstruktur eines SDH-Rahmens (siehe Abbildung 6.23).

Einsatzschwerpunkte von AONs werden optische Internet-Backbones und optische Metro Rings (MANs) sein, um SONET/SDH-Backbones zu ersetzen. ***PONs (Passive Optical Networks)*** mit optischen Splittern werden die AONs auf der „letzten Meile“ der Teilnehmeranschlüsse ergänzen.

6.8 Breitbandzugang mit DSL und PPP

Eine direkte Festverbindung zum WAN-Backbone eines Telekommunikations-Providers eignet sich wegen hoher Kosten nur für größere und mittlere Unternehmen. Kleinere Unternehmen und Privatleute benötigen dagegen einen preiswerten Breitbandzugang zum Internet. Er ist seit 1999 über die „guten alten" Telefonleitungen (Local Loops) möglich, die die Telefonanschlüsse der Teilnehmer in der ganzen Welt mit ihrer jeweiligen Ortsvermittlungsstelle verbinden. Der Breitbandzugang über die verdrillten Kupferdoppeladern der Teilnehmeranschlussleitungen basiert auf der ausgefeilten DSL-Technik (OSI-Schicht 1) und der PPP-Protokollfamilie (OSI-Schicht 2).

DSL als Lösung zum Problem der „Last Mile"

Die „letzte Meile" wird auf absehbare Zeit in Form von „klassischen" Telefonanschlussleitungen bestehen bleiben, da ein flächendeckender Austausch gegen Lichtwellenleiter mit hohen Kosten verbunden ist. Deshalb wurde seit dem Ende der 80er Jahre in US-amerikanischen Forschungsprojekten an der Lösung für einen Breitbandzugang über die verlegten TP-Kabel gearbeitet. Die Lösung heißt ***DSL (Digital Subscriber Line)*** und steht heute in mehreren Varianten zur Verfügung, die unter der Abkürzung ***xDSL*** zusammengefasst werden: insbesondere ADSL, HDSL, SDSL und VDSL. Die ITU-T hat hierzu die Standard-Reihe G.990 veröffentlicht.

Die Grundidee von DSL erscheint einfach: Neben dem unteren Frequenzbereich für den Telefonverkehr wird jetzt auch der früher nicht benutzte obere Frequenzbereich für den Datenverkehr verwendet. Die Realisierung dieser Idee erfordert aber eine hoch komplexe Technik, um hohe Übertragungsraten störungsfrei über die verdrillten Kupferdoppeladern zu transportieren (vgl. hierzu u. a. [6], S. 810 ff.; [7], S. 142 ff.; [8], S. 391 ff.).

Komponenten eines ADSL-Breitbandzuganges

ADSL (Asymmetric Digital Subscriber Line) nach ITU-T G.992.1 ist bisher die weltweit am häufigsten installierte DSL-Technik. Abbildung 6.34 zeigt die Struktur eines ADSL-Breitbandzuganges am Beispiel eines ISDN-Anschlusses. Sie gilt entsprechend für einen analogen Telefonanschluss. Der untere Teil der Abbildung stellt die benötigten Hardwarekomponenten dar, der obere Teil die in Software realisierten Protokolle.

Vom Netzanschluss her gesehen benötigt man auf der Teilnehmerseite als ***Hardwarekomponenten*** einen ***Splitter*** (BBAE, Breitbandanschlusseinheit) zur Aufteilung der Frequenzbänder und ein ***ADSL-Modem*** (NTBBA, Network-Termination-Breitbandanschluss/ATU-R, ADSL Transceiver Unit – Remote) zur Signalumsetzung. Für den simultanen Anschluss mehrerer PCs muss zusätzlich ein ***ADSL-Router*** eingesetzt werden, der entweder an ein externes ADSL-Modem angeschlossen wird oder aber selbst über ein internes ADSL-Modem verfügt.

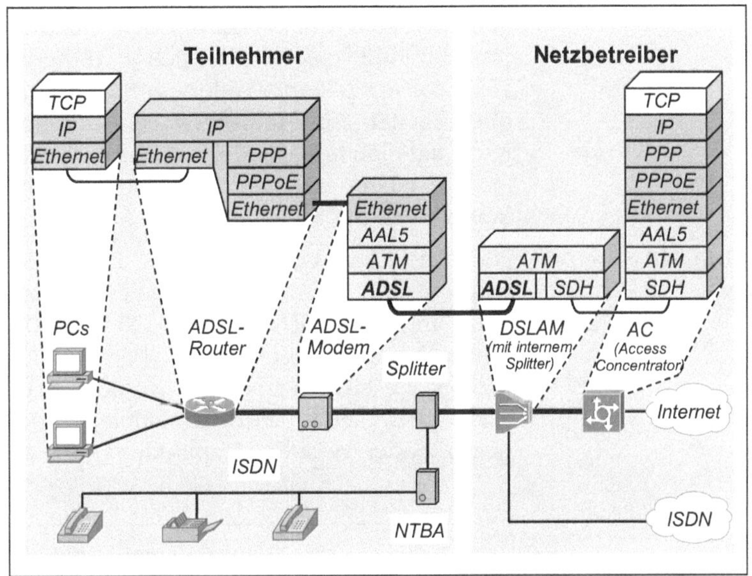

Abb. 6.34: Die Komponenten eines ADSL-Breitbandzuganges

Die Seite des Netzbetreibers kann man sich spiegelbildlich vorstellen. Ein ***DSLAM (Digital Subscriber Line Access Multiplexer)*** multiplext die Teilnehmeranschlüsse und ist als Schaltschrank mit Steckplätzen für Linecards realisiert. Die Linecards enthalten die Ports für die Teilnehmeranschlussleitungen. Zu jedem Port gehört ein ***Splitter*** zur Abtrennung des niedrigen Frequenzbandes für die Weiterleitung der Telefongespräche in das ISDN (bzw. digitale Telefonnetz) und ein ***ADSL-Modem*** (ATU-C, ADSL Transceiver Unit – Central Office), das dem teilnehmerseitigen ADSL-Modem entspricht. Ein DSLAM leitet die gemultiplexten ADSL-Verbindungen über sein ATM/SDH-Interface zum hinter ihm liegenden ***AC (Access Concentrator)*** weiter. Ein AC dient dem Provider als Access Server, indem er die Authentifizierung (Identifikation und Berechtigungsprüfung) durchführt und die Verbindungen auf- und abbaut.

Wie die Abbildung 6.34 im oberen Teil zeigt, enthält der ***Protokoll-Stack*** für den ADSL-Betrieb der Deutschen Telekom unterhalb von IP folgende Protokollschichten: PPP (Point to Point Protocol), PPPoE (PPP over Ethernet), Ethernet sowie AAL5 (ATM

Adaption Layer 5) und ATM. PPP läuft nicht direkt über ATM, sondern zunächst über ***PPPoE (nach RFC 2516) auf Ethernet-Basis,*** um teilnehmerseitig die weit verbreitete und kostengünstige Ethernet-Technik einsetzen zu können. Da ein ADSL-Modem den Protokoll-Stack oben mit der Ethernet-Schicht abschließt und eine RJ-45-Buchse (Ethernet-Anschluss) besitzt, kann ein ADSL-Router (oder ein PC) über PPP und PPPoE – statt über ein teureres ATM-Interface – direkt über seine Ethernet-Karte mit einem ADSL-Modem verbunden werden. Wird ein Router mit einem internen ADSL-Modem eingesetzt, so führt der Router auch die Schichten AAL5, ATM und ADSL aus.

Die ADSL-Technik

Für den Telefonverkehr (POTS, Plain Old Telephone Service) wird auf der „Last Mile" nur der Frequenzbereich bis 4 kHz genutzt und beim ISDN sind es 120 kHz. Die vorhandenen Telefonanschlussleitungen können aber bis 1,1 MHz (bei ADSL2+ sogar bis 2,2 MHz) verwendet werden. Abbildung 6.35 zeigt die von ADSL durch Frequenzmultiplexing (FDM) genutzten Frequenzbänder (A ist die Amplitude).

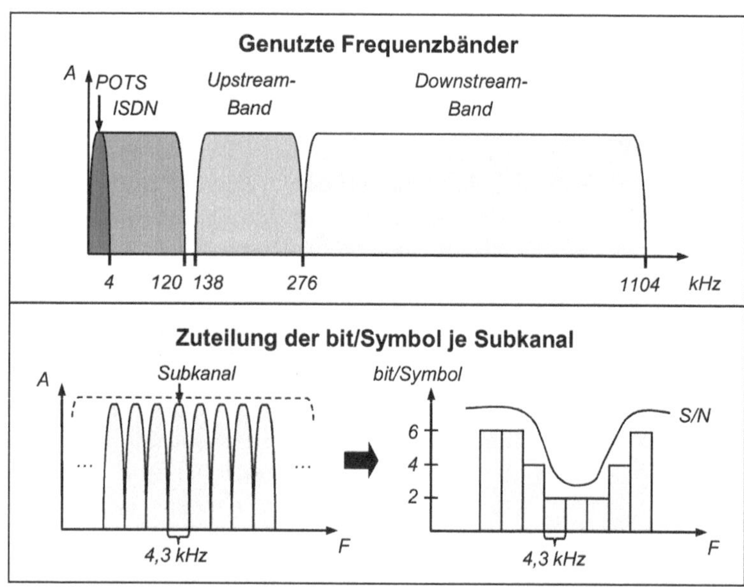

Abb. 6.35: Genutzte Frequenzbänder und Zuteilung der bit/Symbol je Subkanal

ADSL verwendet für das ***Downstream-Band (Abwärtskanal)*** einen größeren Frequenzbereich als für das ***Upstream-Band***

(Aufwärtskanal), da normalerweise vom Server zum Client größere Datenmengen übertragen werden als vom Client zum Server. Diese asymmetrische Aufteilung des Frequenzbereiches wird durch den Namen ADSL (Asymmetric DSL) ausgedrückt.

Da der Signal-Rausch-Abstand S/N (Signal to Noise Ratio) im höheren Frequenzbereich stark schwankt, werden das Upstream- und das Downstream-Band mit Hilfe von ***DMT (Discrete Multitone Modulation)*** in je 256 Subkanäle zu je 4,3125 kHz aufgeteilt. Abbildung 6.35 zeigt, dass jeder Subkanal in Abhängigkeit von seinem S/N eine bestimmte Anzahl von Bits pro Symbol überträgt. Dies geschieht unter Verwendung der ***quadratischen Amplitudenmodulation (QAM, Quadrature Amplitude Modulation).*** Z. B. kann 16-QAM mit 2^4 verschiedenen Signalwerten 4 bit/Symbol (4 bit/s/Hz) darstellen, und 64-QAM mit 2^6 Paaren 6 bit/Symbol (6 bit/s/Hz) (siehe Abschnitt 4.3).

Überblick über die wichtigsten DSL-Verfahren

Neben ADSL sind die bedeutsamsten DSL-Verfahren HDSL (High bit rate DSL), SDSL (Symmetric DSL) und VDSL (Very high speed DSL). Sie unterscheiden sich insbesondere in der maximalen Kapazität ihres Abwärts- und Aufwärts-Kanals, in der maximal möglichen Leitungslänge, in der Anzahl der benötigten Adernpaare und in der belegten Bandbreite. Die folgende Tabelle gibt hierzu einen Überblick für Europa (in Anlehnung an [6], S. 817; [42], S. 336):

Merkmal	***ADSL***	***HDSL***	***SDSL***	***VDSL***
Downstream	8 Mbit/s	2,048 Mbit/s	2,048 Mbit/s	52 Mbit/s
Upstream	640 kbit/s	2,048 Mbit/s	2,048 Mbit/s	2,3 Mbit/s
Leitungslänge	6 km	5 km	3 km	1,5 km
Adernpaare	1	3	1	1
Bandbreite	1 MHz	240 kHz	240 kHz	30 MHz

Die PPP-Protokollfamilie

Um Datenpakete über einen ADSL-Breitbandzugang zu transportieren, wird heute auf der OSI-Schicht 2 ***PPP (Point-to-Point Protocol)*** nach RFC 1661 eingesetzt. PPP ist die wichtigste bitsynchrone Protokollfamilie für Breitbandzugänge und gilt als Nachfolger des sehr einfachen SLIP (Serial Line Internet Protocol), das nur IP-Pakete übertragen kann. PPP baut auf dem Konzept von HDLC auf (siehe Abschnitt 6.1) und bildet ein Rahmenwerk für die Einkapselung verschiedenster Netzwerkprotokolle (IP, OSI PLP, IPX etc.). Außerdem ermöglicht PPP die Nutzung von Unterprotokollen. Die wichtigsten Unterprotokolle sind (vgl. u. a. [6], S. 786 ff.; [8], S. 231 ff.):

- ***LCP (Link Control Protocol)*** zum Aufbau, zur Konfiguration, zum Testen und zum Abbau von Punkt-zu-Punkt-Verbindungen,
- ***NCPs (Network Control Protocols)*** zum Aushandeln von Konfigurationsoptionen (z. B. max. Paketgröße, Authentifizierungs-Protokoll) für das jeweilige Netzwerkprotokoll und zu seiner Konfiguration in der Vorphase der Datenübertragung; so dient z. B. das IPCP (Internet Protocol Control Protocol) zur Konfiguration von IP,
- ***PAP (Password Authentication Protocol)*** oder ***CHAP (Challenge Handshake Authentication Protocol)*** zur Authentifizierung (Identifikation und Berechtigungsprüfung) des Teilnehmers vor Einsatz eines NCP.

Das Format von PPP-Frames

Abbildung 6.36 zeigt das Format von PPP-Frames (vgl. z. B. [2], S. 323 ff.). In der Mitte ist das PPP-Grundformat dargestellt.

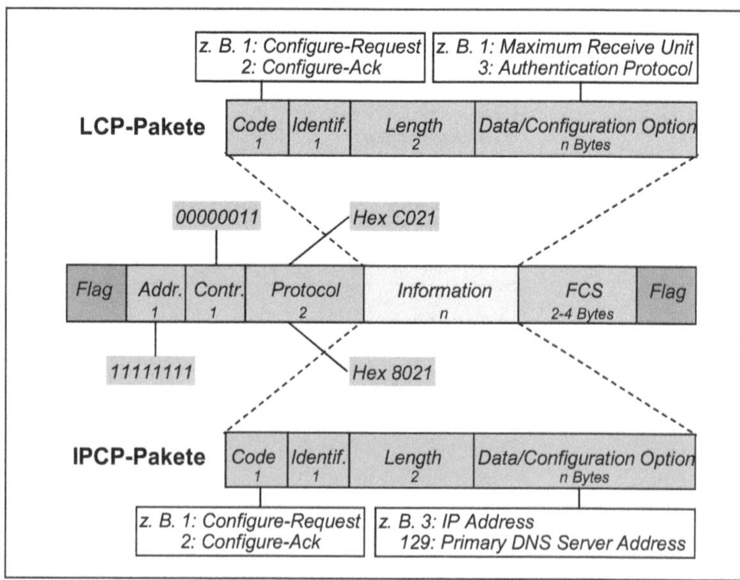

Abb. 6.36: Das Format von PPP-Frames

Das ***Address Field*** enthält immer die Broadcast-Adresse (11111111) zur Adressierung aller Stationen, da anders als bei HDLC kein Kommunikationspartner adressiert werden muss. Das ***Control Field*** fordert zur unnummerierten Übertragung von Frames auf (00000011), da die Verbindungssteuerung nur im gekapselten Protokoll erfolgt. Das Protocol Field (2 Bytes) gibt das gekapselte Protokoll an, dessen Kommandos und Daten im ***Information Field*** übertragen werden. Für Protokolle der OSI-Schicht 2 beginnt der Hex-Code mit einem 1-Bit (z. B. 0xC023: PAP), für Protokolle der OSI-Schicht 3 mit einem 0-Bit (z. B. 0x0021: IP). Im ***FCS Field*** (Frame Check Sequence) wird die zur Fehlererkennung berechnete Prüfzahl übertragen.

Die gekapselten ***LCP- und NCP-Pakete*** bestehen ebenso wie ***PAP- und CHAP-Pakete*** aus folgenden Feldern:

- ***Code*** zur Kennzeichnung der Bedeutung des Paketes,
- ***Identifier*** zur Zuordnung von Antworten zu Befehlen,
- ***Length*** zur Mitteilung der Länge des Paketes und
- ***Data/Configuration Option.***

Aufbau und Abbau von PPP-Verbindungen

Abbildung 6.37 zeigt ein PPP-Sequenzdiagramm.

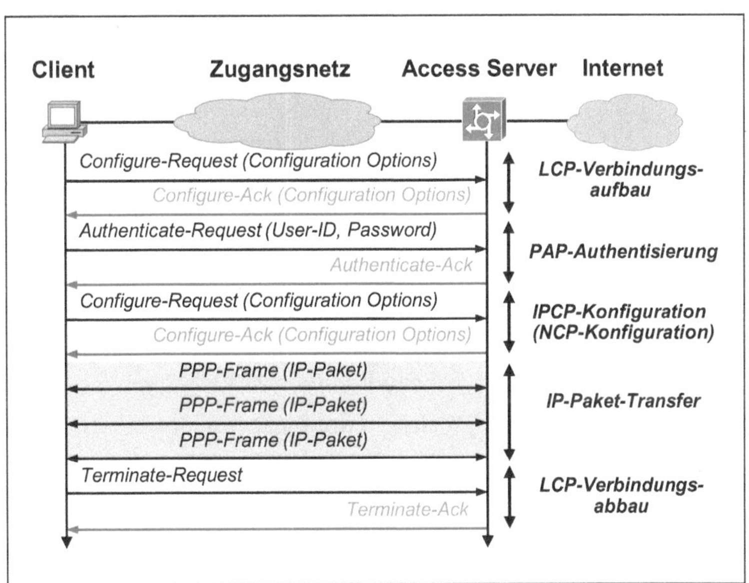

Abb. 6.37: Sequenzdiagramm zum Aufbau und Abbau von PPP-Verbindungen

Im Regelfall wird die dargestellte Protokollreihenfolge durchlaufen: LPC-Verbindungsaufbau, PAP-Authentifizierung, IPCP-Konfiguration, IP-Paket-Transfer und LCP-Verbindungsabbau. In jeder Phase können mehrere Dialogschritte stattfinden, um alle erforderlichen Parameter auszutauschen (vgl. u. a. [2], S. 329 ff.).

Einsatzbereiche von PPP

Wegen seiner Flexibilität wird PPP nicht nur für den Zugang zu WANs genutzt. Eine ganze Reihe von PPP-Standards (RFCs) ermöglicht es, die Paket-Formate der bedeutendsten WAN- und LAN-Protokolle (von IP und OSI PLP bis zu Appletalk und Novell IPX) in PPP-Frames einzukapseln und so unterschiedliche Übertragungstechnologien für den Transport von Datenpaketen in den WANs zu nutzen. Die Transportmöglichkeiten reichen von „PPP in HDLC-like Framing" über „PPP over ISDN" bis hin zu „PPP over AAL5" und „PPP over SONET/SDH".

Alternative Breitbandzugänge

Neben dem DSL-Breitbandzugang gibt es noch zwei weitere bedeutende, leitungsgebundene Breitbandzugänge: Glasfaserkabel und TV-Kabelnetze. Der Zugang über ***Glasfaserkabel*** hat zwar noch eine geringe Bedeutung, könnte aber in Zukunft die DSL-Technik ablösen. So verlegt z. B. der Anbieter NetCologne im Raum Köln/Bonn Glasfaserkabel über die „letzte Meile" zu Privatkunden und Unternehmen und ermöglicht so Übertragungsraten von 100 Mbit/s. Der Zugang über ***TV-Kabelnetze,*** die eigentlich für Kabelrundfunk und Kabelfernsehen vorgesehen sind, bietet derzeit eine Übertragungsrate von bis zu 100 Mbit/s Downstream. Er wird u. a. vom Anbieter KabelBW für Baden-Württemberg angeboten. Falls die DSL-Breitbandzugänge in Zukunft nicht auch höhere Übertragungsraten bieten können, werden sie wahrscheinlich durch alternative Breitbandzugänge in Form von Glasfaserkabeln und Kabelnetzen verdrängt werden.

6.9 Testaufgaben

1. Kennzeichnen Sie HDLC bezüglich seiner Entstehung, seiner Funktionalität und seiner OSI-Schicht-Zuordnung! Welche verwandten Protokolle kennen Sie, die auf HDLC aufbauen?
2. Welche Topologien unterstützt HDLC und mit welchen Betriebsarten kann es eingesetzt werden?
3. Was verstehen Sie unter
   (1) einem Frame,
   (2) einem Flag,
   (3) FCS,
   (4) ABM?

4. Beschreiben Sie den prinzipiellen Aufbau von HDLC-Frames! Welche Arten von HDLC-Frames kennt HDLC und wozu dienen sie?
5. Erläutern Sie die Flusssteuerung und Fehlerabsicherung von HDLC!
6. Erstellen Sie ein Sequenzdiagramm für die Datenübertragung der nachfolgend aufgeführten Frames zwischen den Datenstationen A und B, wenn HDLC im Normal Response Mode mit Halbduplex-Betrieb laufen soll:
   - A sendet vier Frames, von denen die mittleren Zwei jedoch fehlerhaft ankommen,
   - B antwortet zunächst mit einem korrekten Frame und nach der nächsten Antwort von A mit einem fehlerhaften Frame.
7. Was ist X.25? Was sind logische Kanäle, was sind virtuelle Verbindungen und welche Netztopologie unterstützt X.25?
8. Erläutern Sie folgende Begriffe:
   (1) DNAE,
   (2) PAD,
   (3) PVC,
   (4) SVC,
   (5) XOT!
9. Skizzieren Sie das Grundformat eines X.25-Paketes! Skizzieren Sie den Ablauf einer Datenübertragung nach X.25 in einem Sequenzdiagramm!
10. Beschreiben Sie die Zielsetzung des ISDN und erläutern Sie vier Nutzenfaktoren, mit denen die Einführung des ISDN begründet wurde!
11. Skizzieren Sie das Grundkonzept vom ISDN und erläutern Sie es!
12. Geben Sie einen Überblick über die ISDN-Anschlussarten und beschreiben Sie die ISDN-Schnittstellen und -Kanäle! Was ist eine PBX (auch als PABX oder CPBX bezeichnet)?
13. Beschreiben Sie die Kommunikationsarchitektur vom ISDN mit eigenen Worten!
14. Welcher Zusammenhang besteht zwischen einem DSS1-Paket, einem LAPD-Frame und einem Multiplexrahmen bezüglich der Signalisierung?
15. Welche Unterschiede bestehen zwischen dem Aufbau einer ISDN-Verbindung mit DSS1 und dem Aufbau einer X.25-Verbindung?

16. Beschreiben Sie die Multiplexhierarchien
    (1) PDH und
    (2) SONET/SDH
    mit ihren Unterschieden!
17. Erläutern Sie das Multiplexkonzept der PDH mit eigenen Worten, indem Sie sich auf E1- und E2-Rahmen gemäß Abb. 6.19 beziehen!
18. Beschreiben Sie
    (1) die Topologie von SONET/SDH-Netzen und
    (2) die SONET/SDH-Architektur!
    Nennen Sie dabei die erforderlichen Netzwerkkomponenten mit ihren Abkürzungen!
19. Erläutern Sie das Multiplexkonzept von SONET/SDH, indem Sie sich auf einen SDH-Rahmen der Multiplexstufe STM-1 gemäß Abb. 6.23 beziehen!
20. Was verstehen Sie unter
    (1) Fast Packet Switching,
    (2) Frame Relay,
    (3) LAPF Core und LAPF Control,
    (4) Control Plane?
21. Beschreiben Sie den Aufbau eines LAPF Core Frame und die Arbeitsweise von Frame Relay!
22. Was ist
    (1) statistisches Multiplexing,
    (2) ATD und PTM,
    (3) „Bursty" Traffic,
    (4) eine Access Rate und eine CIR?
23. Erläutern Sie die zwei grundlegenden Anforderungen an ein Breitband-ISDN! Was ist ATM und was hat ATM mit einem Breitband-ISDN zu tun?
24. Erklären Sie folgende Begriffe:
    (1) UNI und NNI,
    (2) VP und VC,
    (3) VPI und VCI!
25. Erläutern Sie mit eigenen Worten
    (1) den Aufbau einer ATM-Zelle,
    (2) den Aufbau einer Tabelle in einem ATM-Switch,
    (3) das Cell Switching in einem ATM-Netz!
26. Beschreiben Sie das B-ISDN-Referenzmodell und die Service-Klassen von ATM!

27. Skizzieren Sie den Fluss der Nutzdaten- und Signalisierungskanäle durch eine ATM-Kommunikationsarchitektur für zwei ATM-End-Points und einen ATM-Switch schematisch!
28. Erläutern Sie die Grundidee von MPLS! Was ist ein LSR, ein LER und ein LSP?
29. Wie ist die Forwarding-Tabelle eines Ingres LER aufgebaut und wie die Tabelle eines LSR? Wie funktioniert das Label Swapping auf einem LSP?
30. Was ist GMPLS bzw. MPλS und wie funktioniert es? Was ist ein OADM, ein OXC und ein AON?
31. Welches Problem besteht bei einem Breitbandzugang bezüglich der „Last Mile“ und wie löst die DSL-Technik dieses Problem? Welche DSL-Varianten kennen Sie?
32. Skizzieren Sie die miteinander verbundenen Hardwarekomponenten eines ADSL-Breitbandzuganges auf der Teilnehmerseite sowie auf der Seite des Netzwerkbetreibers und erläutern Sie deren Funktionen!
33. Welche Techniken bzw. Protokolle werden beim Einsatz von DSL in den erforderlichen Hardwarekomponenten auf den einzelnen OSI-Schichten zu welchem Zweck eingesetzt?
34. Erläutern Sie Funktionalität und Konzeption des PPP und beschreiben Sie die Aufgaben von LCP, NCP und PAP!
35. Beschreiben Sie das Format von PPP-Frames! Welche Phasen müssen zum Aufbau einer PPP-Verbindung durchlaufen werden, damit IP-Pakete über eine Punkt-zu-Punkt-Verbindung übertragen werden können?

7 LAN-, MAN- und SAN-Technologien

Dieses Kapitel gibt einen Überblick über LAN-, MAN- und SAN-Technologien. Aus einfachen Grundkonzepten für lokale Netze (LANs) haben sich immer komplexere LAN-Technologien entwickelt (zu Einzelheiten vgl. [24]).

Die Darstellung beginnt mit zwei klassischen LANs: Ethernet und Token-Ring. Man muss beide kennen, um die weitere technologische Entwicklung zu verstehen. Sodann wird die Evolution der LAN-Standards beschrieben. Nach diesen Grundlagen geht es um den Wandel von klassischen LANs zu modernen High-Speed LANs durch das LAN Switching (v. a. Ethernet Switching). Es entstand in Analogie zum Packet Switching der Telekommunikation.

Das Kapitel schließt mit MANs und SANs. MAN-Ringe verbinden lokale Netze im Großstadtbereich und in Ballungsgebieten. SANs unterstützen die Speicherverwaltung im Server- und RZ-Bereich.

7.1 Das klassische Ethernet

Im Abschnitt 5.6 wurde bereits ein kurzer geschichtlicher Abriss der LAN-Evolution gegeben. Als „klassische LANs" bezeichnet man ***Shared Media LANs,*** deren angeschlossene Endsysteme sich ein gemeinsames Kabel zur Datenübertragung teilen müssen. Sie werden zwar kaum noch eingesetzt, prägen aber mit ihren Konzepten und Begriffen bis heute die moderne LAN- und MAN-Technik. So bezeichnet der Begriff „Ethernet" heute eine ganze Familie von LAN-Konzepten und verschiedene Produktgruppen, die alle ihren Ursprung im klassischen Ethernet haben.

Das klassische Ethernet arbeitet mit einer ***Übertragungsrate von 10 Mbit/s.*** 1980 hatte das ***DIX-Konsortium*** (DEC, Intel und Xerox) das Ethernet Version 1 entwickelt. 1982 folgte die Version 2, deren Zugriffsverfahren bis heute als ***Ethernet II*** eingesetzt wird. Auf ihr basiert die Standard-Serie ***IEEE 802.3,*** die 1980 im Februar (daher 802!) vom IEEE initiiert wurde (vgl. u. a. [40], S. 125 f.).

Topologie des klassischen Ethernet

Das klassische Ethernet hat eine ***Bus-Topologie,*** so wie sie in Abbildung 7.1 dargestellt ist. Als Shared Medium dient ein gelbes, 1 cm dickes Koaxialkabel vom Typ RG-8, das als ***Yellow***

Cable (oder „Thick Coax") bezeichnet wird. Das Kabel darf max. 500 m lang sein und benötigt an beiden Enden einen ***Terminator*** (50-Ohm-Abschlusswiderstand). An das Kabel lassen sich im Abstand von mindestens 2,5 m insgesamt 100 ***Transceiver*** (MAU, Medium Access Units) über sog. Vampir-Taps (Kabelklemmen mit Dorn) anschließen und über max. 50 m lange ***Transceiver-Kabel*** mit den Endsystemen verbinden.

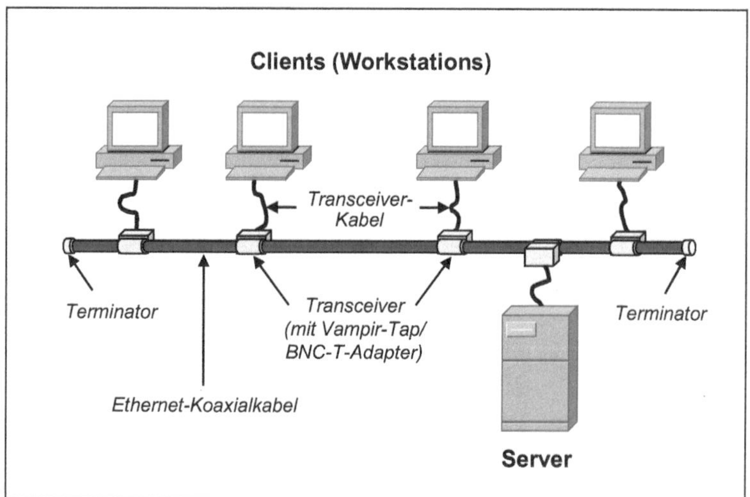

Abb. 7.1: Arbeitsplatzrechner-Netz mit einem Ethernet-Bus

Seit 1988 gibt es eine kleinere, flexiblere und preiswertere Variante mit dem Namen ***Cheapernet.*** Cheapernet benutzt ein nur 0,5 cm dickes und max. 185 m langes Koaxialkabel vom Typ RG-58, an das max. 30 Mini-Transceiver der Endsysteme direkt über BNC-Stecker und BNC-T-Adapter angeschlossen werden können. Da es beim Cheapernet keine Transceiver-Kabel mehr gibt, muss das Cheapernet-Kabel an den Endsystemen vorbeilaufen.

Formate für Ethernet-Frames

Die PDUs (Protocol Data Units), die die Endsysteme über einen Ethernet-Bus austauschen, sind Frames der OSI-Schicht 2. Abbildung 7.2 gibt einen Überblick über die verwendeten Frame-Formate. Das ursprüngliche Frame-Format ***Ethernet II*** des DIX-Standards ist bis heute sehr verbreitet und wird vor allem zusammen mit dem Protokollpaar TCP/IP eingesetzt. Es hat folgende Felder (vgl. u. a. [26], S. 117 ff.; [40], S. 120 ff.):

- ***Präambel:*** 8 Bytes langer Bitstrom (7 * 10101010 zur Synchronisation und 1 * 10101011 zum Frame-Beginn),

- ***Zieladresse und Quelladresse:*** MAC-Adressen (Hardware-Adressen) der Netzwerkkarten der Endsysteme,
- ***Typ:*** zur Identifikation des Protokolls der OSI-Schicht 3,
- ***Daten:*** Nutzdaten der OSI-Schicht 3 und ggf. Füll-Bytes zum Erreichen der vorgeschriebenen Frame-Länge,
- ***FCS (Frame Check Sequence):*** zur Fehlererkennung nach dem CRC-Verfahren (Cyclic Redundancy Check).

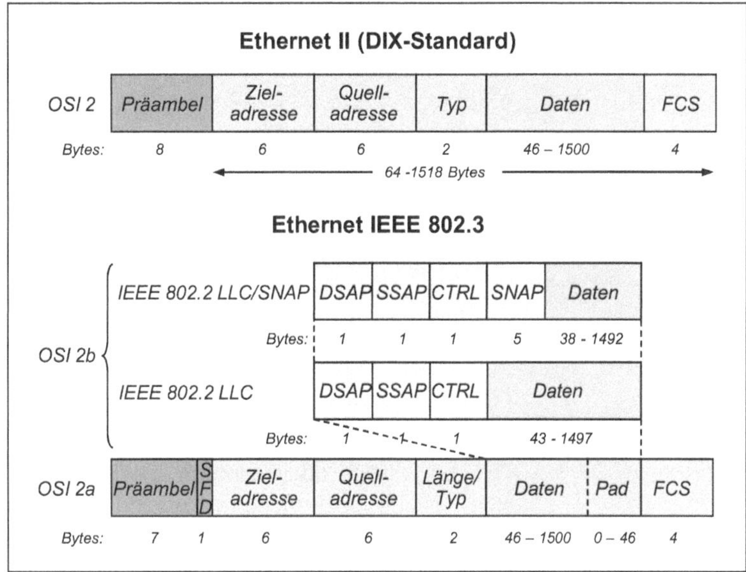

Abb. 7.2: Frame-Formate für Ethernet-Frames

IEEE 802 ist komplexer und spezifiziert eine technologieunabhängige OSI-Schicht 2b (LLC, Logical Link Control) nach IEEE 802.2, die die technologiespezifischen Unterschiede der OSI-Schicht 2a (vom Ethernet, Token-Ring usw.) nach oben abdeckt und außerdem Multiplexing ermöglicht.

Das Frame-Format ***Ethernet IEEE 802.3*** ist seit 1997 auch zum Ethernet II kompatibel, wobei drei Unterschiede erkennbar sind: Der ***SFD (Start of Frame Delimiter)*** weist nach der Präambel explizit die Bitkombination 10101011 aus. Das frühere Längenfeld wurde zum Feld ***Länge/Typ*** und hat jetzt zwei Bedeutungen: Ist der Feldwert ≤ 1500 (0x05DC), enthält das Feld die Anzahl der Datenbytes des gekapselten LLC-Frames. Ist er größer als 1500, dann gibt er selbst – wie beim Ethernet II – direkt den

Typ des übergeordneten Protokolls an (z. B. 0x0800: IP, 0x0806: ARP); ein LLC-Frame entfällt in diesem Fall wie beim Ethernet II. Schließlich wird noch das ***Pad (Füllsel)*** explizit ausgewiesen, das das Datenfeld auf die erforderliche Länge ergänzt.

Ein ***IEEE 802.2 LLC-Frame*** ermöglicht auf der OSI-Schicht 3 den Simultanbetrieb mehrerer Protokolle und enthält dazu zwei SAPs (Service Access Points), den ***DSAP*** (Destination SAP) und den ***SSAP*** (Source SAP). Sie geben den Protokolltyp der Vermittlungsschicht an (z. B. 0x06: IP SAP, 0xFE: OSI SAP). ***CTRL,*** das Steuerfeld, enthält die gleichen Informationen wie das Steuerfeld beim HDLC-Protokoll (Frame-Typ, Befehls-Code).

LLC kann zusammen mit ***SNAP*** (Sub-Network Access Protocol) eingesetzt werden. SNAP nach RFC 1042 bietet – wie Ethernet II – 2 Bytes zur Identifikation des Protokolltyps der OSI-Schicht 3. Wird SNAP verwendet, so werden die Werte für DSAP und SSAP auf 0xAA gesetzt. Außerdem erhält das Steuerfeld CTRL den Wert 0x03, um den Frame-Typ LLC 1 (unbestätigter Datagram Service) anzuzeigen. Dem Steuerfeld folgt der SNAP-Header, der Hersteller (3 Bytes) und Protokolltyp der OSI-Schicht 3 (2 Bytes) angibt.

Netzzugriff mit CSMA/CD

Das Zugriffsverfahren, mit dem die angeschlossenen Endsysteme auf einen Ethernet-Bus zugreifen können, heißt ***CSMA/CD (Carrier Sense Multiple Access with Collision Detection).*** Abbildung 7.3 zeigt die prinzipiellen Schritte von CSMA/CD.

CSMA/CD, das auch einfach als Ethernet-Verfahren bezeichnet wird, ist ein ***nicht-deterministisches Zugriffsverfahren,*** bei dem alle Endsysteme um den Zugriff konkurrieren. Es arbeitet im Halbduplex-Betrieb und läuft, wie folgt, ab (vgl. [26], S. 121 f.):

- Eine sendewillige Station prüft zunächst, ob das Medium frei ist. Ist es belegt, so wartet sie eine vorgegebene Zeitspanne ***(Carrier Sense).***
- Ist das Medium nicht belegt, so sendet sie und überwacht dabei das Medium. Dies gilt für alle Endsysteme ***(Multiple Access).***
- Senden mehrere Stationen gleichzeitig, so kommt es zu einer Kollision, die durch die Überwachung erkannt wird ***(Collision Detection).***
- Die sendenden Stationen brechen ihre Sendung ab, senden zur Sicherheit ein kurzes Störsignal ***(Jam Signal)*** und wiederholen ihre Sendung nach einer mit dem Zufallsprinzip ermittelten Zeitspanne.

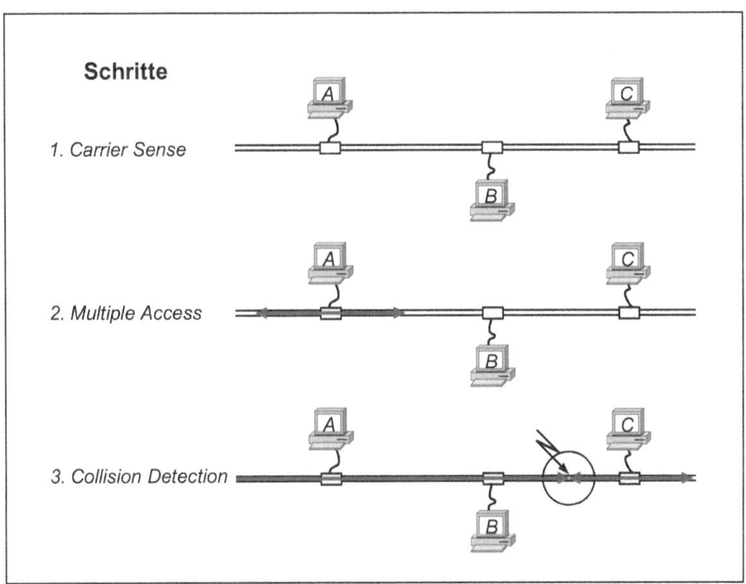

Abb. 7.3: Das Zugriffsverfahren CSMA/CD

Da ein klassisches Ethernet-LAN ein Broadcast-Netz ist, sinkt seine Leistung aufgrund der Kollisionen mit zunehmender Zahl von Endgeräten bzw. mit zunehmender Verkehrslast schnell ab.

Der Ursprung von CSMA/CD

1970 entwickelte Norman Abramson an der Universität Hawaii ein Funknetz zur Datenübertragung, mit dem Universitätsinstitute von verschiedenen Inseln aus auf das zentrale Universitätsrechenzentrum zugreifen konnten. Dieses ***ALOHA-Netz*** ermöglichte es, von jedem Terminal aus jederzeit (ohne Carrier Sense) mit der Sendung eines Frames zu beginnen. Bei einer Kollision wurde der Sendeversuch wiederholt.

1973 realisierte Robert Metcalfe am Palo Alto Research Center (PARC) von Xerox das erste experimentelle Ethernet, indem er das Konzept des ALOHA-Netzes auf ein Kabel übertrug und es zum CSMA/CD ausbaute. Er nannte es ***Ethernet*** (Äther-Netz), um klarzumachen, dass es sich um ein angenommenes Trägermedium für die Ausbreitung von Licht und elektromagnetischen Wellen handelt. Das Ethernet-Projekt wurde Ende der 70er Jahre vom DIX-Konsortium weitergeführt (vgl. [40], S. 109 ff.).

7.2 Der klassische Token-Ring

IBM brachte 1985 den IBM Token Ring als Konkurrenzprodukt zum Ethernet auf den Markt. Das Konzept des Token-Ringes war zwar schon in den frühen 70er Jahren erforscht worden, doch sein Durchbruch gelang erst mit dem IBM Token Ring, der gut zehn Jahre später am IBM Zurich Research Laboratory entwickelt worden war. 1985 kam auch der Standard IEEE 802.5 heraus, der zum IBM Token-Ring weitgehend kompatibel ist. Die ursprüngliche ***Übertragungsrate*** betrug ***4 Mbit/s,*** 1991 folgte eine Variante mit ***16 Mbit/s*** (vgl. [6], S. 67 ff.; [8], S. 189 f.).

Topologie des klassischen Token-Ringes

Wie sein Name schon verrät, hat der klassische Token-Ring eine ***Ring-Topologie.*** Aus Gründen der Ausfallsicherheit wurde der IBM Token-Ring aber von Anfang an als sog. „Star Shaped Ring" installiert, bei dem die sternförmigen ***Ringleitungsverteiler*** (MSAU oder kurz MAU, Multi-Station Access Units) einen Ring bilden. An jeden Ringleitungsverteiler können bis zu 8 Endsysteme über ***Lobe-Kabel*** (Anschlusskabel), die max. 100 m lang sein dürfen, angeschlossen werden. Wie die Abbildung 7.4 zeigt, werden die Ringleitungsverteiler zur Erhöhung der Ausfallsicherheit über eine ***Hauptleitung*** und eine ***Ersatzleitung*** miteinander verbunden (vgl. u. a. [23], S. 246 ff. und [24], S. 148 f.).

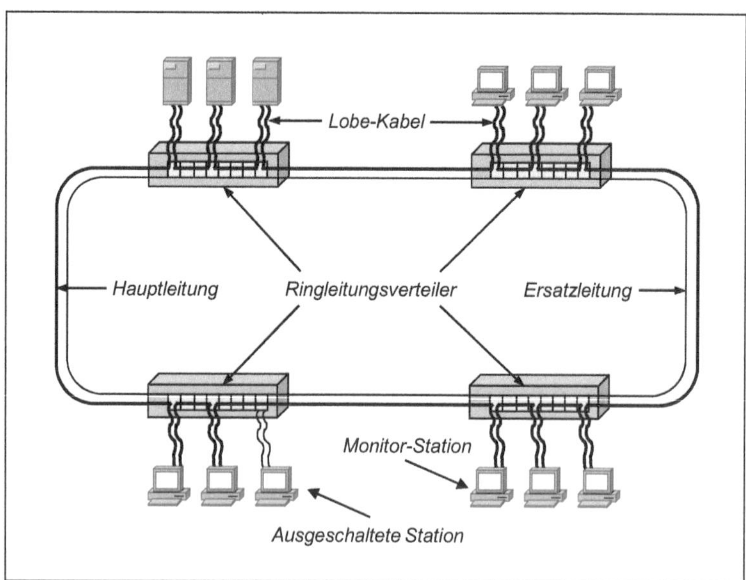

Abb. 7.4: Arbeitsplatzrechner-Netz mit einem IBM Token-Ring

Die Hauptleitung und die Ersatzleitung, die als Shared Medium dienen, sind ***TP-Kabel*** (≤ 200 m); denn die IBM gab parallel zum Token-Ring das neues Verkabelungssystem ***ICS (IBM***

Cabling System) zur einheitlichen Vernetzung all ihrer Systeme vom Großrechner bis zum PC heraus. Der Aufbau des als Hermaphrodit (Zwitter) bezeichneten klobigen ICS-Universalsteckers war einmalig, da er als Stecker und als Buchse benutzt werden konnte. Aus dem ICS entstand Mitte der 90er Jahre das ***ACS (Advanced Connectivity System),*** dessen Kabel und kleinere RJ-45-Stecker den Standards TIA/EIA 568 und ISO/IEC 11801 entsprechen (zu den Standards siehe Abschnitt 4.5).

An einen Token-Ring können bei Benutzung von UTP-Kabeln max. 72 Endsysteme und bei Benutzung von STP-Kabeln max. 260 Endsysteme angeschlossen werden. In einem Token-Ring muss immer ein Endsystem als aktive ***Monitor-Station*** fungieren. Die Monitor-Station ist für die Verwaltung und für das Fehlermanagement zuständig.

Formate für Token-Ring-Frames

Abbildung 7.5 zeigt die beiden Formate für Token-Ring-Frames. Daten- und Token-Frames gehören beide zur OSI Schicht 2a, der Daten-Frame kapselt einen LLC-Frame der OSI-Schicht 2b.

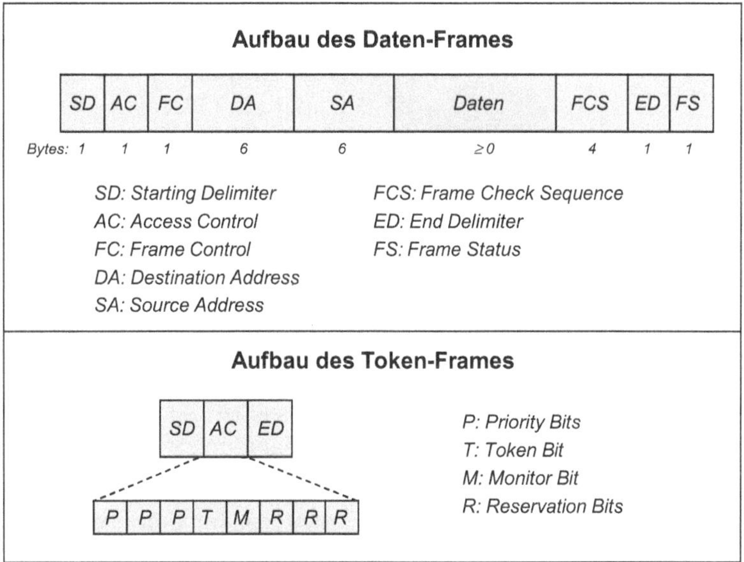

Abb. 7.5: Formate für Daten-Frames und für Token-Frames

Die einzelnen Felder haben folgende Bedeutung (vgl. u. a. [8], S. 193 f.; [26], S. 127 f.):

- ***SD (Starting Delimiter)*** und ***ED (End Delimiter)*** kennzeichnen den Anfang und das Ende eines Frames durch fehlerhafte Signale des Signal-Codes, die nicht in den anderen Feldern vorkommen können.

- ***AC (Access Control)*** enthält zur Zugriffssteuerung drei Prioritäts-Bits zur Kennzeichnung der Priorität des Frames, das Token-Bit (Token = Gutschein, Marke; 0: Frei-Token des Token-Frames, 1: Besetzt-Token des Daten-Frames), das von der Monitor-Station gesetzte Monitor-Bit zur Erkennung endlos kreisender Frames und drei Prioritäts-Reservierungs-Bits für den nächsten Durchlauf.
- ***FC (Frame Control)*** dient der Unterscheidung von Daten- und Steuer-Frames und beinhaltet ggf. einen entsprechenden Steuerbefehl.
- ***DA (Destination Address)*** und ***SA (Source Address)*** sind die MAC-Adressen (Hardware-Adressen) der Netzwerkkarten der betroffenen Endsysteme.
- Das ***Datenfeld*** kann einen LLC-Frame der OSI-Schicht 2b aufnehmen, der seinerseits ein Datenpaket enthält.
- ***FCS (Frame Check Sequence)*** enthält eine Prüfzahl zur Fehlererkennung nach dem CRC-Verfahren.
- ***FS (Frame Status)*** enthält die zur Sicherheit vierfache Bestätigung der Zielstation, dass die Zieladresse erkannt und der Frame kopiert wurde.

Anders als bei einem Ethernet-Frame wird bei einem Token-Ring-Frame keine Präambel zur Synchronisation benötigt, da der kreisende Token-Frame die Synchronisation durchführt.

Das Token-Passing-Verfahren

Der Token-Ring benutzt für den Netzwerkzugriff der Endsysteme das Token-Passing-Verfahren, das ebenfalls von IBM entwickelt wurde. Es ist ein ***deterministisches Zugriffsverfahren,*** bei dem ein Endsystem den Netzzugriff nur in Übereinstimmung mit den anderen Endsystemen erhält. Token Passing arbeitet ebenso wie CSMA/CD im Halbduplex-Betrieb.

Abbildung 7.6 veranschaulicht den prinzipiellen Ablauf des Token-Passing-Verfahrens. Im Einzelnen werden folgende Schritte durchlaufen (vgl. z. B. [24], S. 440 ff.; [26], S. 125 f.):

- Solange kein Datenverkehr vorliegt, kreist der Token-Frame durch den Token-Ring ***(Frei-Token).***
- Die sendewillige Station A wartet, bis das Frei-Token bei ihr ankommt, und setzt das Token-Bit ***(Besetzt-Token).*** Dann hängt sie ihre Daten an und sendet den Frame.

- Der Daten-Frame zirkuliert im Kreis. Die Empfangsstation C kopiert sich die Daten, bestätigt den Empfang im Feld ***Frame Status*** und leitet den Frame weiter.
- Die Sendestation A nimmt den ankommenden Frame wieder vom Ring und setzt das Token-Bit zurück. Dann sendet sie den Token-Frame ***(Frei-Token).***
- Die Station A und zwei weitere Stationen möchten senden. Die nächste sendewillige Station B darf das Frei-Token übernehmen, das Token-Bit setzen ***(Besetzt-Token),*** ihre Daten anhängen, den Frame senden usw.

Ein Frame wird direkt nach der Auswertung des Feldes AC ohne komplette Zwischenspeicherung weitergeleitet, sodass die Verzögerung in den Ringleitungsverteilern nur sehr gering ist. Da die Frame-Länge prinzipiell unbegrenzt ist, darf eine Station nur bis zum Ende der ***Token Holding Time*** (max. Sendedauer) senden. Sie beträgt standardmäßig 10 ms.

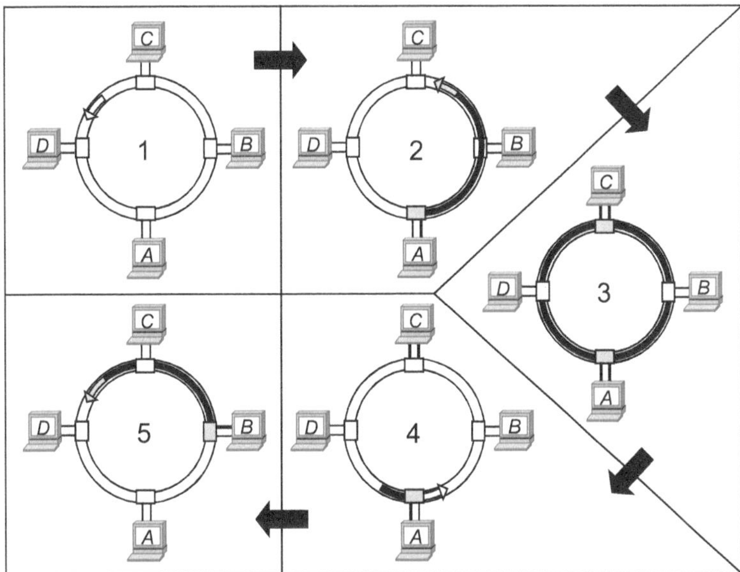

Abb. 7.6: Ablauf des Token-Passing-Verfahrens

Der im Prinzip einfache Ablauf wird durch ein ausgefeiltes ***Prioritätssystem*** ergänzt, das die Priority- und Reservation-Bits des AC-Feldes nutzt. Möchte eine Station einen Daten-Frame mit einer bestimmten Priorität senden, so muss sie warten, bis ein Token-Frame mit einer gleichen oder kleineren Priorität vorbeikommt. Die Station kann aber auch versuchen, sich das nächste Frei-Token zu reservieren, indem sie in einem vorbeikommenden Daten-Frame die Reservierungsbits entsprechend der Priorität des zu sendenden Daten-Frames hoch setzt, sofern dort noch keine höhere Prioritäts-Reservierung eingetragen ist. Das nächste Frei-Token wird dann mit dieser höheren Priorität erstellt. Nachdem eine reservierende Station das Frei-Token erlangt hat, muss sie die Prioritäts- und Reservierungs-Bits vor dem Senden ihres Daten-Frames wieder heruntersetzen, damit die Priorität nicht immer weiter erhöht wird.

Monitor-Stationen und Fehlerbehebung

In einem Token-Ring gibt es einen ***Active Monitor,*** alle anderen Stationen sind ***Standby Monitors.*** Fällt die aktive Monitor-Station aus, so wird automatisch eine neue aktive Monitor-Station bestimmt. Sie ist zum einen für die Verwaltung des Token-Ringes zuständig, z. B. für die Erzeugung eines Token-Frames beim Systemstart und für das Einfügen und Ausgliedern von Stationen. Zum anderen übernimmt sie die Fehlerbehebung, etwa das Entfernen eines endlos kreisenden Daten-Frames oder die Wiederherstellung eines verloren gegangenen Token-Frames.

Ringunterbrechungen kann die Monitor-Station nicht beheben. Sie werden durch Autokonfiguration der einzelnen Stationen repariert, die sich bei schweren Fehlern aufgrund von ***Beacon-Frames*** (Signal-Frames) anderer Stationen selbst neu konfigurieren. So kann eine zwischen zwei Ringleitungsverteilern unterbrochene Hauptleitung durch die Ersatzleitung überbrückt werden ***(Bypass-Methode).*** Bei Ausfall beider Leitungen auf einem Streckenabschnitt kann durch die Benutzung der Ersatzleitung auf den restlichen Streckenabschnitten in Gegenrichtung ein logischer Ring gebildet werden (vgl. [24], S. 449 ff.).

Die Zukunft der Ring-Technologien

Der Token-Ring hat sich gegenüber dem Ethernet im LAN-Bereich nicht durchsetzen können. Nach einem zunehmenden Umsatzrückgang hat sich die IBM im Jahr 2004 aus dem Token-Ring-Bereich zurückgezogen und den Geschäftsbereich an den bisherigen britischen Konkurrenten Madge abgegeben.

Ganz anders sieht es im MAN- und WAN-Bereich aus. Hier haben Ring-Technologien mit Lichtwellenleitern einen durchschlagenden Erfolg. In den Abschnitten 6.4 und 6.7 wurden bereits entsprechende WAN-Technologien auf LWL-Basis vorgestellt. Im Abschnitt 7.5 wird die klassische MAN-Technologie FDDI erläutert, und es wird die Evolution zur modernen MAN-Technologie RPR aufgezeigt, die auch auf der Ring-Topologie basiert.

7.3 Evolution der LAN-Standards

Die Standardserie ***IEEE 802,*** die 1980 ins Leben gerufen wurde, hat heute für den gesamten PAN-, LAN- und MAN-Bereich eine fundamentale Bedeutung. Erfolgreiche Standards wurden weiter entwickelt, neue kamen hinzu und erfolglose wurden ad acta gelegt. Insbesondere die Standards zum High-Speed-Ethernet und zu lokalen Funknetzen sind heute hochaktuell. Mit zeitlicher Verzögerung werden übrigens IEEE-802-Standards auch in der internationalen Standardserie ***ISO 8802*** veröffentlicht.

Die Grundstruktur von IEEE 802

Abbildung 7.7 skizziert den Aufbau der Standardserie IEEE 802 und die Zuordnung der einzelnen Standards zu den Schichten des OSI-Referenzmodells. IEEE 802 deckt die ***Bitübertragungsschicht*** und die ***Sicherungsschicht*** ab. Die Sicherungsschicht wurde in zwei Teilschichten untergliedert, um die höheren OSI-Schichten von den unterschiedlichen LAN-Technologien abzuschirmen. Die untere Teilschicht (OSI-Schicht 2a) ist die ***technologieabhängige MAC-Schicht*** (Medium Access Control), die die Details der verschiedenen Netzwerktechnologien enthält. Die obere Teilschicht (OSI-Schicht 2b) ist die ***technologieunabhängige LLC-Schicht*** (Logical Link Control), die dem Protokoll der übergeordneten Vermittlungsschicht (z. B. IP) unabhängig von der jeweiligen Netzwerktechnologie bestimmte Transportdienste anbietet (vgl. z. B. [26], S. 117 f.; [24], S. 143 ff.).

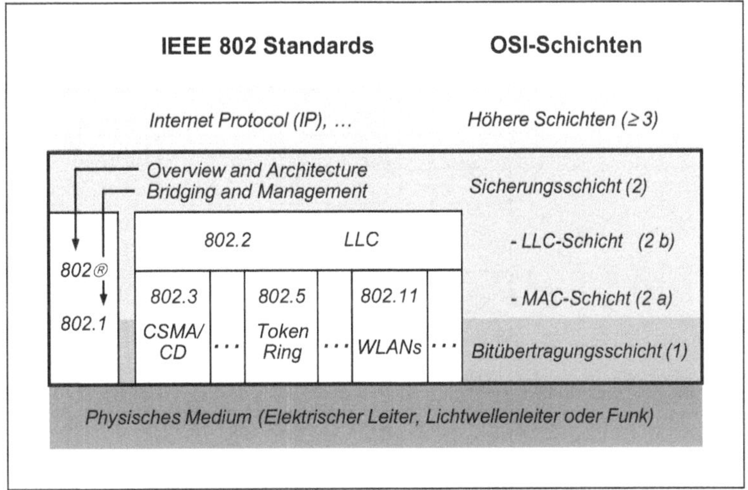

Abb. 7.7: Die Standardserie IEEE 802 mit den abgedeckten OSI-Schichten

Der Standard ***IEEE 802®*** spezifiziert die Grundlagen des IEEE-LAN-Modells. Er betrifft die OSI-Schichten 1 und 2. Die ***Standardserie IEEE 802.1*** beschreibt das Internetworking auf der OSI-Schicht 2 sowie das LAN-Management für die OSI-Schichten 1 und 2. Der ***technologieunabhängige Standard IEEE 802.2,*** der nur die OSI-Schicht 2 b (LLC-Schicht) abdeckt, enthält Details zum LLC-Frame-Format (siehe Abb. 7.2) und zu den drei ***Diensttypen,*** die der Vermittlungsschicht angeboten werden:

- ***LLC Typ 1:*** nicht bestätigter verbindungsloser Dienst, der fast ausschließlich benutzt wird, da die höheren Protokollschichten schon eine Flusssteuerung und Fehlerüberwachung durchführen,
- ***LLC Typ 2:*** verbindungsorientierter Service, der wie HDLC eine physische Verbindung zwischen zwei Endsystemen mit Flusssteuerung und Fehlermanagement aufbaut,
- ***LLC Typ 3:*** bestätigter verbindungsloser Dienst, bei dem empfangene Frames einzeln quittiert werden müssen.

Die ***technologieabhängigen Standardserien IEEE 802.3 ff.*** decken die OSI-Schichten 1 und 2a (MAC-Schicht) ab.

Die derzeit bedeutendsten IEEE-802-Standardserien

Die nachfolgende Tabelle gibt einen Überblick über die bedeutendsten Standardserien, zu denen derzeit aktive Arbeitsgruppen existieren (vgl. auch [40], S. 114).

Nr.	***Bezeichnung***	***Inhalt***
802.1	Bridging and Management	Internetworking und LAN-Management
802.3	Ethernet	Ethernet-LANs und -MANs (10-/100-Gigabit Ethernet)
802.11	Wireless LANs	Funk-LANs für Campusnetze und öff. Internet-Zugänge (Hotspots)
802.15	Wireless PANs	Funk-PANs mit Bluetooth, UWB, ZigBee für den Nutzerbereich
802.16	BWA (Broadband Wireless Access)	Drahtloser Zugang zu Breitbandnetzen (WMANs bis 50 km)
802.17	RPR (Resilient Packet Rings)	Elastische Ringnetze für LANs, MANs und WANs
802.20	MBWA (Mobile BWA Access)	Mobiler drahtloser Zugang zu Breitbandnetzen (WMANs)

Vom klassischen zum modernen Ethernet

Die Ethernet-Technologie ist heute im LAN-Bereich die vorherrschende Technologie, und mit dem 10-Gigabit Ethernet (10GbE) rückt sie auch in den MAN-Bereich vor. Die Wandlung vom klassischen zum ***modernen Ethernet*** begann 1990 mit zwei entscheidenden Veränderungen, die beide zusammengehören:

- Ersatz der Bus-Topologie durch die ***Stern-Topologie,*** sodass das Koaxialkabel entfällt, und
- Einsatz von ***TP-Kabeln*** oder ***LWL*** zur Verbindung der Endsysteme mit dem zentralen Hub.

Abbildung 7.8 verdeutlicht das Grundkonzept eines Ethernet-LANs mit Stern-Topologie an einem Beispiel. Der zentrale Hub kann entweder ein ***passiver Hub*** (einfacher Kabelverteiler) oder ein ***aktiver Hub*** (Multiport-Repeater) sein, der die Signale verstärkt und somit auf der OSI-Schicht 1 arbeitet. Der ursprüngliche Ethernet-Bus ist gewissermaßen auf den Hub zusammengeschrumpft. Das Zugriffsverfahren bleibt aber unverändert, sodass nach wie vor alle Endsysteme die Broadcasts erhalten, wenn zwei Endsysteme miteinander Frames austauschen.

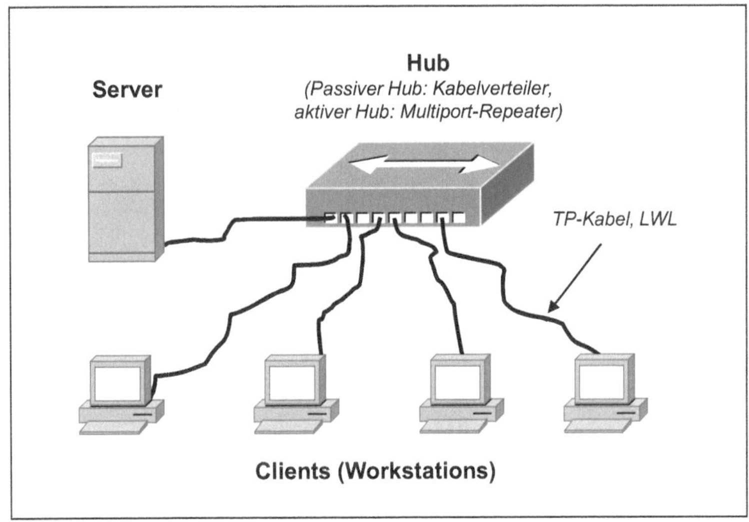

Abb. 7.8: Beispiel eines Ethernet-LANs mit Stern-Topologie

IEEE 802.3 verwendet zur Bezeichnung der verschiedenen Ethernet-Varianten ein einfaches Schema:

- ***<Transmission Rate><Baseband/Broadband Signaling>-<Cable Type and Segment Length>***

So bezeichnet ***10Base-5*** das Yellow Cable mit 10 Mbit/s, Basisbandübertragung und max. Segmentlänge von 500 m. ***10Base-2*** kennzeichnet das Cheapernet mit einer max. Segmentlänge von 200 m (genau 185 m). Und ***10Base-T*** ist die Bezeichnung für das Ethernet mit Stern-Topologie und Twisted-Pair-Kabeln. Eine Breitbandübertragung hat sich beim Ethernet nicht durchsetzen können, sodass alle bedeutenden Ethernet-Varianten die Bezeichnung „Base" tragen.

Die weitere Ethernet-Evolution

Die Weiterentwicklung der Ethernet-Variante ***10Base-T*** betrifft im Wesentlichen die Steigerung der Übertragungsraten und den Einsatz von Glasfaserkabeln auf der Basis der Stern-Topologie. ***100Base-T*** kennzeichnet z. B. das ***Fast Ethernet.*** In der folgenden Tabelle sind die Entwicklungsstufen des Ethernets mit den wichtigsten Ethernet-Varianten der Standardserie ***IEEE 802.3*** chronologisch aufgeführt (vgl. auch [25], S. 35 ff.; [42], S. 192 f.).

Bezeichnung	***Standard***	***Jahr***	***Kapazität***	***Transportmedium***
10Base-5	802.3	1983	10 Mbit/s	Koaxialkabel RG-8
10Base-2	802.3a	1988	10 Mbit/s	Koaxialkabel RG-58
10Base-T	802.3i	1990	10 Mbit/s	UTP-Kabel, ≥ Kat. 3
10Base-F	802.3j	1992	10 Mbit/s	Multimode Fiber
100Base-T4	802.3u	1995	100 Mbit/s	UTP-Kabel, ≥ Kat. 3
100Base-TX	802.3u	1995	100 Mbit/s	UTP-Kabel, ≥ Kat. 5
100Base-FX	802.3u	1995	100 Mbit/s	Single-/Multimode F.
1000Base-CX	802.3z	1998	1 Gbit/s	Twinax/Quad (IBM)
1000Base-SX	802.3z	1998	1 Gbit/s	Multimode Fiber
1000Base-LX	802.3z	1998	1 Gbit/s	Single-/Multimode F.
1000Base-T	802.3ab	1999	1 Gbit/s	UTP-Kabel, ≥ Kat. 5
10GBase-SR	802.3ae	2002	10 Gbit/s	Multimode Fiber
10GBase-LX4	802.3ae	2002	10 Gbit/s	Single-/Multimode F.
10GBase-LR	802.3ae	2002	10 Gbit/s	Singlemode Fiber
10GBase-ER	802.3ae	2002	10 Gbit/s	Singlemode Fiber
10GBase-CX4	802.3ak	2004	10 Gbit/s	Quad (IBM)
100GBase-LR10	802.3ba	2010	100 Gbit/s	Single/-Multimode F.

Varianten des Gigabit Ethernet im Überblick

Um den Anforderungen der Praxis zu entsprechen und die Investitionen der vorhandenen Verkabelungsstrukturen zu schützen, wurden die Standards mit jeder neuen Entwicklungsstufe weiter aufgefächert. Abbildung 7.9 vermittelt einen Eindruck von der Vielfalt der neueren Ethernet-Standards. Sie zeigt die Gigabit-Ethernet-Standards IEEE 802.3z und IEEE 802.3ab, die zusammen vier verschiedene Varianten enthalten, in ihrem Zusammenhang.

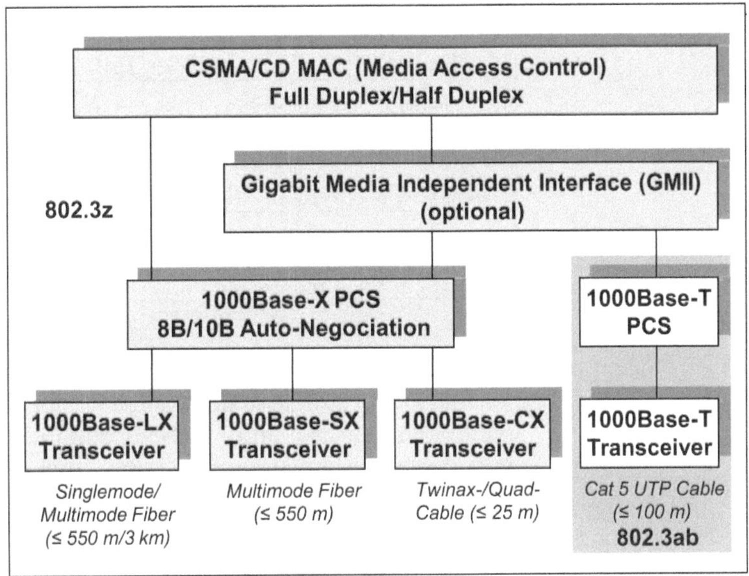

Abb. 7.9: Die Gigabit-Ethernet-Standards IEEE 802.3z und IEEE 802.3ab

1000Base-LX kennzeichnet die Verwendung von Single-Mode Fibers als „Long Wavelength" (1300 nm) bzw. „Long Haul" (3 km). ***1000Base-SX*** steht für den Einsatz von Multimode Fibers für „Short Wavelength" (850 nm) bzw. „Short Haul" (550 m). ***1000Base-CX*** bezeichnet die Benutzung von Twinax/Quad-Kabeln für IBM-Systeme als „Copper" (Kupferkabel). Und ***1000Base-T*** ermöglicht den Betrieb des GbE sogar mit allen vier Adernpaaren von UTP-Kabeln der Kategorie 5.

Zur Abdeckung der verschiedenen Transportmedien und zur Gewährleistung der Abwärtskompatibilität zu den älteren Standards wurden die OSI-Schichten 1 und 2 in weitere ***Subschichten*** aufgeteilt. So wird z. B. eine spezielle PCS (Physical Coding Sub-Layer) mit automatischer Parameter-Aushandlung benötigt.

Variantenvielfalt des 10-Gigabit Ethernet

Die Standardserie ***IEEE 802.3ae*** zum 10-Gigabit Ethernet verwendet ausschließlich Lichtwellenleiter. Die folgende Tabelle gibt einen Überblick über die Variantenvielfalt, wobei λ die Wellenlänge angibt (vgl. z. B. [24], S. 1098 ff.; [42], S. 208 f.).

Bezeichnung	***Fasertyp***	***λ***	***Länge***	***Einsatz***
10GBase-LX4	Single-/Multim. F.	1310 nm	0,3/10 km	LAN/MAN
10GBase-SR	Multimode Fiber	850 nm	0,3 km	LAN
10GBase-LR	Singlemode Fiber	1310 nm	10 km	LAN/MAN
10GBase-ER	Singlemode Fiber	1550 nm	40 km	LAN/MAN
10GBase-SW	Multimode Fiber	850 nm	0,3 km	WAN
10GBase-LW	Singlemode Fiber	1310 nm	10 km	WAN
10GBase-EW	Singlemode Fiber	1550 nm	40 km	WAN
10GBase-LW4	Singlemode Fiber	1310 nm	40 km	WAN

10GBase-LX4 wurde für den Einsatz vom WWDM (Wide Wavelength Division Multiplexing) durch 4 Laser entworfen. Diese Variante, die den LAN-und MAN-Bereich abdeckt, hatte wegen hoher Kosten bisher nur geringe Bedeutung. ***10GBase-SR*** (Short Fiber) wird zur seriellen Verbindung von Computern im Rechenzentrum eingesetzt. ***10GBase-LR*** (Long Fiber) eignet sich zur seriellen Verbindung von LANs im LAN- und MAN-Bereich; es ist die am häufigste eingesetzte Variante. ***10GBase-ER*** (Extra Long Fiber) ermöglicht eine serielle Verbindung von LANs im MAN-Bereich über mehr als 10 km; wegen hoher Kosten hat es bisher aber nur geringe Bedeutung.

Neben diesen vier Standards enthält IEEE 802.3ae SONET/SDH-kompatible WAN-Standards für Telekommunikations-Provider und Internet Service Provider: ***10GBase-SW, 10GBase-LW, 10GBase-EW*** und ***10GBase-LW4.*** Sie sollen eine kostengünstige Anbindung des 10GbE an SONET/SDH-Komponenten auf der Multiplexstufe OC-192/STM-64 (9,953 Gbit/s, siehe Abschnitt 6.4) ermöglichen. ***IEEE 802.3ak*** definiert die Variante ***10GBase-CX4,*** die beim Gigabit Ethernet der Variante 1000Base-CX entspricht: 2 * Twinax- bzw. Quad-Kabel (Kupferkabel, max. 15 m) zur seriellen Verbindung von IBM-Systemen im Rechenzentrum. Und ***10GBase-T*** ermöglicht sogar den Betrieb über TP-Kabel der Kategorie 7.

Das neue 100-Gigabit Ethernet

Im Lauf des Jahres 2010 soll der Standard IEEE 802.3ba für das neue 100-Gigabit Ethernet verabschiedet werden. Der Standard lässt sowohl Datenraten von 40 Gbit/s als auch 100 Gbit/s zu. Derzeit gibt es für beide Datenraten jeweils LWL-basierte Varianten. Die Varianten ähneln denen des 10-Gigabit Ethernet. Multimode- und Singlemode-Fasern ermöglichen bei entsprechenden Wellenlängen die Übertragung über folgende Strecken:

- ***100GBase-SR10/40GBase-SR4:*** Multimode-Fasern, Länge max. 100 m,
- ***100GBase-LR10/40GBase-LR4:*** Singlemode-Fasern, Länge max. 10 km,
- ***100GBase-ER10:*** Singlemode-Fasern, Länge max. 40 km.

Außerdem sind für beide Übertragungsraten (40 und 100 Gbit/s) Varianten mit Kupferkabeln von max. 10 m Länge vorgesehen, und es gibt sogar eine Backplane-Variante mit nur 1 m Länge.

7.4 Modernes LAN-Switching

Die gedanklichen Wurzeln

Die Evolution zu „schnelleren" LAN-Standards ist nur eine Grundlage moderner LANs. Die zweite Grundlage ist das LAN-Switching das die Übertragungsleistung von LANs ganz wesentlich erhöht; denn Ethernet und Token-Ring sind ursprünglich Shared Media LANs. Während eine Station sendet, sind alle anderen Stationen blockiert. Dies war bei wenigen angeschlossenen Stationen kein Problem. Da LANs aber immer größer wurden, sank ihre Übertragungsrate entsprechend. Mit zunehmender Anzahl der Endsysteme wurde deshalb nach Lösungen gesucht, um die Übertragungsrate im LAN-Bereich zu erhöhen.

Abbildung 7.10 zeigt den ersten Lösungsschritt, die ***Segmentierung.*** Ein Ethernet-Kabel wird in zwei Kabelsegmente aufgeteilt und durch eine ***Layer-2-Bridge*** (MAC-Bridge) verbunden, die als Filter wirkt. Anders als beim Repeater, der alle Signale verstärkt und weiterleitet (OSI-Schicht 1), können beim Einsatz einer Bridge Stationen eines Kabelsegmentes miteinander kommunizieren, ohne die Stationen des anderen Kabelsegmentes zu blockieren. Solange also Stationen eines Kabelsegmentes nur miteinander kommunizieren, verdoppelt sich die Leistung des Ethernets-LANs. Nur wenn zwei Stationen, die nicht an dasselbe Segment angeschlossen sind, Nachrichten austauschen, sind alle anderen Stationen blockiert. Verbindet eine Bridge mehr als 2 Segmente, so spricht man von einer ***Multiport-Bridge.*** Multiport-Bridges führen zu einer weiteren Leistungssteigerung.

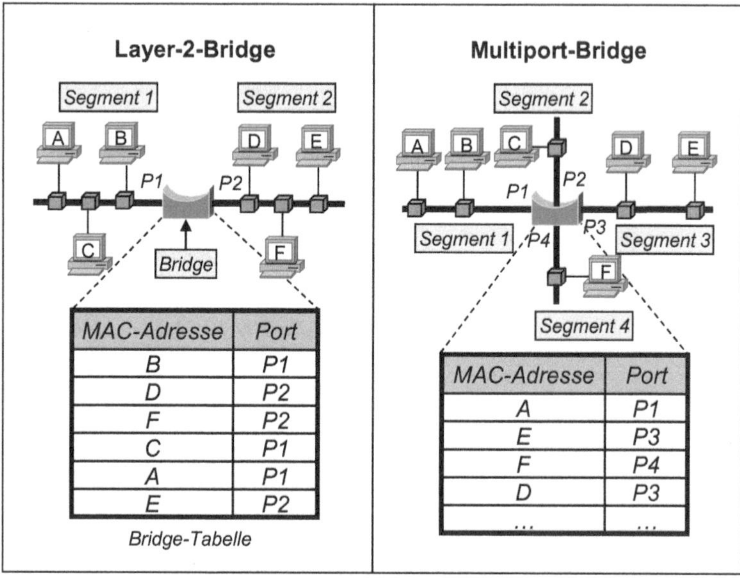

Abb. 7.10: Layer-2-Bridging zur Segmentierung

Arbeitsweise von Learning Bridges

Im Ethernet kommen sog. ***Transparent Bridges*** zum Einsatz. Transparent Bridges sind für die Endsysteme transparent. Sie werden auch als Learning Bridges bezeichnet, da sie „lernen", an welches Segment eine Station angeschlossen ist bzw. über welchen physischen Port sie erreichbar ist. Hierzu führen Learning Bridges eine Forwarding-Adresstabelle und tragen dort für die bei ihnen eintreffenden Frames die MAC-Adresse und die Port-Nummer der sendenden Station ein (vgl. Abbildung 7.10).

Zur Filterung und Weiterleitung von Frames vergleicht eine Learning Bridge zum einen die Ziel- und Quelladresse eines Frames mit den MAC-Adressen in der ***Forwarding-Adresstabelle,*** zum anderen vergleicht sie den Ziel- und den Quell-Port in der Tabelle. In Abhängigkeit vom Ergebnis führt sie folgende Aktionen aus (vgl. u. a. [6], S. 111 ff.; [23], S. 295):

- Steht die ***Zieladresse*** nicht in der Tabelle, so sendet sie einen Broadcast über alle Ports, damit die Zielstation antworten kann.
- Steht die ***Quelladresse*** nicht in der Tabelle, so trägt sie sie zusammen mit dem Quell-Port ein.
- Befinden sich die Quelladresse und die Zieladresse***am selben Port,*** so vernichtet sie den Frame.

- Befinden sich die Quelladresse und die Zieladresse ***an verschiedenen Ports,*** so sendet sie den Frame zum Ziel-Port (Port der Zieladresse).

Segmentierung bei modernen Ethernets (Stern-Topologie)

Die Segmentierung kann auch bei modernen Ethernets zur Leistungssteigerung verwendet werden. Wie wir schon gesehen haben, kommen bei modernen Ethernet-LANs statt der Koaxialkabelsegmente TP-Kabel zum Einsatz, sodass die Bus-Topologie durch eine Stern-Topologie ersetzt wird. Im Zentrum des Sternes steht dann ein ***Hub (Multiport-Repeater).*** Abbildung 7.11 zeigt zwei Ethernets mit Stern-Topologie, die durch eine Bridge (oder einen Layer-2-Switch) miteinander verbunden sind.

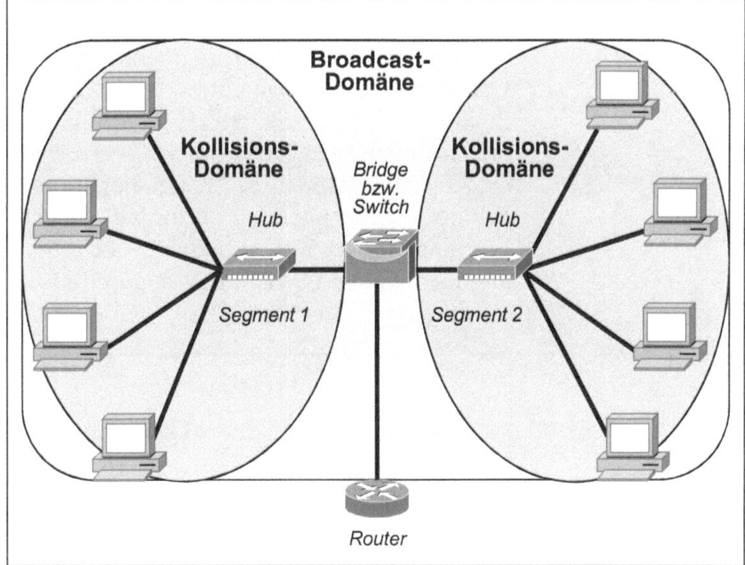

Abb. 7.11: Kollisionsdomänen und Broadcastdomänen

Die Situation ist die gleiche wie beim klassischen Ethernet-LAN: Zwei Stationen, die an denselben Hub angeschlossen sind, können miteinander kommunizieren, ohne die Stationen zu blockieren, die an den anderen Hub angeschlossen sind. Führt die Kommunikation jedoch über die Bridge (bzw. den Switch) zum zweiten Hub, so sind alle Stationen im Netz blockiert, bis der Sendevorgang einer Station abgeschlossen ist. Alle an einen Hub angeschlossenen Stationen bilden – genau wie alle Stationen eines Segmentes – eine ***Kollisionsdomäne.*** Als Kollisionsdomäne bezeichnet man die Gruppe von Geräten in einem Ethernet-LAN, die von Kollisionen betroffen ist, wenn mehrere Stationen gleichzeitig zu senden versuchen. Segmentierung verkleinert zwar die Kollisionsdomänen, verhindert sie aber nicht.

Die Segmentierung ändert auch nichts am Broadcast-Verhalten im Netz. Eine Bridge (oder ein Switch) sendet den Broadcast eines Endsystems zu allen Ports hinaus (Flooding) oder generiert selbst einen Broadcast, wenn die Zieladresse eines Frames nicht in seiner Forwarding-Tabelle gespeichert ist. Alle Stationen, die von einem Broadcast betroffen sind, bilden zusammen eine ***Broadcastdomäne.*** Und die bleibt auch beim modernen Ethernet trotz Segmentierung bestehen. Eine Broadcastdomäne wird nur durch einen Router (oder einen Layer-3-Switch) begrenzt.

Switched Ethernet: Von Hub zum Layer-2-Switch

Es bedarf also noch eines weiteren Lösungsschrittes, um zumindest die Kollisionen zu verhindern, und das ist die ***Mikrosegmentierung.*** Unter Mikrosegmentierung versteht man den Ersatz von Mehrbenutzersegmenten durch Einbenutzersegmente (vgl. z. B. [8]), S. 455 f.; [23], S. 259 ff.). Mikrosegmentierung wird erreicht, indem man Hubs durch Layer-2-Switches ersetzt. Ein Layer-2-Switch entspricht in seiner Funktionsweise einer Multiport-Bridge. Er arbeitet als Learning Switch genauso wie eine Learning Bridge. Wie Abbildung 7.12 zeigt, wird jedes Endsystem an einen eigenen Switch-Port angeschlossen.

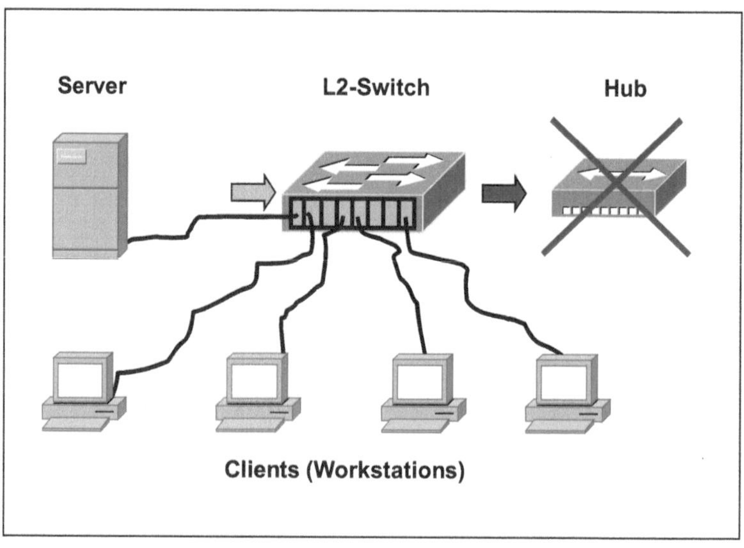

Abb. 7.12: Ersatz von Hubs durch Multiport-Bridges bzw. Layer-2-Switches

Da es bei einem Einbenutzersegment keine Kollisionen mehr geben kann, erhält jeder angeschlossene Benutzer die volle „dedizierte" (ihm gewidmete) Bandbreite. Deshalb nennt man ein Switched Ethernet auch ein ***Dedicated Ethernet.*** LAN-Switches setzten das Zugriffsverfahren für den Zugriff auf ein Shared Medium (CSMA/CD, Token Passing etc.) faktisch außer Kraft, indem sie Frames sofort vom Sender zum Empfänger mit voller Bandbreite durchschalten, und das sogar parallel! Besitzt ein Switch z. B. 8 Ports, so können maximal 4 Frames gleichzeitig weitergeleitet werden. Größere Switches haben 48 oder 96 Ports, Switch-Systeme mit Switch-Modulen in Racks (Gestellen) derzeit sogar bis zu 2048 Ports (Matrix-Switches von Cornet Technology).

Store-and-Forward versus Cut-Through

Bridges arbeiten nach dem ***Store-and-Forward-Prinzip.*** Da sie jeden Frame vor seiner Weiterleitung erst zwischenspeichern, können sie fehlerhafte Frames herausfiltern und erhöhen so die Ausfallsicherheit eines LANs. Seit den ersten Switches der Firma Kalpana Mitte der 90er Jahre, die inzwischen von Cisco aufgekauft wurde, benutzten viele Switch-Hersteller das ***Cut-Through-Prinzip:*** Ein Frame wird bereits weitergeleitet, sobald die Zieladresse seines Headers eingelesen wurde.

Beim Cut-Through-Prinzip wird aber zugunsten einer geringeren Verzögerung auf die Möglichkeit einer Fehlererkennung verzichtet. Außerdem müssen alle Ports dieselbe Übertragungsrate haben. Anhand der Abbildung 7.12 ist leicht einzusehen, dass der ***Uplink-Port*** zum Server eine höhere Bandbreite benötigt als die ***Downlink-Ports*** der Clients; denn mehrere Clients greifen gleichzeitig auf den Server zu. Da sich verschiedene Bandbreiten aber nur über eine Zwischenspeicherung (Pufferung) realisieren lassen, benutzen moderne Switches wieder das Store-and-Forward-Prinzip oder sie können zumindest darauf umschalten.

Switched Token Ring als Auslaufmodell

Die Entwicklung zu High-Speed LANs ist auch am Token-Ring nicht spurlos vorbeigegangen. Der klassische Token-Ring wurde durch drei Konzepte weiterentwickelt (vgl. hierzu auch [6], S. 619 ff.; [24], S. 766 ff.):

- ***Switched Token Ring*** mit Switches, die das Cut-Through-Prinzip verwenden, zur schnellen Weiterleitung von Frames zwischen Token-Ringen ohne Zwischenspeicherung (Bridge-Ersatz),
- ***Full-Duplex Token Ring*** mit Switches zur Bereitstellung einer dedizierten Bandbreite für die Endsysteme analog zum Switched Ethernet (Ersatz der Ringleitungsverteiler durch Switches mit Vollduplex-Ports von 32

Mbit/s für Server und Halbduplex-Ports von 4 bzw. 16 Mbit/s für Clients),

- ***High-Speed Token Ring (HSTR)*** zur Erhöhung der Übertragungsrate auf 100 Mbit/s und höher mit Token-Ring Switches analog zum Ethernet.

1997 wurde die ***High-Speed Token Ring Alliance (HSTRA)*** gegründet, in der allen voran Cisco, IBM und Madge vertreten waren. Ziel der HSTRA war die Entwicklung von Standards für einen 100-Megabit-Token-Ring über TP-Kabel und LWL sowie für einen Gigabit-Token-Ring über LWL. Doch Cisco verließ die HSTRA zwei Jahre später schon wieder, und die IBM zeigte dort auch nur geringes Engagement und wandte sich der Entwicklung von ATM-Switches zu. Wegen der übermächtigen Konkurrenz des Ethernets hat sich die IBM bekanntlich 2004 ganz aus dem Token-Ring-Bereich zurückgezogen.

7.5 MAN-Evolution mit Metro-Ringen

Größere Unternehmensnetze basieren im Großstadtbereich und in Ballungsräumen nicht nur auf LANs, sondern auch auf ***MANs (Metropolitan Area Networks).*** MANs werden von Unternehmen und Telekommunikations-Providern zur Verbindung von Campusnetzwerken bzw. zur Anbindung von Teilnehmeranschlüssen an ein WAN-Backbone betrieben. Da MANs in der Regel – ebenso wie ihr Vorbild, der klassische Token-Ring – eine Ring-Topologie haben, werden sie auch als ***Metro-Ringe*** bezeichnet. Eine Ring-Topologie hat den Vorteil, dass eine kostengünstige Ausfallsicherheit erreicht werden kann; denn jeder Netzanschlusspunkt ist von zwei Seiten erreichbar und alle MAN-Technologien erhöhen die Ausfallsicherheit durch einen zweiten parallelen Ring.

FDDI (Fibre Distributed Data Interface)

Die älteste ***MAN-Technologie,*** die zur Verbindung von LANs entwickelt wurde, ist das Fibre Distributed Data Interface (FDDI). Seine Standardisierung begann bereits Mitte der 80er Jahre durch ANSI auf der Basis des ProNet-80 der Firma Proteon. Das ***ANSI-Komitee X3T9.5*** verabschiedete die grundlegenden X3-Standards zur FDDI-Technologie von 1987 bis 1994. Die ANSI-Standards wurden von der ISO übernommen und unverändert als ***ISO-Standardserie 9314*** verabschiedet.

FDDI spezifiziert einen ***Doppelring*** mit einer Übertragungsrate von 100 Mbit/s und einer Ausdehnung von bis zu 100 km. FDDI benutzt als Übertragungsmedium Glasfasern und verwendet als

Zugriffsverfahren ein verbessertes Token-Passing-Verfahren. Seit 1995 erlaubt der Standard auch die Übertragung über TP-Kabel (CDDI, Copper Distributed Data Interface). Detaillierte Informationen zu FDDI und CDDI findet man u. a. bei [7], S. 252 ff. und bei [8], S. 175 ff.

Abbildung 7.13 zeigt die Netztopologie von FDDI. Ein FDDI-Backbone besteht aus einem aktiven ***Primärring*** und einem passiven ***Sekundärring,*** der als Reservering für Leitungs- und Geräteausfälle dient. Beide Ringe sind „gegenläufig" ausgelegt, so dass der Datenverkehr in entgegengesetzter Richtung weiterfließen kann, wenn der Primärring unterbrochen wird.

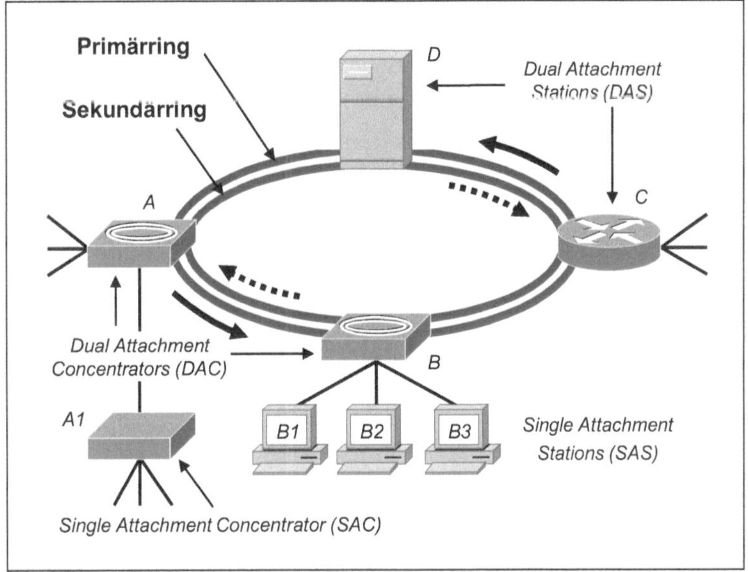

Abb. 7.13: Die Netztopologie eines FDDI-Ringes

Wie Abbildung 7.13 zeigt, kennt FDDI vier verschiedene ***Typen von FDDI-Stationen:***

- ***DAS (Dual Attachment Stations) der Klasse A:*** Sie besitzen zwei Ports und sind über den Primärring und den Sekundärring beidseitig mit ihren Nachbarn verbunden. Zu ihrem Anschluss werden wie bei ATM MIC-Stecker (Media Interface Connectors) verwendet. DAS erkennen Unterbrechungen des Primärringes und schalten bei Bedarf auf den Ersatzring um. Als DAS fungieren insbesondere Server, Router und Bridges.

- ***SAS (Single Attachment Stations) der Klasse B:*** Sie besitzen nur einen Anschlussport und können daher nur einfach und indirekt über einen Konzentrator mit dem FDDI-Ring verbunden werden. Die Verbindung erfolgt sternförmig über jeweils ein Anschlusskabel. SAS sind vor allem Workstations und PCs.
- ***DAC (Dual Attachment Concentrators) der Klasse C:*** Sie konzentrieren den Datenverkehr der angeschlossenen SAS und verfügen ebenso wie die DAS über zwei Ports zur beidseitigen Verbindung mit dem Primär- und Sekundärring. Ihr Anschluss erfolgt über MIC-Stecker.
- ***SAC (Single Attachment Concentrators) der Klasse D:*** Sie konzentrieren ebenfalls den Datenverkehr der angeschlossenen SAS. Da sie aber wie die SAS nur über einen Anschlussport verfügen, müssen sie mit den FDDI-Ring indirekt über eine DAC verbunden werden.

Das ***Zugriffsverfahren*** von FDDI deckt ebenso wie der Token-Ring-Standard IEEE 802.5 die OSI-Schichten 1 und 2a ab. Auch der Aufbau eines FDDI-Frames orientiert sich weitgehend am Token-Ring-Frame, der in Abbildung 7.5 dargestellt wurde. FDDI benutzt ein verbessertes Token-Passing-Verfahren, das ***Timed Token Rotation Protocol (TTRP)*** mit Early Token Release.

Zunächst zum ***Early Token Release:*** Beim klassischen Token-Ring wird das Frei-Token erst nach der Rückkehr eines einzelnen gesendeten Frames von der Sendestation auf den Ring gebracht. Bei FDDI kann eine Sendestation dagegen mehrere Frames hintereinander senden. Nach dem letzten gesendeten Frame generiert und sendet die Sendestation sofort ein neues Frei-Token. Es können sich also auf einem FDDI-Ring gleichzeitig mehrere Daten-Frames befinden, andererseits gibt es immer nur ein Frei-Token hinter dem letzten Daten-Frame.

Und nun zur ***Timed Token Rotation:*** der Umlauf des Tokens ist zeitgesteuert. Zur Verwaltung des Zugriffs auf den FDDI-Ring führt jede Station zwei Timer, einen ***Token Rotation Timer*** zur Messung der Netzlast und einen ***Token Holding Timer*** zur Begrenzung der Sendedauer. Mit Hilfe des zeitgesteuerte Tokens ermöglicht FDDI zwei Übertragungsarten:

- eine ***synchrone Übertragung*** mit hoher Priorität und garantierter Übertragungsrate,
- eine ***asynchrone Übertragung*** mit niedrigerer Priorität und dynamischer Zuordnung der Übertragungskapazität.

Erhält eine Station das Token, so darf sie eine bestimmte Zeit senden, die je nach Übertragungsart (synchron, asynchron) und nach Verkehrslast variiert. Eine sendewillige Station entfernt das Frei-Token vom Ring und sendet ihre Frames. Nach dem Senden des letzten Frames generiert und sendet sie sofort ein neues Token (Early Token Release).

DQDB (Distributed Queue Dual Bus)

Bereits Mitte der 80er Jahre wurde an Nachfolgern für FDDI gearbeitet, deren Übertragungskapazität über die Leistungsfähigkeit von FDDI hinausgeht; denn „schnellere" LANs erfordern auch immer leistungsfähigere MANs. Durchgesetzt hatte sich damals die in Australien an der Universität Perth entwickelte DQDB-Technik, die 1990 im ***Standard IEEE 802.6*** spezifiziert und 1994 von der ISO übernommen wurde (zu Einzelheiten vgl. u. a. [24], S. 498 ff. und [42], S. 272 ff.). Heutige moderne MANs basieren auf dem Grundkonzept von DQDB (Distributed Queue Dual Bus), das entsprechend weiterentwickelt wurde. Abbildung 7.14 veranschaulicht die Netztopologie von DQDB.

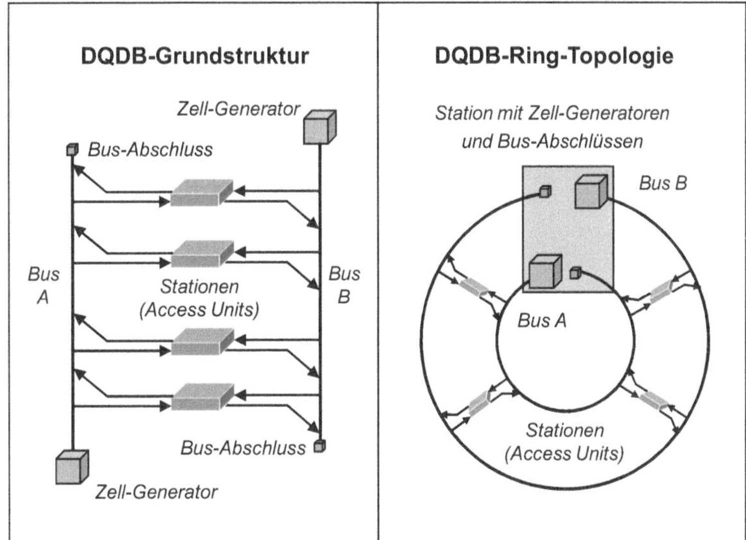

Abb. 7.14: Die Bus-Topologie von DQDB und DQDB mit Ring-Topologie

DQDB verwendet ***zwei parallele, gegenläufige Datenbusse,*** an die die ***Stationen (Access Units)*** angeschlossen sind, sodass der Datenverkehr in beiden Richtungen fließen kann. Zur Datenübertragung verwendet DQDB (so wie ATM!) 53 Bytes große

Zellen, die von einem ***Zell- bzw. Slot-Generator*** am Anfang jedes gegenläufigen Busses erzeugt werden. Die Zellen werden über den Bus geleitet und am Bus-Abschluss wieder vernichtet.

Jede Station kann die von beiden Datenbussen in Time Slots (Zeitschlitzen) übertragenen Zellen lesen. Und sie kann ihre Zellen über Slots des ersten Busses in die eine Richtung sowie über Slots des zweiten Busses in die andere Richtung senden. Wie Abbildung 7.14 zeigt, können die beiden Busse auch eine Ringtopologie nachbilden, wenn sie in einer gemeinsamen Station enden, die die beiden Zell- bzw. Slot-Generatoren enthält.

Das ***Zugriffsverfahren*** von DQDB unterscheidet ***PA Slots*** (Pre-Arbitrated Slots, vorab zugeteilte Slots) für synchronen, bevorzugten Datenverkehr und ***QA Slots*** (Queued Arbitrated Slots, in Warteschlange zugeteilte Slots) für asynchronen Datenverkehr mit niedrigerer Priorität. Für die QA Slots benutzt DQDB für beide Busse je eine ***verteilte Warteschlange,*** damit alle an das Shared Medium angeschlossenen Stationen gleichberechtigt senden können.

Zur Verwaltung der beiden verteilten Warteschlangen führt jede Station je einen ***Request Counter (RC)*** und je einen ***Count-Down Counter (CC).*** Außerdem enthält jede Zelle ein ***Busy Bit*** zur Kennzeichnung einer belegten Zelle und ein ***Request Bit,*** das eine sendewillige Station bei der nächsten auf dem gegenläufigen Bus ankommenden Zelle setzen muss, um Stationen „vor ihr" über den Sendewunsch zu informieren. Eine Station verwaltet nun z. B. ihre ***Warteschlange zu Bus A,*** wie folgt:

- ***RC*** wird für jede Zelle mit gesetztem Request Bit auf Bus B inkrementiert und für jede leere Zelle auf Bus A dekrementiert.
- Eine sendewillige Station kopiert den aktuellen Stand von ***RC nach CC,*** setzt RC auf null und beginnt wieder, RC zu inkrementieren und zu dekrementieren.
- ***CC*** wird mit jeder auf Bus A vorbeilaufenden leeren Zelle dekrementiert, bis Null erreicht ist; dann wird die eigene Zelle gesendet.

DQDB ist im Gegensatz zu CSMA/CD kollisionsfrei und hat kürzere Wartezeiten für den Medienzugriff als der Token-Ring und als FDDI. Es bietet hohe Datenraten von bis zu 155 Mbit/s. In Deutschland wurde DQDB von der Deutschen Telekom seit 1994 als Dienst ***Datex-M (Datex – Multimegabit bzw. Metropolitan)*** mit 34 Mbit/s angeboten, ist aber inzwischen wegen zu geringer Nutzung wieder vom Markt verschwunden. In den USA hat DQDB dagegen unter dem Namen ***SMDS (Switched Multimegabit Data Service)*** als Zugriffsverfahren zum WAN-Bereich mit 45 Mbit/s große Verbreitung gefunden.

RPR (Resilient Packet Ring)

DQDB kann als Vorläufer der von Cisco entwickelten Ring-Technik ***DPT/SRP (Dynamic Packet Transfer/Spatial Reuse Protocol)*** angesehen werden, die ihrerseits die Grundlage des 2004 spezifizierten ***Standards IEEE 802.17*** für den neuen Resilient Packet Ring (RPR) bildet. Ein „elastischer Paketvermittlungsring" holt aus der Ringstruktur noch mehr Leistung heraus und bietet durch seine Elastizität eine sehr hohe Ausfallsicherheit. Abbildung 7.15 zeigt Aufbau und Arbeitsweise eines RPR.

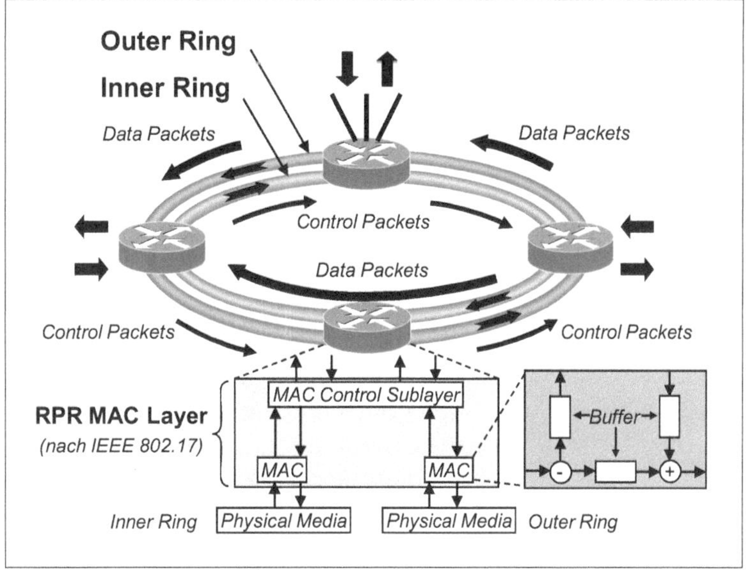

Abb. 7.15: Netztopologie und Arbeitsweise eines Resilient Packet Ring

Die ***RPR-Netztopologie*** besteht aus mindestens einem Doppelring. Anders als bei FDDI sind aber die gegenläufigen Ringe beide aktiv: Sowohl der ***Outer Ring*** als auch der ***Inner Ring*** können gleichzeitig ***Data Packets*** (Nutzdaten) und ***Control Packets*** (Steuerdaten) transportieren. Und anders als bei FDDI und bei DQDB laufen die Datenpakete nicht den ganzen Ring bzw. Bus entlang, bevor sie der Sender wieder vom Ring holt***(Source Stripping).*** Stattdessen werden sie vom Empfänger sofort wieder vom Ring entfernt ***(Destination Stripping),*** sodass sich eine paketweise räumliche Mehrfachausnutzung jedes Ringes ergibt („Spatial Reuse"). Alle Knoten können so anderen Knoten über den Ring gleichzeitig Pakete – auch als Multicastverkehr – zusenden.

Während SONET/SDH eine feste Bandbreite für eine Punkt-zu-Punkt-Verbindung zwischen zwei Knoten zuordnet, erlaubt die ***RPR MAC Layer*** (RPR Medium Access Control, Zugriffssteuerung der OSI-Schicht 2a) eine dynamische Bandbreitezuordnung für die Nutz- und Steuerdaten. Die RPR MAC Layer verwendet einen ***Fairness-Algorithmus*** für den Netzzugriff ähnlich dem DQDB-Zugriffsverfahren. Sie unterstützt drei ***Dienstklassen:***

- ***High (Class A):*** Committed Information Rate (CIR) Services mit garantierter Bandbreite und QoS für Voice-, Video- und Leitungsemulations-Anwendungen (z. B. für ISDN-Kanäle),
- ***Middle (Class B):*** CIR Services mit geringerer Bandbreite- und QoS-Garantie sowie EIR (Excess Information Rate) Services, die dem Fairness-Algorithmus unterliegen, für Business-Datenverarbeitungsanwendungen,
- ***Low (Class C):*** Best Effort Traffic für den Internetzugriff von Konsumenten, zu dem der Fairness-Algorithmus einen fairen Netzzugriff zwischen den Knoten aushandelt.

Wie Abbildung 7.15 zeigt, steuert die ***MAC Sublayer*** eines Netzknotens hierzu den Zugriff zu den MACs (Medium Access Controls) der beiden Ringe. So gelangen die Nutzdaten in Abhängigkeit von der Ringauslastung beispielsweise auf den Outer Ring und die Steuerdaten auf den Inner Ring oder vice versa. Zur beschleunigten Paketweiterleitung besitzt die ***MAC (Medium Access Control)*** für jeden Ring ihrerseits drei Warteschlangenpuffer: einen zum Hinzufügen von Paketen zum Ring (Insertion), einen zum Weiterleiten von Paketen auf dem Ring zum nächsten Knoten (Transit) und einen zum Entfernen vom Ring (Stripping).

Die ***Übertragungsrate*** beträgt bei einem RPR 622 Mbit/s, 1 Gbit/s oder 10 Gbit/s. Die Frame-Länge kann 55 Bytes (für ATM-Zellen + 2 Bytes für den Header) bis max. 9216 Bytes umfassen. Schließlich ist noch auf die Ausfallsicherheit und Elastizität von RPR-Netzen hinzuweisen, die zum Namen „Resilient Packet Ring" geführt hat. Das ***RPR Protection Protocol*** veranlasst bei Ausfall eines Knotens oder einer Ringleitung, dass durch spezielle Steuerpakete eine schnelle Wiederherstellung des RPR auf den restlichen Ringabschnitten innerhalb von 50 ms erfolgt. Weitere Informationen zum RPR sind u. a. auf der Homepage der ***Resilient Packet Ring Alliance*** zu finden.

7.6 Speichernetze für den Backend-Bereich

Alle bisher dargestellten Netzwerk-Technologien bedienen den ***Frontend-Bereich:*** Sie ermöglichen die Kommunikation zwischen Clients und Servern oder zwischen Servern. Das ständig wachsende Datenvolumen erfordert aber nicht nur bei der Datenübertragung im Frontend-Bereich immer höhere Kapazitäten. Auch im ***Backend-Bereich*** auf dem Weg von den Servern zu den Datenspeichern waren neue Lösungen erforderlich.

Mit Hilfe sog. ***Speichernetze*** lassen sich im RZ-Bereich und bei Server-Clustern die nötigen Leistungssteigerungen erreichen. Unternehmen setzen Speichernetze ein, um ihre Datenspeicher von den Servern zu entkoppeln und ihre Speicherverwaltung durch Virtualisierung zu flexibilisieren (zu Einzelheiten vgl. u. a. [6], S. 961 ff.; [46]).

Vom DAS über NAS zum SAN

Die Idee, die hinter modernen Speichernetzen steckt, wird verständlich, wenn man die grundlegenden ***Entwicklungsstufen der Speicherarchitekturen*** betrachtet. Abbildung 7.16 stellt die Speicherarchitekturen einander gegenüber:

- ***DAS (Direct Attached Storage):*** Der Speicher – insbesondere als Magnetplatte(n)speicher – ist über einen I/O-Kanal direkt an einen Server angeschlossen. Meist verwendet man dazu das SCSI (Small Computer System Interface). Es werden dann SCSI-Datenblöcke ausgetauscht.
- ***NAS (Network Attached Storage):*** Der Speicher – ein Gerät mit Netzwerkadapter, I/O-Controller und Magnetplatten, -bändern oder dgl. – ist über ein LAN mit einem Dateiserver verbunden. Die Kommunikation zwischen beiden erfolgt in der Regel mit TCP/IP über einen Ethernet-Switch oder über einen Multilayer-Switch. Es werden in Ethernet-Frames eingepackte IP-Pakete übertragen.
- ***SAN (Storage Area Network):*** Der Speicher ist über ein spezielles SAN mit einem Datenbankserver verbunden. SANs verwenden heute meist FC (Fibre Channel). Fibre Channel ist ein High-Speed-Protokoll zum schnellen Datenaustausch zwischen Servern und FC-Speichersystemen. Es überträgt spezielle FC-Frames.

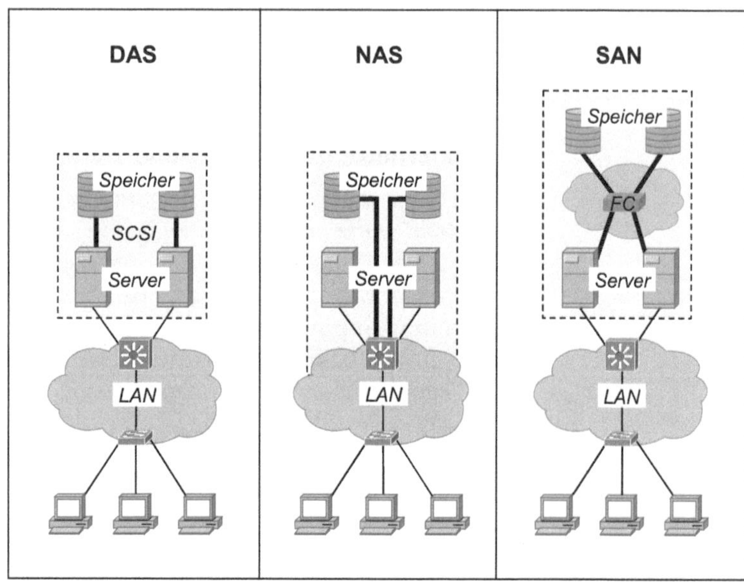

Abb. 7.16: Speicherverwaltung mit DAS, NAS und SAN

DAS mit SCSI hat den Vorteil eines schnellen hardwarebasierten Speichermanagements, ist aber starr und eignet sich nur bei wenigen Geräten. ***NAS mit TCP/IP*** ist bei vielen, auch nicht lokalen Geräten flexibel einsetzbar, hat aber ein softwarebasiertes und somit langsameres Speichermanagement. ***SAN mit Fibre Channel*** vereinigt die Vorteile von beiden: flexibles, hardwarebasiertes und damit schnelles Speichermanagement für viele, auch entferntere Geräte.

NAS entkoppelt eine Speicherkomponente (Datenspeicher mit Netzwerkadapter und Speichersteuerung) von den Servern über einen gemeinsamen Ethernet Switch und nutzt somit dasselbe LAN wie die Workstations. Ein SAN ist dagegen ein eigenes Speichernetz, das sich hinter den Servern befindet. Ein SAN entlastet somit den Frontend-Bereich der Clients und ermöglicht gleichzeitig eine flexible und skalierbare Lösung für die Speicherverwaltung im Backendbereich.

SANs mit Fibre Channel (FC)

Heutige SANs arbeiten größtenteils auf der Basis von Fibre Channel (FC). FC repräsentiert trotz seines Namens keinen I/O-Kanal, sondern es ist eine hardwarenahe Protokoll-Suite ohne großen Overhead. FC verwendet SCSI-Kommandos, bietet aber eine viel größere Reichweite und Übertragungskapazität als SCSI. FC wurde für den Austausch großer Datenmengen zwischen Server-Farmen und Disk Arrays in High-Speed Networks entwickelt.

Der erste ***Fibre Channel Standard*** wurde 1994 vom ANSI-Komitee X3T9.3 verabschiedet. Heute ist das Technical Committee T11 des INCITS (InterNational Committee for Information Technology Standards) für Fibre Channel zuständig. Mit Fibre Channel lassen sich drei ***Netztopologien*** realisieren:

- ***Point-to-Point (FC-PP):*** Ein Speichergerät wird direkt mit einem Server verbunden (DAS-Alternative für SCSI).
- ***Arbitrated Loop (FC-AL):*** Speichersysteme werden mit den Servern zu einem physischen Ring zusammengeschaltet oder über einen Fibre Channel Hub sternförmig miteinander verbunden. Der Hub steuert dann die kollisionsfreie Frame-Weiterleitung zwischen max. 126 Geräten in der Reihenfolge eines logischen Ringes.
- ***Switched Fabric (FC-SF):*** Massenspeicher werden – wie in Abbildung 7.17 dargestellt – über einen oder mehrere FC Switches mit den Servern verbunden. Da die FC Switches modular ausbaubar sind, werden sie als „Switched Fabric" (Gewebe, Struktur) bezeichnet. Eine Switched Fabric, an die sich max. 1024 Geräte anschließen lassen, schaltet die Frames flexibel und port-parallel von den Eingangsports zu den Ausgangsports durch.

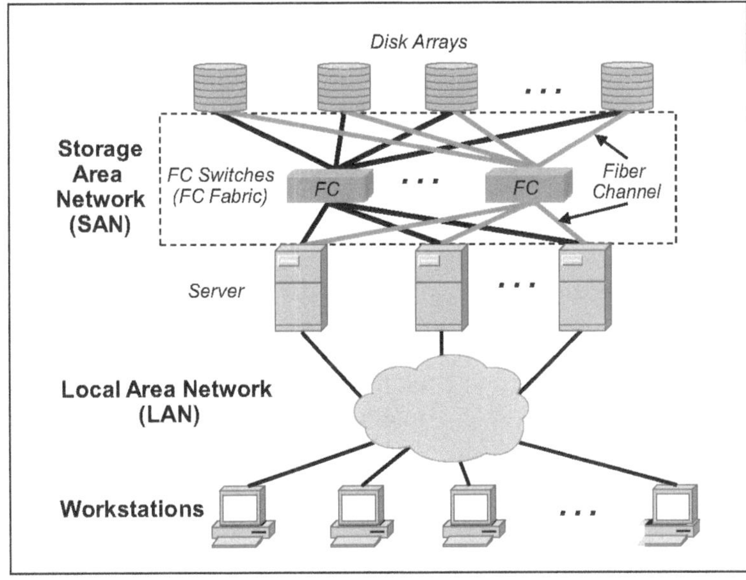

Abb. 7.17: Beispiel eines SANs mit FC Switched Fabric

Arbitrated Loop ist die kostengünstige FC-Variante für ein SAN, ***Switched Fabric*** ist die mächtigste FC-Topologie. Sie wird eingesetzt, wenn für große Speichermengen eine große Zahl von Speichersystemen zu managen ist. Neben hoher Performance und Flexibilität erreicht sie durch die redundanten FC-Switches auch eine hohe Ausfallsicherheit im Backend-Bereich. Die Entfernung zwischen Datenspeichern und Servern ist bei Fibre Channel auf max. 10 km ausgelegt. Bei Verwendung von Wellenlängenmultiplexing (WDM) werden derzeit bei einer Übertragungsrate von 8 Gbit/s sogar über 100 km erreicht.

FC arbeitet sowohl verbindungsorientiert als auch verbindungslos. Derzeit bietet FC ***Übertragungsraten*** (Rohbitraten) von 133 Mbit/s bis 10 Gbit/s. Die entsprechenden Datenraten liegen mit 100 Mbit/s bzw. 3,2 Gbit/s darunter. Das Datenfeld eines FC-Rahmens kann max. 2112 Bytes aufnehmen.

Die ***Kommunikationsarchitektur*** von FC besteht aus 5 Schichten: FC-0 (Physical Layer), FC-1 (Transmission Control), FC-2 (Framing and Flow Control), FC-3 (Common Services) und FC-4 (Protocol Mapping). Die drei unteren Schichten definieren die physischen Übertragungsparameter, die beiden oberen bilden die Schnittstelle zur Abbildung von Kanälen (z. B. SCSI) und höheren Protokollen (z. B. LLC, ATM oder IP) auf FC (zu Details vgl. z. B. [7], S. 285 ff.; [46], S. 68 ff.).

SANs mit iSCSI, iFCP, FCIP und iSNS

In der Netzwerkpraxis hat sich Fibre Channel erfolgreich durchgesetzt. Inzwischen gibt es jedoch den neuen Trend, auch im Bereich der SANs TCP/IP und Ethernet einzusetzen. Die IP-basierte Speichernetztechnologie wird als ***IP Storage*** oder ***Storage over IP (SoIP)***bezeichnet. Bereits 2001 begann eine IETF-Arbeitsgruppe „IP Storage“ mit der Standardisierung entsprechender Lösungen. Die grundlegenden Alternativen von IP Storage sind derzeit (vgl. u. a. [6], S. 990 ff.; [46], S. 114 ff.):

- ***iSCSI:*** Ziel von iSCSI (Internet SCSI) ist die Anbindung eines SCSI-Speichergerätes über ein TCP/IP-basiertes „virtuelles Kabel“. Der Server benötigt zusätzlich einen iSCSI-Treiber und das Speichergerät ein TCP/IP/Ethernet-Interface, um SCSI-Blocks übertragen zu können.
- ***iFCP:*** Ziel vom Internet Fiber Channel Protocol ist der Ersatz einer FC-Fabric durch eine IP-Infrastruktur unter Beibehaltung vorhandener FC-Speichersysteme (Investitionsschutz für FC-Speichersystemen). iFCP spezifiziert hierzu eine Architektur und ein FCP-to-iFCP-Gateway zum Transport von FCP-Frames in TCP/IP-Paketen.

- ***FCIP:*** Ziel von Fiber Channel over IP ist es, zwei Fiber-Channel-Inseln über LANs, MANs und WANs hinweg miteinander zu verbinden. Hierzu spezifiziert FCIP ein Tunneling-Protokoll, das die in IP-Pakete einkapselten FCP-Frames zwischen zwei FC-SANs überträgt.

Die drei IP-basierten Speichernetztechnologien werden durch den ***iSNS (Internet Storage Name Service)*** ergänzt, der eine Datenbank mit allen IP-Storage-Komponenten verwaltet.

7.7 Testaufgaben

1. Beschreiben Sie zum klassischen Ethernet
   (1) seine Entstehung,
   (2) seine Standardisierung,
   (3) seine Netztopologie!
2. Aus welchen Feldern besteht ein Ethernet-Frame? Worin unterscheiden sich die Frames von Ethernet II, IEEE 802.3 mit LLC und IEEE 802.3 mit LLC/SNAP? Welche Funktion hat LLC und wozu dient SNAP?
3. Erklären Sie den Netzzugriff mit CSMA/CD!
4. Beschreiben Sie zum klassischen Token-Ring
   (1) seine Entstehung,
   (2) seine Standardisierung,
   (3) seine Netztopologie!
5. Aus welchen Feldern besteht beim Token-Ring
   (1) ein Daten-Frame,
   (2) ein Token-Frame?
6. Erklären Sie das Token-Passing-Verfahren!
7. Welche Aufgaben hat beim Token-Ring die Monitor-Station und was passiert beim Ausfall einer bzw. beider Leitungen auf einem Streckenabschnitt?
8. Welche Bedeutung haben Ring-Topologien heute
   (1) im LAN-Bereich,
   (2) im MAN- und WAN-Bereich?
9. Skizzieren Sie die Grundstruktur der Standardserie IEEE 802! Welche Schicht ist technologieunabhängig und welche Schichten sind technologieabhängig? Welche Aufgabe hat LLC und welche Dienstklassen bietet es?
10. Nennen Sie die derzeit bedeutendsten IEEE-Standardserien und kennzeichnen Sie sie kurz!

11. Welche grundlegenden Unterschiede bestehen zwischen dem klassischen Ethernet und zwischen dem modernen Ethernet? Was ist ein passiver und was ein aktiver Hub?
12. Beschreiben Sie in groben Zügen die Standardevolution zum Ethernet! Nach welchem Schema werden die verschiedenen Varianten des Ethernets bezeichnet? Geben Sie drei Beispiele!
13. Welche Varianten des Gigabit Ethernet kennen Sie? Welche Standards spezifizieren das GbE (GE), und welche Standards spezifizieren das 10GbE (10GE)?
14. Erläutern Sie die gedanklichen Wurzeln des modernen LAN-Switching und beschreiben Sie die Arbeitsweise einer Learning Bridge!
15. Beschreiben Sie zum modernen Ethernet
    (1) eine Kollisionsdomäne und eine Broadcastdomäne,
    (2) die Segmentierung und Mikrosegmentierung,
    (3) ein Dedicated Ethernet (Switched Ethernet),
    (4) den Unterschied zwischen dem Store-and-Forward- und dem Cut-Through-Prinzip!
16. Was heißt FDDI und was DQDB? Zu welcher Netzwerkklasse gehören beide im Hinblick auf ihre räumliche Ausdehnung? Wofür gibt es diese Netzwerkklasse?
17. Beschreiben Sie
    (1) die Netztopologie und Arbeitsweise von FDDI,
    (2) die Netztopologie und Arbeitsweise von DQDB!
18. Erklären Sie die Topologie und Arbeitsweise eines Resilient Packet Ring (RPR)! Welche grundlegenden Unterschiede bestehen zu FDDI?
19. Was ist ein Speichernetz und welchen Zweck hat es?
20. Erläutern Sie die drei Entwicklungsstufen der Speicherarchitekturen und ihre jeweilige Funktionsweise!
21. Erklären Sie Vor- und Nachteile von DAS, NAS und SAN!
22. Was ist Fibre Channel und welche Rolle spielt FC in einem SAN? Welche Netztopologien lassen sich mit Fibre Channel realisieren?
23. Beschreiben Sie die alternativen Lösungen, die IP Storage bzw. zu SoIP (Storage over IP) als Ersatz für Fibre Channel anbietet!

8 Internetworking und Campusnetzwerke

Nach WANs, LANs, MANs und SANs kommen wir in diesem Kapitel zum Internetworking und zu Campusnetzwerken. Als Erstes wird ein systematischer Überblick über die Netzwerkgeräte gegeben, ohne die kein Internetworking und damit weder Campusnetzwerke noch das Internet möglich wären. Sodann werden das Layer-2-Internetworking mit MAC-Adressen und das Layer-3-Internetworking mit IP-Adressen beschrieben. Internetworking fokussiert vor allem die Kopplung von LANs und WANs.

Die Kopplung von LANs hat zu Campusnetzwerken geführt. Ein Campusnetz(werk) ist ein lokales Netzwerk, das auf dem eigenen Grundstück betrieben wird und das meist über mehrere Gebäude verteilt ist, die über ein Backbone miteinander verbunden sind. Campusnetzwerke entstanden zunächst auf Universitätsgeländen (University Campus). Sie existieren heute in allen größeren Unternehmen und Institutionen.

Campusnetzwerke bilden den zweiten Schwerpunkt dieses Kapitels. Virtuelle LANs (VLANs) und Multilayer-Switching (Layer-3-Switching) werden als zwei zentrale Konzepte moderner Campusnetzwerke beschrieben. Ein Abschnitt über die Architektur moderner Campusnetzwerke schließt das Kapitel ab.

8.1 Netzwerkgeräte im Überblick

Funktionalität der Netzwerkgeräte

Damit ***Endgeräte (Endsysteme),*** die sich in verschiedenen Netzwerken befinden, miteinander kommunizieren können, müssen diese Netzwerke über ***Netzwerkgeräte (Zwischensysteme)*** miteinander verbunden sein. Netzwerkgeräte erfüllen somit zum einen die Aufgabe von ***Koppelelementen*** zwischen verschiedenen Netzwerken (z. B. als Router). Zum anderen dienen sie als ***Netzknoten*** (z. B. als Switches in einem LAN) der Paket-Weiterleitung innerhalb eines Netzwerks (vgl. Abschnitt 7.4). Bridges, Router und Gateways werden generell als Koppelelemente eingesetzt; Repeater, Hubs und Switches fungieren dagegen als Netzknoten in einem Netzwerk.

Zum besseren Verständnis der Funktionalität von Netzwerkgeräten ist es üblich, ihnen die entsprechenden OSI- und/oder DoD-

Schichten zuzuordnen (vgl. z. B. [6], S. 78 ff.; [42], S. 41 ff.; [43], S. 363 ff.). Abbildung 8.1 zeigt die Zuordnung der OSI- und DoD-Schichten sowie des TCP/IP-Protokoll-Stacks zu den verschiedenen Netzwerkgeräten. Während die oberen OSI-Schichten zusammengefasst werden konnten, mussten die unteren OSI- und DoD-Schichten nach IEEE 802 weiter aufgeteilt werden.

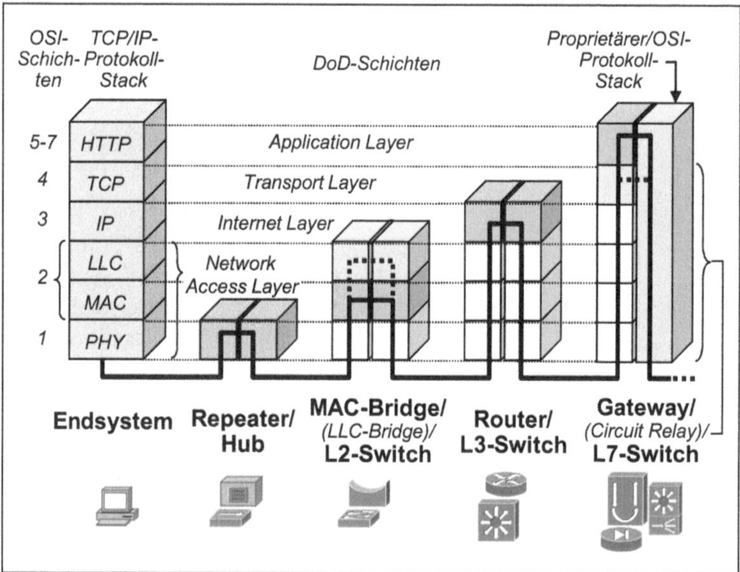

Abb. 8.1: Funktionale Beschreibung der Netzwerkgeräte durch Schichtzuordnung

Repeater und Hubs

Ein ***Repeater*** verbindet zwei homogene Netzwerksegmente. Er regeneriert und verstärkt die eingehenden digitalen Signale. Repeater werden eingesetzt, um die physisch zulässige Reichweite eines LANs oder WANs zu erhöhen. Ein Repeater unterscheidet sich somit von einem Verstärker, der nur analoge Signale verstärkt. Ein (aktiver) ***Hub*** ist ein Multiport-Repeater, also ein Repeater mit mehr als zwei physischen Ports (RJ-45-Buchsen). Hubs bilden das Zentrum von einfachen modernen Ethernet-LANs mit Stern-Topologie und TP-Kabeln.

Bridges und Layer-2-Switches

Eine ***Bridge*** koppelt zwei homogene LANs (z. B. Ethernet mit Ethernet) oder zwei heterogene LANs (z. B. Ethernet mit Token Ring) ***physisch über MAC-Adressen*** aneinander. Die Funktionalität von Bridges und Switches wurde bereits im Abschnitt 7.4 verdeutlicht (vgl. auch die Abbildungen 7.10 bis 7.12).

Die Hauptfunktion einer Bridge besteht in der Filterung und Weiterleitung von Frames. Einerseits trennt eine Bridge die gekoppelten LANs physisch, indem sie den ***Intra-LAN-Verkehr*** (zwischen Endgeräten eines LANs) und fehlerhafte Frames nicht weiterleitet, sodass sich Durchsatz, Datensicherheit und Ausfallsicherheit erhöhen. Andererseits verbindet sie zwei LANs physisch, indem sie ***Inter-LAN-Verkehr*** (zwischen Endgeräten verschiedener LANs) weiterleitet. Hierzu besitzt sie auch die entsprechende Repeater-Funktionalität.

Die meisten Bridges sind ***MAC-Bridges,*** d. h. sie werten die physischen Quell- und Zieladressen (MAC-Adressen) der Endgeräte aus, die in den empfangenen Frames enthalten sind. Da eine Bridge alle gesendeten Frames empfängt, muss sie selbst nicht adressiert werden (sog. Promiscuous Mode). Neben den MAC-Bridges gibt es noch die selteneren ***LLC-Bridges,*** die zur Verbindung zweier entfernter LANs insbesondere über das ISDN verwendet werden. Diese Bridges, die meist als ISDN-Bridge/Router-Kombination (Brouter) angeboten werden, bauen auf der LLC-Schicht zwischendurch eine physische ISDN-Verbindung ab, wenn während einer bestehenden virtuellen Verbindung gerade keine Daten übertragen werden müssen.

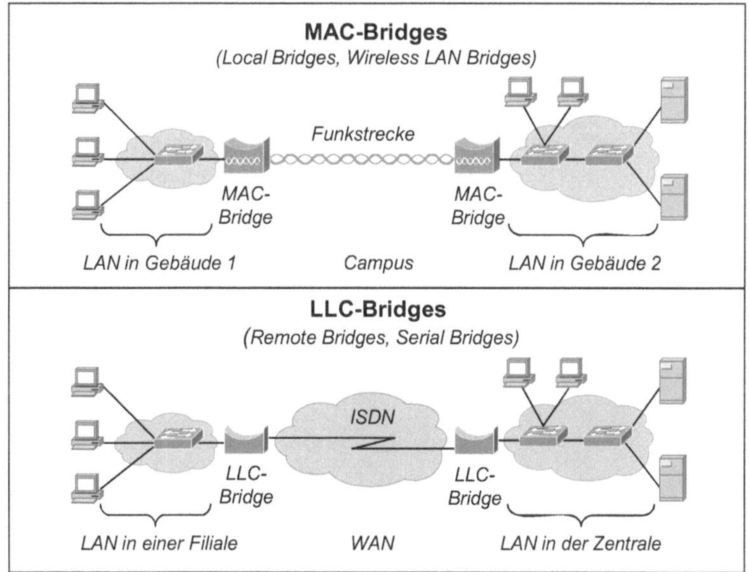

Abb. 8.2: MAC-Bridges und LLC-Bridges

Eine MAC-Bridge bezeichnet man auch als ***Local Bridge,*** eine LLC-Bridge nennt man häufig ***Remote Bridge*** oder ***Serial Bridge.*** Während frühere Local Bridges einfach zwei Koaxialkabelsegmente miteinander verbanden (siehe Abbildung 7.10), existieren heutige Local Bridges fast nur noch in Form von ***Wireless LAN Bridges.*** Abbildung 8.2 zeigt, dass Local Bridges heute genauso wie Remote Bridges paarweise installiert werden.

Bei einer LLC-Bridge verwendet das zwischengeschaltete WAN oder MAN (Transitsystem) ein anderes Layer-2-Protokoll als die angeschlossenen LANs. Deshalb müssen die Frame-Formate entsprechend transformiert werden. Beim ***Translation-Verfahren,*** das auch zur Kopplung verschiedener LAN-Typen (wie Ethernet mit Token-Ring) angewandt wird, werden die LAN-Frames von beiden Remote Bridges (Serial Bridges) in das Format des Transitsystems umgesetzt und wieder zurückgewandelt. Beim ***Encapsulation-Verfahren*** werden die LAN-Frames von den Remote Bridges in den Datenteil des Transit-Frames eingepackt und am Ziel wieder entsprechend ausgepackt.

Die meisten ***Layer-2-Switches*** sind Ethernet-Switches. Da sie aus Bridges entstanden sind, haben sie die Funktionalität von Multiport-Bridges. Im Gegensatz zu einer Multiport-Bridge schaltet ein moderner Layer-2-Switch die Frames aber nicht softwaremäßig seriell, sondern hardwaremäßig parallel und meist blockierungsfrei durch. Außerdem beherrscht er neben dem Store-and-Forward-Prinzip meist auch das Cut-Through-Prinzip sowie unterschiedliche Übertragungsraten (z. B. 10 und 100 Mbit/s).

Router sind älter als Bridges und Switches, da sie schon in den 70er Jahren im WAN-Bereich als Vermittlungsrechner (IMPs, Interface Message Processors) eingesetzt wurden, bevor in den 80er Jahren die LANs aufkamen.

Router und Layer-3-Switches

Ein ***Router*** koppelt mehrere – oft nur 2 bis 4 – meist heterogene Netze, die meist als ***Subnetze*** bezeichnet werden, ***logisch*** zu einem Gesamtnetz zusammen und leitet Datenpakete weiter. Die Subnetze können LANs (heute meist Ethernet-LANs), MANs (z. B. RPR-Netze) und WANs (z. B. ATM-Netze) sein. Das Gesamtnetz ist heute das Internet, sodass weltweit alle Router auf der OSI-Schicht 3 bzw. auf der Internet Layer das ***Internet-Protokoll (IP)*** als Netzwerkprotokoll benutzen. Und die logischen Adressen sind die weltweit eindeutigen ***IP-Adressen.***

Endgeräte, die zum selben Subnetz – also zum selben LAN – gehören, können ohne Router über Layer-2-Switches direkt miteinander kommunizieren. Sollen die Datenpakete jedoch in ein anderes Subnetz (etwa in ein ATM-Netz) geschickt werden, so müssen sie zunächst an den Router gesendet werden, der beide Subnetze miteinander verbindet. Hierzu wird das ***Router-Interface*** am Subnetz des Senders gezielt physisch adressiert. Abbildung 8.3 veranschaulicht diesen Zusammenhang anhand einer beispielhaften LAN-WAN- und WAN-WAN-Kopplung durch Router.

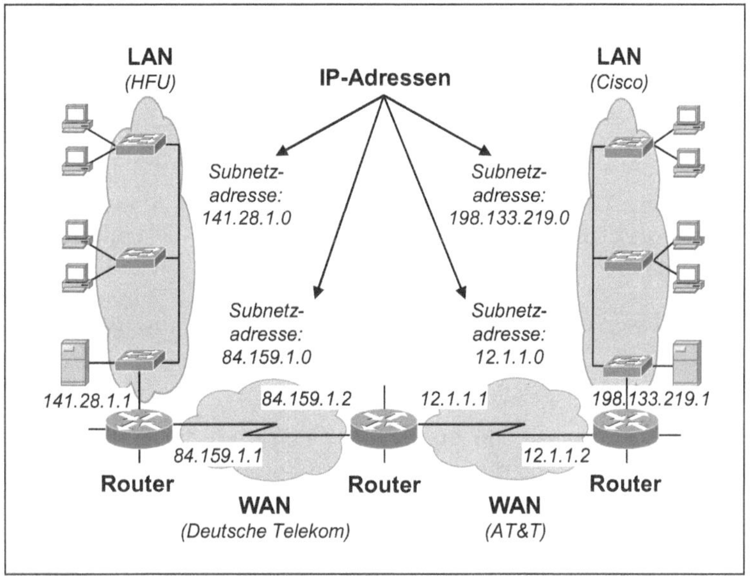

Abb. 8.3: Beispielhafte LAN-WAN- und WAN-WAN-Kopplung durch Router

Ein Router muss zur Weiterleitung jedes empfangenen Datenpaketes den „optimalen" Weg zum Ziel-Subnetz ermitteln. Hierzu führt er eine entsprechende ***Routing-Tabelle,*** die entweder manuell konfiguriert wurde (statisches Routing) oder die durch ein Routing-Protokoll laufend aktualisiert wird (dynamisches Routing). Einzelheiten zu entsprechenden Routing-Verfahren wurden bereits im Abschnitt 5.3 dargestellt.

Während kleinere Router softwarebasiert arbeiten (möglicher Engpass!), ist die Weiterleitungsfunktion großer, leistungsstarker Router „in Hardware gegossen". Auch die relativ neuen ***Layer-3-Switches*** führen die Forwarding-Funktion hardwarebasiert aus. Sie werden innerhalb von Campusnetzwerken eingesetzt, um

Nachteile von Layer-2-Switches (z. B. Layer-2-Broadcast- und Multicast-Weiterleitung) zu beheben.

Zusätzlich zur Layer-3-Funktionalität besitzen Layer-3-Switches meist auch Layer-2-Funktionalität. Sie werden deshalb auch als ***Multilayer-Switches*** bezeichnet. Sie schauen tiefer in die Datenpakete hinein und werten auch die IP-Adressen aus. Gehören die logische Quell- und Zieladresse eines Datenpaketes zum selben Subnetz, so arbeitet ein Multilayer-Switch wie ein Layer-2-Switch. Befinden sich die logische Quell- und Zieladresse dagegen in verschiedenen Subnetzen, so arbeitet er wie ein Router. Layer-3-Switches haben aber wesentlich mehr Ports als Router (z. B. 12 oder 24 RJ-45-Buchsen), und sie können im Gegensatz zu Routern auch dasselbe Subnetz an verschiedenen Ports adressieren. Außerdem sind sie VLAN-fähig (siehe Abschnitt 8.4).

Gateways, Circuit Relays und Layer-7-Switches

Ein ***Gateway*** im klassischen Sinne führt eine komplette Protokollumsetzung über die OSI-Schichten 1 bis 7 zu einem anderen Protokoll-Stack aus, um verschiedene Protokollwelten miteinander zu verbinden. Beispiele hierzu sind die Umsetzung des TCP/IP-Protokoll-Stacks in die proprietäre Protokollwelt SNA von IBM oder in den OSI-Protokoll-Stack (z. B. in der Realisierung von DECnet).

Ein ***Application Gateway*** im modernen Sinne ist eine Firewall, die die virtuellen Internet-Verbindungen auf der Anwendungsebene komplett trennt. Eine solche Firewall arbeitet oft auch als ***Proxy-Server*** mit einem Cache (schneller Zwischenspeicher) für häufige Seitenzugriffe, um Web-Server zu entlasten. Ein ***Circuit Relay*** realisiert ebenfalls eine Firewall-Funktion, aber nur bis zur Transportschicht, wo es TCP-Verbindungen trennt und sie neu aufsetzt. Und ein moderner ***Layer-7-Switch*** führt eine hardwaremäßige Paketfilterung und -weiterleitung bis zur OSI-Schicht-7 aus. Hierzu analysiert er insbesondere den Protokolltyp auf der Application Layer (HTTP, FTP etc.) und die entsprechenden Identifikatoren (URLs, Uniform Resource Locators für Webseiten, Programmdateien etc.).

8.2 Layer-2-Internetworking mit MAC-Adressen

Die Kopplung verschiedener Netzwerke mit Hilfe von Netzwerkgeräten nennt man ***Internetworking.*** So entstanden klassische Campusnetzwerke aus einzelnen „LAN-Inseln“ durch LAN-LAN-Internetworking. Die Kopplung entfernter Campusnetzwerke erfolgt bis heute durch LAN-WAN-Internetworking und oft sogar zusätzlich durch WAN-WAN-Internetworking (zur Evolution und zu vielen Details des Internetworking vgl. insbesondere [6]).

Das Internetworking basiert auf zwei grundlegenden ***Internetworking-Verfahren:***

- ***Bridging:*** zur Weiterleitung von Frames auf der Data Link Layer (OSI-Schicht 2) durch Bridges mit Hilfe der MAC-Adressen (physischen Hardwareadressen) der Endgeräte zum ***LAN-LAN-Internetworking,***
- ***Routing:*** zur Weiterleitung von Datenpaketen auf der Network Layer (OSI-Schicht 3) durch Router mit Hilfe der IP-Adressen (logischen Geräteadressen) der Endgeräte und der Netzwerkgeräte zum ***LAN-LAN-, LAN-WAN-*** und ***WAN-WAN-Internetworking.***

Um moderne Campusnetzstrukturen und das Internet richtig zu verstehen, benötigen wir zunächst noch einige wichtige Details zu den beiden Internetworking-Verfahren. Bridging wird in diesem Abschnitt dargestellt, Routing im nächsten Abschnitt.

Bridging über Layer-2-Adressen

Die klassischen MAC-Bridges und die aus ihnen entstandenen Layer-2-Switches werten die ***MAC-Adressen*** der Netzwerkkarten der Endgeräte aus, die in jedem Frame als Quell- und Zieladresse enthalten sind. Eine MAC-Adresse besteht nach dem Standard IEEE 802.3 aus insgesamt 6 Bytes (siehe z. B. Abbildung 7.2). Die ersten drei Bytes geben die Hersteller-ID (OUI; Organizational Unique Identifier) an und die letzten drei Bytes die Seriennummer der Netzwerkkarte. Zur Darstellung von MAC-Adressen werden stets 12 hexadezimale Ziffern verwendet. So wird z. B. die Broadcast-Adresse (eine Folge binärer Einsen) hexadezimal durch ***FF-FF-FF-FF-FF-FF*** bzw. ***FFFF.FFFF.FFFF*** dargestellt.

Bridging Loops

Wenn zwei LANs nur durch eine Bridge miteinander verbunden sind, funktioniert dieses Verfahren sehr gut (siehe Abschnitt 7.4). Werden Bridges jedoch zur Erhöhung der Ausfallsicherheit redundant ausgelegt, so entstehen Bridging Loops (vgl. z. B. [8], S. 428 f.; [43], S. 360 f.). Abbildung 8.4 verdeutlicht die Probleme, die aus der Schleifenbildung entstehen, an einem Beispiel.

Wenn der Client im LAN 1 einen Frame an den Server sendet, entstehen ***Verbindungsprobleme.*** Der Frame wird von den beiden Bridges A und B kopiert und deshalb zweimal zum Server im LAN 2 weitergeleitet. Außerdem kommt der von der Bridge A weitergeleitete Frame ein zweites Mal bei der Bridge B an, dieses Mal aber vom LAN 2 her. Und der von der Bridge B weitergeleiteten Frame kommt ein zweites Mal von LAN 2 her bei der Bridge A an. Als Learning Bridges aktualisieren daraufhin beide Bridges ihre Forwarding-Adresstabellen, da sie glauben, der Client befinde sich nun im LAN 2. Wenn der Server anschließend auf den Frame des Clients antwortet, wird sein Frame nicht beim Client ankommen, da beide Bridges ihn vernichten.

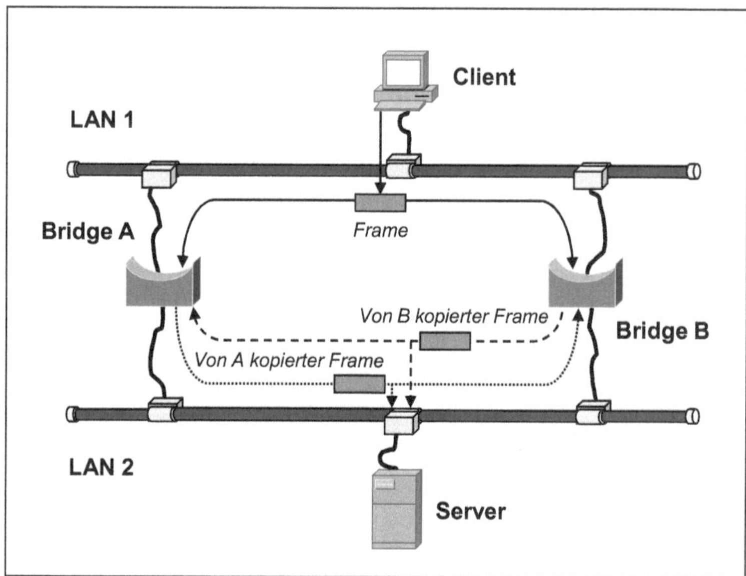

Abb. 8.4: Redundanz und Schleifenbildung

Broadcast- und Multicast-Frames verursachen ***Endlosschleifen,*** da Bridges (und Switches) Broadcast- und Multicast-Verkehr grundsätzlich über alle ihre Ports weiterleiten (Flooding, Fluten). So wird z. B. ein von Client A gesendeter Broadcast-Frame über beide Brücken zum LAN 2 weitergeleitet, von dort wieder zum LAN 1 usw.

Spanning-Tree-Algorithmus

Abbildung 8.5 zeigt, wie durch den Spanning-Tree-Algorithmus (STA), der auf allen Bridges laufen muss, aus Bridging Loops eine schleifenfreie Topologie entsteht (vgl. [8], S. 429 ff.). Der STA ermöglicht eine höhere Ausfallsicherheit durch Redundanz.

In der Ausgangssituation verbinden die Bridges B1 bis B5 die LANs V, W, X, Y und Z. Die Bridges B1, B3, B4 und B5 bilden hierbei über die Netze X, Y und Z mehrere Schleifen. Ziel des STA ist es nun, alle Schleifen zu beseitigen und einen alle Bridges überspannenden Baum („Spanning Tree") mit einer Wurzel-Bridge (Root-Bridge) als Zentrum aufzubauen. Der STA wurde 1985 von Radia Perlman beim Computerhersteller DEC entwickelt und später im Standard IEEE 802.1d spezifiziert.

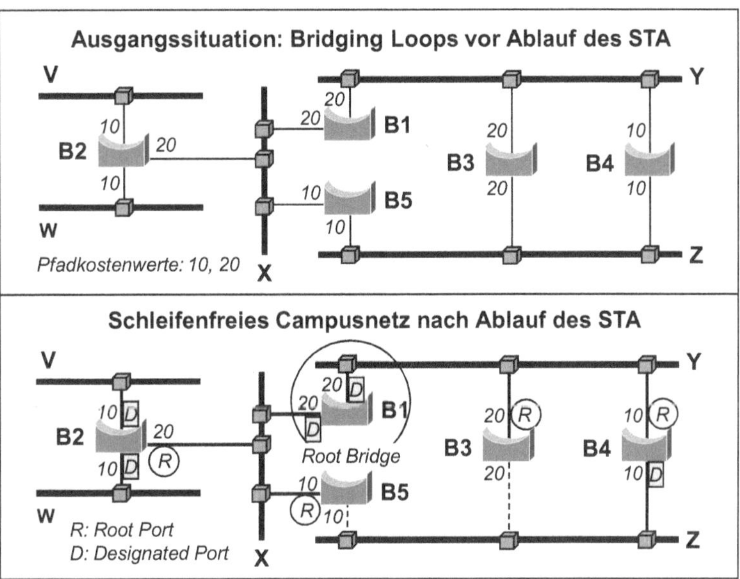

Abb. 8.5: Arbeitsweise des Spanning-Tree-Algorithmus

Um eine schleifenfreie Topologie zu bilden, benutzt der STA folgende ***Kriterien*** zur Bestimmung der Prioritäten der Bridges und der Bridge-Ports:

- eindeutige ***Bridge-ID*** (Bridge Identifier), die aus einer Priorität (Default-Wert = 1, konfigurierbar) und der MAC-Adresse der Bridge besteht,
- eindeutige ***Port-ID*** (Port Identifier) der Bridge-Ports innerhalb jeder Bridge (konfigurierbar),
- ***Pfadkostenwert*** jedes Bridge-Ports (Default-Werte: z. B. Ethernet = 100, Fast Ethernet = 19; konfigurierbar).

Nach der Initialisierung befinden sich alle Bridges zunächst im „Blocking State“, d. h. sie akzeptieren nur Multicast-Frames des Typs BPDU (Bridge Protocol Data Unit) mit der MAC-Adresse 01-80-C2-00-00-10. Jede Bridge sendet alle 1 bis 4 Sekunden eine BPDU. Der STA läuft dann in folgenden ***Phasen*** ab:

- ***Auswahl der Root-Bridge mit der kleinsten Bridge-ID:*** Jede Bridge teilt zunächst mit, sie sei die Root-

Bridge. Ist ihre Bridge-ID größer als die anderer Bridges, so hört sie auf zu senden. B1 wird also Root-Bridge.

- ***Bestimmung der Root-Ports für alle anderen Bridges:*** Die Root-Bridge flutet BPDUs mit den Pfadkostenwerten ihrer Ausgangs-Ports. Die anderen Bridges markieren den jeweiligen Empfangs-Port, speichern und fluten die BPDUs, wobei sie die Pfadkostenwerte ihrer eigenen Ausgangs-Ports hinzuaddieren. Nachdem sie die Root-Pfadkosten (Gesamtpfadkosten) der möglichen Root-Pfade kennen, markieren sie den Empfangsport mit den geringsten Root-Pfadkosten als Root-Port. Falls mehrere Empfangs-Ports die gleichen Root-Pfadkosten haben, wird der Port mit der kleinsten Port-ID ausgewählt. Z. B. betragen die Root-Pfadkosten für die Bridge B4 20 über das LAN Y und 20 + 10 = 30 über das LAN Z, sodass der Port zu Y der Root-Port der Bridge B4 wird.
- ***Bestimmung der Designated Bridge für jedes LAN:*** Alle an ein LAN angeschlossenen Bridges senden über ihre Ports (außer über den Root-Port) BPDUs mit dem Pfadkostenwert des Ports. Die Bridge mit dem kleinsten Pfadkostenwert (bzw. die einzige Bridge) wird die Designated Bridge eines LANs, ihr Port zu diesem LAN wird „Designated Port“ genannt. Falls mehrere Bridges die gleichen Pfadkostenwerte haben, wird die Bridge mit der kleinsten Bridge-ID ausgewählt. Im Beispiel kann das LAN Z die Root-Bridge über die Bridges B3, B4 und B5 erreichen. B3 scheidet aus (Pfadkostenwert = 20). B4 wird Designated Bridge, da sie zwar den gleichen Pfadkostenwert 10 wie B5, aber die kleinere Bridge-ID hat.
- ***Aufbau des Spanning Tree:*** Alle Root-Ports und alle Designated Ports werden zur normalen Datenübertragung in den „Forwarding State“ gesetzt, sodass sich ein Spanning Tree mit der Root-Bridge als Zentrum ergibt. Die übrigen Ports werden in den „Blocking State“ gesetzt. Sie transportieren nur BPDUs, damit der Ausfall einer Bridge erkannt wird und der STA dann neu ablaufen kann. Im Beispiel sind es die Bridges B3 und B5, die als Ersatz-Bridges zum LAN Z passiv bleiben müssen.

Bridges werden heute – mit Ausnahme von WLAN-Bridges (siehe Abschnitt 8.1) – praktisch nicht mehr verwendet. Da Schleifen jedoch auch bei den aus Bridges entstandenen Switches auftreten können, ist STA auf allen Switches defaultmäßig installiert.

8.3 Layer-3-Internetworking mit IP-Adressen

Bridging lässt bei redundanter Netzauslegung wegen des notwendigen STA prinzipiell einen Teil der Netzwerkgeräte und Pfade ungenutzt. Routing ermöglicht dagegen grundsätzlich eine bessere Strukturierbarkeit mit parallelen Pfaden, sodass neben einer erhöhten Ausfallsicherheit (Netzwerkverfügbarkeit) auch eine bessere Kapazitätsauslastung entsteht. Allerdings ist der höhere Komfort von Routern und Layer-3-Switches auch mit einer wesentlich höheren Komplexität verbunden: Während Bridges und Switches im Prinzip direkt einsatzfähig sind, erfordern Router zunächst eine aufwendige Konfiguration.

Routing und Forwarding basieren auf logischen – und damit veränderbaren – Geräteadressen, den ***IP-Adressen.*** Sie werden den Interfaces der Netzwerkgeräte statisch und den Endgeräten oft dynamisch (über DHCP) zugewiesen. IP-Adressen wurden mit dem Ziel konzipiert, Datenpakete möglichst effizient über beliebige Netzwerke hinweg weiterzuleiten. Deshalb sind sie nicht nur einfache Geräteadressen, sondern sie informieren auch über den Ort eines Gerätes und die möglichen Wege zu ihm.

Der Aufbau von IP-Adressen

Abbildung 8.6 zeigt den grundsätzlichen Aufbau von IP-Adressen anhand eines Beispiels (vgl. z. B. [8], S. 548 ff.; [9], S. 385 ff.).

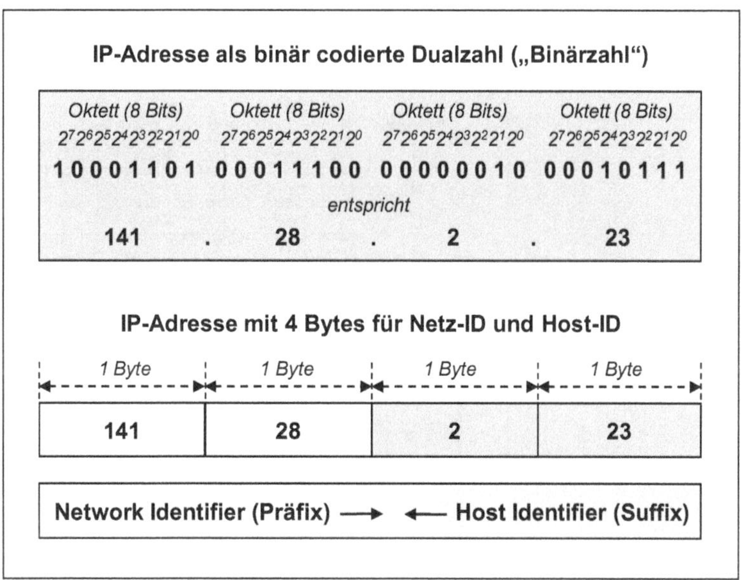

Abb. 8.6: Grundsätzlicher Aufbau von IP-Adressen

Eine IP-Adresse besteht immer aus 32 Bits, die in vier Oktette gegliedert sind. Ein Oktett kann als eine Dualzahl angesehen werden, die – nicht wie eine Dezimalzahl die „10" – sondern die „2" als Basiszahl verwendet. Da eine Dualzahl nur durch Binärzeichen (meist „0" und „1") dargestellt wird, spricht man in der Praxis einfach von Binärzahlen.

Zur einfacheren Handhabbarkeit der IP-Adressen verwendet man die sog. ***Dotted Decimal Notation*** (punktierte Dezimalschreibweise). Sie wandelt die vier Binärzahlen in Dezimalzahlen um und trennt sie durch Punkte. So wird z. B. die IP-Adresse ***10001101 00011100 00000010 00010111*** dezimal dargestellt als ***141.28.2.23.*** Dies überprüfen wir anhand des ersten Oktetts:

2^7 2^6 2^5 2^4 2^3 2^2 2^1 2^0

1 x 128 + 0 x 64 + 0 x 32 + 0 x 16 + 1 x 8 + 1 x 4 + 0 x 2 + 1 x 1

= 141

Präfix und Suffix einer IP-Adresse

Eine IP-Adresse enthält grundsätzlich zwei Teile, die zusammen 4 Bytes lang sind:

- ***Network Identifier*** bzw. ***Präfix*** (Netz-ID des Netzes) und
- ***Host Identifier*** bzw. ***Suffix*** (Host-ID des Gerätes).

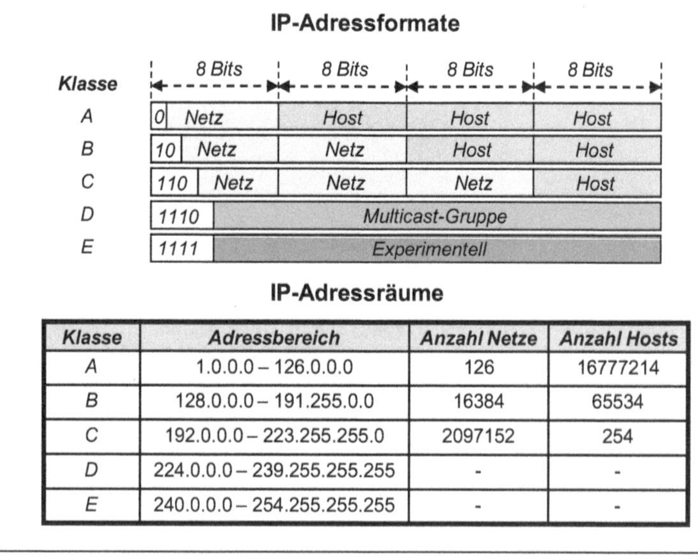

Klasse	Adressbereich	Anzahl Netze	Anzahl Hosts
A	1.0.0.0 – 126.0.0.0	126	16777214
B	128.0.0.0 – 191.255.0.0	16384	65534
C	192.0.0.0 – 223.255.255.0	2097152	254
D	224.0.0.0 – 239.255.255.255	-	-
E	240.0.0.0 – 254.255.255.255	-	-

Abb. 8.7: Übersicht über die IP-Adressklassen

Die Einteilung der IP-Adressen in Adressklassen wird als ***Classful Addressing*** (klassenbasierte IP-Adressierung) bezeichnet. Für das Internet wurden fünf IP-Adressklassen eingeführt, deren Adressformate und Adressräume in der Abbildung 8.7 dargestellt sind. Die Klassen A bis C definieren die IP-Adressformate für Unicast-Adressen, und zwar für große, mittlere und kleine Netze (Netz = Administrationsdomäne bzw. autonomes System, siehe Abschnitt 5.3). Klasse D bietet besondere Multicast-Adressen (Gruppenadressen) für Multimediaverkehr, und die Klasse E ist für experimentelle Zwecke reserviert (zu Einzelheiten vgl. z. B. [8], S. 548 ff.; [10], S. 299 ff.; [43], S. 479 ff.).

Die ***Klassen*** können anhand des ersten bis vierten Bits identifiziert werden. Die in der Abbildung 8.7 dargestellten Adressräume lassen sich aus dem bzw. den Bytes des Network Identifiers errechnen. Klasse A umfasst nur 126 Netze, da 0.0.0.0 als Quelladresse eines Hosts (z. B. bei DHCP und PPP) verwendet wird und da 127.0.0.1 als Loopback-Adresse für Testzwecke reserviert ist. In den Klassen B und C wird inzwischen der volle Adressbereich benutzt, da die IANA wegen der Adressknappheit auch ursprünglich reservierte Adressen vergibt bzw. vergeben hat (z. B. 128.0.0.0 und 191.255.0.0).

Von der ***Anzahl Hosts pro Netz*** muss man immer zwei Adressen abziehen (0 für die Netzadresse und 255 für die Broadcastadresse). Somit ergeben sich z. B. für ein Klasse-C-Netz 256 - 2 = 254 Hostadressen.

Subnetting und Subnetzmasken

Ein Netzwerkadministrator kann ein Gesamtnetz (eine Administrationsdomäne wie z. B. 141.28.0.0) in Subnetze unterteilen und so sein Netzwerk hierarchisch strukturieren. Dies nennt man auch ***Subnetting.*** Anders herum gesehen, kann der Netzwerkadministrator Hostadressen eines Netzes zu ihrer besseren Überschaubarkeit in Subnetzen zusammenfassen. Abbildung 8.8 veranschaulicht das Subnetting für das Netzwerk 141.28.0.0, das ein Klasse-B-Netzwerk ist.

Die Hostadresse 141.28.2.23 besteht standardmäßig aus dem Netzwerk-Präfix 141.28 und aus dem Host-Suffix 2.23. Wie viele Bits Netz-ID und wie viele Host-ID sind, gibt man durch die sog. ***Subnetzmaske*** an. Sie wird zusammen mit der IP-Adresse für jede Schnittstelle konfiguriert. Sie enthält für die Netz-ID aufeinanderfolgende Einsen und für die Host-ID Nullen. Für die IP-Adresse 141.28.2.23 lautet die Default-Subnetzmaske (ohne Subnetting): ***11111111 11111111 00000000 00000000*** oder in der Dotted Decimal Notation ***255.255.0.0.*** Alternativ kann diese Information auch durch die Präfix-Länge hinter einer IP-Adresse mit einem Schrägstrich angegeben werden, so wie ein Router seine Konfigurationsdaten anzeigt: ***141.28.2.23/16*** (sog. Präfix-Schreibweise).

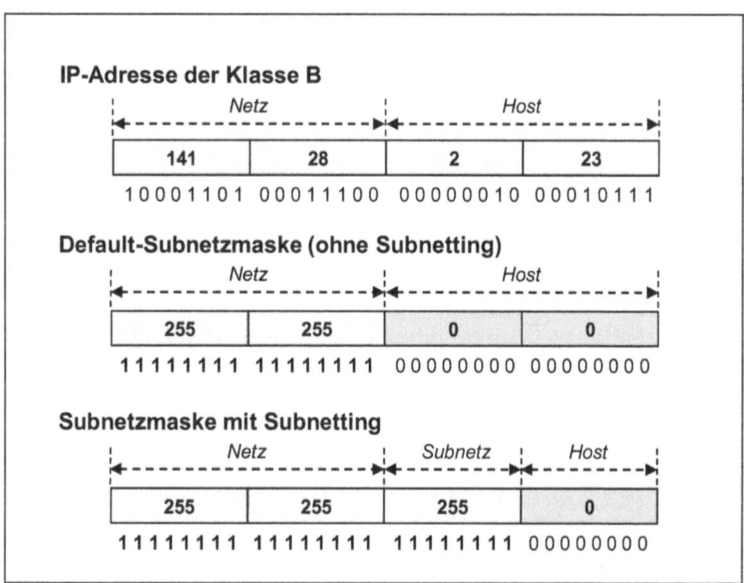

Abb. 8.8: Subnetzmaske und Subnetting für eine Klasse-B-Adresse

Da das Gesamtnetz 141.28.0.0 als Klasse-B-Netz bis zu 65.534 Hosts umfassen kann, wird der Netzwerkadministrator es zur besseren Überschaubarkeit in bis zu 255 Netze mit jeweils bis zu 254 Hosts unterteilen („Subnet Zero“ ist möglich!). Er „leiht“ sich hierzu das erste Byte der Host-ID und verwendet es als „Subnetzfeld“, indem er eine Subnetzmaske mit Subnetting konfiguriert. Im Beispiel der Abbildung 8.8 lautet die Subnetzmaske dann 255.255.255.0 oder in Präfix-Schreibweise ***141.28.2.23/24.*** Die IP-Adresse 141.28.2.23 wird dann interpretiert als Host 141.28.2.23 im Subnetz 141.28.2.0 des Gesamtnetzes 141.28.0.0.

Die Routing-Entscheidung

IP-Pakete enthalten immer Hostadressen, Routing-Tabellen eines Routers dagegen in der Regel aus Performance-Gründen nur Netzwerkadressen. Ein Router verknüpft deshalb die Zielhostadresse eines eingehenden Datenpaketes durch die ***boolesche UND-Funktion*** mit den Subnetzmasken potentieller Routen, die in seiner Routing-Tabelle stehen. Das Ergebnis sind mögliche

Zielnetzadressen des Datenpaketes, die mit den Einträgen in der Routing-Tabelle verglichen werden können. So ergibt z. B. die Anwendung der booleschen UND-Funktion auf die Zielhostadresse 141.28.2.23 und die Subnetzmaske 255.255.255.0 die Zielnetzadresse des Datenpaketes 141.28.2.0:

Zielhostadresse: 10001101 00011100 00000010 00010111 ***UND***

Subnetzmaske: 11111111 11111111 11111111 00000000 =

Zielnetzadresse: 10001101 00011100 00000010 00000000

Steht diese Zielnetzadresse in der Routing-Tabelle, so wird das Datenpaket zum dort angegebenen Next Hop weitergeleitet.

Die boolesche UND-Funktion wird auch beim Quellhost angewendet, um zu prüfen, ob sich der Zielhost im selben oder in einem anderen Subnetz befindet. Befindet er sich im selben Subnetz, so läuft die Kommunikation mit dem Zielhost direkt ohne Beteiligung eines Routers oder Layer-3-Switches ab.

CIDR (Classless Inter-Domain Routing)

Wegen der absehbaren Knappheit der IP-Adressen soll die 32-Bit-Adresse von IPv4 (Version 4) durch die 128-Bit-Adresse von IPv6 ersetzt werden. Doch bis es so weit ist, benötigt man Übergangslösungen. Eine Übergangslösung ist CIDR (Classless Inter-Domain Routing). CIDR beinhaltet die Aufhebung der starren Byte-Grenzen der Adressklassen, um IP-Adressen flexibler vergeben und Netzwerke bedarfsgerecht in Subnetze aufteilen zu können. Beim CIDR, das auf Routern heute Default-Einstellung ist, kann die Aufteilung in Netz-ID und Host-ID bitweise erfolgen. Die folgende Übersicht zeigt die Binärzahlen und die äquivalenten Dezimalzahlen für die bitweise Angabe des Netzwerks-Präfixes (z. B. 255.255.192.0 oder 255.255.255.252):

128	*64*	*32*	*16*	*8*	*4*	*2*	*1*		
1	0	0	0	0	0	0	0	=	***128***
1	***1***	0	0	0	0	0	0	=	***192***
1	***1***	***1***	0	0	0	0	0	=	***224***
1	***1***	***1***	***1***	0	0	0	0	=	***240***
1	***1***	***1***	***1***	***1***	0	0	0	=	***248***
1	***1***	***1***	***1***	***1***	***1***	0	0	=	***252***
1	***1***	***1***	***1***	***1***	***1***	***1***	0	=	***254***
1	***1***	***1***	***1***	***1***	***1***	***1***	***1***	=	***255***

NAT (Network Address Translation)

NAT (Network Address Translation) setzt als weitere Übergangslösung ***lokale private Adressen*** in ***öffentliche globale Adressen*** um. Es wurden folgende private Adressbereiche reserviert:

- ***Klasse A:*** von 10.0.0.0 bis 10.255.255.255/8,
- ***Klasse B:*** von 172.16.0.0.0 bis 172.31.255.255/12 und
- ***Klasse C:*** von 192.168.0.0 bis 192.168.255.255/16.

Abbildung 8.9 verdeutlicht die Arbeitsweise von NAT an einem einfachen Beispiel.

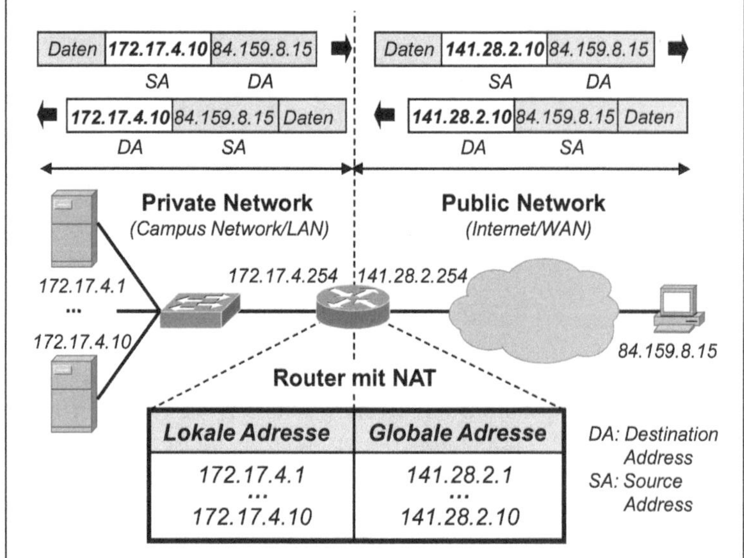

Abb. 8.9: Die Arbeitsweise von Network Address Translation

Das ***Private Network*** 172.17.4.0 ist über einen Router mit dem ***Public Network*** 141.28.2.0 verbunden. Auf dem Router ist ***statisches NAT*** (manuell) konfiguriert.

Beim IP-Paket mit der Absenderadresse 172.17.4.10 und der Zieladresse 84.159.8.15 tauscht der Router die Quelladresse des gegen den NAT-Eintrag 141.28.2.10 aus. Dann leitet er das IP-Paket an das Public Network weiter. Beim Antwort-Paket tauscht der Router die Zieladresse 141.28.2.10 wieder gegen seinen NAT-Eintrag aus und leitet das Paket zum Server 172.17.4.10.

Neben dem dargestellten statischen NAT gibt es noch weitere NAT-Lösungen. Zu erwähnen sind insbesondere:

- ***Dynamisches NAT:*** Zuordnung von IP-Adressen aus einem sog. NAT-Pool (Adressbereich globaler Adressen).
- ***PAT (Port Address Translation):*** Zuordnung von IP-Adressen und TCP- bzw. UDP-Port-Nummern.

8.4 Virtuelle LANs und Multilayer-Switching

Früher wurden Campusnetzwerke bedarfsorientiert – und damit mehr oder weniger unsystematisch – durch LAN-Kopplung über Repeater, Bridges, Router und Gateways Stück für Stück zusammengeschaltet. Dabei wurde die physische Netztopologie an der Gebäudestruktur eines Unternehmens ausgerichtet. Heute erfordern moderne und immer komplexere Campusnetzwerke eine ganzheitliche, integrative Sicht – und damit eine systematische Netzstrukturierung; denn sie müssen sich immer höheren Kapazitäts- und Qualitätsanforderungen stellen. Zwei wesentliche LAN-Techniken, die ein Campusnetzwerk „aus einem Guss" ermöglichen, sind virtuelle LANs und Multilayer-Switching (zu diesen Techniken vgl. im einzelnen [6], S. 648 ff.; [24], S. 777 ff.).

Begriff, Ziele und Arten von VLANs

Ein ***Virtuelles LAN (VLAN, Virtual Local Area Network)*** ist eine nach bestimmten Kriterien gebildete ***Broadcastdomäne,*** die durch ein ***geswitchtes Campusnetz*** realisiert wird (vgl. ähnlich [6], S. 687; [8], S. 457). Als Broadcastdomäne bezeichnet man hierbei die Gruppe von Endgeräten, die einen Broadcast-Frame empfängt, wenn ein Endgerät dieser Gruppe einen Broadcast-Frame gesendet hat. Die meisten VLANs basieren inzwischen auf dem ***Switched Ethernet.*** VLANs wurden aber auch schon mit anderen geswitchten LAN- und MAN-Technologien realisiert, insbesondere mit ATM- und Token-Ring-Switches.

Mit dem Einsatz von VLANs werden heute vor allem drei ***Ziele*** verfolgt:

- Laufende Anpassung der Campusnetzwerke an die sich immer schneller ändernde Unternehmensorganisation durch ***Zuordnung einer logischen Netztopologie zur physischen Topologie,*** die auf der Gebäudestruktur basiert (Unterstützung der Flexibilität),
- Tuning von Campusnetzwerken über das LAN-Switching mit Mikrosegmentierung hinaus durch ***Einrichtung von kleinen, workgroup-bezogenen Broadcastdomänen*** (Unterstützung der Verkehrsskalierbarkeit),
- Reduzierung des Betriebsaufwandes für Campusnetzwerke durch ***flexible Zuordnung von workgroup-***

bezogenen VLANs zu Switch-Ports bei Veränderungen (Unterstützung der Benutzermobilität).

In der Vergangenheit wurden verschiedene ***Arten von VLANs*** vorgestellt, die nach dem Kriterium für die VLAN-Zuordnung der Endgeräte benannt sind:

- ***Port-basierte VLANs:*** Endgeräte, die an bestimmten Switch-Ports angeschlossen sind, bilden ein VLAN.
- ***MAC-Adressen-basierte VLANs:*** Endgeräte mit bestimmten MAC-Adressen bilden zusammen ein VLAN.
- ***Netzwerkprotokoll-basierte VLANs:*** Endgeräte, die ein bestimmtes Netzwerkprotokoll (IP, IPX etc.) benutzen, oder Endgeräte mit bestimmten Netzwerkadressen bilden zusammen ein VLAN.
- ***Policy-based (Regelbasierte) VLANs:*** Endgeräte, die bestimmte Kriterien erfüllen (z. B. bestimmte Ports, Protokolle und Adressen), bilden zusammen ein VLAN.

Port-basierte VLANs

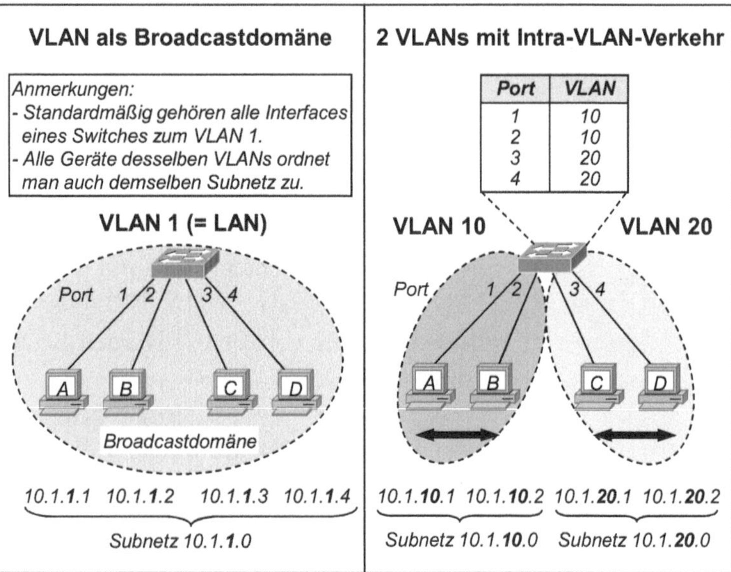

Abb. 8.10: Das Konzept von portbasierten VLANs mit Intra-VLAN-Verkehr

Nur portbasierte VLANs haben sich bisher in der Netzwerkpraxis durchgesetzt. Sie basieren auf VLAN-fähigen Layer-2-Switches, bei denen für die einzelnen Ports die VLAN-Zugehörigkeit konfiguriert wird. Abbildung 8.10 zeigt links das Konzept eines portbasierten VLANs und rechts zwei VLANs mit ***Intra-VLAN-Verkehr.*** Ein Frame wird von einem Switch nur innerhalb eines VLANs weitergeleitet. Ein Switch verwendet hierzu eine entsprechende Tabelle mit den Zuordnungen der VLANs zu den Ports.

Trunk Links und VLAN-Tagged Frames

In Campusnetzwerken beziehen sich VLANs in der Regel nicht nur auf einen, sondern auf mehrere miteinander verbundene Switches. Ein Switch, der von einem anderen Switch einen Frame empfängt, muss dann wissen, zu welchem VLAN der Frame gehört. Diese Situation deckt der ***Standard IEEE 802.1q*** mit dem Titel „Virtual Bridged Local Area Networks" ab, der in der aktuellen Version von 2003 vorliegt. Abbildung 8.11 veranschaulicht das Konzept des Standards, der für einen VLAN-fähigen Switch ***Access Links*** und ***Trunk Links*** mit ***VLAN-Tagged Frames*** (VLAN-markierten Frames) spezifiziert.

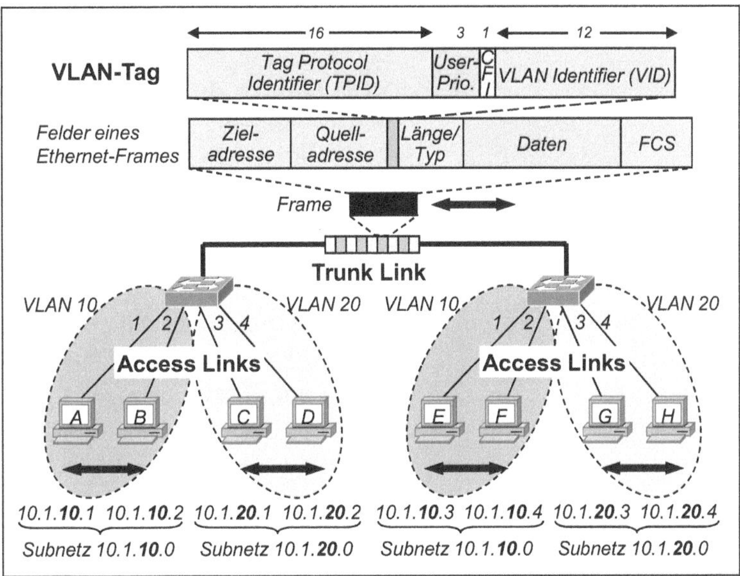

Abb. 8.11: Trunk Link mit VLAN-Tagged Frames nach IEEE 802.1q

Zu den Endgeräten werden normale Ethernet-Frames über die Access Links übertragen. Zwischen zwei Switches werden die zuvor VLAN-markierten Frames aller vorhandenen VLANs in einem Trunk (Stamm) gebündelt und im Zeitmultiplexverfahren übertragen. Cisco bietet entsprechende proprietäre ISL (Inter

Switch Link) Trunks mit Frame-Kapselung. Der Begriff „Trunk“ stammt übrigens aus dem WAN-Bereich, wo er für die dicken Kabelbündel von Fernübertragungsstrecken verwendet wird.

Die VLAN-Markierung eines Ethernet-Frames erfolgt nach IEEE 802.1q, indem zwischen den Feldern „Quelladresse“ und „Länge/Typ“ ein 4 Bytes langer ***VLAN-Tag (VLAN-Marke)*** eingefügt wird. Die ersten zwei Bytes des VLAN-Tags enthalten den ***Tag Protocol Identifier (TPID),*** der beim Ethernet immer den Hex-Code 0x8100 enthält. Die letzten 2 Bytes beinhalten die Tag Control Information (TCI), die mit einem 3 Bits langen Feld ***User Priority*** zur Verkehrspriorisierung nach IEEE 802.1p beginnt. Dann kommt ein 1 Bit langes Feld ***Canonical Format Identifier (CFI;*** auf Wunsch von IBM: canonical = vorschriftsmäßig) zur Einkapselung eines Token-Ring-Frames. Das letzte Feld enthält schließlich den 12 Bits langen ***VLAN Identifier (VID).***

Empfängt ein VLAN-fähiger Switch Frames, so trifft er nach Auswertung seiner Forwarding-Adresstabelle anhand seiner Filter-Datenbank prinzipiell folgende ***Forwarding-Entscheidungen:***

- ***Access Link zu Access Link:*** Ein Frame, der von einem Endgerät kommt, wird unverändert weitergeleitet, wenn die VID des Empfangs-Ports mit der VID des/der vorgesehenen Sende-Ports übereinstimmt.
- ***Access Link zu Trunk Link:*** Ein Frame, der von einem Endgerät kommt, wird mit eingefügtem VLAN-Tag weitergeleitet, wenn am vorgesehenen Sende-Port ein Trunk Link (ohne Filter oder mit passendem Filter) konfiguriert ist, der den VLAN-Tagged Frame durchlässt.
- ***Trunk Link zu Trunk Link:*** Ein Frame, der von einem anderen Netzwerkgerät kommt, wird nach Auswertung des VLAN-Tags mit dem VLAN-Tag weitergeleitet, wenn am vorgesehenen Sende-Port ein Trunk Link konfiguriert ist, der den VLAN-Tagged Frame durchlässt.
- ***Trunk Link zu Access Link:*** Ein Frame, der von einem anderen Switch kommt, wird nach Auswertung und Entfernung des VLAN-Tags weitergeleitet, wenn die VID des VLAN-Tags mit der VID des/der vorgesehenen Sende-Ports übereinstimmt.
- ***Link ohne passende VID:*** Stimmt die VID des Empfangs-Ports oder des VLAN-Tags nicht mit der VID des/der vorgesehenen Sende-Ports überein, so wird der Frame vernichtet.

Endgeräte merken also nichts von der Vergrößerung der Ethernet-Frames um 4 Bytes, durch die die maximale Frame-Größe von 1518 Bytes überschritten wird, sodass sie ihre Netzwerkkarten unverändert weiter verwenden können.

Inter-VLAN-Verkehr

Sollen Frames zwischen verschiedenen VLANs ausgetauscht werden – soll also Inter-LAN-Verkehr stattfinden, so ist dies wie bei normalen LANs nur über ***Routing*** und ***Layer-3-Forwarding*** möglich. Beim klassischen Ansatz zur Realisierung von Inter-VLAN-Verkehr werden die VLANs, die ja verschiedenen Subnetzen entsprechen, über einen Trunk Link mit einem Router (oder mit einem puren Layer-3-Switch) verbunden. Diese Lösung wird als ***Router-on-a-Stick*** oder auch als ***One-armed Router*** bezeichnet (vgl. die linke Seite von Abbildung 8.12). Ursprünglich wurden die einzelnen VLANs sogar über eigene parallele physische Access Links an einen Router angeschlossen.

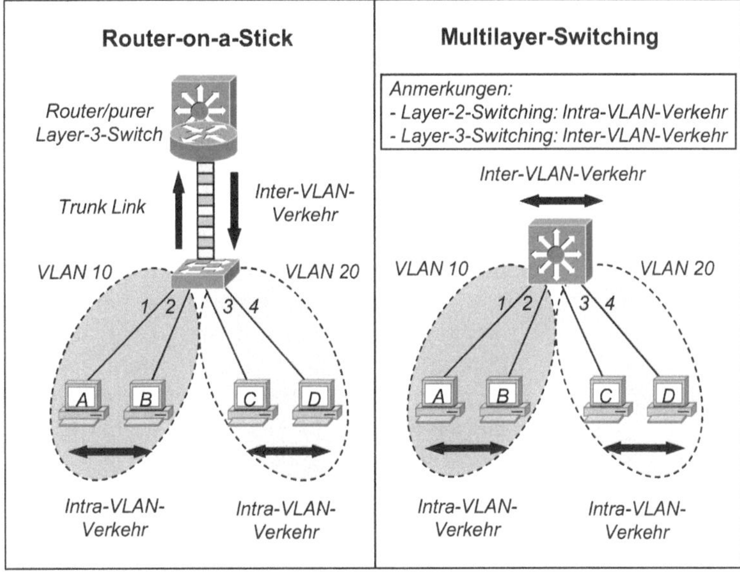

Abb. 8.12: Inter-VLAN-Verkehr mit Router-on-a-Stick und Multilayer-Switching

Multilayer-Switching

Die moderne Lösung zum Inter-VLAN-Verkehr ist das Multilayer-Switching, das durch ***Integration von Layer-2-Switching und Layer-3-Switching*** möglich wurde (vgl. die rechte Seite von Abbildung 8.12). Moderne Layer-3-Switches bieten für den Campusnetzbereich neben schnellem hardwaremäßigem Layer-3-

Forwarding von Datenpaketen auch Layer-2-Switching und ggf. weitere Funktionen der OSI-Schichten 4 bis 7. Die Routing-Protokolle (RIP, OSPF usw.) realisieren sie weiterhin softwaremäßig. Da Layer-3-Switches bisher nur über die Grundfunktionen einfacher Router verfügen (Ethernet-Interfaces, IP-Forwarding), müssen zum LAN-WAN- und zum WAN-WAN-Internetworking weiterhin die funktional mächtigeren Router eingesetzt werden.

Ein Layer-3-Switch trifft folgende ***Forwarding-Entscheidungen*** (vgl. hierzu auch [6], S. 452 ff.):

- Sender und Empfänger sind ***an verschiedenen Ports im selben Subnetz:*** Layer-2-Forwarding anhand der Forwarding-Adresstabelle (Intra-VLAN-Verkehr),
- Sender und Empfänger sind ***am selben Port im selben Subnetz:*** kein Layer-2-Forwarding entsprechend der Forwarding-Adresstabelle (Intra-VLAN-Verkehr: klassisches Ethernet mit mehreren Endgeräten an einem Hub),
- Sender und Empfänger sind ***an verschiedenen Ports in verschiedenen Subnetzen:*** Layer-3-Forwarding anhand der Routing-Tabelle (Inter-VLAN-Verkehr),
- Sender und Empfänger sind ***am selben Port in verschiedenen Subnetzen:*** Layer-3-Forwarding anhand der Routing-Tabelle (Inter-VLAN-Verkehr: Einsatz von L3-Switches als Router-on-a-Stick mit VLAN-Trunking).

In der Netzwerkpraxis verwendet man Layer-3-Switches aus Kostengründen normalerweise nicht zur direkten Anbindung einzelner Endgeräte. Stattdessen benutzt man sie zum switchübergreifenden Intra-VLAN-Verkehr und Inter-VLAN-Verkehr, indem man sie über Trunk Links mit Layer-2-Switches verbindet, die dann ihrerseits die Endgeräte bedienen. Dies wird im nächsten Abschnitt gezeigt.

8.5 Architektur moderner Campusnetzwerke

Modulare Architektur zur Netzwerkskalierbarkeit

Die Architektur moderner Campusnetzwerke wurde maßgeblich durch Cisco's ***Hierarchical Network Design Model*** geprägt, das den modularen Aufbau skalierbarer Campusnetzwerke ermöglicht. Detailinformationen zu den Designanforderungen und Designmöglichkeiten für moderne Campusnetzwerke bietet neben Cisco's vielen Online-Informationen u. a. die Quellen [34] und. [44]. Abbildung 8.13 veranschaulicht die ***logische Netztopologie*** moderner Campusnetzwerke mit ***Multilayer-Switching*** schematisch am Beispiel eines großen Campusnetzwerkes.

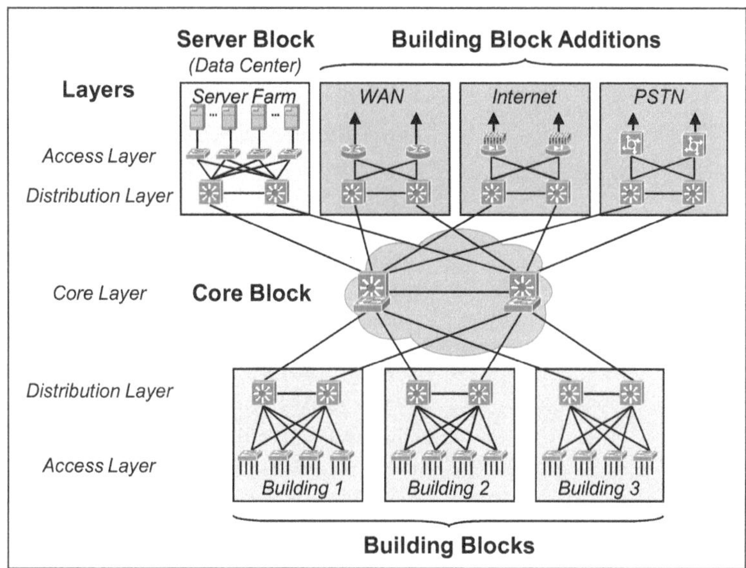

Abb. 8.13: Modernes Campusnetzwerk mit Multilayer-Switching

Das hierarchische Designmodell unterscheidet parallel zur strukturierten Verkabelung nach TIA/EIA 568 und ISO/IEC 11801 (siehe Abschnitt 4.6) drei ***funktionale Schichten:***

- ***Core Layer:*** Sie umfasst ein zentrales High-Speed Backbone zur Verbindung von peripheren Gebäudenetzen sowie zu deren Anbindung an eine zentrale Server-Farm und an Telekommunikationsnetzwerke. Das Backbone ermöglicht eine einfache Erweiterbarkeit eines Campusnetzwerkes ohne grundlegende Strukturveränderungen.
- ***Distribution Layer:*** Sie dient der räumlichen Verteilung der Netzwerkleistung. Sie führt den Datenverkehr von den dezentralen Netzen zusammen (z. B. Adressverdichtung der IP-Adressen) und filtert den Datenverkehr zum Backbone (z. B. Beschränkung des Broadcastverkehrs).
- ***Access Layer:*** Sie ermöglicht den Netzzugang für die Endgeräte. Außerdem prüft sie die Netzzugriffsberechtigung der Endbenutzer.

Das dargestellte Campusnetzwerk bietet durch Redundanz ***High Availability*** (Hochverfügbarkeit) und ***Load Balancing*** (Lastverteilung). Es besteht aus vier Typen von ***Blocks*** (Modulen):

- ***Building Blocks*** (Gebäudemodule): Sie enthalten die Access Layer mit Layer-2-Switches und die Distribution

Layer mit Layer-3-Switches. Layer-2-Switches fungieren als Etagenverteiler, Layer-3-Switches als Gebäudeverteiler. Für jedes Gebäude gibt es einen Building Block.

- ***Core Block*** (Backbone): Normalerweise existiert nur ein Core Block. Er verbindet die übrigen Blocks und besteht aus leistungsfähigen Layer-2- oder Layer-3-Switches. Layer-3-Switches kommen zum Einsatz, wenn Multimediaanwendungen mit viel IP-Unicast- und Multicastverkehr gemanagt werden müssen, um Broadcastdomänen zu begrenzen.
- ***Server Block*** (Server-Modul): Er bedient eine Server-Farm. In Abhängigkeit von der Größe eines Data Centers (Rechenzentrums) kann es einen oder mehrere Server Blocks geben. Kleinere Server Blocks nutzen nur die Distribution Layer, große Server Blocks benötigen zusätzlich auch die Access Layer.
- ***Building Block Additions*** (Gebäudemodulergänzungen): Sie umfassen üblicherweise einen WAN-Block für Verbindungen zu Filialen und Niederlassungen über Standleitungen, einen Internet-Block für Campusnetzzugriffe von Außendienstmitarbeitern, Kunden und Lieferanten sowie einen PSTN-Block (Public Switched Telephone Network) für entsprechende Netzzugriffe über öffentliche Telefonnetze. Building Block Additions besitzen auf der Distribution Layer Layer-3-Switches und auf der Access Layer die dargestellten Netzwerkgeräte (Router, Firewalls und Access Server).

Das hierarchische Netzdesignmodell bietet ***Designmuster*** für große, mittlere und kleine Campusnetzwerke. ***Large Campus Networks*** haben normalerweise alle dargestellten Blocks und Layers. Bei ***Medium Campus Networks*** werden die Aufgaben der Distribution Layer meist von den Layer-3-Switches des Core Blocks übernommen, sodass die übrigen Blocks nur noch aus den Layer-2-Switches der Access Layer mit den entsprechenden Geräteanbindungen bestehen. Und ***Small Campus Networks*** verfügen oft nur über einen oder wenige Building Blocks sowie über einen einzigen integrierten Core/Server-Block, der aus nur einem Layer-3-Switch besteht, da zur Kostenminimierung ganz auf Redundanz verzichtet wird. Es ist zweckmäßig, sich diese Alternativen anhand der Abbildung 8.13 klarzumachen.

Netzverbindungs- und Datenpfad-redundanz

Auch die dort dargestellte ***Netzverbindungsredundanz,*** die die redundanten physischen Verbindungen zwischen Netzwerkgeräten widerspiegelt, verlangt große Aufmerksamkeit. Die Layer-3-Switches der peripheren Blocks sind an die beiden miteinander verbunden Layer-3-Switches des Core Blocks paarweise angekoppelt. Man könnte aber auch jeden Layer-3-Switch eines peripheren Blocks mit beiden Layer-3-Switches des Core Blocks verbinden, um durch verschiedene Kabelwege eine höhere Netzwerkverfügbarkeit zu erreichen. In den peripheren Blocks selbst ist jeder Layer-2-Switch mit jedem Layer-3-Switch verbunden, und außerdem gibt es eine Verbindung zwischen beiden Layer-3-Switches. Diese könnte man unter bestimmten Voraussetzungen weglassen (zu Einzelheiten vgl. u. a. [34], S. 111 ff.).

Um die großen Auswirkungen solch klein erscheinender Veränderungen – „nur ein Strich mehr oder weniger!" – zu erkennen, muss man auch die ***Datenpfadredundanz*** berücksichtigen. Die Datenpfadredundanz kennzeichnet die Nutzungsregelung für die redundanten physischen Verbindungen, und zwar:

- für die ***Layer-2-Redundanz*** durch das Spanning Tree Protocol (STP) mit dem Spanning-Tree-Algorithmus und
- für die ***Layer-3-Redundanz*** durch das proprietäre Hot Standby Router Protocol (HSRP) von Cisco bzw. durch das im RFC 2338 standardisierte und ähnlich funktionierende Virtual Router Redundancy Protocol (VRRP) (vgl. [6], S. 372 ff.).

Layer-2-Redundanz

Abbildung 8.14 veranschaulicht, wie Hochverfügbarkeit und Lastverteilung ***mit Hilfe des STP*** realisiert werden.

Im linken Bildteil ist ein ***voll betriebsfähiger Building Block*** skizziert, der die zwei VLANs 10 und 11, vier Access Switches AS1 bis AS4 und zwei Distribution Switches DS1 und DS2 enthält. DS1 und DS2, deren Layer-2-Funktionalität hier interessiert, sowie AS4 sind über Trunk Links miteinander verbunden und bilden eine Schleife. Da das STP pro VLAN agiert, ist DS1 der STP Root Switch für das VLAN 10 und DS2 der STP Root Switch für das VLAN 11. Der Trunk Link zwischen DS1 und AS4 wurde vom STP für VLAN 10 in den Forwarding State (FW) und für VLAN 11 in den Blocking State (BL) gesetzt. Entsprechend wurde der Trunk Link von DS2 nach AS4 vom STP für VLAN 10 in den Blocking State und für VLAN 11 in den Forwarding State gesetzt. Somit laufen alle Frames von VLAN 10 über DS1 in den Core Block und die Frames von VLAN 11 über DS2 in den Core Block.

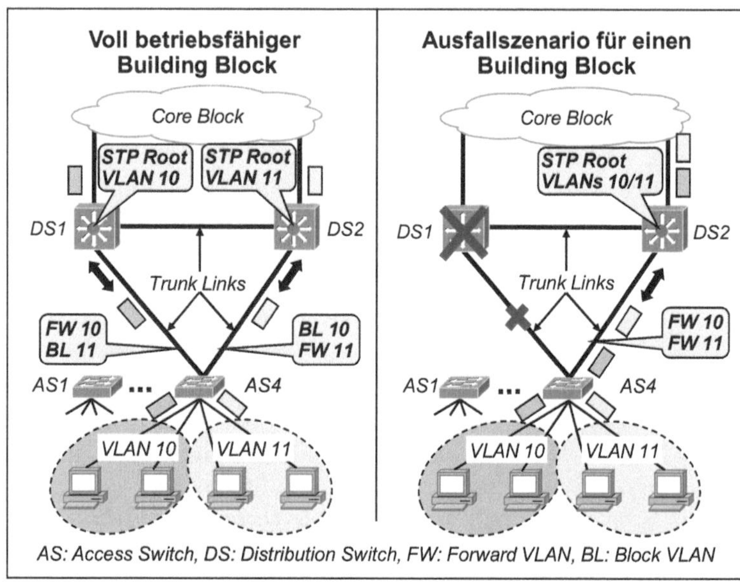

Abb. 8.14: High Availability und Load Balancing mit STP

Der rechte Bildteil zeigt ein ***Ausfallszenario für einen Building Block.*** STP hat erkannt, dass DS1 oder der Link von AS4 zu DS1 defekt ist, und DS2 zum neuen STP Root Switch für VLAN 10 gemacht. Alle Frames von VLAN 10 und VLAN 11 fließen jetzt gemeinsam über DS2 zum Core Block.

Layer-3-Redundanz

Betrachten wir nun die Layer-3-Redundanz! Abbildung 8.15 veranschaulicht, wie Hochverfügbarkeit und Lastverteilung ***mit Hilfe des HSRP*** realisiert werden. Die beiden Distribution Switches wurden in RS1 und RS2 (Routing Switches) umbenannt, da hier nur ihre Layer-3-Funktionalität interessiert. Die Verbindung zwischen RS1 und RS2 gehört daher auch zu einem anderen Subnetz. Da es jetzt nur noch je einen Trunk Link vom Access Switch AS4 zu den beiden Routing Switches RS1 und RS2 gibt, ist AS4 der STP Root Switch für die beiden VLANs 10 und 11. Die Funktionalität vom STP wird jedoch nicht benutzt, weil es keine Schleifen mehr gibt.

Jedes Endgerät, das auf der Layer 3 das Internet-Protokoll verwendet, besitzt eine eigene IP-Adresse und benötigt außerdem ein ***Standard-Gateway,*** d. h. die IP-Adresse des Routers, über den es das eigene LAN verlassen kann. Fällt das Standard-Gateway aus, so ist das Endgerät ohne Internetverbindung. HSRP bewahrt die Endgeräte vor einem Ausfall ihres Standard-Gateways, indem es für das Standard-Gateway Layer-3-

Redundanz realisiert. Hierzu verwendet HSRP eine spezielle virtuelle MAC-Adresse (00-00-0C-07-AC-<Group>, z. B. -00) und eine virtuelle IP-Adresse, die auf den Endgeräten zur Auffindung des Standard-Gateways konfiguriert wird.

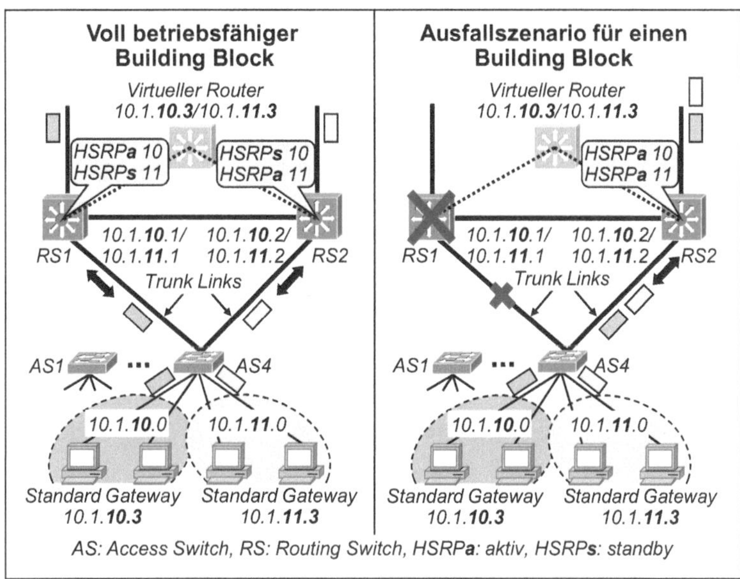

Abb. 8.15: High Availability und Load Balancing mit HSRP

Im linken Bildteil ist wieder ein ***voll betriebsfähiger Building Block*** skizziert. Die beiden Layer-3-Switches RS1 und RS2 bilden das redundante Standard-Gateway für die Endgeräte der beiden Subnetze 10.1.***10***.0 und 10.1.***11***.0. Für das Subnetz 10.1.10.0 wurde RS1 mit hoher Priorität als ***HSRP Primary Gateway*** konfiguriert und beim Systemstart in den aktiven Modus gesetzt (HSRPa 10), während RS2 sich nach dem Start als ***HSRP Backup Gateway*** im Standby-Modus (HSRPs 10) befindet. Für das Subnetz 10.1.11.0 ist RS2 das HSRP Primary Gateway im aktiven Modus (HSRPa 11) und RS1 das HSRP Backup Gateway im passiven Modus (HSRPs 11).

RS1 und RS2 sind für die Endgeräte nur als ***virtuelle Router*** über ihre virtuellen IP-Adressen 10.1.10.3 (für RS1) und 10.1.11.3 (für RS2) erreichbar. Deshalb wurde auf den Endgeräten des Subnetzes 10.1.10.0 das virtuelle Standard-Gateway 10.1.10.3 und auf den Endgeräten des Subnetzes 10.1.11.0 das virtuelle Standard-Gateway 10.1.11.3 konfiguriert. Es laufen somit alle Datenpakete von Subnetz 10.1.10.0 über RS1 und alle Datenpakete von Subnetz 10.1.11.0 über RS2 in den Core Block.

Der rechte Bildteil zeigt ein ***Ausfallszenario für einen Building Block.*** RS1 und RS2 senden sich alle paar Sekunden Hello-Nachrichten an ihre realen MAC-Adressen und IP-Adressen: 10.1.10.1 an 10.1.10.2 für das Subnetz 10.1.10.0 und 10.1.11.2 an 10.1.11.1 für das Subnetz 10.1.11.0. Da RS1 bei einem Geräte- oder Verbindungsausfall nichts mehr sendet, wird RS2 auch für das Subnetz 10.1.10.0 zum HSRP Primary Gateway und schaltet in den aktiven Modus (HSRPa 10). Die Endgeräte vom Subnetz 10.1.10.0 erreichen ihr neues Standard-Gateway RS2 unverändert über ihr mit der virtuellen IP-Adresse 10.1.10.3 konfiguriertes Standard-Gateway. Die Datenpakete beider Subnetze fließen dann vom AS4 über RS2 zum Core Block. Sobald der Defekt beseitigt ist, erfolgt wieder die alte Lastverteilung, da RS1 wegen seiner höheren Priorität in den aktiven Modus zurückgesetzt wird und damit wieder als Standard-Gateway für das Subnetz 10.1.10.0 zur Verfügung steht.

Abschließend ist festzuhalten, dass HSRP auch bei der vorher dargestellten Layer-2-Redundanz zusätzlich zum STP benötigt wird, um High Availability und Load Balancing zu erreichen; denn in modernen Campusnetzwerken mit Multilayer-Switching enden die Subnetze der Building und Server Blocks bei den Distribution Switches. Und da Subnetze und VLANs kongruent sind, werden heute nicht mehr ***campusweite VLANs***, sondern ***lokale VLANs*** verwendet, die sich maximal über ein Stockwerk oder ein Gebäude erstrecken.

8.6 Testaufgaben

1. Was verstehen Sie unter einem Campusnetzwerk und wo sind Campusnetzwerke zunächst entstanden?
2. Erklären Sie den grundlegenden Unterschied zwischen Koppelelementen und Netzknoten! Nennen Sie für beide Gerätegruppen jeweils drei Beispiele!
3. Ordnen Sie den Ihnen bekannten Netzwerkgeräten je nach Notwendigkeit die OSI-Schichten, DoD-Schichten oder die Schichten des TCP/IP-Protokoll-Stacks zu, die diese Netzwerkgeräte erfüllen!
4. Beschreiben Sie die Grundfunktionalität folgender Netzwerkgeräte:
   (1) Repeater und (aktiver) Hub,

(2) MAC-Bridge und LLC-Bridge,
(3) Local Bridge und Remote Bridge,
(4) Layer-2-Switch,
(5) Router,
(6) Layer-3-Switch,
(7) Gateway!

5. Was versteht man unter dem Begriff „Internetworking“ und welche Ausprägungen des Internetworking haben die größte Bedeutung erlangt?
6. Beschreiben Sie zwei grundlegende Internetworking-Verfahren!
7. Erläutern Sie anhand einer selbst gefertigten Skizze zwei Probleme, die durch Bridging Loops entstehen!
8. Beschreiben Sie zum Spanning-Tree-Algorithmus nach IEEE 802.1d (1) das Ziel, (2) die erforderlichen Kriterien, (3) die Phasen seines Ablaufs!
9. Folgende Netztopologie soll nach dem Durchlaufen des Spanning-Tree-Algorithmus schleifenfrei sein:
   - LAN 1 ist mit LAN 2 über die Bridges B1 und B2 verbunden, LAN 2 ist mit LAN 3 über die Bridge B4 verbunden und LAN 1 ist mit LAN 3 über die Bridge B3 verbunden.
   - B1 und B2 haben an allen Ports Pfadkosten von 4, B4 hat zu LAN 2 Pfadkosten von 4 und zu LAN 3 Pfadkosten von 19, B3 hat zu LAN 1 Pfadkosten von 4 und zu LAN 3 Pfadkosten von 19.
   - B2 verbindet LAN 1 über Port 1 und LAN 2 über Port 2.

   (1) Skizzieren Sie die entsprechende Netztopologie!
   (2) Markieren Sie die Root Bridge durch Beschriftung!
   (3) Kennzeichnen Sie die Root-Ports der anderen Bridges durch den Buchstaben „R“!
   (4) Kennzeichnen Sie alle Designated Ports durch den Buchstaben „D“!
10. Wie sind IP-Adressen aufgebaut, was ist die Dotted Decimal Notation und welche Klassen von IP-Adressen gibt es?
11. Überprüfen Sie die zweite, dritte und vierte Dezimalzahl der in Abbildung 8.6 in Dotted Decimal Notation dargestellten IP-Adresse, indem Sie die drei Dezimalzahlen aus den zugrunde liegenden drei Binärzahlen berechnen!
12. Was ist eine Subnetzmaske, wofür wird sie benötigt und wie wird sie von einem Router benutzt? Geben Sie ein Beispiel!

13. Worin unterscheiden sich Classful Addressing und CIDR (Classless Inter-Domain Routing)?
14. Erläutern Sie den Zweck und die Arbeitsweise von NAT (Network Address Translation)!
15. Was versteht man unter einem virtuellen LAN und welche Ziele werden heute mit dem Einsatz von VLANs in erster Linie verfolgt?
16. Beschreiben Sie die verschiedenen Arten von VLANs!
17. Skizzieren Sie das Konzept von portbasierten VLANs, indem Sie von einem Layer-2-Switch und drei VLANs mit je zwei Endgeräten ausgehen!
18. Erklären Sie zum Standard IEEE 802.1q
    (1) das Konzept von Trunk Links und
    (2) das dazugehörige Konzept von VLAN-Tagged Frames!
19. Beschreiben Sie die möglichen Forwarding-Entscheidungen eines Layer-2-Switches, auf dem VLANs konfiguriert sind!
20. Erklären Sie zum Inter-VLAN-Verkehr jeweils anhand einer Skizze
    (1) das Konzept des Router-on-a-Stick,
    (2) das Konzept des Multilayer-Switching!
21. Beschreiben Sie die möglichen Forwarding-Entscheidungen eines Layer-3-Switches (Multilayer-Switches)!
22. Erläutern Sie zu Cisco's Hierarchical Network Design Model
    (1) die funktionalen Schichten,
    (2) die verschiedenen Typen von Blocks (Modulen),
    (3) die verschiedenen Designmuster!
    Begründen Sie, warum das Modell eine modulare Architektur zur Netzwerkskalierbarkeit ermöglicht!
23. Skizzieren Sie ein skalierbares Medium Campus Network, das eine Server Farm und zwei Building Blocks enthält!
24. Erklären Sie den Unterschied zwischen Netzverbindungsredundanz und Datenpfadredundanz!
25. Beschreiben Sie, wie Hochverfügbarkeit und Lastverteilung erreicht werden können
    (1) mit Hilfe von Layer-2-Redundanz,
    (2) mit Hilfe von Layer-3-Redundanz!
    Gehen Sie bei Ihrer Beschreibung ausführlich auf STP und HSRP ein!

9 Internet und Intranets

In diesem Kapitel werden die Protokolle und Konzepte weiter vertieft, die die Grundlagen für das Internet und für Intranets (sowie Extranets) bilden. Zunächst werden wesentliche Details der Basisprotokolle IP, TCP und UDP beschrieben, und es werden die ergänzenden Netzwerkprotokolle ARP, ICMP, DHCP und DNS dargestellt. Sodann folgt die Beschreibung der Kommunikationsprotokolle HTTP, FTP und SMTP/POP, die mittels Client-Server-Kommunikation Zugriffe auf das WWW, Filetransfers sowie den Versand und Empfang von E-Mails ermöglichen.

Nach diesen grundlegenden Protokollen geht es um die Nutzung von IP für neue Dienste und Konzepte. Zum einen wird die Sprachübertragung mit Voice over IP vorgestellt, die das klassische Telefonnetz ablösen soll. Zum anderen wird die Basisarchitektur von Intranets skizziert, die die Unternehmensnetze revolutionieren und neben dem World Wide Web zu Enterprise Wide Webs führen. Grundkonzepte zur immer wichtiger werdenden Netzwerksicherheit schließen das Kapitel ab.

9.1 Die Basisprotokolle IP, TCP und UDP

Internet Protocol (IP)

Das Internet-Protokoll, das 1981 durch den RFC 791 spezifiziert wurde, wird heute in der Version 4 (IPv4) als Netzwerkprotokoll der OSI-Schicht 3 benutzt. Es bietet eine ***verbindungslose, unzuverlässige Übertragung ohne Garantie*** (Best Effort Service), um einzelne Datenpakete (Datagramme) unabhängig voneinander von einem sendenden Endsystem (Source) über mehrere Netze hinweg (Internetworking) zu einem empfangenden Endsystem (Destination) weiterzuleiten (Forwarding). Während der Übertragung können Datenpakete verloren gehen oder außerhalb der gesendeten Reihenfolge ankommen, da sie u. U. über verschiedene Wege geleitet werden.

Die beiden elementaren ***Funktionen*** des Internet-Protokolls sind:

- die ***Adressierung*** von Zwischen- und Endsystemen anhand der im IP-Header übertragenen IP-Adressen (siehe Abschnitt 8.3) und

- die ***Fragmentierung und Reassemblierung*** langer Nachrichten mit Hilfe der im IP-Header enthaltenen Fragmentierungsinformationen.

Wie die Abbildung 9.1 im oberen Teil zeigt, besitzt jedes IPv4-Paket (Datagram) einen mindestens 20 Bytes langen Header.

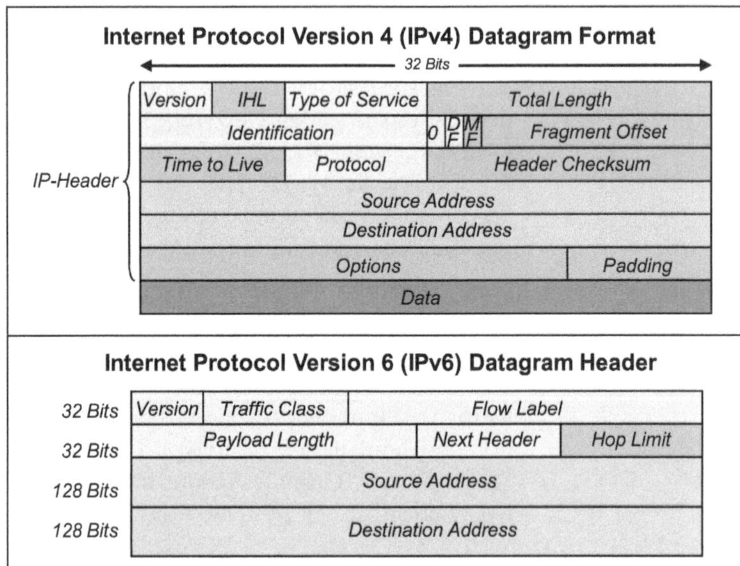

Abb. 9.1: Datagram-Format für das Internet Protokoll (IPv4 und IPv6)

Die einzelnen Felder haben folgende Bedeutung:

- ***Version*** des Internet-Protokolls: enthält den Wert „4".
- ***IHL (Internet Header Length):*** Anzahl der 32-Bit-Worte inkl. Optionen (ohne Optionen ist die IHL = 5).
- ***Type of Service:*** zur Auswahl der gewünschten Service-Qualität durch die Anwendungen; als Kriterien dienen Precedence (Priorität, 3 Bits), Delay (Verzögerung, 1 Bit), Throughput (Durchsatz, 1 Bit), Reliability (Zuverlässigkeit, 1 Bit); die letzten 2 Bits werden nicht benutzt.
- ***Total Length:*** enthält die Gesamtlänge des kompletten Datagrams (max. 64 KBytes, genau 65535 Bytes).
- ***Identification, Flags*** und ***Fragment Offset:*** dienen der Fragmentierung von Datenpaketen, die die maximal

zulässige Länge (MTU, Maximum Transmission Unit) in einem Subnetz überschreiten (z. B. beim Ethernet 1500 Bytes). ***Identification*** enthält für alle Fragmente eines Datagrams dieselbe Kennzeichnung. Die 3 ***Flag Bits*** zeigen eine Fragmentierung an (1. Bit: konstant 0; 2. Bit: DF, Don't Fragment; 3. Bit: MF, More Fragments). ***Fragment Offset*** gibt an, mit dem wievielten Byte des fragmentierten Datagrams ein Fragment beginnt (z. B. beim Ethernet: 0 für das erste, 1500 für das zweite, 3000 für das dritte Fragment usw.).

- ***Time to Live (TTL):*** begrenzt die Lebensdauer eines Datagrams, indem der Wert (max. 255) bei jedem Hop vom jeweiligen Router um 1 dekrementiert wird. Beim Wert 0 wird ein Datagram vernichtet, um bei Routingfehlern endlos kreisende Pakete zu vermeiden.
- ***Protocol:*** enthält die Nummer des eingekapselten Protokolls (z. B. TCP: 7, UDP: 17, ICMP: 1).
- ***Header Checksum:*** enthält eine Prüfsumme für den Header zur Fehlererkennung. Sie wird vom Sender und bei jedem Hop vom Router neu berechnet.
- ***Source Address*** und ***Destination Address:*** enthalten die IP-Adressen des Quellhosts und des Zielhosts.
- ***Options:*** ist ein variabel langes Feld, das insbesondere Routinginformationen enthalten kann (zu durchlaufende Router, komplett vorgegebener Pfad, durchlaufener Pfad); die Testbefehle ***Ping*** und ***Tracert (Traceroute)*** verwenden dieses Feld.
- ***Padding:*** enthält ggf. Füllbits zum Auffüllen der Options auf die 32-Bit-Grenze.

Die dunkel dargestellten Felder sind übrigens veränderliche Felder, d. h. ihr Inhalt ändert sich auf dem Transportweg immer beim nächsten Hop (Time to Live, Header Checksum) oder nur bei Bedarf (z. B. bei Fragmentierung).

Im unteren Teil der Abbildung 9.1 ist der Datagram Header vom ***Internet Protocol Version 6 (IPv6)*** nach dem RFC 2460 von 1998 dargestellt. IPv6 soll die zukünftigen Probleme der Knappheit von IP-Adressen lösen. Deshalb wurden die Source Address und Destination Address auf jeweils 128 Bits vergrößert. Außerdem wurde der Header vereinfacht. Er enthält nur noch acht Felder, aber ggf. bis zu sechs zusätzliche optionale IP-Header:

- ***Version:*** IP-Version, Wert = 6,
- ***Traffic Class:*** entspricht dem Feld „Type of Service",
- ***Flow Label:*** für IP-Pakete desselben „Verkehrsflusses",
- ***Payload Length:*** Länge des Feldes mit der Nutzlast,
- ***Next Header:*** Zeiger auf nächsten Header,
- ***Hop Limit:*** entspricht der Time to Live,
- ***Source Address*** und ***Destination Address.***

Transmission Control Protocol (TCP)

Während IP nur einen Best-Effort-Service zur Verfügung stellt, ermöglicht das Transmission Control Protocol (TCP) der Transportschicht eine ***verbindungsorientierte, zuverlässige Prozess-zu-Prozess-Kommunikation.*** TCP, das 1981 durch den RFC 793 spezifiziert wurde, ist ein Host-zu-Host-Protokoll. Abbildung 9.2 zeigt ein Sequenzdiagramm für den Aufbau und Abbau einer TCP-Verbindung. Zur Fehlererkennung (Reliability) und zur Flusssteuerung wird das Konzept des ***Sliding Window*** (siehe Abschnitt 5.4) mit Sequenznummern (SEQ) und Quittungsnummern (ACK, Acknowledgement) benutzt. Außerdem werden als Control Flags (CTL) die Bits SYN (Synchronize Control Bit), ACK (Acknowledgement Control Bit) und FIN (Final Bit) gesetzt.

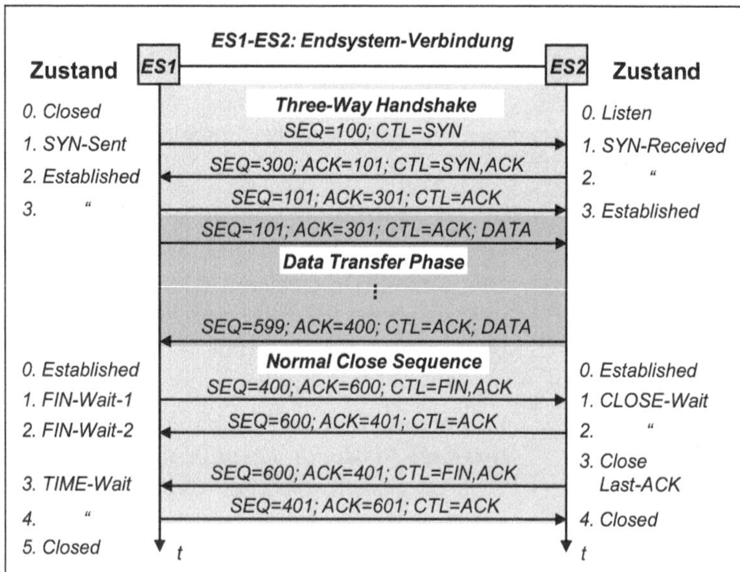

Abb. 9.2: Sequenzdiagramm für den Aufbau und Abbau einer TCP-Verbindung

Der Verbindungsaufbau erfolgt im sog. ***Three-Way Handshake.*** Während sich ES2 im Wartezustand befindet (Listen), sendet ES1 ein TCP-Header-Segment (Connection Request) mit einer Start-Sequenznummer x und gesetztem SYN-Flag. ES2 antwortet mit einem TCP-Header-Segment (Connection Response), das eine Start-Sequenznummer y, eine Quittungsnummer (ACK = x + 1) sowie ein gesetztes SYN- und ACK-Flag enthält. ES1 bestätigt den Empfang seinerseits mit einem TCP-Header-Segment (Connection Response), das eine Sequenz- und Quittungsnummer (SEQ = x + 1; ACK = y + 1) sowie ein Ack-Flag enthält. Danach besteht eine virtuelle Verbindung für Vollduplex-Betrieb (Established).

Während der ***Data Transfer Phase*** werden variabel lange TCP-Datensegmente in beiden Richtungen als Byte Streams übertragen. Die Sequenznummer (SEQ) gibt jeweils das erste Byte eines TCP-Segmentes an und die Quittungsnummer (ACK) die nächste erwartete Sequenznummer. Übrigens wird SEQ nach ACK-Segmenten nicht erhöht, damit nicht ACKs „geACKt" werden!

Den Verbindungsabbau kann ES1 oder ES2 durch die sog. ***Normal Close Sequence*** einleiten. Die virtuelle Verbindung für Vollduplex-Betrieb wird für beide Richtungen unabhängig voneinander beendet, sodass insgesamt vier TCP-Header-Segmente ausgetauscht werden müssen. Nachdem ES1 das erste TCP-Header-Segment mit gesetztem FIN- und ACK-Flag gesendet hat, befinden sich ES1 und ES2 im Wartezustand (FIN-Wait-1 und Close-Wait). ES2 bestätigt den Verbindungsabbau in seine Richtung durch das zweite TCP-Header-Segment mit gesetztem ACK-Flag (FIN-Wait-2 und Close-Wait). Danach könnte ES2 noch weitere Daten senden, deren Empfang auch bestätigt werden muss.

Im Beispiel schließt ES2 die Verbindung direkt (Close) und sendet das dritte TCP-Header-Segment mit gesetztem FIN- und ACK-Flag. Dadurch gehen ES1 und ES2 bezüglich der Verbindung in Gegenrichtung in den Wartezustand über (Time-Wait und Last-ACK). ES1 antwortet durch das vierte TCP-Header-Segment mit gesetztem ACK-Flag, woraufhin ES2 die Verbindung schließt (Close). ES1 wartet vor seinem Schließen (Close) noch einige Zeit (z. B. 30 Sekunden) für den Fall, dass ES2 das verloren gegangene vierte TCP-Header-Segment erneut anfordert.

Neben dem dargestellten Three-Way Handshake und der Normal Close Sequence gibt es auch eine ***Simultaneous Connection Synchronization*** und eine ***Simultaneous Close Sequence,*** bei denen beide Hosts gleichzeitig aktiv werden. Außerdem muss TCP viele Fehlerfälle abdecken, die auftreten können.

TCP-Segmente

Abbildung 9.3 zeigt im oberen Teil das Format für TCP-Segmente. Die einzelnen Felder des TCP-Headers, der mindestens 20 Bytes lang ist, haben folgende Bedeutung:

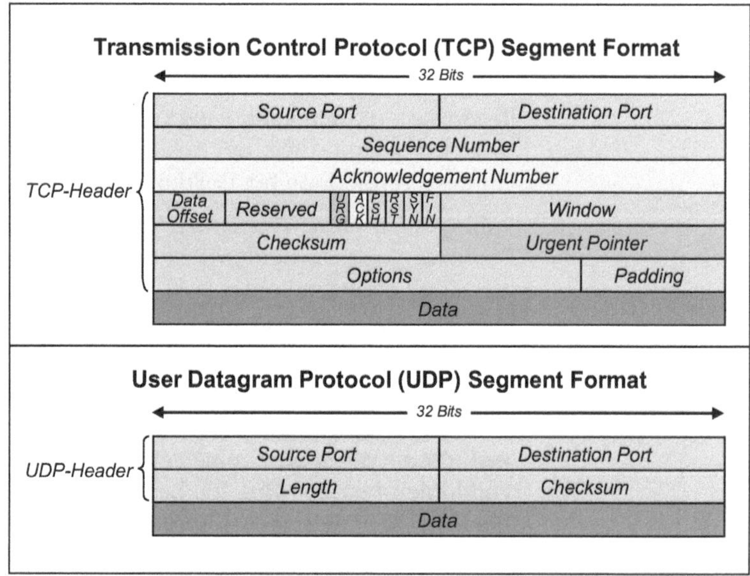

Abb. 9.3: Segment-Formate für TCP und UDP (Segment Header)

- ***Source Port und Destination Port:*** Port-Nummern (Adressen) der Kommunikationsdienste (HTTP, FTP usw.), die die Endpunkte einer virtuellen Verbindung bilden. Zu unterscheiden sind von der IANA bzw. ICANN verwaltete und reservierte ***Well Known Ports*** für Betriebssystemprozesse (1 - 1023), ***Registered Ports*** für Anwendungsprozesse (1024 - 49151) und ***Dynamic and/or Private Ports*** (49152 - 65535).
- ***Sequence Number und Acknowledgement Number:*** Folgenummer des ersten gesendeten Bytes und Quittungsnummer des nächsten erwartetes Bytes.
- ***Data Offset:*** Anzahl der 32-Bit-Worte des Headers.
- ***Reserved:*** für zukünftige Zwecke reservierte 0-Bits.
- ***Flags:*** Control Bits, und zwar URG (Urgent Pointer vorhanden), ACK (Acknowledgement Number vorhanden), PSH (Push-Aufforderung zur sofortigen ungepufferten Datenzustellung), RST (Zurücksetzen der Verbindung bei

Störungen), SYN (Synchronisation der Sequenznummern beim Verbindungsaufbau), FIN (Hinweis auf Ende der Datenübertragung vor Verbindungsabbau).

- ***Window:*** gibt die Fenstergröße des Sliding Window an, d. h. die Anzahl der von der Acknowledgement Number an gezählten Bytes, die der Sender senden kann, bevor vom Empfänger eine Quittung benötigt wird.
- ***Checksum:*** Prüfsumme, die über den TCP-Header, die Daten und einen Pseudo-Header berechnet wird. Der Pseudo-Header enthält die Felder Protocol, Source und Destination Address aus dem IP-Header sowie die Byte-Anzahl des TCP-Segments. Er wird nicht mit übertragen.
- ***Urgent Pointer:*** zeigt bei gesetztem Urgent Pointer Flag auf das letzte Byte der dringenden Vorrangdaten, die sich unmittelbar an den TCP-Header anschließen.
- ***Options:*** ist ein variabel langes Feld, das z. B. beim Verbindungsaufbau die maximale Größe eines TCP-Segmentes (Maximum Segment Size) festlegen kann.
- ***Padding:*** enthält ggf. Füllbits zum Auffüllen der Options auf die 32-Bit-Grenze.

User Datagram Protocol (UDP)

Der untere Teil von Abbildung 9.3 zeigt das viel einfachere Segment-Format des User Datagram Protocols, das im RFC 768 von 1980 spezifiziert ist und das eine ***verbindungslose, unzuverlässige Prozess-zu-Prozess-Kommunikation ohne Garantie*** ermöglicht. UDP wird vor allem für Internet-Dienste eingesetzt, die nur wenige Segmente übertragen wie z. B. DHCP (Dynamic Host Configuration Protocol) oder DNS (Domain Name Service, siehe Abschnitt 9.2). Außerdem wird es für Internet-Dienste benutzt, bei denen der Verlust einzelner Datenpakete hinnehmbar ist wie z. B. bei Audio- oder Videoübertragungen mit RTP (Real-Time Transport Protocol). Und schließlich ist es ausreichend, wenn die Zuverlässigkeit komplett auf der Anwendungsebene abgesichert wird wie etwa bei TFTP (Trivial File Transfer Protocol), das z. B. zum Booten von Netzwerkgeräten eingesetzt wird.

Die vier ***Header-Felder*** von UDP sind schnell erklärt:

- ***Source Port und Destination Port:*** sie sind mit den entsprechenden Feldern des TCP-Segmentes identisch.
- ***Length:*** gibt die gesamte Segmentlänge an.
- ***Checksum:*** optionale Prüfsumme, die analog zur Prüfsumme für TCP-Segmente berechnet wird.

Zu IP, TCP und UDP wurde nur die Kernfunktionalität beschrieben. Wer weitere Detailinformationen sucht, findet sie zum einen in den angegebenen RFCs, zum anderen auch in aufbereiteter und kommentierter Form (z. B. bei [3], S. 41 ff.; [10], S. 329 ff.; [26], S. 177 ff.; [32], S. 84 ff.; [43], S. 475 ff. und S. 584 ff.).

9.2 Die ergänzenden Protokolle ARP, ICMP, DHCP und DNS

Alle Computernetzwerke, die das Internet-Protokoll (IP) verwenden – also das globale Internet, Intranets und Extranets – werden als ***IP-Netze*** bezeichnet. IP-Netze benötigen neben IP, TCP und UDP noch weitere Netzwerkprotokolle zur Rechnerkommunikation. So unterstützen ARP und ICMP den Datentransport, DHCP erleichtert die Verwaltung von IP-Adressen und DNS setzt Domainnamen in IP-Adressen um.

Address Resolution Protocol (ARP)

Das Address Resolution Protocol (ARP), das durch den RFC 826 standardisiert ist, wird vom IP-Protokoll verwendet, um die logischen IP-Adressen in physische MAC-Adressen (Hardwareadressen) zu übersetzen. Man nennt diesen Vorgang auch ***Adressauflösung.*** Die dynamische Adressauflösung mittels ARP wurde speziell für Ethernet-LANs entwickelt; ARP erlaubt aber auch den Einsatz anderer Netzwerktechnologien (z. B. Token-Ring). ARP wird im Campusnetzbereich eingesetzt, um die dort vorhandenen zahlreichen Endgeräte trotz häufig auftretender Änderungen der Netztopologie immer adressieren zu können. Im WAN- und MAN-Bereich besteht diese Notwendigkeit nicht, sodass die Adresszuordnung dort meist manuell erfolgt.

ARP-Pakete werden wie IP-Pakete in Ethernet-Frames transportiert und vom Empfänger anhand des Ethernet-Typfeldes (ARP = Hex-Code 0x0806) erkannt und an das ARP-Protokoll weitergeleitet. Das ***Datagram-Format*** für ARP-Pakete umfasst folgende Felder:

- ***Hardware Type (2 Bytes):*** z. B. 1 (= Ethernet),
- ***Protocol Type (2 Bytes):*** z. B. 0x800 (= IP),
- ***Hardware Address Length (1 Byte):*** z. B. 6 (= 6 Bytes für Ethernet-Frames),
- ***Protocol Address Length (1 Byte):*** z. B. 4 (= 4 Bytes für IPv4-Pakete),
- ***Operation Code (2 Bytes):*** 1 = Request, 2 = Reply,
- ***Hardware Address of Sender (m Bytes),***
- ***Protocol Address of Sender (n Bytes),***

- ***Hardware Address of Target (m Bytes),***
- ***Protocol Address of Target (n Bytes).***

IP-Protokoll und ARP-Protokoll arbeiten eng miteinander zusammen. Das IP-Protokoll im Quellsystem entscheidet anhand der im Header eines zu übertragenden IP-Paketes angegebenen IP-Adresse des Zielsystems, welche physische MAC-Adresse benötigt wird. Liegt das ***Zielsystem im selben Subnetz*** wie das sendende Quellsystem, so wird ein entsprechender ARP-Request mit der IP-Adresse des Zielsystems gesendet, um die MAC-Adresse des Zielsystems zu erfahren. Befindet sich dagegen das ***Zielsystem in einem anderen Subnetz,*** so veranlasst IP, dass ein ARP-Request zur IP-Adresse des dem Quellsystem zugeordneten Standard-Gateways (Routers) gesendet wird, um dessen MAC-Adresse zu erhalten.

Abbildung 9.4 verdeutlicht die ***Arbeitsweise von ARP*** an einem Beispiel. Der Host mit der IP-Adresse 141.28.49.11 möchte ein IP-Paket an den Host 141.28.20.15 senden. Beide Hosts befinden sich in verschiedenen Ethernet-LANs (Subnetze 141.28.49.0 und 141.28.20.0), die durch einen Router über seine Schnittstellen 141.28.49.1 und 141.28.20.1 aneinander gekoppelt sind.

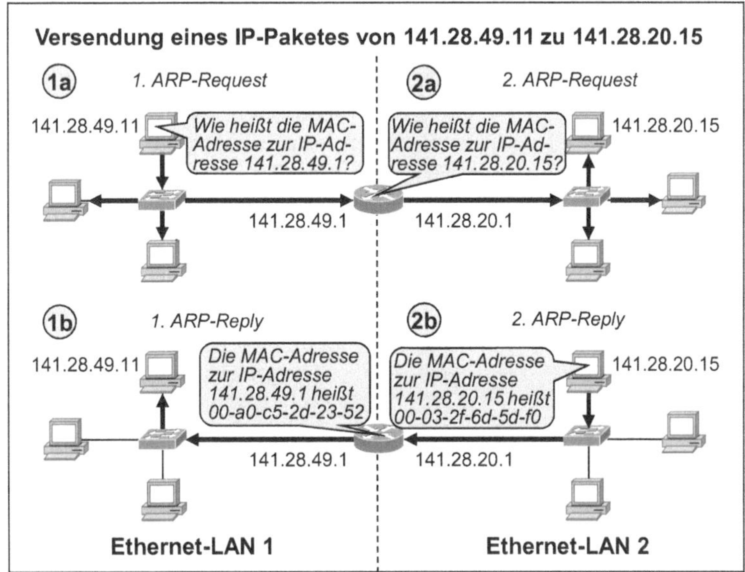

Abb. 9.4: Beispiel zur Arbeitsweise des Address Resolution Protocol (ARP)

Das IP-Protokoll des Quellhosts erkennt, dass der Zielhost zu einem anderen Subnetz gehört, und möchte deshalb das IP-Paket an den Router senden. Da ihm die MAC-Adresse des Routers zunächst unbekannt ist, veranlasst es ***im Schritt 1a*** einen ARP-Request mit der IP-Adresse des Routers als Broadcast an alle Rechner des Ethernet-LAN 1. Der Router erkennt im ARP-Request seine IP-Adresse und antwortet ***im Schritt 1b*** mit einem ARP-Reply, der seine MAC-Adresse enthält. Alle anderen Rechner des Ethernet-LAN 1 verwerfen den ARP-Request, da er sie nicht betrifft. Und der Quellhost schickt sein IP-Paket an den Router.

Da der Router die IP-Adresse des Zielhosts zunächst nicht kennt, sendet er seinerseits ***im Schritt 2a*** einen ARP-Request an alle Rechner des Ethernet-LAN 2 und erhält daraufhin ***im Schritt 2b*** vom Zielhost einen ARP-Reply mit dessen MAC-Adresse. Dann leitet der Router das IP-Paket an den Zielhost weiter. Um die Netzlast zu reduzieren, speichert jeder Rechner die ARP-Antworten in einem sog. ***ARP-Cache*** (Tabelle). Da sich die Netzwerktopologie ändern kann, werden ältere ARP-Einträge jedoch periodisch gelöscht (z. B. alle 5 Minuten).

Zu erwähnen ist noch ***Proxy ARP*** (Stellvertreter ARP), das bei älteren Rechnern ohne konfigurierbares Standard-Gateway zum Einsatz kam. Proxy-ARP ist auf Cisco-Routern defaultmäßig aktiv und ermöglicht eine Paketweiterleitung auch dann, wenn die Subnetzmaske statt des Subnetz-Präfixes nur das Netzwerk-Präfix abdeckt. Der Router antwortet dann anstelle jedes in einem anderen Subnetz liegenden Zielhosts mit seiner MAC-Adresse. Dies führt zu einem aufgeblähten ARP-Cache und zu erhöhtem Netzwerkverkehr und sollte daher vermieden werden.

Internet Control Message Protocol (ICMP)

IP kann einem Quellhost keine Fehlernachrichten liefern und bietet selbst auch keine Informationsmöglichkeiten zur Erreichbarkeit von Routern und Hosts. Deshalb gehört zu jeder IP-Implementierung neben ARP ein weiteres Hilfsprotokoll: das Internet Control Message Protocol (ICMP), das durch den RFC 792 standardisiert ist. ICMPv4 bietet – ebenso wie das zukünftige ICMPv6 – zwei Gruppen von Hilfsfunktionen, die durch die Abbildung 9.5 veranschaulicht werden:

- ***ICMP-Anfragen*** zur Informationsanforderung und
- ***ICMP-Fehlermeldungen*** zu gesendeten IP-Paketen.

Eine ICMP-Nachricht wird in einem IP-Paket übertragen und beginnt immer mit den folgenden 3 Feldern:

- ***Type*** der ICMP-Nachricht: z. B. antwortet das Zielsystem auf 8 (Echo Request) mit 0 (Echo Reply). Oder ein Router sendet den Wert 3 (Destination Unreachable), wenn das Ziel nicht erreichbar ist.
- ***Code*** zur näheren Kennzeichnung des Typs: z. B. wird der Typ 3 (Destination Unreachable) durch die Subtypen 0 (Network Unreachable), 1 (Host Unreachable), 2 (Protocol Unreachable) usw. näher beschrieben.
- ***Checksum*** über die gesamte ICMP-Nachricht: Sie dient der Erkennung von Fehlern in der ICMP-Nachricht.

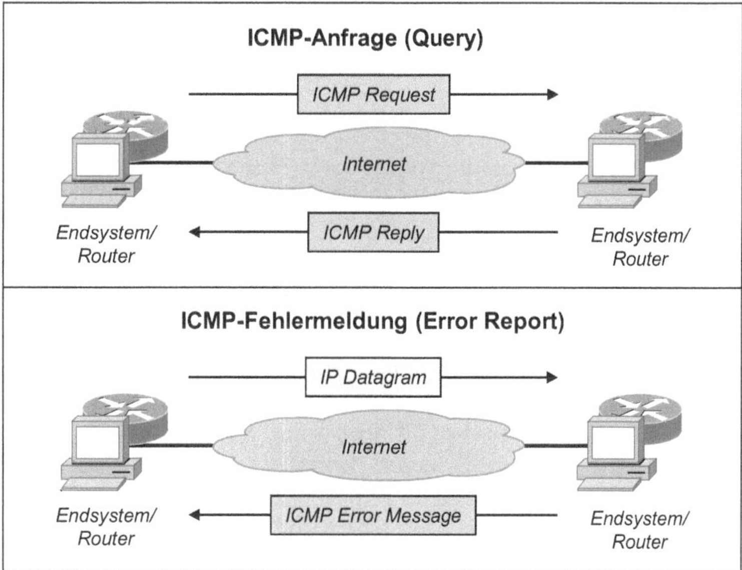

Abb. 9.5: ICMP-Anfrage und ICMP-Fehlermeldung

Die weiteren Felder hängen vom Typ der ICMP-Nachricht ab. Bei ***ICMP-Anfragen*** folgen die Felder „Identifier" und „Sequence Number" zur Kennzeichnung von zusammengehörenden Requests und Replies sowie in Abhängigkeit vom Typ ggf. weitere Felder. ***ICMP-Fehlermeldungen*** enthalten stattdessen je nach Fehlertyp zusätzliche Felder und/oder ein Feld, das den IP-Header und die ersten 64 Bits des gesendeten Datagrams enthält (zur Auswertung der Port-Nummern im TCP- oder UDP-Header).

Zwei bekannte Beispiele für die Nutzung von ICMP-Anfragen sind die Programme Ping und Traceroute, die auf allen heutigen

Rechnern und Routern zur Verfügung stehen. ***Ping*** testet die Erreichbarkeit eines Hosts oder eines Routers, indem er ICMP Echo Requests an das Zielsystem sendet. Erhält Ping einen ICMP Echo Reply, so zeigt er die Übertragungsdaten wie Bytezahl, Zeit, TTL (Time to Live) etc. an. Erhält er auch nach mehrmaligen Versuchen keine Antwort, so gilt das Zielsystem wegen Zeitüberschreitung als nicht erreichbar.

Traceroute (bei MS Windows „tracert") findet schrittweise alle Hops (Router) auf dem Weg zu einem Zielsystem heraus und listet sie auf. Er macht sich den Umstand zunutze, dass jeder Router den TTL-Wert im Header eines IP-Paketes vor dessen Weiterleitung um 1 dekrementiert, dass er ein IP-Paket mit einem TTL-Wert von 0 vernichtet und dass er in diesem Fall eine ICMP-Fehlermeldung des Typs 11 (Time Exceeded) an den Quellhost zurückschickt. Deshalb sendet Traceroute der Reihe nach IP-Pakete mit TTL = 1, 2, 3 usw. an den Zielhost. Das erste IP-Paket kann nur bis zum ersten Router gelangen, das zweite nur bis zum zweiten usw. Der jeweils letzte Router sendet eine Fehlernachricht und Traceroute erfährt so dessen Quelladresse.

Dynamic Host Configuration Protocol (DHCP)

Während ARP und ICMP zu jeder IP-Implementierung dazugehören, wird das Dynamic Host Configuration Protocol (DHCP) nur dann benötigt, wenn eine ***dynamische Zuweisung von IP-Adressen zu Hosts*** gewünscht wird. Verzichtet ein Netzwerkadministrator dagegen auf den Komfort einer automatischen Adresszuweisung, so muss er den Hosts seines Netzes manuell statische IP-Adressen, Subnetzmasken, Standard-Gateways und DNS-Server zuweisen. DHCP wird der Application Layer (OSI-Schichten 5 bis 7) zugerechnet. Es wurde 1993 durch den RFC 1541 spezifiziert und 1997 durch den RFC 2131 verbessert.

DHCP ist der Nachfolger der Protokolle ***RARP*** (Reverse Address Resolution Protocol) und ***BOOTP*** (Bootstrap Protocol). Beide Protokolle ermöglichen es einem Host beim Booten (Hochfahren), von einem RARP- bzw. BOOTP-Server eine IP-Adresse zur eigenen MAC-Adresse zu beziehen. Beim älteren RARP müssen sich RARP-Server und anfragender Host im selben Subnetz befinden; beim neueren BOOTP darf ein BOOTP-Server auch in einem entfernten Subnetz stehen, da Anfragen in UDP-Paketen über Router weitergeleitet werden. Zusätzlich kann ein BOOTP-Server in seiner Antwort auch Informationen zu einer auf einem TFTP-Server liegenden Bootdatei liefern. Jedoch besteht auch beim BOOTP-Server immer noch der Nachteil, dass alle Computer vorher auf dem Server manuell erfasst worden sein müssen.

DHCP beseitigt diesen Nachteil. Es ist eine kompatible Erweiterung des BOOTP und bietet ein Leasing-Verfahren für die dynamische „Vermietung" von IP-Adressen (IP-Lease). Der Netzwerkadministrator muss zunächst für jedes Subnetz auf einem DHCP-Server einen wiederverwendbaren IP-Adress-Pool einrichten. Fordert ein Host eine IP-Adresse an, so weist der DHCP-Server ihm für den eingestellten Zeitraum (z. B. 1 Tag, 1 Monat, unbegrenzt) die nächste freie IP-Adresse zu (IP-Lease). Wird der Host am nächsten Tag neu gestartet, so erhält er bei noch gültiger Lease dieselbe IP-Adresse. Die Verlängerung einer demnächst auslaufenden Lease und die Vergabe einer neuen IP-Adresse zu einer ausgelaufenen Lease erfolgen auf die gleiche Weise.

Abbildung 9.6 verdeutlicht die Arbeitsweise von DHCP.

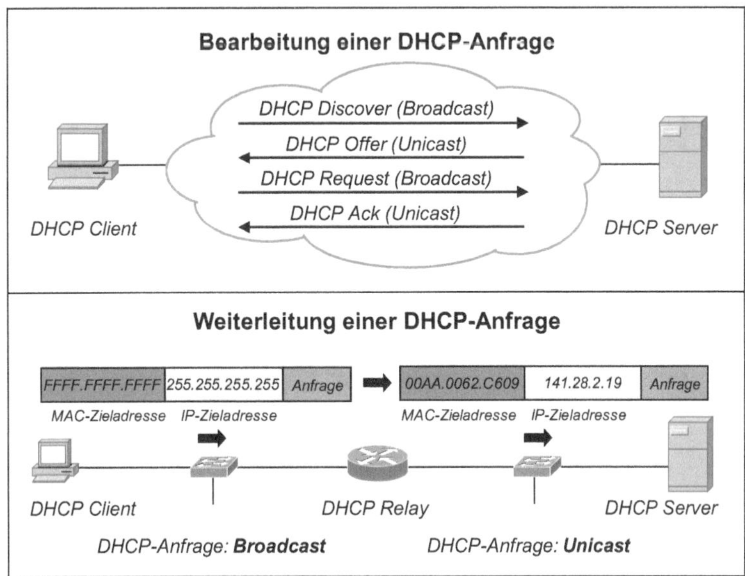

Abb. 9.6: Die Arbeitsweise von DHCP

Die obere Bildhälfte zeigt die generelle ***Bearbeitung einer DHCP-Anfrage.*** Zunächst sendet ein DHCP-Client einen DHCP Discover, um einen DHCP-Server zu finden. Alle im selben Subnetz vorhandenen DHCP-Server antworten mit einem DHCP Offer und bieten eine Lease (mit IP-Adresse, Subnetzmaske und Standard-Gateway) an. Der DHCP-Client fordert dann vom schnellsten DHCP-Server mit einem DHCP Request die angebotene Lease an. Der DHCP-Server bestätigt anschließend mit

DHCP Ack, dass er die angeforderte Lease an ihn vergeben hat. Verfügt ein Host bereits über eine Lease und wird er am nächsten Tag neu gebootet, so entfallen die ersten beiden Schritte.

Der untere Teil von Abbildung 9.6 zeigt die ***Weiterleitung einer DHCP-Anfrage*** für den Fall, dass der DHCP-Server in einem anderen Subnetz steht. Auf dem Router, an den das Subnetz des anfragenden DHCP-Clients angeschlossen ist, muss ein sog. DHCP Relay (oder BOOTP Relay) konfiguriert sein. Er wandelt die als Broadcast empfangene DHCP-Anfrage in einen Unicast um und leitet sie an den konfigurierten DHCP-Server weiter. Die Antwort leitet er über die Empfangsschnittstelle des Routers zurück.

Neben verschiedenen Steuerfeldern sind in einer DHCP-Nachricht folgende ***Adressfelder*** besonders wichtig:

- ***Client IP Address:*** falls schon vorhanden, sonst 0.0.0.0,
- ***Your IP Address:*** zur Vergabe durch den DHCP-Server,
- ***Gateway IP Address:*** Adresse des DHCP Relays,
- ***Client Hardware Address:*** MAC-Adresse des Clients.

Domain Name System (DNS)

Da Namen leichter zu merken sind als IP-Adressen, wurde das Domain Name System (DNS) entwickelt. Es basiert auf einer hierarchischen, verteilten Datenbank und wandelt ***Fully Qualified Domain Names (FQDNs)*** wie z. B. „www.hs-furtwangen.de" in IP-Adressen um. Dieser Vorgang wird üblicherweise als ***Namensauflösung*** bezeichnet. DNS ist durch die RFCs 1034/1035 von 1987 standardisiert und enthält Spezifikationen zu folgenden Komponenten:

- ***Domain Name Space*** und ***RRs (Resource Records):*** hierarchisch strukturierter logischer Namensraum und Datensätze (RRs), die den Knoten der Baumstruktur zugeordnet sind.
- ***Name Server:*** auf räumlich verteilten Computern und Routern (DNS-Servern) implementierte Serverprogramme, die die Datensätze von Zones (Teilbereichen) des logischen Namensraums verwalten. Die Server, die zusammen logisch gesehen ein hierarchisches Netz bilden, beantworten die Anfragen der Resolver.
- ***Resolver:*** auf Endsystemen implementierte Clientprogramme (DNS-Clients), die Anfragen an den Name Server stellen, dem sie jeweils zugeordnet sind.

- ***Messages:*** Formate der von Name Servern und Resolvern gesendeten Nachrichten.

Die Abkürzung DNS wird gleichermaßen für das gesamte Domain Name System, den Domain Name Space und für den erbrachten Domain Name Service verwendet. Die Arbeitsweise von DNS ist recht komplex, und Verwirrung entsteht u. a. dadurch, dass es keinen speziellen Namen für das DNS-Protokoll gibt, das durch die aufgeführten RFCs spezifiziert ist.

Abbildung 9.7 veranschaulicht schematisch die Struktur und Arbeitsweise des Domain Name Systems. Im oberen Teil der Abbildung ist der logische Namensraum zu sehen. Unterhalb der Wurzel (root) befinden sich die ***Top Level Domains (TLDs),*** die von der IANA bzw. vom ICANN verwaltet werden und in zwei Bereiche gegliedert sind (siehe auch Abschnitt 3.7):

- ***Generic Domains:*** allgemeine Domänen wie z. B. „com", „edu" und „org". Sie werden offiziell als gTLDs (generic Top Level Domains) bezeichnet.
- ***Country Domains:*** Länderdomänen wie z. B. die Codes „de", „fr" und „jp" (nach ISO 3166). Sie heißen offiziell ccTLDs (country-code Top Level Domains).

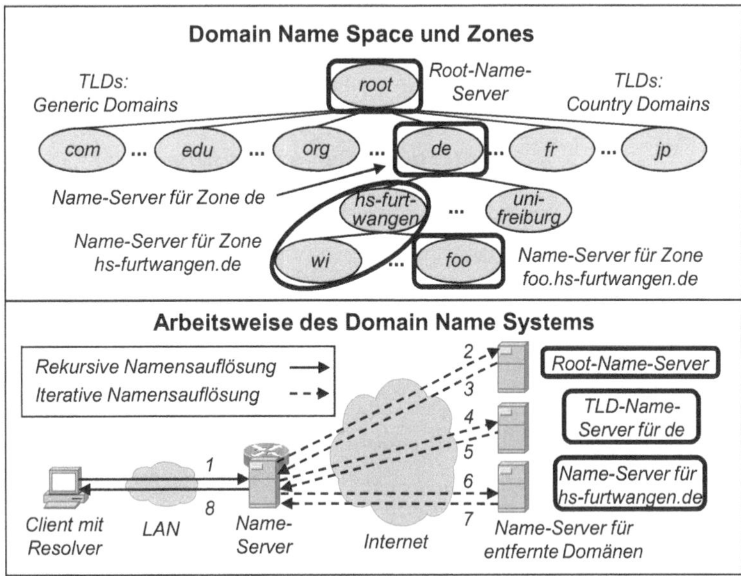

Abb. 9.7: Struktur und Arbeitsweise des Domain Name Systems (DNS)

Die TLD „de" enthält u. a. die Domains „hs-furtwangen.de" und „uni-freiburg.de". Die Domain „hs-furtwangen.de" umfasst ihrerseits Subdomains wie „wi.hs-furtwangen.de" (Wirtschaftsinformatik) und „foo.hs-furtwangen.de" (Informatik-Labor). Beispielhaft sind außerdem vier ***Zones*** (Teilbereiche) dargestellt, die jeweils von einem Name-Server verwaltet werden. Ein solcher Name-Server ist entweder ein verantwortlicher ***Primary-Name-Server*** mit Original-Zonendaten oder ein ***Secondary-Name-Server,*** der nur Kopien verwaltet. Übrigens werden die Root-Name-Server, die weltweit verteilt sind, derzeit von 13 überwiegend US-amerikanischen Organisationen (Root Server Operators wie VeriSign, RIPE NCC und ICANN) betrieben. Sie führen den ***Root-Zone-File*** mit den Namen und IP-Adressen aller TLDs.

DNS-Namensauflösung

Der untere Teil der Abbildung 9.7 zeigt die Arbeitsweise des Domain Name Systems mittels ***DNS Lookup.*** Möchte z. B. ein WWW-Client in den USA auf den WWW-Server mit dem FQDN „www.wi.hs-furtwangen.de" zugreifen, so versucht sein Resolver, die zugehörige IP-Adresse zu finden. Er durchsucht hierzu zunächst seinen lokalen Cache. Findet er dort keinen entsprechenden Eintrag, so führt er in der Regel eine ***rekursive Namensauflösung*** durch, d. h. er verlangt von dem ihm zugeordneten Name-Server die komplette Namensauflösung. Der Name-Server liefert entweder die gewünschte IP-Adresse oder eine Fehlermeldung zurück (Schritte 1 und 8). Da der Name-Server – wie üblich – als „Forwarder" konfiguriert ist, fragt er aber zunächst andere Name-Server nach der gesuchten entfernten Domäne.

Der Name-Server führt hierzu meist keine rekursive, sondern eine ***iterative Namensauflösung*** entlang des Top-down-Pfades zum gesuchten Name-Server durch. Zunächst wendet er sich an den Root-Name-Server, der nach dem Durchsuchen seines Root-Zone-Files einen Verweis auf den für die TLD „de" zuständigen Name-Server zurückliefert (Schritte 2 und 3). Dann richtet er eine Anfrage an diesen TLD-Name-Server, der nach dem Durchsuchen seiner Zonendatei mit einem Verweis auf den für die Domäne „hs-furtwangen.de" zuständigen Name-Server antwortet (Schritte 4 und 5). Und danach wendet er sich an den für die Domäne „hs-furtwangen.de" zuständigen Name-Server, der ihm schließlich die gewünschte IP-Adresse des WWW-Servers „www.wi.hs-furtwangen.de" zurückliefert (Schritte 6 bis 7).

DNS verwendet für Anfragen, Antworten und Zonen-Transfers (Updates) ein generelles ***Nachrichtenformat.*** Es besteht aus den folgenden fünf Teilen:

- ***Header*** zur Angabe des Nachrichtentyps und der Anzahl der Einträge in den anderen Teilen,
- ***Question*** mit einer oder mehreren Anfragen und entsprechenden Parametern,
- ***Answer*** mit einem oder mehreren Resource Records (RRs) und entsprechenden Parametern,
- ***Authority*** mit einem oder mehreren optionalen Resource Records, die zur Fortsetzung der Namensauflösung auf „authoritative" (verbindliche) Name Server zeigen,
- ***Additional*** mit einem oder mehreren zusätzlichen Resource Records, die ein Name-Server für hilfreich hält.

DNS-Nachrichten, die Anfragen und Antworten enthalten, werden mittels UDP übertragen. Für Zone-Transfers zur Aktualisierung der Replikate auf Secondary Name-Servern wird dagegen TCP verwendet. Neben der dargestellten Namensauflösung ermöglicht DNS übrigens auch ein sog. ***Reverse Lookup,*** mit dem man zu einer IP-Adresse den Hostnamen erhalten kann.

Weitere Details zu ARP, ICMP, DHCP und DNS sind in den angegebenen RFCs zu finden. Außerdem liefern verschiedene Literaturquellen detaillierte Beschreibungen (vgl. u. a. [3], S. 85 ff. und S. 157 ff.; [10], S. 315 ff., S. 359 ff., S. 441 ff. und S. 577 ff.; [32], S. 114 ff. und S. 153 ff.; [40], S. 190 ff., S. 230 ff. und S. 282 ff.; [43], S. 492 ff. und S. 631 ff.).

9.3 Die Kommunikationsprotokolle HTTP, FTP und SMTP/POP

Für die „Mainstream"-Internet-Dienste verwenden IP-Netze folgende Kommunikationsprotokolle der Application Layer: HTTP für den Webzugriff (Mensch-Maschine-Kommunikation), FTP für den Dateitransfer (Maschine-Maschine-Kommunikation) sowie SMTP und POP für den Versand und Abruf von E-Mails (Mensch-Mensch-Kommunikation). HTTP ermöglicht den universellsten Kommunikationsdienst, da man über die Hyperlinks auf den übertragenen Webseiten mittels der graphischen Benutzeroberfläche des Browsers auf alle anderen Kommunikationsdienste zugreifen kann (zu den Grundlagen webbasierter Computernetze siehe Abschnitt 2.5).

Hypertext Transfer Protocol (HTTP)

Das Hypertext Transfer Protocol (HTTP) ist das Kommunikationsprotokoll des World Wide Web (WWW). Es überträgt HTTP-Requests (Anforderungen von Webseiten) und HTTP-Responses

(HTML-Seiten und dazugehörige Dateien wie Images) zwischen einem HTTP-Client und einem HTTP-Server. Ein ***Webzugriff*** erfolgt dabei prinzipiell in 4 Schritten:

- ***HTTP-Connect des Clients:*** Aufbau einer Verbindung zu einem HTTP-Server über dessen TCP-Port 80,
- ***HTTP-Request des Clients:*** Anforderung einer mittels URL spezifizierten (HTML-)Datei beim HTTP-Server,
- ***HTTP-Response des Servers:*** Übertragung der angeforderten (HTML-)Datei oder einer Fehlermeldung zum anfordernden HTTP-Client,
- ***HTTP-Close des Servers:*** Abbau der Verbindung zum HTTP-Client.

Abbildung 9.8 veranschaulicht den Ablauf eines einfachen Webzugriffes mit typischem HTTP-Request und typischer HTTP-Response. Die ***HTTP-Nachrichten*** sind textorientiert und enthalten 7-Bit-ASCII-Zeichen, sodass sie auch vom Menschen verstanden werden können.

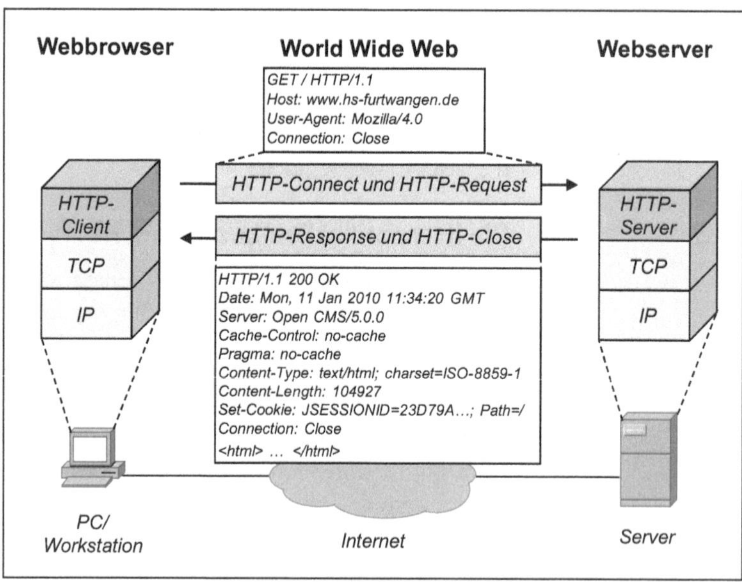

Abb. 9.8: Ablauf eines Webzugriffes mit HTTP

Der HTTP-Request Der dargestellte ***HTTP-Request*** zur Anforderung einer Homepage umfasst vier Zeilen: Methode GET mit Uniform Resource Identifier (URI) und HTTP-Versionsnummer, Adresse des Webservers, Browsertyp des User-Agents und Hinweis zum Schließen der Verbindung nach dem Senden der Antwort (Connection: close). Der Uniform Resource Identifier bei der Methode GET ist der Uniform Resource Locator (URL), der die angeforderte Datei identifiziert (hier durch Angabe des Pfades mit „/").

Die folgende Tabelle gibt einen Überblick über alle ***Request-Methoden.*** Sollen z. B. Daten vom Client zum Server übertragen werden, um eine ausgefüllte Formularmaske zurückzusenden, so wird im HTTP-Request die Methode POST verwendet.

Methode	***Beschreibung***
GET	Anforderung eines Clients an einen Server, ihm die Datei mit der angegebenen URL zu übertragen
POST	Datenübertragung vom Client zum Server zu einer URL durch Anhängen der Daten an das zurückgesandte Dokument
OPTIONS	Anfrage eines Clients an einen Server zu seinen verfügbaren Kommunikationsoptionen
HEAD	Anfrage eines Clients an einen Server zu den Header-Informationen der durch eine URL spezifizierten Datei
PUT	Übertragung einer Datei von einem Client zum Server zum Speichern unter der angegebenen URL (Voraussetzung ist ein Schreibrecht)
DELETE	Löschen einer durch eine URL spezifizierten Datei durch einen Client auf dem Server (Voraussetzung ist ein entsprechendes Löschrecht)
TRACE	Zurücksendung eines HTTP-Requests vom Server zum Client zum Test von HTTP-Verbindungen
CONNECT	Anforderung eines Clients an einen Proxy, eine getunnelte Verbindung zwischen dem Client und dem durch Hostnamen und Port-Nummer spezifizierten Zielrechner aufzubauen (bei SSL-Einsatz)

Eine HTTP-Nachricht hat immer folgende Grundstruktur:

- ***Request-Zeile*** mit „Methode URI HTTP-Version" (für einen HTTP-Request) oder ***Status-Zeile*** mit „Protokoll Status-Code Meldung" (für eine HTTP-Response),
- ***Header-Zeilen*** mit verschiedenen Header-Feldern,

- ***Leerzeile,***
- ***Entity Body*** mit den Zeilen der Nutzlast eines HTTP-Requests bzw. einer HTTP-Response.

Die HTTP-Reponse

Die in Abbildung 9.8 dargestellte ***HTTP-Response*** umfasst einen mehrzeiligen Header sowie die gewünschte (HTML-)Datei. Der Header enthält:

- Protokollname, Versionsnummer und Status-Code,
- Datum und Uhrzeit der gesendeten Antwort,
- Name und Version der Webserversoftware,
- Anweisung an Proxy-Server: Kein Zwischenspeichern,
- abwärtskompatible Cache-Anweisung für HTTP 1.0,
- Angabe des MIME-Typs der Nutzdaten (Content-Type),
- Länge der Nutzdaten (Content-Length) ohne Header,
- Anweisung an Browser, ein Cookie zu speichern, und
- Hinweis auf das Schließen der Verbindung.

Die einzelnen Zeilen werden jeweils durch die Steuerzeichen LF (Line Feed) und CR (Carriage Return) abgeschlossen.

HTTP-Kommunikation

HTTP ist ein ***zustandsloses Anwendungsprotokoll,*** da der HTTP-Server keine Informationen über eine erfolgte Anforderung zwischenspeichert und jede Anforderung unabhängig von vorhergehenden Anforderungen behandelt. Zur Identifizierung längerer Sessions, wie sie z. B. beim Ausfüllen von Formularen in der Informationsphase beim Online-Shopping und Online-Banking üblich sind, muss der HTTP-Server deshalb eine Session-ID erzeugen. Er speichert sie bei seiner ersten Antwort beim HTTP-Client als Cookie (kurzer Eintrag) ab oder übergibt sie dem Client in einem URL-Parameter bzw. in einem versteckten Formularfeld. Der Client sendet dann mit jedem weiteren Request die Session-ID wieder zurück. Ist eine Session mit sicherer Nachrichtenübertragung erforderlich – wie insbesondere zum Abschluss von Kauf- und Bankgeschäften –, so wird nicht HTTP, sondern HTTPS (HTTP Secure) auf der Basis des Protokolls SSL (Secure Socket Layer) verwendet (siehe Abschnitt 9.6).

Bis zur Version 1.0 wurde für jeden Request eine neue Verbindung aufgebaut. Seit der Version 1.1 nach dem RFC 2616 von 1999 verwendet HTTP standardmäßig ***persistente Verbindungen,*** d. h. eine einmal aufgebaute TCP-Verbindung wird für mehrere Transaktionen einer Session aufrechterhalten. So ist es auch möglich, dass ein Client mehrere Anfragen hintereinander stellen darf, bevor der Server die erste Anfrage beantwortet hat (Request Pipelining).

Um einer Verkehrsüberlastung des WWW entgegenzuwirken, unterstützt HTTP auch ***Caching.*** Caching ist die Aufbewahrung einer bereits übertragenen Seite in einem Cache (schneller Zwischenspeicher) für zukünftige Zugriffe. Dies geschieht mit Hilfe von HTTP-Parametern (für Cache-Timer, private/öffentliche Cache-Bereiche usw.) zum einen im Browser-Cache, zum anderen auf Proxy-Servern etwa von ISPs. Außerdem wird ***Mirroring*** verwendet, d. h. „Origin Server" (Ursprungsserver) werden durch Server-Replikate auf entfernten „Cache-Servern" gespiegelt. Und schließlich gibt es sog. ***Content Delivery Networks (CDNs),*** die die Web-Informationen systematisch verteilen und so einen schnelleren Zugriff ermöglichen.

File Transfer Protocol (FTP)

Neben diesen komplexen Lösungen zum WWW ist das häufig genutzte File Transfer Protocol (FTP) ein einfaches Anwendungsprotokoll. Es bietet einen Übertragungsmechanismus zum Transfer von Dateien zwischen zwei Computern. FTP wurde bereits 1985 im RFC 959 spezifiziert und zwischenzeitlich mehrfach erweitert. Heute wird FTP insbesondere genutzt, um für große Dateien (z. B. für ein Software-Update) einen ***Download*** vom Server oder aber einen ***Upload*** zum Server durchzuführen. Der besondere Vorteil von FTP liegt in seiner Universalität. FTP kann Dateien jeglichen Typs zwischen den unterschiedlichsten Computerplattformen im ASCII- oder Binary-Mode übertragen. Abbildung 9.9 zeigt das Grundmodell zur FTP-Nutzung.

FTP verwendet zum Dateitransfer ***zwei virtuelle Verbindungen,*** eine Steuerverbindung und eine Datenverbindung:

- Zunächst wird die ***Steuerverbindung*** (Control Connection) vom FTP-Client über einen von ihm ausgewählten TCP-Port zum FTP-Server über dessen TCP-Port 21 aufgebaut. FTP benutzt hierzu die Funktionen des Telnet-Protokolls. Um auf einen entfernten Server zugreifen zu können, muss sich ein Benutzer als Erstes einer Authentifizierung unterziehen und mit Benutzernamen und Passwort anmelden. Dann kann er über die Steuerverbindung Kommandos (Commands) senden und Statusmeldungen (Replies) empfangen.
- Der FTP-Server baut anschließend eine ***Datenverbindung*** (Data Connection) über seinen TCP-Port 20 zum FTP-Client über dessen ausgewählten TCP-Port auf. Über

die Datenverbindung kann ein Benutzer im Rahmen der ihm eingeräumten Zugriffsrechte beliebige Uploads und Downloads durchführen.

Beide Verbindungen arbeiten im ***Vollduplex-Betrieb.*** Uploads und Downloads können also parallel erfolgen und die Commands und Replies können ebenfalls gleichzeitig ausgetauscht werden.

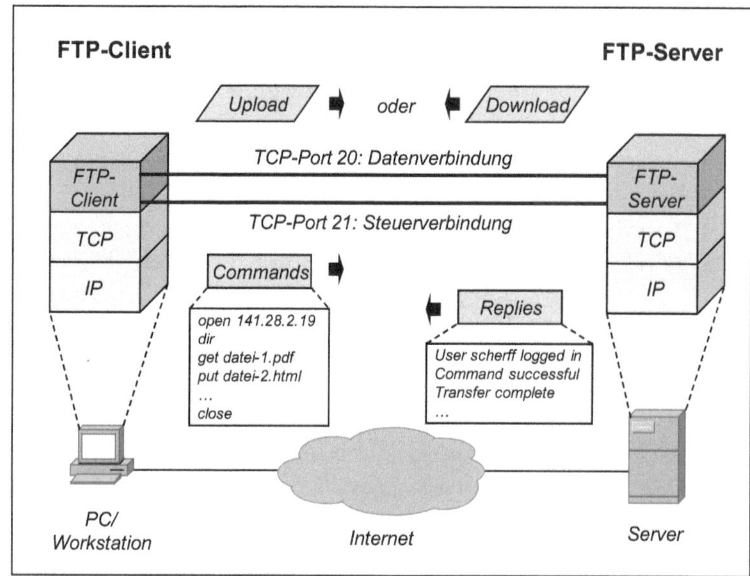

Abb. 9.9: Modell zur Nutzung des File Transfer Protocols (FTP)

Die in der Abbildung 9.9 dargestellten Kommandos bewirken den Verbindungsaufbau (open), die Auflistung aller Dateien und Verzeichnisse des Benutzerbereiches auf dem Server (dir), einen Download (get), einen Upload (put) sowie das Schließen der Verbindung (close). Die dargestellten Replies bestätigen die erfolgreiche Befehlsausführung. Insgesamt gibt es über 50 verschiedene Kommandos, die aber teilweise synonym sind. FTP-Clients stehen bei jedem Betriebssystem mit einer entsprechenden Kommandozeilenoberfläche zur Verfügung, doch gibt es auch zahlreiche FTP-Clients mit grafischer Oberfläche.

Neben dem beschriebenen ***Active Mode*** existiert auch ein sog. ***Passive Mode,*** bei dem der Client eine Datenverbindung zum FTP-Server über dessen ausgewählten TCP-Port aufbaut. Der Passive Mode wird angewendet, wenn der Client für den FTP-

Server wegen einer Firewall oder wegen einer Adressumsetzung durch NAT (Network Address Translation) nicht erreichbar ist.

Soll eine sichere Verbindung zwischen Client und Server gewährleistet werden, so wird heute anstelle von FTP in der Regel ***SSH (Secure Shell)*** eingesetzt. SSH wurde 1995 von dem Finnen Tatu Ylönen an der Universität Helsinki entwickelt. Es bietet eine verschlüsselte Kommunikation mit gegenseitiger Authentifizierung von Client und Server sowie Vertraulichkeit und Integrität für den Dateitransfer. SSH ist sowohl der Name für das kryptographische Protokoll SSH als auch für die konkrete Implementierung des SSH-Clients und des SSH-Servers.

Simple Mail Transfer Protocol (SMTP)

Der Austausch persönlicher Nachrichten, der früher Regierungen vorbehalten war, wurde Mitte des 19. Jahrhunderts in vielen Ländern durch Einführung einer Briefpost organisiert. Diese bis heute vorhandene Briefpost, die manchmal abfällig als ***Snail Mail (Schneckenpost)*** bezeichnet wird, diente als Vorbild für die Entwicklung der ***Electronic Mail (E-Mail).*** Zum einen wurde Ende der 60er Jahre im wissenschaftlichen Bereich die internetbasierte E-Mail entwickelt. Zum anderen haben die Telekommunikationsunternehmen auf der Basis des 1984 von der ITU-T herausgegebenen Standards X.400 (ISO-Standard 10021) ein weltweites elektronisches Message Handling System (MHS) eingeführt. Die Nutzung der relativ einfachen Internet-E-Mail hat aber bereits Mitte der 90er Jahre das komplexe weltweite X.400-Netz überholt, sodass heute außer im behördlichen Bereich überall die uns bekannte E-Mail vorzufinden ist.

Die beiden grundlegenden ***Komponenten*** eines E-Mail-Systems sind in der Terminologie des universellen Funktionsmodells von X.400, die auch für das internetbasierte E-Mail-System gilt:

- ***User Agents (UAs):*** Dies sind Mail-Programme, mit denen ein Benutzer E-Mails verfassen, versenden, lesen und ablegen kann. Früher liefen sie auf zentralen Hostrechnern und wurden über „dumme" Terminals gesteuert. Heute werden UAs auf PCs bzw. Workstations installiert. Sie kommunizieren jeweils mit dem Mail-Server, dem sie zugeordnet sind, und werden daher auch als Mail-Clients bezeichnet.
- ***Message Transfer Agents (MTAs):*** Diese Mail-Programme, die beim Internet „Mail Exchanger" genannt werden, übernehmen die Weiterleitung der E-Mails. Sie laufen auf räumlich verteilten Mail-Servern (früher Hostrechnern), die untereinander in Verbindung stehen. Alle

MTAs realisieren Client-Server-Funktionen und bilden zusammen das Message Transfer System (MTS).

Zum Versenden und Weiterleiten von E-Mails verwendet man beim Internet das ***Simple Mail Transfer Protocol (SMTP),*** das auf die Funktionalität von Telnet zurückgreift. SMTP ist durch die Standards RFC 821 und RFC 2821 spezifiziert; das entsprechende Nachrichtenformat wurde durch den RFC 822 standardisiert und durch eine Reihe weiterer RFCs ergänzt. Abbildung 9.10 zeigt ein ***Beispiel für den E-Mail-Transfer*** von einem Kunden zu einem Unternehmen.

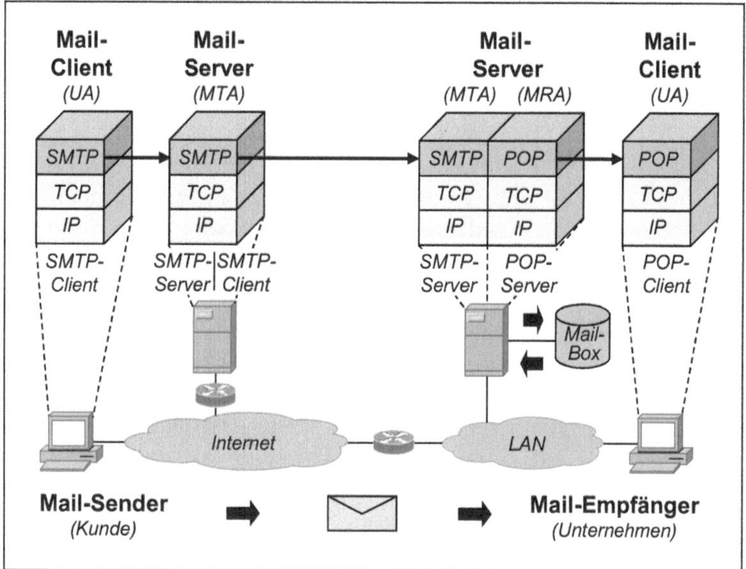

Abb. 9.10: Beispiel eines E-Mail-Transfers vom Kunden zum Unternehmen

Der SMTP-Client des Kunden baut über das Internet zunächst eine Verbindung über den TCP-Port 25 zum SMTP-Server seines ISP auf. Der SMTP-Server antwortet über die TCP-Verbindung mit einer Textzeile, um sich zu identifizieren und seine Annahmebereitschaft mitzuteilen. Dann identifiziert sich der SMTP-Client mit einer Hello-Nachricht, die das Kommando HELO und den Domainnamen des Kunden enthält. Diese und jede weitere Zeile wird vom SMTP-Server mit einer Statusmeldung quittiert. Die weiteren Zeilen enthalten die Befehle MAIL FROM (Absender), RCPT TO (Empfänger) und DATA (Beginn des Nachrichtentransfers). Der nachfolgende Nachrichtentransfer, der aus einzelnen Nachrichtenzeilen besteht, wird vom SMTP-Client durch eine Zeile mit einem einzelnen Punkt (. LF CR) abgeschlossen. Dann bricht der SMTP-Client die Verbindung durch den Befehl QUIT ab.

Der kundenseitige Mail-Server fungiert seinerseits als SMTP-Client und sendet die Nachricht an die IP-Adresse des SMTP-Servers des Unternehmens, die er durch ein DNS Lookup zum Mail-Server ermittelt hat. Der unternehmensseitige Mail-Server liefert die Nachricht dann an die Mail-Box des Empfängers aus.

SMTP-Nachrichten

Das ***Nachrichtenformat*** einer E-Mail umfasst einen Header (Briefumschlag) und einen Body (Briefinhalt). Der ***Header*** enthält eine Reihe von Feldern, die ihrerseits aus einer ASCII-Zeichenkette (ASCII-String) mit Feldnamen, Doppelpunkt und Feldinhalt bestehen. Mail-Clients zeigen u. a. folgende Felder an:

- ***Message-ID:*** Identifikationsnummer der Nachricht,
- ***From:*** Ersteller der Nachricht,
- ***To:*** Empfänger der Nachricht,
- ***Cc:*** Empfänger einer Kopie,
- ***Subject:*** Betreff der Nachricht und
- ***Date:*** Datum und Uhrzeit.

Der Header schließt mit einer Leerzeile ab. Der ***Body*** enthält die eigentliche Nachricht. Der Nachrichtentext setzt sich aus Textzeilen zusammen, die ebenso wie beim Header max. 80 ASCII-Zeichen lang sein sollen bzw. max. 1000 ASCII-Zeichen lang sein dürfen (incl. LF CR, Line Feed, Carriage Return).

Um neben Nachrichten, die nur aus ASCII-Zeichen bestehen, auch beliebige andere Nachrichten über SMTP versenden zu können, verwendet man heute ***MIME (Multi-Purpose Internet Mail Extension).*** MIME, das durch den RFC 1521 von 1993 spezifiziert und durch die RFCs 2045 bis 2049 ergänzt wurde, ermöglicht die Versendung von E-Mails in beliebigen Sprachen und die Aufteilung des Bodys in mehrere Teile mit unterschiedlicher Codierung. Auf diese Weise können beliebige Binärdateien (Bild-, Audio-, Video-, Druck- und Programmdateien) als ***Attachment*** (Anlage) mitgeschickt werden. Hierzu werden im Header u. a. die Felder ***Mime-Version, Content-Type*** (Typ und Untertyp des Inhalts) und ***Content-Transfer-Encoding*** (Codierung des Inhalts) angegeben. Beispiele für den Content-Type sind „text/plain“, „image/gif“ und „application/pdf“.

Als Content-Transfer-Encoding wird für Binärdateien u. a. ***Base-64 Encoding*** verwendet. Base64 Encoding teilt den zu übertragenden Bytestrom in jeweils 3 Bytes (= 24 Bits) lange Gruppen auf und bildet aus ihnen 4 Gruppen à 6 Bits. Dann ordnet es jeder 6-Bit-Gruppe ein Zeichen aus den 64 (= 2^6) Zeichen des Base64-Codes und ggf. Füll-Bytes (=) zu. Der Base64-Code enthält die Groß- und Kleinbuchstaben des Alphabets, die Ziffern 0 bis 9 und die Sonderzeichen + und / (z. B. 0 = A, 63 = /). Beim Nachrichtenempfänger werden die übertragenen Zeichen wieder dekodiert und in den ursprünglichen Bytestrom umgesetzt.

Post Office Protocol (POP)

Im Gegensatz zur früheren Situation muss ein E-Mail-Empfänger heute zum Zeitpunkt des Mail-Empfangs nicht mehr online sein. Ein zusätzliches Programm, der ***Message Retrieval Agent (MRA),*** ermöglicht es einem Benutzer, seine E-Mails später von der zentralen Mail-Box auf seinen dezentralen Mail-Client herunterzuladen. Hierzu wird heute meist das Post Office Protocol (POP) eingesetzt, das in der aktuellen Version 3 durch den RFC 1939 von 1996 standardisiert ist (POP3).

Das Beispiel der Abbildung 9.10 zeigt auf der rechten Seite die erforderlichen Komponenten zur Bereitstellung einer in die Mail-Box zugestellten E-Mail: einen POP-Server und einen POP-Client. Der POP-Server ist neben einem SMTP-Server auf dem Mail-Server des Unternehmens installiert, und der POP-Client befindet sich im Mail-Client des empfangenden Sachbearbeiters. Beim Start des Mail-Clients baut der POP-Client eine Verbindung über den TCP-Port 110 zum POP-Server auf. Nach der anschließenden Authentifizierung greift der Mail-Server auf die Mail-Box zu und überträgt die empfangenen Mails zum Mail-Client.

Weitere Mail-Lösungen

Neben POP3 kommt zunehmend auch das ***Internet Message Access Protocol (IMAP)*** in der Version 4 nach dem RFC 3501 von 2003 zum Einsatz. Die Grundfunktionalität von IMAP4 entspricht der von POP3, wobei die Verbindung zum Mail-Server über dessen TCP-Port 143 aufgebaut wird. IMAP4 belässt aber im Gegensatz zu POP3 die Nachrichten auf dem Mail-Server, bietet dort umfangreiche Verwaltungsmöglichkeiten mit mehreren Mail-Boxen und unterstützt so die Benutzermobilität. Als weitere Alternative wird von vielen Mail-Box-Betreibern ***Webmail*** angeboten. Webmail ermöglicht das Versenden, Abrufen und Verwalten von E-Mails durch einen Webbrowser über eine Webseite. Ein Benutzer kann nach erfolgter Authentifizierung mittels HTTPS weltweit auf seinen Mail-Server zugreifen, wobei der Mail-Server selbst E-Mails weiterhin über SMTP versendet und empfängt.

Schließlich sind noch Listserver und Mail-Gateways zu erwähnen. ***Listserver*** führen automatisierte oder auch manuell verwaltete Mailing-Listen und verteilen E-Mails an alle in einer Liste eingetragenen E-Mail-Adressen. ***Mail-Gateways*** werden zur Protokollumsetzung (vor allem zum X.400-MHS) sowie verbreitet zur Filterung von Spams (unerwünschten E-Mails) eingesetzt.

Der Leser findet weitere Details zu Internet-Diensten und Internet-Dienstprotokollen in den angegebenen RFCs und in weiteren grundlegenden Literaturquellen (vgl. u. a. [10], S. 455 ff.; [28], S. 117 ff.; [42], S. 432 ff.; [43], S. 640 ff.).

9.4 Sprachübertragung mit Voice over IP

Ausgangssituation

In der Anfangszeit der Computernetzwerke wurde der damals noch geringe Datenverkehr über Telefonnetze übertragen. Heute gibt es zwei Netzwerkinfrastrukturen: leitungsvermittelte Telefonnetze zur Sprachübertragung und paketvermittelte IP-Netze zur Datenübertragung. Inzwischen ist das Volumen des Datenverkehrs sogar um ein Vielfaches größer als das Volumen des Telefonverkehrs. Da liegt es nahe, das „bisschen Telefonverkehr" einfach über die paketvermittelten IP-Netze mit zu übertragen – auch wenn die Technik komplex ist. Die Sprachübertragung über paketvermittelte IP-Netze wird allgemein als ***Voice over IP (VoIP)*** oder auch als ***IP-Telefonie*** bezeichnet. Voice over IP soll sogar in absehbarer Zeit die vorhandenen Telefonnetze ganz ersetzen.

Wichtige ***Gründe*** für die Einführung von Voice over IP sind (vgl. u. a. [24], S. 814 ff.; [40], S. 391 f.):

- ***Einsparungspotenzial:*** Private Unternehmen und Telekommunikationsanbieter müssen anstelle von zwei parallelen Kommunikationsnetzen nur noch ihr IP-Netz unterhalten und verwalten, sodass erhebliche Kostensenkungen erwartet werden können.
- ***Mehrwertdienste:*** Die Zusammenfassung aller Kommunikationsfunktionen in einem Endsystem (PC, Workstation) ermöglicht zum einen grundlegende Dienste wie Computer Telephony Integration (CTI) und Unified Messaging (Voice, Fax, E-Mail). Zum anderen können auch höherwertige Dienste wie Videotelefonie, Videoconferencing und Application Sharing (z. B. Shared Whiteboard: gemeinsame elektronische Tafel) zur verteilten Nutzung realisiert werden.

- ***Konvergenz:*** Die Angleichung der Kommunikationsnetze, -dienste und -geräte erleichtert die Konvergenz von Daten- und Sprachanwendungen hin zu Multimediaanwendungen.

Die Komponenten für VoIP nach ITU-T H.323

Bereits 1996 wurde von der ITU-T der grundlegende Rahmenstandard H.323 zur Sprachübertragung mit Voice over IP herausgegeben. Er trägt den Titel „Packet-based Multimedia Communications Systems" und liegt inzwischen in der Version 7 von 2009 vor. H.323 beschreibt die ***Netzwerkarchitektur*** von IP-Netzen zur Sprachübertragung mit Voice over IP. Zum einen werden die Funktionen der benötigten Komponenten beschrieben, zum anderen werden die erforderlichen Protokoll-Stacks spezifiziert.

Abbildung 9.11 veranschaulicht die ***Komponenten*** für VoIP nach ITU-T H.323 am Beispiel eines Unternehmensnetzes mit einer Zentrale und einer Filiale, die beide an das PSTN (Public Switched Telephone Network) bzw. ISDN (Integrated Services Digital Network) und an das Internet angeschlossen sind. Es wird angenommen, dass die unternehmensinterne Kommunikation über das Internet läuft, während die Kunden sowohl über das PSTN/ISDN als auch über das Internet telefonieren können (zur Netzwerksicherheit siehe Abschnitt 9.6).

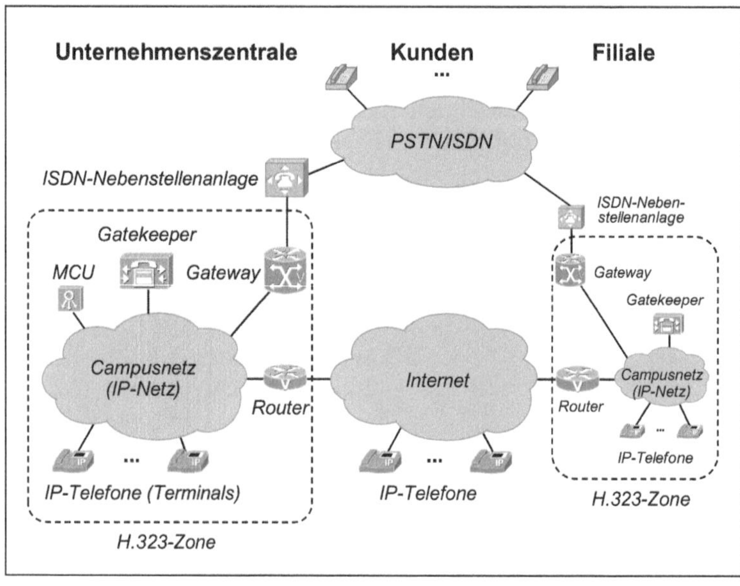

Abb. 9.11: Komponenten für VoIP nach ITU-T H.323

Voice over IP benötigt nach H.323 folgende Komponenten:

- ***Terminals:*** PCs/Workstations (mit Mikrofon und Lautsprecher) und/oder IP-Telefone als Endsysteme,
- ***Gateways:*** (optionale) Netzwerkgeräte zur Protokollumsetzung zwischen einem H.323-Netz (IP-Netz) und einem andersartigen Netzwerk (PSTN/ISDN),
- ***Gatekeeper:*** (optionale) zentrale Komponente zur Verbindungssteuerung, Adressverwaltung, Zugriffskontrolle etc. für die Terminals,
- ***MCU (Multipoint Control Unit):*** (optionale) Komponente zur Unterstützung von Multipoint-Konferenzen.

Alle Komponenten, die von einem Gatekeeper registriert und verwaltet werden – also Terminals, Gateways und MCUs, bilden zusammen eine H.323-Zone. Im dargestellten Beispiel bilden das Campusnetz der Zentrale und das Campusnetz der Filiale jeweils eine H.323-Zone. Da beide Zonen unter einheitlicher Verwaltung stehen, ergeben sie zusammen eine H.323-Domain (Administrationsdomäne). Ein Telefonanruf durch das Internet läuft durch mehrere H.323-Domains und H.323-Zones, da verschiedene Netze unterschiedlicher Netzbetreiber betroffen sind.

Protokoll-Stacks für VoIP nach ITU-T H.323

Da Audio- und Videoströme bestimmte Bandbreite- und Echtzeitanforderungen stellen, ist die Garantie von QoS (Quality of Service) hier von besonderer Bedeutung. ITU-T H.323 spezifiziert die erforderlichen Protokoll-Stacks sowohl für das Terminal and Call Management (Signalisierung) als auch für die Multimediawendungen. Abbildung 9.12 zeigt die Protokoll-Stacks in ihrem Gesamtzusammenhang (vgl. hierzu z. B. auch [4], S. 198 f.).

Das ***Terminal and Call Management*** umfasst Protokolle zur Signalisierung für drei Teilfunktionen:

- ***RAS Signaling nach H.225:*** Steuerung der RAS (Registration, Admission, Status) für die Terminals durch den zuständigen Gatekeeper über UDP,
- ***Call Signaling nach H.225:*** Anrufsignalisierung zum Auf- und Abbau von virtuellen Verbindungen über TCP,
- ***Control Signaling nach H.245:*** Parameteraustausch, Auf- und Abbau logischer Kanäle sowie Flusssteuerung über TCP.

Möglich sind Audio/Video Applications und Data Applications. ***Audio/Video Applications*** verwenden vier Komponenten:

- ***Audio-Codecs (Audio-Coder/Decoder):*** zur Digitalisierung und Kompression von Audioströmen,
- ***Video-Codecs (Video-Coder/Decoder):*** zur Digitalisierung und Kompression von Videoströmen,
- ***Real-Time Transport Protocol (RTP):*** zur Übertragung von Sprachsignalen für einfache IP-Telefonie sowie zur zusätzlichen Übertragung von Videosignalen für Videotelefonie über eine virtuelle Verbindung,
- ***Real-Time Control Protocol (RTCP):*** zur Garantie einer QoS für die übertragenen Audio- und Videosignale.

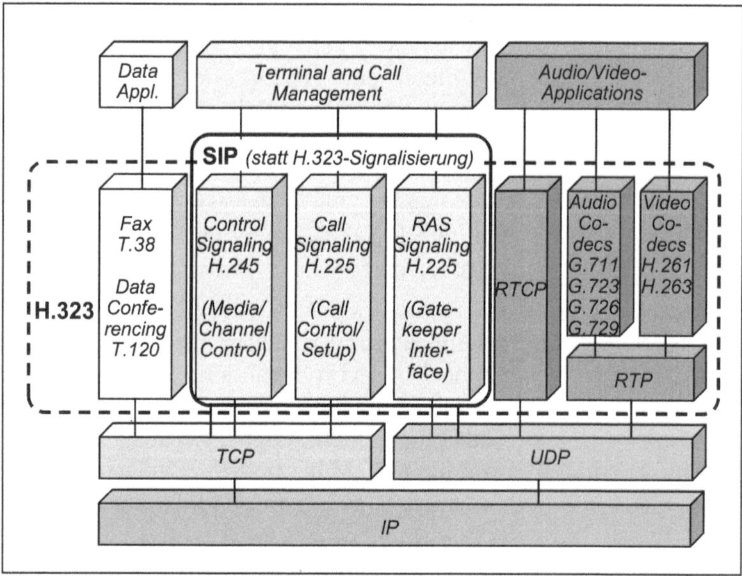

Abb. 9.12: Kommunikationsarchitektur von H.323 und SIP

RTP und RTCP verwenden das verbindungslose UDP, da eine schnelle Audio- und Videoübertragung erforderlich ist und deshalb auf eine Übertragungswiederholung verloren gegangener IP-Pakete verzichtet wird. ***Data Applications*** können parallel zur Audio- und Videokommunikation stattfinden. Sie benutzen zur Fax-Übertragung den Standard ITU-T T.38 und zum Data Conferencing ITU-T T.120, der eine fehlersichere Datenauslieferung über TCP für Multipoint-Konferenzen bietet.

Sprachcodierung

Um Sprache über IP-Netze übertragen zu können, muss das analoge (wert- und zeitkontinuierliche) Sprachsignal in ein digitales (wert- und zeitdiskretes) Signal umgewandelt werden (siehe Abschnitte 4.1 bis 4.3). Hierzu wurden verschiedene ***Codecs (Coder/Decoder)*** entwickelt, durch die ein Sender ein analoges Signal digital codieren und der Empfänger das empfangene digitale Signal wieder in ein analoges Signal decodieren kann. Man unterscheidet eine ***abtastwert-orientierte*** und eine ***segment-orientierte Sprachcodierung.*** Abtastwert-orientiert ist die bereits beschriebene, beim ISDN eingesetzte PCM (Pulse Code Modulation). Eine segmentorientierte Sprachcodierung zerlegt das Sprachsignal in Zeitabschnitte (Segmente) von ca. 20 ms Dauer und analysiert die Abtastwerte des Sprachsignals für jedes Segment anhand des Modells des menschlichen Sprachkanals. Der Sprachkanal stellt den Sprachklang als System von Röhren (Zylindern) mit unterschiedlichem Durchmesser dar und codiert relativ wenige Parameter zur Beschreibung des Sprachklangs, sodass neben der Digitalisierung auch eine Kompression erfolgt. Die Qualität von Codecs wird subjektiv durch den sog. ***MOS (Mean Opinion Score, Mittlerer Meinungswert)*** mit einer Skala von 1 (schlecht) bis 5 (ausgezeichnet) im Rahmen von Gruppentests ermittelt.

Zur Codierung und Kompression von Audio- und Videosignalen hat die ITU-T zahlreiche Codecs standardisiert (vgl. u. a. [4], S. 131 ff.; [40], S. 393 ff.; [42], S. 474 f.). Besonders bedeutende ***Audio-Codecs*** sind:

- ***ITU-T G.711:*** PCM (Pulse Code Modulation) mit 64 kbit/s, abtastwert-orientiert, MOS: 4,3 - 4,5,
- ***ITU-T G.723.1:*** MP-MLQ (Multipulse Maximum Likelihood Quantization) mit 6,3 kbit/s, segment-orientiert, MOS: 3,7 - 3,9 und ACELP (Algebraic Code Excited Linear Prediction) mit 5,3 kbit/s, segment-orientiert, MOS: 3,5 - 3,7,
- ***ITU-T G.726:*** ADPCM (Adaptive Differential PCM) mit 16/24/32/40 kbit/s, abtastwert-orientiert, MOS: 3,4 - 4,2,
- ***ITU-T G.729:*** CS-ACELP (Conjugate Structure ACELP) mit 8 kbit/s, segment-orientiert, MOS: 3,8 - 4,0.

Die beiden grundlegenden ***Video-Codecs,*** die zur Videotelefonie verwendet werden, sind:

- ***ITU-T H.261:*** DCT (Discrete Cosine Transform) mit n * 64 kbit/s (n ≤ 30), sodass sich max. 1,92 Mbit/s ergeben,

- ***ITU-T H.263:*** DCT zur Erweiterung von H.261 für niedrige Bitraten (unter 64 kbit/s) für Videoconferencing.

Echtzeitkommunikation

Da das IP-Protokoll nur einen Best Effort Service (Service der besten Anstrengung) ohne jegliche Gewährleistung von QoS liefert, wurde das ***Real-Time Transport Protocol (RTP)*** zur Echtzeitkommunikation entwickelt und 1996 durch den RFC 1889 spezifiziert. Es liegt derzeit in der aktuellen Version des RFC 3550 von 2003 vor. RTP überträgt die digitalisierten Audio- und Videosignale als zusammenhängende Folge von Segmenten (Datenpaketen). Jedes RTP-Segment hat einen 12 Bytes langen Header, der u. a. den Nutzlasttyp, die Sequenznummer und einen Zeitstempel für die korrekte Real-Time-Wiedergabe der übertragenen Nutzlast beim Empfänger enthält.

RTP ermöglicht den Transport zahlreicher Codierungsformate (durch Angabe des standardisierten Nutzlasttyps, z. B. G.711). Und RTP garantiert die Reihenfolge der Segmente (durch die Sequenznummer) sowie die Isochronität der Übertragung (durch die Zeitstempel zur Wiederherstellung der gleichen Zeitabstände beim Empfänger).

Das ***Real-Time Transport Control Protocol (RTCP),*** das ebenfalls durch den RFC 3550 standardisiert ist, ergänzt RTP. Es überwacht den Kommunikationsablauf und beobachtet insbesondere die Übertragungsqualität. Hierzu werden zwischen den Endsystemen laufend entsprechende Status- und Steuerinformationen ausgetauscht. RTCP verwendet dabei in erster Linie die Nachrichtentypen SR (Sender Report) und RR (Receiver Report).

Um ein Abhören von Gesprächen zu verhindern und Manipulationen zu unterbinden, wurden RTP und RTCP weiterentwickelt. Die sicheren Protokolle ***SRTP (Secure RTP)*** und ***SRTCP (Secure RTCP)*** sind im RFC 3711 von 2004 spezifiziert. Sie gewährleisten Vertraulichkeit und Integrität der Nachrichten sowie eine Authentifizierung des Absenders.

Session Initiation Protocol (SIP)

Als Alternative zum sehr komplexen ITU-T-Standard H.323 wurde von der IETF das einfachere internetbasierte Session Initiation Protocol (SIP) entwickelt, das in der aktuellen Version durch den Standard RFC 3261 von 2002 spezifiziert ist. SIP ist ein ***Signalisierungsprotokoll,*** das zwischen entfernten Anwendungen eine Session (Sitzung) initiiert, d. h. den Aufbau, die Überwachung und den Abbau einer virtuellen Verbindung zum Austausch von Echtzeitsignalen veranlasst.

Wie die Abbildung 9.12 zeigt, ersetzt SIP die komplexe H.323-Signalisierung (Terminal and Call Management). SIP verwendet ebenso wie H.323 die ***Protokolle*** RTP und RTCP und ggf. zusätzlich RSVP (Resource Reservation Protocol) und RTSP (Real Time Streaming Protocol) zur Gewährleistung von QoS. Außerdem können die ergänzenden Signalisierungsprotokolle SDP (Session Description Protocol) und SAP (Session Announcement Protocol) eingesetzt werden (zu Einzelheiten vgl. u. a. [4], S. 248 ff.; [43], S. 745 ff.).

SIP unterscheidet folgende ***Netzwerkkomponenten:***

- ***User Agents:*** IP-Telefone und multimediafähige PCs, die als UAC (User Agent Client) Requests absetzen oder als UAS (User Agent Server) Responses zurücksenden.
- ***Proxy Server:*** Sie leiten SIP-Nachrichten weiter.
- ***Redirect Server:*** Sie liefern zu Requests eine aktuelle IP-Adresse zurück und unterstützen so Rufumleitungen.
- ***Registrar Server:*** Sie registrieren die aktuellen IP-Adressen zur Unterstützung der Benutzermobilität.

Proxy Server, Redirect Server und Registrar Server sind optional, aber in größeren Netzen unentbehrlich.

Die Kommunikation zwischen den gleichberechtigten User Agents (Peer-to-Peer-Netz) erfolgt über Textnachrichten, die an HTTP angelehnt sind. Abbildung 9.13 skizziert den ***Ablauf einer SIP-Session*** für ein Telefongespräch zwischen zwei Teilnehmern.

Der UAC beim Teilnehmer A fordert zunächst mit der ***Methode INVITE*** die Initiierung einer Sitzung an. Der UAS beim Teilnehmer B veranlasst daraufhin das Klingeln und sendet den Statuscode 180 (Ringing) zurück, der beim Teilnehmer A den Freiton bewirkt. Sobald Teilnehmer B abgehoben hat, sendet der UAS – wie bei HTTP – den Statuscode 200 (OK), der vom UAC mit ACK bestätigt wird. Außerdem werden zwei RTP-Kanäle über beliebige Registered Ports (UDP-Ports) zur Sprachübertragung im Vollduplex-Betrieb aufgebaut. Dann kann das Telefongespräch stattfinden. Nachdem Teilnehmer B aufgelegt hat, fordert der UAC beim Teilnehmer B mit der ***Methode BYE*** die Beendigung der Session an. Der UAS beim Teilnehmer A antwortet mit dem Statuscode 200 (OK).

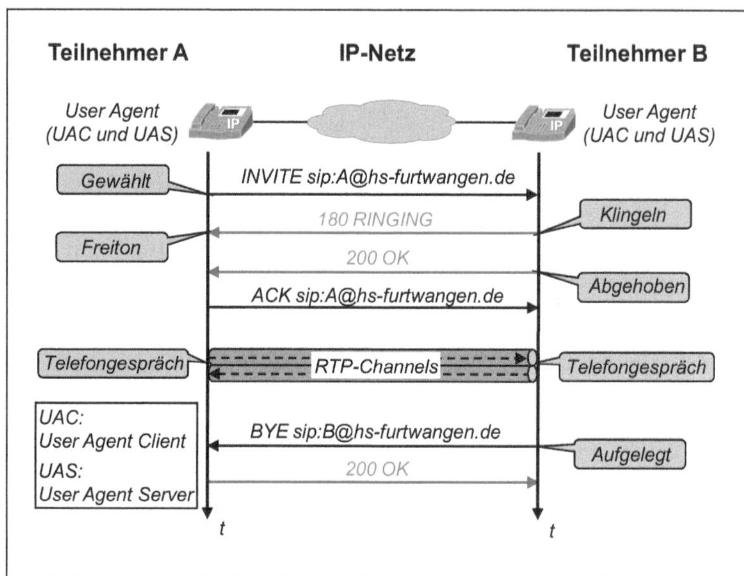

Abb. 9.13: Ablauf einer SIP-Session zwischen zwei IP-Telefonen

Die elektronische Telefonnummer ENUM

Da Voice over IP mit IP-Adressen arbeitet, muss eine Zuordnung der nach ITU-T E.164 standardisierten vorhandenen Telefonnummern zu IP-Adressen erfolgen. Das Konzept hierzu ist im RFC 3761 von 2004 spezifiziert. Die Abkürzung ENUM bedeutete ursprünglich „E.164 Number to IP Address Mapping", wurde später in „Telephone Number Mapping" uminterpretiert (da es auch private Telefonnummern gibt) und wird heute als ***Electronic Number Mapping*** verstanden (damit auch der erste Buchstabe stimmt).

ENUM verwendet das Domain Name System, um Telefonnummern auf die registrierten Internet-Kontaktadressen (z. B. E-Mail-Adressen) aufzulösen. Hierzu wurde die neue Top Level Domain (TLD) ***e164.arpa*** definiert, die für jedes Land einen hierarchischen Namensraum mit Telefonnummern enthält. Entsprechend der DNS-Schreibweise wird z. B. die Telefonnummer +49-07723-9200 nach der Entfernung aller Sonderzeichen umgedreht, mit Punkten versehen und mit „e164.arpa" ergänzt:

0.0.2.9.3.2.7.7.0.9.4.e164.arpa

Die entstandene Zeichenkette, die man als ENUM-URI (Uniform Resource Identifier) bezeichnet, wird zur „Namensauflösung" für das DNS verwendet, um die Internet-Kontaktadresse zu erfahren, zu der dann noch die IP-Adresse gefunden werden muss.

Media Gateways und Telephony Routing

Zur Vernetzung von VoIP-Netzen mit dem PSTN/ISDN wurde das Signalisierungsprotokoll ***MGCP (Media Gateway Control Protocol)*** geschaffen. MGCP definiert nach dem RFC 3525 von 2003 Signalisierungsnachrichten (Commands/Responses), durch die ein sog. Call Agent (CA) eine RTP-Session mit RTP-Kanälen zu/von einem Media Gateway initiiert und beendet. Die aktuelle Version von MGCP integriert auch das von der ITU-T und der IETF gemeinsam entwickelte Protokoll ***Megaco*** (nach ITU-T H.248 und RFC 3015).

In diesem Zusammenhang ist noch das Protokoll ***TRIP (Telephony Routing over IP)*** zu erwähnen, das als „Inter-Domain Gateway Location and Routing Protocol" für den Austausch von Routing-Tabellen zwischen verschiedenen H.323-Zones und H.323-Domains sorgt. TRIP nach dem RFC 3219 von 2002 verwendet hierzu das Konzept von BGP4 (zu weiteren Einzelheiten vgl. u. a. [4], S. 92 ff. und S. 313 ff.).

9.5 Basisarchitektur von Intranets

Seit Mitte der 90er Jahre haben Unternehmen und öffentliche Institutionen zunehmend in Internet-Technologien investiert und die beschriebenen Internet-Protokolle auch für ihre eigenen Computernetzwerke eingesetzt. IBM-3270-Terminalemulationen wurden durch Webbrowser ersetzt und Webserver den Mainframes vorgeschaltet, um über HTML-Seiten mittels HTTP plattformunabhängig auf die alten Mainframe-Anwendungen (Legacy Systems, „Erblasten") zugreifen zu können. Inzwischen revolutionieren Intranets und Portale in Unternehmen die kompletten Informations-, Kommunikations- und Prozess-Infrastrukturen.

Intranets und Portale

Im weiteren Sinne sind ***Intranets*** interne Computernetzwerke, die im Gegensatz zum offenen Internet einen privaten Betreiber haben und nur einer geschlossenen Benutzergruppe (den eigenen Mitarbeitern) zur Verfügung stehen. Intranets besitzen eine standardisierte Client-Server-Architektur und basieren auf dem Protokollpaar TCP/IP. Sie bieten über offene Standardprotokolle ein ***Enterprise Wide Web*** mit allen erforderlichen Intranet-Diensten, die von den Mitarbeitern benötigt werden. Im engeren Sinne versteht man unter Intranets lediglich IP-basierte Computernetzwerke zur Pflege, Bereitstellung und Verteilung von Daten und Dokumenten. Intranets werden dann nur als Vorstufe von Mitarbeiterportalen angesehen (siehe auch Abschnitt 2.5).

Als ***Portale*** (Haupteingänge, Tore) bezeichnet man allgemein Web-Applikationen, deren Homepage einen zentralen Einstiegspunkt zu allen Informationen, Diensten und Prozessen einer Organisation bietet. Portale haben meist eine benutzerbezogene („personalisierte") Benutzeroberfläche und verfügen über die Funktion eines Single-Sign-On (zentrale Einmal-Anmeldung) für alle Server und Dienste, zu denen der angemeldete Benutzer eine Berechtigung hat. Man unterscheidet einerseits ***Internetportale*** von Anbietern für den Zugang zum Internet, zu Informations- und Kommunikationsdiensten sowie andererseits ***Unternehmensportale***.

Neben den Internetportalen haben sich in der Praxis vor allem folgende Typen von Unternehmensportalen durchgesetzt:

- ***Mitarbeiterportale***: für den Zugang zu Intranets,
- ***Lieferantenportale*** und ***Geschäftskundenportale*** für den Zugang zu Extranets (B2B, Business-to-Business),
- ***Endkundenportale*** für den Zugang zu Extranets (B2C, Business-to-Consumer).

Als ***Extranet*** bezeichnet man den Teil eines Intranets, auf den registrierte Lieferanten und Kunden durch ein sicheres VPN (Virtual Private Network) über das Internet zugreifen können.

Die Komponenten eines Intranets

Abbildung 9.14 zeigt die Komponenten, aus denen sich ein Intranet (im weiteren Sinne) zusammensetzt:

- ***Information Base:*** Sie enthält die benötigten Dokumente und Daten.
- ***Datenbank-, Applikations- und Webserver:*** Sie verarbeiten die Benutzeraufträge und stellen die angeforderten Dokumente, Dienste und Daten bereit.
- ***IP-Netz:*** Es verbindet die Clients mit den Servern und bietet außerdem eine Verbindung vom/zum Internet.
- ***Firewall:*** Sie filtert den Datenverkehr vom/zum Internet und schirmt so das Intranet ab.
- ***Clients mit Webbrowser:*** Sie ermöglichen den Zugang zum Intranet und geben Webseiten aus.

Das außerdem dargestellte ***Mitarbeiterportal*** veranschaulicht den zentralen Einstiegspunkt zu allen Informationen, Diensten und Prozessen einer Organisation. Es wird durch Web-, Applikations- und Datenbankserver realisiert. Neben dem Intranetzugriff ermöglicht das Mitarbeiterportal über die Firewall auch den Zugang zu Informationen und Diensten aus dem Internet.

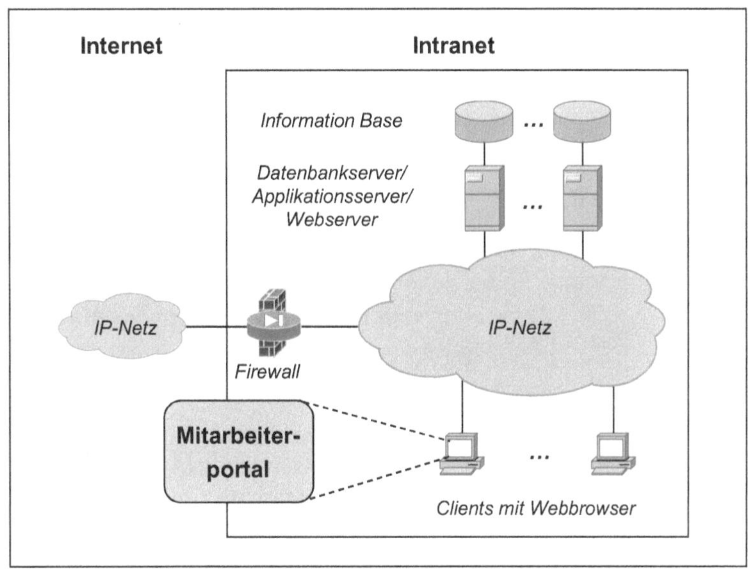

Abb. 9.14: Die Komponenten eines Intranets im weiteren Sinne

Betrachtet man in der Praxis eingesetzte Mitarbeiterportale, so zeigt die Strukturierung der angebotenen Bereiche große Unterschiede. Abstrakt gesehen, werden aber immer folgende ***Funktionen*** angeboten:

- ***Information:*** Hierzu zählen einerseits Pull-Systeme wie Dokumenten- und Datenbankabfragedienste, Verzeichnisdienste und Suchfunktionen sowie andererseits Push-Systeme wie elektronische schwarze Bretter und Newsletter.
- ***Kommunikation:*** Dieser Bereich umfasst einerseits eine asynchrone Kommunikation über E-Mail-Dienste und Foren sowie andererseits eine synchrone Kommunikation über Instant Messaging (Chats) und VoIP.
- ***Koordination:*** Die Unterstützung der virtuellen Zusammenarbeit von Arbeitsgruppen reicht von gemeinsamen Terminkalendern über Aufgabenlisten bis hin zum Workflow Management.

Immer bedeutsamer wird auch der Mitarbeiterbereich selbst. Beispiele hierzu sind die Abrechnung von Reisekosten und interne Online-Jobbörsen.

Multi-Tier-Architekturen

Wir wollen uns nun die Basisarchitektur von Intranets noch etwas näher ansehen. Um ***dynamische Webseiten*** (HTML-Seiten mit variablen Inhalten) anzeigen zu können, die auch Daten, Dienste und Prozesse bereitstellen, benötigt man recht komplexe Anwendungen. Zur Reduzierung der Komplexität teilt man die Funktionalität der zu Enterprise Wide Webs benötigten Anwendungen – ebenso wie bei Anwendungen zum World Wide Web – in mehrere Softwarekomponenten auf. Meist laufen die Softwarekomponenten zur besseren Lastverteilung auf verschiedenen Computern. Da die Computer hierbei in mehreren „Tiers" (Reihen, Schichten) angeordnet sind, bezeichnet man die Architekturen der verteilten Anwendungen als ***Multi-Tier-Architekturen.***

In der Praxis findet man je nach Intranetgröße drei verschiedene Multi-Tier-Architekturen (vgl. z. B. auch [14], S. 33 ff.):

- ***2-Tier-Architekturen:*** Sie enthalten Client-Rechner mit einer Präsentationskomponente (Benutzerschnittstelle) und Server-Rechner mit allen anderen Komponenten.
- ***3-Tier-Architekturen:*** Sie bestehen aus Client-Rechnern mit einer Präsentationskomponente, Server-Rechnern mit Webserver- und Applikationsserverkomponenten sowie aus Server-Rechnern mit Datenbankserverkomponenten oder Mainframe-Rechnern mit Legacy-Anwendungen.
- ***4-Tier-Architekturen:*** Sie umfassen Client-Rechner, Webserver-Rechner, Applikationsserver-Rechner und Datenbankserver- bzw. Mainframe-Rechner.

Abbildung 9.15 zeigt oben eine 3-Tier-Architektur, so wie sie oft für moderne Web-Anwendungen verwendet wird. Sie enthält:

- eine ***Client Tier*** mit einem Webbrowser für die Benutzerschnittstelle (Presentation),
- eine ***Middle Tier*** mit Webserver inkl. Servlet-Engine (Web Container mit Servlets, Java Server Pages, HTML-Pages) und Applikationsserver (EJB Container mit Enterprise Java Beans) für die Verarbeitung (Business Logic),
- eine ***EIS Tier*** (Enterprise Information System Tier) mit Datenbankserver, ERP System (Enterprise Resource Planning System, z. B. SAP R/3) oder Legacy System für die Informationsverwaltung (Data).

Darunter ist in Abbildung 9.15 vereinfacht dargestellt, wie ein Benutzerauftrag (z. B. eine Datenbankabfrage, ein Eintrag in einen Terminkalender o. Ä.) in einer 3-Tier-Architektur verarbeitet wird (vgl. hierzu u. a. auch [14], S. 110 ff.). Eine zentrale Rolle spielt hierbei die Middle Tier. Sie enthält die ***Servlet-Engine,*** die in den Web-Server (Web-Container) integriert ist. Die Servlet-Engine übernimmt die Ausführung der Instanzen von Servlets (Java-Klassen) zur Verarbeitung der Benutzeraufträge.

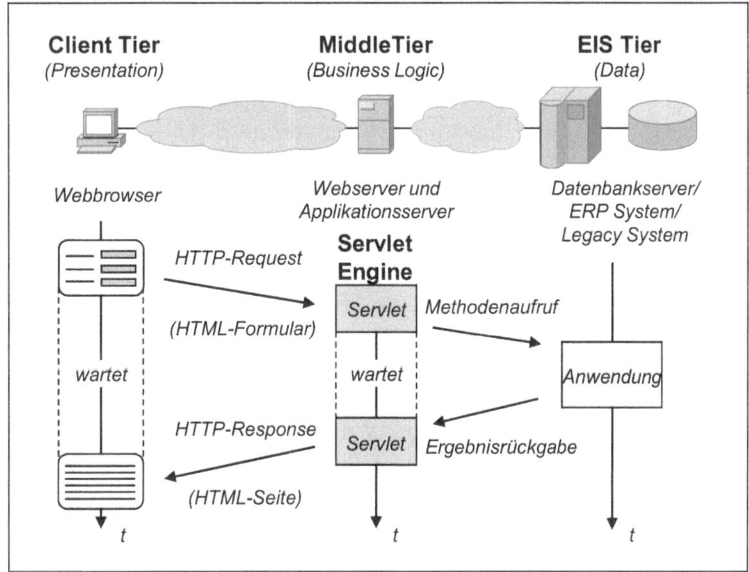

Abb. 9.15: Verarbeitung eines Benutzerauftrages in einer 3-Tier-Architektur

Ein Benutzer füllt in der Regel zunächst im Fenster seines Webbrowsers ein HTML-Formular aus und schickt es per Mausklick mittels ***HTTP-Request*** an den Webserver. Der Webserver erkennt anhand der URL, dass ein Servlet aufgerufen werden soll, und übergibt den Aufruf an die Servlet-Engine. Die Servlet-Engine sorgt für die Ausführung des Servlets (genauer: einer Instanz des Servlets). Das Servlet übersetzt die Anfrage in ein Format, das die Anwendung der EIS (Enterprise Information System) Tier versteht, und übergibt den Benutzerauftrag durch einen ***Methodenaufruf*** an das API (Application Program Interface) der Anwendung.

Die Anwendung führt den Benutzerauftrag aus. Hierzu greift sie auf die Information Base zu und realisiert die ***Ergebnisrückgabe*** an das wartende Servlet über das API. Das Servlet überführt das erhaltene Ergebnis wieder in eine HTML-Seite und übergibt sie an den Webserver. Der Webserver überträgt schließlich die HTML-Seite mittels einer ***HTTP-Response*** zurück an den wartenden Webbrowser. Der Webbrowser stellt die erhaltene HTML-Seite im Browserfenster dar, und der Benutzer kann (hoffentlich) mit der gelieferten Information weiterarbeiten.

9.6 Grundkonzepte zur Netzwerksicherheit

Gefahren und Netzwerksicherheit

Solange es Computernetzwerke nur in Unternehmen und im Universitätsbereich gab, waren Angriffe auf Netzwerke kein großes Thema. Die einzige wesentliche Gefahr war das Erraten und Knacken von Passwörtern. Dies änderte sich schlagartig mit der öffentlichen Nutzung des Internets in der Mitte der 90er Jahre.

Heute reichen die Angriffe vom ***Hacking*** (Einbrechen in fremde Netzwerke und Computer) über ***Malware*** (über das Internet eingeschleppte Schädlingsprogramme, vor allem Computerviren, -würmer, Trojaner, Spyware) bis hin zu ***DoS-Angriffen*** (Denial-of-Service-Angriffe auf Server zu deren Funktionsunfähigkeit durch Paket-Überflutung). Hinzu kommen Bedrohungen des Nachrichtenverkehrs durch ***Sniffing*** (Mitlesen von Nachrichten), ***Spoofing*** (Vortäuschen einer falschen Identität) und ***Session Hijacking*** (Verbindungsentführung meist mit Nachrichtenmanipulation). Für die Zukunft werden noch massivere Attacken durch organisierte Kriminalität erwartet.

Zur Gewährleistung der Netzwerksicherheit – also eines möglichst risikolosen Zustandes für ein Computernetzwerk und die in ihm stattfindende Kommunikation – wurden immer komplexere Sicherungsmaßnahmen entwickelt. Die heute eingesetzten ***Sicherungsmaßnahmen*** realisieren im Wesentlichen vier Grundkonzepte (vgl. ähnlich auch [41], S. 490 ff.; [26], S. 297 ff.; [1]):

- ***Firewalls, IDS*** (Intrusion Detection Systems) und ***Virenscanner:*** zur Abschirmung privater Netze und Computer sowie zur Erkennung von Angriffen und Malware,
- ***Kryptographische Verfahren:*** zur Senderauthentifizierung sowie zur Gewährleistung der Integrität, Vertraulichkeit und Verbindlichkeit von Nachrichten,
- ***VPNs*** (Virtual Private Networks): zum sicheren Transport privater Daten über IP-Netze,
- ***Network Access Control*** (Netzzugangskontrolle): zur zentralen Authentifizierung und Autorisierung der Benutzer, zur Aufzeichnung der Benutzeraktivitäten sowie ggf. zur Abrechnung der von den Benutzern in Anspruch genommenen Dienste.

Firewalls, IDS und Virenscanner

Unter einer ***Firewall*** (Brandmauer, Brandwand) versteht man ganz allgemein eine Funktionseinheit, die den Netzwerkverkehr zwischen zwei Netzen oder den Netzwerkverkehr eines Computers filtert. Somit gibt es zwei verschiedene Arten von Firewalls:

- ***Netzwerk-Firewalls:*** Sie bestehen aus Hardware und Software, fungieren als Gateway und filtern insbesondere den Netzwerkverkehr zwischen dem öffentlichen Internet und einem privaten Campusnetzwerk.
- ***Host-Firewalls:*** Sie bestehen nur aus Software, sind üblicherweise auf einem PC installiert und filtern den vom Internet kommenden Datenverkehr.

Abbildung 9.16 veranschaulicht die Abschirmung eines Campusnetzwerks durch eine Firewall. Die Firewall schützt das abgeschirmte Intranet restriktiv gegen jeglichen unautorisierten Datenverkehr aus dem Internet. Sie ermöglicht gleichzeitig eingeschränkte Zugriffe auf die Dienste der in der sog. ***DMZ (Demilitarized Zone)*** stehenden Server (FTP-Server, WWW-Server), die auch als ***Sacrificial Hosts*** (Opfer-Hosts) bezeichnet werden.

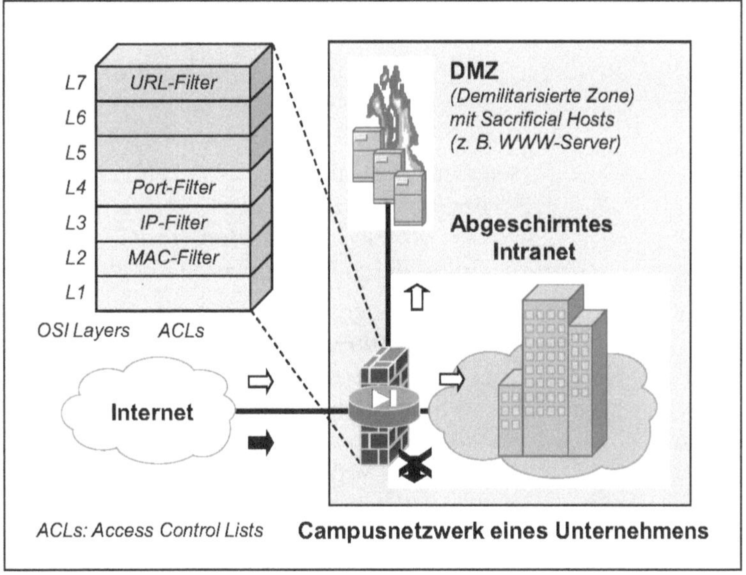

Abb. 9.16: Abschirmung eines Campusnetzwerks durch eine Firewall

Die Filterung des Datenverkehrs wird meist durch ***ACLs (Access Control Lists)*** beschrieben. ACLs enthalten Regeln zum Blockieren (Deny) und Weiterleiten (Permit) von Datenpaketen. Sie definieren auf den OSI-Schichten 2, 3, 4 und 7 entsprechende MAC-, IP-, Port- und URL-Filter sowie ggf. weitere Content-Filter, die den Paket-Inhalt durchleuchten.

In der Praxis werden drei ***Typen von Netzwerk-Firewalls*** mit spezieller Funktionalität eingesetzt (vgl. u. a. [28], S. 435 ff.):

- ***Packet Filter:*** Sie filtern die ankommenden und herausgehenden Datenpakete anhand ihrer IP-Adressen und weiterer Header-Felder. Paketfilter arbeiten auf der OSI-Schicht 3, können oft aber auch Schicht-2- und Schicht-4-Informationen auswerten. Während einfache Paketfilter die Datenpakete isoliert voneinander überprüfen, analysieren dynamische Paketfilter mit „Stateful Inspection" die Datenpakete zustandsorientiert im Rahmen von TCP-Verbindungen.
- ***Circuit Relays:*** Sie beenden zusätzlich zur Paketfilterung alle eingehenden Verbindungen und bauen die ausgehenden Verbindungen neu auf (Verbindungstrennung, Dual-Homed).
- ***Application Gateways:*** Sie beenden die eingehenden Verbindungen komplett auf der Anwendungsebene, analysieren den Inhalt der Datenpakete und setzen die ausgehenden Verbindungen neu auf. Application Gateways arbeiten oft auch als Proxy Server und besitzen daher einen Cache.

Netzwerk-Firewalls, die als Paketfilter arbeiten, nennt man auch ***Screening Router.*** Circuit Relays und Application Gateways werden oft auch als ***Bastion Hosts*** (Festungs-Rechner) bezeichnet. In größeren Netzen werden beide miteinander kombiniert.

Zur Ergänzung von Netzwerk-Firewalls installiert man zunehmend ***IDS (Intrusion Detection Systems)*** an kritischen Stellen eines Campusnetzwerks, um Einbruchsversuche zu erkennen (z. B. vor/hinter der Firewall, im Server Block). IDS sind Funktionseinheiten, die aus Hardware und/oder Software bestehen und die den Netzwerkverkehr analysieren. Sie versuchen, Einbruchsversuche anhand von Auffälligkeiten im Datenverkehr zu erkennen. Hierzu verwenden sie derzeit überwiegend ***Pattern Matching,*** d. h. sie durchsuchen die Datenpakete nach bestimmten Folgen von Bit-Mustern. Ähnlich arbeiten auch ***Virenscanner (Antivirenprogramme),*** die Dateien mit sog. Virensignaturen nach bestimmten Bitmustern durchsuchen.

Kryptographische Verfahren im Überblick

Während Firewalls, IDS und Virenscanner Netzwerke und Computer schützen sollen, ermöglichen kryptographische Verfahren eine ***sichere Nachrichtenübertragung***. Alle heutigen Sicherungsmaßnahmen zum Schutze der übertragenen Nachrichten basieren auf kryptographischen Verfahren. Abbildung 9.17 zeigt die verwendeten kryptographischen Verfahren im Überblick.

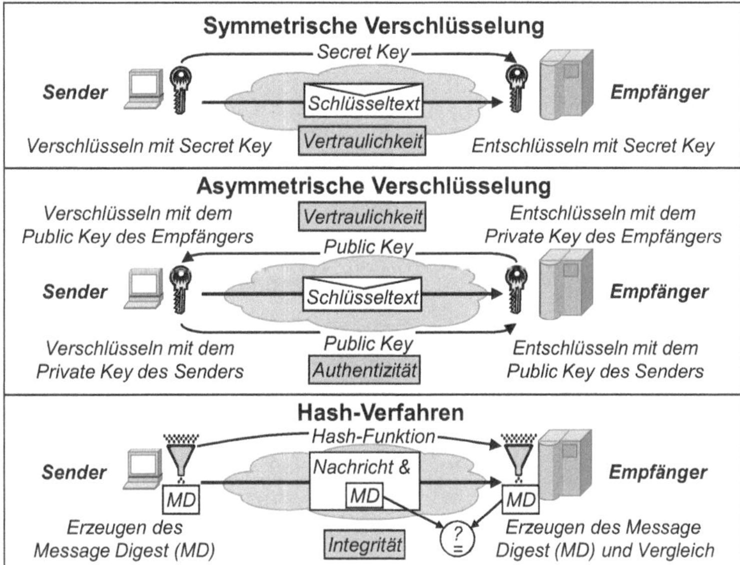

Abb. 9.17: Verschlüsselung und Hash-Verfahren

Symmetrische Verschlüsselungsverfahren (Secret-Key-Verfahren) verwenden den gleichen geheimen Schlüssel (Secret Key) zur Ver- und Entschlüsselung beim Sender und Empfänger. Hierzu muss der Secret Key vorher sicher übertragen werden. ***Asymmetrische Verschlüsselungsverfahren*** (Public-Key-Verfahren) benutzen zwei verschiedene Schlüssel, einen privaten Schlüssel (Private Key) und einen öffentlichen Schlüssel (Public Key). Für die Authentisierung wird der Private Key des Senders verwendet, den jeder mit dem Public Key des Senders überprüfen kann. Für die Vertraulichkeit wird der Public Key des Empfängers benutzt, so dass eine Nachricht nur mit dem Private Key des Empfängers entschlüsselt und gelesen werden kann.

Hash-Verfahren arbeiten mit Einweg-Funktionen, die eine beliebige Zeichenkette zu einem Hashwert (Fingerprint) verdichten. Meist berechnen sie aus einer Nachricht einen sog. MD (Message

Digest). Seltener generieren sie aus einer Nachricht und einem Secret Key einen MAC (Message Authentication Code).

Wichtige ***symmetrische Verschlüsselungsverfahren*** (Secret-Key-Verfahren) sind:

- ***DES*** (Data Encryption Standard): bekanntester Standard mit nur 56 Bits Schlüssellänge, 1974 von IBM entwickelt, bis 2000 offizieller Standard der US-Behörden, heute oft als ***3DES*** (Triple DES) mit 168-Bit-Schlüssel verwendet.
- ***RC4*** (Rivest's Cipher 4): 1987 vom Kryptographie-Experten Ronald Rivest entwickelt, 128-Bit-Schlüssel.
- ***IDEA*** (International Data Encryption Algorithm): 1990 an der ETH Zürich entwickelt, 128-Bit-Schlüssel.
- ***AES*** (Advanced Encryption Standard): seit 2000 offizieller US-Standard, 128-, 192- und 256-Bit-Schlüssel.

Bedeutende ***asymmetrische Verschlüsselungsverfahren*** (Public-Key-Verfahren) sind:

- ***RSA*** (Rivest, Shamir, Adleman): sehr bekannt und verbreitet, 1977 veröffentlicht und nach den drei Erfindern benannt, Schlüssellänge ≥ 512 Bits.
- ***DSS*** (Digital Signature Standard): seit 1991 offizieller Standard der US-Behörden für digitale Signaturen, Schlüssellänge ≥ 512 Bits.
- ***Diffie-Hellman Key Exchange:*** 1976 an der Stanford University entwickelt, Verfahren zum sicheren Austausch symmetrischer Schlüssel, Schlüssellänge ≥ 512 Bits.

Die bekanntesten derzeit eingesetzten ***Hash-Verfahren*** sind:

- ***MD5*** (Message Digest 5): von Rivest entwickelt, Hash-Wert mit 128 Bits.
- ***SHA-1*** (Secure Hash Algorithm 1): Bestandteil des Signatur-Standards DSS, Hash-Wert mit 160 Bits.
- ***RIPEMD-160*** (RACE Integrity Primitives Evaluation Message Digest 160): im Rahmen des EU-Projektes RACE entwickelt, Hash-Wert mit 160 Bits.

Asymmetrische Verschlüsselungsverfahren benötigen zur Authentifizierung eines öffentlichen Schlüssels ein ***digitales Zertifikat*** nach ITU-T X.509, damit eine mit diesem Schlüssel verschlüsselte Nachricht nicht von einem falschen Empfänger gelesen werden kann. Ein Zertifikat wird von einer ***Certification Authority***

(CA) bzw. ***TTP (Trusted Third Party)*** ausgestellt. Mit einem Zertifikat bestätigt eine Zertifizierungsstelle durch ihre digitale Signatur die Zugehörigkeit eines Public Key zu einer bestimmten Person. Das Management von Zertifikaten erfolgt in einer sog. ***PKI (Public Key Infrastructure).*** Marktführer für Sicherheitszertifikate ist derzeit das amerikanische Unternehmen VeriSign.

Nachrichtensicherheit durch kryptographische Verfahren

An eine sichere Nachrichtenübertragung werden heute üblicherweise folgende ***Anforderungen*** gestellt (vgl. z. B. [26], S. 325 f.; [42], S. 175 f.):

- ***Integrität*** (Integrity, Unveränderlichkeit): Eine Nachricht kann auf dem Übertragungsweg nicht verfälscht werden.
- ***Authentizität*** (Authenticity, Echtheit des Absenders): Eine Nachricht stammt tatsächlich vom angegebenen Absender.
- ***Vertraulichkeit*** (Privacy, Geheimhaltung): Eine Nachricht kann nur vom berechtigten Empfänger gelesen werden.
- ***Verbindlichkeit*** (Non-Repudiation, Nicht-Abstreitbarkeit): Der Absender kann nicht bestreiten, dass er die Nachricht gesendet hat.

Zur Erfüllung der genannten Anforderungen werden kryptographische Verfahren eingesetzt. Abbildung 9.18 skizziert die sichere Nachrichtenübertragung anhand eines einfachen Nachrichtenkanals mit ***Sender, Nachricht*** und ***Empfänger.*** Oben stehen die Anforderungen Integrität, Authentizität und Vertraulichkeit. Unten sieht man die Sicherungsaktivitäten des Senders.

Die Nachrichtensicherung erfolgt durch den ***Sender*** in drei Schritten (zu Einzelheiten vgl. z. B. [34], S. 164 ff.; [43], S. 782 ff.):

- ***Hash-Verfahren*** zur Gewährleistung der ***Integrität:*** Eine Hash-Funktion berechnet aus einer Nachricht beliebiger Länge einen ***Message Digest*** (Hashwert, Fingerprint). Da eine Hash-Funktion eine Einweg-Funktion ist, kann die Nachricht aus dem Message Digest nicht wieder rekonstruiert werden.
- ***Asymmetrische Verschlüsselung*** zur zusätzlichen Gewährleistung der ***Authentizität:*** Durch die Verschlüsselung des Message Digest mit dem privaten Schlüssel des Senders entsteht die ***Digitale Signatur*** (elektronische Unterschrift). Sie dient seiner Authentisierung

(Echtheitsnachweis) und kann mit dem zugehörigen öffentlichen Schlüssel des Senders von jedem zur Authentifizierung (Echtheitsüberprüfung) entschlüsselt werden.

- ***Verschlüsselung*** zur Gewährleistung der ***Vertraulichkeit:*** Nachricht und Signatur werden verschlüsselt, sodass Dritte den Schlüsseltext nicht lesen können. Meist wird hierzu ein gemeinsamer geheimer Schlüssel (Secret Key) verwendet, den nur Sender und Empfänger kennen (Symmetrische Verschlüsselung). Der geheime Schlüssel wird vor seiner Übertragung mit dem öffentlichen Schlüssel des Empfängers verschlüsselt, sodass ihn nur der Empfänger mit seinem privaten Schlüssel lesen kann (Asymmetrische Verschlüsselung). Seltener wird die asymmetrische Verschlüsselung auf die gesamte Nachricht angewandt, da sie wesentlich zeitaufwendiger ist als die symmetrische Verschlüsselung.

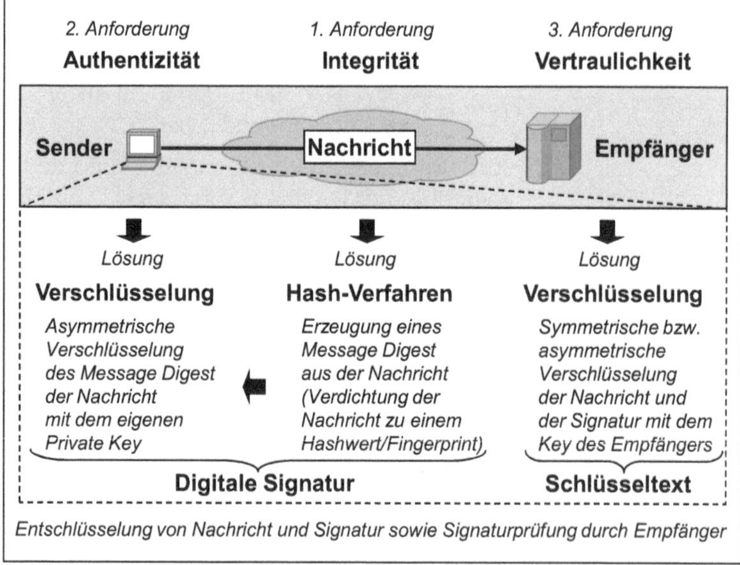

Abb. 9.18: Anforderungen und Verfahren zur sicheren Nachrichtenübertragung

Der ***Empfänger*** entschlüsselt den empfangenen geheimen Schlüssel mit seinem privaten Schlüssel. Dann entschlüsselt er die verschlüsselte Nachricht und Signatur mit dem geheimen Schlüssel (Vertraulichkeit!). Die Digitale Signatur entschlüsselt er mit dem öffentlichen Schlüssel des Senders und erhält so den Message Digest der übertragenen Nachricht. Außerdem berechnet er aus der Nachricht den Message Digest (siehe Abbildung 9.17).

Ist der berechnete Message Digest gleich dem Message Digest, der sich aus der Entschlüsselung der digitalen Signatur ergibt, so ist der Absender echt und die Nachricht unverändert (Authentizität und Integrität!). Die vierte Anforderung, die ***Verbindlichkeit,*** ist ebenfalls gewährleistet. Die Nachricht muss vom Absender stammen, wenn sie mit seinem öffentlichen Schlüssel entschlüsselt werden konnte; denn nur er darf den entsprechenden privaten Schlüssel besitzen.

VPNs (Virtual Private Networks)

Sollen private Daten sicher über ein IP-Netz transportiert werden, so verwenden Unternehmen und öffentliche Institutionen heute VPNs (virtuelle private Netze). Ein VPN ist ganz allgemein ein Computernetzwerk, das ein IP Netz zum Transport privater Daten nutzt und das trotzdem für die Netzwerkteilnehmer wie ein privates Netz erscheint. VPNs wurden ursprünglich zum Datentransport über das ***Internet*** entwickelt. Inzwischen werden VPNs zunehmend auch für ***Campusnetzwerke*** eingesetzt, um z. B. WLANs abzusichern oder im Inhouse-Datenverkehr Verkehrsströme mit unterschiedlicher QoS zu trennen. Hybride VPNs bieten Sicherheit und QoS. Es gibt zahlreiche Ziele und Möglichkeiten für den Einsatz von VPNs (zu Einzelheiten vgl. z. B. [5]).

Zur Realisierung eines VPNs wird ein ***VPN-Tunnel*** durch das IP-Netz hindurch aufgebaut. Ein VPN-Tunnel ist eine sichere virtuelle Verbindung zwischen zwei Tunnel-Enden. Er wird realisiert, indem die IP-Pakete mit Hilfe eines Tunneling-Protokolls eingekapselt und zum anderen Tunnel-Ende übertragen werden. Ein Tunneling-Protokoll ergänzt die IP-Pakete um entsprechende Header und Trailer. Es wird selbst wiederum durch unter ihm liegende Protokolle wie UDP, IP und PPP eingekapselt.

Abbildung 9.19 zeigt die beiden grundlegenden Einsatzmöglichkeiten von VPNs für sichere Internet-Verbindungen:

- Ein ***Site-to-Site VPN*** verbindet zwei Standorte zur Realisierung eines Intranets oder Extranets sicher miteinander über das Internet. Der VPN-Tunnel reicht dann von VPN Gateway zu VPN Gateway (in der Firewall oder DMZ).
- Ein ***Remote Access VPN*** ermöglicht es Telearbeitern und mobilen Benutzern, mit ihrem Unternehmen bzw. mit ihrer Institution sicher über das Internet zu kommu-

nizieren. Der VPN-Tunnel beginnt dann beim VPN Client und endet beim VPN Gateway.

Wird das ISP-VPN eines Internet Service Providers genutzt, so endet der Tunnel am VPN Gateway des ISP (Access Server). In diesem Fall sind die Daten auf der „Last Mile“ nicht mehr sicher.

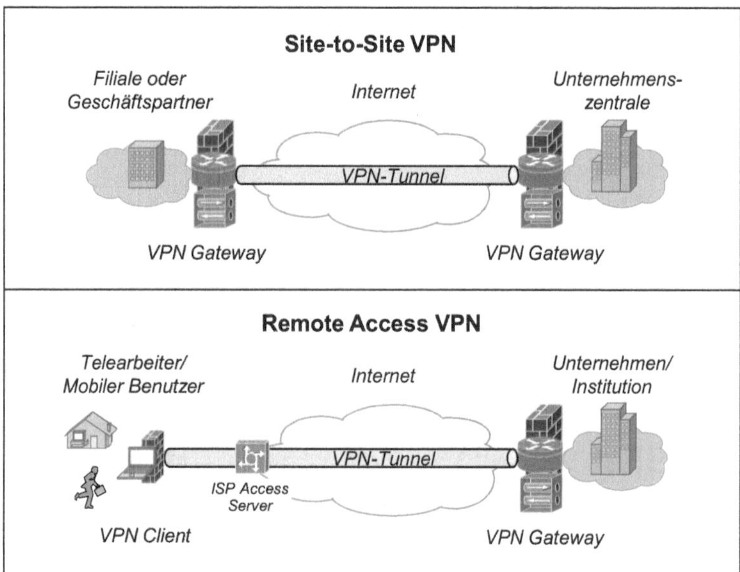

Abb. 9.19: Einsatzmöglichkeiten von VPNs für sichere Internet-Verbindungen

Technisch betrachtet, ergeben sich drei verschiedene ***Arten von VPNs*** (vgl. z. B. [5], S. 208 ff.):

- ***Layer-2-VPNs:*** VPN Gateways und VPN Clients kapseln PPP-Frames durch L2-Header und laufen auf UDP/IP-Protokoll-Stacks. L2-Tunneling-Protokolle sind das von Microsoft entwickelte ***PPTP*** (Point to Point Tunneling Protocol), das von Cisco entwickelte ***L2F*** (Layer 2 Forwarding) sowie das auf beiden aufbauende ***L2TP*** (Layer 2 Tunneling Protocol) nach dem RFC 2661 von 1999. Auch ***MPLS*** (Multiprotocol Label Switching), das schon im Abschnitt 6.7 vorgestellt wurde, ist ein Layer-2-VPN.
- ***Layer-3-VPNs:*** Das einzige hier eingesetzte und sehr bedeutsame Tunneling-Protokoll ist ***IPsec*** (IP Security) nach dem RFC 4301 von 2005. IPsec hat zwei Betriebsar-

ten: den Transport-Modus für Remote Access VPNs und den Tunnelmodus für Site-to-Site VPNs. Im ***Transportmodus*** authentisiert der AH (Authentication Header) die kompletten IP-Pakete, oder ESP-Header und -Trailer (Encapsulation Security Payload) authentisieren und verschlüsseln nur die IP-Nutzlast. Im ***Tunnelmodus*** werden die kompletten IP-Pakete zusätzlich durch einen vorangestellten IP-Header gekapselt. Über dessen IP-Adressen wird ein Tunnel aufgebaut. Der AH-Header authentisiert dann die kompletten IP-Pakete mitsamt dem vorangestellten IP-Header. Oder ESP-Header und -Trailer authentisieren und verschlüsseln nur die eingekapselten IP-Pakete. Die erforderlichen Verschlüsselungsinformationen werden beim Verbindungsaufbau durch das Protokoll IKE (Internet Key Exchange) ausgetauscht.

- ***Layer-4-VPNs:*** Sie basieren auf dem Protokoll ***SSL*** (Secure Socket Layer), das im RFC 2246 von 1999 in ***TLS*** (Transport Layer Security) umbenannt wurde. SSL/TLS bietet eine sichere Verbindung über IP-Netze mittels eines SSL/TLS-Headers, kennt aber selbst kein Tunneling im Sinne eines vorangestellten IP-Headers.

Die meisten VPNs nutzen heute IPsec oder SSL. IPsec wird meist für Site-to-Site VPNs eingesetzt, da für Remote Access VPNs eine spezielle Client-Software erforderlich ist. SSL ist dagegen das bevorzugte Protokoll für Remote Access VPNs, da beim Client ein Webbrowser genügt.

Mit Ausnahme von MPLS bieten alle Tunneling-Protokolle Authentifizierungsverfahren. PPTP, L2F und L2TP führen eine Authentifizierung durch Passwortüberprüfung durch. PPTP bietet eine Verschlüsselung der übertragenen IP-Pakete durch MPPE (Microsoft Point-to-Point Encryption), L2F und L2TP benötigen hierzu IPsec. IPsec und SSL/TLS gewährleisten Integrität, Authentizität, Vertraulichkeit und Verbindlichkeit durch Hash-Verfahren sowie durch symmetrische und asymmetrische Verschlüsselung.

Network Access Control (Netzzugriffssteuerung)

Die Network Access Control (Netzzugriffssteuerung) wird zunehmend über die AAA-Sicherheitsarchitektur zusammen mit dem Protokoll EAP geregelt. Die ***AAA Architecture (Triple A Architecture)*** nach den RFCs 2903 ff. bietet eine einheitliche Netzzugriffssteuerung für alle Benutzer, und zwar unabhängig vom jeweiligen Network Access Device (NAD). AAA steht für ***Authentication, Authorization, Accounting,*** also für die Benutzerauthentifizierung, Prüfung der Benutzerzugriffsrechte und

Aufzeichnung der Nutzeraktivitäten zur Abrechnung und Kontrolle (vgl. u. a. auch [5], S. 166 ff.; [42], S. 412 ff.).

Das ***EAP*** (Extensible Authentication Protocol) nach dem RFC 3748 ermöglicht eine port-basierte Netzzugriffssteuerung auf der OSI-Schicht 2 beim NAD, also an der Netzwerkgrenze. Der physische Netzzugriff wird einem Benutzer vom ***Authenticator*** (NAD) gewährt. Der Authenticator reicht die vom ***Supplicant*** („Bittsteller“, Access Client) zugesandten Anmelde- und Authentisierungsdaten an den ***AAA-Server*** weiter. Meldet der AAA-Server die Authentifizierung und Autorisierung des Supplicant zurück, so leitet der Authenticator die Pakete bzw. Frames des Supplicant zum gewünschten Server weiter. Im anderen Falle blockiert er den Datenverkehr des Supplicant. Abbildung 9.20 veranschaulicht die AAA-Architektur zusammen mit RADIUS und EAP.

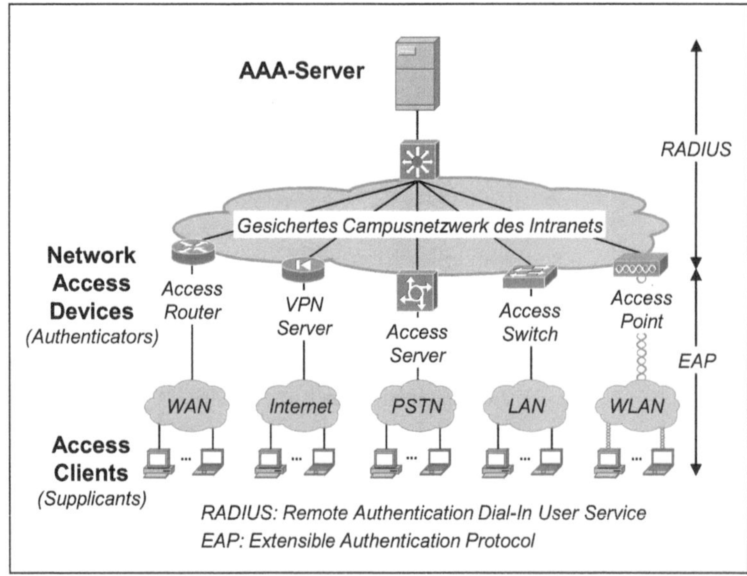

Abb. 9.20: Die AAA-Architektur zusammen mit RADIUS und EAP

Der AAA-Server ist meist ein ***RADIUS-Server*** (Remote Authentication Dial-In User Service) nach dem RFC 2865. Mit ihm kommunizieren NADs (Network Access Devices) als RADIUS-Clients über UDP. Für den Transport der RADIUS-Nachrichten zwischen einem NAD und einem Access Client wird EAP verwendet. EAP wurde für WLANs durch den Standard IEEE 802.1x zu EAPoL (Extensible Authentication Protocol over LAN) erweitert.

Eine Alternative zu RADIUS sind der TCP-basierte ***TACACS+-Server*** (Terminal Access Controller Access Control System +) von Cisco und in Zukunft das von der IETF spezifizierte ***Diameter Base Protocol*** nach den RFCs 3588 von 2003 und 4004 ff. von 2005. Diameter erweitert RADIUS und bietet insbesondere Roaming für mobile Benutzer. Damit werden eine Network Access Control für Benutzer in einem fremden IP-Netz (GPRS, UMTS oder WLAN) und ein Wechsel des Zugangsnetzes während einer bestehenden Verbindung möglich.

So wie es aussieht, wird die Netzwerksicherheit immer mehr zum zentralen Thema der Computernetzwerke. Neben Angriffen von außen sind auch Angriffe von innen (innerhalb des Intranets) durch eigene Mitarbeiter zu berücksichtigen (vgl. z. B. [53]). Es bleibt also spannend mitzuerleben, wie das Rennen zwischen Sicherungsmaßnahmen (Hase) und Angriffen (Igel) weitergeht. Der zweite Igel am anderen Ende der Strecke ist immer schon da, wenn der Hase mühsam versucht, mit dem Igel am Start mitzuhalten.

9.7 Testaufgaben

1. Beschreiben Sie
   (1) den Dienst, den das Internet-Protokoll (IP) zur Verfügung stellt,
   (2) die beiden elementaren Funktionen, die IP erfüllt,
   (3) die Ihrer Meinung nach sechs wichtigsten Felder des IP-Headers!
2. Was war der Hauptgrund für die Entwicklung von IPv6? Erklären Sie drei Unterschiede des IPv6-Headers gegenüber dem IPv4-Header!
3. Beschreiben Sie den Dienst, den das Transmission Control Protocol (TCP) zur Verfügung stellt! Was verstehen Sie:
   (1) unter dem „Three-Way Handshake" von TCP,
   (2) unter einer „Normal Close Sequence" von TCP?
4. Erläutern Sie die Ihrer Meinung nach sechs wichtigsten Felder des Headers von TCP-Segmenten!
5. Beschreiben Sie den Dienst, den das User Datagram Protocol (UDP) zur Verfügung stellt, und nennen Sie die vier Felder des UDP-Headers!
6. ARP ist ein Hilfsprotokoll für IP.
   (1) Was bedeutet die Abkürzung ARP?

(2) Welche Funktion erfüllt ARP?
(3) Wie funktioniert ARP?

7. Erläutern Sie
(1) die Bedeutung der Abkürzung ICMP,
(2) die beiden Gruppen von Funktionen, die ICMP erfüllt,
(3) die beiden ICMP-Anwendungen Ping und Traceroute!

8. Erläutern Sie
(1) die Bedeutung der Abkürzung DHCP,
(2) die Funktion, die DHCP erfüllt,
(3) die Bearbeitung einer DHCP-Anfrage,
(4) die Vorteile von DHCP gegenüber RARP und BOOTP,
(5) die Aufgabe eines DHCP Relay (oder BOOTP Relay)!

9. Was verstehen Sie unter
(1) DNS (Name und Bedeutung),
(2) einem FQDN,
(3) dem Domain Name Space und unter Resource Records (RRs),
(4) unter einem Name Server, einem Primary Name Server und einem Secondary Name Server,
(5) einem Resolver,
(6) einer Zone und einem Root Zone File,
(7) rekursiver und iterativer Namensauflösung,
(8) einem DNS Lookup und einem Reverse Lookup?

10. Skizzieren Sie grafisch und beispielhaft
(1) die Struktur des Domain Name Space mit gTLDs und ccTLDs,
(2) die Namensauflösung für einen Ihnen bekannten FQDN!

11. Beschreiben Sie zum Hypertext Transfer Protocol
(1) die vier Schritte für einen Webzugriff,
(2) Ihnen bekannte Request-Methoden,
(3) die Grundstruktur einer HTTP-Nachricht,
(4) einen wichtigen Unterschied zwischen den Versionen 1.0 und 1.1,
(5) Caching, Mirroring und Content Delivery Networks!

12. Erklären Sie die Funktion und Arbeitsweise des File Transfer Protocol (FTP) anhand einer grafischen Skizze
- mit Client, Server und den beiden Protokoll-Stacks,
- mit den virtuellen Verbindungen,
- mit dem Nachrichten- bzw. Datenverkehr zwischen Client und Server!

13. Was verstehen Sie bei FTP unter Active Mode und Passive Mode? Was ist SSH und welche Verbesserung bringt SSH gegenüber FTP?

14. Beschreiben Sie die beiden grundlegenden Komponenten eines E-Mail-Systems! Welche E-Mail-Standards kennen Sie?

15. Erläutern Sie zu SMTP
    (1) den Ablauf eines E-Mail-Transfers,
    (2) das Nachrichtenformat einer E-Mail,
    (3) die Versendung von Attachments mit MIME und Base64 Encoding!

16. Beschreiben Sie
    (1) die Aufgabe eines Message Retrieval Agent (MRA),
    (2) die Funktionalität des Post Office Protocol (POP),
    (3) die Funktionalität von IMAP,
    (4) die Arbeitsweise von Webmail,
    (5) Listserver und Mail-Gateways!

17. Erläutern Sie drei wichtige Gründe für die Einführung von Voice over IP (VoIP)!

18. Beschreiben Sie
    (1) die wesentlichen Komponenten für eine VoIP-Netzwerkarchitektur nach H.323,
    (2) die Kommunikationsarchitektur von H.323,
    (3) die Sprach- und Videocodierung mit Hilfe von Codecs,
    (4) die Echtzeitkommunikation mit RTP und RTCP!

19. Erläutern Sie
    (1) die Bedeutung der Abkürzung SIP,
    (2) die Funktionalität von SIP und Unterschiede zu H.323,
    (3) die grundlegenden Netzwerkkomponenten von SIP,
    (4) den Ablauf einer SIP-Session!

20. Was verstehen Sie unter der ENUM und wie funktioniert sie? Wandeln Sie eine beliebige internationale Telefonnummer in die entsprechende ENUM um!

21. Was ist MGCP, was ist Megaco und was ist TRIP? Welche Funktionen erfüllen diese drei Protokolle?

22. Erklären Sie den Begriff „Intranet“ und grenzen Sie ihn gegenüber dem Begriff "Portal“ ab! Welche Arten von Portalen unterscheidet man?

23. Beschreiben Sie die grundlegenden Komponenten eines Intranets!

24. Was verstehen Sie unter einer Multi-Tier-Architektur und welche Multi-Tier-Architekturen kennen Sie?
25. Skizzieren Sie die Verarbeitung eines Benutzerauftrages in einer 3-Tier-Architektur grafisch!
26. Nennen Sie
    (1) fünf verschiedene Arten von Angriffen bzw. Bedrohungen, denen Computernetzwerke heute ausgesetzt sind,
    (2) vier Grundkonzepte zur Sicherung von Computernetzwerken!
27. Erläutern Sie
    (1) den Unterschied zwischen Netzwerk-Firewalls und Host-Firewalls,
    (2) die Arbeitsweise der drei grundlegenden Typen von Netzwerk-Firewalls,
    (3) die Begriffe „DMZ“, „Sacrificial Host“, „ACL“ und „IDS“!
28. Beschreiben Sie die Arbeitsweise von
    (1) symmetrischen Verschlüsselungsverfahren,
    (2) asymmetrischen Verschlüsselungsverfahren,
    (3) Hash-Verfahren!

    Nennen Sie zu jeder Gruppe die derzeit bedeutendsten Verfahren! Was ist ein digitales Zertifikat und was eine Certification Authority?
29. Erläutern Sie
    (1) die vier Anforderungen an eine sichere Nachrichtenübertragung,
    (2) die drei Schritte zur Nachrichtensicherung seitens des Senders,
    (3) die Tätigkeiten des Empfängers nach dem Erhalt einer gesicherten Nachricht!
30. Was verstehen Sie
    (1) unter einem VPN und unter einem VPN-Tunnel?
    (2) unter einem Site-to-Site VPN und unter einem Remote Access VPN?
    (3) unter Layer-2-VPNs, Layer-3-VPNs und unter Layer-4-VPNs?

    Welche konkreten Protokolle werden in Layer-2-, Layer-3- und Layer-4-VPNs eingesetzt?
31. Skizzieren Sie die AAA-Sicherheitsarchitektur grafisch zusammen mit RADIUS und EAP! Welche zusätzliche Funktionalität bietet das Diameter Base Protocol gegenüber RADIUS?

10 Funknetz-Technologien für das mobile Internet

Die Weiterentwicklung der Computernetzwerke hat sich seit Ende der 90er Jahre zunehmend auf die Mobilitätsunterstützung konzentriert. Sowohl im betrieblichen als auch im privaten Bereich ist es für uns heute selbstverständlich, nicht nur drahtlos zu telefonieren, sondern zunehmend auch unseren Datenverkehr über mobile Endgeräte abzuwickeln. Notebooks und Smartphones unterstützen Internet- und Intranet-Zugriffe ebenso selbstverständlich wie moderne Handys.

Nachfolgend werden die Funknetz-Technologien beschrieben, die eine Benutzer- und Endgeräte-Mobilität ermöglichen. Nach einem Überblick über die Evolution und die technische Basis des Mobilfunks werden die Mobilfunknetze der 2. und 3. Generation (2G- und 3G-Mobilfunknetze) betrachtet, die als Telekommunikationsnetze den WAN-Bereich abdecken. Dann werden die grundlegenden Technologien lokaler Funknetze erläutert, die in Wireless LANs und PANs eingesetzt werden. Abschließend wird der nächste Schritt zum Mobilfunk der 4. Generation aufgezeigt, der mit WiMAX und vor allem mit LTE erfolgen soll.

10.1 Mobilfunk im Überblick

Evolution des Mobilfunks

Im Gegensatz zu Festnetzanschlüssen ermöglichen Mobilfunkanschlüsse eine uneingeschränkte Benutzermobilität. Ein Mobilfunkteilnehmer ist über sein eingeschaltetes mobiles Endgerät fast an jedem beliebigen Ort und zu jeder beliebigen Zeit für jeden anderen Mobilfunk- oder Festnetzteilnehmer drahtlos zu erreichen. Er selbst kann fast überall eine Kommunikation beginnen und sich während seiner Kommunikation beliebig fortbewegen. Das war nicht immer so. Die ersten öffentlichen Funknetze entstanden in den 50er Jahren. Seit den 80er Jahren basieren sie auf Funkzellen (zur Funkübertragung und zum Zellularfunk siehe Abschnitt 4.7 und insbesondere Abbildung 4.24).

Aus heutiger Sicht unterscheidet man ***drei Generationen*** von Mobilfunknetzen (vgl. hierzu u. a. [38], S. 125 ff.; [43], S. 176 ff.):

- ***1G-Mobilfunknetze:*** analoge Mobilfunknetze,
- ***2G-Mobilfunknetze:*** digitale Mobilfunknetzeund

- ***3G-Mobilfunknetze:*** integrierte und multimediafähige digitale Mobilfunknetze.

1G-Mobilfunknetze

In Deutschland wurde von 1958 bis 1977 das analoge ***A-Netz*** betrieben, das noch handvermittelt arbeitete. Über sog. Feststationen des Fernsprechnetzes waren ca. 10.000 kastengroße, schwere Autotelefone erreichbar. Von 1972 bis 1994 folgte das ***B-Netz*** mit ca. 27.000 Mobilfunkteilnehmern. Es erlaubte schon Selbstwählgespräche, wobei man jedoch immer noch den ungefähren Aufenthaltsort des gerufenen Autotelefons kennen musste.

Erst das ***C-Netz***, das von 1986 bis 2000 betrieben wurde und erstmalig Zellularfunk benutzte, ermöglichte eine automatische Lokalisierung des Angerufenen ***(Paging)***. Mit nur noch taschengroßen Mobilfunkgeräten konnten sich die Teilnehmer auch während ihres Funktelefonates über die Funkzellen hinweg bewegen (sog. ***Handover***). Das C-Netz hatte zeitweise ca. 800.000 Teilnehmer. In den USA setzte sich seit 1982 das analoge Mobilfunknetz ***AMPS*** (Advanced Mobile Phone System) durch.

2G-Mobilfunknetze

In Europa wurde 1982 die ***Groupe Spécial Mobile*** (GSM, Arbeitsgruppe für Mobilfunk) von der CEPT eingerichtet, um einen digitalen Mobilfunkstandard zur Sprach-, Daten- und Textübertragung zu erarbeiten. Die ***CEPT*** (Conférence Européenne des Administrations des Postes et des Télécommunications) ist als Dachorganisation für die Abstimmung der europäischen Telekommunikations-Regulierungsbehörden zuständig. 1990 wurde der von der Groupe Spécial Mobile erarbeitete Standard vom ETSI (European Telecommunications Standards Institute) in Südfrankreich als ***GSM (Global System for Mobile Communications)*** herausgegeben. GSM hat sich weltweit als führender Mobilfunk-Standard durchgesetzt.

In Deutschland gibt es seit 1992 die entsprechenden ***D-Netze*** D1 und D2. 1994 folgten die ***E-Netze*** E1 und E2. GSM-Netze bieten für die nur noch handflächengroßen Mobilfunkgeräte (Handys) zusätzliche Funktionen wie SMS-Telegramme (Short Message Service) und eine grenzüberschreitende Nutzung (Internationales Roaming). Anfang 2010 gab es weltweit über drei Milliarden GSM-Teilnehmer. In den USA erlangte zunächst der 1992 eingeführte und weiterentwickelte Mobilfunk ***D-AMPS*** (Digital-AMPS), der auf dem analogen Standard AMPS der TIA/EIA aufbaut, große Bedeutung.

3G-Mobilfunknetze

Unter dem Namen ***IMT-2000 (International Mobile Telecommunications at 2000 MHz)*** begannen 1992 in der ITU die globalen Standardisierungsarbeiten für den Mobilfunk der 3. Generation. Sie führten zu einer Serie von IMT-2000-Standards. So gab das ETSI 1998 den Standard ***UMTS (Universal Mobile Telecommunications System)*** zur Erweiterung von GSM heraus. Er integriert die leitungsvermittelte und paketvermittelte Datenübertragung von Festnetzen und Mobilfunknetzen bis hin zur Satellitenübertragung. Durch die Multiplextechnik WCDMA (Wideband Code Division Multiple Access) ist UMTS multimediafähig. Es erreicht Übertragungsraten von bis zu 2 Mbit/s und mit der Erweiterung HSPA (High Speed Packet Access) sogar 14.400 Mbit/s, sodass z. B. Videotelefonie möglich wird. In Deutschland ist UMTS seit 2005 verfügbar. Der Ausbau der Funkversorgung erfolgte zunächst vor allem in Ballungsgebieten.

Übertragungskapazität der 2G- und 3G-Mobilfunknetze

Abbildung 10.1 gibt einen Überblick über die derzeit maximalen theoretischen und realen Datenübertragungsraten der 2G- und 3G-Mobilfunknetze. Die Namen (GSM, HSCSD, GPRS usw.) bezeichnen die einzelnen Technologiestufen. Und die Jahreszahlen geben die jeweiligen Einführungsjahre für Deutschland an.

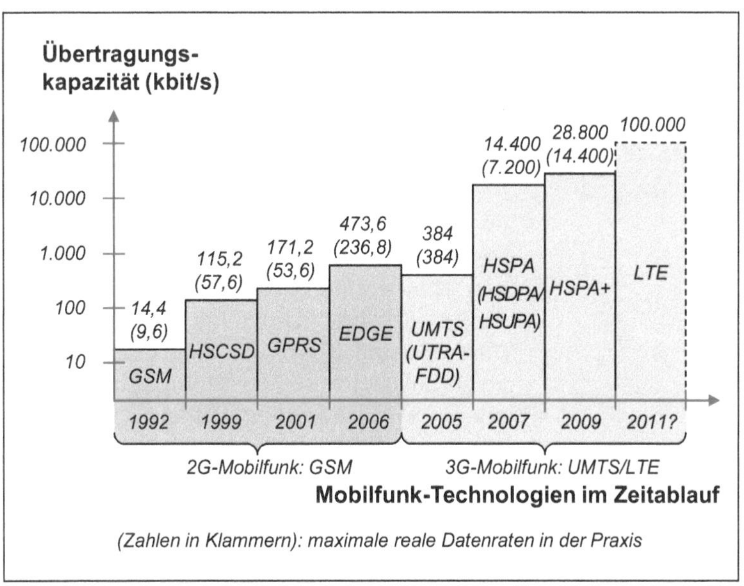

Abb. 10.1: Datenübertragungsraten des 2G- und 3G-Mobilfunks

Die Frequenzbereiche als technische Basis des Mobilfunks

Die knappen und daher streng regulierten Funkfrequenzen bilden die technische Basis für jede Art von Funkverkehr. Abbildung 10.2 zeigt im oben die Frequenzbereiche für GSM und unten die Frequenzbereiche für UMTS (siehe auch Abbildung 4.23).

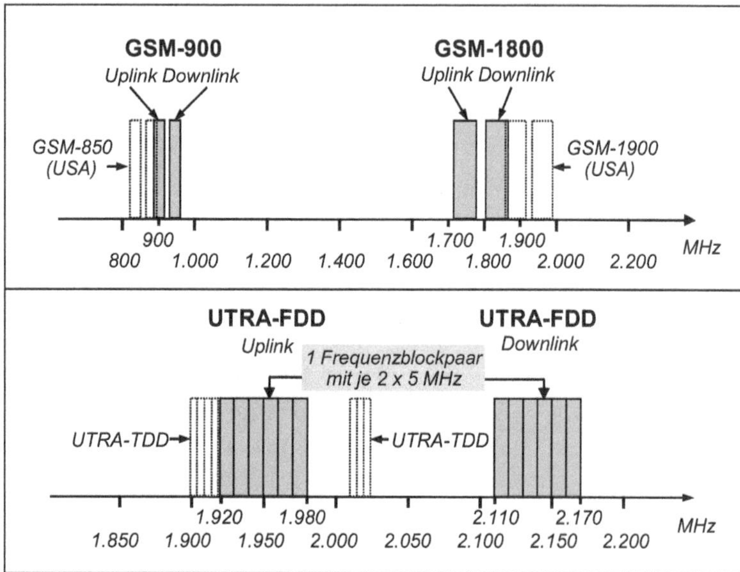

Abb. 10.2: Frequenzbereiche für GSM und UMTS

In Europa werden GSM-900 und GSM-1800 eingesetzt. In Deutschland verwenden die D-Netze D1 (T-Mobile) und D2 (Vodafone) ***GSM-900*** mit den Frequenzbereichen 890-915 MHz (Uplink) und 935-960 MHz (Downlink). ***GSM-1800*** nutzt die Frequenzbereiche 1710-1785 MHz (Uplink) und 1805-1880 MHz (Downlink). Es wird von den E-Netzen E1 (E-Plus) und E2 (O_2) sowie inzwischen auch zusätzlich von D1 und D2 benutzt. In den USA kommt ***GSM-1900*** mit 1850-1910 MHz (Uplink) und 1930-1990 MHz (Downlink) zum Einsatz, in letzter Zeit auch ***GSM-850*** mit 824-849 MHz (Uplink) und 869-894 MHz (Downlink). Ein viel reisender Mobilfunkteilnehmer benötigt also nicht nur ein Triband-Handy, sondern sogar ein Quadband-Handy.

Von den beiden UMTS-Technologien kommt in Deutschland derzeit nur ***UTRA-FDD*** (UMTS Terrestrial Radio Access – Frequency Division Duplex) zum Einsatz. Dass später auch ***UTRA-TDD*** (UMTS Terrestrial Radio Access – Time Division Duplex) eingesetzt wird, ist eher unwahrscheinlich. UTRA-FDD umfasst 6 Frequenzblockpaare zu je 2 * 5 MHz in den Frequenzbereichen 1920-1980 MHz (Uplink) und 2110-2170 MHz (Downlink). Sie wurden im Jahre 2001 von 6 Netzbetreibern für insgesamt ca. 50 Milliarden EURO ersteigert. UTRA-TDD spezifiziert 7 ungepaarte Frequenzblöcke zu je 5 MHz (für Up- und Downlink) in den Bereichen 1900-1920 MHz und 2010-2025 MHz.

10.2 2G-Mobilfunk mit GSM

Die Funkschnittstelle von GSM-Netzen

An der Funkschnittstelle benutzen GSM-Netze sowohl das Frequenzmultiplexing als auch das Zeitmultiplexing, so wie es in Abbildung 10.3 für GSM-900 gezeigt wird (vgl. hierzu z. B. [38], S. 139 ff.).

Für den Uplink zur Mobilfunkstation und für den Downlink zu den Handys werden zwei getrennte Frequenzbereiche bereitgestellt. Dies bezeichnet man als ***FDD (Frequency Division Duplex)***. Beide Frequenzbereiche werden mit ***FDMA (Frequency Division Multiple Access)*** in 124 Frequenzkanäle zu je 200 kHz aufgeteilt. Dann wird jeder Frequenzkanal mit ***TDMA (Time Division Multiple Access)*** in TDMA-Rahmen unterteilt.

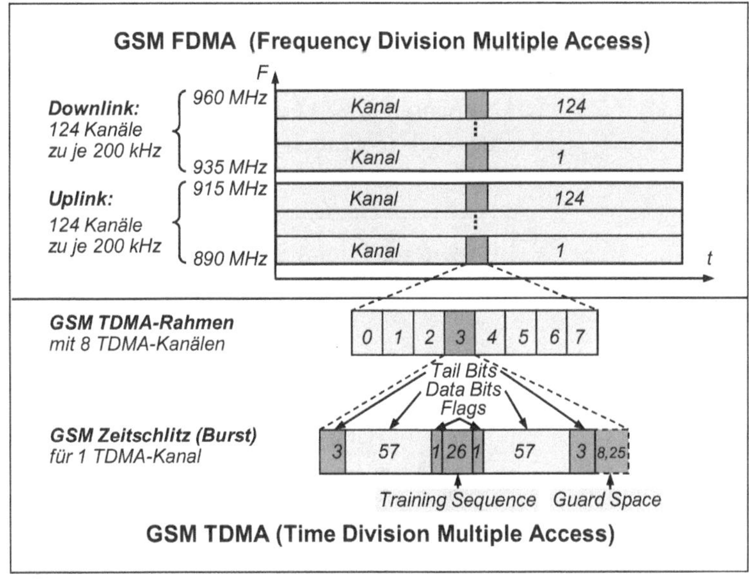

Abb. 10.3: Frequenzmultiplexing und Zeitmultiplexing bei GSM-Netzen

Jeder ***TDMA-Rahmen*** besteht aus 8 Zeitschlitzen (GSM Bursts) für 8 logische Kanäle. Ein ***Zeitschlitz*** enthält insgesamt 148 Bits. Zusammen mit einem Guard Space von 8,25 Bits, den er am Ende als Schutzabstand zum nächsten Zeitschlitz für Laufzeitschwankungen hat, ist er 156,25 Bits lang. Das Bitmuster der ***Tail Bits*** begrenzt einen Zeitschlitz, die ***Data Bits*** enthalten die Nutzlast, die ***Flags*** kennzeichnen den Nutzlasttyp (Nutzdaten, Signalisierungsinformationen) und das Bitmuster der ***Trainings-***

sequenz dient der Rekonstruktion verfälschter Signale beim Empfänger. Der gesamte Zeitschlitz benötigt ca. 0,577 ms Übertragungszeit. Die Bruttoübertragungsrate eines Frequenzkanals beträgt somit 0,15625 kbit x (1 / 0,000576923 s) = ca. 270,833 kbit/s. Daraus ergibt sich die Bruttoübertragungsrate für einen logischen Kanal mit 270,833 kbit/s / 8 = ca. 33,9 kbit/s.

Die logischen Kanäle werden zum einen als ***Verkehrskanäle (TCH, Traffic Channel)*** für die Nutzdatenübertragung (Sprache, Daten) verwendet, zum anderen als ***Steuerkanäle (CCH, Control Channel)*** zur Signalisierung. Die Verkehrskanäle sind sog. ***Dedicated Channels,*** die einzelnen Nutzern fest zugeordnet werden. Steuerkanäle können dagegen entweder Dedicated Channels sein (z. B. zur Steuerung des Handovers), oder sie werden als ***Common Channels*** von allen Nutzern abgehört (z. B. zur Netzwerk- und Zellsuche).

Die Systemarchitektur von GSM-Netzen

Die beschriebene Funkschnittstelle bildet das Zentrum des „vorderen" Teils eines Mobilfunknetzes. Die Systemarchitektur eines kompletten GSM-Netzes ist in Abbildung 10.4 schematisch dargestellt (vgl. u. a. auch [26], S. 376 ff.; [38], S. 134 ff.).

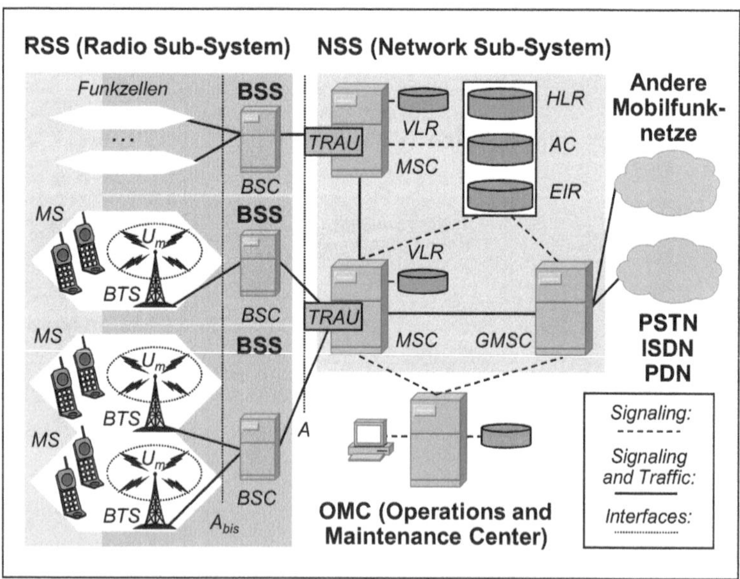

Abb. 10.4: Die Systemarchitektur eines GSM-Netzes

Das ***RSS (Radio Sub-System)*** ist das Funk-Subsystem, das aus einer Reihe von ***BSS (Base Station Sub-Systems)*** besteht. In jedem BSS befindet sich ein ***BSC (Base Station Controller),*** der mehrere ***BTS (Base Transceiver Stations)*** steuert. Für die Kommunikation zwischen BSC und BTS wurde die Schnittstelle A_{bis} definiert. Jede BTS erzeugt mindestens eine ***Funkzelle.*** Funkzellen haben eine Reichweite von einigen hundert Metern in Städten und bis ca. 30 km auf dem Land. Über die definierte Funkschnittstelle U_m (Luftschnittstelle) bedient eine BTS auf mindestens einer Sende- und einer Empfangsfrequenz die ***MS (Mobile Stations),*** die sich in ihrem Versorgungsbereich aufhalten. Jede MS ist ein mobiles Endgerät (Handy, Smartphone etc.) und beinhaltet eine ***SIM-Karte (Subscriber Identity Module).***

Das ***NSS (Network Sub-System)*** ist das GSM Backbone, das die regional zentralisierten ***MSC (Mobile Switching Centers)*** und das zentrale ***GMSC (Gateway MSC)*** über Glasfaserkabel (und Richtfunkstrecken) miteinander verbindet. Das GMSC verknüpft ein GSM-Netz mit anderen Mobilfunknetzen, mit dem ***PSTN (Public Switched Telephone Network),*** dem ***ISDN*** und dem ***PDN (Public Data Network).*** Ein MSC bedient mehrere BSS bzw. BSC und realisiert die Kommunikation über die Schnittstelle A. Vor einem MSC ist eine ***TRAU (Transcoding and Rate Adaption Unit)*** installiert, die die ISDN-Übertragungsrate von 64 kbit/s zur besseren Kapazitätsausnutzung im BSS viertelt und den Sprachkanal zum BSC auf 13 kbit/s komprimiert. Beim BSC kommen daher statt der ISDN-Datenrate nur 16 kbit/s an, die das auf 13 kbit/s komprimierte Sprachsignal enthalten.

Jedes MSC arbeitet als Vermittlungsknoten und hat hierzu nach den ETSI-Standards Zugriff auf vier ***Datenbanken:***

- ***HLR (Home Location Register)*** mit Telefon-Nr. inkl. Landes- und Netzvorwahl (MSISDN, Mobile Subscriber ISDN), SIM-Nr. (IMSI, International Mobile Subscriber Identity), Teilnehmerdaten und MSRN (Mobile Subscriber Roaming Number = Aufenthalts-Telefon-Nr. mit Landes- und Netzvorwahl) für jeden Mobilfunkteilnehmer,
- ***AC (Authentication Center)*** mit den Teilnehmerberechtigungen (Authentication Triplets mit Random Number, Secret Key und Signed Response),
- ***EIR (Equipment Identification Register)*** mit den Geräteseriennummern (IMEI, International Mobile Equipment Identity),
- ***VLR (Visitor Location Register),*** das zur Erhöhung der Performance über alle MSC verteilt ist. Es enthält für

jeden Mobilfunkteilnehmer, der sich gerade im Versorgungsbereich der V-MSC (Visited MSC) aufhält, eine temporäre HLR-Kopie, die Funkzellengruppe des aktuellen Aufenthaltsbereiches (LAI, Location Area Identifier) und eine zufällig generierte TMSI (Temporary Mobile Subscriber Identity) zur Gewährleistung der Teilnehmeranonymität an der abhörbaren Funkschnittstelle.

Zur Verwaltung, Überwachung und Leistungsabrechnung eines Mobilfunknetzes gibt es schließlich noch das ***OMC (Operation and Maintenance Center),*** das aus einer Zentrale und mehreren verteilten Einrichtungen besteht.

Die Signalisierung in GSM-Netzen

In einem GSM-Netz erfolgt die komplexe Signalisierung durch das Zusammenspiel einer Vielzahl von Protokollen. Die Signalisierung umfasst nicht nur den Aufbau, die Überwachung und den Abbau von Verbindungen, sondern auch weitere Funktionen wie Broadcasting der Zellkennung, Authentifizierung und Registrierung. Abbildung 10.5 zeigt die entsprechende Kommunikationsarchitektur für den „vorderen“ Netzbereich des RSS (Radio Sub-System) bis hin zu den MSCs (Mobile Switching Centers) des NSS (Network Sub-System). Die Protokolle decken die OSI-Schichten 1 bis 3 ab, wobei die Schicht 3 in weitere Subschichten unterteilt ist (vgl. u. a. [38], S. 144 ff.).

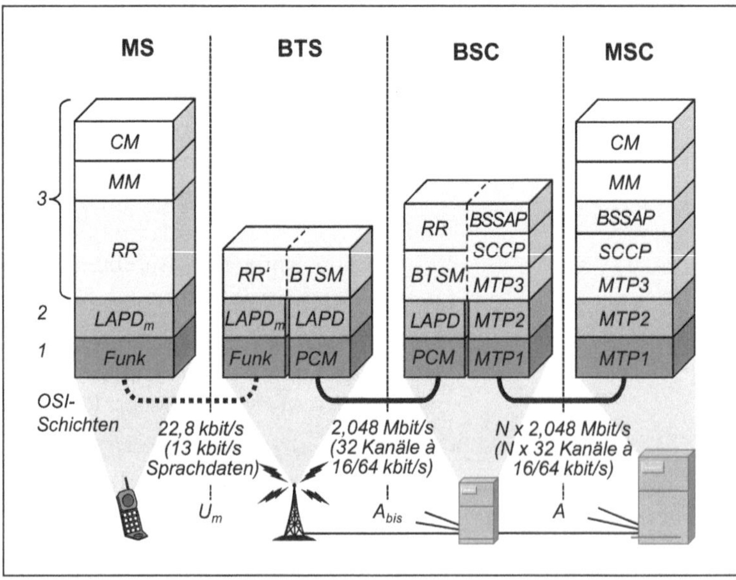

Abb. 10.5: Die GSM-Signalisierungsprotokolle des RSS

Von einem MSC ausgehend, folgen wir den Kommunikationsbeziehungen in Abwärtsrichtung zu den MS (Mobilfunktelefonen):

- ***MSC zu den BSCs über die Schnittstelle A:*** Hier kommt das auch im ISDN-Backbone verwendete Signalisierungssystem SS7 zum Einsatz. Es deckt die Funktionen der OSI-Schichten 1 bis 3 durch ***MTP1, MTP2*** und ***MTP3 (Message Transfer Part 1 - 3)*** ab. Da MTP3 auf der unteren OSI-3-Teilschicht (hellgrau markiert) nur physische Telefonverbindungen realisieren kann, wird zusätzlich ***SCCP (Signaling Connection and Control Part)*** für virtuelle Verbindungen und eine verbindungslose Signalisierung zu den MS benötigt. ***BSSAP (Base Station Subsystem Application Part)*** ist schließlich für den GSM-spezifischen Nachrichtenaustausch zuständig, z. B. zur Authentifizierung und Verschlüsselung sowie zur Zuordnung einer neuen TMSI (Temporary Mobile Subscriber Identity).
- ***BSC zu den BTS über die Schnittstelle*** A_{bis}***:*** Auf der OSI-Schicht 1 wird das ***PCM30-System*** (Pulse Code Modulation 30) verwendet, das 30 ISDN-B-Kanäle in einen seriellen Bitstrom multiplext. Die Funktionalität der OSI-Schicht 2 wird durch ***LAPD (Link Access Procedure – D Channel)*** abgedeckt. Auf der unteren OSI-3-Teilschicht unterstützt ***BTSM (BTS Management)*** den Austausch von RR-Nachrichten mit den BTS. ***RR (Radio Resource Management)*** steuert zusammen mit den auf die BTS ausgelagerten Teilfunktionen ***RR'*** die Zuteilung von Funkkanälen zu den verschiedenen MS und die Nachrichtenverschlüsselung. Die BTS benötigen RR', da sie bestimmte RR-Informationen wie z. B. die Zufallsauswahl von MS oder das Paging (Ausrufen einer MS) selbst interpretieren müssen.
- ***BTS zu den MS über die Schnittstelle*** U_m***:*** Wegen der hohen Bitfehlerrate beim ***Funk*** erfolgt auf der OSI-Schicht 1 eine zusätzliche Kanalcodierung zur Fehlererkennung und -behebung, sodass nicht nur 13 kbit/s Sprachdaten, sondern insgesamt 22,8 kbit/s übertragen werden müssen. Auf der OSI-Schicht 2 kommt daher das vereinfachte ***LAPDm (LAPD modified)*** zum Einsatz, das auf eine Fehlererkennung verzichtet.
- ***MSC zu den MS über A,*** A_{bis} ***und*** U_m***:*** Die mittlere OSI-3-Teilschicht ***MM (Mobility Management)*** ist für alle

Funktionen zuständig, die die Mobilität des Benutzers betreffen: Bestimmung des Aufenthaltsorts, Vergabe einer TSMI, Authentifizierung usw. Die obere OSI-3-Teilschicht ***CM (Call Management)*** umfasst drei Teilfunktionen: CC (Call Control) für die Rufbehandlung, SMS (Short Message Service) für den Kurznachrichtendienst und SS (Supplementary Service) für zusätzliche Dienstmerkmale.

Zur Kommunikation mit den HLRs und VLRs verwenden MSCs oberhalb von SCCP weitere spezielle Protokolle. Mit anderen Telekommunikationsnetzen – weiteren Mobilfunknetzen und den Festnetzen (PSTN, ISDN und PDN) – kommunizieren sie oberhalb von SS7 (MTP1 - MTP3) ebenfalls über spezielle Protokolle.

Anruf und Lokalisierung eines Mobilfunkteilnehmers

Wie sieht nun der Ablauf für den Anruf eines Mobilfunkteilnehmers aus dem Festnetz aus? Abbildung 10.6 verdeutlicht die große Komplexität eines ***MTC (Mobile Terminating Call)*** in einem vereinfachten Sequenzdiagramm. Damit die dargestellte Lokalisierung einer gerufenen MS möglich ist, melden alle empfangsbereiten MS jeden Aufenthaltswechsel in eine andere Funkzellengruppe jeweils sofort durch einen ***Location Area Update*** an das zuständige VLR und wechseln dieses ggf. auch.

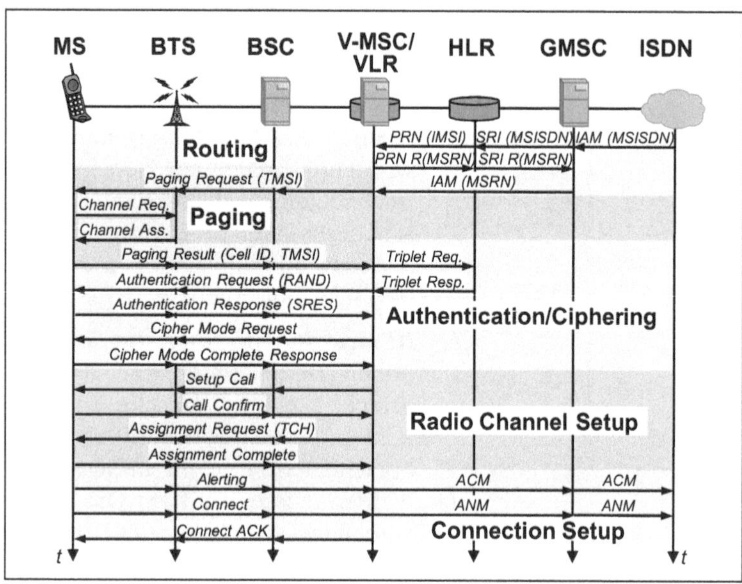

Abb. 10.6: Ablauf eines Mobile Terminating Calls

In der Phase ***Routing*** veranlasst die IAM (Initial Address Message) eines Anrufs aus dem ISDN für eine MSISDN, dass das GMSC sich mit einer SRI (Send Routing Information) zur gewünschten MSISDN an das HLR wendet, um das aktuelle VLR zu ermitteln. Das HLR fordert vom zuständigen VLR mit einer PRN (Provide Roaming Number) die temporäre MSRN zur IMSI an. Das VLR liefert die MSRN über das HLR an das GMSC zurück.

Das GMSC informiert das zuständige V-MSC durch eine IAM (Initial Address Message) über den Anruf für die MSRN. Dieses lokalisiert in der Phase ***Paging*** die betroffene Funkzellengruppe anhand des LAI und lässt die MS über ihre TMSI dort ausrufen (Paging Request). Die gerufene MS fordert daraufhin einen Kanal an (Channel Request), der ihr vom zuständigen BTS zugewiesen wird. Über diesen Kanal meldet sie die Cell ID ihres aktuellen Aufenthaltes an das V-MSC zurück (Paging Result).

Das V-MSC/VLR holt sich daraufhin in der Phase ***Authentication/Ciphering*** vom HLR das zugehörige Authentication Triplet zur Berechtigungsprüfung. Dann sendet das V-MSC/VLR die Random Number des Triplets an die MS (Authentication Request) und überprüft die mit der Zufallszahl errechnete SRES (Signed Response), die in der Antwort (Authentication Response) enthalten ist. Bei korrekter SRES fordert das V-MSC die MS zur Generierung des Schlüssels auf (Cipher Mode Request) und erhält von ihr eine Bestätigung (Cipher Mode Complete Response). Die weitere Kommunikation läuft verschlüsselt ab.

In der folgenden Phase ***Radio Channel Setup*** informiert das V-MSC die betroffene MS über den Anruf (Setup Call). Wenn die MS antwortet (Call Confirm), ordnet das V-MSC der MS einen Verkehrskanal (TCH, Traffic Channel) zu (Assignment Request), dessen Annahme die MS bestätigt (Assignment Complete).

In der letzten Phase ***Connection Setup*** informiert die MS das V-MSC über ihr „Klingeln" (Alerting). Das V-MSC informiert seinerseits das Festnetz via GMSC über den eingeleiteten Anruf (ACM, Address Complete Message), sodass der Anrufer das „Freizeichen" hört. Die MS meldet die Rufannahme durch ihren Mobilfunkteilnehmer an das V-MSC (Connect). Das V-MSC schickt dem MS eine Bestätigung (Connect ACK) und leitet die Antwort über das GMSC an das Festnetz weiter (ANM, Answer Message). Damit ist die Mobilfunkverbindung aufgebaut.

Mobilfunkteilnehmer als Anrufer

Der umgekehrte Fall, bei dem ein Mobilfunkteilnehmer der Anrufer ist, heißt ***MOC (Mobile Originated Call).*** Er läuft im Prinzip ähnlich ab. Beim MOC entfällt das Routing und statt des

Pagings setzt der Mobilfunkteilnehmer einen Channel Request mit entsprechendem Service Request ab. Die folgenden Phasen Authentication/Ciphering, Radio Channel Setup und Connection Setup sind identisch wie beim MTC. Ist der Angerufene auch ein Mobilfunkteilnehmer, so schließt sich an den Ablauf des MOC der oben dargestellte Ablauf des MTC an. Ist der Angerufene dagegen ein ISDN-Teilnehmer, so folgt der Aufbau einer ISDN-Verbindung (vgl. Abb. 6.17).

Verbindungsübergabe beim Telefongespräch

Während eines Telefongesprächs, also nach erfolgtem Verbindungsaufbau, kann sich ein Mobilfunkteilnehmer in eine andere Funkzelle hinein bewegen. Die Stärke des Empfangssignals wird dann bald unter den vorgegebenen Schwellenwert sinken. Oder die Zelle, in der das Gespräch geführt wird, ist überlastet. In beiden Fällen erfolgt ein sog. ***Handover.*** Das Gespräch wird dann in die neue bzw. weniger ausgelastete Nachbarzelle verschoben. Es gibt insgesamt vier verschiedene Arten von Verbindungsübergaben (vgl. z. B. [37], S. 45 ff.; [38], S. 153 ff.):

- ***Intra-Cell Handover:*** Bei Funkstörungen wird auf einen anderen Frequenzbereich ausgewichen.
- ***Inter-Cell Handover:*** Beim Wechsel des Mobilfunkteilnehmers in eine Nachbarzelle übergibt der BSC die Funkverbindung an die BTS der Nachbarzelle.
- ***Inter-BSC Handover:*** Beim Wechsel des Mobilfunkteilnehmers in eine Nachbarzelle, deren BTS von einem anderen BSC gesteuert wird, übergibt das übergeordnete MSC die Verbindung an den für die Nachbarzelle zuständigen BSC.
- ***Inter-MSC Handover:*** Gehört der BSC der neuen Funkzelle, in die ein Mobilfunkteilnehmer wechselt, zum Zuständigkeitsbereich eines anderen MSC, so führen die beiden betroffenen MSCs die Verbindungsübergabe gemeinsam durch.

10.3 2G-Evolution mit HSCSD, GPRS und EDGE

Ursprünglich wurde GSM zur Telefonie, also zur Sprachübertragung entwickelt. Um auch Daten übertragen zu können, ist die Funkschnittstelle von GSM durch das leitungsvermittelte Übertragungsverfahren ***CSD (Circuit Switched Data)*** ergänzt worden. CSD nutzt wegen der hohen Bitfehlerrate an der Funkschnittstelle von den 22,8 kbit/s nur 9,6 kbit/s zur Datenübertragung. Im Vergleich zu einem DSL-Anschluss ist das natürlich sehr wenig.

Da die Frequenzbereiche des Mobilfunks nicht vergrößert werden können, wurde nach Lösungen zur verbesserten Ausnutzung der vorgegebenen Bandbreite gesucht. Das Ergebnis sind folgende drei Stufen der GSM-Evolution:

- ***HSCSD (High Speed Circuit Switched Data):*** HSCSD erhöht die Übertragungsrate ohne grundlegende Technikänderungen durch Bündelung mehrerer Kanäle und durch eine verbesserte Kanalcodierung.
- ***GPRS (General Packet Radio Service):*** GPRS erhöht die Übertragungsrate, indem es zusätzlich statt der Leitungsvermittlung die Paketvermittlungstechnik einsetzt.
- ***EDGE (Enhanced Data Rates for GSM Evolution):*** Edge erreicht eine weitere Erhöhung der Übertragungsrate durch eine andere Modulationstechnik.

Datenübertragung mit HSCSD

HSCSD erweitert die ***leitungsvermittelte Datenübertragung*** von GSM, indem es mehrere Zeitschlitze (TDMA-Kanäle) bündelt (siehe Abb. 10.3). Außerdem verwendet HSCSD eine verbesserte Kanalcodierung, die zu einer Erhöhung der Kanalkapazität um 50 % von 9,6 kbit/s auf 14.4 kbit/s führt. Da diese Kapazitätserhöhung mit einer Verringerung des Fehlerschutzes einhergeht, kann bei erhöhter Störanfälligkeit der Funkschnittstelle auch die CSD-Kanalcodierung benutzt werden. Die nachfolgende Tabelle zeigt die Übertragungsraten der verschiedenen Bündelungsstufen (Zahl der Zeitschlitze) für die CSD- und die HSCSD-Codierung.

Zeitschlitze	***1***	***2***	***3***	***4***	***5 - 7***	***8***
CSD: kbit/s	9,6	19,2	28,8	38,4	...	76,8
HSCSD: kbit/s	14,4	28,8	43,2	57,6	...	115,2

Theoretisch ließen sich alle acht Zeitschlitze eines TDMA-Rahmens bündeln, sodass sich eine maximale Datenrate von 115,2 kbit/s ergäbe. Dann stünden aber in den TDMA-Rahmen des betroffenen Frequenzkanals einer Funkzelle keine weiteren Zeitschlitze mehr für Telefongespräche anderer Mobilfunkteilnehmer zur Verfügung. In der Praxis werden deshalb für den Downlink und den Uplink jeweils nur max. vier Zeitschlitze gebündelt, sodass die tatsächliche max. Datenrate bei 57,6 kbit/s liegt. Eine MS kann somit vom BSC höchstens 4 TDMA-Kanäle anfordern, und die Zeitschlitze können vom BSC asymmetrisch belegt werden (z. B. Downlink: 4, Uplink: 1).

Datenübertragung mit GPRS

Der entscheidende Nachteil von HSCSD ist die mangelhafte Kapazitätsauslastung der Frequenzkanäle; denn wegen des stoßweise anfallenden Datenverkehrs – etwa beim Surfen im Internet – wird ein Großteil der leitungsvermittelten Zeitschlitze leer übertragen. Da ein modernes Mobilfunknetz aber gerade auch den Datenverkehr effizient und kostengünstig übertragen soll, wurde GPRS (General Packet Radio Service) entwickelt.

Der GPRS-Standard ergänzt den GSM-Standard um eine ***paketvermittelte Datenübertragung*** mit dem IP-Protokoll auf der Vermittlungsschicht. Statt der festen Zuordnung von TDMA-Kanälen zu einzelnen Mobilfunkteilnehmern erfolgt ein ***asynchrones Zeitmultiplexing,*** das die einzelnen Zeitschlitze eines TDMA-Rahmens für einen Mobilfunkteilnehmer nur bei Bedarf belegt und das so eine volumenabhängige Abrechnung der übertragenen Datenmenge ermöglicht. Um GPRS nutzen zu können, muss sich ein mobiles Endgerät zunächst mit einem sog. „GPRS Attach" beim GPRS-Netz anmelden. Die Anmeldung bewirkt u. a. folgende Aktivitäten: Zuweisung einer TLLI (Temporary Logical Link Identity), Authentifizierung, Registrierung des momentanen Standortes des GPRS-Nutzers und Verschlüsselung der übertragenen Datenpakete.

Für GPRS wurden die Kanalcodierungen ***CS-1 bis CS-4 (Coding Schemes 1 - 4)*** spezifiziert, die Übertragungsraten bis 9,05 kbit/s bei hohem Fehlerschutz und bis 21,4 kbit/s ohne Fehlerschutz bieten. Die Übertragungsraten, die sich für CS-1 bis CS-4 je nach Anzahl der gebündelten Zeitschlitze ergeben, sind in folgender Tabelle zusammengefasst.

Zeitschlitze	***1***	***2***	***3***	***4***	***5 - 7***	***8***
CS-1: kbit/s	9,05	18,1	27,15	36,2	...	72,4
CS-2: kbit/s	13,4	26,8	40,2	53,6	...	107,2
CS-3: kbit/s	15,6	31,2	46,8	62,4	...	124,8
CS-4: kbit/s	21,4	42,8	64,2	85,6	...	171,2

Die max. Übertragungsrate beträgt theoretisch 171,2 kbit/s für CS-4 mit 8 Zeitschlitzen. Tatsächlich beträgt sie aber derzeit nur 53,6 kbit/s, da ein hinreichender Fehlerschutz und die notwendige Aufteilung der TDMA-Rahmen für GSM- und GPRS-Dienste nur CS-2 mit Bündelung von max. je 4 Zeitschlitzen für Downlink und Uplink zulassen.

Die Systemarchitektur von GPRS-Netzen

Zur Realisierung von GPRS musste ein GSM-Backbone durch ein paralleles, eigenständiges GPRS-Backbone ergänzt werden. Ein GPRS-Backbone ist ein ATM-Netz mit entsprechenden Vermittlungsknoten (Nodes). Abbildung 10.7 zeigt die Systemarchitektur eines integrierten GSM/GPRS-Netzes.

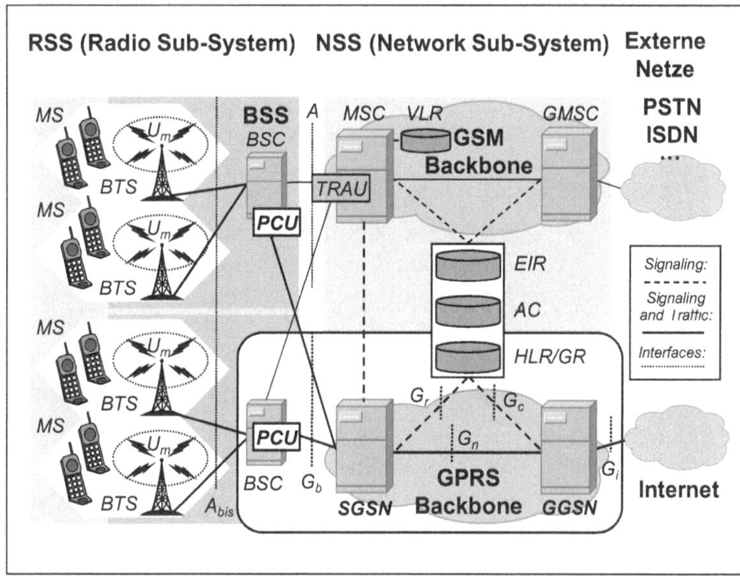

Abb. 10.7: Die Systemarchitektur eines GSM/GPRS-Netzes

Ein ***SGSN (Serving GPRS Support Node)*** ist im paketvermittelten GPRS-Backbone das Gegenstück zu einem MSC im leitungsvermittelten GSM-Backbone. Ein SGSN arbeitet als Router und leitet die erhaltenen Datenpakete entsprechend weiter. Er verbindet das GPRS-Backbone „nach vorne" auf der Basis von Frame Relay über die Schnittstelle G_b mit den softwaremäßig aufgerüsteten BSCs. In jedem BSC ist eine ***PCU (Packet Control Unit)*** integriert, die architekturmäßig an der gleichen Stelle steht wie eine TRAU im GSM-Netz. Da ein BSC nur für leitungsvermittelte Verbindungen einsetzbar ist, erfüllt die PCU insbesondere folgende Aufgaben: Vergabe der Time Slots, Flusssteuerung, Fehlerkorrektur und Paging für MS im Standby State.

Ein SGSN bearbeitet das An- und Abmelden der GPRS-Teilnehmer (Attach/Detach) und baut für die Teilnehmer eine Verbindung zum Internet auf. Dies geschieht über die Schnittstelle G_r in Zusammenarbeit mit dem GR (GPRS Register), das dem HLR

(Home Location Register) bei GSM entspricht. Ein SGSN verwaltet außerdem für seinen Versorgungsbereich die aktuellen Aufenthaltsorte aller angemeldeten Mobilfunkteilnehmer, damit sie jederzeit erreicht werden können.

SGSNs tauschen ihren Datenverkehr „nach hinten" über die Schnittstelle G_n mit einem GGSN aus. Ein ***GGSN (Gateway GPRS Support Node)*** verbindet das GPRS-Backbone über die Schnittstelle G_i mit dem Internet. Zum Beginn einer Internet-Sitzung erhält ein Teilnehmer vom GGSN eine temporäre IP-Adresse. Zur Verwaltung der aktuellen Teilnehmerdaten kommuniziert ein GGSN über die Schnittstelle G_c mit dem GR (GPRS Register). Verlässt ein Mobilfunkteilnehmer den Versorgungsbereich eines SGSN, so bleibt der GGSN nach wie vor für den Teilnehmer zuständig. Es wird lediglich die Routing-Tabelle aktualisiert, sodass die Teilnehmermobilität im Internet nicht sichtbar ist. Alle Aufgaben, die vom BSS, vom SGSN und vom GGSN zusammen zur Mobilitäts- und Sitzungsverwaltung durchgeführt werden, sind funktional im ***GMM/SM (GPRS Mobility Management/Session Management)*** zusammengefasst.

GPRS-Roaming, MMS und MS Classes

Der GGSN im Inland bleibt auch dann fester Bezugspunkt eines Mobilfunkteilnehmers, wenn dieser sich vom Ausland aus in das Internet einwählt (Internationales GPRS-Roaming). Der Vorteil einer einfachen Interneteinwahl ohne Konfigurationsänderungen am mobilen Endgerät rechtfertigt den längeren Übertragungsweg, der hierdurch entsteht. Übrigens basiert auch der E-Mail-ähnliche ***MMS (Multimedia Messaging Service)*** auf GPRS, während der leitungsvermittelte SMS (Short Message Service) bekanntlich ein GSM-Dienst ist.

Es gibt drei Klassen von GPRS-Terminals (MS), die sich im Hinblick auf die simultane Nutzung des leitungsvermittelten GSM- und des paketvermittelten GPRS-Dienstes unterscheiden:

- ***Class C:*** GSM und GPRS können nicht gleichzeitig genutzt werden, sodass man sich nach dem Einschalten bei einem der beiden Dienste anmelden muss (z. B. bei GPRS-Karten für Notebooks).
- ***Class B:*** Man kann zwar bei GSM und GPRS simultan angemeldet sein, aber während einer Datenübertragung nicht telefonieren und vice versa (bei vielen Handys).
- ***Class A:*** Während einer Datenübertragung kann auch eine SMS empfangen oder ein Telefongespräch begonnen werden (bisher noch selten).

Die GPRS-Protokolle zur Nutzdatenübertragung

In einem GPRS-Netz erfolgt die Datenübertragung – also die Übertragung von IP-Paketen mit Nutzdaten – durch das Zusammenspiel einer Reihe von Protokollen. Abbildung 10.8 zeigt die komplexe Kommunikationsarchitektur eines GPRS-Netzes. Die Protokolle decken die OSI-Schichten 1 bis 4 ab.

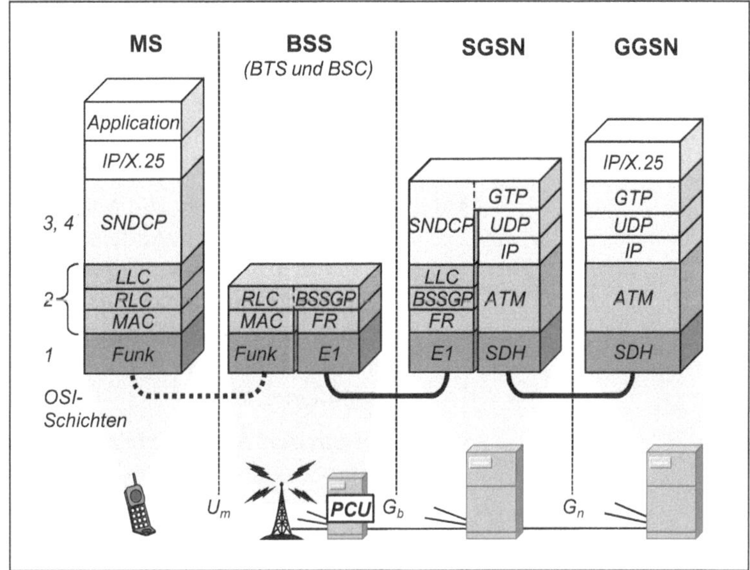

Abb. 10.8: Die GPRS-Protokolle für die Nutzdatenübertragung

Die einzelnen Verbindungen, die vom GGSN aus in Abwärtsrichtung hin zu den MS bestehen, werden von rechts nach links, beginnend bei der OSI-Schicht 1, kurz beschrieben:

- ***GGSN zu den SGSNs über die Schnittstelle G_n:*** Zum Multiplexing der E1-Kanäle wird auf der OSI-Schicht 1 ***SDH (Synchronous Digital Hierarchy)*** verwendet. Auf der OSI-Schicht 2 folgt ***ATM (Asynchronous Transfer Mode),*** das trotz seiner Komplexität immer noch durch seine QoS-Eigenschaften besticht. ATM überträgt ***IP-Pakete*** (OSI 3), die ihrerseits ***UDP-Segmente*** (OSI-4) für einen verbindungslosen Dienst transportieren. Auf UDP setzt das ***GTP (GPRS Tunneling Protocol)*** auf, das den kompletten Datenverkehr zwischen den GGSNs und SGSNs tunnelt. Im GPRS-Backbone werden zum Routing also nicht die Quell- und Zieladressen der Nutzdatenpakete ausgewertet, sondern die

Quell- und Zieladressen der Netzwerkknoten GGSN und SGSN. Durch das Tunneling werden dauernde Änderungen der Routing-Tabellen vermieden, wenn Mobilfunkteilnehmer ihren Aufenthaltsort wechseln.

- ***SGSN zu den BSS über die Schnittstelle G_b:*** Auf der OSI-Schicht 1 kommen ***E1-Kanäle*** (PCM30) zum Einsatz. Auf der OSI-Schicht 2 werden zwei Protokolle verwendet: ***Frame Relay*** für eine effiziente verbindungsorientierte Übertragung und ***BSSGP (Base Station Subsystem GPRS Protocol).*** BSSGP steuert insbesondere den Downlink-Datenstrom zur effizienten Ausnutzung der Funkkapazität und überträgt GMM-Nachrichten.
- ***BSS zu den MS über die Schnittstelle U_m:*** Hier gibt es keine grundlegenden Änderungen gegenüber GSM. Die ***MAC (Medium Access Control)*** steuert den Medienzugriff auf die Funkkanäle durch eine physikalische Signalisierung. ***RLC (Radio Link Control)*** realisiert eine zuverlässige (fehlersichere) Verbindung zwischen einem BSS und einer MS.
- ***SGSN zu den MS über die Schnittstellen G_b und U_m:*** Auf der OSI-Schicht 2 wird ***LLC (Logical Link Control)*** zum Framing und ggf. optional zur sicheren verbindungsorientierten Übertragung zwischen SGSN und MS eingesetzt. Auf der OSI-Schicht 3 kapselt das ***SNDCP (Subnetwork Dependent Convergence Protocol),*** das zur Anpassung von GPRS an das jeweils eingesetzte Netz (IP, X.25) entwickelt wurde, die Nutzdatenpakete.
- ***GGSN zu den MS über die Schnittstellen G_n, G_b, und U_m:*** Die Nutzdatenpakete – heute IP-Pakete, aber auch andere Protokolle wie z. B. X.25 wären einsetzbar – werden vom Mobilfunkteilnehmer zum GGSN übertragen. Sie enthalten die eigentlichen Nutzdaten, die über das GPRS und durch das Internet von/zu einem Server (z. B. von/zu Google) übertragen werden.

Zur Darstellung „abgespeckter“ Web-Inhalte auf mobilen Endgeräten wird die Protokollfamilie ***WAP (Wireless Application Protocol)*** verwendet, die derzeit in der Version 2.0 vorliegt.

Datenübertragung mit EDGE

Die Übertragungsraten von GSM und GPRS können mit ***EDGE (Enhanced Date Rates for GSM Evolution)*** noch weiter gesteigert werden. Man spricht dann von ECSD (Enhanced CSD) bzw. von EGPRS (Enhanced GPRS). Während die Erhöhung der

Übertragungsrate bei HSCSD und GPRS durch Kanalbündelung und eine andere Kanalcodierung (mit reduziertem Fehlerschutz) erreicht wird, verwendet EDGE an der Funkschnittstelle zusätzlich eine modernere Modulationstechnik: 8-PSK (8 Phase Shift Keying).

Abbildung 10.9 vergleicht den GSM-Zeitschlitz eines GSM-TDMA-Kanals mit dem EDGE-Zeitschlitz eines EDGE-TDMA-Kanals. Man erkennt, dass der EDGE-Zeitschlitz die dreifache Kapazität des GSM-Zeitschlitzes besitzt. Da die Flags vor und hinter der Training Sequence nicht verdreifacht werden, wird die Anzahl der Data Bits jeweils zusätzlich um zwei Bits erhöht.

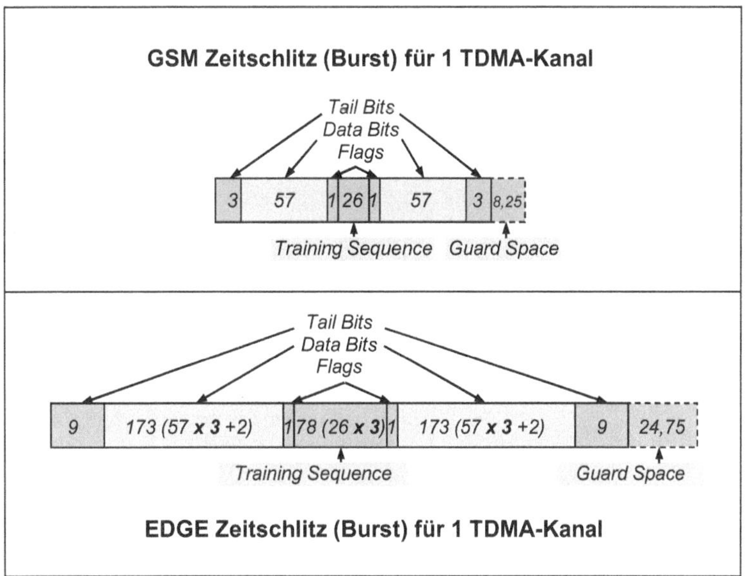

Abb. 10.9: GSM/GPRS-Zeitschlitz und EDGE-Zeitschlitz

Das bei GSM eingesetzte ältere GMSK (Gaussian Minimum Shift Keying) überträgt nur 1 bit/Symbol (1 bit/s/Hz). Mit 8-PSK können bei EDGE dagegen 3 bit/Symbol (3 bit/s/Hz) übertragen werden. Dies erreicht 8-PSK, indem es statt mit 2 Symbolen (für 0 und 1) mit 8 Symbolen (für 000 bis 111) arbeitet (zur Modulationstechnik siehe Abschnitt 4.3 und zu 8-PSK Abb. 4.9).

Für EDGE wurden insgesamt neun ***MCS (Modulation and Coding Schemes)*** spezifiziert, die durch die Modulationstechnik und das Kanalcodierungsverfahren gekennzeichnet sind. Die nachfolgende Tabelle veranschaulicht die verschiedenen MCS.

MCS	Modulation	Codierungs-verhältnis	Datenrate/ Zeitschlitz	Maximale Datenrate
MCS-1	GMSK	0,53	8,8 kbit/s	70,4 kbit/s
MCS-2	GMSK	0,66	11,2 kbit/s	89,6 kbit/s
MCS-3	GMSK	0,80	14,8 kbit/s	118,4 kbit/s
MCS-4	GMSK	1,00	17,6 kbit/s	140,8 kbit/s
MCS-5	8-PSK	0,37	22,4 kbit/s	179,2 kbit/s
MCS-6	8-PSK	0,49	29,6 kbit/s	236,8 kbit/s
MCS-7	8-PSK	0,76	44,8 kbit/s	358,4 kbit/s
MCS-8	8-PSK	0,92	54,4 kbit/s	435,2 kbit/s
MCS-9	8-PSK	1,00	59,2 kbit/s	473,6 kbit/s

MCS-5 bis MCS-9 verwenden das modernere Modulationsverfahren 8-PSK, das bei guten Funkverhältnissen zum Einsatz kommt. MCS-1 bis MCS-4 benutzen die ältere Modulationstechnik GMSK, auf die bei schlechtem Funkempfang zurückgeschaltet werden kann. Das Codierungsverhältnis beschreibt das Verhältnis von kanalcodierter Übertragungsrate zur Übertragungsrate ohne Kanalcodierung. MCS-4 und MCS-9 arbeiten also komplett ohne Fehlerschutzmechanismus. Mit MSC-9 kann durch Bündelung von 8 Zeitschlitzen und ohne Fehlerschutzmechanismus theoretisch eine Übertragungsrate von max. 473,6 kbit/s erreicht werden, in der Praxis ist es aber nur etwa die Hälfte.

Zur Realisierung von EDGE müssen einerseits technische Änderungen im BSS vorgenommen werden, andererseits werden EDGE-fähige MS benötigt. Derzeit haben die deutschen Mobilfunkanbieter den EDGE-Ausbau ihrer GSM-Netze entweder schon weitgehend flächendeckend fertiggestellt (T-Mobile und Vodafone) oder zumindest damit begonnen (E-Plus und O2).

Weitere Informationen zu den beschriebenen Mobilfunknetzen der 2G-Evolution, die manchmal mit Blick auf 3G-Netze auch als 2.5G-Netze oder 2G+-Netze bezeichnet werden, findet der Leser u. a. bei [37], S. 87 ff. und [38], S. 159 ff.

10.4 3G-Mobilfunk mit UMTS und HSDPA

Die Vision eines integrierten und multimediafähigen digitalen 3G-Mobilfunknetzes, das die begrenzten Bandbreiten der GSM-basierten 2G-Netze hinter sich lässt, wurde bereits 1992 von der

ITU-T unter dem Namen ***IMT-2000 (International Mobile Telecommunications at 2000 MHz)*** spezifiziert. In diesem Rahmen wurden auch die für IMT-2000-Mobilfunknetze verfügbaren Frequenzbänder weltweit festgelegt: 1850-2025 MHz und 2110-2200 MHz (zu präzisen Angaben für Europa siehe Abschnitt 10.1). Der europäische Vorschlag zum IMT-2000-Programm, der 1998 vom ETSI herausgegeben wurde, ist ***UMTS (Universal Mobile Telecommunications System).*** UMTS erhöht die Übertragungsrate an der Funkschnittstelle bei ***UTRA FDD*** (UMTS Terrestrial Radio Access – Frequency Division Duplex) auf max. 384 kbit/s, bei ***UTRA TDD*** (UMTS Terrestrial Radio Access – Time Division Duplex) auf bis zu 2 Mbit/s. Derzeit kommt in Deutschland nur UTRA FDD zum Einsatz.

Die Funkschnittstelle von UMTS-Netzen: WCDMA

Im Gegensatz zu GSM, das an der Funkschnittstelle die Multiplexverfahren FDMA und TDMA miteinander kombiniert, verwendet UMTS für seine beiden alternativen Funkschnittstellen – für UTRA FDD und UTRA TDD – die neue Multiplextechnik ***WCDMA (Wideband Code Division Multiple Access).*** Abbildung 10.10 veranschaulicht im oberen Teil den grundsätzlichen Unterschied zwischen den Multiplexverfahren CDMA, FDMA und TDMA (zur Multiplextechnik vgl. Abschnitt 5.1).

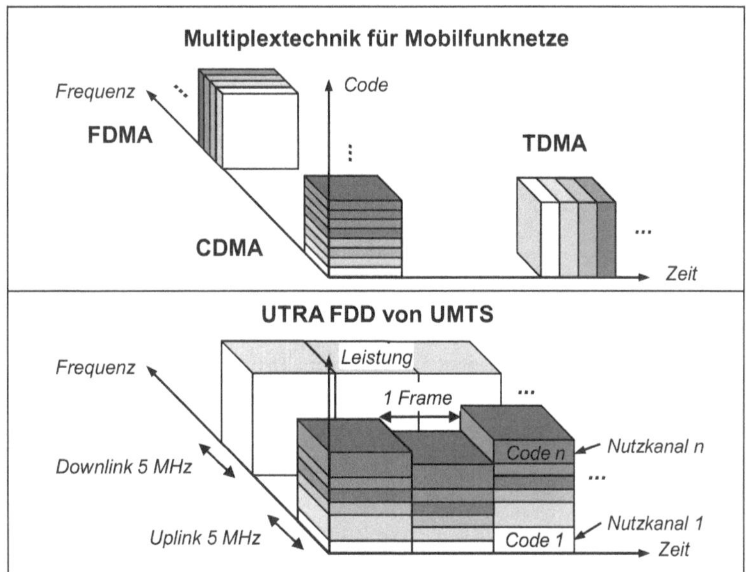

Abb. 10.10: Die Multiplextechnik von UMTS im Vergleich zu GSM und GPRS

WCDMA spreizt die Signale zur Reduzierung ihrer Störanfälligkeit über die gesamte Bandbreite von 5 MHz. Hierzu verknüpft der Sender die zu übertragenden Bits mit einem Code zu einer ***Chip(ping)-Sequenz.*** Ein Code muss zu anderen verwendeten Codes orthogonal sein, damit die gespreizten Signale auf der Empfängerseite voneinander unterschieden werden können. Zwei Codes sind zueinander orthogonal, wenn ihr Skalarprodukt Null ist. Das folgende Beispiel verdeutlicht die Codierung beim ***Codemultiplex-Verfahren,*** wobei für die logische „0" der Wert „-1" und für die logische „1" der Wert „+1" verwendet wird (vgl. z. B. [26], S. 340 f.).

Sender A mit dem Code A_C = (-1, +1, -1, -1, +1, +1) will A_D = +1 senden. Durch Multiplikation entsteht hieraus die Chip-Sequenz für das Sendesignal $A_S = A_C \times A_D$ = (-1, +1, -1, -1, +1, +1). Sender B mit dem Code B_C = (+1, +1, -1, +1, -1, +1) will B_D = -1 senden. Die analoge Multiplikation ergibt die Chip-Sequenz für das Sendesignal $B_S = B_C \times B_D$ = (-1, -1, +1, -1, +1, -1). Die beiden Signale, die gleichzeitig gesendet werden, überlagern sich additiv zum Summensignal $A_S + B_S$ = (-2, 0, 0, -2, +2, 0).

Will nun ein Empfänger den Sender A empfangen, so muss er dessen Code bitweise auf die empfangene Chip-Sequence anwenden: A_E = (-2, 0, 0, -2, +2, 0) x A_C = 2 + 0 + 0 + 2 + 2 + 0 = 6. Da $A_E > 0$, wird gefolgert, dass eine +1 (logische „1") gesendet wurde. Will dagegen ein Empfänger den Sender B empfangen, so ergibt sich analog B_E = (-2, 0, 0, -2, +2, 0) x B_C = -2 + 0 + 0 - 2 - 2 + 0 = -6. Da $B_E < 0$, wird -1 erkannt (logische „0").

Der untere Teil der Abbildung 10.10 veranschaulicht das beispielhaft dargestellte CDMA bei ***UTRA FDD.*** Die unterschiedlich codierten Signale aller Nutzkanäle überlagern sich und ergeben zusammen ein Summensignal, das permanent über den vollen Frequenzbereich des Uplink bzw. Downlink übertragen wird. Die Signalleistung (Übertragungsrate) wird für die einzelnen Kanäle nach Bedarf je Frame flexibel angepasst, sodass sich eine sehr effiziente Bandbreitenausnutzung ergibt.

Die Systemarchitektur von UMTS-Netzen

Die IMT-2000-Standards der ITU-T sehen eine evolutionäre Umstellung auf UMTS vor. Deshalb basiert UMTS in der Ausgangsspezifikation „Release 99" des 3GPP auf der Netzwerktopologie von GSM/GPRS: die dortigen Netzwerkkomponenten erhalten effektivere Funktionen und Technologien, wobei neue Bezeichnungen die Unterschiede zu GSM/GPRS-Netzen unterstreichen. Das 1998 entstandene globale ***3GPP (3rd Generation Partnership Project)*** entwickelt in enger Zusammenarbeit mit dem

ETSI (European Telecommunications Standards Institute) internationale Standardvorschläge zur Weiterentwicklung des 2G- und 3G-Mobilfunks. Im 3GPP sind insbesondere auch Standardisierungsgremien aus den USA und Japan vertreten.

Abbildung 10.11 skizziert die Systemarchitektur eines UMTS-Netzes. Völlig neu gestaltet wurde der „vordere" Bereich des Funk-Subsystems, das jetzt den Namen ***UTRAN (UMTS Terrestrial Radio Access Network)*** trägt. Das UTRAN umfasst – analog dem RSS – mehrere ***RNS (Radio Network Subsystems).*** Sie enthalten – analog dem BSS bei GSM – ***RNC (Radio Network Controllers),*** die zur besseren Kapazitätsauslastung auch miteinander vernetzt sind und die die ***Nodes B*** (Basisstationen) über die Schnittstelle I_{ub} steuern. Ein Node B erzeugt über die Funkschnittstelle U_u mindestens eine Funkzelle, in der sich die ***UE (User Equipments)*** der Mobilfunkteilnehmer befinden (Mobiltelefone, Smartphones, Notebooks etc.).

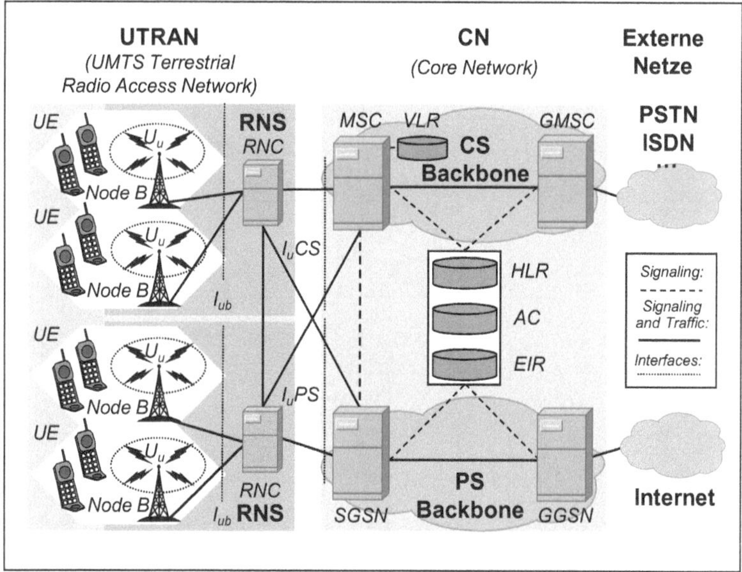

Abb. 10.11: Die Systemarchitektur eines UMTS-Netzes

Der „hintere" Bereich eines UMTS-Netzes basiert derzeit im Wesentlichen auf der GSM/GPRS-Systemarchitektur. Er wird als ***CN (Core Network)*** bezeichnet und umfasst das leitungsvermittelte ***CS (Circuit Switched) Backbone*** von GSM und das paketvermittelte ***PS (Packet Switched) Backbone*** von GPRS.

Die Vermittlungsknoten beider Netze sind „vorne" über die Schnittstellen I_uCS und I_uPS mit den ***RNC*** des ***UTRAN*** verbunden, wobei ATM das ältere Frame Relay ersetzt. Telefongespräche werden über ***MSC (Mobile Switching Centers)*** zu anderen RNS und über ein ***GMSC (Gateway Mobile Switching Center)*** in das PSTN- und ISDN-Festnetz sowie in andere Mobilfunknetze weitergeleitet bzw. von ihnen entgegengenommen. Datenverkehr wird entsprechend über ***SGSN (Serving GPRS Support Nodes)*** und einen ***GGSN (Gateway GPRS Support Node)*** ausgetauscht.

Die UMTS-Protokolle zur Nutzdatenübertragung

Die Kommunikationsarchitektur von UMTS wurde gegenüber GPRS grundlegend verändert. Abbildung 10.12 zeigt die deutlich vereinfachte Protokollhierarchie eines UMTS-Netzes für die paketvermittelte Datenübertragung. Die entsprechende Protokollhierarchie für die leitungsvermittelte Sprachübertragung ist noch flacher.

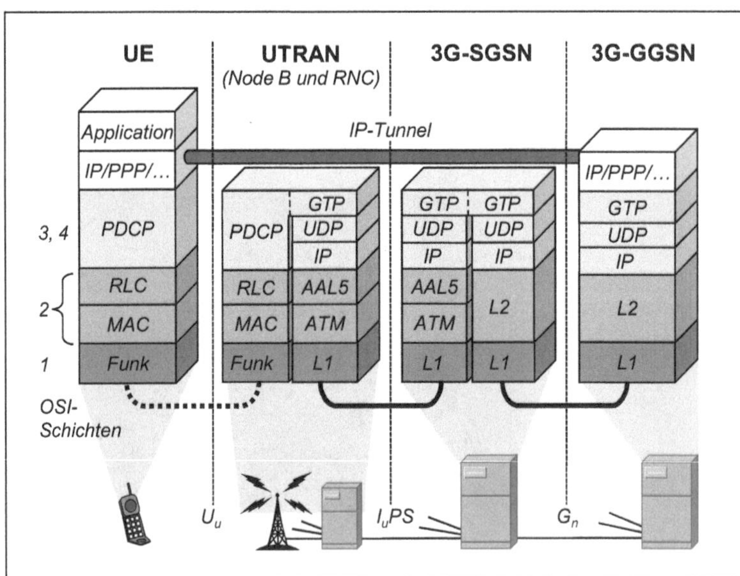

Abb. 10.12 Die UMTS-Protokolle für die paketvermittelte Nutzdatenübertragung

Ausgehend vom 3G-GGSN ergeben sich in Abwärtsrichtung hin zu den UE von rechts nach links folgende Verbindungen:

- ***3G-GGSN zu den 3G-SGSN über die Schnittstelle G_n:*** Die OSI-Schichten ***L1 und L2*** werden für das Packet-

Switched Backbone des Core Networks allgemein definiert, da neben ATM auch andere Netzwerktechnologien wie z. B. Ethernet (bei kürzeren Strecken) zum Einsatz kommen können. Vermittlungs- und Transportschicht (OSI 3 und 4) basieren auf ***UDP/IP;*** das verbindungslose UDP hat gegenüber dem verbindungsorientierten TCP den Vorteil einer schnelleren Übertragung, da es auf eine Fehlerkontrolle und Paketwiederholungen verzichtet. ***GTP (GPRS Tunneling Protocol)*** tunnelt die eingekapselten Nutzdatenpakete – anders als beim im Abschnitt 10.3 beschriebenen GPRS – nicht nur im Core Network, sondern direkt bis in die Funk-Subnetze hinein, sodass beim 3G-SGSN das Einpacken in einen neuen Protokollstapel entfällt.

- ***3G-SGSN zum UTRAN über die Schnittstelle $I_U PS$:*** ***ATM*** deckt die OSI-Schicht 2 ab und setzt somit direkt auf dem physischen Medium der OSI-Schicht 1 auf; ***AAL5*** (ATM Adaption Layer 5) realisiert auf der OSI-Schicht 2b eine einfache verbindungslose ATM-Anpassung (Paketsegmentierung etc.). Darüber schließen sich dann auf den OSI-Schichten 3 und 4 wieder ***UDP/IP*** und das Tunneling-Protokoll ***GTP*** an.
- ***UTRAN zu den UEs über die Schnittstelle U_u:*** Auf der OSI-Schicht 1 werden die mit WCDMA gemultiplexten Bitströme per ***Funk*** übertragen. Wie bei GPRS steuert ***MAC (Medium Access Control)*** auf der OSI-Schicht 2 den Medienzugriff auf die Funkkanäle und ***RLC (Radio Link Control)*** realisiert eine zuverlässige (fehlersichere) Funkverbindung. Der vom 3G-SGSN kommende GTP-Tunnel (OSI-3/4) wird im UTRAN beendet, um auf der Funkschnittstelle mit möglichst wenig Overhead auszukommen. Zusätzlich komprimiert ***PDCP (Packet Data Convergence Protocol)*** die Protokoll-Header soweit wie möglich. Die eigentlichen Nutzdaten können mittels ***IP, PPP*** (Point-to-Point Protocol) oder anderer Protokolle eingekapselt und transportiert werden. Datenpakete vom und zum Internet werden also im gesamten UMTS-Mobilfunknetz bis zum RNC (Radio Network Controller) durch einen ***IP-Tunnel*** geführt.

Typen von Funkzellen und Handover

Für UMTS wurden drei verschiedene Typen von terrestrischen Funkzellen spezifiziert, von denen derzeit in Deutschland nur die ersten beiden im Einsatz sind:

- ***Makrozellen (Macro Cells)*** mit UTRA FDD, einem Durchmesser von ca. 2 km und einer Datenrate von bis zu 144 kbit/s: Sie ermöglichen eine flächendeckende Versorgung von Ballungsgebieten. Da während der Kommunikation eine Fortbewegung mit max. 500 km/h möglich ist, eignen sie sich auch für Hochgeschwindigkeitszüge.
- ***Mikrozellen (Micro Cells)*** mit UTRA FDD, einem Durchmesser von bis ca. 1 km und einer Datenrate bis zu 384 kbit/s: Sie eigenen sich für Innenstadtbereiche und erlauben eine Fortbewegung mit max. 120 km/h während der Kommunikation.
- ***Pikozellen (Pico Cells)*** mit UTRA TDD, einem Durchmesser von bis zu 60 m und einer Datenrate von bis zu 2 Mbit/s: Sie dienen der Versorgung von Flughäfen, Bahnhöfen, Messen und ermöglichen eine Fortbewegung mit max. 10 km/h.

Da Makro- und Mikrozellen permanent im selben Frequenzbereich mit WCDMA senden, dürfen sie sich weiträumig überlappen. Während bei GSM ein Funkzellenwechsel nur mit einer kurzen Trennung zu einer anderen Funkfrequenz erfolgt ***(Hard Handover),*** ist bei UMTS ein UE meist mit mindestens zwei Nodes B verbunden, sodass das plötzliche Abreißen einer Verbindung in der Regel unterbleibt ***(Soft Handover).*** Die Überlappung ermöglicht außerdem sog. ***atmende Zellen,*** die bei hoher Zellauslastung ihren Versorgungsbereich verringern und die im Randbereich befindlichen UEs durch einen Soft Handover an eine Nachbarzelle übergeben.

UMTS-Evolution mit HSDPA

Die maximale Datenrate des realisierten UTRAN FDD von 384 kbit/s Downlink erscheint im Hinblick auf Multimediaanwendungen doch recht unbefriedigend. Vom 3GPP wurde daher eine Reihe weiterer technologischer Verbesserungen vorgeschlagen. So spezifiziert UMTS Release 5 für die nächste Ausbaustufe u. a. ***HSDPA (High Speed Downlink Packet Access)*** mit Datenraten bis 14,4 Mbit/s. HSDPA wird in Analogie zur 2G-Evolution auch als 3.5G-Mobilfunknetz bezeichnet.

HSDPA erreicht die höheren Übertragungsraten insbesondere durch folgende Verbesserungen:

- ***Geteilter Transportkanal*** für Nutzdaten (HS-DSCH, High Speed Downlink Shared Channel) zur besseren Ausnutzung des UMTS-Frequenzbandes. Zusätzlich zu

WCDMA kommt die Multiplextechnik TDMA zum Einsatz, sodass der Transportkanal nicht mehr nur ein UE, sondern simultan bis zu vier UEs mit kleineren Time Slots (STTIs, Short Transmission Time Intervals) flexibel bedienen kann.

- ***Angepasste Modulation:*** Anders als UMTS verwendet HSDPA bei guter Qualität der Funkschnittstelle nicht QPSK (Quadrature Phase Shift Keying), mit dem 2 bit/Symbol übertragen werden (00, 01, 10, 11), sondern das modernere 16-QAM (16-Quadrature Amplitude Modulation), das 4 bit/Symbol (4 bit/s/Hz) überträgt (0000, 0001, usw.) (Siehe Abschnitt 4.3 und Abbildung 4.9).
- ***Multi-Code Transmission*** ermöglicht die Verwendung von bis zu 15 Codes auf dem geteilten Transportkanal.
- ***Schnelles und effektives Handshaking*** zwischen einem Node B und den UEs durch die zusätzliche Protokollschicht MAC-hs (Medium Access Control – high speed) in Ergänzung zum langsamen Handshaking zwischen einem RNC und den UEs auf der Protokollschicht RLC (Radio Link Control).
- ***Schnelles, hybrides ARQ (Automatic Repeat Request):*** Fehlerhafte Datenpakete können nicht mehr nur über RLC vom RNC, sondern auch direkt vom Node B hardwaremäßig erkannt werden, und Node B führt die Paketwiederholung auf Layer 1 sofort zusammen mit dem Versand des nächsten Paketes durch.

Die folgende Tabelle zeigt die derzeit möglichen Übertragungsraten von HSDPA, wobei die Codierrate das Verhältnis einer Datenrate mit Fehlerschutz zu einer ohne Fehlerschutz angibt.

Modulation	***Codierrate***	***5 Codes***	***10 Codes***	***15 Codes***
QPSK	1/4	0,6 Mbit/s	1,2 Mbit/s	1,8 Mbit/s
	2/4	1,2 Mbit/s	2,4 Mbit/s	3,6 Mbit/s
	3/4	1,8 Mbit/s	3,6 Mbit/s	5,4 Mbit/s
	4/4	2,4 Mbit/s	4,8 Mbit/s	7,2 Mbit/s
16-QAM	2/4	2,4 Mbit/s	4,8 Mbit/s	7,2 Mbit/s
	3/4	3,6 Mbit/s	7,2 Mbit/s	10,8 Mbit/s
	4/4	4,8 Mbit/s	9,6 Mbit/s	14,4 Mbit/s

UMTS Release 6 sieht neben HSDPA auch ***HSUPA (High Speed Uplink Packet Access)*** vor, das eine Datenrate von bis zu 5,76 Mbit/s erreicht. HSDPA und HSUPA werden zusammen auch als ***HSPA (High Speed Packet Access)*** bezeichnet. Ab 2009 bietet ***HSPA+*** noch höhere Datenraten. Gute vertiefende Darstellungen zu UMTS findet der Leser in [37], S. 149 ff. und [38], S. 175 ff.

Die deutsche Telekommunikations-Infrastruktur

Die Darstellung des Mobilfunks schließt mit ein paar Zahlen zur deutschen Telekommunikations-Infrastruktur. Das Festnetz der Deutschen Telekom umfasst derzeit ca. 1.750 Vermittlungseinrichtungen, 10.000 Technikstandorte und 20 Managementzentren. Demgegenüber steht die Netz-Infrastruktur von T-Mobile mit derzeit ca. 100 Vermittlungseinrichtungen, 1.000 Steuerungseinrichtungen für die Basisstationen, 20.000 Basisstationen und 10 Managementzentren. Zum Vergleich: Alle deutschen Mobilfunkanbieter betreiben derzeit für den GSM- und UMTS-Mobilfunk zusammen ca. 70.000 Basisstationen.

Die Bundesnetzagentur führt eine öffentlich zugängliche Datenbank mit den aktuellen Standorten aller Mobilfunksender in Deutschland (http://emf.bundesnetzagentur.de). Da es bisher keine Langzeitstudien zu gesundheitlichen Risiken durch Mobilfunkwellen gibt, ist die gesundheitliche Bewertung des Mobilfunks umstritten.

10.5 Lokaler Funk im Überblick

Während Mobilfunknetze eine globale, nahezu unbegrenzte Benutzer- und Gerätemobilität gewährleisten, unterstützen lokale Funknetze die drahtlose Kommunikation (wireless) in einem räumlich begrenzten Bereich. Seit dem Ende der 90er Jahre ergänzen und ersetzen lokale Funknetze in immer stärkerem Maße die drahtgebundenen (wired) LANs und MANs.

Klassifizierung lokaler Funknetze

Lokale Funknetze lassen sich in drei Klassen einteilen. In der Reihenfolge ihrer Entstehung sind dies:

- ***WLANs*** (Wireless Local Area Networks),
- ***WPANs*** (Wireless Personal Area Networks) und
- ***WMANs*** (Wireless Metropolitan Area Networks).

Es gibt viele grundlegende Quellen mit detaillierten Informationen zu diesen neuen Funknetzen (z. B. [35]; [37], S. 271 ff.; [38], S. 241 ff.; [43], S. 326 ff.).

Abbildung 10.13 gibt einen Überblick über die verschiedenen Funknetzklassen bezüglich ihrer Übertragungskapazität, Reichweite und Standardisierung. Die aufgeführten WPAN-, WLAN- und WMAN-Technologien – von Bluetooth über WiFi bis WiMAX – werden in den folgenden Abschnitten dargestellt. Neben WPANs, WLANs und WMANs sind auch sog. ***WWANs*** (Wireless Wide Area Networks) aufgeführt, die wir schon in den Abschnitten 10.1 bis 10.4 als Funk-Subsysteme der Mobilfunknetze kennen gelernt haben. WWANs der Zukunft werden voraussichtlich mit WLANs und WMANs zusammenwachsen und zu einem komplett IP-basierten Funknetz verschmelzen (4G Mobile Telecommunications).

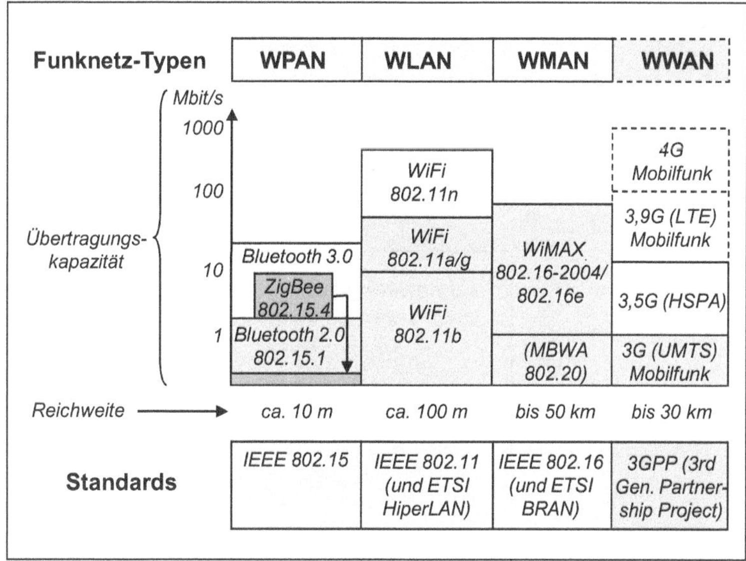

Abb. 10.13: Abgrenzung von WPAN, WLAN, WMAN und WWAN

Die ***Standardserie IEEE 802*** des IEEE (Institute of Electrical and Electronics Engineers) hat sich zum weltweiten Standard für lokale Funknetze entwickelt; führender Standard für wired LANs ist IEEE 802 ja schon seit den 80er Jahren (siehe Kapitel 7). Auch vom ETSI (European Telecommunications Standards Institute) wurden alternative Standardserien ETSI HiperLAN (High-Performance Radio LAN) und ETSI BRAN (Broadband Radio Access Networks) entwickelt, die sich gegenüber IEEE 802 aber bisher nicht durchsetzen konnten. Die WWAN-Standardisierungsaktivitäten in Richtung 4G-Mobilfunk werden vom ***3GPP (3rd Generation Partnership Project)*** vorangetrieben, das bereits im letzten Abschnitt genannt wurde.

10.6 Wireless LANs mit WiFi

Der Durchbruch der lokalen Funknetze begann 1997 mit dem Standard ***IEEE 802.11*** für drahtlose (wireless) LANs (WLANs). Der Standard umfasst inzwischen eine ganze Serie von Einzelstandards zur technischen Realisierung von WLANs. Im Zusammenhang mit IEEE 802.11 wird häufig der Begriff ***WiFi (Wireless Fidelity)*** verwendet. Er wurde vom Firmenkonsortium ***WECA*** (Wireless Ethernet Compatibility Alliance), das sich 2002 in ***WiFi Alliance*** umbenannt hat, in Anlehnung an den Begriff „HiFi" (Klangtreue) geprägt. Das WiFi-Logo kennzeichnet WLAN-Produkte als standardkonform.

WLAN-Topologien

Der Standard IEEE 802.11 ermöglicht WLAN-Topologien unterschiedlicher Komplexität. Hierbei steht der zentrale Begriff ***BSS (Basic Service Set)*** für eine Gruppe von Stationen, die in einer Funkzelle über einen gemeinsamen Funkkanal Daten austauschen können. Abbildung 10.14 gibt einen Überblick über die grundlegenden WLAN-Topologien.

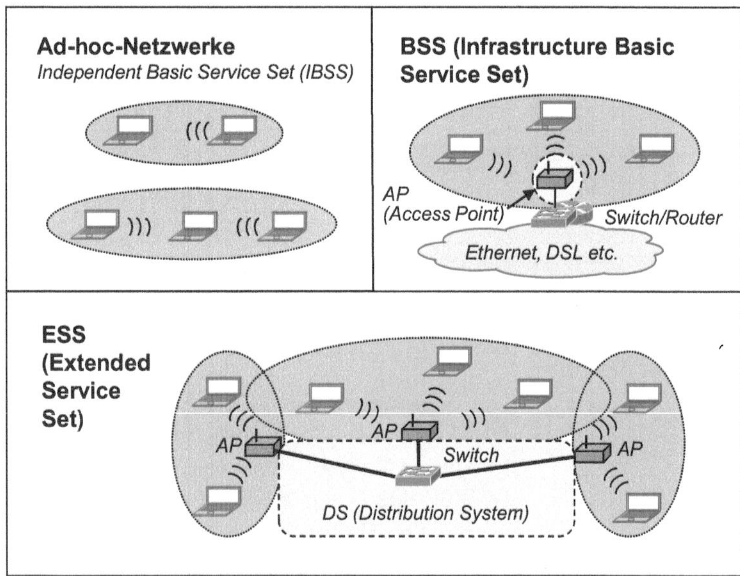

Abb. 10.14: Die grundlegenden WLAN-Topologien

Die dargestellten WLAN-Topologien haben folgende Merkmale:

- ***Ad-hoc-Netzwerke:*** Zwei oder mehr WLAN-Stationen kommunizieren im Ad-hoc-Mode direkt miteinander.

Diese Netztopologie wird auch als IBSS (Independent Basic Service Set) bezeichnet.

- ***BSS (Infrastructure Basic Service Set):*** Beim BSS sind die WLAN-Stationen im Infrastructure Mode über einen ***AP (Access Point)*** miteinander verbunden, sodass sich eine Stern-Topologie ergibt. Außerdem dient der Access Point normalerweise auch als Portal zu einem wired LAN. Damit fungiert der Access Point als Bindeglied zum Campusnetzwerk oder zum DSL-Anschluss, um den WLAN-Stationen Kommunikationsdienste wie Serverzugriffe und Internet-Dienste zur Verfügung zu stellen.
- ***ESS (Extended Service Set):*** Mehrere Basic Service Sets werden miteinander durch ein Ethernet-LAN verbunden, um die WLAN-Reichweite zu erhöhen. Das LAN dient dabei als ***DS (Distribution System),*** sodass ein ***Handover*** zwischen den Access Points möglich wird.

Alle WLAN-Stationen und der Access Point eines BSS müssen dieselbe ***SSID (Service Set Identification)*** haben, um sich gegenseitig identifizieren zu können. Werden LANs oder WLANs durch zwei oder mehrere Wireless LAN Bridges miteinander verbunden, so spricht man von ***Wireless LAN Bridging*** (zu Wireless LAN Bridges als spezielle Local Bridges siehe Abbildung 8.2).

WLAN-Standards im Überblick

Das IEEE hat seit 1997 fünf grundlegende WLAN-Einzelstandards herausgegeben, die sich durch eine zunehmend höhere Übertragungsleistung auszeichnen. Die Standards definieren die Parameter der physischen Übertragung auf der OSI-Schicht 1 und die alternativen Medienzugriffsverfahren auf der OSI-Schicht 2a. Beide OSI-Schichten werden wir anschließend noch näher betrachten. Die folgende Tabelle gibt in chronologischer Reihenfolge einen Überblick über die WLAN-Einzelstandards.

Standard	***Jahr***	***Frequenz***	***Technik***	***Datenrate***
802.11	1997	2,4 GHz	IR/FHSS/DSSS	2 Mbit/s
802.11b	1999	2,4 GHz	HR-DSSS	11 Mbit/s
802.11g	2003	2,5 GHz	OFDM	54 Mbit/s
802.11a/h	1999/2003	5 GHz	OFDM	54 Mbit/s
802.11n	2009	2,4/5 GHz	MIMO-OFDM	600 Mbit/s

Der erste WLAN-Standard ***IEEE 802.11*** bietet eine Datenrate von 2 Mbit/s. Er spezifiziert eine Infrarot(IR)-Übertragung und zwei Funklösungen mit Signalspreizung (FHSS, Frequency Hopping Spread Spectrum) und (DSSS, Direct Sequence Spread Spectrum) im 2,4-GHz-Frequenzband (2,4 - 2,4835 GHz). Das 2,4-GHz-Band darf als sog. ISM-Band (Industrial, Scientific and Medical Band) lizenzfrei für industrielle, wissenschaftliche und medizinische Zwecke genutzt werden. ***IEEE 802.11b*** ist der zweite WLAN-Standard, der als Nachfolger von IEEE 802.11 breite Anwendung fand. Er erhöhte die Datenrate mit HR-DSSS (High-Rate DSSS) durch Verwendung einer anderen Modulationstechnik (CCK, Complementary Code Keying) von 2 auf 11 Mbit/s.

Als dritter Standard ist ***IEEE 802.11g*** zu nennen, der IEEE 802.11b abgelöst hat. Er verwendet als Übertragungs- und Modulationstechnik eine spezielle Form des Frequenzmultiplexing, nämlich OFDM (Orthogonal Frequency Division Multiplexing). So erreicht er durch eine geschickte Aufteilung des Funkkanals in Subkanäle max. 54 Mbit/s. Der vierte Standard ***IEEE 802.11a,*** der ebenfalls auf OFDM basiert und max. 54 Mbit/s erzielt, wurde schon 1999 veröffentlicht. Er konnte aber zunächst in Deutschland nicht angewendet werden, da der 5-GHz-Bereich (5,15 - 5,35/5,470 - 5,725 GHz) erst 2002 freigegeben wurde, und das nur zur Nutzung in geschlossenen Räumen. Außerdem durfte der 5-GHz-Bereich in Europa nur mit geringer Leistung benutzt werden, da das 5-GHz-Band hier für sicherheitsrelevante Anwendungen (Radarsysteme) reserviert ist. Erst die 2003 veröffentlichte Ergänzung IEEE 802.11h mit Leistungsregelung (Kontrolle der Sendeleistung) und dynamischer Frequenzwahl brachte die europäische Zulassung für uneingeschränkten WLAN-Betrieb.

Der fünfte WLAN-Standard ***IEEE 802.11n***, der IEEE 802.11g und 802.11a ablöst, wurde wegen divergierender Herstellerinteressen erst 2009 verabschiedet. Er erreicht mit OFDM und einer besonderen Antennentechnik (MIMO, Multiple Input Multiple Output) eine Datenrate von 300 Mbit/s. Und mit 40 MHz statt des üblichen 20-MHz-Betriebes sind es sogar max. 600 Mbit/s.

Neben den fünf „WLAN-Basis-Standards" wurden zahlreiche ergänzende Standards zur Verbesserung der Funktionalität veröffentlicht. Von besonderer Bedeutung sind die Standards ***IEEE 802.11e*** zur Implementierung von QoS (Quality of Service) insbesondere für IP-Telefonie, ***IEEE 802.11f*** für die Handover-Kommunikation zwischen Access Points und ***IEEE 802.11i*** zur Verbesserung der Datensicherheit und Authentifizierung.

OSI-Schicht 1 der WLAN-Standards

Der Standard IEEE 802.11 deckt die technologieabhängigen OSI-Schichten 1 und 2a ab, darüber liegt das technologieunabhängige Protokoll LLC der OSI-Schicht 2b mit seinen SAPs für die höheren OSI-Schichten (vgl. Abbildung 10.15).

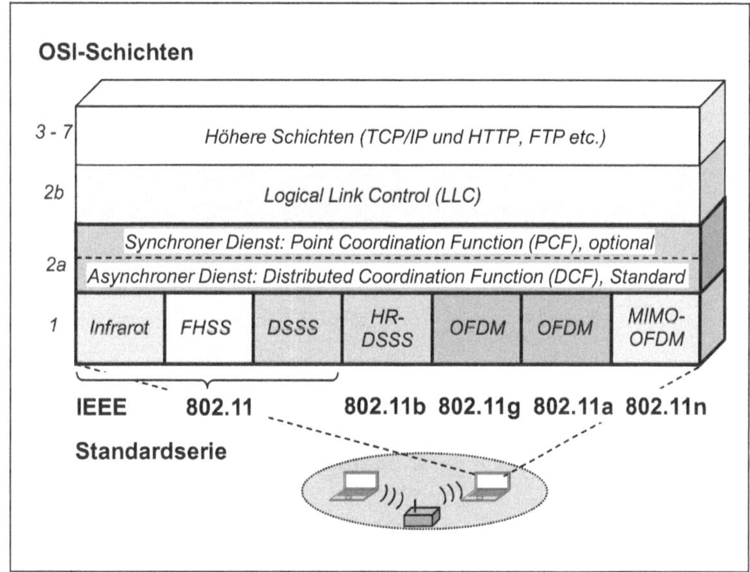

Abb. 10.15: WLAN-Standards nach IEEE 802.11

Für die Bitübertragungsschicht wurden folgende ***Übertragungs-, Modulations- und Multiplexverfahren*** spezifiziert (zu FHSS, DSSS und OFDM siehe Abbildung 10.16):

- ***Infrarot-Licht:*** Diese Option, die praktisch bedeutungslos ist, spezifiziert bis 2 Mbit/s Übertragungsleistung mit diffusem Infrarot-Licht von 850 bis 950 nm ***(802.11)***.
- ***FHSS (Frequency Hopping Spread Spectrum):*** Zur Vermeidung von Störungen spreizt das Frequenzsprungverfahren FHSS den zu übertragenden Bitstrom über 79 Funkkanäle von 1 MHz im 2,4-GHz-Band. Die Kanalauswahl erfolgt im Frequenzsprungverfahren mit einer pseudozufälligen Sprungsequenz. Die Verweilzeit der einzelnen Kanäle ist < 400 ms, sodass sich eine Sprungrate von > 2,5 Hops/s (Durchschnitt: 10 Hops/s) ergibt. Mit der Modulationstechnik DQPSK (Differential Quadrature Phase Shift Keying), die 2 bit/Symbol (2 bit/s/Hz)

überträgt (siehe Abschnitt 4.3), wird eine max. Übertragungsrate von 2 Mbit/s erreicht ***(802.11)***.

- ***DSSS (Direct Sequence Spread Spectrum):*** Bei dieser neueren Technik wird das 2,4-GHz-Band in 13 jeweils 22 MHz breite Frequenzbänder (Kanäle) unterteilt, die sich überschneiden und deren benachbarte mittlere Frequenzen (Center Frequencies) jeweils einen Abstand von 5 MHz haben. Im Gegensatz zu FHSS sendet ein Sender bei DSSS immer auf demselben Kanal. Um eine hohe Störsicherheit zu erreichen, spreizt DSSS den Bitstrom vor der Übertragung mit Hilfe des „Barker Code". Jedes zu übertragende Eins-Bit wird durch eine Chip(ping)-Sequenz von 11 Chips (0, 1, 0, 0, 1, 0, 0, 0, 1, 1, 1) ersetzt, und jedes Null-Bit durch die inverse Chip-Sequenz (1, 0, 1, 1, 0, 1, 1, 1, 0, 0, 0). Um die max. Übertragungsrate von 2 Mbit/s zu erreichen, wird wie bei FHSS die Modulationstechnik DQPSK eingesetzt ***(802.11)***.
- ***HR-DSSS (High-Rate DSSS)*** verwendet anstelle des Barker Code von DSSS die Modulationstechnik CCK (Complementary Code Keying), die in einem 8-Bit-Codewort (in einem Symbol) 6 Bits übertragen kann. Damit erreicht HR-DSSS eine max. Datenrate von 11 Mbit/s, während DSSS nur 2 Mbit/s überträgt ***(802.11b)***.
- ***OFDM (Orthogonal Frequency Division Multiplexing):*** Diese aktuelle Technik arbeitet – ähnlich wie ADSL – mit 52 Frequenzbändern (Subkanälen) à ca. 20 MHz. Benachbarte Trägerfrequenzen überschneiden sich jedoch (Phasenverschiebung von 90° Grad), was durch den Begriff „orthogonal" ausgedrückt wird. Die Nachbarkanäle beeinflussen sich trotzdem nicht, da ihre jeweilige Amplitude an der mittleren Frequenz eines anderen Kanals immer gleich Null ist. In Abhängigkeit von der Kanalqualität kommen die Modulationstechniken BPSK, GPSK (Binary bzw. Gaussian Phase Shift Keying), 16-QAM oder 64-QAM (QAM, Quadrature Amplitude Modulation) zum Einsatz, mit denen 1, 2, 4 oder 6 Bits pro Symbol auf den parallelen Kanälen übertragen werden können (siehe Abschnitte 4.3 und 6.8). Bei guter Übertragungsqualität erreicht OFDM damit bis zu 54 Mbit/s, wobei das 2,4-GHz-Band ***(802.11g)*** oder das 5-GHz-Band ***(802.11a)*** benutzt werden kann.

- ***MIMO-OFDM (Multiple Input Multiple Output OFDM)*** verwendet zusätzlich mehrere Sende- und Empfangsantennen, um durch parallele Übertragung und Minimierung von Interferenzen eine höhere Datenrate zu erreichen. Mit MIMO-OFDM beträgt die max. Datenrate im 40-MHz-Betrieb 600 Mbit/s ***(802.11n)***.

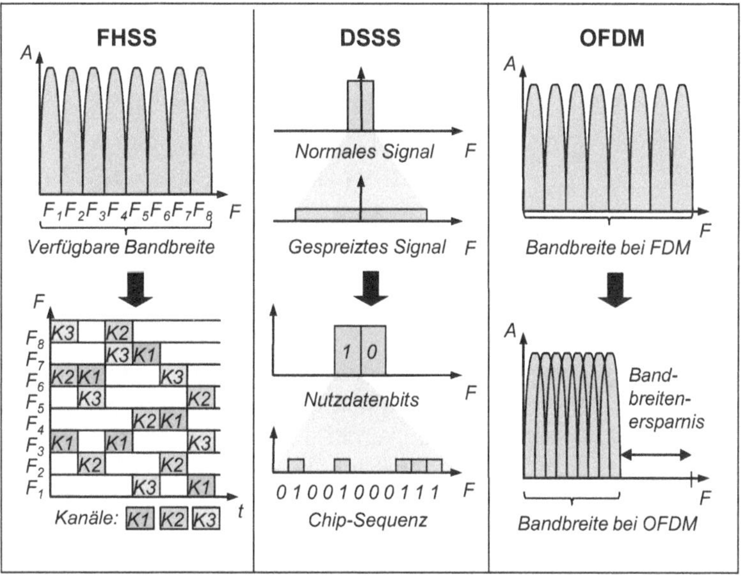

Abb. 10.16: FHSS, DSSS und OFDM für WLANs

OSI-Schicht 2a der WLAN-Standards

Die ***Medienzugriffssteuerung*** (MAC, Medium Access Control) ist für die Funkschnittstelle aller gezeigten Übertragungs- und Modulationstechniken einheitlich geregelt (siehe Abbildung 10.15). Sie wird auch als ***DFWMAC (Distributed Foundation Wireless MAC)*** bezeichnet und umfasst drei Betriebsarten:

- ***DFWMAC-DCF (Distributed Coordination Function Standard)*** mit verteilter Koordinationsfunktion für WLAN-Geräte. DFWMAC-DCF verwendet das an CSMA/CD angelehnte Zugriffsverfahren CSMA/CA. Es bietet somit nur einen asynchronen Datendienst. DFWMAC-DCF kann grundsätzlich bei allen WLAN-Topologien verwendet werden, also mit und ohne Access Point.
- ***DFWMAC-DCF mit RTS/CTS-Erweiterung (optional)*** zur Vermeidung des Hidden-Station-Problems, das anschließend beschrieben wird.

- ***DFWMAC-PCF (Point Coordination Function, optional)*** mit zentraler Koordinationsfunktion durch einen Access Point. Anders als DFWMAC-DCF fragt DFWMAC-PCF die WLAN-Stationen der Reihe nach mit ***Polling*** ab und realisiert so einen kollisionsfreien, synchronen Dienst.

Wird ein Access Point eingesetzt (heutiger Normalfall), so muss sich jede zugehörige WLAN-Station zunächst bei ihm anmelden. Hierzu sendet ein Access Point periodisch Beacon Frames („Signalfeuer") aus. DFWMAC verwendet zum Zugriff auf ein frei gewordenes Medium drei verschiedene Wartezeiten (IFS, Inter Frame Spacing):

- ***SIFS (Short IFS):*** kürzeste Wartezeit mit höchster Priorität für Steuernachrichten (z. B. Bestätigungen),
- ***PIFS (PCF IFS):*** mittlere Wartezeit für Access Points,
- ***DIFS (DCF IFS):*** längste Wartezeit mit niedrigster Priorität für WLAN-Endgeräte.

Medienzugriff mit CSMA/CA

Um die Funktionsweise von WLANs besser zu verstehen, sehen wir uns ***DFWMAC-DCF*** anhand der Abbildung 10.17 ein wenig näher an. DCF arbeitet standardmäßig mit ***CSMA/CA (Carrier Sense Multiple Access with Collision Avoidance),*** um Kollisionen zu vermeiden. Eine sendewillige Station hört das Medium ab. Ist das Medium für die Dauer von DIFS (DCF Inter Frame Spacing) frei, so sendet sie. Die Sendung wird dann nach einem SIFS durch einen ACK Frame (Acknowledgement) bestätigt.

Ist das Medium belegt, so wartet die WLAN-Station das Ende des nächsten DIFS und zusätzlich eine zufällig gewählte ***Back-off-Zeit*** ihres gestarteten Rückzähl-Timers für Wettbewerb mit anderen WLAN-Stationen ab, bevor sie sendet. Wird das Medium während der Back-off-Zeit von einer anderen WLAN-Station belegt, so wird der Backoff-Timer angehalten und läuft erst wieder bei freiem Medium nach einem neuen DIFS weiter. Ist der Backoff-Timer abgelaufen, so kann die WLAN-Station senden.

CSMA/CA mit RTS/CTS

CSMA/CA löst nicht das ***Hidden Station Problem*** (Problem versteckter WLAN-Stations). Wenn z. B. die beiden äußeren Stationen beim unteren Ad-hoc-Netzwerk in der Abbildung 10.14 nur eine Reichweite bis zur mittleren Station haben und ihr gleichzeitig einen Daten-Frame senden wollen, kommt es zur Kollision. Wegen ihrer geringen Reichweite können die beiden Stationen ihre gegenseitige Konkurrenz nicht erkennen. Für diesen Fall bietet DCF optional CSMA/CA mit ***RTS/CTS-Erweiterung*** an (Ready to Send/Clear to Send).

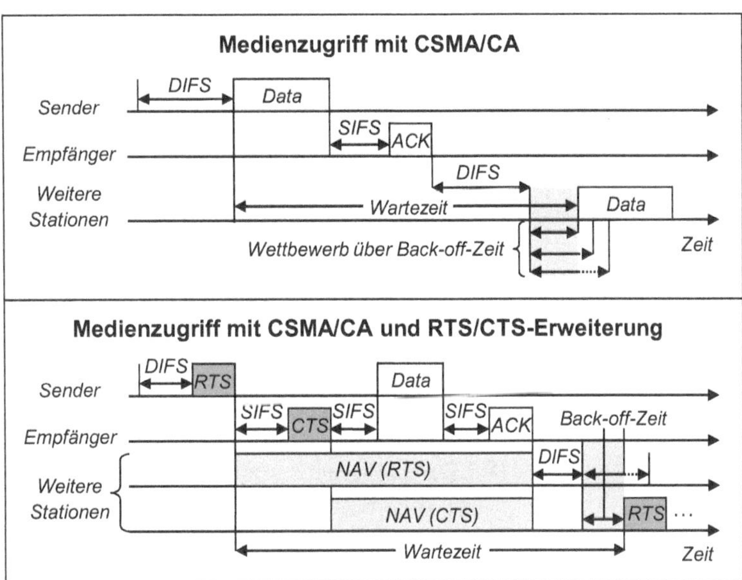

Abb. 10.17: Medienzugriff mit CSMA/CA und RTS/CTS

Wie Abbildung 10.17 zeigt, fragt ein Sender zunächst den Empfänger mit einem RTS-Frame, ob er senden darf. Jede WLAN-Station in Reichweite des Senders speichert die im RTS-Frame angegebene Sendedauer (inkl. ACK-Frame) in einem NAV (Net Allocation Vector). Ein Empfänger antwortet sofort nach einem SIFS mit einem CTS-Frame, sodass jeweils nach einem weiteren SIFS der Sender seinen Daten-Frame senden und der Empfänger den korrekten Empfang mit einem ACK-Frame bestätigen kann. Alle WLAN-Stationen, die sich nicht in Reichweite des Senders, wohl aber in Reichweite des Empfängers befinden, speichern die in seinem CTS-Frame angegebene Sendedauer in einem NAV (CTS) bzw. korrigieren ihren bereits vorhandenen NAV (RTS).

Format eines Daten-Frames

Ebenso wie die WLAN-Medienzugriffssteuerung, so sind auch die WLAN-Frame-Formate wesentlich komplexer als die Frame-Formate beim Ethernet (siehe Abbildung 7.2). Der Standard IEEE 802.11 verwendet drei verschiedene Arten von Frames, die unterschiedliche Frame-Header haben: Daten-Frames für den Transport von Nutzdaten, Steuer-Frames für die Steuerung des Medienzugriffs und Management-Frames für die Verwaltung der

Funkzelle (Basic Service Set). Abbildung 10.18 zeigt den Aufbau eines Daten-Frames.

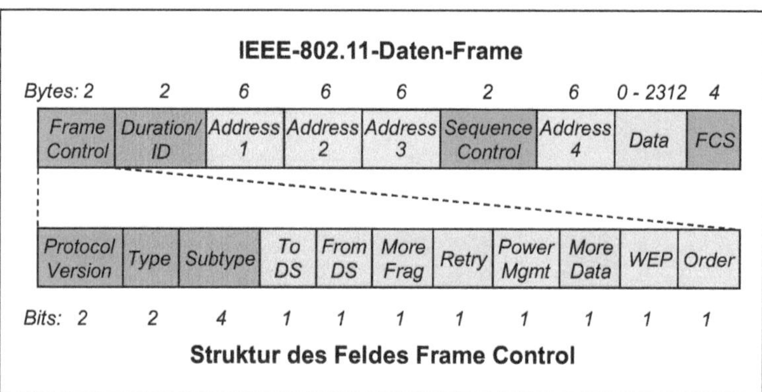

Abb. 10.18: Format eines Daten-Frames nach IEEE 802.11

Der Daten-Frame beginnt mit der ***Frame Control*** (Frame-Steuerung), die anschließend näher beschrieben wird. Das zweite Feld ***Duration/ID*** gibt u. a. die Belegungsdauer des Mediums für den RTS/CTS-Reservierungsmechanismus oder die AID (Association ID) eines Poll-Frames an. ***Sequence Control*** dient der Identifizierung jedes Fragmentes, um Duplikate zu erkennen. ***Data*** enthält die Nutzdaten und ***FCS*** eine Prüfzahl zur Fehlererkennung. Der Inhalt der Felder ***Address 1 bis Address 4*** hängt von den Bits „To DS" und „From DS" im Feld „Frame Control" ab, wie folgende Tabelle zeigt (vgl. [35], S. 184 f.; [38], S. 267 f.).

Fall	***To DS***	***From DS***	***Addr. 1***	***Addr. 2***	***Addr. 3***	***Addr. 4***
1	0	0	DA	SA	BSSID	–
2	0	1	DA	BSSID	SA	–
3	1	0	BSSID	SA	DA	–
4	1	1	RA	TA	DA	SA

- ***Fall 1*** betrifft ein ***Ad-hoc-Netzwerk*** (IBSS). Es werden die DA (Destination Address) des Empfängers, die SA (Source Address) des Senders und die BSSID (Basic Service Set ID) angegeben. Die BSSID wird bei einem Ad-hoc-Netzwerk als Zufallszahl gebildet, in einem BSS ist sie die MAC-Adresse des Access Points.

- Beim ***Fall 2*** wird in einem ***Infrastructure Basic Service Set*** (BSS) ein Frame ***von einen Access Point*** an eine WLAN-Station geschickt. DA adressiert den Empfänger, die BSSID gibt den Access Point an, und SA den ursprünglichen Sender.
- ***Fall 3*** zeigt den umgekehrten Fall. In einem ***Infrastructure Basic Service Set*** sendet eine WLAN-Station einen Frame ***an einen Access Point*** zur Weiterleitung an eine andere Station. Es werden die BSSID des Access Points, der Sender und der letztendliche Empfänger angegeben.
- ***Fall 4*** betrifft einen ***Infrastructure Basic Service Set,*** bei dem ein Frame ***über ein DS (Distribution System)*** zwischen zwei Access Points übertragen werden muss. RA (Receiver Address) ist die MAC-Adresse des empfangenden Access Points, TA (Transmitter Address) die MAC-Adresse des sendenden Access Points, DA die letztendliche Empfängeradresse und SA die ursprüngliche Senderadresse.

Die einzelnen Steuer-Bits des Feldes ***Frame Control*** in Abbildung 10.18 haben folgende Bedeutung: „Protocol Version" gibt die aktuelle Protokollversion an (derzeit: 00), „Type" den Frame-Typ (Daten-, Steuer- oder Management-Frame) und „Subtype" den jeweiligen Untertyp (z. B. RTS-Steuer-Frame, Beacon-Management-Frame). „To DS" und „From DS" wurden bereits bei den Adressfeldern beschrieben. „More Frag" gibt an, ob weitere Fragmente zur selben Nachricht folgen. „Retry" kennzeichnet einen wiederholt gesendeten Frame, „Power Mgmt" informiert, ob eine Station nach dem Senden aktiv bleibt oder in den Energiesparmodus wechselt, und „More Data" gibt an, dass weitere Daten folgen. „WEP" informiert über die Nutzdatenverschlüsselung mit WEP und „Order" verlangt die Weitergabe der Frames an das übergeordnete Protokoll in der Sendereihenfolge.

Sicherheit von WLANs

Da alle WLAN-Stationen in Reichweite eines Senders den Nachrichtenverkehr empfangen, ist Sicherheit – im Sinne von Datenschutz und Zugriffskontrolle – bei WLANs ein besonders wichtiges Thema. Ursprünglich hatte das IEEE nur ***WEP (Wired Equivalent Privacy)*** zur Nachrichtenverschlüsselung spezifiziert, das einen zu kabelgebundenen LANs gleichwertigen Datenschutz gewährleisten sollte. WEP benutzt allerdings für alle berechtigten WLAN-Stationen nur einen gemeinsamen Schlüssel, der zudem leicht zu „knacken" ist.

Die WiFi Alliance entwickelte deshalb als WEP-kompatible Vorablösung zu IEEE 802.11i die Sicherheitsarchitektur ***WPA (WiFi Protected Access),*** die folgende Verbesserungen bietet:

- ***TKIP (Temporary Key Integrity Protocol)*** zur dynamischen Schlüsselgenerierung pro Datenpaket,
- ***PSK (Pre-Shared Key)*** zur einfachen Senderauthentifizierung über individuelle Schlüssel für kleinere WLANs (Personal Mode) und ***EAP (Extensible Authentication Protocol)*** zur zentralen Senderauthentifizierung z. B. mit einem RADIUS Server (Remote Authentication Dial In User Service) für größere WLANs (Enterprise Mode).

Im Gegensatz zu WPA integriert ***WPA2*** den kompletten 2004 verabschiedeten Standard ***IEEE 802.11i,*** der ***AES (Advanced Encryption Standard)*** zur Verschlüsselung und ***IEEE 802.1x*** zur zentralen Authentifizierung verwendet. Neben der Konfiguration von WPA2 ist es ratsam, auch den MAC-Adressenfilter und die SSID-Unterdrückung einzuschalten. Und wer ganz sicher sein will, sollte ein VPN einrichten. Im Abschnitt 9.6 haben wir die generellen Probleme der Netzwerksicherheit und die grundlegenden Sicherungslösungen bereits systematisch kennen gelernt.

Weitere detaillierte Informationen zu WLANs findet der Leser u. a. in [24], S. 887 ff.; [35]; [37], S. 237 ff.; [38], S. 241 ff.

10.7 Wireless PANs mit Bluetooth

Dem Boom der WLANs folgte die Ausbreitung der Wireless-Technologie ***Bluetooth.*** Bluetooth wurde 1999 durch die ein Jahr vorher gegründete ***Bluetooth SIG (Special Interest Group)*** spezifiziert und durch das IEEE als ***IEEE 802.15.1*** für Wireless Private Area Networks (WPANs) standardisiert. Die Spezifikation liegt seit 2009 in der Version 3.0 vor. Die Entwicklung eines preiswerten Bluetooth-Chips zur kabellosen Geräteverbindung hatte 1994 in der schwedischen Firma Ericsson begonnen. Der Name für das Entwicklungsprojekt wurde in Erinnerung an den dänischen König Harald Gormsen mit dem Beinamen „Blåtand“ (Blauzahn) gewählt, der Dänemark im 10. Jahrhundert vereinte. Vereinigung und Vereinheitlichung ist auch das Ziel der Wireless-Technologie Bluetooth.

Bluetooth-Netztopologien

Bluetooth wurde zunächst für die Funkvernetzung von PCs und Notebooks mit Peripheriegeräten wie Druckern, Handys, PDAs und Digitalkameras entwickelt. Inzwischen ermöglicht Bluetooth auch ***drahtlose Ad-hoc-Netzwerke,*** sodass sich die Einsatzziele von Bluetooth und WLANs teilweise überschneiden. Abbildung 10.19 zeigt die möglichen Netztopologien von Bluetooth: das Piconet und das Scatternet.

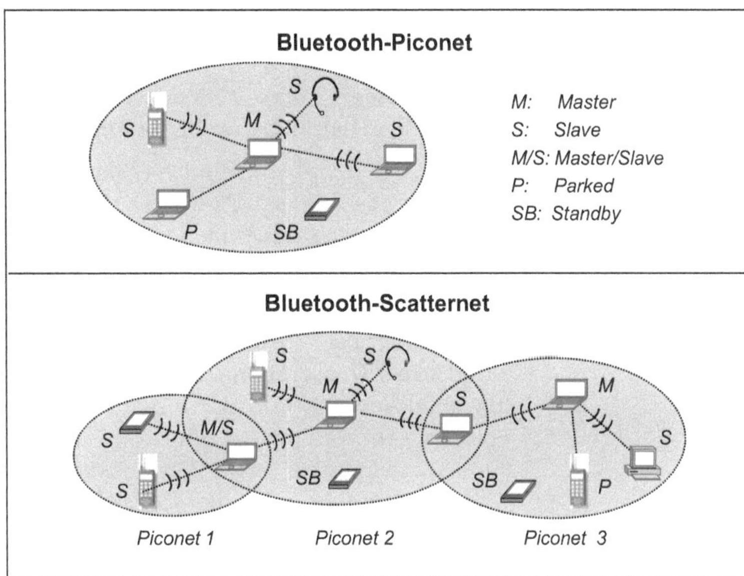

Abb. 10.19: Grundlegende Bluetooth-Netztopologien

Die grundlegende ***Netztopologie*** ist das ***Piconet,*** das aus einem Master und maximal 7 Slaves besteht. Der Master ist immer das Endgerät, das die erste Verbindung aufgebaut hat. Er kontrolliert die Slaves ähnlich wie bei HDLC, wo die Primary Station die Secondary Stations „anpollt" (siehe Abschnitt 6.1). Daneben kann es max. 255 „geparkte" Geräte (Parked) geben, die aus dem Strom sparenden Ruhezustand schnell aktiviert werden können, und Geräte im Standby Modus, die nicht am Piconet teilnehmen. Ein Piconet existiert nur so lange, wie der Master darin teilnimmt.

Der untere Teil von Abbildung 10.19 zeigt ein ***Scatternet*** (Streunetz). Zwei Piconets können zum einen über einen gemeinsamen Slave zu einem Scatternet verbunden werden (Piconets 2 und 3). Zum anderen entsteht ein Scatternet über ein Master/Slave-Gerät, das in einem Piconet als Master und in einem anderen Piconet als Slave fungiert (Piconets 1 und 2).

Die maximale ***Übertragungsrate*** von Bluetooth beträgt bei der Version 2.1 + EDR (Enhance Data Rate) max. 3 Mbit/s (Nettodatenrate: ca. 2 Mbit/s). Die neueste Version 3.0 soll max. 24 Mit/s erreichen. Bluetooth bietet drei ***Leistungsstufen:***

- ***Power Class 3:*** Reichweite bis ca. 10 m bei geringer Sendeleistung von bis zu 1 mW (Milliwatt),
- ***Power Class 2:*** Reichweite bis ca. 25 m bei mittlerer Sendeleistung von bis zu 2,5 mW,
- ***Power Class 1:*** Reichweite bis ca. 100 m bei hoher Sendeleistung von bis zu 100 mW.

Die meisten peripheren und mobilen Geräte verwenden derzeit die Leistungsstufe 2 (Tastaturen, Mäuse, Handys, Notebooks etc.). Auch gibt es zunehmend Geräte der Leistungsstufe 1. Geräte der Leistungsstufe 3 werden dagegen seltener angeboten.

Protokoll-Architektur von Bluetooth

Die ***Bluetooth-Spezifikation*** der Bluetooth SIG enthält viele ***Protokolle,*** die nicht alle nahtlos in das OSI-Referenzmodell eingeordnet werden können, da sie Funktionen mehrerer Schichten abdecken. Abbildung 10.20 gibt einen Überblick über die Protokoll-Architektur von Bluetooth, so wie sie im Standard IEEE 802.15.1 dargestellt wird. Die Protokoll-Architektur lässt die Komplexität, aber auch die Vielfalt und das Potential der Wireless-Technologie Bluetooth erkennen.

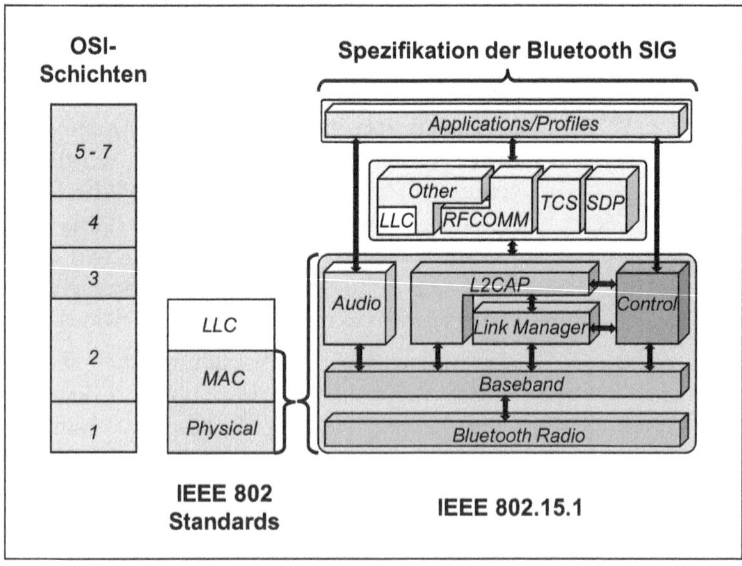

Abb. 10.20: WPAN-Standard IEEE 802.15.1 und Spezifikation der Bluetooth SIG

Nur die Protokolle, die den OSI-Schichten 1 und 2a (Physical Layer und MAC Layer) zugeordnet werden können, sind im Standard IEEE 802.15.1 definiert. Die anderen Protokolle wurden von der Bluetooth SIG spezifiziert.

Die grundlegenden Protokolle („Core Protocols“) des Standards ***IEEE 802.15.1*** sind:

- ***Bluetooth Radio:*** Funkschnittstelle für das 2,4-GHz-Band mit dem im vorigen Abschnitt beschriebenen FHSS (Frequency Hopping Spread Spectrum) für 79 Kanäle à 1 MHz, wobei die Frequenz 1600 Mal pro Sekunde wechselt (Bluetooth und WLANs können sich also gegenseitig stören!).
- ***Baseband:*** Framing (Zusammenfassung der Bits des Bitstreams zu „Packets“ als Funktion der Sicherungsschicht) sowie Zeitmultiplexing für den verbindungsorientierten Dienst ***SCO (Synchronous Connection Oriented)*** und den verbindungslosen Dienst ***ACL (Asynchronous ConnectionLess)***.
- ***Link Manager:*** Aushandeln der Link-Parameter, Aufbau und Abbau von SCO- und ACL-Links sowie Steuerung der Paarbildung, Authentifizierung und Verschlüsselung; eine Paarbildung (Pairing) ist bei erstmaliger Kommunikation zweier Geräte notwendig: der Benutzer gibt dazu in beide Geräte eine identische geheime Kennung (PIN, Personal Identification Number) ein.
- ***L2CAP (Logical Link Control Adaptation Protocol):*** Verbindungssteuerung zum Multiplexen logischer Kanäle über ACL-Links, wobei verbindungslose unidirektionale Kanäle, verbindungsorientierte bidirektionale Kanäle und Signalisierungskanäle unterschieden werden.
- ***Audio und Control:*** Funktionen für die direkte Handhabung von Voice-/Audio-Streams und für die direkte Steuerung durch Anwendungen (Applications).

Die ***Spezifikation der Bluetooth SIG*** enthält oberhalb des beschriebenen Protokoll-Stacks noch folgende Protokolle, die zur Zusammenstellung sog. Bluetooth-Profile ausgewählt werden können:

- ***RFCOMM, TCS und SDP:*** RFCOMM (Radio Frequency Communication) zur Emulation der seriellen Schnittstelle TIA/EIA-232, TCS (Telephony Control Specification) zur

Steuerung von Telefoniefunktionen und SDP (Service Discovery Protocol) zur Erkennung der Dienste anderer Bluetooth-Geräte in der Umgebung.

- „***Other***“: die Box symbolisiert bereits existierende nicht-Bluetooth-spezifische Protokolle, die mit Bluetooth wiederverwendet werden können. Neben dem OBEX (Object Exchange Protocol) sind dies insbesondere WAP (Wireless Application Protocol) und PPP (Point-to-Point-Protocol). Der TCP/IP-Protokoll-Stack kann auf PPP oder auf BNEP (Bluetooth Network Encapsulation Protocol) aufsetzen.
- ***Applications:*** dies sind Standard-Anwendungen, die zusammen mit den ausgewählten Protokollen der untergeordneten Schichten ***Bluetooth-Profile*** ergeben (z. B. Fax Profile, File Transfer Profile, Headset Profile, LAN Access Profile, SIM Access Profile).

Zu erwähnen ist noch das ***HCI (Host Controller Interface),*** das die Schnittstelle zwischen dem Host (Endgerät) und dem Bluetooth-Chip bildet. Über das HCI werden der Link Manager und der Baseband Controller gesteuert, die sich beide auf dem Bluetooth-Chip befinden.

Bluetooth Baseband Packets

Da Bluetooth die Frequenz mittels FHSS 1600 Mal pro Sekunde ändert, beträgt die Dauer eines Time Slots 625 µs. Ein Baseband „Packet“, das einem Frame der OSI-Schicht 2 entspricht, kann 1, 3 oder 5 Time Slots belegen. Bei 3-Slot Packets und 5-Slot Packets ändert sich die Frequenz 3 bzw. 5 Slots lang nicht. Master und Slave senden ihre Baseband Packets immer abwechselnd.

Abbildung 10.21 zeigt das Format eines Baseband Packets, das ein Time Slot belegt. Das Packet besteht nur aus drei Feldern: Access Code, Header und Payload. Das Feld Payload enthält seinerseits SCO- und ACL-Pakete mit max. 2744 Bits (= 343 Bytes).

Das Feld ***Access Code*** wird zur Synchronisation und Identifizierung des Piconets (CAC, Channel Access Code), zum Paging (DAC, Device Access Code) und zur Abfrage bestimmter Geräte (IAC, Inquiry Access Code) verwendet. Es besteht aus:

- ***Preamble:*** Bit-Muster zur Kompensation von störenden Gleichspannungs-Fehlern,
- ***Sync Word:*** Bit-Folge, die aus dem LAP (Lower Address Part) der MAC-Adresse des Piconet Masters (beim CAC), aus dem LAP des gerufenen Gerätes (beim DAC) oder aus einer speziellen Adresse (beim IAC) abgeleitet wird,

- ***Trailer (optional):*** Bit-Muster wie in der Präambel, falls ein Header folgt.

Für das das Feld ***Header*** wird eine Vorwärts-Fehlerkorrektur (FEC, Forward Error Correction) eingesetzt, um die Anzahl der Packet-Wiederholungen zu reduzieren. Durch die Codierung mit einer Rate von 1/3 FEC wird jedes Bit dreimal dargestellt.

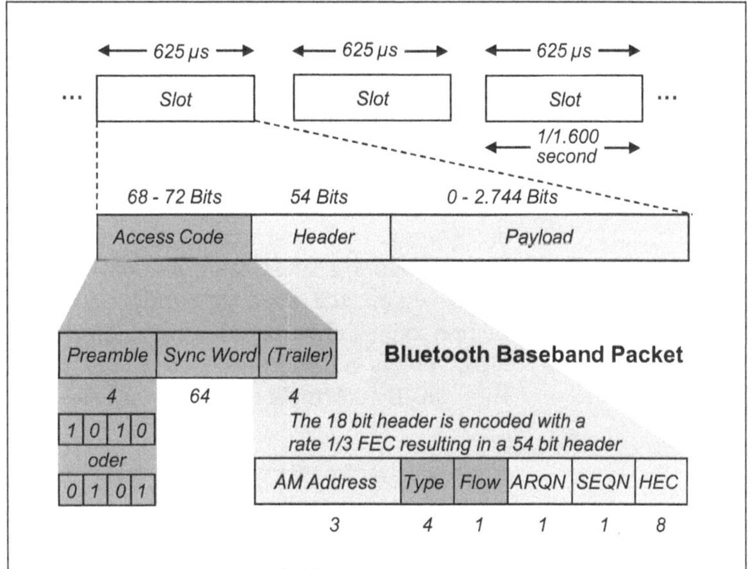

Abb. 10.21: Format eines Bluetooth Baseband Packets

Im Einzelnen umfasst der Header folgende Bestandteile:

- ***Active Member Address:*** Adresse eines Slave in einem Piconet, die ihm vom Master beim Link-Aufbau für die Link-Dauer zugewiesen wird (die drei Bits ermöglichen 7 Slave-Adressen und eine Master-Adresse),
- ***Type:*** Angabe des Packet-Typs, wobei ACL Packets, SCO Packets und eSCO Packets (enhanced SCO Packets mit Payload-Prüfsumme für schlechte Übertragungsqualität) unterschieden werden und die Anzahl der belegten Slots eine Rolle spielt (1, 3 oder 5 Slots),
- ***Flow:*** Bit zur einfachen Flusssteuerung mit Handshake-Mechanismus für ACL-Links,

- ***ARQN (Automatic Repeat Request Number):*** Bit zur Bestätigung der fehlerfreien Übertragung des erhaltenen Packets,
- ***SEQN (Sequence Number):*** Bit zur Erkennung von Packet-Verlusten, das bei neu gesendeten Packets alternierend gesetzt wird und das bei nochmaliger Sendung eines Packets konstant bleibt; der Empfänger erkennt an zwei empfangenen Packets mit gleicher SEQN, dass sein zuletzt gesendetes Packet verloren gegangen ist und der Sender daher sein Paket nochmal gesendet hat,
- ***HEC (Header Error Control):*** Prüfsumme zur Erkennung von Fehlern im Header des Packets.

Logische Kanäle über ACL-Links

Nachdem die Protokoll-Architektur und der Aufbau von Bluetooth Baseband Packets dargestellt wurden, wird abschließend die Kommunikation eines Masters mit seinen Slaves veranschaulicht. Abbildung 10.22 zeigt, wie ein Master mit zwei Slaves über jeweils einen ***ACL-Link*** verbunden ist. Der ACL-Link wurde zum Beginn der Kommunikation vom ***Link Manager*** aufgebaut. Er bietet einen verbindungslosen Dienst der Sicherungsschicht mit Hilfe des ***Basebands*** als Transportbasis.

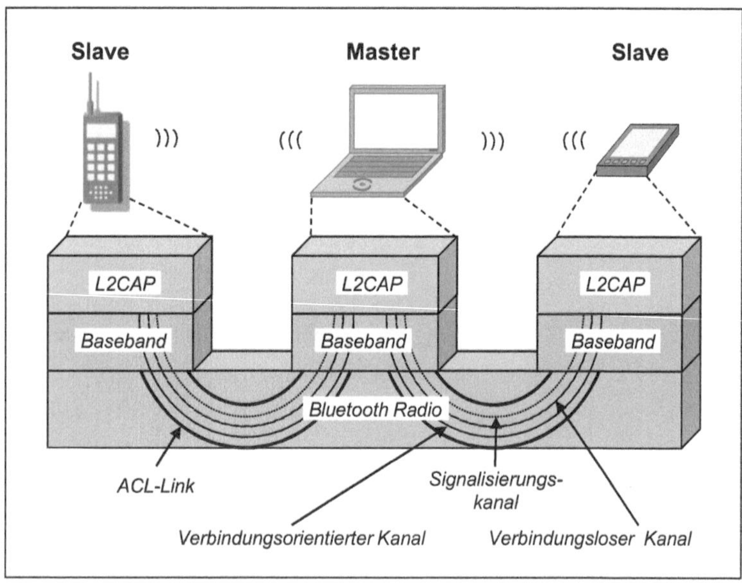

Abb. 10.22: Master-Slave-Kommunikation über ACL-Links

Das Protokoll ***L2CAP*** (Logical Link Control Adaption Protocol) multiplext logische Kanäle über die ACL-Links und ermöglicht so die Kommunikation von Anwendungen bzw. Bluetooth-Profilen, die auf dem Master und seinen Slaves aktiviert wurden. L2CAP kann drei ***Arten von logischen Kanälen*** multiplexen:

- ***verbindunglose Kanäle:*** insbesondere für Rundrufe des Masters,
- ***verbindungsorientierte Kanäle:*** für die Nutzdatenübertragung,
- ***Signalisierungskanäle:*** für L2CAP-Steuernachrichten.

Weitere Einzelheiten zu den Protokollen und der Funktionalität von Bluetooth findet der interessierte Leser u. a. bei [37], S. 345 ff. und [38], S. 318 ff.

Weitere WPAN-Technologien

Die Stärken von Bluetooth liegen bisher im Bereich von Handys, PDAs, drahtlosen Tastaturen und Headsets. Jedoch eignet sich Bluetooth nicht für die Übertragung großer Datenmengen, und es bietet auch keinen besonders sparsamen Energieverbrauch. Deshalb wurden weitere Technologien für WPANs entwickelt.

UWB (Ultra Wide Band) soll HR-WPANs (High Rate WPANs) mit geringer Sendeleistung ermöglichen. Der erste im Jahr 2003 veröffentlichte Standard IEEE 802.15.3 konnte sich nicht durchsetzen, und die folgende Arbeitsgruppe IEEE 802.15.3a löste sich 2006 ebenso wie das UWB-Forum 2007 wegen unterschiedlicher Meinungen auf. Die WiMedia Alliance einigte sich dagegen 2006 auf einen UWB-Standard mit MB-OFDM (Multi-Band OFDM), der zum internationalen Standard ISO/IEC 26907:2007 führte. UWB wird in Deutschland Frequenzbänder im Bereich von 30 MHz bis 10,6 GHz nutzen, wobei das jeweilige Frequenzband in Subkanäle von mindestens 500 MHz aufgeteilt wird. Bluetooth 3.0 soll in Zukunft mit UWB bis zu 480 Mbit/s erreichen.

ZigBee nach IEEE 802.15.4 ist ein Standard für LR-WPANs (Low Rate WPANs) mit geringen Datenraten bei minimalem Stromverbrauch. Es eignet sich besonders für die Realisierung von Sensor-Netzwerken, also für die Vernetzung von Bewegungsmeldern, Rauchmeldern, Thermostaten usw. Der Name „Zigbee" symbolisiert die Kommunikation zwischen Knoten im Maschennetz, die wie das Zickzack-Muster einer zwischen Blumen hin- und herfliegenden Honigbiene abläuft. Zigbee überträgt mit DSSS (Direct Sequence Spread Spectrum) Datenraten von 20, 40 und 250 kbit/s in den Frequenzbändern 868 MHz (Europa), 915

MHz (Amerika) und 2,4-GHz (weltweit), wobei die Reichweite mindestens 10 m beträgt.

10.8 Zum 4G-Mobilfunk mit WiMAX und LTE

Der Weg zum 4G-Mobilfunk

Die Zukunft unserer bunten Netzwerkwelt wird zunehmend durch zwei Schlagworte geprägt, die die Vision des mobilen Internets umreißen: NGN und 4G. Unter ***NGN (Next Generation Network)*** versteht die ITU (International Telecommunication Union) gemäß ihrer ITU-T Recommendation Y.2001:

- Ein paketvermitteltes Netzwerk, das Telekommunikationsdienste bereitstellt und dazu multiple, QoS-unterstützte Breitband-Transporttechnologien nutzt.
- Die dienstbezogenen Funktionen sind unabhängig von den darunter liegenden Transporttechnologien.
- Ein NGN unterstützt eine generelle Mobilität, die seinen Nutzern konsistente und überall vorhandene Dienste anbietet.
- Die Dienste basieren alle auf dem Internet-Protokoll (IP), da IP-Netze flexibel sind und eine einfache Integration neuer Anwendungen ermöglichen.

Wegen der Mobiltätsanforderung hat der Mobilfunk eine grundlegende Bedeutung für NGNs.

Für Mobilfunknetze der nächsten Generation hat sich das Schlagwort ***4G (Fourth Generation)*** durchgesetzt. Der Begriff „4G" wird generell sehr weit und unterschiedlich verwendet. Die ITU hat deshalb wohl bewusst statt „4G" die Bezeichnung „Beyond IMT-2000" gewählt – also jenseits von 3G bzw. über 3G hinaus. Die ITU-R Recommendation M.1645 trägt den Titel „Framework and overall objectives of the future development of IMT-2000 and systems beyond IMT-2000". In der Empfehlung sind für die Übertragungsraten von 4G-Mobilfunknetzen folgende ***Anforderungen*** spezifiziert:

- ***schnelle Fortbewegung*** (60 bis ca. 250 km/h und mehr): ca. 100 Mbit/s sowie
- ***langsame Fortbewegung*** (und lokaler Zugriff): ca. 1 Gbit/s.

Von diesen Anforderungen sind die derzeitigen Funknetz-Technologien noch weit entfernt. Da die Transporttechnologien zur Abdeckung der Anforderungen nur schrittweise verbessert werden können, verwendet man für die Nachfolge-Technologien des 3G-Mobilfunks (UMTS) in der Netzwerkpraxis oft auch die Bezeichnung 3.5G (für HSPA) oder 3.9G (für LTE).

Im Wettstreit um den nächsten Entwicklungsschritt stehen heute zwei Funknetz-Technologien im Vordergrund, die aus unterschiedlichen Quellen stammen:

- die ***WMAN-Technologie WiMAX*** vom IEEE und
- die ***WWAN-Technologie LTE*** vom 3GPP.

Nachfolgend werden beide Funknetz-Technologien in ihren Grundzügen beschrieben (zu weiteren Einzelheiten vgl. u. a. [15] und [36]).

WMANs mit WiMAX

Die räumliche Ausdehnung lokaler Funknetze über den Gebäude- und Grundstücksbereich hinaus führt zu Wireless Metropolitan Area Networks (WMANs). Unter dem Namen ***BWA (Broadband Wireless Access)*** wurden in der Arbeitsgruppe ***IEEE 802.16*** entsprechende Standards erarbeitet. Bekannter als BWA ist der synonyme Begriff ***WiMAX (Worldwide Interoperability for Microwave Access),*** der vom WiMAX Forum – einem entsprechenden Firmenkonsortium – geschaffen wurde.

Abbildung 10.23 zeigt die drei möglichen ***Netztopologien*** von WiMAX, die sich aus WiMAX-Szenarien ergeben. Point-to-Point-Verbindungen bieten die Möglichkeit, drahtlose Transportwege zwischen Mobilfunkstationen und Backbone (Backhaul) zu realisieren und Hotspots über Funkverbindungen anzubinden. Mit Point-to-Multipoint-Verbindungen lassen sich in ländlichen Gebieten kabellose DSL-Anschlüsse realisieren. Und über Point-to-All-Verbindungen entsteht anstelle vieler WLANs ein mobiler drahtloser Breitbandzugang für Endgeräte, die mit mäßiger Geschwindigkeit fortbewegt werden können (Nomadic Mobility).

Für die Übertragung zu stationären Endgeräten gilt der 2009 ergänzte Standard ***IEEE 802.16-2004 (WiMAX fixed).*** Er definiert eine Übertragungsrate von theoretisch max. 75 Mbit/s für 1,5- bis 20-MHz-Kanäle im Frequenzbereich von 2 bis 11 GHz. Derzeit werden die 2,5-, 3,5- und 5,8-GHz-Bänder für eine Reichweite von max. 10 km genutzt.

Für die Übertragung bei mobiler Kommunikation mit niedriger Geschwindigkeit (< 120 km/h) wurde 2005 der Standard ***IEEE 802.16e (WiMAX mobile)*** spezifiziert. Dieser Standard sieht die Übertragung von bis zu 15 Mbit/s mit 5- bis 10-MHz-Kanälen im Frequenzbereich zwischen 2 und 6 GHz vor, wobei ein Gebiet in einem Radius von 5 km abgedeckt wird.

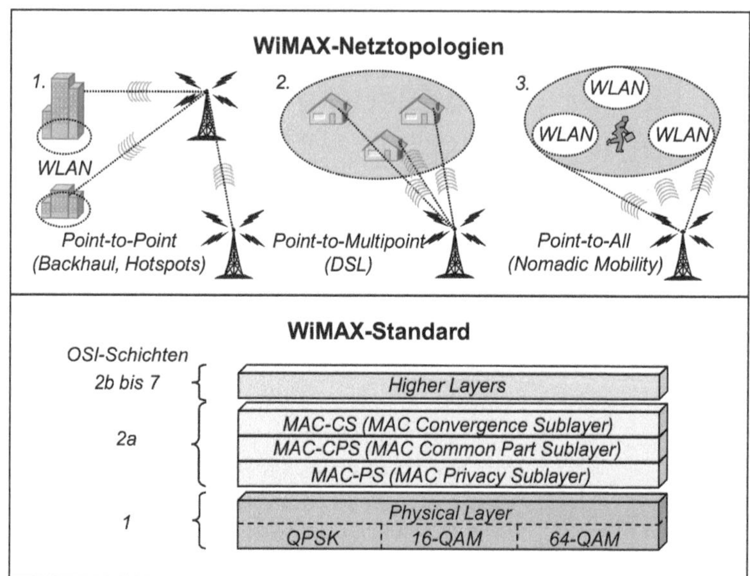

Abb. 10.23: WiMAX-Netztopologien und WiMAX-Standard

Für eine Kommunikation bei hohen Geschwindigkeiten bis 250 km/h (Mobility) wurde zusätzlich ***MBWA (Mobile Broadband Wireless Access)*** entwickelt. Es ist eine Zellularfunktechnik, die 2008 im Standard ***IEEE 802.20*** spezifiziert wurde. Vorgesehen ist hier eine Übertragungsrate von bis zu 1 Mbit/s unterhalb von 3,5 GHz in einem Radius von bis zu 15 km.

Wie Abbildung 10.23 zeigt, deckt der ***WiMAX-Standard*** ebenso wie die bisher beschriebenen Funk-Standards die OSI-Schichten 1 und 2a ab. Auf der OSI-Schicht 1 arbeitet WiMAX mit ***OFDM (Orthogonal Frequency Division Multiplexing),*** das im Abschnitt 10.6 kurz dargestellt ist. Dabei wird der Bitstrom mit den Modulationstechniken QPSK (Quadrature Phase Shift Keying), 16-QAM oder 64-QAM (Quadrature Amplitude Modulation) auf eine Reihe von Trägerfrequenzen aufmoduliert. Da die Signalstärke mit zunehmender Entfernung abnimmt, wird eine adaptive Modulation verwendet: im Nahbereich 64-QAM (6 bit/s/Hz), bei mittlerer Entfernung 16-QAM (4 bit/s/Hz) und bei größerer Entfernung QPSK (2 bit/s/Hz) (siehe auch Abschnitt 4.3).

Die OSI-Schicht 2a besteht aus drei Teilschichten:

- ***MAC-PS (MAC Privacy Sublayer):*** zur Authentifizierung und Verschlüsselung,

- ***MAC-CPS (MAC Common Part Sublayer):*** zur Verwaltung der verbindungsorientierten Funkkanäle, zur Fehlersicherung und zur Gewährleistung von QoS,
- ***MAC-CS (MAC Convergence Sublayer):*** für dienstspezifische Funktionen (z. B. TDM Voice, ATM oder IP).

Zur Einführung von WiMAX-Infrastrukturen und WiMAX-Endgeräten wurde eine stufenweise Einführung vorgesehen. Es gab auch schon viele Feldversuche zu WiMAX. In den USA realisiert der Mobilfunkanbieter Clearwire ab 2010 in Ballungsgebieten einen begrenzten Ausbau seines WiMAX-Mobilfunknetzes. Trotzdem sieht es so aus, als ob WiMAX in Europa und insbesondere auch in Deutschland eine Nischentechnik bleibt.

WWANs mit LTE

Anders als WiMAX gewinnt ***LTE (Long Term Evolution)*** zunehmend an Bedeutung. Das LTE-Projekt wurde 2004 vom ***3GPP (3rd Generation Partnership Project)*** gestartet. Das 3GPP, das seinen Sitz beim ETSI (European Telecommunications Standards Institute) in Sophia-Antipolis (Südfrankreich) hat, ist eine Vereinigung von Standardisierungs-Organisationen aus Europa, den USA, Japan, Südkorea und China (ETSI, ATIS, ARIB, TTC und TTA). 3GPP hat sich die Aufgabe gestellt, technische Spezifikationen und Berichte für ein „evolved 3rd Generation and beyond Mobile System" zu entwickeln. Die LTE-Spezifikation wurde vom 3GPP im Jahr 2008 als Release 8 verabschiedet.

Release 8 ist die derzeit letzte Spezifikation einer Spezifikationsserie, die 1999 mit Release-99 für UMTS begonnen hat (vgl. u. a. [45], S. 406 f.). Weitere Releases spezifizieren u. a. HSDPA, HSUPA und HSPA+. Das Release 9 befasst sich mit der LTE-Interoperabilität (z. B. zu WiMAX), und das Release 10 mit LTE Advanced.

Für LTE wurden folgende ***Ziele (Anforderungen)*** spezifiziert:

- Spitzendatenrate (Peak Data Rate) von 100 Mbit/s beim Downlink und 50 Mbit/s beim Uplink innerhalb einer Bandbreite von 20 MHz.
- Optimierte Mobilitätsunterstützung für eine Geschwindigkeit bis 15 km/h, hohe Leistung bei 15 bis 120 km/h und grundsätzliche Unterstützung für eine Übertragungsrate bis 350 km/h oder sogar bis 500 km/h.
- Verzögerung beim Steuerkanal (idle to active) < 100 ms, Verzögerung beim Nutzdatenkanal < 5 ms.
- Zellgrößen von 5 bis 100 km.

- Flexible Bandbreitezuteilung von 1,25 über 2,5, 5, 10 und 15 bis 20 MHz.
- Gleichzeitige Kommunikation von bis zu 200 aktiven Nutzern in einer Zelle.
- Multicast-Service zur Multimedia-Verteilung.

Um diese Ziele zu erreichen, sollen folgende ***Basistechnologien*** zum Einsatz kommen:

- ***OFDM (Orthogonal Frequency Division Multiplexing)*** für den Downlink,
- ***SC-FDMA (Single Carrier FDMA)*** für den Uplink,
- ***MIMO (Multiple Input Multiple Output)*** mit mehreren Sende- und Empfangsantennen zur Verbesserung der Übertragungsqualität.

Architektur für LTE-Netze

Die Abbildung 10.24 zeigt die spezifizierte Systemarchitektur für ein LTE-Netz. In den Standards wird LTE als ***EPS*** (Evolved Packet System) bezeichnet. Ein EPS besteht aus dem ***E-UTRAN*** (Evolved UMTS Terrestrial Radio Access Network) und dem ***EPC*** (Evolved Packet Core). Im E-UTRAN wurden die RNCs (Radio Network Controllers) des UMTS entfernt; ihre Funktionalität wurde auf die eNB (enhanced Nodes B) und auf die S-GW (Serving Gateways) aufgeteilt.

Eine ***MME*** (Mobility Management Entity) managt als Control Plane (Steuerungsebene) die Teilnehmermobilität mit allen zugehörigen Aufgaben inklusive aller Arten von Handovers. Hierzu hat sie Zugriff auf den ***HSS*** (Home Subscriber Server) – ein erweitertes HLR (Home Location Register) mit Teilnehmerinformationen zu allen abonnierten Netzwerkdiensten. Ein ***S-GW*** (Serving Gateway) ist als User Plane (Nutzdatenebene) für das Routing und Forwarding von IP-Paketen zwischen den Mobilfunkgeräten und dem Internet zuständig.

Das ***PDN-GW*** (Packet Data Network Gateway) schließlich hat dieselben Aufgaben wie GGSNs (Gateway GPRS Support Nodes) bei GPRS und bei UMTS: Es verbindet das Core Network mit den Datennetzen (insbesondere mit dem Internet), verbirgt die Teilnehmermobilität und verwaltet einen Pool mit IP-Adressen, um den Mobilfunkgeräten bei ihrer Registrierung eine IP-Adresse zuordnen zu können. Das PDN-GW ist auch mit der ***PCRF*** (Policy and Charging Resource Function) verbunden. Die PCRF steuert den Datenverkehr entsprechend den QoS- und Lastverteilungsregeln.

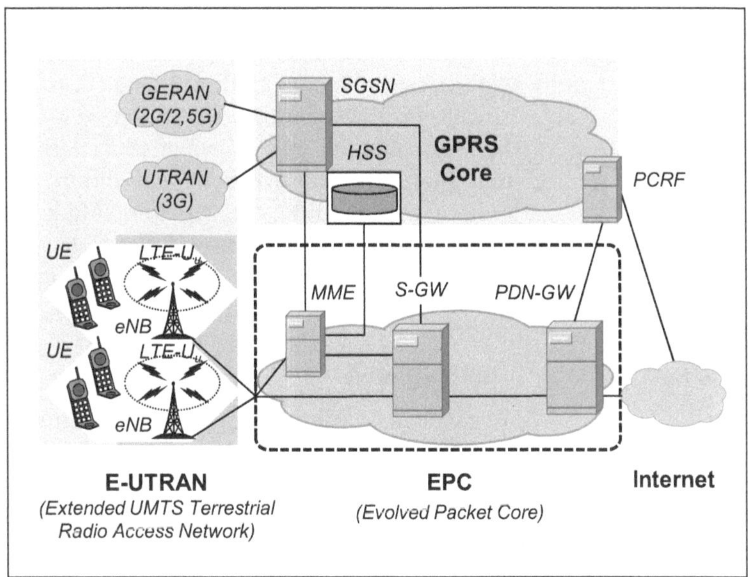

Abb. 10.24: Die EPS-Architektur mit E-UTRAN und EPC (LTE)

Auch ein ***LTE-UMTS-Internetworking*** ist möglich. Die IP-Pakete laufen dann von der MME und vom S-GW zum SGSN (Serving GPRS Support Node) des UMTS-Core-Networks. Das SGSN leitet die IP-Pakete weiter zu den Mobilfunkgeräten des GERAN (GSM Edge Radio Access Network) und des UTRAN (UMTS Terrestrial Radio Access Network). Auf weitere Details müssen wir hier leider verzichten, denn sie würden den Rahmen dieser kompakten Einführung in Computernetzwerke bei weitem übersteigen (zu Details siehe u. a. [15], S. 379 ff. und [36], S. 45 ff.).

Nachwort

Wenn Ihnen, liebe Leserin, lieber Leser, der „Grundkurs Computernetzwerke" gefallen hat, sagen Sie es bitte weiter, und wenn nicht, schreiben Sie es mir! Natürlich war es nicht immer einfach, die zahlreichen Netzwerk- und Internet-Technologien durchzuarbeiten und zu verstehen. Da Sie jedoch an dieser Stelle des Buches angekommen sind, haben Sie mit Sicherheit großes Interesse an Computernetzwerken. Der „Grundkurs Computernetzwerke" hat Ihnen geholfen, die rasant wachsende Netzwerkwelt besser zu verstehen, Konzepte und Technologien einzuordnen, Entwicklungslinien zu erkennen und Querverbindungen zu anderen Technologien zu ziehen.

Computernetze lassen sich im beruflichen und privaten Bereich bewusster und erfolgreicher nutzen, wenn man die Möglichkeiten und Grenzen der eingesetzten Technologien kennt. Sie werden sich deshalb in der immer schneller drehenden Netzwerkwelt besser zurechtzufinden. Vielleicht wurde Ihr Interesse sogar soweit geweckt, dass Sie sich noch weiter mit Computernetzwerken beschäftigen oder sogar im Netzwerkbereich arbeiten möchten. In jedem Fall wünsche ich Ihnen viel Erfolg und Freude beim Googeln, Bloggen, Chatten, Mailen, Podcasten ..., beim Studium, beim Aufbau Ihres Home-Netzwerks und/oder bei Ihrer (zukünftigen) Tätigkeit als Netzwerkdesigner, Netzwerkadministrator ...

10.9 Testaufgaben

1. Welche Generationen von Mobilfunknetzen unterscheidet man? Erläutern Sie die wesentlichen Unterschiede zwischen diesen Generationen!
2. Beschreiben Sie die von GSM und von UMTS in Europa genutzten Frequenzbereiche mit den entsprechenden Bezeichnungen!
3. Was ist
   (1) GSM FDMA,
   (2) GSM TDMA,
   (3) ein TDMA-Rahmen,
   (4) ein Burst (GSM-Zeitschlitz)?
4. Beschreiben Sie die Systemarchitektur eines GSM-Netzes mit den erforderlichen Netzwerkkomponenten und deren Funktionalität
   (1) für das Radio Sub-System (RSS) und
   (2) für das Network Sub-System (NSS)!
   Nennen Sie dabei jede Komponente mit ihrer Abkürzung und mit ihrem vollen Namen!
5. Erläutern Sie die Funktionalität der Signalisierungsprotokolle des Radio Sub-Systems eines GSM-Netzes, die die OSI-Schichten 1 bis 3 abdecken!
6. Nennen und beschreiben Sie die fünf Phasen, die bei einem Mobile Terminating Call (MTC) durchlaufen werden müssen!
7. Beschreiben Sie die GSM-Evolution HSCSD zur Kapazitätserhöhung der leitungsvermittelten Datenübertragung!
8. Beschreiben Sie zur GSM-Evolution GPRS
   (1) die wesentlichen Details der paketvermittelten Datenübertragung,
   (2) die Komponenten der Systemarchitektur von GPRS-

Netzen und ihre Verbindungen zur GSM-Systemarchitektur!

9. Worin besteht die Besonderheit beim internationalen GPRS-Roaming?

10. Erläutern Sie die Funktionalität der GPRS-Protokolle zur Nutzdatenübertragung, die vom MS, BSS, SGSN und GGSN ausgeführt werden!

11. Erklären Sie die Technik der GSM-Evolution EDGE zur Erhöhung der Übertragungskapazität!

12. Erläutern Sie die grundlegenden Veränderungen von UMTS gegenüber GSM
    (1) bezüglich der Multiplextechnik an der Funkschnittstelle,
    (2) bezüglich Systemarchitektur von UMTS-Netzen,
    (3) bezüglich der UMTS-Protokolle zur Nutzdatenübertragung!

13. Beschreiben Sie zu UMTS-Mobilfunknetzen
    (1) die Typen von Funkzellen und die Technik des Handover,
    (2) die UMTS-Evolution HSDPA!

14. Nennen Sie die verschiedenen Klassen von lokalen Funknetzen und grenzen Sie sie gegeneinander ab, und zwar bezüglich
    (1) ihrer Standardisierung,
    (2) ihrer Reichweite,
    (3) ihrer Übertragungsrate!

15. Beschreiben Sie zu WLANs
    (1) die möglichen Netztopologien,
    (2) die grundlegenden Standards,
    (3) die verschiedenen Übertragungs- und Modulationsverfahren!

16. Was ist ein IFS (Inter Frame Spacing), ein SIFS, ein PIFS und ein DIFS?

17. Erklären Sie die WLAN-Zugriffssteuerung, und zwar
    (1) den Medienzugriff mit CSMA/CA,
    (2) das Hidden Station Problem,
    (3) die RTS/CTS-Erweiterung von CSMA/CA!

18. Beschreiben Sie
    (1) das Format eines IEEE-802.11-Daten-Frames mit seinen Feldern unter besonderer Berücksichtigung der vier Adressfelder!

(2) die verfügbaren Sicherheitslösungen WEP, WPA und WPA2 für WLANS!

19. Erläutern Sie zu Bluetooth
    (1) die möglichen Netztopologien,
    (2) die Leistungsstufen von Bluetooth-Geräten,
    (3) die Kommunikationsarchitektur (den Protokoll-Stack)!
20. Beschreiben Sie
    (1) den Aufbau der Bluetooth Baseband Packets,
    (2) die logischen Kanäle, die über ACL-Links laufen!
21. Beschreiben Sie die Unterschiede zwischen den WPAN-Technologien UWB und ZigBee im Hinblick auf
    (1) ihre Zielsetzung und
    (2) ihre Übertragungsrate!
22. Was verstehen Sie unter den Schlagworten „NGN" und „4G"?
23. Was verstehen Sie unter WiFi und was unter WiMAX? Durch welche Standards wird WiMAX spezifiziert?
24. Beschreiben Sie die möglichen Netztopologien zu WiMAX zusammen mit ihren möglichen Einsatzbereichen!
25. Beschreiben Sie WiMAX fixed und WiMAX mobile!
26. Welche Schichten umfasst die Protokollhierarchie des WiMAX-Standards und welche Funktionen beinhalten diese Schichten?
27. Was ist das 3GPP (3rd Generation Partnership Project) und was LTE (Long Term Evolution)?
28. Welche Ziele wurden für LTE spezifiziert und welche Basistechnologien sollen bei LTE zum Einsatz kommen?
29. Beschreiben Sie die spezifizierte Systemarchitektur für LTE-Netze!

Literaturverzeichnis

[1] Alexander, Michael: Netzwerke und Netzwerksicherheit: Das Lehrbuch. Hüthig Verlag Heidelberg 2006

[2] Badach, Anatol: Datenkommunikation mit ISDN. PC/LAN/Host-Systemintegration im ISDN-Verbund mit X.25, LANs und ATM. International Thomson Publishing Bonn u. a. 1997

[3] Badach, Anatol; Hoffmann, Erwin: Technik der IP-Netze. Funktionsweise, Protokolle und Dienste. 2. Aufl., Carl Hanser Verlag München 2007

[4] Badach, Anatol: Voice over IP. Die Technik. Grundlagen, Protokolle, Anwendungen, Migration, Sicherheit. 3. Aufl., Carl Hanser Verlag München 2006

[5] Böhmer, Wolfgang: VPN. Virtual Private Networks. 2. Aufl., Carl Hanser Verlag München 2005

[6] Borowka, Petra: Netzwerk-Technologien. 1. Aufl. (4. Aufl. des Titels InternetWorking), mitp Verlag Bonn 2002

[7] Chimi, Emmanuel: High-Speed Networking. Konzepte, Technologien, Standards. Carl Hanser Verlag München 1998

[8] Cisco Systems: Handbuch Netzwerktechnologien. 3. Aufl., Markt&Technik Verlag München 2001

[9] Cisco Systems: Cisco Networking Academy Program: First-Year Companion Guide. 2nd Edition, Cisco Press, Indianapolis 2001

[10] Comer, Douglas E.: Computernetzwerke und Internets. 3. Aufl., Pearson Education Deutschland München 2002

[11] Davies, D. W.; Barber, D. L. A.; Price, W. L.; Solomonides, C. M.: Computer Networks and Their Protocols. John Wiley & Sons Chichester New York Brisbane Toronto 1981

[12] Dittrich, Jens; von Thienen, Uwe: Netzwerk-Infrastrukturen. 3. Aufl. (bisheriger Titel: Moderne Datenverkabelungen), mitp Verlag Bonn 2002

[13] Dunkel, Jürgen; Eberhart, Andreas; Fischer, Stefan; Kleiner, Carsten; Koschel, Arne: Systemarchitekturen für verteilte Anwendungen. Client-Server, Multi-Tier, SOA, Event-

Driven Architectures, P2P, Grid, Web 2.0. Carl Hanser Verlag München 2008

[14] Eberhart, Andreas; Fischer, Stefan: Java-Bausteine für E-Commerce-Anwendungen. Verteilte Anwendungen mit Servlets, EJB, CORBA, XML und SOAP. 2. Aufl., Carl Hanser Verlag München 2001

[15] Ergen, Mustafa: Mobile Broadband: Including WiMAX and LTE. Springer Verlag Berlin 2009

[16] Foth, Egmont: Internet/Intranet-Handbuch. Fossil-Verlag Köln 2000

[17] Freyer, Ulrich: Nachrichten-Übertragungstechnik: Grundlagen, Komponenten, Verfahren und Systeme der Telekommunikationstechnik. 6. Aufl., Carl Hanser Verlag München 2009

[18] Franck, Reinhold: Rechnernetze und Datenkommunikation. Springer-Verlag Berlin Heidelberg 1986

[19] Harnisch, Carsten: Der BHV Co@ch Netzwerktechnik. 3. Aufl., Bhv Verlag Kaarst 2005

[20] Hillebrand, Friedhelm: DATEX Infrastruktur der Daten- und Textkommunikation. R. v. Decker's Verlag G. Schenk Heidelberg 1981

[21] Höring, Klaus; Bahr, Knut; Struif, Bruno; Tiedemann, Christina: Interne Netze für die Bürokommunikation. R. v. Decker's Verlag Heidelberg 1983

[22] Kahl, Peter (Hrsg.): ISDN. Das künftige Fernmeldenetz der Deutschen Bundespost. 2. Aufl., R. v. Decker's Verlag G. Schenk Heidelberg 1986

[23] Kauffels, Franz-Joachim: Moderne Datenkommunikation. Eine strukturierte Einführung. 2. Aufl., International Thomson Publishing Bonn u. a. 1997

[24] Kauffels, Franz-Joachim: Lokale Netze. Bd. 1 und Bd. 2, 15. Aufl., mitp Verlag Bonn 2003

[25] Kemmler, Wolfgang; Hein, Mathias: Gigabit-Ethernet. Der Standard – Die Praxis. Fossil-Verlag Köln 1998

[26] Krüger, Gerhard; Reschke, Dietrich: Lehr- und Übungsbuch Telematik: Netze, Dienste, Protokolle. 3. Aufl., Carl Hanser Verlag München 2004

[27] Kyas, Othmar: ATM-Netzwerke. Technologie – Design – Betrieb. 4. Auf., International Thomson Publishing Bonn 1998

[28] Kyas, Othmar: Internet professionell. Technologische Grundlagen & praktische Nutzung. International Thomson Publishing Bonn 1996

[29] Martin, James: Computer Networks and Distributed Processing. Software, Techniques, and Architecture. Prentice-Hall Inc. Englewood Cliffs, N. J. 1981

[30] Martin, James: Telecommunications and the Computer. 2nd Edition. Prentice-Hall Inc. Englewood Cliffs, N. J. 1976

[31] Meyer, Martin: Kommunikationstechnik: Konzepte der modernen Nachrichtenübertragung. 3. Aufl., Vieweg+ Teubner Verlag Wiesbaden 2008

[32] Olbrich, Alfred: Netze – Protokolle – Spezifikationen. Vieweg Verlag Wiesbaden 2003

[33] Pröhl, Matthias; Lindenau, Olaf (Hrsg.): Switching. Ein Leitfaden für Entscheider und Praktiker. Fossil-Verlag Köln 1999

[34] Quinn-Andry, Terry; Haller, Kitty: Netzwerk-Design. Markt&Technik München 1998

[35] Rech, Jörg: Wireless LANs. 802.11-WLAN-Technologie und praktische Umsetzung im Detail. 3. Aufl., Heinz Heise Verlag Hannover 2008

[36] Sauter, Martin: Beyond 3G: Bringing Networks, Terminals and the Web Together: LTE, WiMAX, IMS, 4G Devices and the Mobile Web 2.0. Wiley & Sons 2009.

[37] Sauter, Martin: Grundkurs Mobile Kommunikationssysteme. Von UMTS und HSDPA, GSM und GPRS zu Wireless LAN und Bluetooth Piconetzen. 3. Aufl., Vieweg+Teubner Verlag Wiesbaden 2008

[38] Schiller, Jochen: Mobilkommunikation. 2. Aufl., Pearson Education Deutschland München 2003

[39] Schneider, Hans-Jochen: Lexikon Informatik und Datenverarbeitung. 4. Aufl., R. Oldenburg Verlag München Wien 1997

[40] Sikora, Axel: Technische Grundlagen der Rechnerkommunikation. Internet-Protokolle und Anwendungen. Carl Hanser Verlag München 2003

[41] Stahlknecht, Peter; Hasenkamp, Ulrich: Einführung in die Wirtschaftsinformatik. 11. Aufl., Springer Verlag Berlin Heidelberg 2005

[42] Stein, Erich: Taschenbuch Rechnernetze und Internet. 3. Aufl., Carl Hanser Verlag München 2008

[43] Tanenbaum, Andrew S.: Computernetzwerke. 4. Aufl., Pearson Education Deutschland München 2003

[44] Teare, Diane; Paquet, Catherine: Campus Network Design Fundamentals. The all-in-one guide to modern routed and switched campus network design. Cisco Press Indianapolis 2006

[45] Trick, Ulrich; Weber, Frank: SIP, TCP/IP und Telekommunikationsnetze. Next Generation Networks und VoIP – konkret. 3. Aufl., Oldenburg Verlag München Wien 2007

[46] Troppens, Ulf; Erkens, Rainer; Müller, Wolfgang: Speichernetze. Grundlagen und Einsatz von Fibre Channel SAN, NAS, iSCSI und InfiniBand. 2. Aufl., dpunkt Verlag Heidelberg 2008

[47] Welzel, Peter: Datenfernübertragung. Vieweg Verlag Braunschweig Wiesbaden 1986

[48] Werner, Martin: Nachrichtentechnik. Eine Einführung für alle Studiengänge. 6. Aufl., Vieweg+Teubner Verlag Wiesbaden 2009

[49] Werner, Martin; Mildenberger, Otto: Nachrichten-Übertragungstechnik: Analoge und digitale Verfahren mit modernen Anwendungen. Vieweg+Teubner Verlag Wiesbaden 2006

[50] Woodcock, JoAnne: Netzwerke – Das Einsteigerbuch. Eine Einführung in die Konzepte von Netzwerken. Microsoft Press Unterschleißheim 1999

[51] Wright, Robert: IP-Routing Grundlagen. Markt & Technik München 1999

[52] Yass, Mohammed: Entwicklung multimedialer Anwendungen. Eine systematische Einführung. dpunkt Verlag Heidelberg 2000

[53] Ziegler, Paul Sebastian: Netzwerkangriffe von innen. O'Reilly Verlag Köln 2008

Um eine möglichst aktuelle und detailgenaue Darstellung zu erreichen, wurden außer den angegebenen Quellen zahlreiche

Firmenunterlagen ausgewertet und viele Internetquellen zu Konzepten und Produkten recherchiert. Diese Informationen sind hier nicht aufgeführt, da die entsprechenden URLs erfahrungsgemäß schnell veralten. Möchte ein Leser weitere Details zu einem Kapitel oder Abschnitt erfahren, so empfiehlt sich neben der Auswertung der angegebenen Literatur der Einstieg in eine Internet-Recherche mit entsprechenden Stichwörtern über eine Suchmaschine (z. B. http://www.google.de).

Schlagwortverzeichnis

1

2

3

4

6

A

B

C

D

E

F

J

K

L

M

N

Q

R

S

T

U

V

W

X

Y

Z